计算机应用案例教程系列

Excel 2021 电子表格案例教程

卫　琳◎主编

清華大学出版社
北　京

内容简介

本书以通俗易懂的语言、翔实生动的案例全面介绍使用 Excel 2021 制作电子表格的方法和技巧。全书共分 14 章，内容涵盖了 Excel 简介、Excel 工作环境、工作簿和工作表操作、单元格和数据操作、整理表格数据、格式化工作表、使用公式与函数、设置链接和超链接、创建与自定义模板、数据分析工具、数据可视化工具、页面设置与打印输出、制作人事信息数据表和制作销售数据统计表。

书中同步的案例操作教学视频可供读者随时扫码学习。本书还提供与内容相关的扩展教学视频和云视频教学平台等资源的 PC 端下载地址，方便读者扩展学习。本书具有很强的实用性和可操作性，是一本适合高等院校及各类社会培训机构的优秀教材，也是广大初、中级计算机用户的首选参考书。

本书对应的电子课件、实例源文件和配套资源可以到 http://www.tupwk.com.cn/teaching 网站下载，也可以扫描前言中的二维码推送配套资源到邮箱。扫描前言中的视频二维码可以直接观看教学视频。

图书在版编目(CIP)数据

Excel 2021 电子表格案例教程 / 卫琳主编. —北京：清华大学出版社，2024.2
计算机应用案例教程系列
ISBN 978-7-302-65233-5

Ⅰ. ①E… Ⅱ. ①卫… Ⅲ. ①表处理软件—教材 Ⅳ. ①TP391.13

中国国家版本馆 CIP 数据核字(2024)第 034340 号

责任编辑：胡辰浩
封面设计：高娟妮
版式设计：妙思品位
责任校对：孔祥亮
责任印制：丛怀宇

出版发行：清华大学出版社
网　　址：https://www.tup.com.cn，https://www.wqxuetang.com
地　　址：北京清华大学学研大厦 A 座　　邮　　编：100084
社 总 机：010-83470000　　邮　　购：010-62786544
投稿与读者服务：010-62776969，c-service@tup.tsinghua.edu.cn
质 量 反 馈：010-62772015，zhiliang@tup.tsinghua.edu.cn

印 装 者：北京同文印刷有限责任公司
经　　销：全国新华书店
开　　本：185mm×260mm　　印　　张：18.75　　插　　页：2　　字　　数：480 千字
版　　次：2024 年 4 月第 1 版　　印　　次：2024 年 4 月第 1 次印刷
定　　价：69.00 元

产品编号：093082-01

[配套资源使用说明]

观看二维码教学视频的操作方法

本套丛书提供书中实例操作的二维码教学视频，读者可以使用手机微信中的“扫一扫”功能，扫描本书前言中的“扫一扫，看视频”二维码图标，即可打开本书对应的同步教学视频界面。

推送配套资源到邮箱的操作方法

本套丛书提供扫码推送配套资源到邮箱的功能，读者可以使用手机微信中的“扫一扫”功能，扫描本书前言中的“扫码推送配套资源到邮箱”二维码图标，即可快速下载图书配套的相关资源文件。

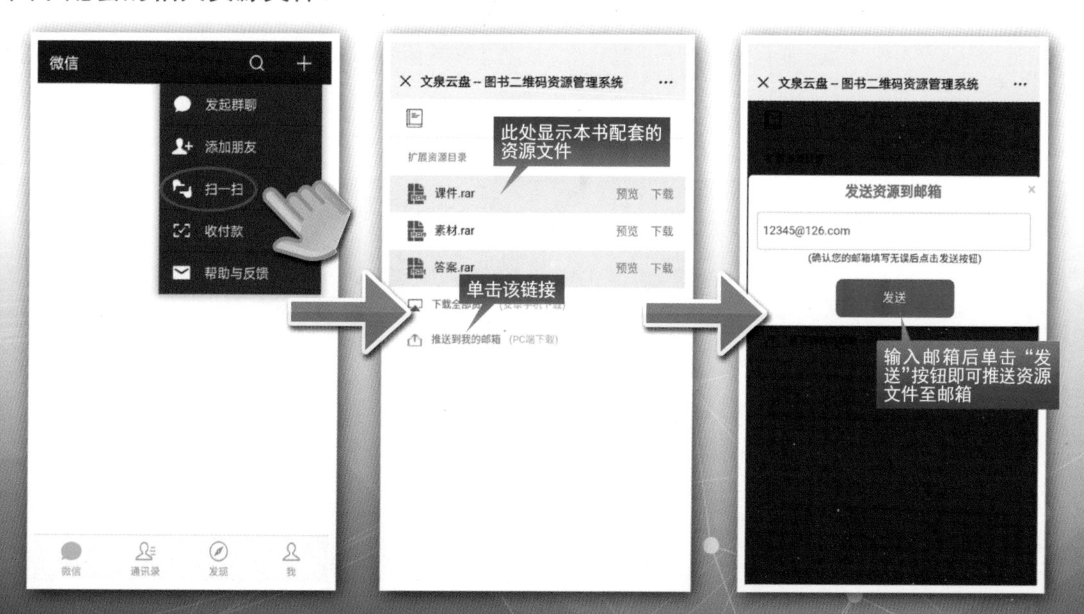

[配套资源使用说明]

电脑端资源使用方法

本套丛书配套的素材文件、电子课件、扩展教学视频以及云视频教学平台等资源，可通过在电脑端的浏览器中下载后使用。读者可以登录本丛书的信息支持网站(http://www.tupwk.com.cn/teaching)下载图书对应的相关资源。

读者下载配套资源压缩包后，可在电脑中对该文件解压缩，然后双击名为Play的可执行文件进行播放。

扩展教学视频&素材文件

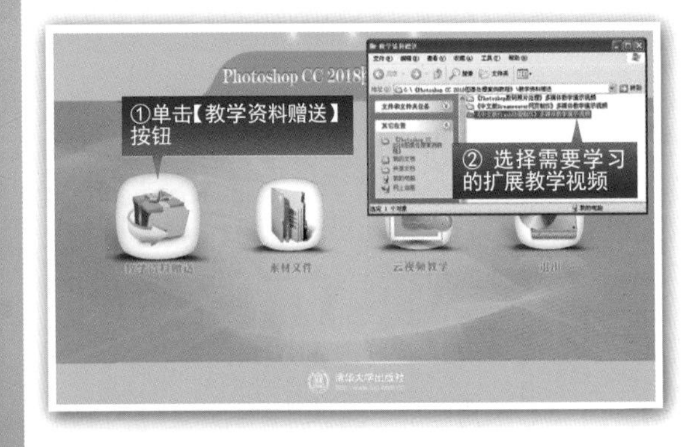

云视频教学平台

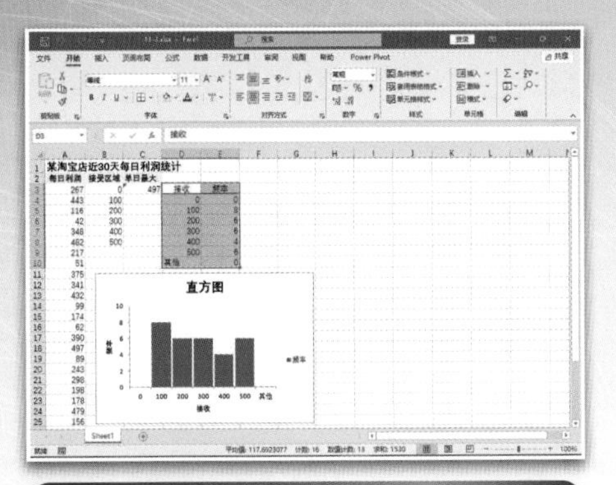

▶ 创建直方图

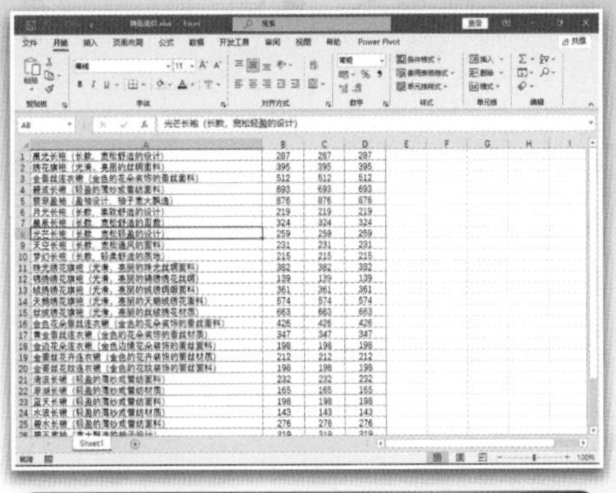

▶ 电商商品底价表

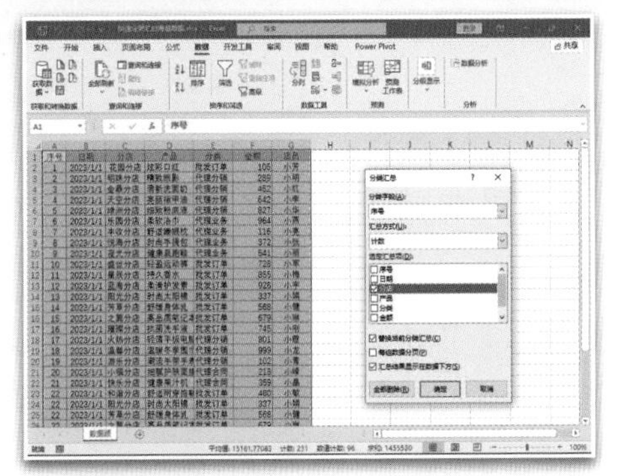

▶ 分类汇总海量数据

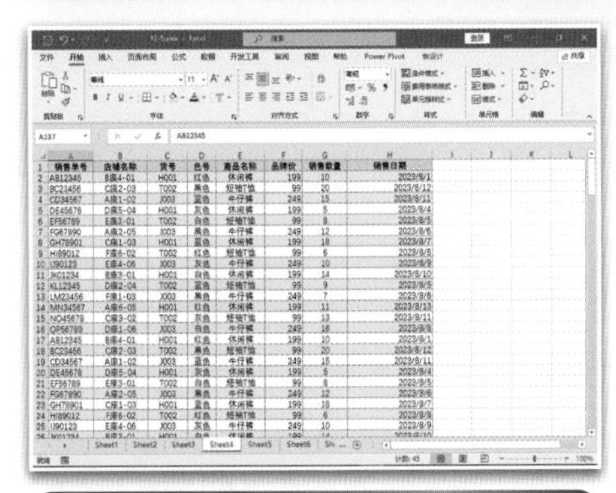

▶ 分析海量数据

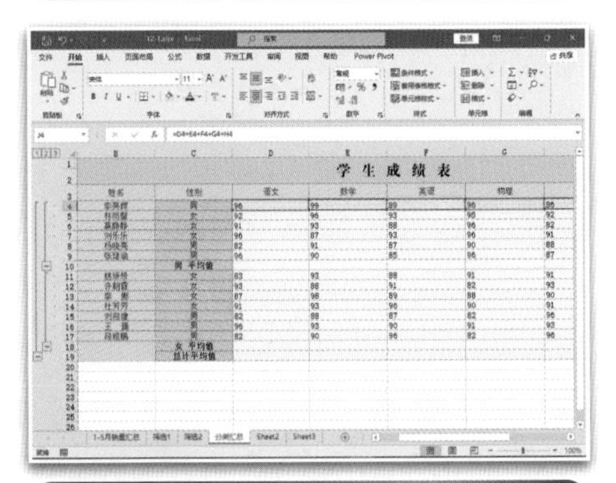

▶ 分析学生成绩表

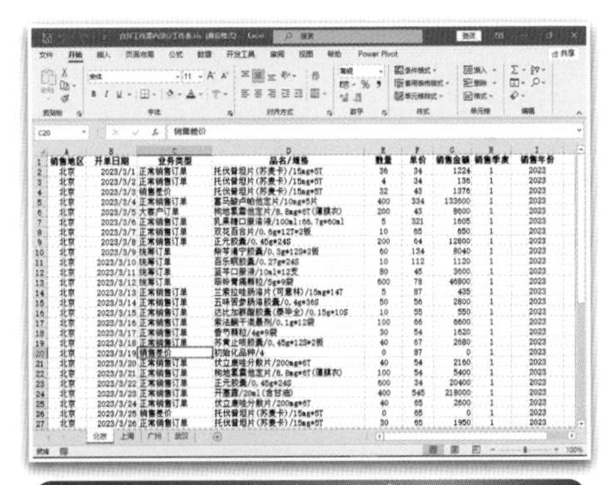

▶ 合并工作表

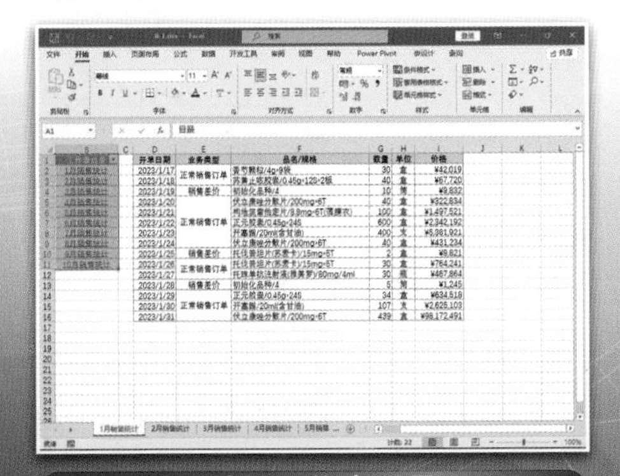

▶ 建立工作表目录

▶ 商品销售数据统计表

【Excel 2021电子表格案例教程】

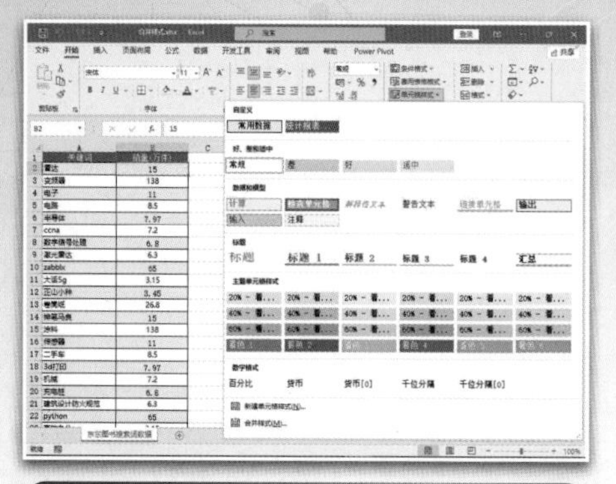

▶设置合并样式

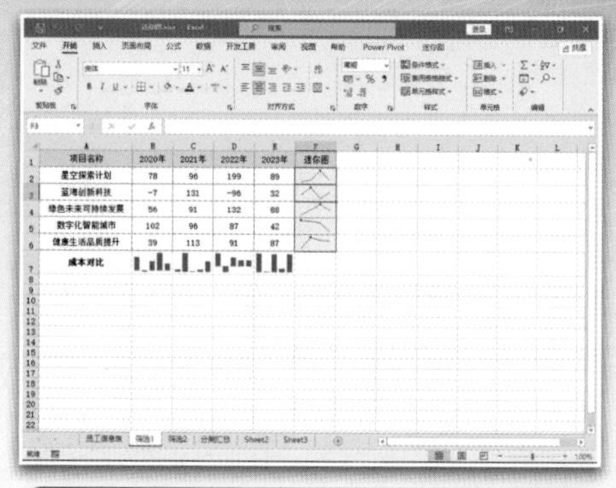

▶使用迷你图

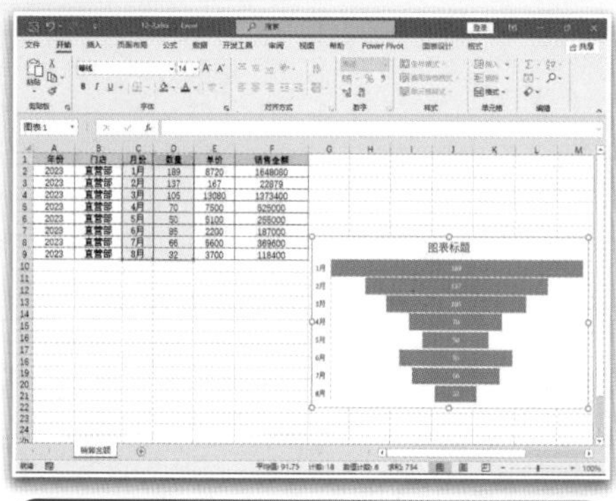

▶使用图表呈现数据

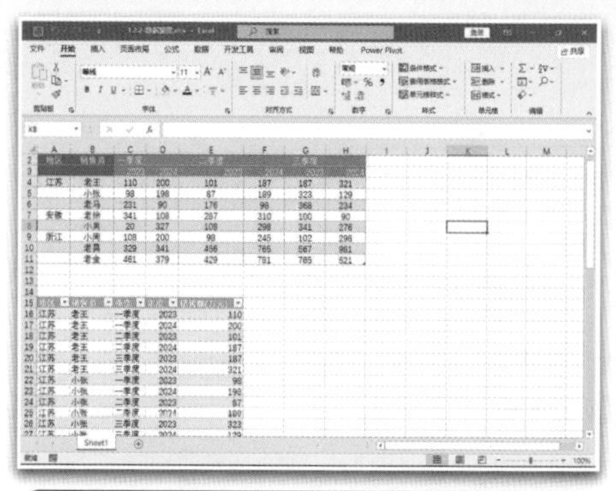

▶数据整理

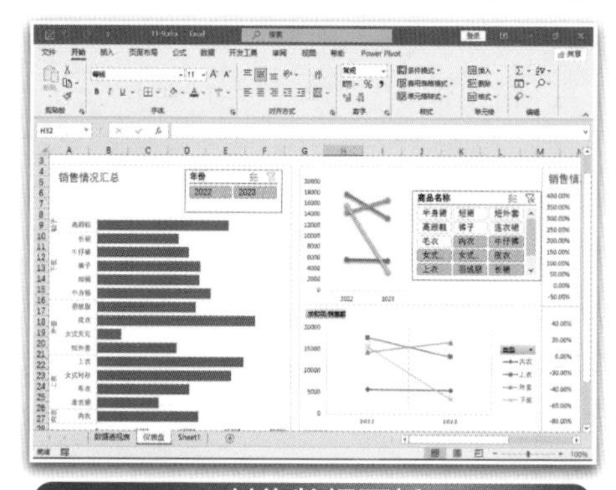

▶制作数据面板

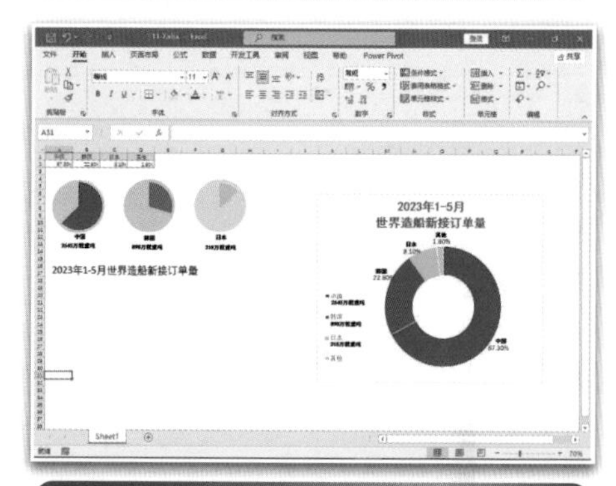

▶制作图表

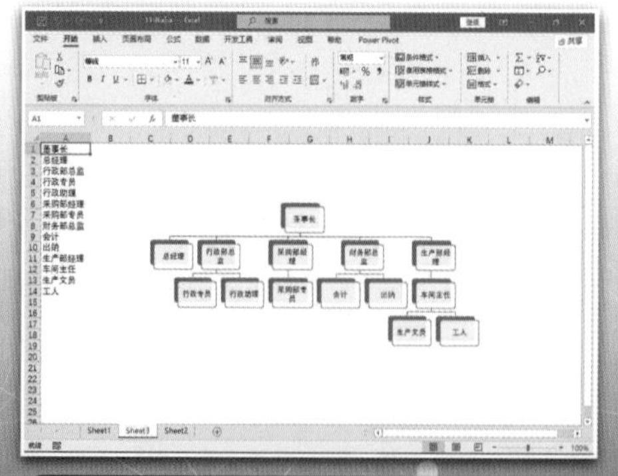

▶制作组织结构图

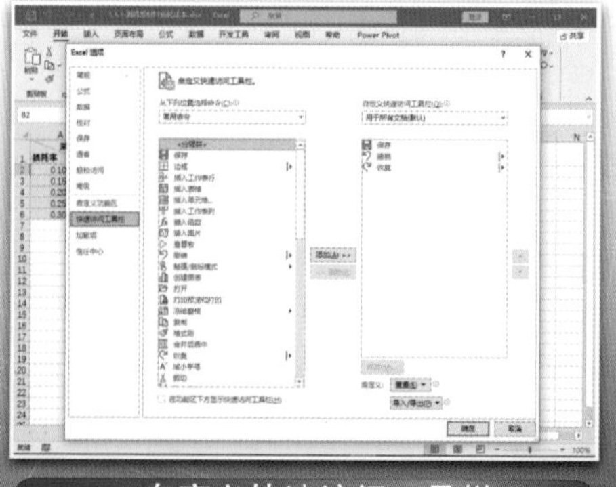

▶自定义快速访问工具栏

前言

熟练使用计算机已经成为当今社会不同年龄段的人群必须掌握的一门技能。为了使读者在短时间内轻松掌握计算机各方面应用的基本知识，并快速解决生活和工作中遇到的各种问题，清华大学出版社组织了一批教学精英和业内专家特别为计算机学习用户量身定制了这套“计算机应用案例教程系列”丛书。

二维码教学视频和配套资源

选题新颖，结构合理，内容精炼实用，为计算机教学量身打造

本套丛书注重理论知识与实践操作的紧密结合，同时贯彻“理论+实例+实战”三阶段教学模式，在内容选择、结构安排上更加符合读者的认知规律，从而达到老师易教、学生易学的效果。丛书采用双栏排版的格式，合理安排图与文字的占用空间，在有限的篇幅内为读者提供更多的计算机知识和实战案例。丛书完全以高等院校及各类社会培训机构的教学需要为出发点，紧密结合学科的教学特点，由浅入深地安排章节内容，循序渐进地完成各种复杂知识的讲解，使学生能够一学就会、即学即用。

教学视频，一扫就看，配套资源丰富，全方位扩展知识能力

本套丛书提供书中案例操作的二维码教学视频，读者使用手机扫描下方的二维码，即可观看本书对应的同步教学视频。此外，本书配套的素材文件、与本书内容相关的扩展教学视频以及云视频教学平台等资源，可通过在 PC 端的浏览器中下载后使用。用户也可以扫描下方的二维码推送配套资源到邮箱。

(1) 本书配套资源和扩展教学视频文件的下载地址如下。

http://www.tupwk.com.cn/teaching

(2) 本书同步教学视频和配套资源的二维码如下。

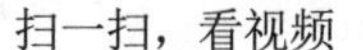

扫一扫，看视频

扫码推送配套资源到邮箱

在线服务，疑难解答，贴心周到，方便老师定制教学课件

便捷的教材专用通道(QQ：22800898)可为授课老师量身定制实用的教学课件。老师也可以登录本丛书的信息支持网站(http://www.tupwk.com.cn/teaching)下载图书对应的电子课件。

本书内容介绍

《Excel 2021 电子表格案例教程》是这套丛书中的一本，该书从读者的学习兴趣和实际需求出发，合理安排知识结构，由浅入深、循序渐进，通过图文并茂的方式讲解使用 Excel 2021 制作电子表格的知识和操作方法。全书共分14 章，主要内容如下。

第 1 章：介绍 Excel 的基本功能，帮助用户安装 Excel 2021 并接入 ChatGPT。

第 2 章：介绍 Excel 的启动方式、文件特点、工作窗口以及自定义设置。

第 3 章：介绍工作簿和工作表的基本操作方法。

第 4 章：介绍单元格以及其衍生出的行、列、区域的相关操作。

第 5 章：介绍通过设置数据格式、查找与替换数据等整理表格数据的方法。

第 6 章：介绍通过设置单元格格式、设置单元格样式与使用主题等格式化工作表的方法。

第 7 章：介绍 Excel 公式与函数的基础知识，以及使用 ChatGPT 生成公式的方法。

第 8 章：介绍建立工作簿链接和设置超链接的相关操作。

第 9 章：介绍创建、自定义与批量使用 Excel 模板的方法。

第 10 章：介绍通过汇总、排序、筛选、数据透视表等处理与分析数据的方法。

第 11 章：介绍使用图表、迷你图、形状和条件格式等可视化表格数据的方法。

第 12 章：介绍设置数据表页面效果并打印输出表格的相关操作。

第 13 章：介绍综合运用 Excel 各项功能制作并处理、分析人事信息数据表的方法。

第 14 章：介绍综合运用 Excel 各项功能制作并研究销售数据统计表的方法。

读者定位和售后服务

本套丛书为所有从事计算机教学的老师和自学人员而编写，是一套适合高等院校及各类社会培训机构的优秀教材，也可作为计算机初中级用户的首选参考书。

如果您在阅读图书或使用计算机的过程中有疑惑或需要帮助，可以登录本丛书的信息支持网站(http://www.tupwk.com.cn/teaching)联系我们，本丛书的作者或技术人员会提供相应的技术支持。

由于作者水平有限，本书难免有不足之处，欢迎广大读者批评指正。我们的邮箱是992116@qq.com，电话是010-62796045。

“计算机应用案例教程系列”丛书编委会

2023 年 10 月

目录

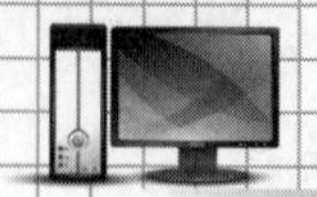

第9章 创建与自定义模板

第10章 数据分析工具

第11章 数据可视化工具

第 12 章 页面设置与打印输出

第 13 章 综合案例——制作人事信息数据表

第14章 综合案例——制作销售数据统计表

第1章 Excel 简介

Excel 是由 Microsoft 公司开发和发布的一款电子表格软件，被广泛用于处理和分析数据、创建图表和图形、进行预算和财务管理等任务。ChatGPT 的出现，使得人们使用 Excel 软件解决复杂问题的门槛大大降低，同时学习该软件所需的时间也大幅缩短。本章作为全书的开端，将主要介绍 Excel 的历史、用途和基本功能，帮助用户在计算机中安装 Excel 2021 并接入 ChatGPT。

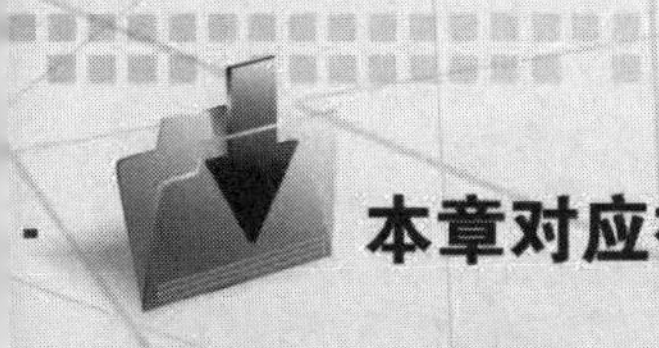

本章对应视频

例 1-1 安装 Excel 2021
例 1-2 安装 WeTab 插件
例 1-3 安装 Python 与 PyCharm

1.1 Excel 的起源与发展

Excel 是由 Microsoft 公司开发的电子表格软件，起源于 20 世纪 80 年代。随着时间的推移，Microsoft 公司不断推出各种版本的 Excel 软件，如图 1-1 所示。如今，Excel 已成为最受欢迎并广泛应用于商业领域和学术界的数据处理和分析软件之一。它被用于完成各种任务，例如数据分析、报告生成、预算编制和项目规划与管理等。

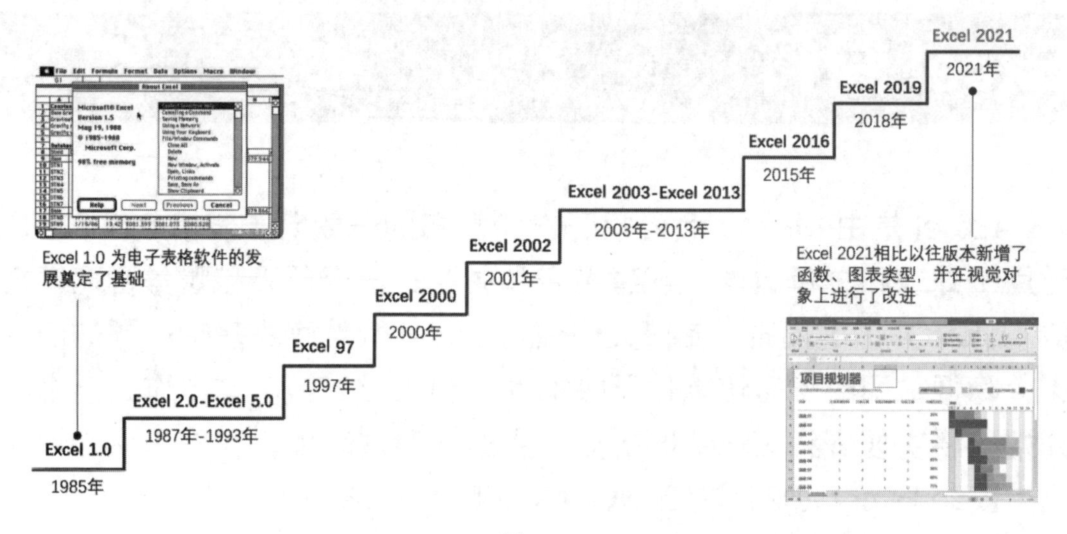

图 1-1

1.1.1 计算工具的发展

自古以来，人类就在不断地发明和改进计算工具，从古老的“结绳计数”、算盘、计算尺、手摇计算机，到 1946 年第一台电子计算机诞生，20 世纪 80 年代 Excel 软件出现，再到 2021 年 6 月 OpenAI 推出 ChatGPT 模型的正式测试版，经历了漫长的岁月，推动了计算机技术的发展。从总体上来看，计算工具的发展经历了简单工具(算盘)→计算机器(机械计算器)→近现代计算机(电子计算机)→微型计算机(个人电脑)→电子表格软件(Excel)→云计算和移动计算→AI 和机器学习(ChatGPT)等 7 个历史阶段。

计算工具的发展过程反映了人类对数据计算能力需求的不断提高，以及人类在不同时代的生产生活中对数据的依赖程度。人类与数据的关系越密切，就越需要有更先进的数据计算工具和方法，以及更多能够熟练掌握计算工具的人。

1.1.2 电子表格软件的产生与演变

1979 年，美国人丹•布里克林(D.Bricklin)和鲍伯 • 弗兰克斯顿(B.Frankston)在苹果Ⅱ型计算机上开发了一款名为 VisiCalc(即“可视计算”)的商业应用软件，这就是世界上第一款电子表格软件，其界面如图 1-2 所示。

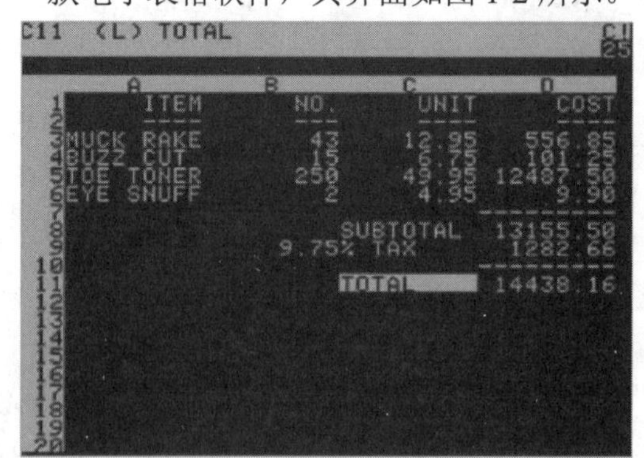

图 1-2

虽然 VisiCalc 软件的功能比较简单，主要用于计算账目和统计表格，但在当时依然受到了广大用户的青睐，不到一年时间就成为个人计算机历史上第一个最畅销的应用软件。当时许多用户购买个人计算机的主要目的就是运行 VisiCalc 软件。电子表格软件就这样和个人电脑一起流行起来，商业活动中不断新生的数据处理需求成为它们持续改进的动力源泉。

继 VisiCalc 之后的另一个电子表格软件的成功之作是 Lotus 公司的 Lotus 1-2-3，该软件运行在 IMB PC 上，这是第一款在一台计算机上将电子表格、图表和数据库整合在一起的软件，其界面如图 1-3 所示。

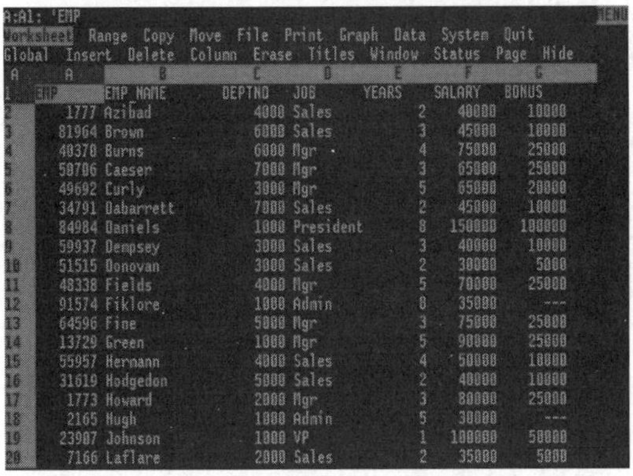

A:A1: 'EMP　MENU
Worksheet Range Copy Move File Print Graph Data System Quit
Global Insert Delete Column Erase Titles Window Status Page Hide

A	A	B	C	D	E	F	G
1	EMP	EMP NAME	DEPTNO	JOB	YEARS	SALARY	BONUS
2	1777	Azibad	4000	Sales	2	40000	10000
3	81964	Brown	6000	Sales	3	45000	10000
4	40370	Burns	6000	Mgr	4	75000	25000
5	50706	Caeser	7000	Mgr	3	65000	25000
6	49692	Curly	3000	Mgr	5	65000	20000
7	34791	Dabarrett	7000	Sales	2	45000	10000
8	84984	Daniels	1000	President	8	150000	100000
9	59937	Dempsey	3000	Sales	3	40000	10000
10	51515	Donovan	3000	Sales	2	30000	5000
11	48338	Fields	4000	Mgr	5	70000	25000
12	91574	Fiklore	1000	Admin	8	35000	---
13	64596	Fine	5000	Mgr	3	75000	25000
14	13729	Green	1000	Mgr	5	90000	25000
15	55957	Hermann	4000	Sales	4	50000	10000
16	31619	Hodgedon	5000	Sales	2	40000	10000
17	1773	Howard	2000	Mgr	3	80000	25000
18	2165	Hugh	1000	Admin	5	30000	---
19	23907	Johnson	1000	VP	1	100000	50000
20	7166	Laflare	2000	Sales	2	35000	5000

图 1-3

Microsoft 公司从 1982 年开始研发电子表格软件，经过多年的改进，在 1985 年推出 Excel 1.0 版本，并在 1987 年凭借与 Windows 2.0 捆绑的 Excel 2.0 后来居上。其后经过多年的版本更迭，奠定了 Excel 在电子表格软件领域今天的霸主地位。

2023 年，Microsoft 公司宣布其所有产品将全线整合人工智能对话模型 ChatGPT(在云计算平台 Azure 中整合 ChatGPT)，Azure 的 OpenAI 服务将允许用户访问 AI 模型，这将为 Excel 软件带来更强辅助，例如：

- 增强自动化功能。通过整合 ChatGPT 的智能 AI 技术，Excel 可以实现更高级的自动化功能。用户可以使用自然语言与 Excel 进行对话，并让 ChatGPT 执行复杂的任务。
- 自然语言查询。ChatGPT 的自然语言能力使得用户可以通过与 Excel 进行对话来进行数据查询和操作，而不仅仅是通过输入公式或执行命令来操作。
- 智能建议和纠错。ChatGPT 可以向用户提供智能建议和纠错功能，帮助用户更准确地输入公式和命令。当用户输入公式时，ChatGPT 可以提供自动完成、语法检查和错误修正的建议。
- 增强数据可视化。ChatGPT 可以提供更多的数据可视化功能，帮助用户更好地理解和分析数据。用户可以通过与 Excel 进行对话来生成特定类型的图表或报表。

人类文明的发展程度越高，所需要处理的数据就越复杂，并且处理要求就越高，速度也必须越快。无论何时，人类总是需要借助当时的计算工具对数据进行处理。

生活在“信息时代”的人比以往任何时候都更加频繁地与数据打交道，Excel 就是为现代人进行数据处理而定制的一个工具。它非常易于学习和使用，并且正逐步向智能化和自动化的方向发展，因此能够广泛被使用。无论是在科学研究、日常办公、医疗教育领域，还是在家庭生活中，Excel 都能够满足大多数人的数据处理需求。

1.2　Excel 的主要功能

Excel 是一款强大的电子表格软件，提供了许多功能和工具，常常被用于数据管理、计算、分析以及数据的可视化处理等。

1.2.1　数据记录

Excel 拥有强大的数据处理能力，它能够将繁杂的数据转化为信息，以更加简便的方式呈现。在 Excel 中，数据以表格的形式被记录下来，用户可以从多种外部数据源导入数据，并将原始数据准确地转换为电子表格。

例如，使用“记录单”功能可以用窗体方式协助用户录入字段较多的表格，如图1-4所示。

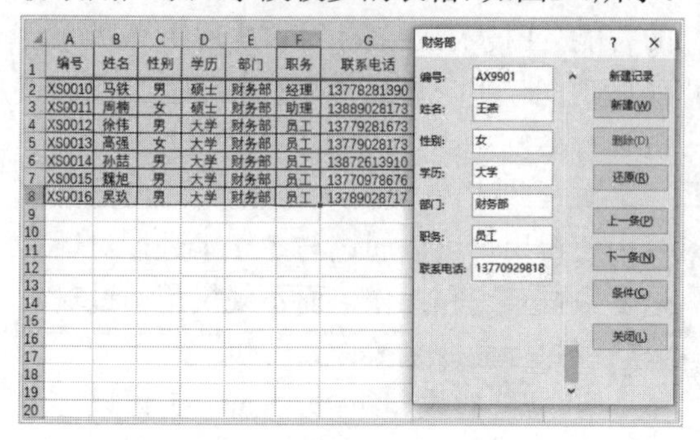

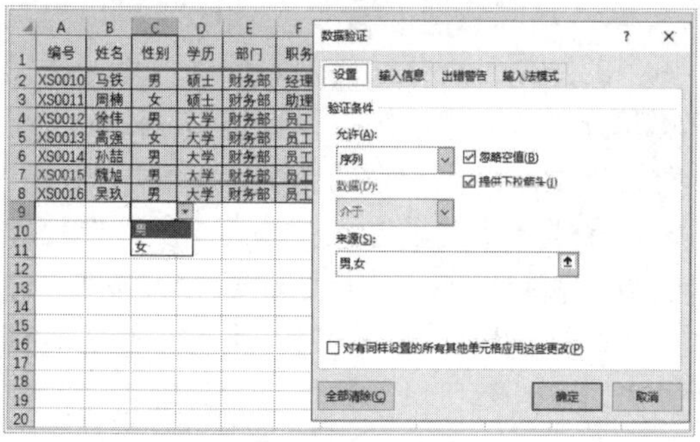

编号	姓名	性别	学历	部门	职务	联系电话
XS0010	马铁	男	硕士	财务部	经理	13778281390
XS0011	周楠	女	硕士	财务部	助理	13889028173
XS0012	徐伟	男	大学	财务部	员工	13779281673
XS0013	高强	女	大学	财务部	员工	13779028173
XS0014	孙喆	男	大学	财务部	员工	13872613910
XS0015	魏旭	男	大学	财务部	员工	13770978676
XS0016	吴玖	男	大学	财务部	员工	13789028717

图 1-4

利用 Excel 的“数据验证”功能，用户可以设置允许输入何种数据或何种数据不被允许输入，如图 1-5 所示。

编号	姓名	性别	学历	部门	职务
XS0010	马铁	男	硕士	财务部	经理
XS0011	周楠	女	硕士	财务部	助理
XS0012	徐伟	男	大学	财务部	员工
XS0013	高强	女	大学	财务部	员工
XS0014	孙喆	男	大学	财务部	员工
XS0015	魏旭	男	大学	财务部	员工
XS0016	吴玖	男	大学	财务部	员工

图 1-5

Excel 提供语音功能，用户可以一边输入数据一边听语音进行输入内容校对。对于比较复杂的表格，Excel 提供多种视图模式帮助用户专注到重点位置，例如分级显示功能可以帮助用户随心所欲地调整表格阅读模式，既能查看细节也能纵览全局，如图 1-6 所示。

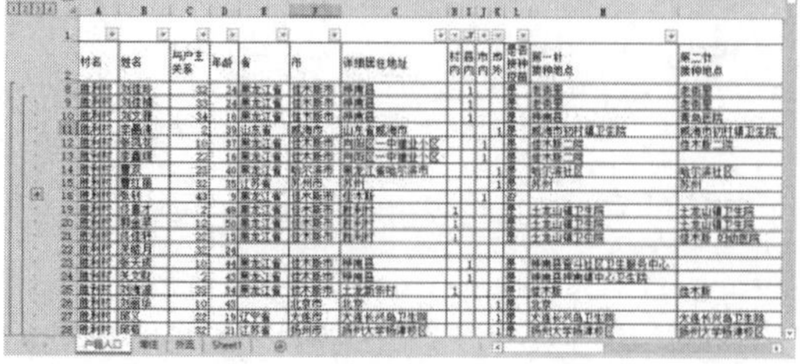

图 1-6

1.2.2 数据整理

如果原始数据存在结构性问题或其他不规范的地方，通常需要先进行数据整理(清洗)后，才能进行数据统计和分析。

Excel 提供了查找和替换、删除重复项等多种数据整理功能来帮助用户完成工作。此外，在 Excel 2016 以上版本中，用户还可以使用 Power Query 从各种数据源中提取、转换和加载数据，这使得数据整理工作变得更加简单。图 1-7 所示展示了使用 Power Query 通过“逆透视列”功能将表格从二维转换为一维的结果。

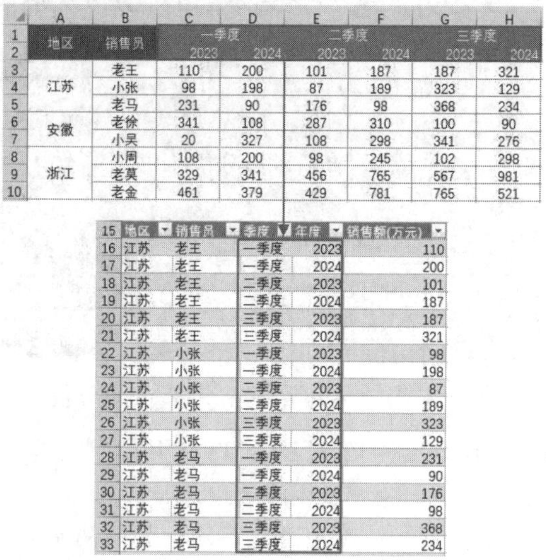

地区	销售员	一季度		二季度		三季度	
		2023	2024	2023	2024	2023	2024
江苏	老王	110	200	101	187	187	321
	小张	98	198	87	189	323	129
	老马	231	90	176	98	368	234
安徽	老徐	341	108	287	310	100	90
	小吴	20	327	108	298	341	276
浙江	小周	108	200	98	245	102	298
	老莫	329	341	456	765	567	981
	老金	461	379	429	781	765	521

地区	销售员	季度	年度	销售额(万元)
江苏	老王	一季度	2023	110
江苏	老王	一季度	2024	200
江苏	老王	二季度	2023	101
江苏	老王	二季度	2024	187
江苏	老王	三季度	2023	187
江苏	老王	三季度	2024	321
江苏	小张	一季度	2023	98
江苏	小张	一季度	2024	198
江苏	小张	二季度	2023	87
江苏	小张	二季度	2024	189
江苏	小张	三季度	2023	323
江苏	小张	三季度	2024	129
江苏	老马	一季度	2023	231
江苏	老马	一季度	2024	90
江苏	老马	二季度	2023	176
江苏	老马	二季度	2024	98
江苏	老马	三季度	2023	368
江苏	老马	三季度	2024	234

图 1-7

1.2.3 数据计算

在 Excel 中用户可以使用简单的公式完成四则运算、开方乘幂这样的数据计算，也可以使用函数来完成非常复杂的运算。

功能强大的内置函数是 Excel 的一大特点。函数是一种预先定义的操作或计算方法。在电子表格中执行复杂计算时，只需要选择正确的函数，然后为其指定参数，就能快速返回结果。

Excel 内置了数百个函数，分为多个类别。利用不同的函数组合，用户可以完成绝大多数领域的常规计划任务。例如，图 1-8 所示展示了在表格中使用IF 函数判断员工销售金额所在的区间对应的提成率，然后计算提成金额。根据销售金额区间不同，其提成率也不同，当销售金额小于 2000 元时，提成率为 2%；当销售金额在 2000 和 5000 元之间时，提成率为 8%，当销售金额大于 5000 元小于 15000 元时，提成率为 10%；当销售金额大于 15000 元时，提成率为 15%。

fx =D3*IF(D3>15000,15%,IF(D3>5000,10%,IF(D3>2000,8%,2%)))

姓名	性别	业绩	提成金额
王启元	男	7889	788.9
马文哲	女	6399	639.9
刘小辉	男	8761	876.1
董建涛	女	19890	2983.5
许知远	男	23197	3479.55
徐克义	女	7682	768.2
张芳宁	女	1319	26.38
王志远	男	6789	678.9
邹一超	女	17682	2652.3
陈明明	女	8762	876.2
徐凯杰	男	17682	2652.3

图 1-8

1.2.4　数据分析

Excel 提供了多种数据分析功能，帮助用户从数据中获取洞察力和做出决策。

1. 排序、筛选和分类汇总

排序、筛选和分类汇总是最简单的数据分析方法，它们能够对表格中的数据做进一步的归类与组织。“表格”也是 Excel 中一项非常实用的功能，它允许用户在一张工作表中创建多个独立的数据列表，进行不同的分类和组织。图 1-9 所示为使用“切片器”筛选数据后的“表格”。

地区	一月	二月	三月
北京市	118.59	129.1	140.2
天津市	101.49	140.2	130.2
山西省	349.55	301.3	402.3
内蒙古自治区	3848.6	3900.1	4200.2
辽宁省	1055.17	880.2	1021.3
吉林省	2208.17	200.32	878.3
上海市	116.9	110.2	102.3
江苏省	357.56	322	492.3
浙江省	1697.2	1678.32	1578.31
安徽省	974.52	1032.3	898.3
福建省	3062.75	3182.32	2897.32
江西省	3155.33	2933.32	2873.98
山东省	300.45	200.3	298.3

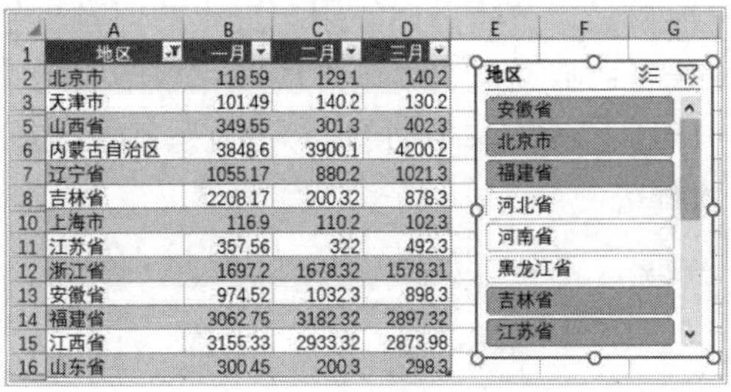

地区：安徽省、北京市、福建省、河北省、河南省、黑龙江省、吉林省、江苏省

图 1-9

2. 数据透视表和数据透视图

数据透视表和数据透视图是 Excel 最具特色的数据分析功能，用户只需要执行简单的几步操作，它就能灵活地以多种不同的方式展示数据的特征，变换出各种类型的报表，实现对数据背后信息的透视，如图 1-10 所示。

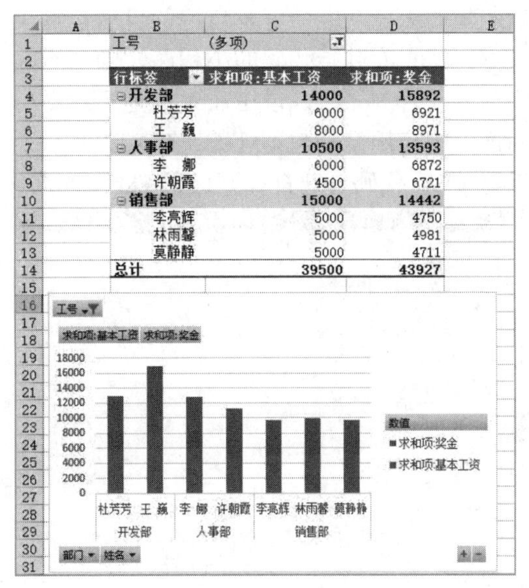
工号 (多项)

行标签	求和项:基本工资	求和项:奖金
开发部	14000	15892
杜芳芳	6000	6921
王　巍	8000	8971
人事部	10500	13593
李　娜	6000	6872
许朝霞	4500	6721
销售部	15000	14442
李亮辉	5000	4750
林雨馨	5000	4981
莫静静	5000	4711
总计	39500	43927

图 1-10

1.2.5　数据可视化

所谓一图胜千言，在 Excel 中使用图表可以让原本复杂枯燥的数据表格和总结文字立即变得生动。在 Excel 2021 中，利用软件提供的“图表”功能可以帮助用户快速创建各种类型的商业图表，直观形象地向受众传达需要表达的信息，如图 1-11 所示。

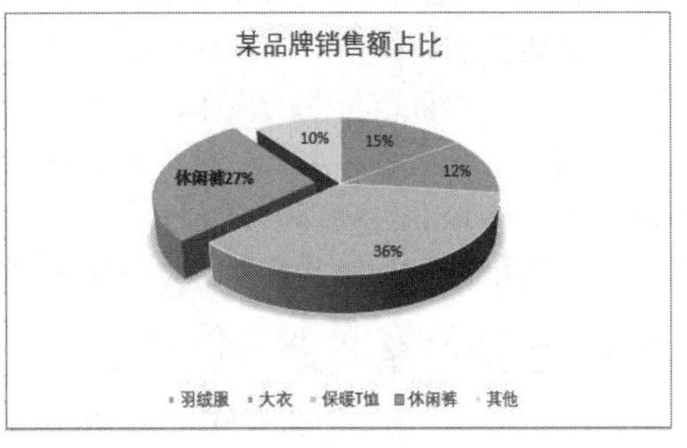

图 1-11

1.2.6　数据传递与协作

Excel 不仅可以与其他 Office 组件无缝

连接，还可以帮助用户通过 Intranet 或 Internet 与其他用户进行协同工作。

1.2.7 自动化和宏

Excel 内置了 VBA 编程语言，允许用户定制 Excel 的功能，开发自己的自动化解决方案。从只有几行代码的小程序，到功能齐备的专业管理系统，以 Excel 作为开发平台所产生的应用案例数不胜数。图 1-12 所示为编写 VBA 代码自动查找并标记 Excel 数据。

图 1-12

1.2.8 数据保护和安全

在 Excel 中确保数据的安全性是非常重要的。用户可以通过以下功能保护电子表格中的数据安全。

- 设置密码保护文件。通过给 Excel 文件设置密码，可以防止未经授权的访问。
- Excel 文件访问控制。使用操作系统级别的权限设置，限制对 Excel 文件的访问权限，只允许特定用户或用户组访问文件。
- 单元格保护。对于 Excel 表格中重要的单元格，可以设置单元格保护，限制用户对单元格的读取、编辑或删除权限。
- 数据追踪更改。通过启用 Excel 的“修订”功能，可以记录和显示对工作表所做的更改。这样可以更轻松地跟踪和检查任何对数据进行的修改。
- 数据备份和恢复。设置 Excel 定期自动备份表格文件，以防止数据意外删除或文件损坏(备份数据的存储位置最好是在另一个安全的存储介质上，例如外部硬盘或云存储服务)。
- 使用加密文件格式。将 Excel 文件保存为加密的文件格式。

1.3 Excel 与 ChatGPT 的结合

ChatGPT(Generative Pre-trained Transformer)是由 OpenAI 开发的一种基于 Transformer 架构的自然语言生成模型，广泛应用于各种自然语言处理任务和场景，例如：生成与给定上下文相关的连贯和有逻辑性的文本；从背景知识中提取信息，分析并回答用户提出的问题；作为语言翻译工具，将文本从一种语言转换为另一种语言；自动编写代码片段或完成给定的编程任务等。将 Excel 与 ChatGPT 结合，可以使用户操作 Excel 更加简便，并使复杂问题(如公式计算、函数使用、数据整理与分析)能够得到高效解决。

1.3.1 生成简单公式

在 Excel 中，用户可以使用 ChatGPT 生成简单的公式来解决表格中的数据计算问题。例如，图 1-13 所示表格是某公司销售情况统计表，需要根据 D 列和 E 列的数据，在 F 列计算商品的“销售金额”。

	A	B	C	D	E	F
1	年份	地区	品名	数量	单价	销售金额
2	2028	华东	iPhone 13 Pro Max	89	8720	
3	2028	华东	Starbucks咖啡	77	167	
4	2028	华东	Gucci GG Marmont手提包	65	13080	
5	2028	华中	Rolex Submariner手表	83	7500	
6	2028	华北	Adidas Superstar运动鞋	78	5100	
7	2028	华北	Apple MacBook Pro	85	2200	
8	2028	华北	华为 Mate 40 Pro 手机	66	5600	
9	2029	华北	美的空调	92	3700	

销售金额

图 1-13

用户只需要向 ChatGPT 正确地提出问题，例如提问：在 Excel 工作表的 F 列(F2 单元格)生成公式，将 D 列的数据乘以 E 列的数据。ChatGPT 就会根据问题自动生成公式，并给出公式的使用方法，如图 1-14 所示。

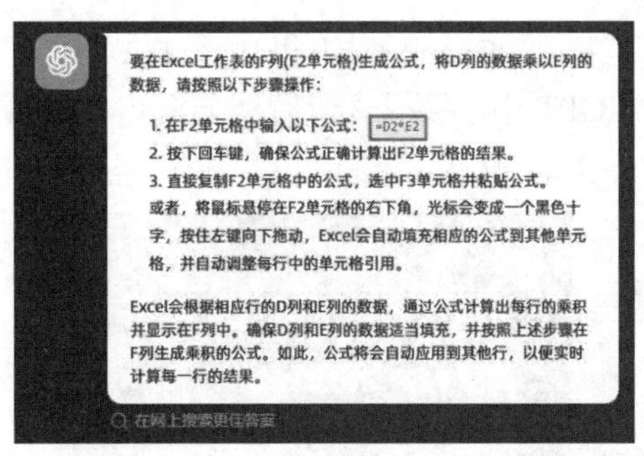

图 1-14

例如，在图 1-14 中 ChatGPT 自动生成了公式=D2*E2，根据提示将该公式复制到 Excel 表格的 F2 单元格，按 Enter 键，再将鼠标悬停在 F2 单元格的右下角，按住左键向下拖动，即可实现在 F 列计算商品“销售金额”的操作结果，如图 1-15 所示。

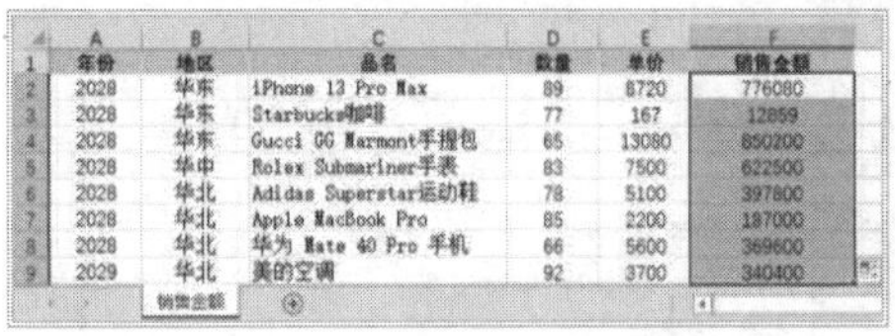

年份	地区	品名	数量	单价	销售金额
2028	华东	iPhone 13 Pro Max	89	8720	776080
2028	华东	Starbucks咖啡	77	167	12859
2028	华东	Gucci GG Marmont手提包	65	13080	850200
2028	华中	Rolex Submariner手表	83	7500	622500
2028	华北	Adidas Superstar运动鞋	78	5100	397800
2028	华北	Apple MacBook Pro	85	2200	187000
2028	华北	华为 Mate 40 Pro 手机	66	5600	369600
2029	华北	美的空调	92	3700	340400

图 1-15

在不同制作要求的报表中，ChatGPT 还可以针对报表的实际情况给出操作提示。例如，图 1-16 所示是某公司原材料损耗成本测算表的一部分。需要根据 B1~E1 单元格中的拟定采购量、A2~A6 单元格中的损耗率及 H1 单元格中的单位成本，来测算不同采购量和不同损耗率的相应成本。

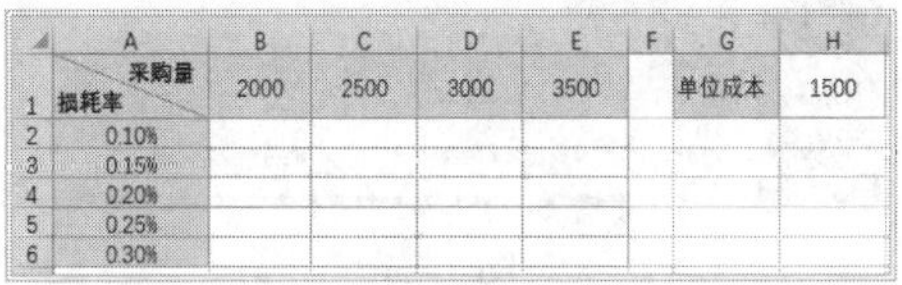

采购量/损耗率	2000	2500	3000	3500		单位成本	1500
0.10%							
0.15%							
0.20%							
0.25%							
0.30%							

图 1-16

用户只需要向 ChatGPT 正确描述，例如提问：在 Excel 工作表的 B2:E6 区域中测算不同采购量和不同损耗率的相应成本，计算规则是用 B1:E1 区域中的拟定采购量与 A2:A6 区域中的损耗率分别相乘，然后乘以 H1 单元格中的单位成本。ChatGPT 将根据提问生成公式=B$1*$A2*$H$1，并给出具体操作提示，如图 1-17 所示。

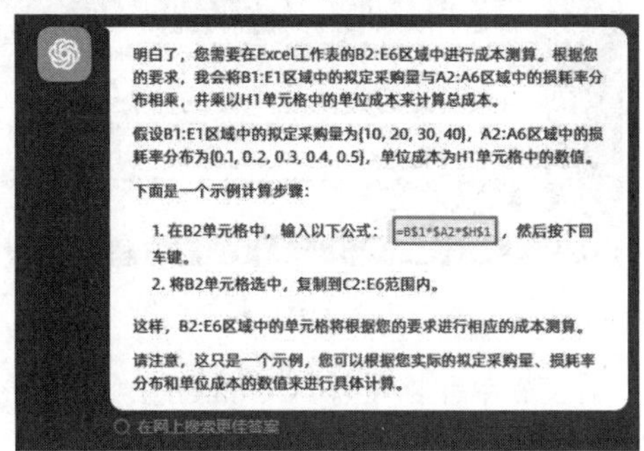

图 1-17

将 ChatGPT 给出的公式应用到表格，并根据提示即可得到需要的结果，如图 1-18 所示。

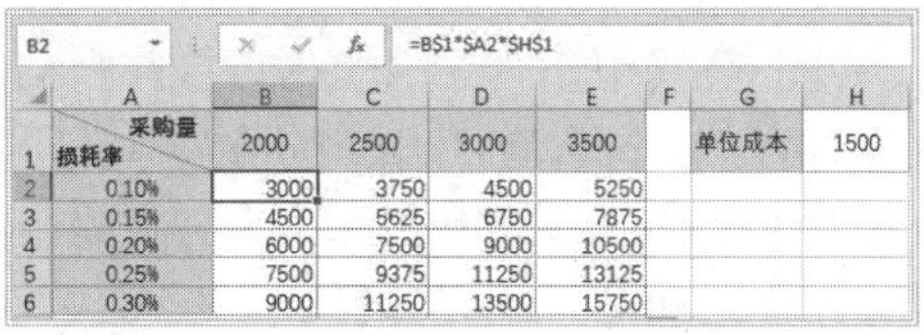

B2　=B$1*$A2*$H$1

采购量/损耗率	2000	2500	3000	3500		单位成本	1500
0.10%	3000	3750	4500	5250			
0.15%	4500	5625	6750	7875			
0.20%	6000	7500	9000	10500			
0.25%	7500	9375	11250	13125			
0.30%	9000	11250	13500	15750			

图 1-18

通过以上例子我们可以发现，使用 ChatGPT 生成 Excel 公式，无须考虑公式的细节，包括公式如何使用运算符、运算符的优先顺序以及公式使用何种引用方式。用户只需要考虑如何向 ChatGPT 正确地描述表格所要实现的结果，并掌握基本的公式输入与引用操作方法就可以了。

1.3.2　查询函数的使用方法

ChatGPT 可以帮助用户了解 Excel 中特定函数的语法，并根据用户的描述生成函数的使用方法。例如要在记录网站地址的表格中提取出网站的名称信息。用户可以根据以上需求向 ChatGTP 提问：使用 Excel 函数提取网址的名称信息，例如从 www.baidu.com 中提取出 baidu。ChatGPT 就会根据问题自动选择函数并生成公式，并在提示信息中给出公式中函数的作用，如图 1-19 所示。

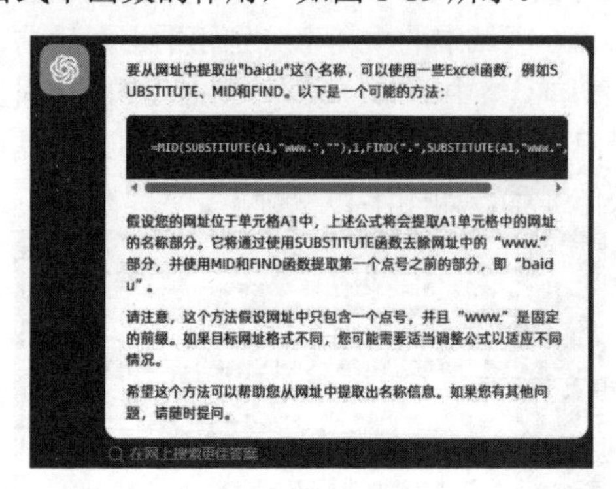

图 1-19

在 C2 单元格中输入 ChatGPT 给出的公式，计算结果如图 1-20 所示。

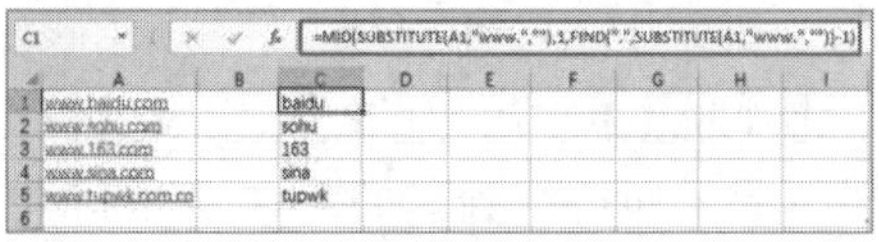

	A	B	C
1	www.baidu.com		baidu
2	www.sohu.com		sohu
3	www.163.com		163
4	www.sina.com		sina
5	www.tupwk.com.cn		tupwk
6			

图 1-20

以上公式中出现了 SUBSTITUTE、MID 和 FIND 三个函数，用户可以进一步向 ChatGPT 询问具体函数的语法格式、参数和使用方法，如图 1-21 所示。

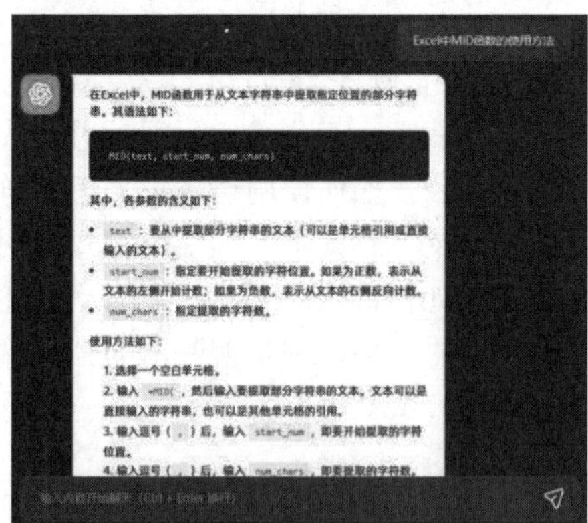

图 1-21

1.3.3 数据自动分析

将 Excel 中的数据提供给 ChatGPT，可以让人工智能对数据进行自动分析。例如，图1-22 所示为某公司一季度销售数据报表中的一部分数据。

17	地区	销售数量	销售金额	实现利润
18	华东	59万件	300万	190万
19	华北	80万件	218万	97万
20	西北	70万件	215万	91万
21	西南	58万件	152万	97万

图 1-22

复制 Excel 中的以上数据，粘贴至 ChatGPT 中，要求人工智能分析这段数据，如图 1-23 所示。

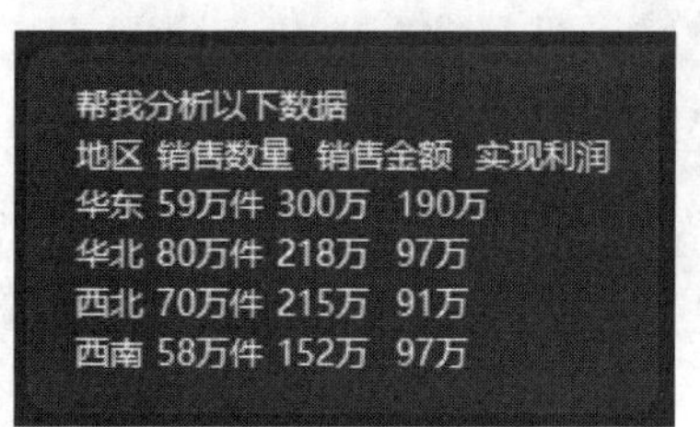

图 1-23

ChatGPT 将会自动分析数据，并给出分析结果，如图 1-24 所示。

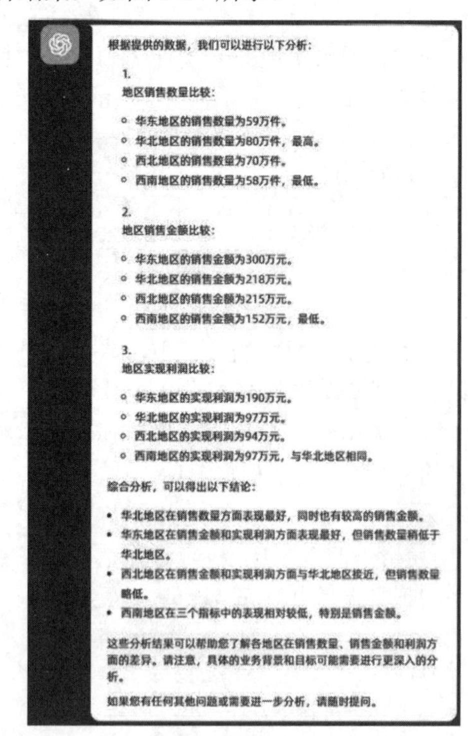

图 1-24

再比如，图 1-25 所示为某公司全年的销售业绩报表。

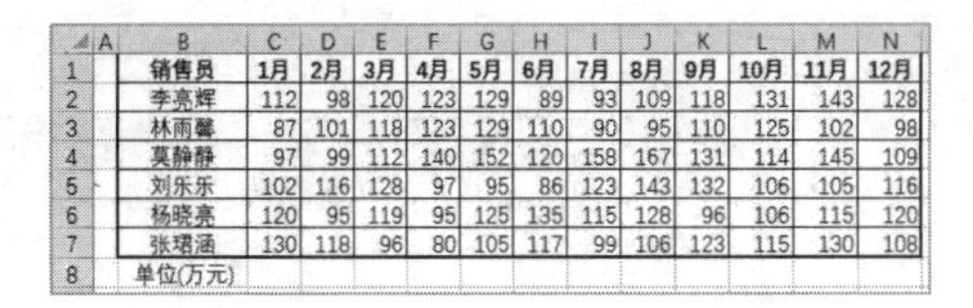

	A	B	C	D	E	F	G	H	I	J	K	L	M	N
1		销售员	1月	2月	3月	4月	5月	6月	7月	8月	9月	10月	11月	12月
2		李亮辉	112	98	120	123	129	89	93	109	118	131	143	128
3		林雨馨	87	101	118	123	129	110	90	95	110	125	102	98
4		莫静静	97	99	112	140	152	120	158	167	131	114	145	109
5		刘乐乐	102	116	128	97	95	86	123	143	132	106	105	116
6		杨晓亮	120	95	119	95	125	135	115	128	96	106	115	120
7		张珺涵	130	118	96	80	105	117	99	106	123	115	130	108
8		单位(万元)												

图 1-25

将数据复制给 ChatGPT，可以要求其分析数据中每个销售员的销售额增长情况，如图 1-26 所示。

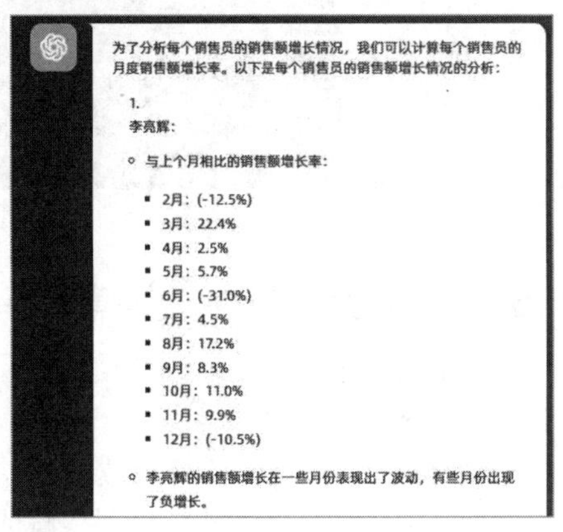

图 1-26

或者要求 ChatGPT 分析数据，并统计出表格中哪位销售员的全年业绩最高，哪些销售员的销售额变化比较稳定，如图 1-27 所示。

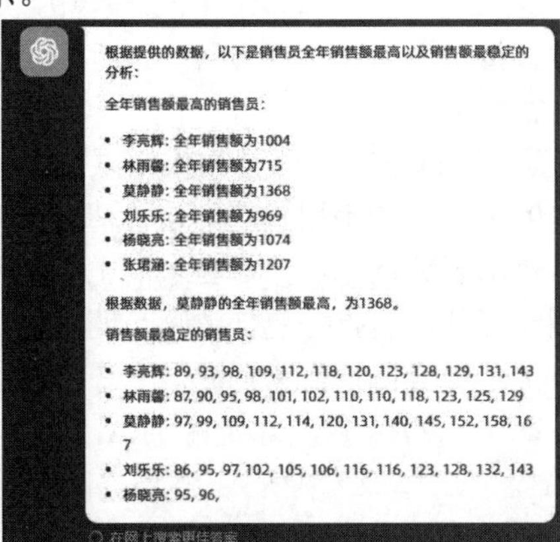

图 1-27

1.3.4 编写 VBA 代码

ChatGPT 的出现使得人与软件、人与计算机的交互变得更简单。普通 Excel 用户无须掌握复杂的 VBA 编程技术，也可以使用 ChatGPT 自动生成 VBA 程序来解决处理表格数据时遇到的问题。例如，在使用 ChatGPT 自动分析表格数据时，用户可以要求 Excel 根据指定的单元格区域生成自己想要的图表，向 ChatGPT 提问：编写 Excel VBA 程序，使用当前工作表 A17:D21 单元格区域中的数据创建一个柱状图表。ChatGPT 将自动生成相应的 VBA 代码，如图 1-28 所示。

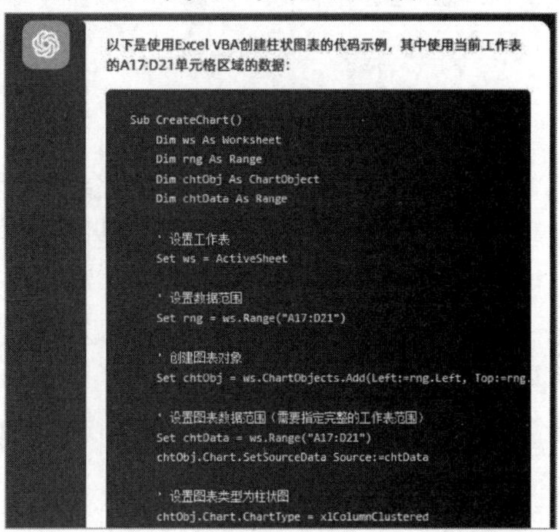

图 1-28

在 Excel 中打开 Microsoft Visual Basic for Applications 窗口，创建一个新的模块，并将 ChatGPT 生成的 VBA 代码复制到该模块中，如图 1-29 所示，然后按 F5 键。

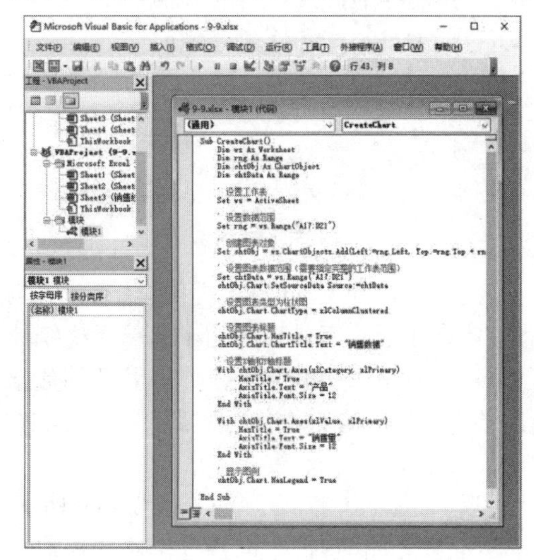

图 1-29

此时，Excel 将执行代码，在工作表中创建图 1-30 所示的图表。

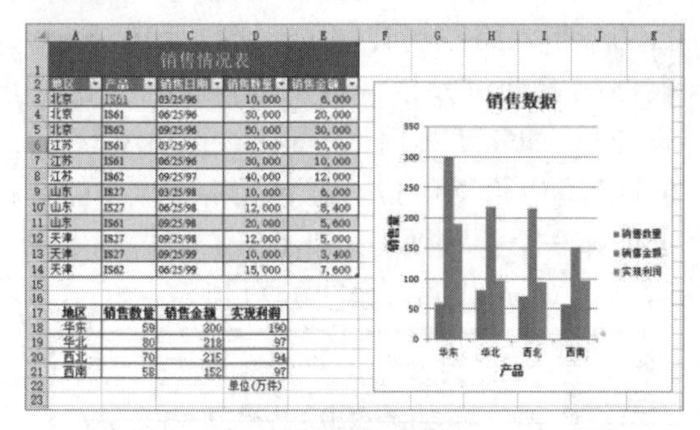

	A	B	C	D	E
1	销售情况表				
2	地区	产品	销售日期	销售数量	销售金额
3	北京	IS61	03/25/96	10,000	6,000
4	北京	IS61	06/25/96	30,000	20,000
5	北京	IS62	09/25/96	50,000	30,000
6	江苏	IS61	03/25/96	20,000	20,000
7	江苏	IS61	06/25/96	30,000	10,000
8	江苏	IS62	09/25/97	40,000	12,000
9	山东	IS27	03/25/98	10,000	6,000
10	山东	IS27	06/25/98	12,000	8,400
11	山东	IS61	09/25/98	20,000	5,600
12	天津	IS27	09/25/98	12,000	5,000
13	天津	IS27	09/25/99	10,000	3,400
14	天津	IS62	06/25/99	15,000	7,600

地区	销售数量	销售金额	实现利润
华东	59	200	190
华北	80	218	97
西北	70	215	94
西南	58	152	97
			单位(万件)

图 1-30

又如，图 1-31 所示为某公司的销售数据报表，需要在 H1 单元格中统计“业务类型”列被标记为黄色的销售记录的总数量。由于 Excel 内置的函数无法解决这个问题，需要编写一个自定义函数来解决。

	A	B	C	D	E	F	G	H
1	开单日期	业务类型	品名/规格	数量	单位		销售数量	437
2	2023/3/1	正常销售订单	托伐普坦片(苏麦卡)/15mg*5T	36	盒			
3	2023/3/2	正常销售订单	托伐普坦片(苏麦卡)/15mg*5T	4	盒			
4	2023/3/3	销售差价	托伐普坦片(苏麦卡)/15mg*5T	0	盒			
5	2023/3/4	正常销售订单	富马酸卢帕他定片/10mg*5片	400	盒			
6	2023/3/5	大客户订单	枸地氯雷他定片/8.8mg*6T(薄膜衣)	200	盒			
7	2023/3/6	正常销售订单	乳果糖口服溶液/100ml:66.7g*60ml	5	瓶			
8	2023/3/7	正常销售订单	双花百合片/0.6g*12T*2板	10	盒			
9	2023/3/8	正常销售订单	正元胶囊/0.45g*24S	200	盒			
10	2023/3/9	统筹订单	柴芩清宁胶囊/0.3g*12S*2板	60	盒			
11	2023/3/10	统筹订单	百乐眠胶囊/0.27g*24S	10	盒			
12	2023/3/11	统筹订单	蓝芩口服液/10ml*12支	80	盒			
13	2023/3/12	统筹订单	荜铃胃痛颗粒/5g*9袋	600	盒			
14	2023/3/13	正常销售订单	兰索拉唑肠溶片(可意林)/15mg*14T	5	盒			
15	2023/3/14	正常销售订单	五味苦参肠溶胶囊/0.4g*36S	50	瓶			
16	2023/3/15	正常销售订单	达比加群酯胶囊(泰毕全)/0.15g*10S	10	盒			
17	2023/3/16	正常销售订单	泰法酮干混悬剂/0.1g*12袋	100	盒			
18	2023/3/17	正常销售订单	香芍颗粒/4g*9袋	30	盒			
19	2023/3/18		苏黄止咳胶囊/0.45g*12S*2板	40	盒			
20	2023/3/19	销售差价	初始化品种/4	10	筒			
21	2023/3/20	正常销售订单	伏立康唑分散片/200mg*6T	40	盒			
22	2023/3/21		枸地氯雷他定片/8.8mg*6T(薄膜衣)	100	盒			
23	2023/3/22		正元胶囊/0.45g*24S	600	盒			
24	2023/3/23		开塞露/20ml(含甘油)	400	支			
25	2023/3/24		伏立康唑分散片/200mg*6T	40	盒			
26	2023/3/25	销售差价	托伐普坦片(苏麦卡)/15mg*5T	2	盒			
27	2023/3/26	正常销售订单	托伐普坦片(苏麦卡)/15mg*5T	30	盒			
28	2023/3/27		托珠单抗注射液(雅美罗)/80mg/4ml	30	瓶			
29	2023/3/28	销售差价	初始化品种/4	5	筒			
30	2023/3/29	正常销售订单	正元胶囊/0.45g*24S	34	盒			
31	2023/3/30		开塞露/20ml(含甘油)	107	支			
32	2023/3/31		伏立康唑分散片/200mg*6T	439	盒			
33	2023/4/1		枸地氯雷他定片/8.8mg*6T(薄膜衣)	210	盒			

图 1-31

用户可以向 ChatGTP 提问：编写 VBA 程序，在 Excel 工作表中的 H1 单元格统计“业务类型”列中填充颜色为“黄色”的数据在“数量”列数据的总和。然后复制 ChatGPT 自动生成的 VBA 程序。

返回 Excel，打开 Microsoft Visual Basic for Applications 窗口，创建一个新的模块，将复制的 VBA 程序粘贴至该窗口中，按 F5 键执行程序即可，如图 1-32 所示。

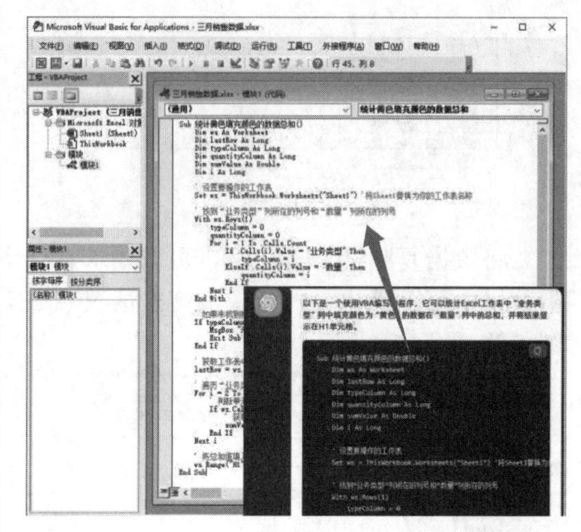

图 1-32

1.3.5 使用 ChatGPT 应注意的问题

在将 Excel 与 ChatGPT 结合使用时，用户应注意以下几个问题。

- ChatGPT 会根据其训练数据中的上下文生成回答，但有时可能会出现误解或混淆。在向其提问时，用户应确保问题或指令清晰明了，帮助 ChatGPT 更好地理解意图。
- ChatGPT 是一个公共平台，无法保证用户个人重要信息或企业敏感数据的安全性。因此，在使用 ChatGPT 的过程中，应避免向其提供个人身份证号码、银行卡号或企业保密数据。
- ChatGPT 可能会生成错误或不适合问题的答案。如果用户遇到这种情况，可以尝试重新表达问题，添加更多的上下文或提供例子来使问题指令更加清晰、明确，帮助 ChatGPT 更准确地回答问题。
- ChatGPT 是一个通用的 AI 模型，它无法提供法律或专业职业咨询。对于超出 Excel 软件范畴的一些特定领域的问题，ChatGPT 可能无法给出准确的答案。

ChatGPT 有时可能生成令人意外或不太合理的回答。因此，在结合 ChatGPT 处理 Excel 中比较重要的问题时，最好通过交叉验证来查询问题结果是否正确。

1.4　Excel 与 Python 的交互

将 Excel 与 Python 交互使用，用户可以使用 Python 的强大功能来处理 Excel 中需要重复执行的工作，实现如下 Excel 自动化操作。

- 批量操作 Excel 文件。Python 提供了多个库(例如 pandas、openpyxl、xlwings)来自动操作 Excel 文件。通过编写 Python 程序可以批量创建、打开、重命名、合并/拆分 Excel 文件等。
- 快速对比两个 Excel 文件的差异。通过编写 Python 程序，自动对比两个 Excel 文件中数据的差异，并标注有差异的数据，如图 1-33 所示。

部门	姓名	性别	业绩
销售A	李亮辉	男	156
销售A	林雨馨	女	98
销售A	莫静静	女	112
销售A	刘乐乐	女	139
销售A	许朝霞	女	93
销售A	段程鹏	男	87
销售A	杜芳芳	女	91
销售A	杨晓亮	男	132
销售A	张珺涵	男	183

文件1

部门	姓名	性别	业绩
销售A	李亮辉	男	156
销售A	林雨馨	女	98
销售A	莫静静	女	112
销售A	刘乐乐	女	217
销售A	许朝霞	女	93
销售A	段程鹏	男	87
销售A	杜芳芳	女	91
销售A	杨晓亮	男	309
销售A	张珺涵	男	183

文件2

图 1-33

- 批量对 Excel 文件进行分列。用户可以对多个文件同时执行 Excel“分列”操作，将文件中的一列文件分为多列，如图 1-34 所示。

产品型号	部门
SV201	30*30*10
SV202	30*45*15
SV203	60*45*10
SV204	60*45*15
SV205	70*30*10
SV206	70*45*10
SV207	75*30*10
SV208	75*30*15
SV209	80*30*10

原始数据

产品型号	长	宽	高
SV201	30	30	10
SV202	30	45	15
SV203	60	45	10
SV204	60	45	15
SV205	70	30	10
SV206	70	45	10
SV207	75	30	10
SV208	75	30	15
SV209	80	30	10

分列结果

图 1-34

- 跨工作表提取指定列的唯一数据。可以从多个工作表中提取指定列中的不重复数据，例如从 1 月~12 月的 12 个采购物品记录表中提取全年所有采购物品的名称(且提取的名称不重复)。
- 批量分类汇总 Excel 文件中的数据。Python 程序可以同时对大量 Excel 文件中类似的数据执行分类汇总操作，从而大大减少用户执行同类型操作的工作量。
- 实现对多个 Excel 文件的 Vlookup 函数操作。Python 程序可以快速从多个 Excel 文件中查找指定的信息，并将找到的信息填写在指定 Excel 文件的指定列中。
- 实现 Excel 中一个工作表与多个工作表的 Vlookup 查询与合并操作。Python 程序可以在一个工作表中以某项数据为条件，从其他工作表中查找数据并填入指定的列中。例如在图 1-35 所示的“同学录”工作表中，根据“姓名”和“班级”列的数据，在“一班”“二班”“三班”等工作表中查询数据，并将查询到的“电话号码”数据填入“同学录”工作表的“电话号码”列中。

学号	姓名	班级	电话号码
Sx0001	刘自建	一班	
Sx0002	杨晓亮	二班	
Sx0003	姚妍妍	二班	
Sx0004	段程鹏	二班	
Sx0005	许朝霞	二班	
Sx0006	莫静静	三班	
Sx0007	李　娜	三班	
Sx0008	张珺涵	三班	
Sx0009	杜芳芳	三班	

同学录　一班　二班　三班

图 1-35

- 读取 Excel 数据并创建数据透视表。Python 程序可以将列式数据快速转换为二维交叉形式的数据透视表，方便用户分析，如图 1-36 所示。

日期	公司名称	数据项	数据值
2023/10/2	网易	开盘	164.3
2023/10/2	网易	收盘	161.93
2023/10/2	网易	高	165.22
2023/10/2	网易	低	161.68
2023/10/2	网易	交易量	17.31
2023/10/2	网易	涨跌幅	-0.04
2023/10/3	网易	开盘	168.83
2023/10/3	网易	收盘	168.32
2023/10/3	网易	高	173.4
2023/10/3	网易	低	167.21
2023/10/3	网易	交易量	12.03
2023/10/3	网易	涨跌幅	-0.01

日期	公司名称	开盘	收盘	高	低	交易量	涨跌幅
2023/10/10	网易	165.82	166.31	167.3	161.31	15.83	0.02
2023/10/9	网易	164.62	167.31	167.93	160.2	20.83	0.16
2023/10/8	网易	168.76	167.21	169.22	165.31	12.31	-0.12
2023/10/7	网易	172.32	[illegible]73.21	177.68	168.31	17.2	0.02
2023/10/6	网易	171.31	[illegible]70.28	174.31	171.22	19.31	-0.01
2023/10/5	网易	167.34	[illegible]9.21	-0.04	166.31	27.87	0.21
2023/10/4	网易	187.31	[illegible]88.21	189.32	187.99	19.52	0.17
2023/10/3	网易	183.34	[illegible]82.12	184.32	182.31	15.31	0.12
2023/10/2	网易	164.3	161.93	165.22	161.68	17.31	-0.04
2023/10/10	网易	176.32	175.12	176.33	174.32	23.36	-0.12
2023/10/9	百度	187.23	188.32	12.03	186.32	16.34	0.17
2023/10/8	百度	176.31	175.56	176.66	176.17	30.21	-0.19

图 1-36

▶ 合并 Excel 工作表并创建数据透视表。当数据分布于多个 Excel 工作表时，使用 Python 程序可以将多个工作表中的数据合并后再创建数据透视表，以方便查看数据。

▶ 读取多个Excel文件并实现数据的汇总统计。Python 程序可以读取多个 Excel 文件，并自动汇总文件数据，例如读取记录不同产品销售情况的文件(多个文件)，并在一个 Excel 工作表中汇总每个产品的销售最大值、最小值、平均值及总和等。

▶ 处理分析 Excel 数据并自动发送邮件。通过编写 Python 程序，可以处理分析 Excel 数据，并将结果通过电子邮件发送给指定的邮件地址，让其他用户能够方便地看到数据分析的结果。

▶ 读取 Excel 数据并计算列的相关性。Python 程序可以分析 Excel 表格中某一列数据与其他列的相关性，并将结果反馈给用户。

▶ 读取 Excel 数据并绘制折线图。将 Python 绘图功能与 Excel 相结合，可以在 Python 中实现折线图的绘制，然后将图形添加到 Excel 文件中。

▶ 制作网页查询 Excel 数据。通过编写 Python 程序，用户可以制作网页，实现查询 Excel 数据的效果。例如，用户在图 1-37 所示的网页中输入学生的姓名，可以查询记录在 Excel 文件中的学生成绩数据。

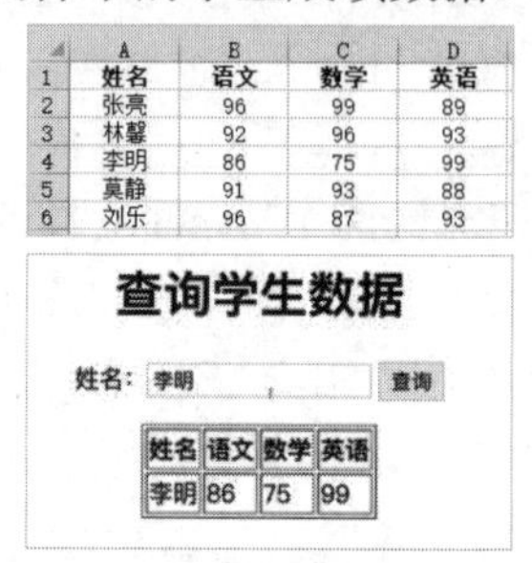

	A	B	C	D
1	姓名	语文	数学	英语
2	张亮	96	99	89
3	林馨	92	96	93
4	李明	86	75	99
5	莫静	91	93	88
6	刘乐	96	87	93

姓名	语文	数学	英语
李明	86	75	99

图 1-37

关于 Python 与 Excel 交互的具体应用，本书将在后面各章节中的扩展实例和案例演练部分详细介绍。

1.5 案例演练

本章介绍了 Excel 软件的起源、发展、主要功能，以及 Excel 与 ChatGPT 和 Python 的一些常见结合应用。下面的案例演练部分，将帮助用户掌握在电脑中安装 Excel 2021 软件和 Python 并接入 ChatGPT 的方法。

【例 1-1】在电脑中安装 Excel 2021。视频

step 1 通过 Microsoft 公司官方网站免费下载最新版的“Office 部署工具”(简称 ODT)，如图 1-38 所示。

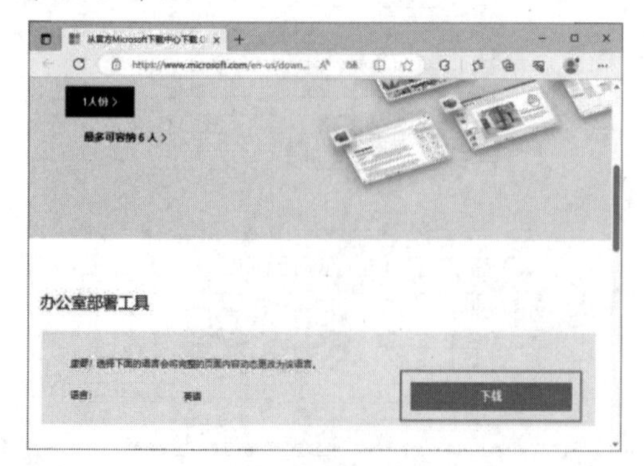

图 1-38

step 2 运行下载的“Office 部署工具”文件，根据提示完成工具的安装，如图 1-39 所示。

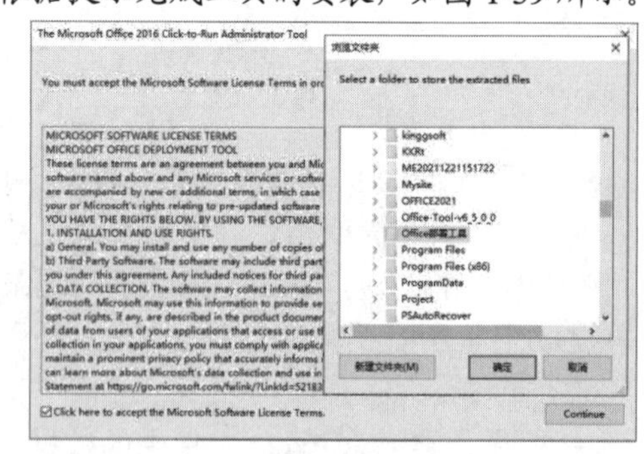

图 1-39

step 3 访问 Microsoft 公司官方提供的“Microsoft 应用版管理中心”官方网页：https://config.office.com/，以选择题的方式创建

一个 configuration.xml 文件(安装配置文件)，如图 1-40 所示。

图 1-40

step④ 单击图 1-40 所示界面右上角的【导出】按钮，在打开的对话框中选择【保留当前配置】单选按钮后，单击【确定】按钮。

step⑤ 打开【将配置导出到 XML】对话框后，选中【我接受许可协议中的条款】复选框，并在【文件名】文本框中输入 configuration，然后单击【导出】按钮，如图 1-41 所示。

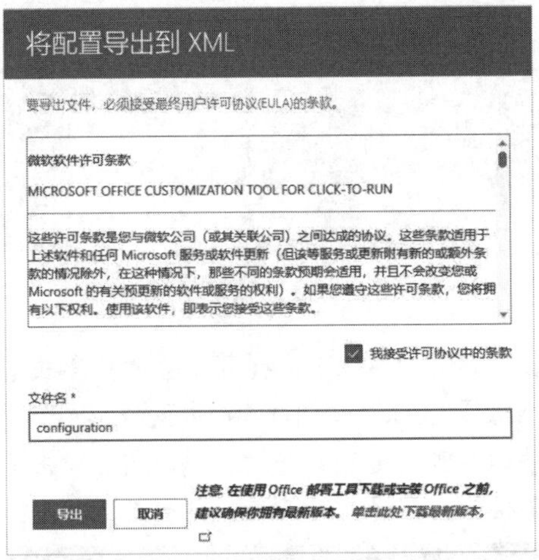

图 1-41

step⑥ 将导出的 configuration.xml 文件复制到步骤 2 安装“Office 部署工具”时生成的安装文件夹中，在文件夹的地址栏输入 cmd 后按 Enter 键，打开命令行窗口，然后输入命令：setup /configure configuration.xml，如图 1-42 所示，并按 Enter 键。

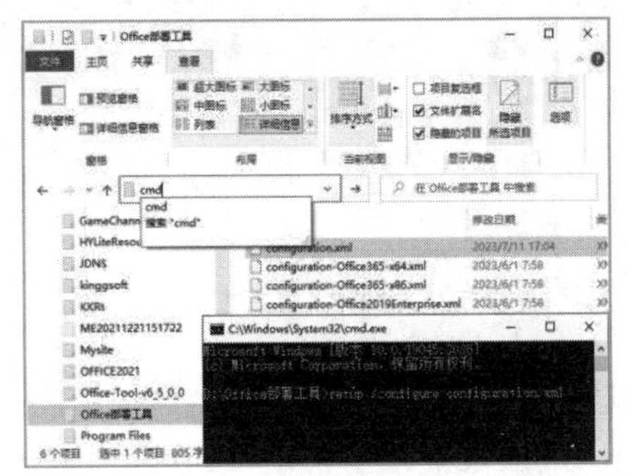

图 1-42

step⑦ 此时，系统将打开图 1-43 所示的安装界面，自动在电脑中安装 Office 2021(包括 Excel 2021 组件)。

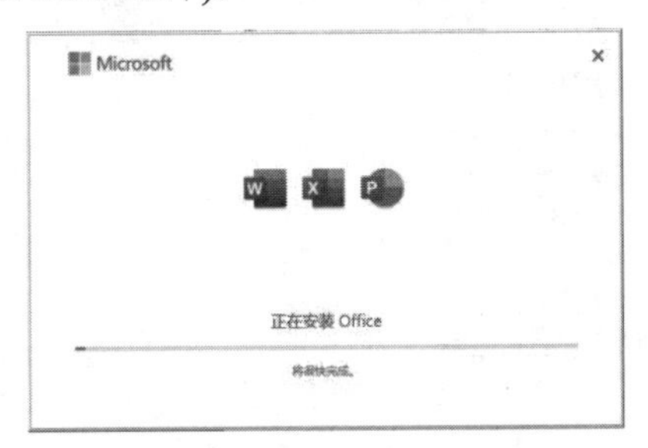

图 1-43

step⑧ 软件安装完成后，单击任务栏左侧的【开始】按钮，在弹出的菜单中选择 Excel 命令，即可启动 Excel 2021 软件。

【例 1-2】为 Windows 自带的 Microsoft Edge 浏览器安装 ChatGPT 插件。 视频

step① 打开 Microsoft Edge 浏览器后，单击浏览器界面右上角的【设置及其他】按钮···，在弹出的列表中选择【扩展】选项，如图 1-44 所示。

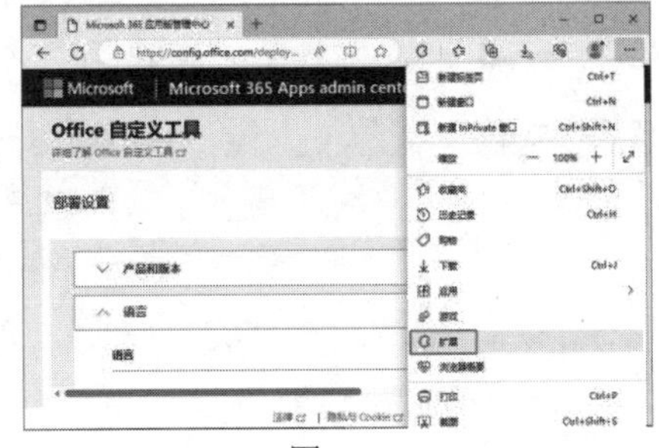

图 1-44

step② 在打开的【扩展】界面中选择【管理扩展】选项，如图 1-45 所示。

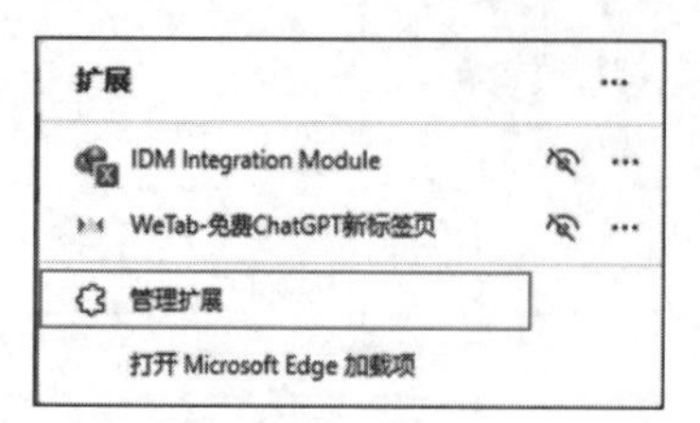

图 1-45

step 3 打开扩展管理界面，单击【获取 Microsoft Edge 扩展】按钮，如图 1-46 所示。

图 1-46

step 4 在打开的界面中搜索 WebTab 插件并单击【获取】按钮，如图 1-47 所示，在打开的提示对话框中单击【安装】按钮安装该插件。

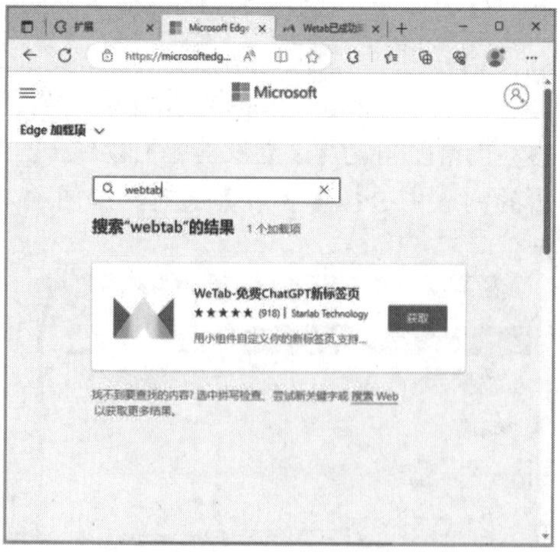

图 1-47

step 5 再次进入扩展管理界面，单击 WebTab 插件右侧的，使其状态变为，启用该插件，如图 1-48 所示。

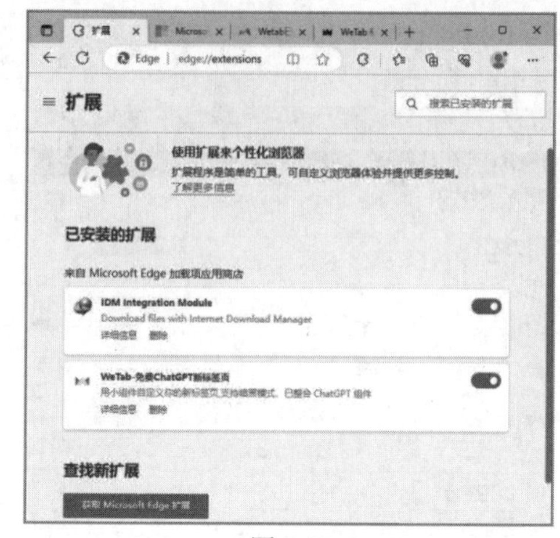

图 1-48

step 6 在 Microsoft Edge 的导航标签中单击【Chat AI】标签，如图 1-49 所示。

图 1-49

step 7 在打开的 Chat AI 登录界面中单击【登录/注册】按钮，如图 1-50 所示。在打开的界面中输入邮箱地址和登录密码，然后单击【登录】按钮，如图 1-51 所示，即可登录 ChatAI。

图 1-50

step 8 如果用户是第一次使用 ChatAI，可以单击图 1-51 所示界面右下角的【马上注册】

按钮，进入 WebTab 注册界面，使用电子邮箱注册 WebTab。

图 1-51

step 9　完成以上操作后，将打开 Chat AI 界面，在该界面底部的文本框中用户可以向人工智能提出问题，如图 1-52 所示(ChatAI 是基于 GPT-3.5-Turbo 训练模型的智能 AI 助手)。

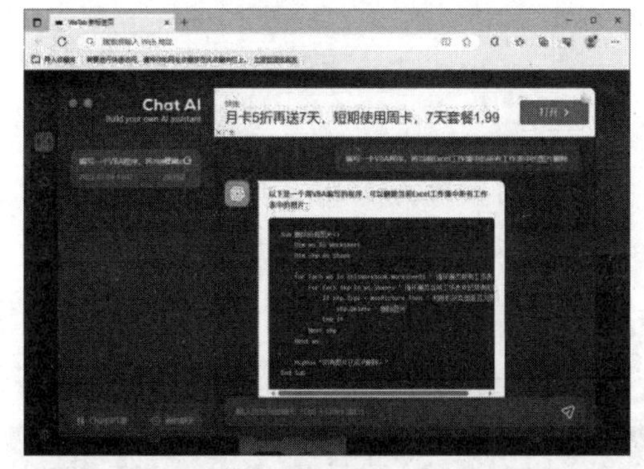

图 1-52

【例 1-3】安装 Python 与 PyCharm 工具，并使用 ChatGPT 编写一段程序，在指定文件夹中自动创建名为“财务部”“销售部”“物流部”的 Excel 文件，测试 Python 与 Excel 的交互效果。视频

step 1　通过 Python 官方网站下载并安装 Python 解释器。打开 Edge 浏览器访问 Python 官方网站，选择下载 Windows 版的 Python 安装文件。

step 2　双击下载的 Python 安装文件，打开安装界面，选中 Add Python.exe to PATH 复选框后，单击 Install Now 按钮，然后根据提示即可完成 Python 解释器的安装，如图 1-53 所示。

图 1-53

step 3　下一步安装常用的 Python 工具——PyCharm。访问 PyCharm 官方网站，下载安装文件，然后运行该文件安装 PyCharm，如图 1-54 所示。

图 1-54

step 4　使用 PyCharm 编写一段简单的程序代码，测试 Excel 与 Python 的交互功能。在本地电脑硬盘创建一个用于存放代码的目录，例如 D:\Excel。

step 5　打开 D:\Excel 文件夹，在空白处右击鼠标，从弹出的菜单中选择【新建】|【文本文档】命令，创建一个名为“批量创建 Excel 文件.py”的文件，如图 1-55 所示。

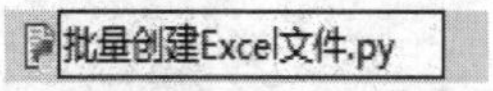

批量创建Excel文件.py

图 1-55

step 6　右击“批量创建Excel文件.py”的文件，从弹出的菜单中选择【打开方式】 | PyCharm 命令，启动 PyCharm，编辑“批量创建 Excel 文件.py”文件。

step 7 打开 ChatGPT 后输入提问：编写一个 Python 程序，在“D:\Excel”中创建名为“财务部”“销售部”“物流部”的 Excel 文件。单击 ChatGPT 生成代码右上角的【复制】按钮复制代码，如图 1-56 所示。

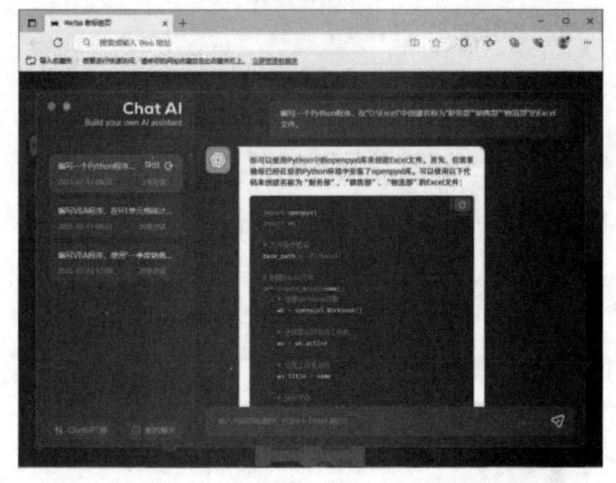

图 1-56

step 8 切换至 PyCharm，将复制的代码粘贴至处于编辑状态的“批量创建 Excel 文件.py”文件中，如图 1-57 所示。

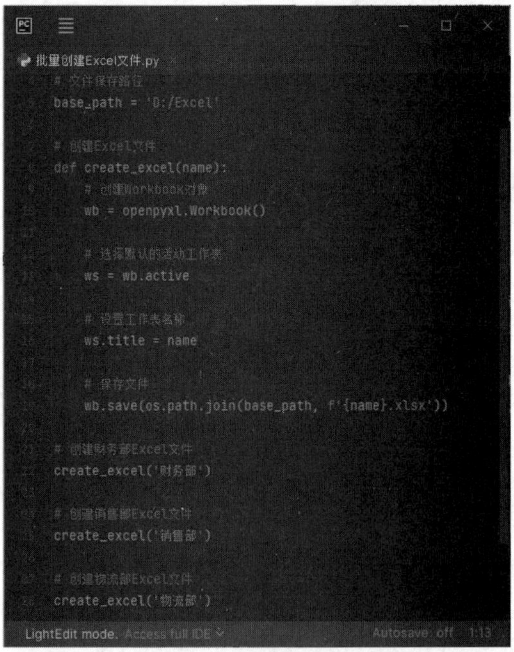

```
批量创建Excel文件.py
    # 文件保存路径
    base_path = 'D:/Excel'

    # 创建Excel文件
    def create_excel(name):
        # 创建Workbook对象
        wb = openpyxl.Workbook()

        # 选择默认的活动工作表
        ws = wb.active

        # 设置工作表名称
        ws.title = name

        # 保存文件
        wb.save(os.path.join(base_path, f'{name}.xlsx'))

    # 创建财务部Excel文件
    create_excel('财务部')

    # 创建销售部Excel文件
    create_excel('销售部')

    # 创建物流部Excel文件
    create_excel('物流部')
LightEdit mode. Access full IDE          Autosave: off   1:13
```

图 1-57

step 9 关闭 PyCharm 软件，在 D:\Excel 文件夹的地址栏中输入 cmd 并按 Enter 键，打开命令行窗口，输入命令：python 批量创建 Excel 文件.py，如图 1-58 所示。

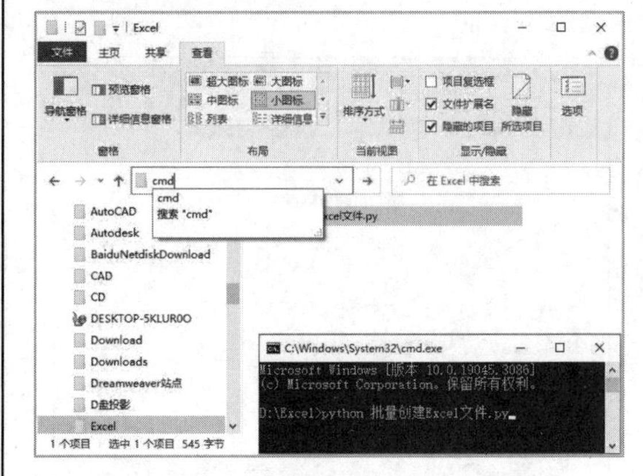

图 1-58

step 10 稍等片刻后，D:\Excel 文件夹中将自动创建“财务部.xlsx”“销售部.xlsx”“物流部.xlsx”3 个 Excel 文件，如图 1-59 所示。

图 1-59

知识点滴

完成以上案例操作后，用户可以将 Excel 与 Python 和 ChatGPT 进一步结合，尝试通过向 ChatGPT 提问的方式获取 Python 代码，实现更多、更复杂的 Excel 自动化程序代码。例如重命名 D:\Excel 文件夹中的 Excel 文件或者批量打开文件夹中的 Excel 文件。通过举一反三的操作，快速掌握 ChatGPT 和 Python 的基础操作，为后面学习应用它们提高 Excel 操作效率打下基础。

第 2 章

Excel 工作环境

Excel 的工作环境是指用户在使用 Excel 软件时所处的操作环境和工作界面，包括 Excel 的启动方式、Excel 文件特点、Excel 工作窗口以及 Excel 的自定义设置。这些知识将帮助用户熟悉 Excel 的基本操作方法，为进一步学习各项功能打下基础。

本章对应视频

例 2-1 以安全模式启动 Excel
例 2-2 自定义快速访问工具栏
例 2-3 显示 Excel 隐藏的选项卡
例 2-4 自定义 Excel 默认字体字号
例 2-5 自定义 Excel 默认工作表数目
例 2-6 自定义 Excel 默认单元格列宽
例 2-7 添加 Excel 功能区命令控件
本章其他视频参见视频二维码列表

2.1 Excel 程序的启动

在电脑中安装 Excel 2021 软件后，可以通过多种方式启动该软件。

- 通过 Windows 开始菜单启动。单击 Windows 系统桌面任务栏左侧的【开始】按钮，在弹出的菜单中选择【所有程序】|Excel 命令，如图 2-1 所示。

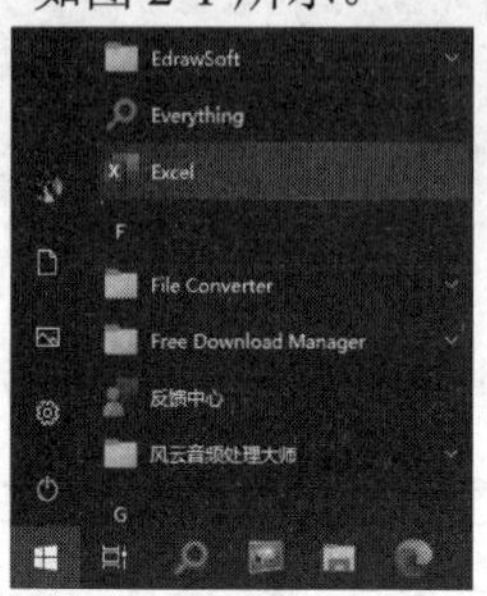

图 2-1

- 通过桌面快捷方式启动。双击系统桌面上的 Microsoft Excel 快捷方式。
- 通过现有的 Excel 工作簿启动。双击已经存在的 Excel 工作簿文件(例如“财务部.xlsx”)，如图 2-2 所示。

图 2-2

如果 Excel 软件由于存在某种问题而无法正常启动，用户可以尝试通过安全模式启动 Excel。

【例 2-1】通过设置启动项参数的方式以安全模式启动 Excel。视频

step 1 单击系统桌面任务栏左侧的【开始】按钮，弹出开始菜单并右击 Excel 命令，在弹出的快捷菜单中选择【打开文件位置】命令，如图 2-3 所示。

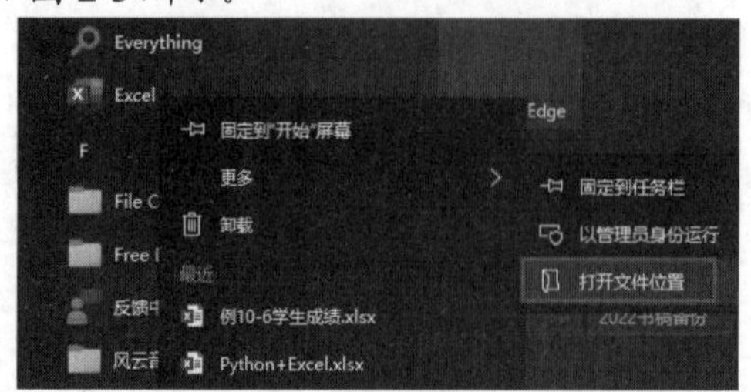

图 2-3

step 2 打开保存 Excel 程序快捷方式的文件夹，右击 Excel 程序快捷方式，在弹出的菜单中选择【属性】命令，如图 2-4 所示。

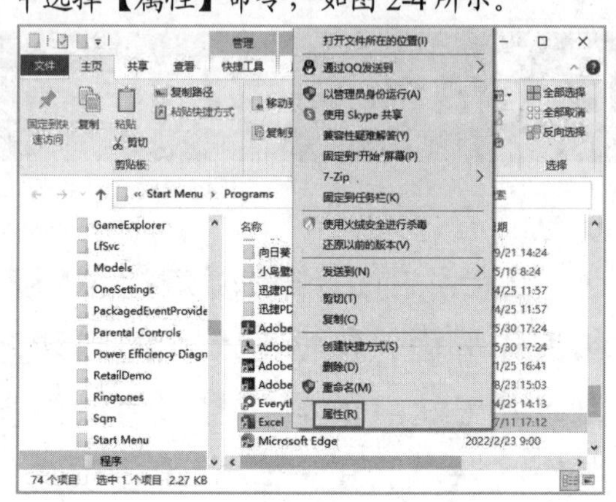

图 2-4

step 3 打开【Excel 属性】对话框，选择【快捷方式】选项卡，在【目标】文本框的原有内容末尾添加参数“/s”(新添加的参数与原内容之间有一个半角空格)，单击【确定】按钮，在打开的提示对话框中单击【继续】按钮，如图 2-5 所示。

图 2-5

step 4 双击修改参数后的 Excel 程序快捷方

式，此时 Excel 将以安全模式启动。在安全模式下，Excel 只提供最基本的功能，禁止使用可能产生问题的部分功能，包括自定义快速访问工具栏、加载宏及大部分的 Excel 选项。

知识点滴

按住 Ctrl 键后启动 Excel 程序，可以临时进入安全模式。

2.2　Excel 文件的特点

Excel 文件指的是 Excel 工作簿文件，即扩展名为.xlsx(Excel 97-Excel 2003 默认的扩展名为.xls)的文件。这是 Excel 最基础的电子表格文件类型。但是与 Excel 相关的文件类型并非仅此一种。Excel 支持许多类型的文件格式，不同类型的文件具有不同的扩展名、存储机制和限制，具体如表 2-1 所示。

表 2-1　Excel 支持的文件格式及其说明

格式	扩展名	存储机制和限制说明
Excel 工作簿	.xlsx	基于 XML 的文件格式，不能存储 Microsoft Visual Basic for Applications(VBA)宏代码或 Excel 宏工作表(.xlm)
Excel 二进制工作簿	.xlsb	二进制文件格式(BIFF12)
Excel 97-Excel 2003 工作簿	.xls	Excel 97-Excel 2003 二进制文件格式
XML 数据	.xml	XML 数据格式
单个文件网页	.mht/.mhtml	MHTML Document 文件格式
Excel 启用宏的模板	.xltm	Excel 模板启用宏的文件格式，可以存储 VBA 宏代码或 Excel 宏工作表(.xlm)
Excel 97-Excel 2003 模板	.xlt	Excel 模板的 Excel 97-Excel 2003 二进制文件格式
文本文件(以制表符分隔)	.txt	将工作簿另存为以制表符分隔的文本文件，以便在其他 Microsoft Windows 操作系统上使用，并确保正确解释制表符、换行符和其他字符。仅保存活动工作表
Unicode 文本	.txt	将工作簿另存为 Unicode 文本，一种由 Unicode 协会开发的字符编码标准
XML 电子表格	.xml	XML 电子表格文件格式
Microsoft Excel 5.9/95 工作簿	.xls	Excel 5.9/95 二进制文件格式
CSV(以逗号分隔)	.csv	将工作簿另存为以逗号分隔的文本文件，以便在其他 Windows 系统上使用，并确保正确解释制表符、换行符和其他字符。仅保存活动工作表
带格式文本(以空格分隔)	.prn	Lotus 以空格分隔的格式，仅保存活动工作表

(续表)

格式	扩展名	存储机制和限制说明
DIF	.dif	数据交换格式，仅保存活动工作表
SYLK	.slk	符号链接格式，仅保存活动工作表
Excel 97-Excel 2003 加载宏	.xla	Excel 97- Excel 2003 加载项，支持 VBA 项目的使用

除此之外，还有几种由 Excel 创建或在使用 Excel 进行相关应用过程中所用到的文件类型，下面将单独介绍。

1. 启用宏的工作簿(.xlsm)

启用宏的工作簿是一种特殊的工作簿，它是自 Excel 2007 以后版本所特有的，是 Excel 2007 和 Excel 2010 基于 XML 和启用宏的文件格式，用于存储 VBA 宏代码或者 Excel 宏工作表(.xlm)。启用宏的工作簿扩展名为“.xlsm”，如图 2-6 所示。从 Excel 2007 以后的版本开始，基于安全考虑，普通工作簿无法存储宏代码，而保存为这种工作簿则可以保留其中的宏代码。

图 2-6

2. 模板文件(.xltx 或.xltm)

模板是用来创建具有相同风格的工作簿或者工作表的模型。如果用户需要使自己创建的工作簿或工作表具有自定义的颜色、文字样式、表格样式、显示设置等统一的样式，可以使用模板文件来实现。模板文件图标如图 2-7 所示。

图 2-7

3. 加载宏文件(.xlam)

加载宏是一些包含了 Excel 扩展功能的程序，其中既包括 Excel 自带的加载宏程序(如分析工具库、规划求解等)，也包括用户自己或者第三方软件厂商所创建的加载宏程序(如自定义函数命令等)。加载宏文件(.xlam)就是包含了这些程序的文件，通过移植加载宏文件，用户可以在不同的计算机上使用自己所需功能的加载宏程序。其图标如图 2-8 所示。

图 2-8

4. 网页文件(.mht/htm 或.html)

Excel 既可以从网上获取数据，也可以把包含数据的表格保存为网页格式进行发布，其中还可以设置保存为“交互式”网页，转换后的网页中保留了使用 Excel 继续进行编辑和数据处理的功能。Excel 保存的网页分为单个文件的网页(.mht 或.mhtml)和普通网页(.htm 或.html)。

2.3 Excel 的工作窗口

Excel 2021 沿用了之前版本的功能区界面风格，其工作窗口界面中设置了一些便捷的工具栏和按钮，如快速访问工具栏、视图切换按钮和【显示比例】滑块等。

Excel 2021 程序在启动后，将默认显示图 2-9 所示的开始界面，以供用户快速新建工作簿或打开近期曾经使用过的工作簿。

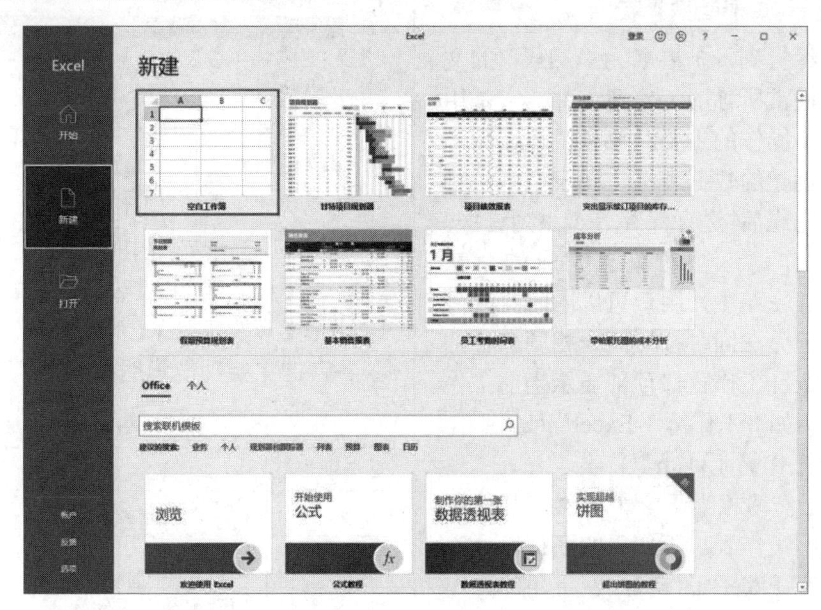

图 2-9

在 Excel 开始界面中选择【空白工作簿】选项，将进入图 2-10 所示的 Excel 工作界面，该界面主要由功能区、快速访问工具栏、状态栏及各种命令控件等组成。

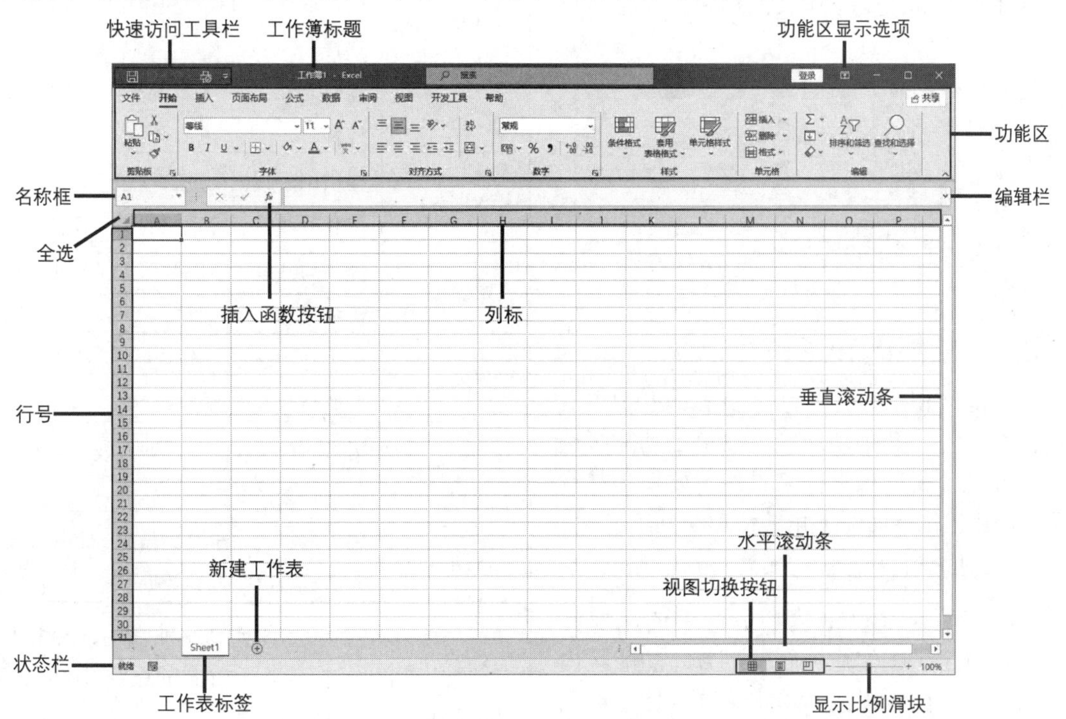

图 2-10

2.3.1　工作簿和工作表

前面已经提到，扩展名为“.xlsx”的文件就是我们通常所称的工作簿文件，它是用户进行 Excel 操作的主要对象和载体。用户使用 Excel 创建的数据表格，在表格中进行编辑及操作完成后，进行保存等一系列过程，大多是在工作簿这个对象上完成的。在 Windows 操作系统中，用户可以同时打开多个工作簿，但无法同时打开两个相同名称的工作簿(在 Excel 工作窗口顶部显示当前工作簿的名称，例如“工作簿 1-Excel”或“工作簿 1.xlsx”“工作簿 1.xlsm”)。

Excel 工作簿相当于一个容器，其作用是管理和组织工作表。工作表的名称以标签的形式显示在 Excel 工作界面左下角的工作表标签上(默认为 Sheet1)。一个工作簿中可以包含多个工作表，用户可以通过重命名为每个工作表设定新的名称，并根据需要在工作簿中增减和改变工作表的顺序，如图 2-11 所示。

	A	B	C	D	E	F
1	月份	部门	姓名	性别	业绩	备注
2	1月	销售A	李亮辉	男	156	
3	1月	销售A	林雨馨	女	98	
4	1月	销售A	莫静静	女	112	
5	1月	销售A	刘乐乐	女	139	
6	1月	销售A	许朝霞	女	93	
7	1月	销售A	段程鹏	男	87	
8	1月	销售A	杜芳芳	女	91	
9	1月	销售A	杨晓亮	男	132	
10	1月	销售A	张珺涵	男	183	

一月　二月　三月　四月　五...

图 2-11

2.3.2　功能区和工具栏

功能区和工具栏中包含了 Excel 中主要的命令控件，其中功能区主要包括功能区选项卡和上下文选项卡；工具栏主要指的是位于 Excel 工作界面左上角的快速访问工具栏。

1. 功能区选项卡

功能区是 Excel 窗口界面中的重要元素，通常位于工作簿标题的下方。功能区由一组选项卡面板组成，单击选项卡标签可以切换到不同的选项卡功能面板。不同的选项卡功能面板又包含不同的命令组(简称组)，命令组用于分类管理 Excel 的主要命令控件，如图 2-12 所示。

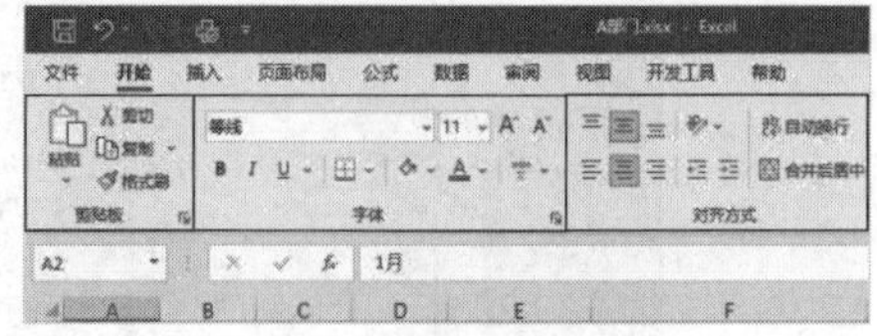

图 2-12

Excel 工作界面中包含【文件】【开始】【插入】【页面布局】【公式】【数据】【审阅】【视图】【开发工具】【帮助】10 个选项卡，其各自的主要功能说明如表 2-2 所示。

表 2-2　Excel 功能区中各选项卡的功能说明

选项卡	功能说明
文件	用于执行与整个工作簿相关的操作
开始	包含与编辑、格式化和数据处理相关的常用命令控件
插入	提供各种插入对象、图表、函数的相关命令控件
页面布局	提供进行页面设置和布局的相关命令控件
公式	提供与公式和函数操作相关的命令控件
数据	提供用于数据处理、排序、筛选、获取和分级显示等功能的命令控件
审阅	提供与共享、审阅和保护 Excel 工作簿相关的命令控件
视图	提供与 Excel 工作表的显示和布局相关的命令控件
开发工具	提供访问 Excel 的高级开发工具和功能的相关命令控件
帮助	用于显示 Excel 帮助信息、联系支持人员或者提交反馈数据

关于功能区选项卡中各种常用命令控件的使用方法，本书将在后面的案例中结合实际操作详细介绍。

2. 上下文选项卡

除功能区中默认的选项卡以外，Excel

还包含许多附加选项卡，这些选项卡只在进行特定操作时才显示(例如，在操作图表时将显示图 2-13 所示的【图表设计】选项卡)。因此也称为“上下文选项卡”。

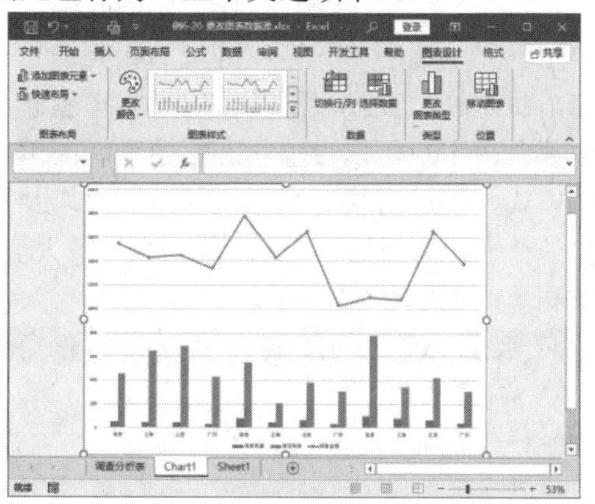

图 2-13

上下文选项卡根据用户选择的对象、操作或活动而动态变化，提供与当前操作对象相关的功能和工具。Excel 中常见的上下文选项卡有【图表设计】【SmatArt 设计】【图片格式】【页眉和页脚】【形状格式】【公式】【数据透视表分析】【设计】【格式】【数据透视图分析】【表设计】等。本书将在介绍具体案例时，详细介绍这些选项卡的功能。

3. 快速访问工具栏

如图 2-14 所示，快速访问工具栏位于 Excel 工作界面左上角，它包含一组常用的命令快捷按钮，并且支持用户根据需要设定其显示的命令。

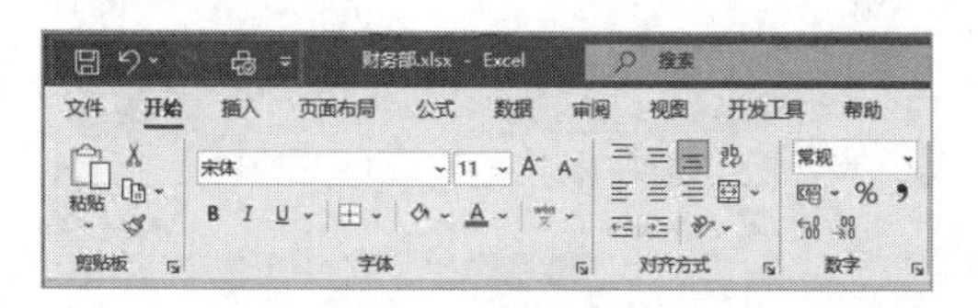

图 2-14

用户可以单击快速访问工具栏右侧的【自定义快速访问工具栏】按钮，设置工具栏中显示的命令控件。

【例 2-2】在 Excel 快速访问工具栏中添加【快速打印】命令控件，实现对工作表的快速打印。视频

step 1 双击打开需要打印的 Excel 工作簿，然后单击快速访问工具栏右侧的【自定义快速访问工具栏】按钮，从弹出的列表中选择【快速打印】选项，如图 2-15 所示。

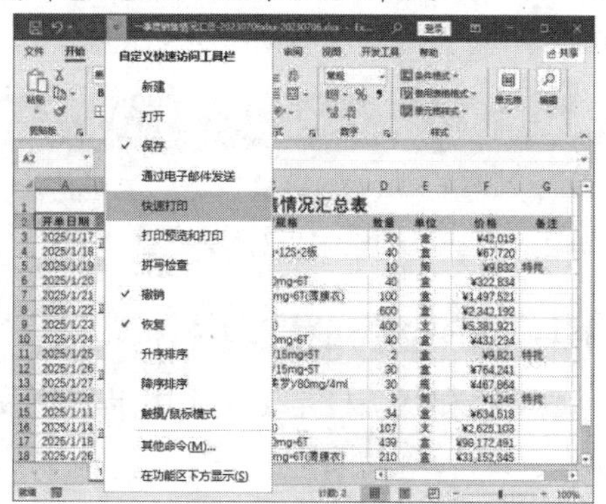

图 2-15

step 2 此时，快速访问工具栏中将显示【快速打印】按钮，单击该按钮，Excel 将采用系统默认的打印机立即打印当前工作表。

2.3.2　行号、列标和名称框

在 Excel 工作界面中，一组垂直的灰色阿拉伯数字标识了电子表格的行号；而另一组水平的灰色标签中的英文字母，则标识了电子表格的列号，这两组标签在 Excel 中分别被称为“行号”和“列标”，如图 2-16 所示。

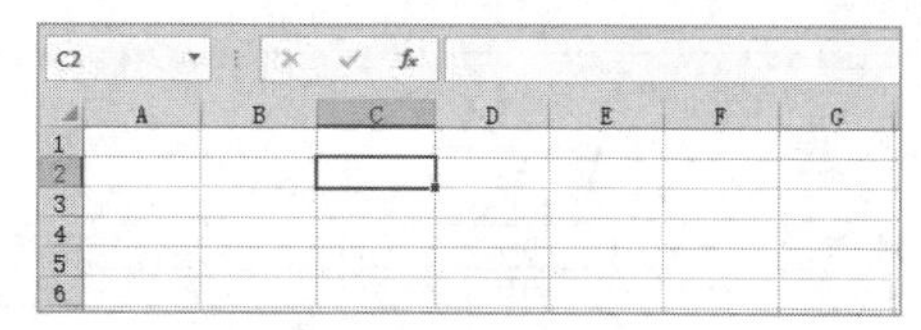

图 2-16

行和列相互交叉形成一个个的格子被称为“单元格”，单元格是构成工作表最基础的组成元素(众多的单元格组成了一个完整的工作表)。在 Excel 工作表中，每个单元格都可以通过单元格地址进行标识，单元格地址由它所在列的列标和所在行的行号所组成，其形式通常为“字母+数字”的形式。例如图 2-16 中选中的单元格位于 C 列第 2 行的单元格，该单元格的地址就是 C2。

在当前 Excel 工作表中，无论用户是否曾经用鼠标单击过工作表区域，都存在一个

被激活的活动单元格，该单元格即为当前被激活(被选定)的活动单元格。活动单元格的边框显示为黑色矩形边框，在 Excel 工作窗口的名称框中将显示活动单元格的地址。

知识点滴

在名称框中输入单元格的地址后按 Enter 键，将快速定位到该单元格。

2.3.4 编辑栏和状态栏

编辑栏和状态栏是 Excel 用于辅助数据输入、编辑与统计的工具。

1. 编辑栏

编辑栏是 Excel 工作界面功能区和列标之间的一个区域(名称框的右侧)，其主要的作用是编辑单元格中的内容和公式。当用户选中单元格后，编辑栏中将显示单元格中的内容或公式，如图 2-17 和图 2-18 所示。

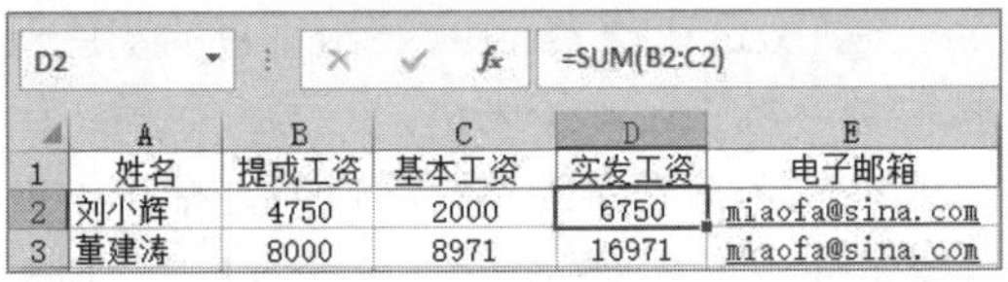

D2 | =SUM(B2:C2)

	A	B	C	D	E
1	姓名	提成工资	基本工资	实发工资	电子邮箱
2	刘小辉	4750	2000	6750	miaofa@sina.com
3	董建涛	8000	8971	16971	miaofa@sina.com

图 2-17

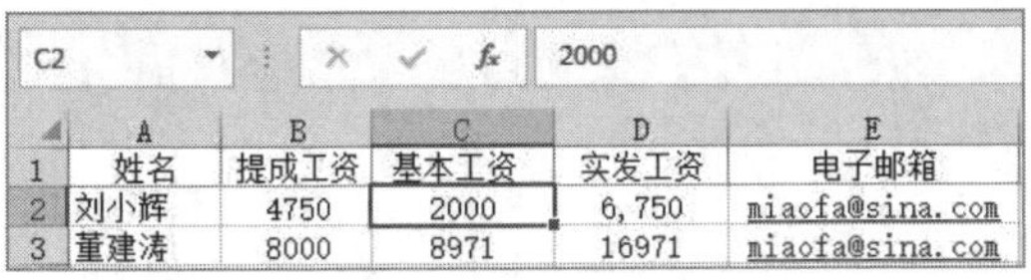

C2 | 2000

	A	B	C	D	E
1	姓名	提成工资	基本工资	实发工资	电子邮箱
2	刘小辉	4750	2000	6, 750	miaofa@sina.com
3	董建涛	8000	8971	16971	miaofa@sina.com

图 2-18

在 Excel 中，用户可以使用鼠标单击编辑栏或者按 F2 键来进行单元格编辑操作，如图 2-19 所示。

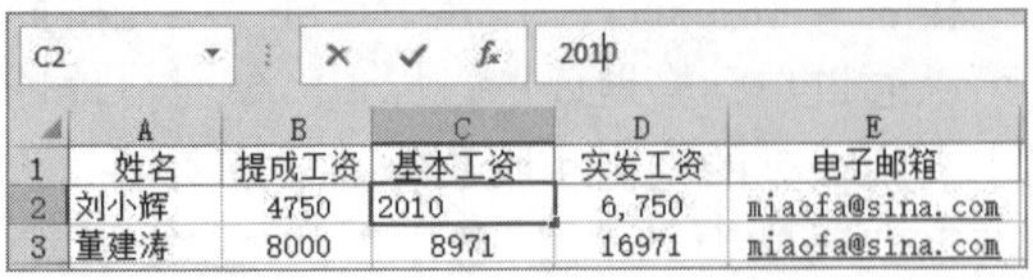

C2 | 2010

	A	B	C	D	E
1	姓名	提成工资	基本工资	实发工资	电子邮箱
2	刘小辉	4750	2010	6, 750	miaofa@sina.com
3	董建涛	8000	8971	16971	miaofa@sina.com

图 2-19

当用户在编辑栏中输入内容后，其左侧的【取消】按钮×和【输入】按钮✓将会被激活，单击【取消】按钮×输入的内容将会被撤销；单击【输入】按钮✓则会使输入内容立即生效。

2. 状态栏

状态栏位于 Excel 工作界面的底部，主要用于显示选中单元格或区域的相关信息。右击状态栏，在弹出的【自定义状态栏】快捷菜单中用户可以设置状态栏中显示的单元格模式、缩放滑块、视图快捷方式，以及各类统计信息，例如平均值、最小值、最大值、求和等，如图 2-20 所示。

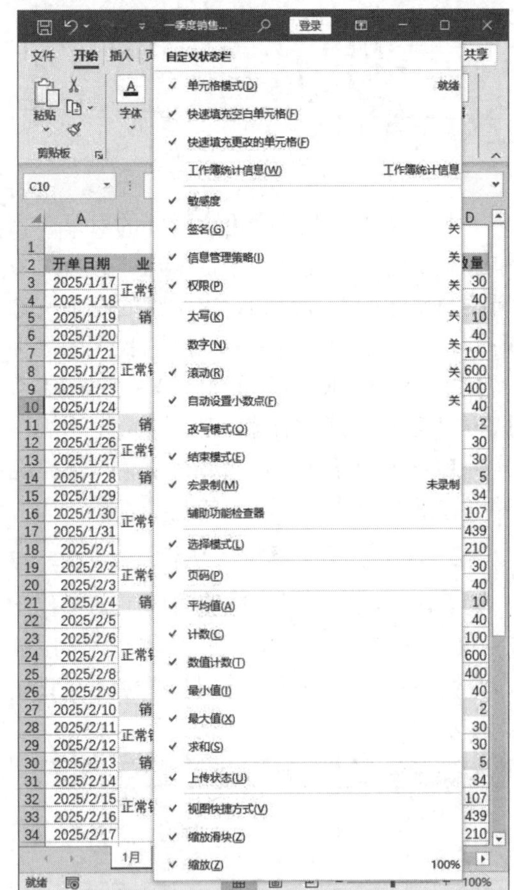

图 2-20

完成设置后，在工作表中选中一个单元格后，状态栏中将显示该单元格的当前模式为“就绪”，如图 2-21 所示；将鼠标指针置于编辑栏或者按 F2 键使单元格进入编辑状态，状态栏中将显示单元格当前状态为“编辑”，如图 2-22 所示。

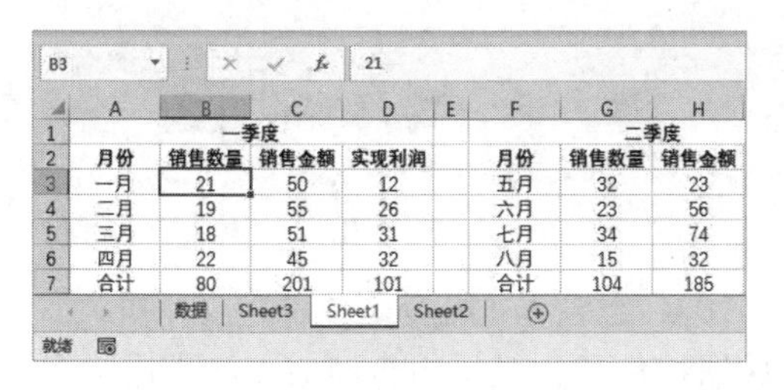

B3
21
A B C D E F G H
一季度 二季度
月份 销售数量 销售金额 实现利润 月份 销售数量 销售金额
一月 21 50 12 五月 32 23
二月 19 55 26 六月 23 56
三月 18 51 31 七月 34 74
四月 22 45 32 八月 15 32
合计 80 201 101 合计 104 185
数据 Sheet3 Sheet1 Sheet2
就绪

图 2-21

B3
21
A B C D E F G H
一季度 二季度
月份 销售数量 销售金额 实现利润 月份 销售数量 销售金额
一月 21 50 12 五月 32 23
二月 19 55 26 六月 23 56
三月 18 51 31 七月 34 74
四月 22 45 32 八月 15 32
合计 80 201 101 合计 104 185
数据 Sheet3 Sheet1 Sheet2
编辑

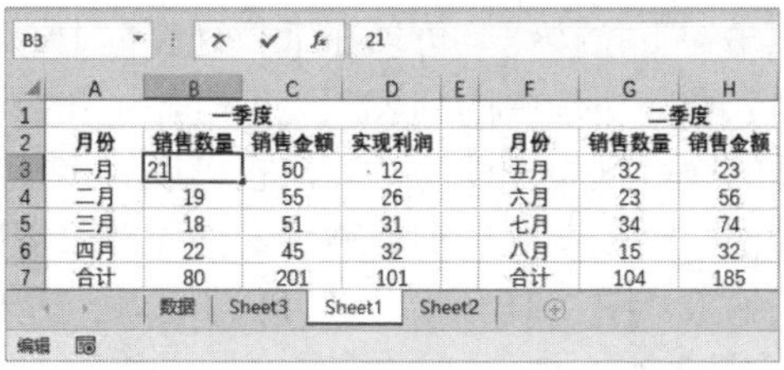

图 2-22

若用户选中工作表中的某个单元格区域，状态栏中将根据【自定义状态栏】快捷菜单中的设置，显示相应的统计值，如图 2-23 所示。

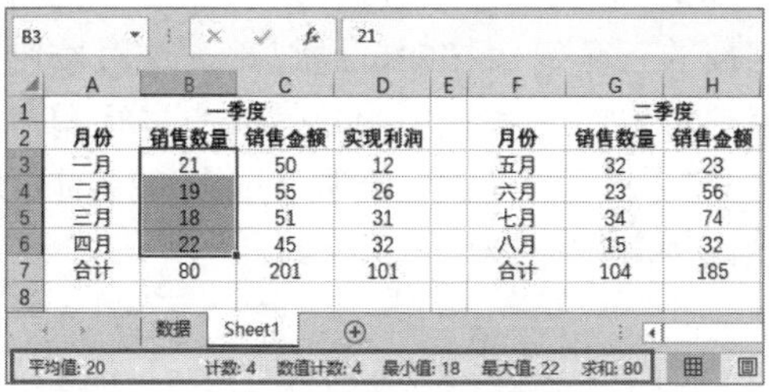

B3
21
A B C D E F G H
一季度 二季度
月份 销售数量 销售金额 实现利润 月份 销售数量 销售金额
一月 21 50 12 五月 32 23
二月 19 55 26 六月 23 56
三月 18 51 31 七月 34 74
四月 22 45 32 八月 15 32
合计 80 201 101 合计 104 185
数据 Sheet1
平均值: 20 计数: 4 数值计数: 4 最小值: 18 最大值: 22 求和: 80

图 2-23

2.3.5 命令控件和右键菜单

命令控件和快捷菜单是用户与 Excel 软件交互的主要途径。

1. 命令控件

命令控件分布在 Excel 功能区选项卡、对话框和工作界面中，其主要类型有按钮、切换按钮、下拉按钮、拆分按钮、复选框、文本框、库、组合框、微调按钮、对话框启动器等。认识并熟悉这些控件的特性，有助于正确使用 Excel 中的命令。

- 按钮：单击按钮可以执行一项命令或一项操作。例如单击 Excel 编辑栏左侧的【插入函数】按钮 f_x，将会打开【插入函数】对话框；单击【开始】选项卡中的【剪切】按钮和【格式刷】按钮，将会执行“剪切”和“格式刷”命令；单击工作表标签右侧的【新建工作表】按钮⊕，将新建一个工作表；单击如图 2-24 所示的行号和列标交汇处的【全选】按钮◢，可以选中工作表中的所有单元格。

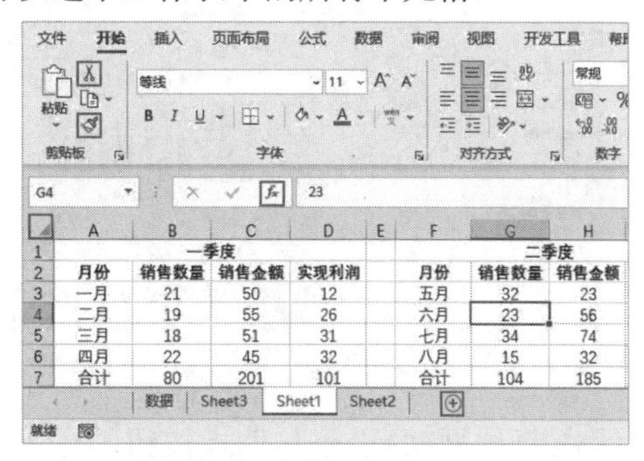

文件 开始 插入 页面布局 公式 数据 审阅 视图 开发工具
等线 11
常规
粘贴
剪贴板 字体 对齐方式 数字
G4
23
A B C D E F G H
一季度 二季度
月份 销售数量 销售金额 实现利润 月份 销售数量 销售金额
一月 21 50 12 五月 32 23
二月 19 55 26 六月 23 56
三月 18 51 31 七月 34 74
四月 22 45 32 八月 15 32
合计 80 201 101 合计 104 185
数据 Sheet3 Sheet1 Sheet2
就绪

图 2-24

- 切换按钮：单击切换按钮可以在两种状态之间来回切换。例如单击 Excel 状态栏右侧的 3 个视图切换按钮，分别用于控制切换 Excel 中的【普通】【页面布局】【分页预览】3 种视图模式状态，如图 2-25 所示。

100%

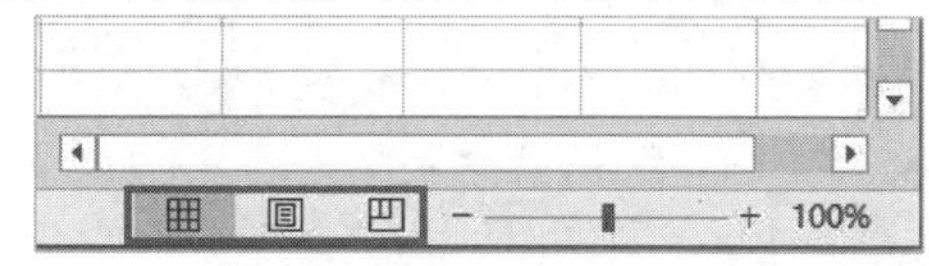

图 2-25

- 下拉按钮：下拉按钮包含一个黑色的倒三角标识符号，单击下拉按钮可以显示详细的命令列表或显示多级扩展菜单。图 2-26 所示为 Excel 工作界面右上角的【功能区显示选项】下拉按钮。

登录
适中
计算
链接单元格
输出
插入 删除 格式
单元格
自动隐藏功能区(A)
隐藏功能区。单击应用程序顶部以显示它。
显示选项卡(B)
仅显示功能区选项卡。单击选项卡可显示命令。
显示选项卡和命令(O)
始终显示功能区选项卡和命令。
S T U V W X Y

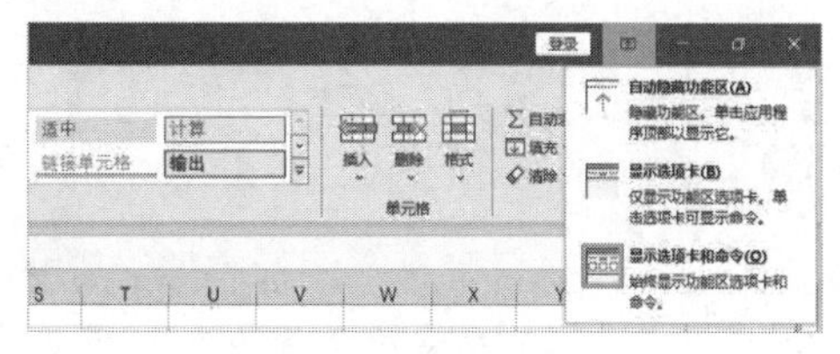

图 2-26

- 拆分按钮：拆分按钮(或称组合按钮)由按钮和下拉按钮组合而成。单击其中的按钮部分可以执行特定的命令，而单击其下拉按钮部分，则可以在下拉列表中选择其他相近或相关的命令。图 2-27 所示为单击【开始】选项卡中的【粘贴】和【字体颜色】拆分按钮弹出的列表。

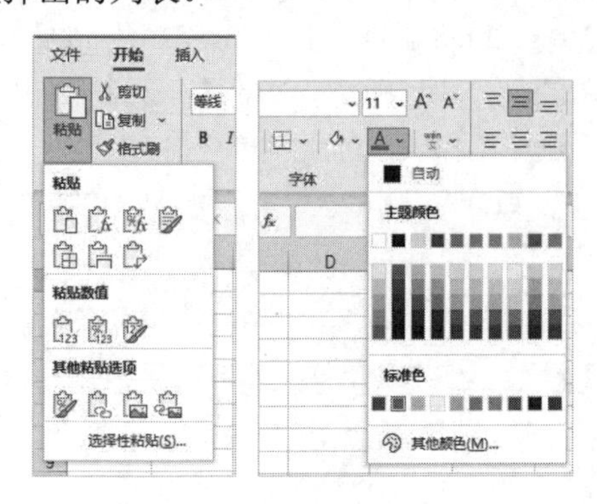

图 2-27

▶ 复选框：复选框与切换按钮的作用方式类似。单击复选框可以在“选中”和“取消选中”两个选项状态之间来回切换。例如在【视图】选项卡的【显示】命令组中选中【编辑栏】【网格线】【标题】3 个复选框，如图 2-28 所示。

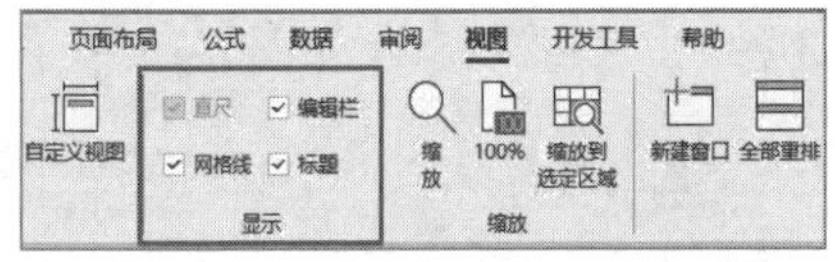

图 2-28

▶ 文本框：文本框可以显示文本，并且允许用户对显示的文本进行编辑。图 2-29 所示为【数据透视表分析】选项卡中【数据透视表】和【活动字段】命令组中的两个文本框。

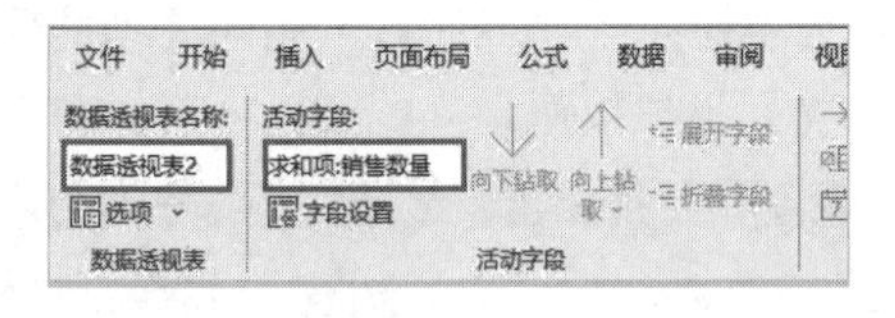

图 2-29

▶ 库：库包含了一个图标容器，其中包含可供用户选择的命令或方案图标。例如在【图表设计】选项卡的【图表样式】命令组中就包含一个【图表样式】库，如图 2-30 所示，单击该库右侧的上、下三角箭头，可以切换不同行中的图标项，单击【其他】按钮则可以打开整个库，显示库中的所有内容。

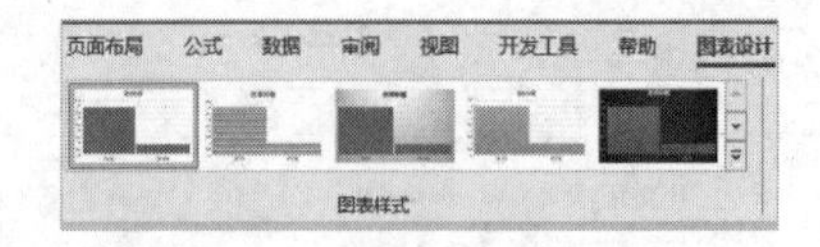

图 2-30

▶ 组合框：组合框控件由文本框、下拉按钮控件和列表框组合而成，通常用于多种属性选项的设置。通过单击其中显示黑色倒三角的下拉按钮，可以在下拉列表框中选取列表项，所选中的列表项会同时显示在组合框的文本框中。同时，用户也可以直接在文本框中输入某个选项名称后，按 Enter 键确认输入。图 2-31 所示为【开始】选项卡中的【字号】组合框。

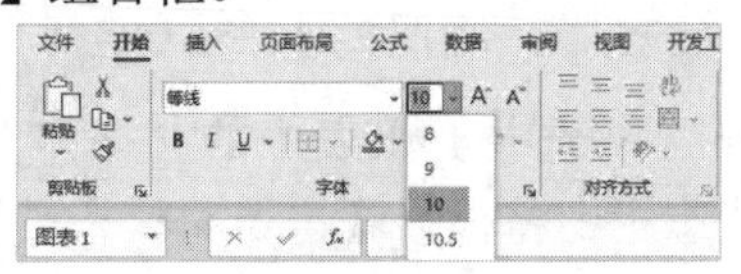

图 2-31

▶ 微调按钮：微调按钮包含一对方向相反的三角箭头按钮，通过单击这对按钮，用户可以对文本框中的数值大小进行调节。图 2-32 所示为【页面布局】选项卡中的【缩放比例】微调按钮。

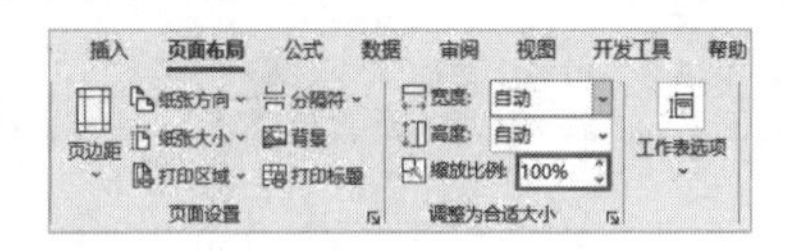

图 2-32

▶ 对话框启动器：对话框启动器是一种特殊的按钮控件，它位于特定命令组的右下角，并与该命令组相关联。单击对话框启动器后，将打开与其所在命令相关的对话框。例如单击【页面布局】选项卡【页面设置】命令组中的对话框启动器，将打开【页面设置】对话框并选中【页面】选项卡；单击【开始】选项卡【字体】命令组中的对话框启动器，将打开【设置单元格格式】对话框，并选择【字体】选项卡。

▶ 单选按钮：单选按钮通常由两个或两个以上单选按钮组成，用户选中其中一个单选按钮后，另一个(或几个)单选按钮的选中状态将被取消。图 2-33 所示为【Excel 选项】对话框中的单选按钮。

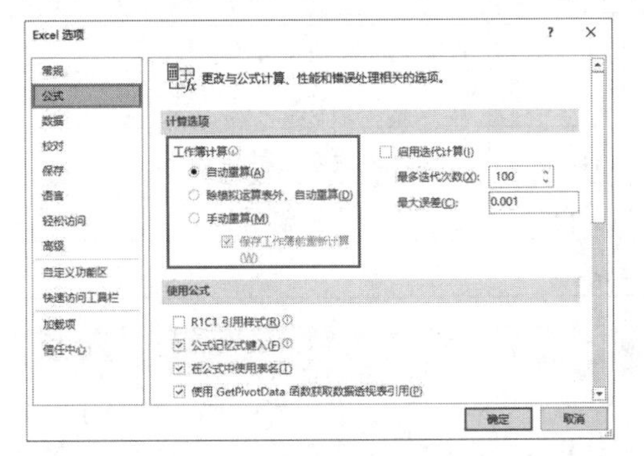

图 2-33

▶ 编辑框：编辑框由文本框和其右侧的折叠按钮组成，文本框内可以直接输入或编辑文本，单击折叠按钮可以在工作表中直接框选单元格或区域，被框选的单元格或区域地址将自动显示在文本框内。图 2-34 所示为编辑图表时打开【选择数据源】对话框中的【图表数据区域】编辑框。

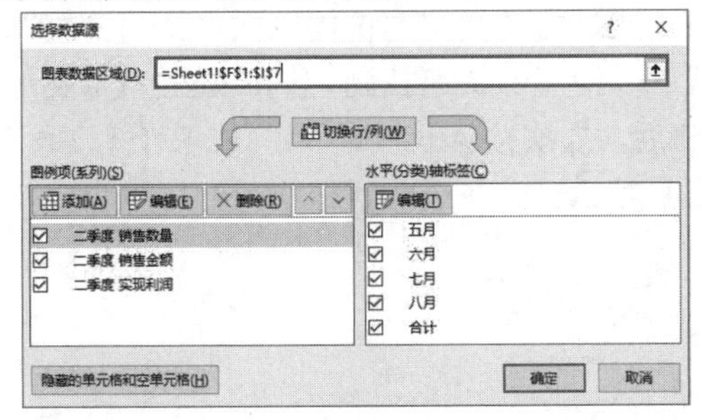

图 2-34

▶ 显示比例滑块：显示比例滑块位于状态栏的最右侧，用户拖动该滑块可以调整 Excel 当前窗口的显示比例(可调整范围为 10%~400%)。

2. 右键菜单

在 Excel 中右击某个对象或工作界面上的元素可以弹出右键菜单。右键菜单中包含了各种 Excel 常用命令。例如右击单元格或区域后，在弹出的菜单中可以执行【剪切】【复制】【选择性粘贴】【智能查找】【插入】【删除】【清除内容】【筛选】【排序】等命令；右击行号，在弹出的菜单中可以执行【行高】【隐藏】【取消隐藏】等命令；右击工作表标签，在弹出的菜单中可以执行【重命名】【移动或复制】【保护工作表】【工作表标签颜色】【选定全部工作表】等命令，如图 2-35 所示。

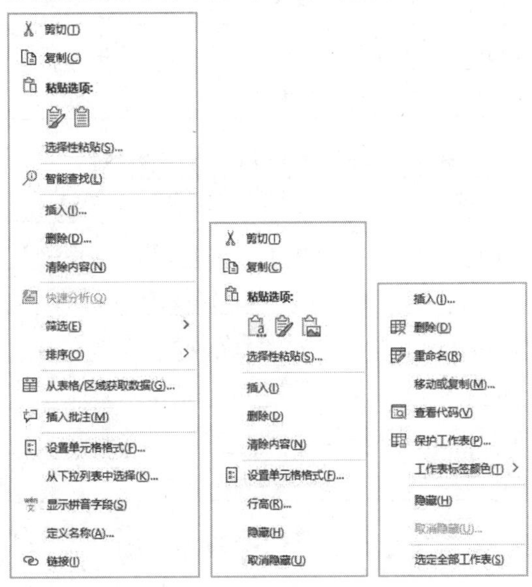

图 2-35

3. 快捷键

在 Excel 中通过使用快捷键，用户可以在不必使用鼠标浏览和选择菜单命令的情况下，直接通过键盘快速执行某个命令控件或菜单栏中的各种命令，从而大大提高工作效率。表 2-3~表 2-6 为 Excel 中一些比较常用的快捷键及其功能说明。

表 2-3　常规操作快捷键

快捷键	功能说明
Ctrl+C	复制选定的单元格或对象
Ctrl+X	剪切选定的单元格或对象
Ctrl+V	粘贴剪贴板中的内容
Ctrl+Z	撤销上一步操作
Ctrl+Y	重做上一步被撤销的操作
Ctrl+S	保存工作簿
Ctrl+F	打开【查找和替换】对话框
F12	打开【另存为】对话框
F5	打开【定位】对话框

表 2-4　导航和选择快捷键

快捷键	功能说明
Ctrl+↑	跳转至当前列的第一个非空单元格
Ctrl+↓	跳转至当前列的最后一个非空单元格
Ctrl+←	跳转至当前行的第一个非空单元格
Ctrl+→	跳转至当前行的最后一个非空单元格

表 2-5　编辑表格与格式设置快捷键

快捷键	功能说明
Ctrl+B	将选定单元格的文本加粗
Ctrl+I	将选定单元格的文本设置为斜体
Ctrl+U	为选定单元格内容添加下画线
Ctrl+1	打开【设置单元格格式】对话框
Ctrl+E	快速填充、拆分、提取表格数据
Ctrl+T	将普通表转换为超级表

表 2-6　函数与公式快捷键

快捷键	功能说明
F2	进入选定单元格的编辑模式
F4	在公式中切换绝对引用和相对引用
Alt+=	快速插入求和公式
Alt+M	选择【公式】选项卡
Ctrl+A	在编辑模式下选定整个公式

知识点滴

除此之外，Excel 中还有很多可以帮助用户提高操作效率的快捷键。例如可以辅助数据换行、自动汇总、生成图表的 Alt 键；可以快速对比数据的 Ctrl+\ 键；可以执行隔行填充的 Ctrl+D 键；可以快速向右填充表格数据的 Ctrl+R 键；可以快速输入当前日期的 Ctrl+;键。本书将在后面的章节中结合案例操作详细介绍。

2.4　Excel 自定义设置

在 Excel 中，用户可以通过自定义设置优化 Excel 的工作环境。例如，通过自定义功能区创建符合自己操作习惯的功能区选项卡和命令组；通过自定义快速访问工具栏，将常用的命令控件放置在 Excel 工作界面左上角显眼的位置，以便能够快速找到它们；通过自定义加载项，增加 Excel 的可选命令和功能等。启动 Excel 后，依次按 Alt、T、O 键(或者在【文件】选项卡中选择【选项】选项)，将打开【Excel 选项】对话框，在该对话框中用户可以自定义 Excel 的工作环境，如图 2-36 所示。

图 2-36

2.4.1　自定义功能区

通过自定义 Excel 功能区，用户可以在 Excel 中显示软件默认隐藏的选项卡，创建符合自己使用习惯的功能区选项卡，或者在软件原有的内置选项卡中添加自定义命令组，为内置选项卡增加命令控件。

1. 显示 Excel 隐藏的选项卡

Excel 默认不在功能区中显示【绘图】和【开发工具】选项卡，用户可以通过自定义功能区显示这两个选项卡。

【例 2-3】设置在 Excel 功能区显示【开发工具】和【绘图】选项卡。 视频

step 1 启动 Excel 后依次按 Alt、T、O 键，打开【Excel 选项】对话框。

step 2 在【Excel 选项】对话框中选择【自定义功能区】选项，在【自定义功能区】列表框中选中【开发工具】和【绘图】复选框，然后单击【确定】按钮，如图 2-37 所示。

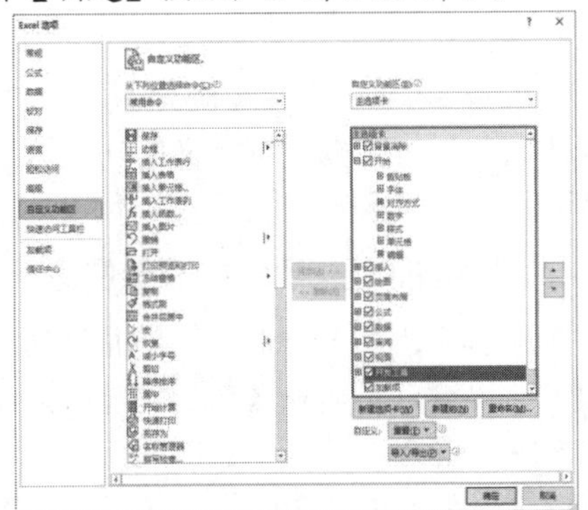

图 2-37

step 3 返回 Excel 工作界面，将在功能区显示【开发工具】和【绘图】选项卡，如图 2-38 所示。

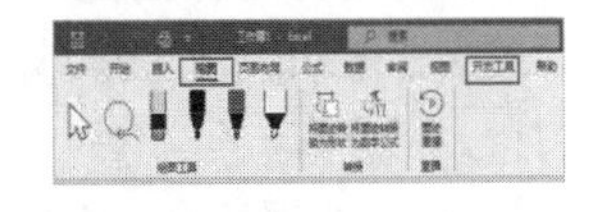

图 2-38

在【Excel 选项】对话框的【自定义功能区】列表中选中一个功能区选项卡后，按住鼠标左键拖动，可以调整该选项卡在功能区中的位置，如图 2-39 所示。

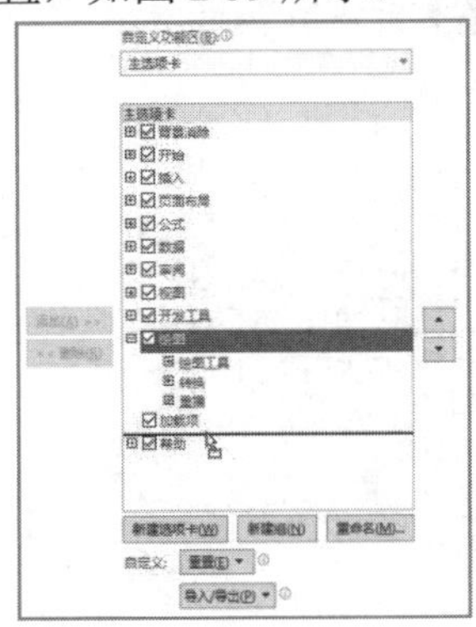

图 2-39

2. 在默认选项卡中添加命令组

用户可以在功能区选项卡中自行添加或删除自定义命令组。具体操作方法如下。

step 1 打开【Excel 选项】对话框后选择【自定义功能区】选项，在【自定义功能区】列表框中选中一个选项卡，然后单击【创建组】按钮，可以在选项卡下的组列表中添加一个名为“新建组(自定义)”的自定义命令组。

step 2 单击【从下列位置选择命令】下拉按钮，在弹出的列表中选择【所有命令】选项，然后在显示的列表框中将需要的命令控件拖入自定义命令组“新建组(自定义)”的下方，可以将命令控件添加至自定义命令组中，如图 2-40 所示。

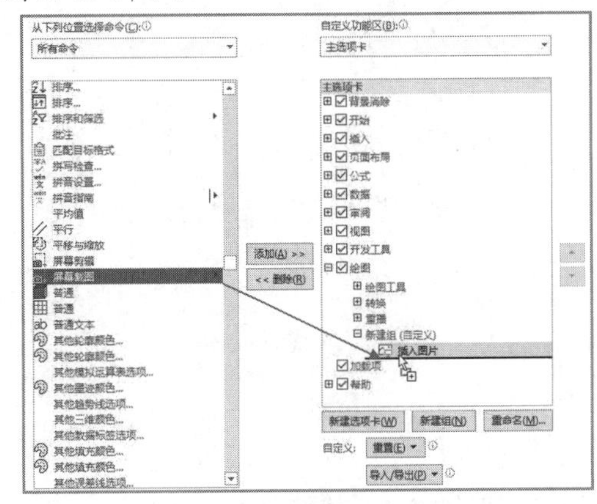

图 2-40

step 3 选中【自定义功能区】列表框中的【新建组(自定义)】命令组，单击【重命名】按钮，

用户可以打开【重命名】对话框，重命名自定义组的名称并设置组符号，如图 2-41 所示。

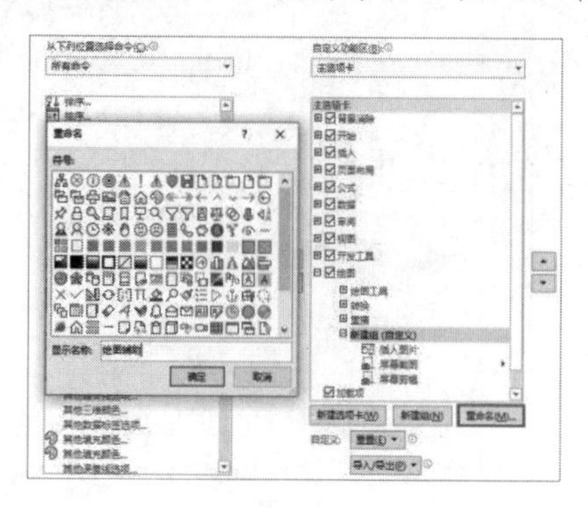

图 2-41

step 4 连续单击【确定】按钮，返回 Excel 工作界面，自定义组将显示在步骤 1 选择的选项卡内，如图 2-42 所示。

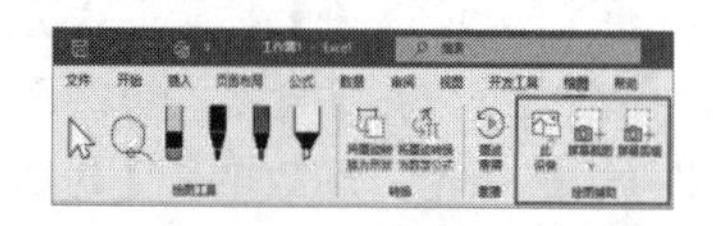

图 2-42

如果要删除功能区选项卡中添加的自定义命令组，可以在【Excel 选项】对话框的【自定义功能区】列表框中右击要删除的命令组，在弹出的快捷菜单中选择【删除】命令，如图 2-43 所示。

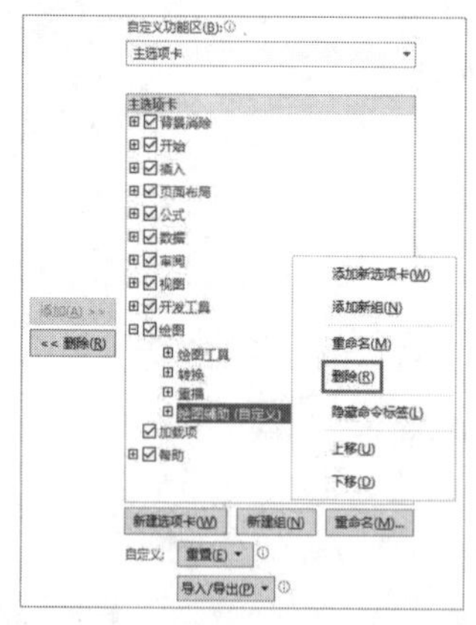

图 2-43

3. 创建自定义功能区选项卡

在【Excel 选项】对话框选择【自定义功能区】选项后，单击【新建选项卡】按钮，将自动创建一个名为【新建选项卡(自定义)】的自定义功能区选项卡，并在该选项卡中默认生成名为【新建组(自定义)】的命令组。

此时，用户可以将【从下列位置选择命令】列表框中的命令控件拖动至【新建组(自定义)】组中，为新建的选项卡和其下的命令组添加命令控件。也可以单击【新建组】按钮，为新建的选项卡添加新的命令组。或者单击【重命名】按钮，重命名新建选项卡和其下命令组，如图 2-44 所示。

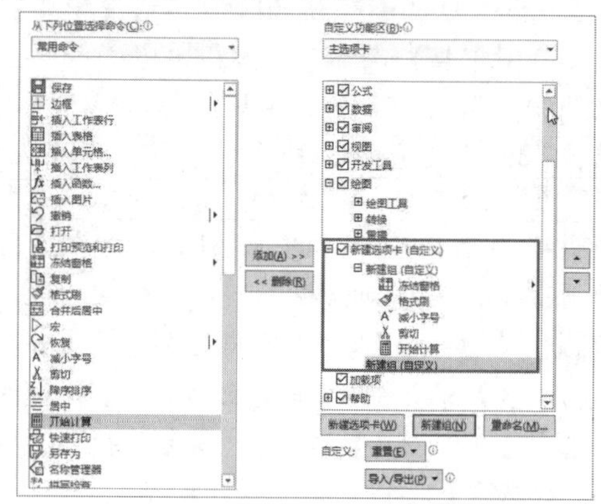

图 2-44

完成设置后，单击【确定】按钮关闭【Excel 选项】对话框，自定义的功能区选项卡将显示在功能区中。

4. 调整功能区选项卡的显示位置

如果想要调整 Excel 工作界面中功能区选项卡的位置，可以在【Excel 选项】对话框中选中【自定义功能区】选项，在【自定义功能区】列表框中选中需要调整位置的选项卡后，按住鼠标左键将其拖动至合适的位置，或者单击▲按钮或▼按钮。

5. 导入和导出自定义选项卡设置

在功能区中完成上面介绍的一系列操作后，如果用户想要将功能区的自定义设置保存，可以执行以下操作。

step 1 打开【Excel 选项】对话框后选择【自定义功能区】选项，然后单击【自定义功能区】列表框下方的【导入/导出】下拉按钮，在弹出的列表中选择【导出所有自定义设置】选项，如图 2-45 所示。

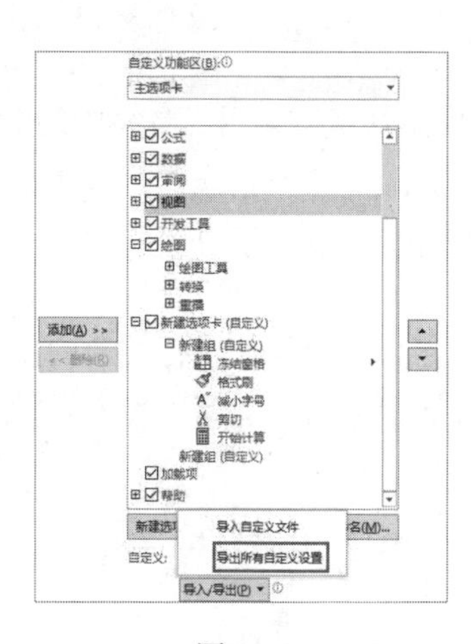

图 2-45

step 2 打开【保存文件】对话框，选择自定义设置文件的保存路径，并设置文件的保存名称后单击【保存】按钮。

此时，当前 Excel 的自定义功能区设置将以文件形式保存。将保存的文件复制到其他电脑中，启动该电脑中安装的 Excel 软件，依次按 Alt、T、O 键打开【Excel 选项】对话框，选择【自定义功能区】选项后，单击【导入/导出】下拉按钮，在弹出的列表中选择【导入自定义文件】选项，在打开的对话框中选中自定义功能区设置文件后，单击【打开】按钮，即可将自定义功能区设置应用于当前 Excel 程序中，如图 2-46 所示。

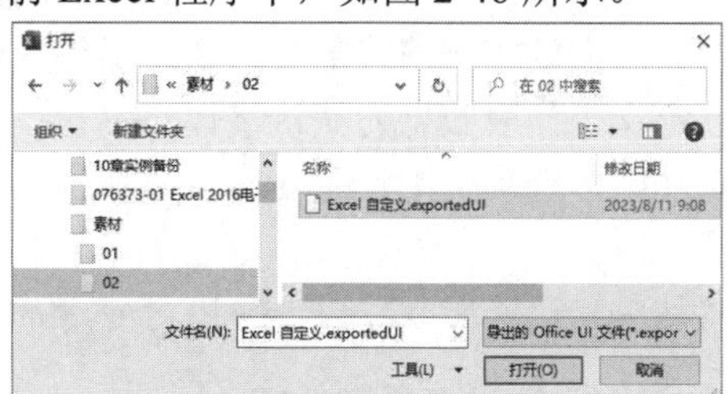

图 2-46

6. 恢复功能区默认设置

如果用户需要恢复 Excel 程序默认的主选项卡或工具选项的初始设置，可以通过以下操作来实现。

step 1 打开【Excel 选项】对话框后选择【自定义功能区】选项。

step 2 单击【自定义功能区】列表框下方的【重置】下拉按钮，在弹出的列表中选择【重置所有自定义项】选项，或选择【仅重置所选功能区选项卡】选项，来完成对应的重置操作。

2.4.2　自定义快速访问工具栏

Excel 的快速访问工具栏是一个可以自由增加和减少命令控件的工具栏，它包含一组常用的命令控件，并支持用户自定义设置。用户可以根据自己使用 Excel 的习惯在快速访问工具栏中添加或删除其所包含的命令控件，并使用快捷键来快速调用它们。

1. 使用快速访问工具栏

快速访问工具栏位于 Excel 的左上角，系统默认情况下包含【保存】【撤销】和【恢复】3 个命令控件。

单击快速访问工具栏右侧的下拉按钮，在弹出的列表中显示更多的命令选项，包括【新建】【打开】【快速打印】等，如图 2-47 所示。如果选中这些选项，就可以在快速访问工具栏中显示对应的命令按钮。

图 2-47

2. 将命令控件加入快速访问工具栏

除了使用图 2-47 所示系统内置的几项命令控件，用户还可以通过【自定义快速访问工具栏】按钮，将其他 Excel 命令控件添加至快速访问工具栏中。以添加【插入表格】命令控件为例，具体操作步骤如下。

step 1 单击快速访问工具栏右侧的下拉按钮

▣，在弹出的下拉列表中选择【其他命令】选项，打开【Excel 选项】对话框，并自动切换到【快速访问工具栏】选项卡。

step 2 设置【从下列位置选择命令】为【所有命令】，然后在命令列表中选中【插入表格】命令控件，再单击【添加】按钮，将该命令添加至【自定义快速访问工具栏】列表框中，如图 2-48 所示。

图 2-48

step 3 最后，单击【确定】按钮完成操作。

如果用户需要删除快速访问工具栏上的命令控件，只需要右击需要删除的命令按钮，在弹出的快捷菜单中选择【从快速访问工具栏删除】命令即可。

3. 使用快捷键调用工具栏中的命令

在 Excel 中按 Alt 键后，快速访问工具栏上的命令控件将显示 1、2、3、……的提示，如图 2-49 所示。此时，按下与命令控件对应的数字，可以快速执行相应的命令。

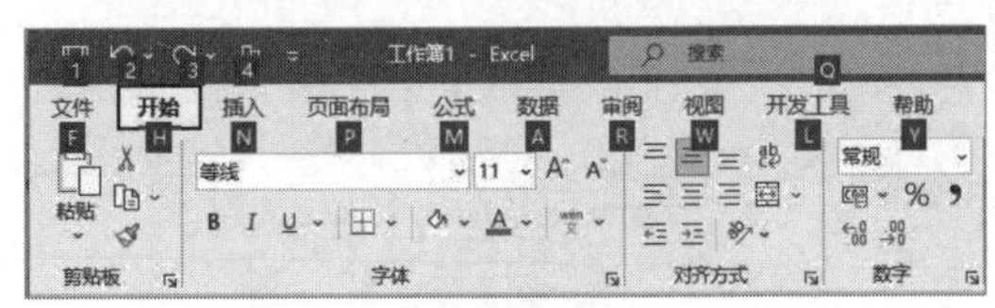

图 2-49

4. 导入和导出快速访问工具栏设置

与自定义功能区类似，自定义快速访问工具栏通常只能在当前电脑所在的 Excel 程序中使用。如果用户需要保留自定义快速访问工具栏的各项设置，并在其他电脑上使用或在重新安装 Excel 软件后继续使用之前的快速访问工具栏设置，则可以通过导入和导出自定义快速访问工具栏的配置文件来实现。具体操作方法和本章前面介绍过的导入和导出自定义选项卡设置相似。

2.5 案例演练

本章主要介绍了 Excel 的工作环境和自定义设置。下面的案例演练部分将通过操作帮助用户进一步掌握优化 Excel 工作环境的方法，包括自定义工作表数据的默认字体、字号；自定义默认工作表数目；自定义工作表的默认列宽；将功能区选项卡中没有的命令添加进来；自定义保存工作簿的默认文件夹等。

【例 2-4】在 Excel 中自定义工作表数据的默认字体为【黑体】，默认字号为【12】。视频

step 1 启动 Excel 后依次按 Alt、T、O 键，打开【Excel 选项】对话框，选择【常规】选项卡，在【新建工作簿】选项区域中设置【使用此字体作为默认字体】为【黑体】，设置【字号】为 12，单击【确定】按钮，如图 2-50 所示。

step 2 在弹出的提示对话框中单击【确定】按钮。重新启动 Excel 程序，按 Ctrl+N 快捷键创建新的工作簿，新工作簿将自动在所有单元格中默认使用“黑体”和 12 号字号的默认设置。

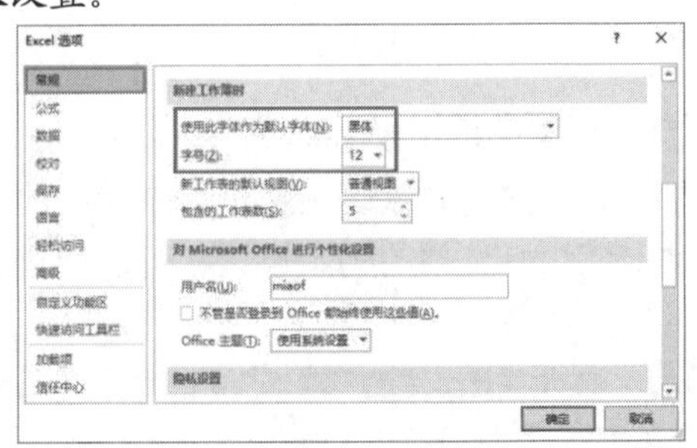

图 2-50

【例 2-5】在 Excel 中自定义创建工作簿时默认创建工作表的数目为 5。视频

step 1　依次按 Alt、T、O 键打开【Excel 选项】对话框，选择【常规】选项卡，在图 2-50 所示的【新建工作簿时】选项区域的【包含的工作表数】输入框中输入数字 5，然后单击【确定】按钮。

step 2　按 Ctrl+N 快捷键创建一个新的工作簿，Excel 将自动创建 5 个工作表，如图 2-51 所示。

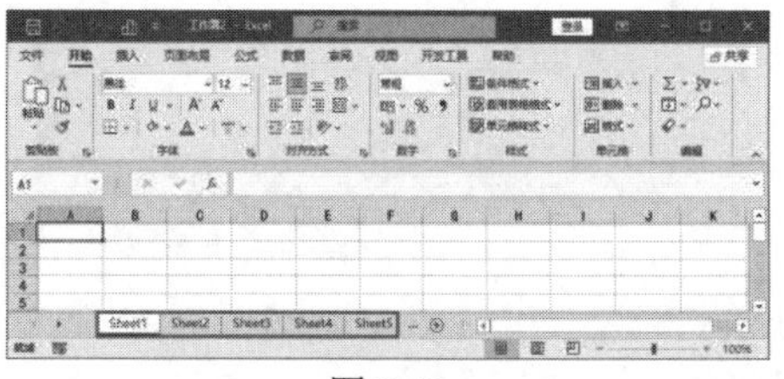

图 2-51

【例 2-6】在 Excel 中设置当前工作表中所有单元格的默认列宽为 15。视频

step 1　选择【开始】选项卡，单击【单元格】命令组中的【格式】下拉按钮，在弹出的下拉列表中选择【默认列宽】选项，如图 2-52 所示。

step 2　打开【标准列宽】对话框，在【标准列宽】文本框中输入 15，单击【确定】按钮，即可将当前工作表中所有单元格的列宽都设置为 15。

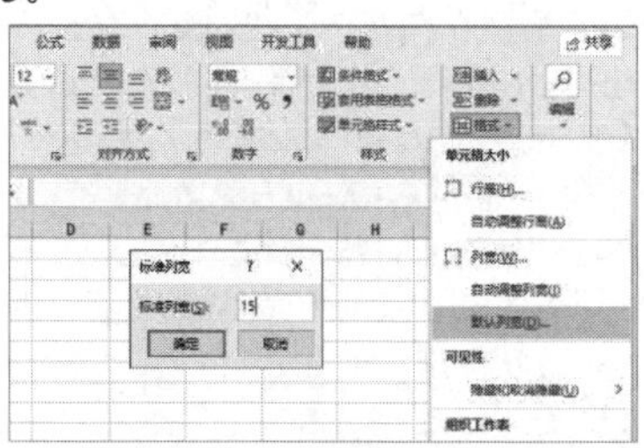

图 2-52

【例 2-7】在功能区中添加 Excel 默认不显示的【绘制边框】【绘制外侧框线】和【绘制边框网格】3 个命令控件。视频

step 1　依次按 Alt、T、O 键打开【Excel 选项】对话框，选择【自定义功能区】选项后，单击【新建选项卡】按钮，创建一个自定义选项卡，并通过单击【重命名】按钮将该选项卡命名为“新增选项”，将该选项下的命令组重命名为“绘制”。

step 2　单击【从下列位置选择命令】下拉按钮，在弹出的列表中选择【不在功能区中的命令】选项，然后在命令列表中找到【绘制边框】【绘制外侧框线】和【绘制边框网格】命令，单击【添加】按钮，将这 3 个命令添加至步骤 1 创建的【绘制】命令组中，如图 2-53 所示。

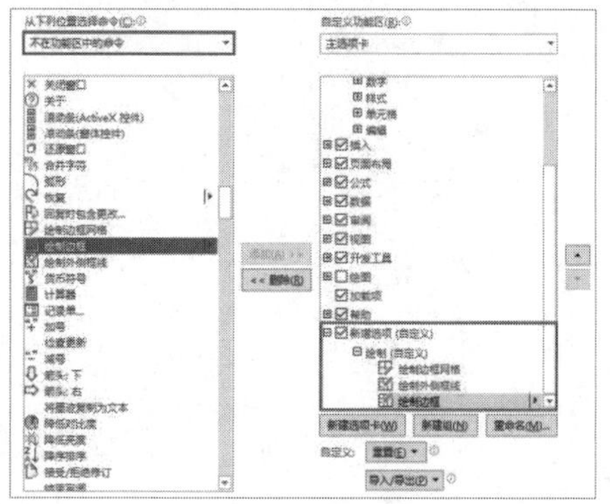

图 2-53

step 3　在【自定义功能区】列表中拖动【新增选项(自定义)】选项卡，调整其在功能区中的显示位置，然后单击【确定】按钮使设置生效，功能区中将显示自定义选项卡，其中包含【绘制边框】【绘制外侧框线】和【绘制边框网格】3 个命令控件。

【例 2-8】自定义 Excel 保存工作簿的默认文件夹和默认文件保存格式。视频

step 1　打开【Excel 选项】对话框后，选择【保存】选项卡，单击【将文件保存为此格式】下拉按钮可以设置 Excel 工作簿默认保存格式，如图 2-54 所示。

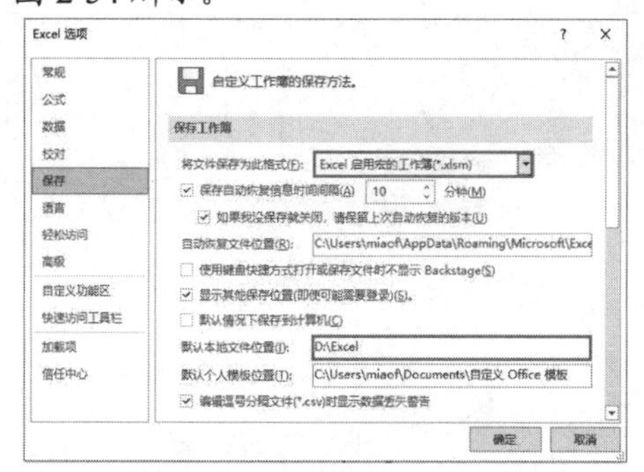

图 2-54

step② 在【默认本地文件位置】文本框中可以设置Excel工作簿文件的默认保存位置。

【例2-9】设置在Excel单元格中输入文本后按Enter键，活动单元格停留在当前单元格。 视频

step① 打开【Excel选项】对话框后选择【高级】选项卡，取消【按Enter键后移动所选内容】复选框的选中状态，然后单击【确定】按钮，如图2-55所示。

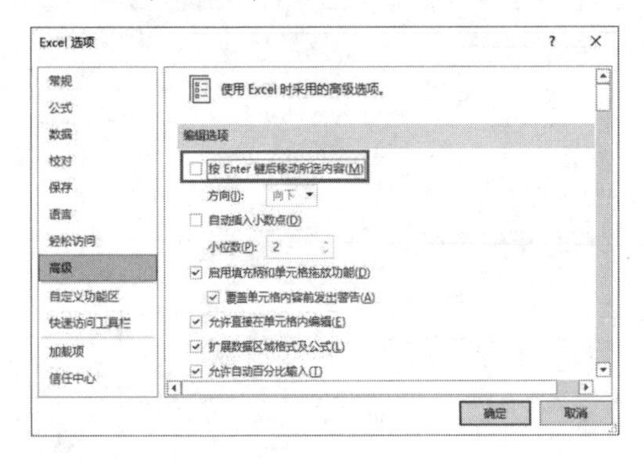

图2-55

step② 此时，在Excel单元格中录入数据后按Enter键，活动单元格不会发生改变，如图2-56所示。

	A	B	C	D	E	F
1	姓名	倒车入库	侧方停车	坡道停车/起步	直角转弯	曲线行驶
2	张晓梅	90				
3	王宇航					

图2-56

【例2-10】设置在Excel中输入CN，程序自动替换为China；输入US，程序自动替换为America。 视频

step① 打开【Excel选项】对话框，选择【校对】选项卡，单击【自动更正选项】按钮，如图2-57所示。

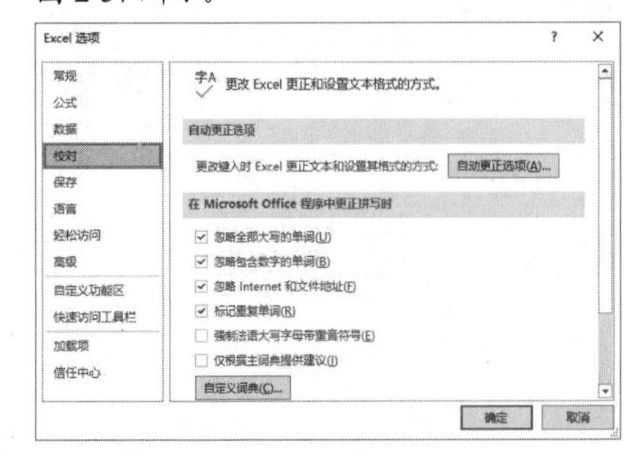

图2-57

step② 打开【自动更正】对话框，在【替换】文本框中输入CN，在【为】文本框中输入China，然后单击【添加】按钮，添加一个自动更正项，如图2-58所示。

图2-58

step③ 使用同样的方法，在【替换】文本框中输入US，在【为】文本框中输入America，单击【添加】按钮，再添加一个自动更正项。

step④ 连续单击【确定】按钮，返回Excel工作表，在单元格中输入CN，Excel将自动识别为China，输入US，Excel将自动识别为America。

知识点滴

用户在Excel中自定义软件设置后，所有的自定义设置将保存在excel15.xlb(低版本的文件名为excel11.xlb或excel12.xlb)文件中。在默认设置下，该文件在Windows 10操作系统的保存路径通常为：C:\Users\your_username\AppData\Roaming\Microsoft\Excel。如果删除excel15.xlb文件，Excel程序将无法加载用户之前对Excel的自定义设置，并将重新生成一个新的默认设置的excel15.xlb文件，使Excel恢复默认设置。

第 3 章

工作簿和工作表操作

在Excel中用户可以执行各种操作来管理工作簿和工作表，例如工作簿的创建、保存，工作表的创建、移动、隐藏和删除等，从而有效地组织和管理数据。

本章对应视频

例 3-1 合并多个工作簿

例 3-2 按内容拆分成多个工作簿

例 3-3 编写工作簿到期自毁VBA代码

例 3-4 合并工作簿中的所有工作表

例 3-5 合并工作簿中的部分工作表

例 3-6 将工作表提取为工作簿

例 3-7 冻结数据表首行和尾行

本章其他视频参见视频二维码列表

3.1 工作簿的基本操作

工作簿是用户使用 Excel 进行操作的主要对象和载体。

本书第 2 章曾介绍过 Excel 工作簿的文件格式及功能。当用户保存一个新建的工作簿时，软件将默认以.xlsx 格式保存文件。如果用户需要和使用早期的 Excel 版本的其他用户共享电子表格或者需要经常性地制作包含宏代码的工作簿，也可以依次按 Alt、T、O 键，打开【Excel 选项】对话框，单击【保存】选项卡中的【将文件保存为此格式】下拉按钮，设置 Excel 默认保存工作簿文件的类型，如图 3-1 所示，设置为“Excel 97-2003 工作簿(.xls)”或者“Excel 启用宏的工作簿(.xlsm)”。

图 3-1

下面将从创建工作簿开始，逐步介绍 Excel 工作簿的基本操作，包括工作簿的创建、保存、打开、恢复、隐藏、显示、关闭，以及转换工作簿文件格式的方法。

3.1.1 创建工作簿

在 Excel 中用户可以采用多种方式创建新的工作簿，例如通过 Excel 工作窗口中提供的命令控件创建工作簿，或者使用 Windows 操作系统提供的右键菜单命令来创建工作簿。

1. 使用 Excel 命令控件创建工作簿

启动 Excel 后在打开的开始界面中单击【空白工作簿】选项，软件将创建一个名为“工作簿1-Excel”的空白工作簿(若多次重复执行相同的操作，则新建工作簿名称中的数字编号将依次增加)，该工作簿在用户执行保存操作之前都只存于电脑内存中，没有实体文件存在。

在 Excel 工作界面中，用户可以采用以下两种等效操作创建新工作簿。

- 在功能区中选择【文件】|【新建】命令，在界面右侧单击【空白工作簿】选项。
- 按 Ctrl+N 键。

2. 在 Windows 中创建 Excel 工作簿

在安装 Excel 软件的 Windows 操作系统窗口或桌面中右击鼠标，从弹出的菜单中选择【新建】|【Microsoft Excel 工作表】命令，如图 3-2 所示，将会在当前位置立即创建一个新的 Excel 工作簿文件(默认名称为“新建 Microsoft Excel 工作表.xlsx”)。

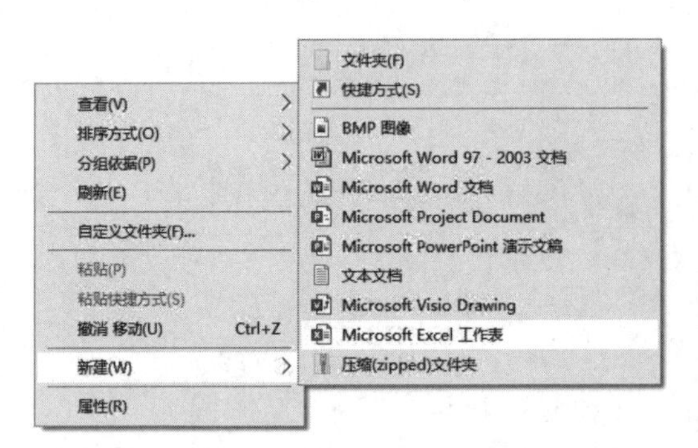

图 3-2

3.1.2 保存工作簿

在工作簿中执行编辑修改等操作后，用户需要将工作簿保存为文件才能长期保存其中的内容。养成良好的工作簿保存习惯，可以避免由系统崩溃、停电等故障造成的数据

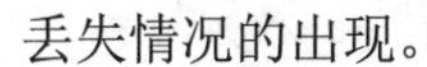

丢失情况的出现。

1. 保存工作簿的常用方法

在 Excel 中可以使用以下几种方法保存工作簿。

- 方法 1：在功能区单击【文件】选项卡，在展开的界面中选择【保存】(或【另存为】)命令。
- 方法 2：单击快速访问工具栏中的【保存】按钮。
- 方法 3：按 Ctrl+S 键或 Shift+F12 键。

2. 保存工作簿的位置

当用户选择【文件】选项卡，在展开的界面中选择【另存为】选项，界面右侧将显示图 3-3 所示的 5 个路径选项。

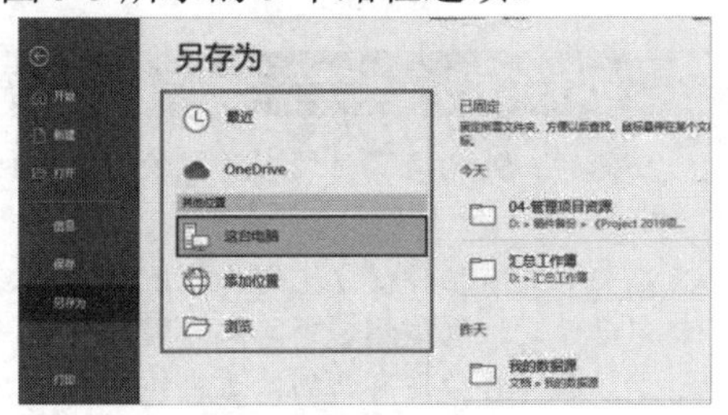

图 3-3

- 最近：快速打开最近使用过的本地或 OneDrive 空间文件夹。
- OneDrive：将工作簿保存到当前已登录账户的 OneDrive 空间。
- 这台电脑：将工作簿保存到最近使用过的本地文件夹。
- 添加位置：添加保存的路径位置，可将 Excel 文件夹保存到个人 OneDrive 空间或是面向组织内部成员提供在线云存储服务 OneDrive For Business。
- 浏览：将工作簿保存到本地，单击【浏览】按钮后，将打开【另存为】对话框进行文件夹路径的选择。

3. 使用【另存为】对话框保存工作簿

在对新建工作簿进行第一次保存或使用【浏览】方式保存工作簿(快捷键：F12)时，将会打开【另存为】对话框，在该对话框中可以为工作簿命名，并指定其保存路径，

单击【另存为】对话框下方的【工具】下拉按钮，在弹出的列表中用户还可以为工作簿设置更多的保存选项，如图 3-4 所示。

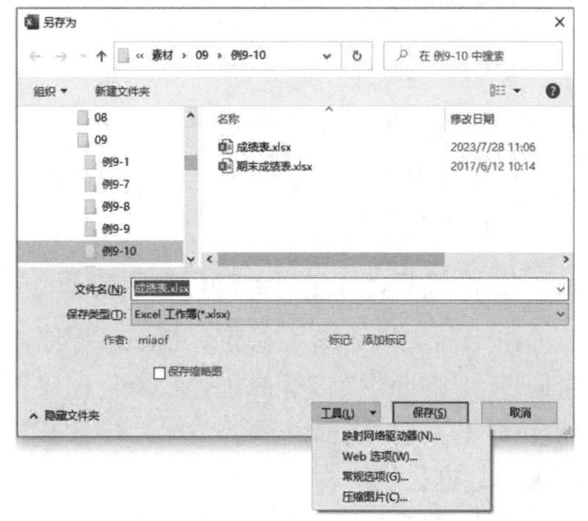

图 3-4

- 生成备份文件。在【工具】列表中选择【常规选项】选项，在打开的【常规选项】对话框中选中【生成备份文件】复选框，可以在每次保存工作时自动创建备份文件，如图 3-5 所示。备份文件的扩展名为“.xlk”。
- 打开权限密码。在【常规选项】对话框的【打开权限密码】文本框中输入密码，可以为保存的工作簿设置图 3-6 所示的打开文件的密码保护，没有输入正确的密码，就无法用常规方法读取保存的工作簿文件。

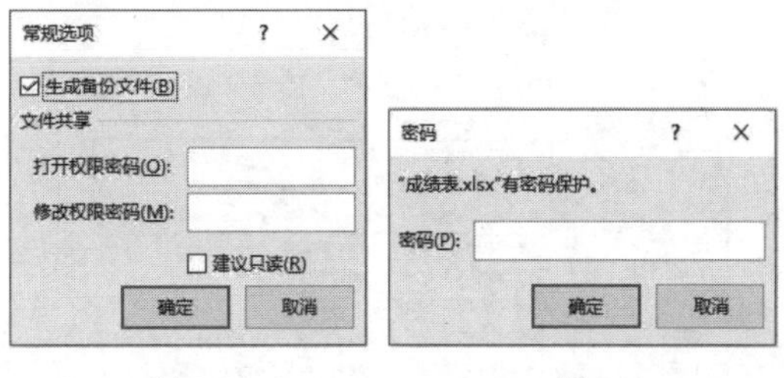

图 3-5　　　　图 3-6

- 修改权限密码。在【常规选项】对话框的【修改权限密码】文本框中可以为保存的工作簿设置保护密码，保护工作簿中的内容不被意外修改。
- 建议只读。在【常规选项】对话框选中【建议只读】复选框并保存工作簿后，再

次打开工作簿时，将会弹出提示对话框，建议用户以“只读”方式打开工作簿，如图 3-7 所示。

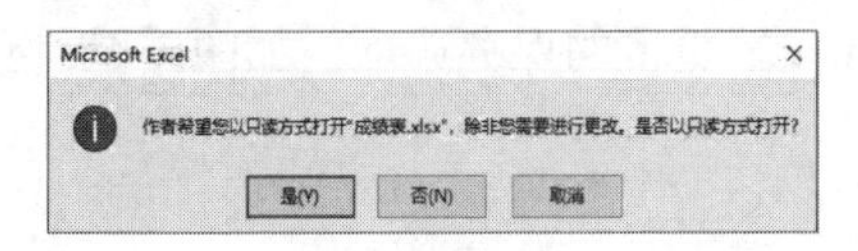

图 3-7

在【另存为】对话框中单击【保存】按钮可以保存工作簿。

4. 设置 Excel 定时自动保存工作簿

由于断电、系统不稳定、Excel 程序本身问题、用户误操作等原因，Excel 程序可能会在保存文件之前就意外关闭，导致其中记录的数据丢失。

使用“自动保存”功能可以减少这种意外情况发生造成的损失。设置 Excel 定时自动保存工作簿的方法如下。

step 1 依次按 Alt、T、O 键打开【Excel 选项】对话框，选择【保存】选项卡。

step 2 选中【保存工作簿】区域中的【保存自动恢复信息时间间隔】复选框(默认为选中状态)，即设置启用“自动保存”功能。在该复选框右侧的微调框中可以设置自动保存的时间间隔，默认为 10 分钟(范围为 1~120)，如图 3-8 所示。

图 3-8

step 3 选中【如果我没保存就关闭，请保留上次自动恢复的版本】复选框。在该复选框下方的【自动恢复文件位置】文本框中输入自动保存工作簿的位置。

step 4 最后，单击【确定】按钮保存设置。

设置 Excel“自动保存”功能之后，在工作簿的编辑修改过程中，Excel 会根据设定的保存间隔时间自动生成备份副本。在 Excel 功能区中选择【文件】|【信息】命令，可以查看到通过自动保存生成的副本信息，如图 3-9 所示。单击信息标题即可打开保存的工作簿文档。

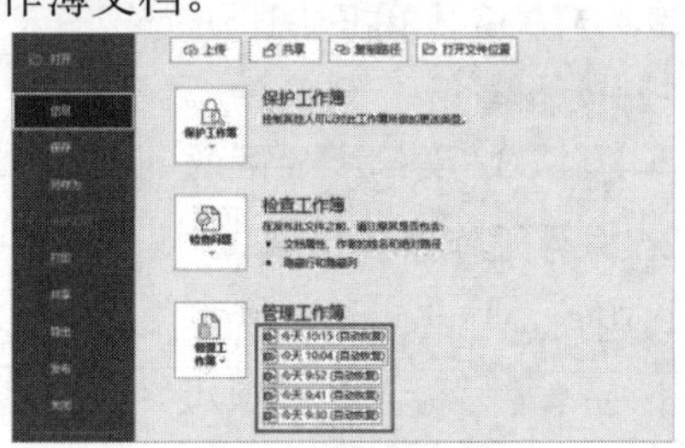

图 3-9

知识点滴

自动保存功能的间隔时间在实际使用中遵循以下两条原则。

原则 1：只有工作簿发生新的修改时，计时器才开始启动计时，到达指定的间隔时间后发生保存动作。如果在保存后没有新的修改编辑产生，则计时器不会再次激活，也不会有新的副本产生。

原则 2：在一个计时周期内，如果执行了手动保存工作，计时器将自动清零，直到下一次工作簿发生修改时再次开始激活计时。

3.1.3 打开现有工作簿

保存后的工作簿文件在电脑硬盘中将形成实体文件，用户在 Windows 操作系统中通过对文件的管理就可以对工作簿进行管理(例如复制、剪切、删除、重命名等)。无论工作簿文件被保存在何处，或者是复制到不同的电脑上，只要所在的电脑安装有 Excel 程序，工作簿文件就可以被再次打开进行读取和编辑操作。

打开现有工作簿的方法有以下几个。

1. 双击文件打开工作簿

找到工作簿的保存位置，直接双击其文件图标，Excel 软件将自动识别并打开该工作簿。另外，如果用户创建了启动 Excel 的快捷方式，将工作簿文件拖动到该快捷方式上也可以打开工作簿。

2. 使用【打开】对话框打开工作簿

在启动 Excel 程序后，可以通过执行【打开】命令打开【打开】对话框，然后选择指定的工作簿。具体操作方法如下。

- 方法 1：在功能区选择【文件】|【打开】|【浏览】命令，即可打开【打开】对话框，如图 3-10 所示。

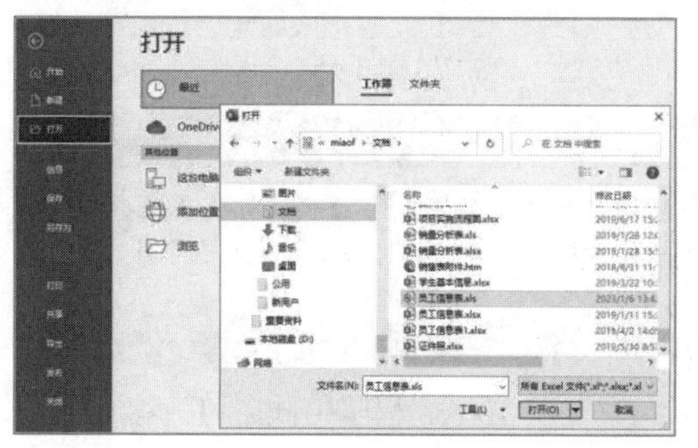

图 3-10

- 方法 2：按 Ctrl+O 键。

在【打开】对话框中，用户可以通过对话框左侧的树形列表选择工作簿文件存放的路径，在目标路径下选择具体文件后，双击文件图标或单击【打开】按钮即可打开文件，如果按住 Ctrl 键后用鼠标选中多个文件，再单击【打开】按钮，则可以同时打开多个工作簿。此外，单击【打开】按钮右侧的下拉按钮，可以打开图 3-11 所示的【打开】列表。

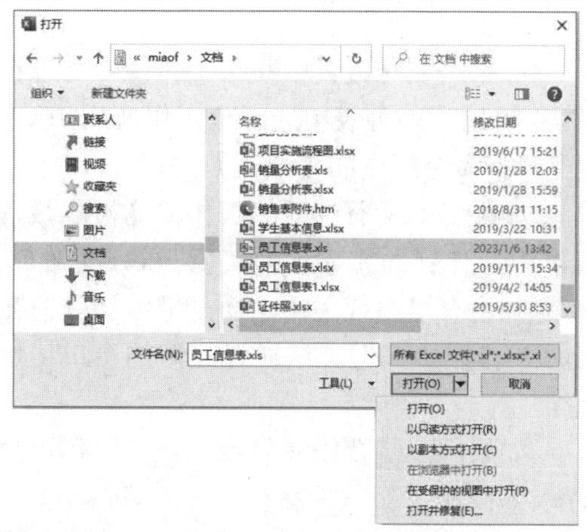

图 3-11

【打开】列表中各选项的功能说明如下。

- 打开：正常打开方式。
- 以只读方式打开：以“只读”方式打开工作簿，不能对文件进行覆盖性保存。
- 以副本方式打开：Excel 自动创建一个目标文件的副本文件，命名为类似“副本(1) 属于(原文件名)”的形式，同时打开这个文件。这样用户可以在副本文件上进行编辑修改，而不会对源文件造成任何影响。
- 在浏览器中打开：对于.mht 等格式的工作簿，可以选择使用 Web 浏览器(如 Edge 浏览器)打开文件。
- 在受保护的视图中打开：这是一种用于打开可能包含病毒或其他任何不安全因素的工作簿前的保护措施。为了尽可能保护计算机安全，存在安全隐患的工作簿都会在受保护的视图中打开，此时大多数编辑功能都将被禁用，用户可以检查工作簿中的内容，以便降低可能发生的风险。
- 打开并修复：Excel 程序崩溃可能会造成工作簿遭受破坏，无法正常打开。使用【打开并修复】选项可以对损坏的工作簿进行修复并重新打开。但修复还原后的文件并不一定能够和损坏前的文件状态保持一致。

3. 打开最近使用的工作簿

在功能区中选择【文件】|【打开】|【最近】命令，可以显示最近使用的工作簿列表，如图 3-12 所示。在列表中单击工作簿名称即可将其打开。

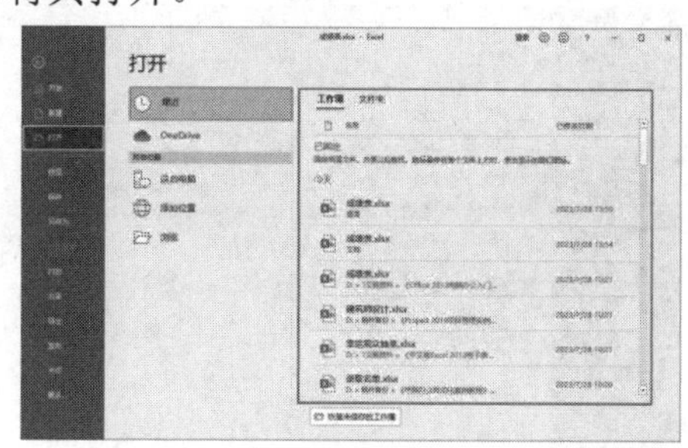

图 3-12

【最近使用的工作簿】列表中默认显示 50 条记录，用户可以依次按 Alt、T、O 键打开【Excel 选项】对话框，在【高级】选项卡右侧的【显示】区域中，通过设置【显示此数目的"最近使用的工作簿"】微调框参数，调整【最近使用的工作簿】列表中显示的记录数量(范围为 0~50)，如图 3-13 所示。

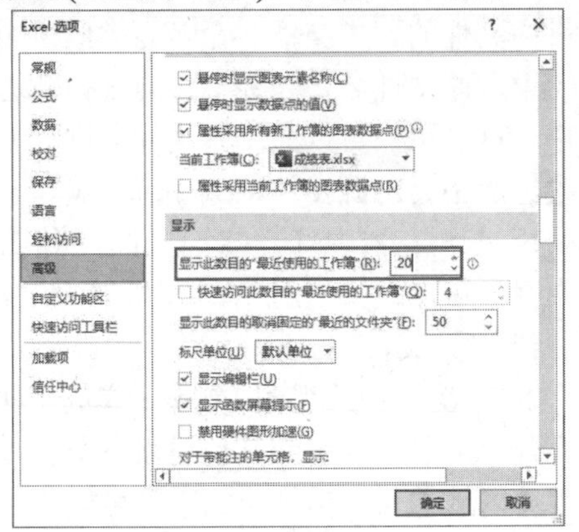

图 3-13

3.1.4 恢复未保存的工作簿

"恢复未保存的工作簿"功能与前面介绍过的"自动保存"功能相关。在设置"自动保存"功能时，如果选中了【如果我没保存就关闭，请保留上次自动恢复的版本】复选框，当用户对尚未保存过的新工作簿进行编辑时，也会定时进行备份保存。此时，如果用户没有保存就关闭了工作簿，可以执行以下操作尝试恢复未保存的工作簿。

step① 在功能区选择【文件】|【打开】|【最近】|【恢复未保存的工作簿】命令，如图 3-14 所示。

图 3-14

step② 在打开的【打开】对话框中选择需要恢复的工作簿文件后，单击【打开】按钮打开恢复未保存的工作簿，如图 3-15 所示。

图 3-15

知识点滴

恢复未保存的工作簿功能仅对从未保存过的新建工作簿或临时文件有效。

3.1.5 隐藏和显示工作簿

如果在 Excel 程序中同时打开多个工作簿，Windows 系统的任务栏中将会显示所有的工作簿标签。在 Excel 功能区【视图】选项卡的【窗口】命令组中单击【切换窗口】下拉按钮，能够查看所有工作簿列表，如图 3-16 所示。

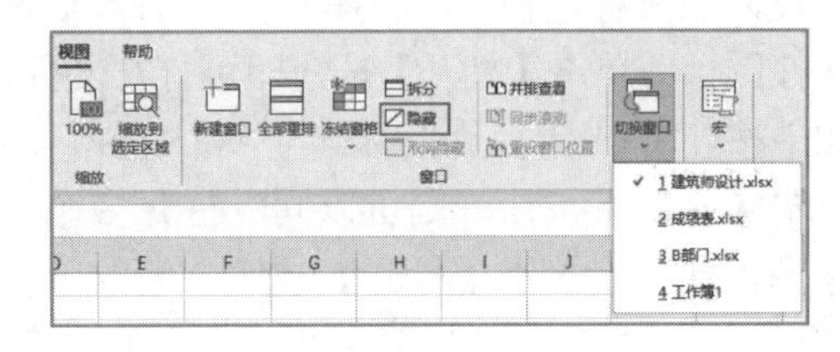

图 3-16

如果需要隐藏其中某个工作簿，可以在图 3-16 所示的列表中选中该工作簿后，单击【窗口】命令组中的【隐藏】按钮。

如果当前所有打开的工作簿均被隐藏，Excel 工作界面将显示为灰色。隐藏后的工作簿并没有退出或关闭，而是继续被驻留在 Excel 程序中，但无法通过正常的窗口切换来显示。

如果用户需要恢复显示工作簿，可以执行以下操作。

step① 在【视图】选项卡【窗口】命令组中

单击【取消隐藏】按钮。

step 2 在打开的【取消隐藏】对话框中选择要取消隐藏的工作簿名称，单击【确定】按钮，如图 3-17 所示。

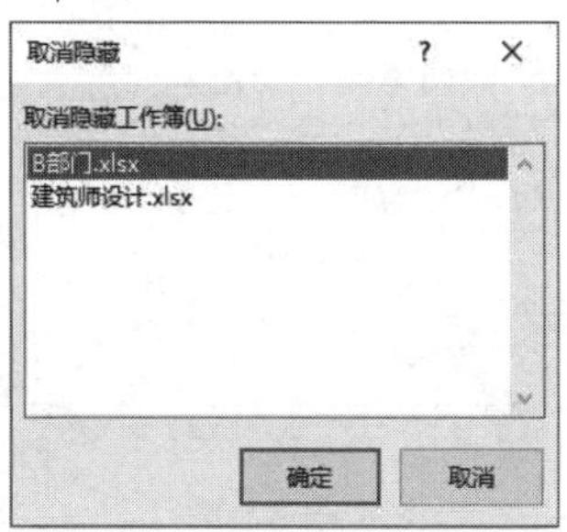

图 3-17

知识点滴

取消隐藏工作簿一次只能取消一个隐藏工作簿，不能批量操作。

3.1.6 合并与拆分工作簿

在实际工作中，工作簿的合并与拆分是数据处理过程中的重要环节，也是用户真正掌握工作簿操作的基础。

1. 将多个工作簿合并到一个工作簿

图 3-18 所示为某物业公司在 3 个小区收集的物业费情况。3 个小区的数据分别保存在一个文件夹中的 3 个工作簿内。需要将这些数据合并在一个工作簿中，并且在工作簿中分类标注数据所属的小区名称。

图 3-18

可以在 Excel 中使用 Power Query 实现快速合并多个工作簿。

【例 3-1】使用 Power Query 合并同一个文件夹的 3 个工作簿。

视频+素材 (素材文件\第 03 章\例 3-1)

step 1 按 Ctrl+N 键创建一个新的工作簿，在功能区中选择【数据】选项卡，单击【获取和转换数据】命令组中的【获取数据】下拉按钮，在弹出的列表中选择【来自文件】|【从文件夹】选项，如图 3-19 所示。

图 3-19

step 2 在打开的【浏览】对话框中选择保存工作簿的文件夹后，单击【打开】按钮。

step 3 在打开的导入数据结果对话框中单击【转换数据】按钮，如图 3-20 所示。

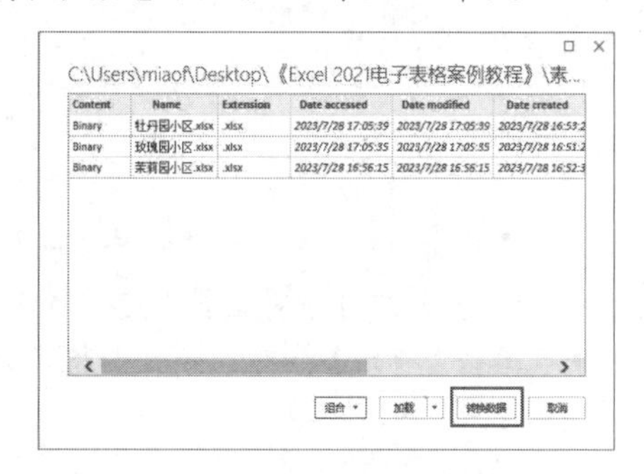

图 3-20

step 4 打开【Power Query 编辑器】窗口，选中 Name 列后选择【添加列】选项卡，单击【提取】下拉按钮，在弹出的列表中选择【范围】选项，如图 3-21 所示。

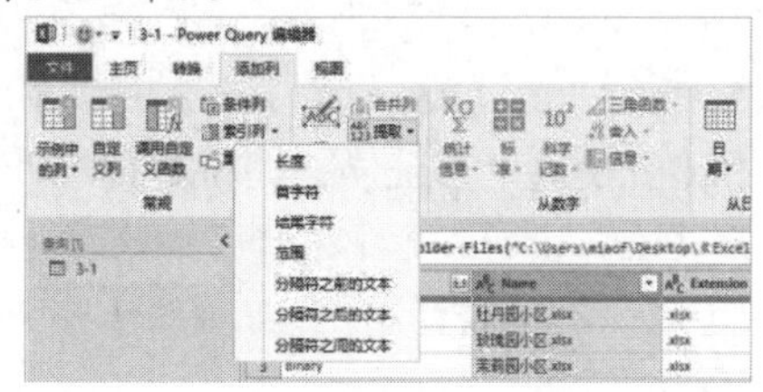

图 3-21

step 5 打开【提取文本范围】对话框，将【起始索引】设置为 0，【字符数】设置为 3，然后单击【确定】按钮，如图 3-22 所示。在【Power Query 编辑器】窗口新增提取小区名称的列(【文本范围】列)。

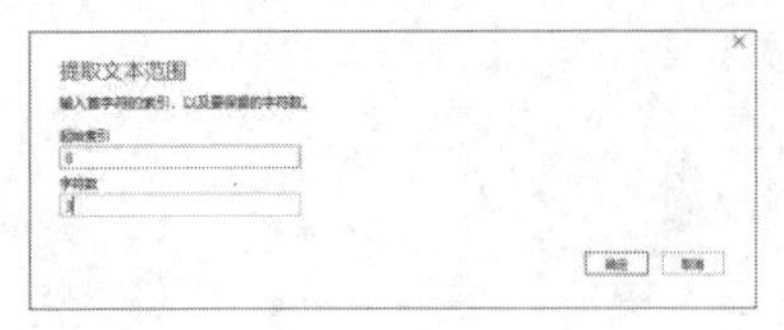

图 3-22

step 6 按住 Ctrl 键选中 Content 列和【文本范围】列，右击列标题，在弹出的快捷菜单中选择【删除其他列】命令，如图 3-23 所示。

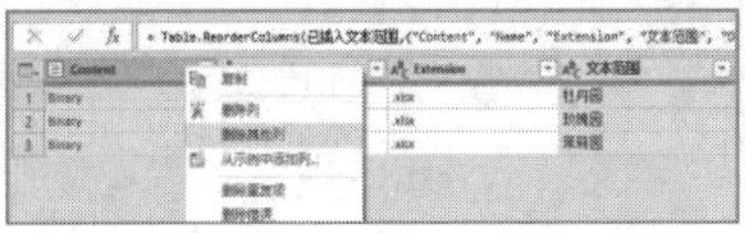

图 3-23

step 7 双击【文本范围】列标题对其重命名，将其命名为“来自小区”，如图 3-24 所示。

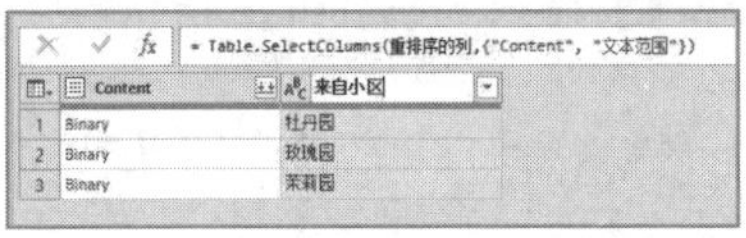

图 3-24

step 8 单击 Content 列右侧的【合并文件】按钮，打开【合并文件】对话框，选中【参数1】选项后单击【确定】按钮，如图 3-25 所示。

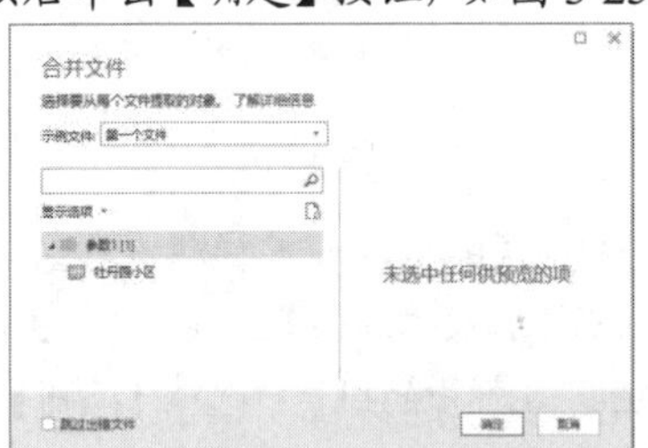

图 3-25

step 9 在打开的【Power Query 编辑器】窗口中按住 Ctrl 键选中 Date 列和 Name 列后，右击列标题，在弹出的菜单中选择【删除其他列】命令，删除其他多余的列，结果如图 3-26 所示。

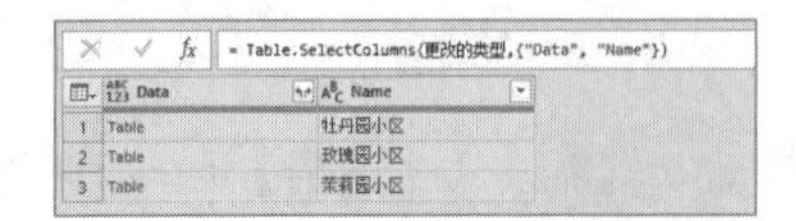

图 3-26

step 10 单击 Date 列右侧的按钮，在弹出的列表中取消【使用原始列名作为前缀】复选框的选中状态，单击【确定】按钮，如图 3-27 所示。

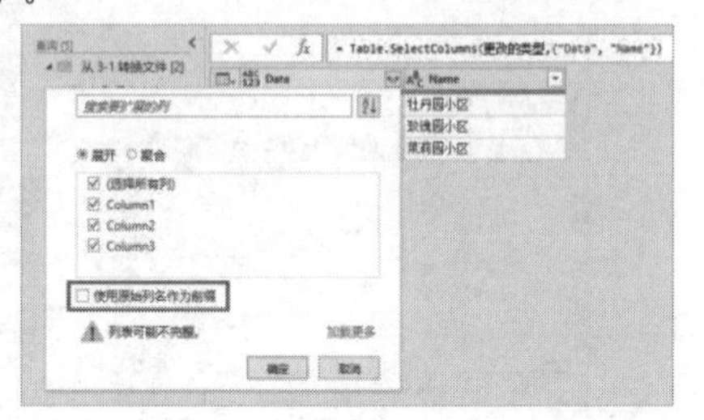

图 3-27

step 11 在【Power Query 编辑器】窗口中选择【主页】选项卡，单击【转换】命令组中的【将第一行用作标题】按钮，如图 3-28 所示。

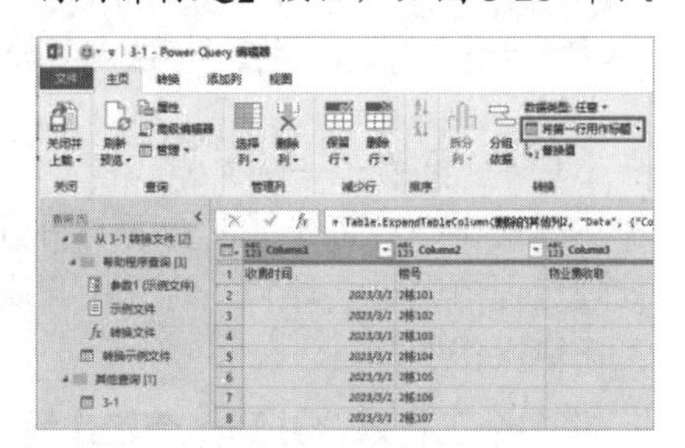

图 3-28

step 12 对标题列重命名，单击【收费时间】列右侧的按钮，在弹出的列表中取消【收费时间】复选框的选中状态，单击【确定】按钮，如图 3-29 所示。

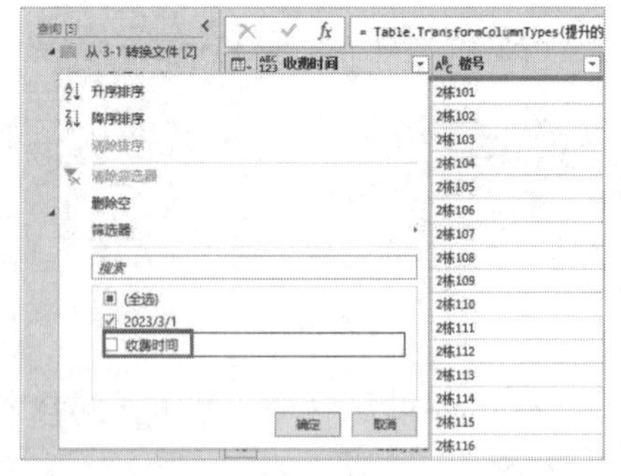

图 3-29

step 13 右击【收费时间】标题，在弹出的菜单中选择【更改类型】|【日期】命令。

step 14 单击【Power Query 编辑器】窗口【主页】选项卡中的【关闭并上载】下拉按钮，从弹出的列表中选择【关闭并上载至...】选项。

step 15 打开【导入数据】对话框，选中【现有工作表】单选按钮，单击当前工作表的 A1 单元格后，单击【确定】按钮，如图 3-30 所示。

图 3-30

step 16 此时，3 个工作簿中的数据记录都将被汇总在一张工作表内。按 F12 键，打开【另存为】对话框将数据汇总工作簿保存，汇总后的工作簿如图 3-31 所示。

	收费时间	楼号	物业费收取	来自小区
2	2023/3/1	2栋101	2000	牡丹园小区
3	2023/3/1	2栋102	750	牡丹园小区
4	2023/3/1	2栋103	1200	牡丹园小区
5	2023/3/1	2栋104	2000	牡丹园小区
6	2023/3/1	2栋105	1511	牡丹园小区
7	2023/3/1	2栋106	2000	牡丹园小区
8	2023/3/1	2栋107	670	牡丹园小区
9	2023/3/1	2栋108	2000	牡丹园小区
10	2023/3/1	2栋109	2000	牡丹园小区
11	2023/3/1	2栋110	670	牡丹园小区
12	2023/3/1	2栋111	1000	牡丹园小区
13	2023/3/1	2栋112	2000	牡丹园小区
14	2023/3/1	2栋113	2000	牡丹园小区
15	2023/3/1	2栋114	2000	牡丹园小区
16	2023/3/1	2栋115	2000	牡丹园小区
17	2023/3/1	2栋116	2000	牡丹园小区
18	2023/3/1	2栋117	2000	牡丹园小区
19	2023/3/1	2栋118	2000	牡丹园小区
20	2023/3/1	2栋119	2000	牡丹园小区
21	2023/3/1	2栋120	2000	牡丹园小区
22	2023/3/1	2栋121	2000	牡丹园小区
23	2023/3/1	2栋122	2000	牡丹园小区
24	2023/3/1	2栋123	2000	牡丹园小区
25	2023/3/1	2栋124	2000	牡丹园小区

	收费时间	楼号	物业费收取	来自小区
49	2023/3/1	1栋118	709	玫瑰园小区
50	2023/3/1	1栋119	1278	玫瑰园小区
51	2023/3/1	1栋120	321	玫瑰园小区
52	2023/3/1	1栋121	103	玫瑰园小区
53	2023/3/1	1栋122	456	玫瑰园小区
54	2023/3/1	1栋123	3456	玫瑰园小区
55	2023/3/1	1栋124	2123	玫瑰园小区
56	2023/3/1	1栋125	503	玫瑰园小区
57	2023/3/1	1栋126	726	玫瑰园小区
58	2023/3/1	1栋127	1903	玫瑰园小区
59	2023/3/1	1栋128	320	玫瑰园小区
60	2023/3/1	1栋129	389	玫瑰园小区
61	2023/3/1	1栋130	1790	玫瑰园小区
62	2023/3/1	2栋101	3012	茉莉园小区
63	2023/3/1	2栋102	1400	茉莉园小区
64	2023/3/1	2栋103	1345	茉莉园小区
65	2023/3/1	2栋104	1012	茉莉园小区
66	2023/3/1	2栋105	1102	茉莉园小区
67	2023/3/1	2栋106	1000	茉莉园小区
68	2023/3/1	2栋107	1000	茉莉园小区
69	2023/3/1	2栋108	1050	茉莉园小区
70	2023/3/1	2栋109	2000	茉莉园小区
71	2023/3/1	2栋110	1300	茉莉园小区
72	2023/3/1	2栋111	2000	茉莉园小区
73	2023/3/1	2栋112	1000	茉莉园小区

图 3-31

知识点滴

如果 3 个小区物业费收集情况的原始数据表中增加了新的记录。用户只需要在汇总工作表中右击任意数据单元格，在弹出的菜单中选择【刷新】命令，记录将自动被添加至图 3-31 所示的汇总表格内。

2. 按内容将工作簿拆分为多个文件

图 3-32 所示为某公司人工智能无人机产品在江苏、安徽、浙江、山东、湖南、湖北、广东、福建等省份的销售业绩数据汇总统计表，需要根据"地区"列的数据，将数据表按省份拆分为多个工作簿。

	地区	城市	产品	计划(万)	完成(万)
2	江苏	南京	智能无人机	312	110
3	江苏	苏州	智能无人机	198	200
4	江苏	扬州	智能无人机	200	101
5	江苏	徐州	智能无人机	150	187
6	江苏	常州	智能无人机	150	187
7	江苏	南通	智能无人机	150	321
8	江苏	连云港	智能无人机	150	98
9	江苏	无锡	智能无人机	150	198
10	江苏	淮安	智能无人机	150	87
11	江苏	盐城	智能无人机	150	189
12	安徽	合肥	智能无人机	200	341
13	安徽	蚌埠	智能无人机	120	108
14	安徽	芜湖	智能无人机	120	287
15	安徽	安庆	智能无人机	120	310
16	安徽	马鞍山	智能无人机	120	100
17	安徽	淮北	智能无人机	120	90
18	安徽	铜陵	智能无人机	120	20
19	安徽	黄山	智能无人机	120	327
20	安徽	阜阳	智能无人机	120	108
21	安徽	滁州	智能无人机	120	298
22	浙江	杭州	智能无人机	100	108
23	浙江	宁波	智能无人机	100	200
24	浙江	温州	智能无人机	100	98
25	浙江	绍兴	智能无人机	100	245
26	浙江	嘉兴	智能无人机	100	102

汇总统计

图 3-32

【例 3-2】将图 3-32 所示的数据汇总表，按省份拆分成多个工作簿。

视频+素材 (素材文件\第 03 章\例 3-2)

step 1 选中数据表中任意数据单元格，在功能区选择【插入】选项卡，单击【表格】命令组中的【数据透视表】按钮。

step 2 打开【创建数据透视表】对话框，选中【新工作表】单选按钮，单击【确定】按钮，如图 3-33 所示。

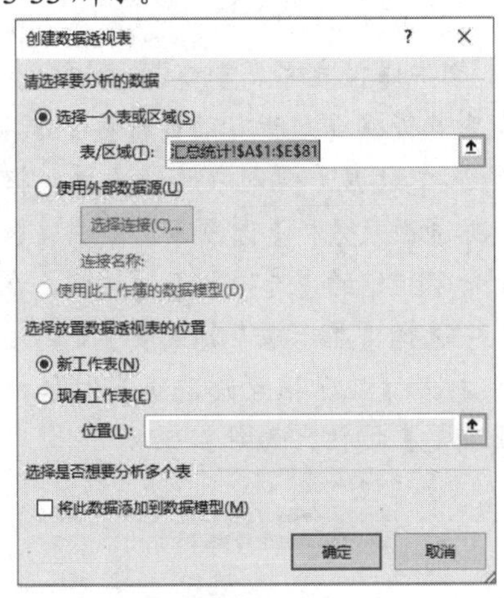

图 3-33

step 3 打开【数据透视表字段】窗格，将【地区】拖入【筛选】列表框，将其他内容分别拖入【行】和【值】列表框中，如图 3-34 所示。

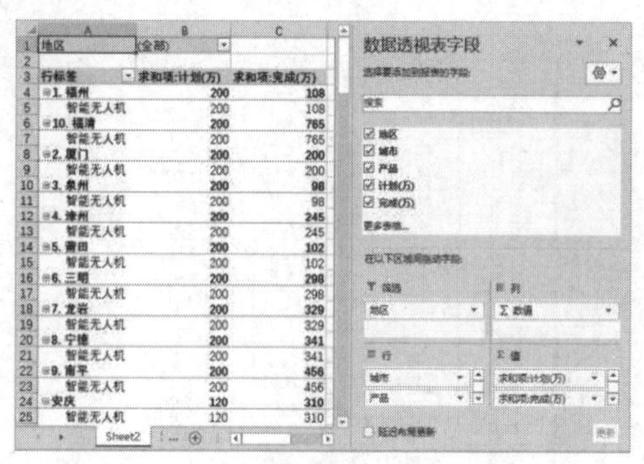

图 3-34

step 4 选择【设计】选项卡，单击【布局】命令组中的【分类汇总】下拉按钮，在弹出的列表中选择【不显示分类汇总】选项。

step 5 单击【布局】命令组中的【统计】下拉按钮，在弹出的列表中选择【对行和列禁用】选项。单击【报表布局】下拉按钮，在弹出的列表中选择【以表格形式显示】选项。此时，数据透视表的效果将如图 3-35 所示。

	A	B	C	D	E
1	地区	(全部)			
2					
3	城市	产品	求和项:计划(万)	求和项:完成(万)	
4	⊟1. 福州	智能无人机	200	108	
5	⊟10. 福清	智能无人机	200	765	
6	⊟2. 厦门	智能无人机	200	200	
7	⊟3. 泉州	智能无人机	200	98	
8	⊟4. 漳州	智能无人机	200	245	
9	⊟5. 莆田	智能无人机	200	102	
10	⊟6. 三明	智能无人机	200	298	
11	⊟7. 龙岩	智能无人机	200	329	
12	⊟8. 宁德	智能无人机	200	341	
13	⊟9. 南平	智能无人机	200	456	
14	⊟安庆	智能无人机	120	310	
15	⊟蚌埠	智能无人机	120	108	

图 3-35

step 6 单击【报表布局】下拉按钮，在弹出的列表中选择【重复所有项目标签】选项。

step 7 选中数据透视表中的任意单元格，选择【数据透视表分析】选项卡，单击【数据透视表】命令组中的【选项】下拉按钮，在弹出的列表中选择【显示报表筛选页】选项。

step 8 打开【显示报表筛选页】对话框后，单击【确定】按钮，如图 3-36 所示。

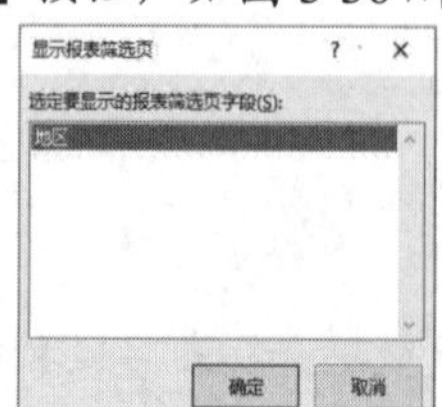

图 3-36

step 9 此时，Excel 将自动按地区拆分数据，生成多个工作表。右击创建数据透视表生成的工作表，在弹出的菜单中选择【删除】命令，删除该工作表，如图 3-37 所示。

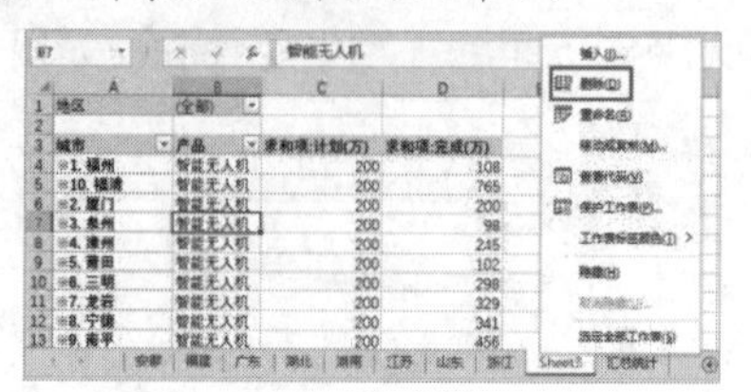

图 3-37

step 10 按住 Shift 键同时选中【安徽】【福建】【广东】【湖南】【湖北】【江苏】【山东】【浙江】等多个工作表后，单击【全选】按钮◢选中所有单元格，如图 3-38 所示，按 Ctrl+C 键。

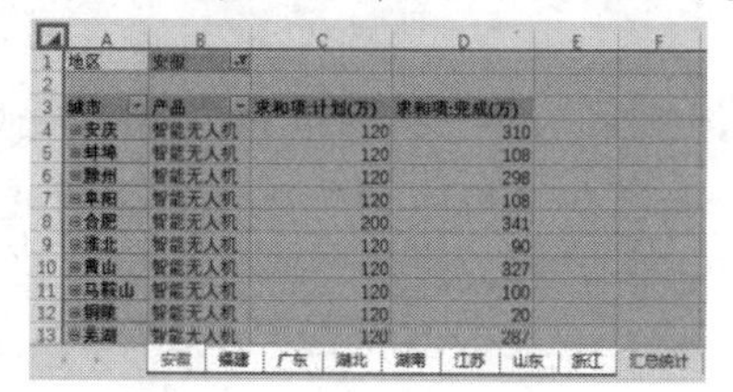

图 3-38

step 11 右击工作表中的任意单元格，在弹出的菜单中选择【粘贴选项】区域中的【值】选项，将复制的内容粘贴成值，如图 3-39 所示。

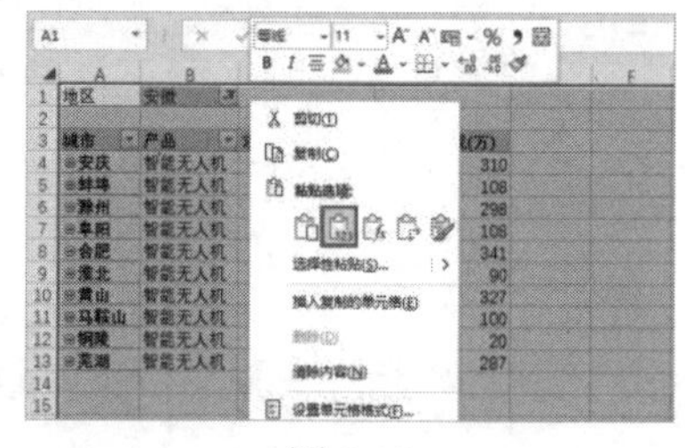

图 3-39

step 12 选中工作表的第 1 行和第 2 行，右击鼠标，在弹出的菜单中选择【删除】命令，如图 3-40 所示。

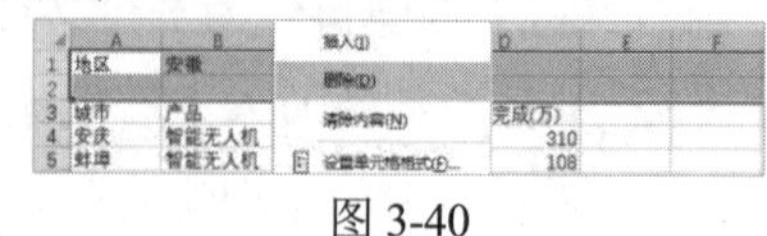

图 3-40

step 13 选中 C1 单元格，将鼠标指针置于编辑框中选中文本“求和项:”后按 Ctrl+C 键，执

行【复制】命令，如图 3-41 所示。

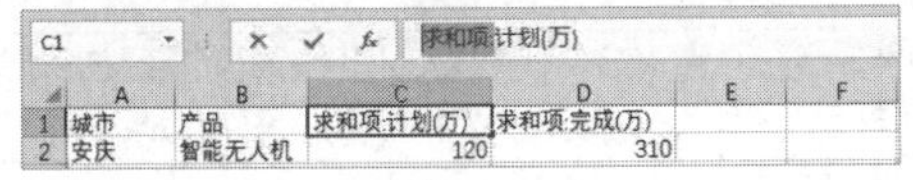

图 3-41

step⑭ 按 Ctrl+H 键，打开【查找和替换】对话框，将鼠标指针置于【查找内容】文本框中按 Ctrl+V 键执行【粘贴】命令，然后单击【全部替换】按钮，将表格中的文本“求和项:”替换为空值，如图 3-42 所示。

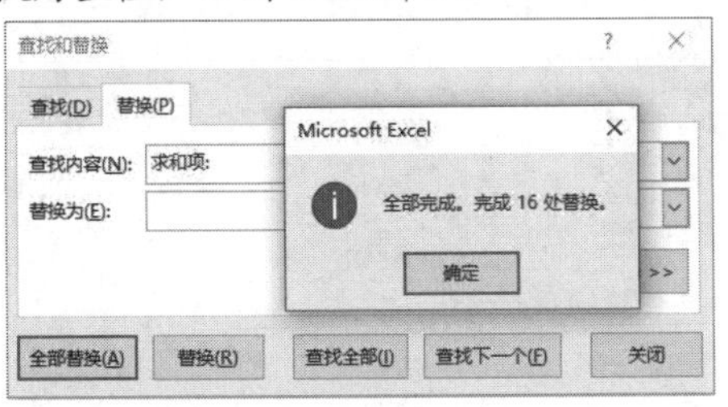

图 3-42

step⑮ 单击【关闭】按钮，关闭【查找和替换】对话框。

step⑯ 打开 ChatGPT，输入问题指令：编写 Excel VBA 程序，将当前工作簿中的所有工作表拆分成独立工作簿，并以工作表名称命名。ChatGPT 将自动生成相应的 VBA 代码，如图 3-43 所示。

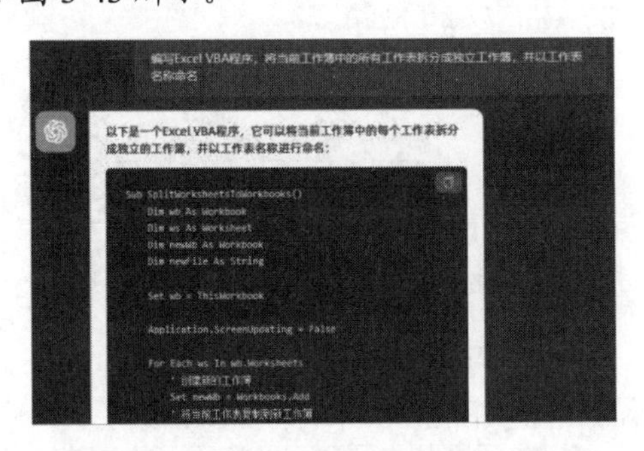

图 3-43

step⑰ 单击 ChatGPT 生成代码右上角的【复制】按钮，复制 VBA 代码。

step⑱ 返回 Excel，选择【开发工具】选项卡，单击【代码】命令组中的 Visual Basic 按钮，打开 Microsoft Visual Basic for Applications 窗口，单击【插入模块】下拉按钮，在弹出的列表中选择【模块】选项。

step⑲ 将鼠标指针置于打开的模块窗口中，按 Ctrl+V 键执行【粘贴】命令，将复制的 VBA 代码粘贴至该窗口中，如图 3-44 所示。

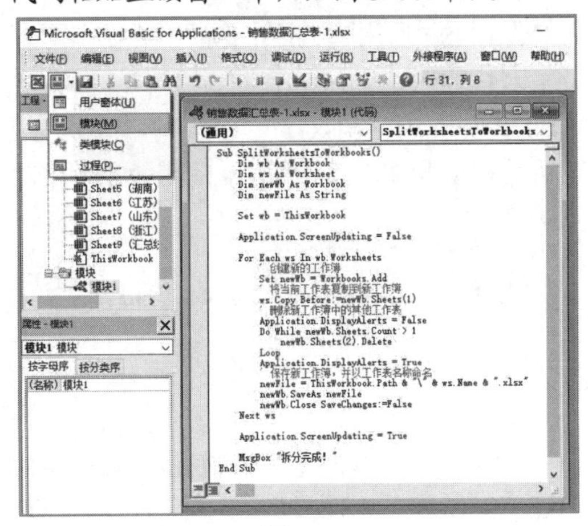

图 3-44

step⑳ 按 F5 键运行 VBA 代码，表格内容将被拆分为多个独立的工作簿，拆分后每个工作簿中只保存一个省份的产品销售记录。拆分结果如图 3-45 所示。

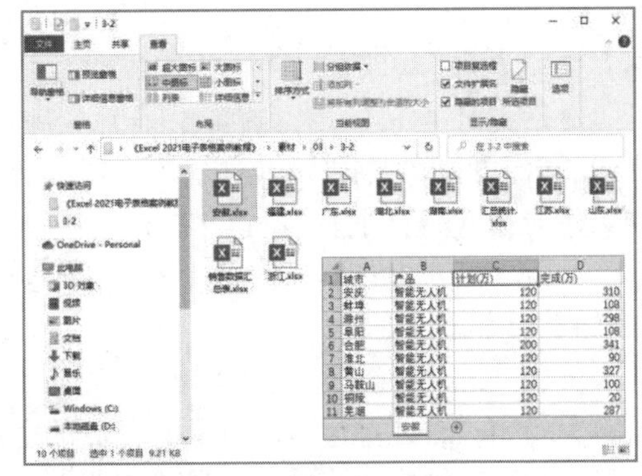

图 3-45

3.1.7　版本和格式转换

高版本的 Excel 软件除了可以使用兼容方式打开低版本的 Excel 工作簿文件(.xls 格式文件)，还可以将早期版本工作簿转换为当前版本(.xlsx 格式文件)。具体实现方法如下。

step① 打开需要转换的.xls 格式工作簿文件。

step② 按 F12 键打开【另存为】对话框，将文件的【保存类型】设置为【Excel 工作簿(*.xlsx)】后单击【保存】按钮即可。

这里需要注意的是，如果.xls 格式的工作簿包含宏代码(VBA 代码)或其他启用宏的内容，在将其另存为当前版本工作簿文件时，需要保存为“启用宏的工作簿”。当工作簿中带有宏代码时，如果选择将此工作簿保存为“【Excel 工作簿(*.xlsx)】”类型，单击【保存】按钮后将会弹出图 3-46 所示的提示对话框。

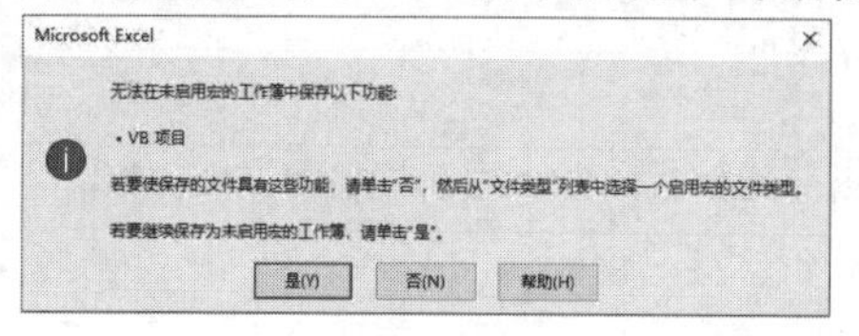

图 3-46

此时，如果单击【是】按钮，则保存为“Excel 工作簿”文件类型，系统将自动删除文件中的所有宏代码。如果用户单击【否】按钮，则会打开【另存为】对话框，用户可以在该对话框中将【保存类型】设置为【Excel 启用宏的工作簿】，将文件保存为保留宏代码的 Excel 文档。

3.1.8 关闭工作簿和 Excel

在结束对 Excel 工作簿的编辑和修改操作后，可以将其关闭以释放计算机内存。关闭工作簿和 Excel 的方法有以下几种。

- 方法 1：在功能区依次选择【文件】|【关闭】命令。
- 按 Ctrl+W 键或 Alt+F4 键。
- 单击 Excel 快速访问工具栏左侧的空白处，在弹出的快捷菜单中选择【关闭】命令，如图 3-47 所示。

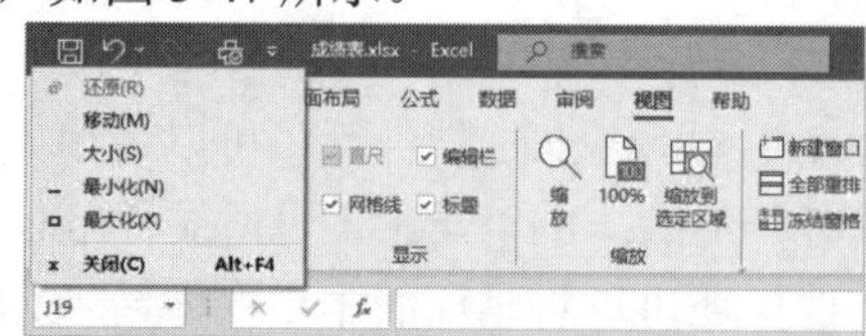

图 3-47

- 单击工作簿窗口右上方的【关闭窗口】按钮✕。

3.1.9 工作簿到期自动销毁

通过编写 VBA 代码，可以实现工作簿在一个时间点之后自动销毁。

【例 3-3】通过 VBA 代码实现工作簿到期后自动销毁自身，并弹出提示“文件过期，已自动销毁”。
视频+素材 (素材文件\第 03 章\例 3-3)

step 1 按 Ctrl+N 键创建一个工作簿文件后，按 F12 键打开【另存为】对话框，将【保存类型】设置为【Excel 启动宏的工作簿】后，单击【保存】按钮保存工作簿，如图 3-48 所示。

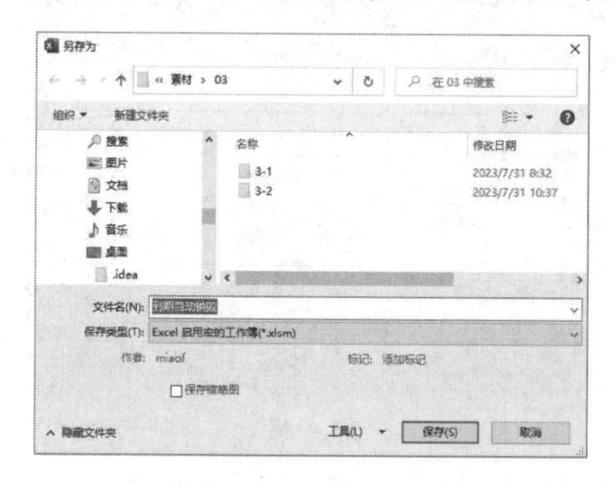

图 3-48

step 2 选择【开发工具】选项卡，单击【代码】命令组中的 Visual Basic 按钮，打开 Microsoft Visual Basic for Applications 窗口，双击 ThisWordbook 选项，在打开的窗口中单击【通用】下拉按钮，在弹出的列表中选择 Workbook 选项，如图 3-49 所示。

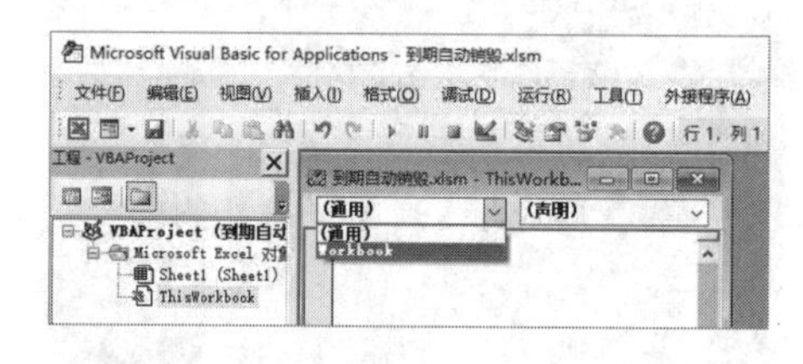

图 3-49

step 3 输入图 3-50 所示的 VBA 代码。

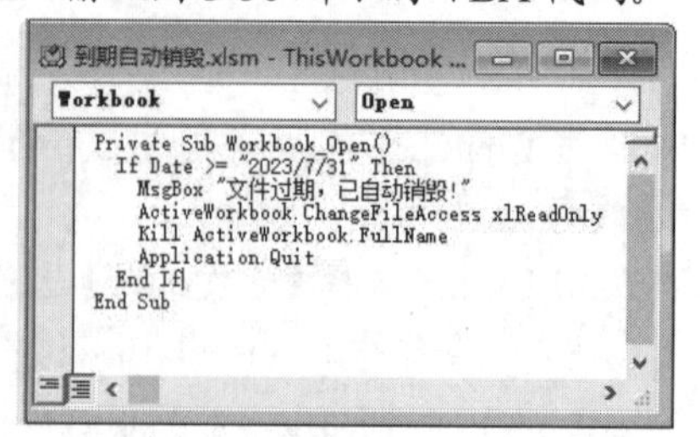

```
Private Sub Workbook_Open()
  If Date >= "2023/7/31" Then
    MsgBox "文件过期，已自动销毁!"
    ActiveWorkbook.ChangeFileAccess xlReadOnly
    Kill ActiveWorkbook.FullName
    Application.Quit
  End If
End Sub
```

图 3-50

step 4 在 Microsoft Visual Basic for Applications

窗口中右击 ThisWordbook 选项，在弹出的菜单中选择【VBAProject 属性】命令，如图 3-51 所示。

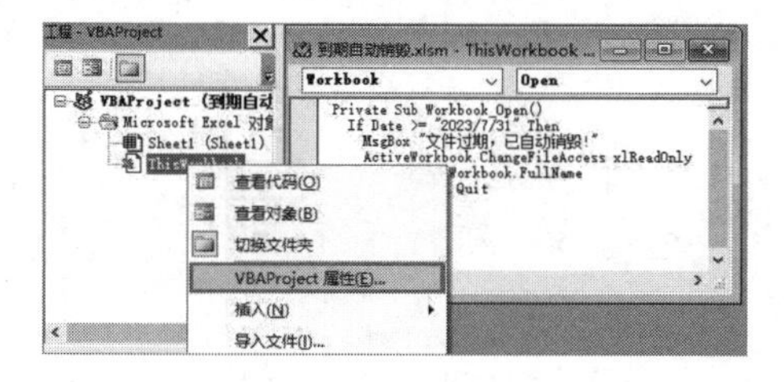

图 3-51

step⑤ 打开【VBAProject-工程属性】对话框，选择【保护】选项卡，选中【查看时锁定工程】复选框，在【密码】和【确认密码】文本框中输入密码，然后单击【确定】按钮，如图 3-52 所示。

图 3-52

step⑥ 关闭 Microsoft Visual Basic for Applications 窗口，按 Ctrl+S 键保存工作簿。依次按 Alt、T、O 键打开【Excel 选项】对话框，选择【信任中心】选项卡后单击【信任中心设置】按钮，如图 3-53 所示。

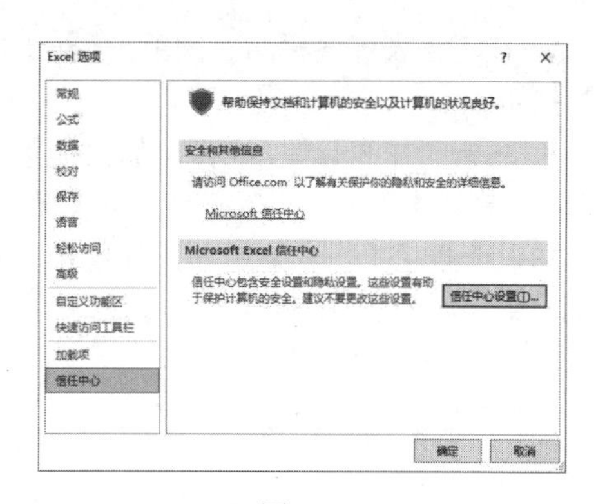

图 3-53

step⑦ 在打开的【信任中心】对话框中选中【宏设置】|【启用 VBA 宏】单选按钮后，单击【确定】按钮，如图 3-54 所示。

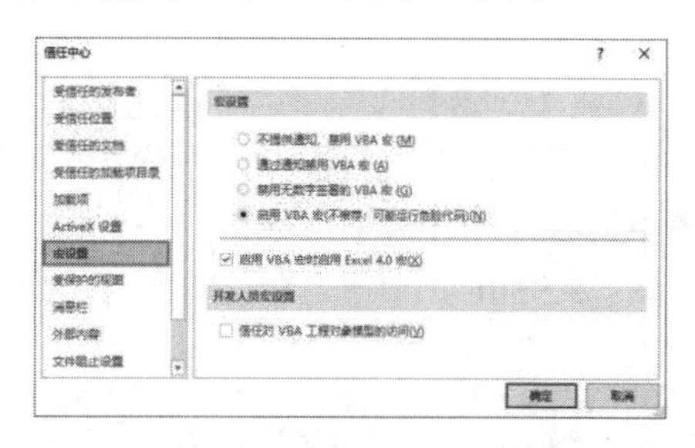

图 3-54

step⑧ 保存并关闭工作簿。当前系统日期在 2023 年 7 月 31 日后双击工作簿，Excel 将弹出图 3-55 所示的提示对话框并自动销毁工作簿。

图 3-55

3.2　工作表的基本操作

在 Excel 中，工作表和工作簿是层级关系。工作簿是 Excel 文件的最高级别容器，它可以包含一个或多个工作表。工作表是工作簿中的一个单独的表格。用户可以将工作表看作一个二维的网格，由列和行组成。

3.2.1　创建工作表

在工作簿中，用户可以根据实际操作需求使用多种方法创建工作表。例如，在现有工作簿中创建工作表或者设置创建工作簿时自动创建若干个工作表。

1. 从现有工作簿创建

使用以下几种等效方法可以在当前工作簿中创建一张新的工作表。

▶ 在工作表标签栏的右侧单击【新工作表】按钮⊕。

▶ 右击工作表标签，在弹出的快捷菜单中选择【插入】命令，然后在打开的【插入】对话框中选择【工作表】选项，并单击【确定】按钮，如图 3-56 所示。

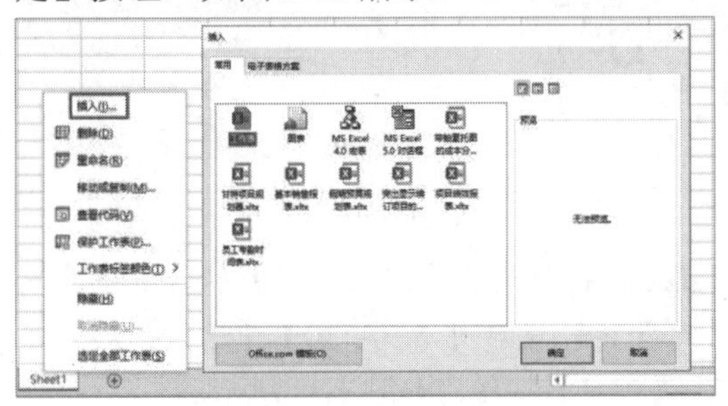

图 3-56

▶ 在【开始】选项卡的【单元格】命令组中单击【插入】下拉按钮，在弹出的下拉列表中选择【工作表】命令。

▶ 按 Shift+F11 键，将在当前工作表左侧插入新工作表。

知识点滴

如果用户需要批量增加多张工作表，可以通过右键快捷菜单插入工作表后，按 F4 键重复操作。若通过工作表标签右侧的【新工作表】按钮⊕创建新工作表操作，则无法使用 F4 键重复创建。也可以在同时选中多张工作表后，使用功能按钮或使用工作表标签的右键快捷菜单命令插入工作表，此时会一次性创建与选定的工作表数目相同的新工作表。

2. 随工作簿一同创建

在默认情况下，Excel 在创建工作簿时自动包含了名为 Sheet1 的 1 张工作表。用户可以通过设置来改变新建工作簿时所包含的工作表数目。

依次按 Alt、T、O 键打开【Excel 选项】对话框，在【常规】选项卡的【包含的工作表数】微调框中可以设置新工作簿默认所包含的工作表数目(数值范围为 1~255)，如图 3-57 所示，单击【确定】按钮保存设置并关闭【Excel 选项】对话框后，在新建工作簿时，自动创建的内置工作表数目会随着设置而定，并自动命名为 Sheet1~Sheetn。

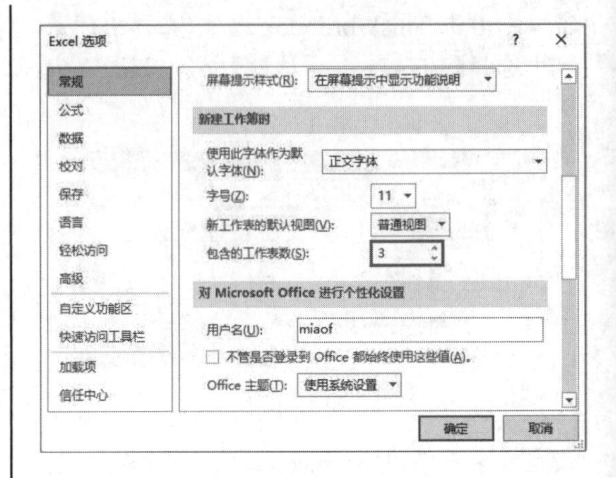

图 3-57

3.2.2 激活当前工作表

在 Excel 操作过程中，始终有一张“当前工作表”作为用户输入和编辑等操作的对象和目标，用户的大部分操作都是在“当前工作表”中体现。在 Excel 工作界面的工作表标签上，“当前工作表”的标签背景以高亮显示，如图 3-58 所示。要切换其他工作表作为当前工作表，可以直接单击目标工作表标签。

图 3-58

知识点滴

按 Ctrl+Page Up 键和 Ctrl+Page Down 键，可以切换到上一张和下一张工作表。

3.2.3 同时选取多个工作表

除了选定某一张工作表作为当前工作表，用户还可以在 Excel 中同时选中多张工作表形成“组”。在工作表组模式下，用户可以方便地同时对多张工作表对象进行复制、删除等操作，也可以进行部分编辑操作。同时选取多张工作表的方法有以下几个。

▶ 方法 1：按 Ctrl 键的同时用鼠标依次单击需要选定的工作表标签，就可以同时选定相应的工作表。

▶ 方法 2：如果用户需要选定一组连续

排列的工作表，可以先单击其中一张工作表标签，然后按住 Shift 键，再单击连续工作表中的最后一张工作表标签，即可同时选定上述工作表，如图 3-59 所示。

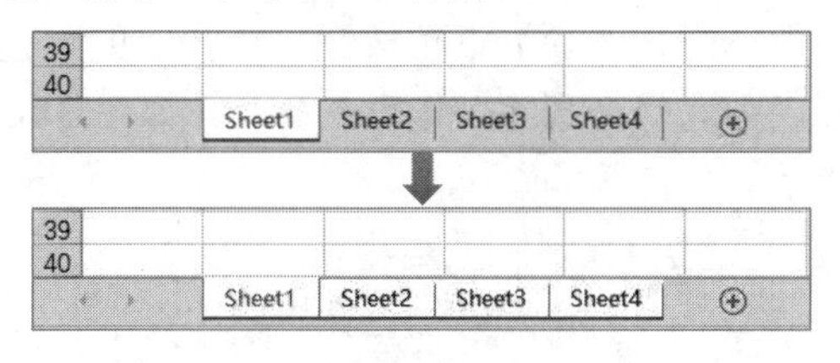

图 3-59

▶ 方法 3：如果要选定当前工作簿中的所有工作表，可以在任意工作表标签上右击，在弹出的快捷菜单中选择【选定全部工作表】命令。

多张工作表被同时选中后，将在 Excel 窗口标题上显示“组”字样，进入工作表组操作模式。同时被选定的工作表标签将高亮显示。如果用户需要取消工作表组操作模式，可以单击工作组以外的任意工作表标签。如果所有工作表标签都在工作表组内，则可以单击任意工作表标签，或者在工作表标签上右击，在弹出的快捷菜单中选择【取消组合工作表】命令，如图 3-60 所示。

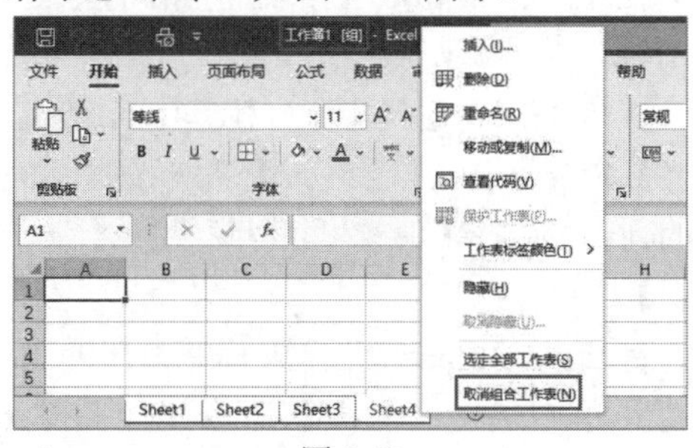

图 3-60

3.2.4　管理工作表

在 Excel 中通过对工作进行复制、移动、删除以及对工作表标签进行重命名等操作，可以方便地管理和组织工作簿中的工作表。

1. 复制和移动工作表

复制和移动工作表是办公中的常用操作，通过复制操作，可以在一个工作簿或者不同的工作簿中创建工作表副本；通过移动操作，可以在同一个工作簿中改变工作表的排列顺序，也可以在不同的工作簿之间移动工作表。

在 Excel 中通过以下两种方法可以打开【移动或复制工作表】对话框，从而实现移动或复制工作表。

▶ 方法 1：在【开始】选项卡【单元格】命令组中单击【格式】拆分按钮，在弹出的菜单中选择【移动或复制工作表】命令。

▶ 方法 2：右击工作表标签，在弹出的快捷菜单中选择【移动或复制】命令，如图 3-61 所示。

图 3-61

在【移动或复制工作表】对话框的【工作簿】下拉列表中选择移动工作表的目标工作簿，在【下列选定工作表之前】列表框中选择移动工作表的位置后，单击【确定】按钮即可移动工作表。如果选中【建立副本】复选框后单击【确定】按钮，将执行“复制”操作，复制选中的工作表。被复制的工作表后将添加“(2)”标记。

此外，在 Excel 中也可以通过拖动工作表标签来实现移动或者复制工作表的操作，具体操作方法如下。

step 1　选中并按住工作表标签，当指针显示出文档的图标时，拖动鼠标可以将当前工作表移动至其他位置，如图 3-62 所示。

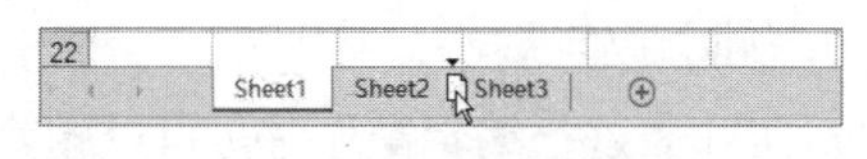

图 3-62

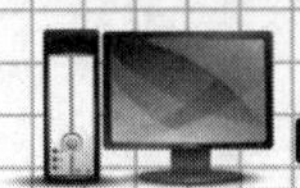

step② 按住 Ctrl 键拖动工作表标签，此时鼠标指针显示的文档图标上还会出现一个“+”号，表示当前操作方式为“复制”，可以将当前工作表复制到目标位置，如图 3-63 所示。

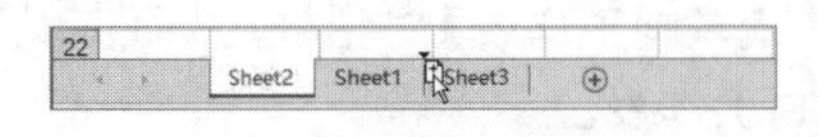

图 3-63

知识点滴

如果在当前屏幕中同时显示了多个工作簿，拖动工作表标签的操作也可以在不同工作簿中进行。

2. 重命名工作表

Excel 默认的工作表名称为“Sheet”后面跟一个数字(例如 Sheet1、Sheet2)，这样的名称在工作中没有具体的含义，不方便使用。一般我们需要将工作表重新命名，重命名工作表的方法有以下两种。

▶ 方法 1：右击工作表标签，在弹出的快捷菜单中选择【重命名】命令，或按 R 键，然后输入新的工作表名称。

▶ 方法 2：双击工作表标签，当工作表名称变为可编辑状态时，输入新的名称。

3. 设置工作表标签颜色

为了方便用户对工作表进行辨识，为工作表设置不同的颜色是一种比较常见的操作。在工作表标签上右击，在弹出的快捷菜单中选择【工作表标签颜色】命令，然后在弹出的【颜色】面板中选择一种颜色，即可为工作表标签设置颜色，如图 3-64 所示。

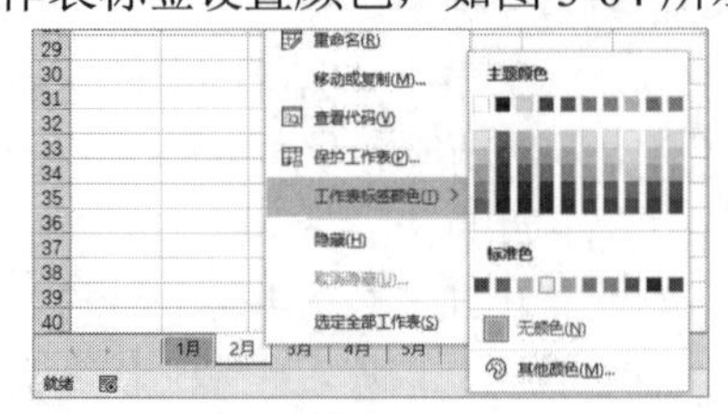

图 3-64

4. 删除工作表

对工作表进行编辑操作时，可以删除一些多余的工作表。这样不仅可以方便用户对工作表进行管理，也可以节省系统资源。在 Excel 中删除工作表的常用方法有以下两种。

▶ 方法 1：在工作簿中选定要删除的工作表，在【开始】选项卡的【单元格】命令组中单击【删除】下拉按钮，在弹出的下拉列表中选择【删除工作表】命令，如图 3-65 所示。

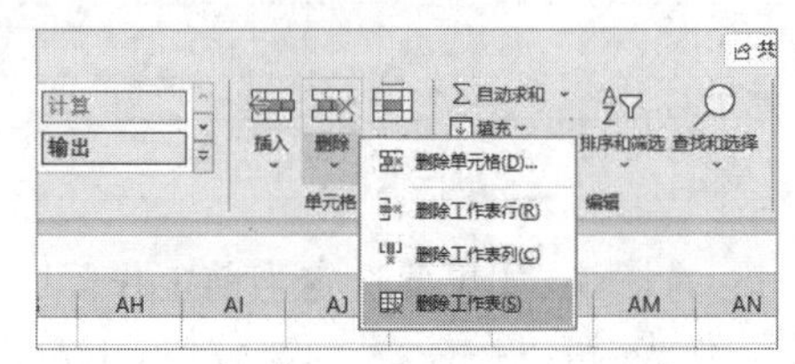

图 3-65

▶ 方法 2：右击要删除的工作表的标签，在弹出的快捷菜单中选择【删除】命令。

3.2.5 显示和隐藏工作表

在一个工作簿中编辑多个工作表时，为了切换方便，我们可以将已经编辑好的工作表隐藏起来；或是为了工作表的安全性，我们也可以将不想让别人看到的工作表隐藏起来。

1. 隐藏工作表

在 Excel 中隐藏工作表的操作方法有以下两种。

▶ 方法 1：选择【开始】选项卡，在【单元格】命令组中单击【格式】拆分按钮，在弹出的列表中选择【隐藏和取消隐藏】|【隐藏工作表】命令。

▶ 方法 2：右击工作表标签，在弹出的快捷菜单中选择【隐藏】命令，如图 3-66 所示。

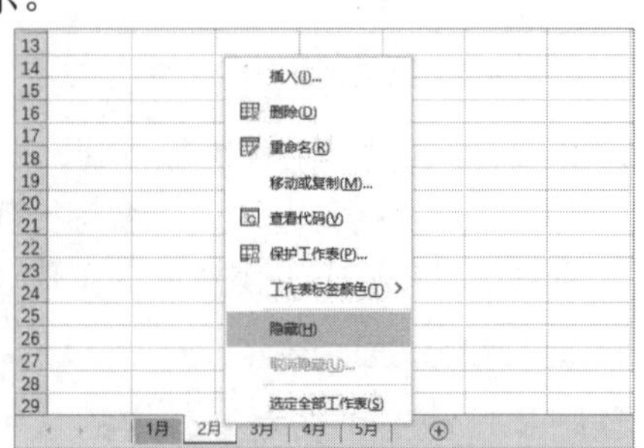

图 3-66

在 Excel 中无法隐藏工作簿中的所有工作表，当隐藏到最后一张工作表时，则会出现一个提示对话框，提示工作簿中至少应含有一个可视的工作表。

在对工作表执行“隐藏”操作时，应注意以下几点。

- Excel 无法对多个工作表一次性地取消隐藏。
- 如果没有隐藏的工作表，则【取消隐藏工作表】命令将呈灰色显示。
- 工作表的隐藏操作不会改变工作表的排列顺序。

2. 显示被隐藏的工作表

如果需要取消工作表的隐藏状态，可以参考以下两种方法。

- 方法 1：选择【开始】选项卡，在【单元格】命令组中单击【格式】拆分按钮，在弹出的菜单中选择【隐藏和取消隐藏】|【取消隐藏工作表】命令，在打开的【取消隐藏】对话框中选择需要取消隐藏的工作表后，单击【确定】按钮，如图 3-67 所示。

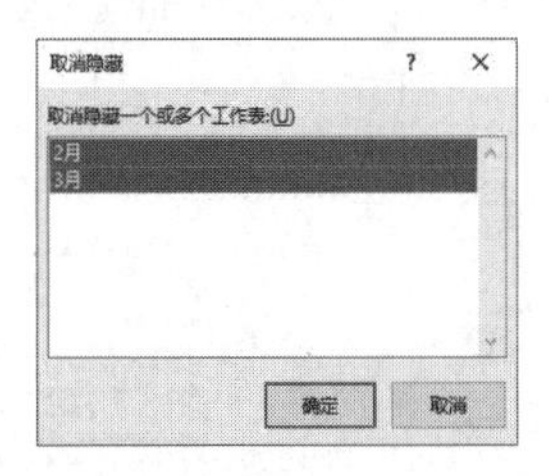

图 3-67

- 方法 2：在工作表标签上右击鼠标，在弹出的快捷菜单中选择【取消隐藏】命令，然后在打开的【取消隐藏】对话框中选择需要取消隐藏的工作表，并单击【确定】按钮。

3.2.6　合并多个工作表

合并工作表，顾名思义就是合并同一工作簿下所有工作表中的数据。在实际工作中，针对要合并工作表的数量，有不同的方法。

1. 合并工作簿内所有工作表

图 3-68 所示工作簿为某公司 1~6 月份销售情况记录，同一个工作簿中保存了 6 张布局结构相同的工作表，需要将 6 张工作表合并。

	A	B	C	D
1	时间	商品	单日售量	备注
2	2023/1/1	正元胶囊	2753	
3	2023/1/2	托伐普坦片	1765	
4	2023/1/3	正元胶囊	780	
5	2023/1/4	开塞露	3012	
6	2023/1/5	开塞露	1102	
7	2023/1/6	开塞露	631	
8	2023/1/7	香芍颗粒	1397	
9	2023/1/8	正元胶囊	1392	
10	2023/1/9	正元胶囊	546	
11	2023/1/10	托伐普坦片	1023	
12	2023/1/11	正元胶囊	564	

1月 | 2月 | 3月 | 4月 | 5月 | 6月

图 3-68

可以在 Excel 中使用 Power Query 合并多张工作表。

【例 3-4】使用 Power Query 合并图 3-68 所示工作簿中的 6 张工作表。

视频+素材　(素材文件\第 03 章\例 3-4)

step ① 按 Ctrl+N 键新建一个工作簿，选择【数据】选项卡，单击【获取和转换数据】命令组中的【获取数据】下拉按钮，在弹出的列表中选择【来自文件】|【从工作簿】选项，如图 3-69 所示。

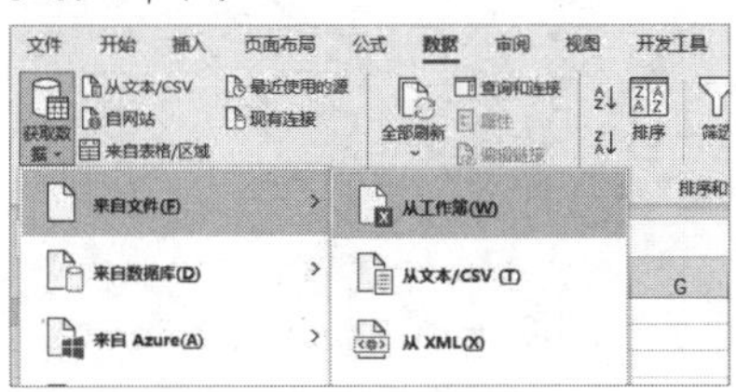

图 3-69

step ② 在打开的【导入数据】对话框中选中保存数据的工作簿文件，单击【导入】按钮。

step ③ 打开【导航器】对话框，选中工作簿名称，单击【转换数据】按钮，如图 3-70 所示。

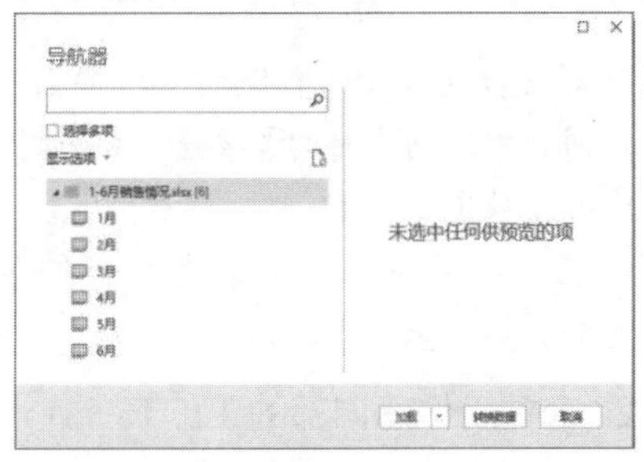

图 3-70

step ④ 打开【Power Query 编辑器】窗口，单击

Data 列右侧的展开按钮，在弹出的列表中单击【确定】按钮，如图 3-71 所示。

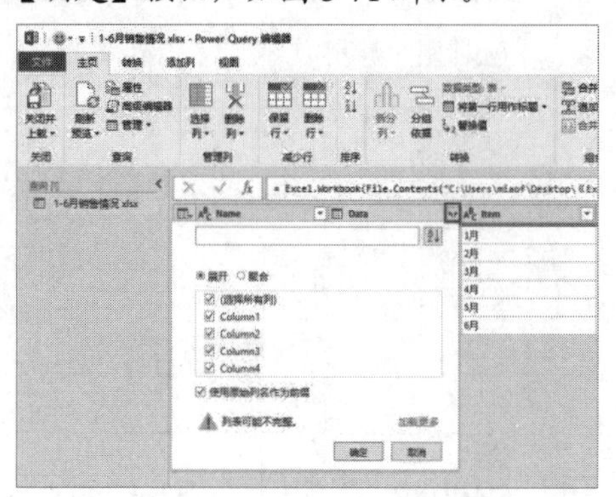

图 3-71

step 5 在打开的窗口中删除系统自动生成的工作簿信息字段【Item】【Kind】【Hidden】，然后单击【主页】选项卡中的【将第一行用作标题】选项，提升标题行，如图 3-72 所示。

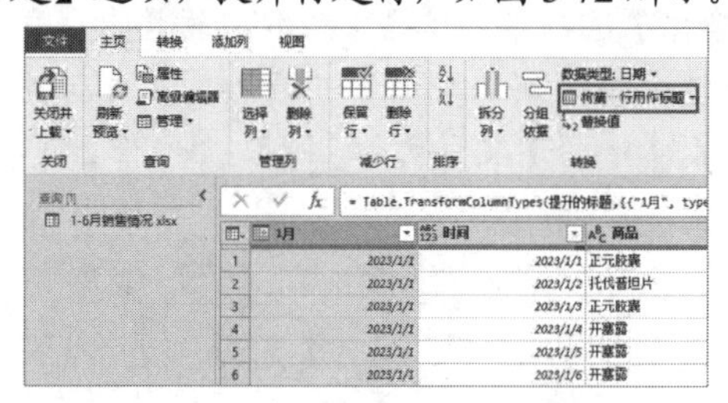

图 3-72

step 6 将第 1 列的标题“1 月”重命名为“表名称”，如图 3-73 所示。

表名称	时间	商品	单日销量
2023/1/1	2023/1/1	正元胶囊	
2023/1/1	2023/1/2	托伐普坦片	
2023/1/1	2023/1/3	正元胶囊	
2023/1/1	2023/1/4	开塞露	
2023/1/1	2023/1/5	开塞露	
2023/1/1	2023/1/6	开塞露	

图 3-73

step 7 单击【时间】列右侧的下拉按钮，在弹出的列表中取消【时间】复选框的选中状态后，单击【确定】按钮。

step 8 最后，单击【主页】选项卡中的【关闭并上载】按钮上载数据即可。

2. 合并工作簿内部的工作表

图 3-74 所示为某公司在全国各主要城市的销售记录，由于数据更新的原因，工作簿中只有“北京”“上海”“广州”3 个工作表中有数据，需要将这 3 个工作表中的数据合并，忽略其他工作表。

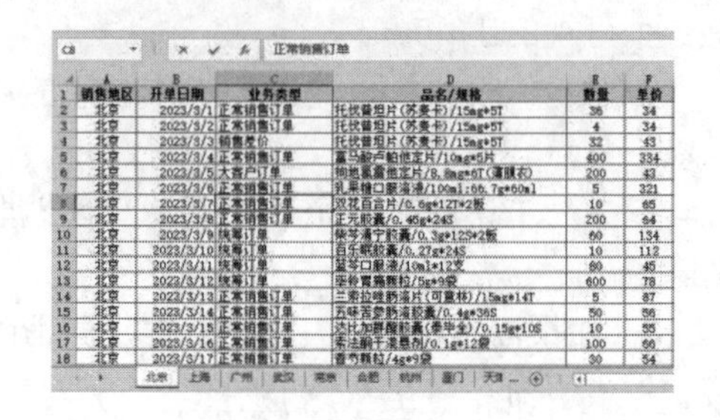

图 3-74

【例 3-5】使用 Power Query 合并图 3-74 所示工作簿中的 3 张工作表。

视频+素材 (素材文件\第 03 章\例 3-5)

step 1 按 Ctrl+N 键新建一个工作簿，选择【数据】选项卡，单击【获取和转换数据】命令组中的【获取数据】下拉按钮，在弹出的列表中选择【来自文件】|【从工作簿】选项，将数据加载到 Power Query 编辑器。

step 2 在【导航器】对话框中选中【选择多项】复选框，依次选中【北京】【上海】【广州】3 个复选框，然后单击【转换数据】按钮，如图 3-75 所示。

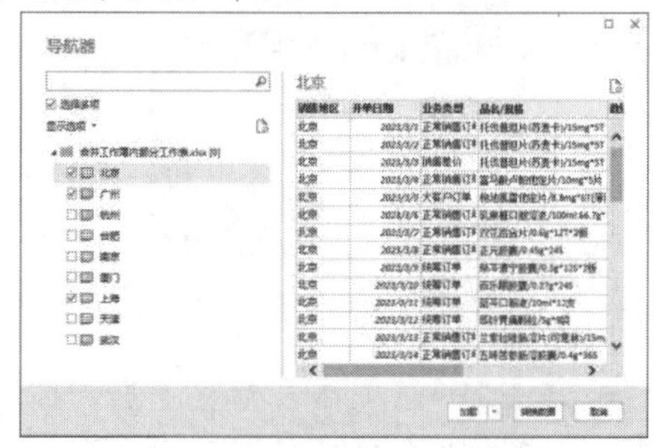

图 3-75

step 3 打开【Power Query 编辑器】窗口，在【主页】选项卡中单击【追加查询】下拉按钮，在弹出的列表中选择【将查询追加为新查询】选项，如图 3-76 所示。

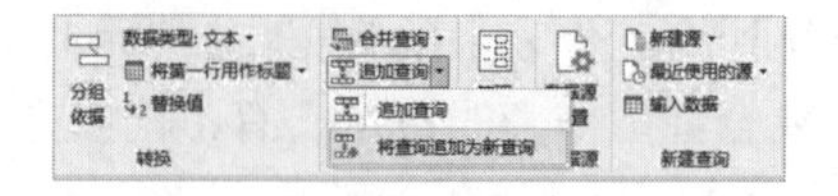

图 3-76

step④ 在打开的【追加】对话框中选中【三个或更多表】单选按钮，在【可用表】列表框中依次选中【北京】【上海】【广州】3 个选项，单击【添加】按钮，将其添加到【要追加的表】列表框中，然后单击【确定】按钮，如图 3-77 所示。

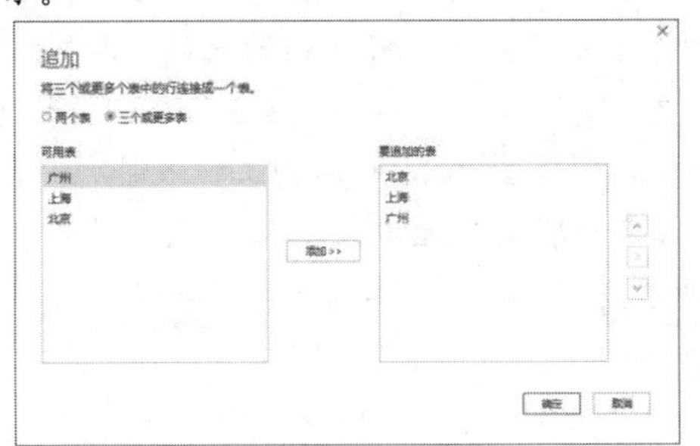

图 3-77

step⑤ 单击【主页】选项卡中的【关闭并上载】下拉按钮，在弹出的列表中选择【关闭并上载至...】选项，在打开的【导入数据】对话框中选中【仅创建连接】单选按钮，然后单击【确定】按钮，如图 3-78 所示。

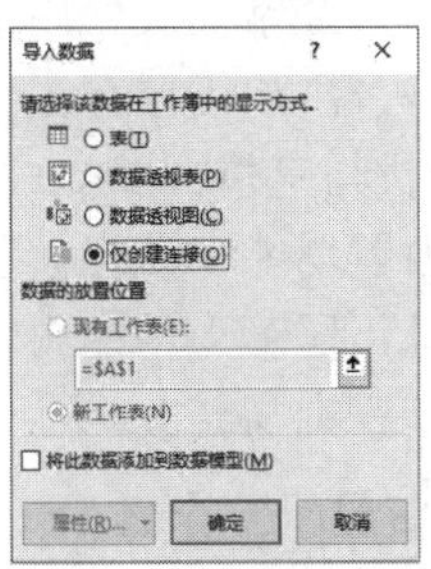

图 3-78

step⑥ 在【查询 & 连接】窗格中右击查询名称“追加 1”，在弹出的快捷菜单中选择【加载到】命令，如图 3-79 所示。

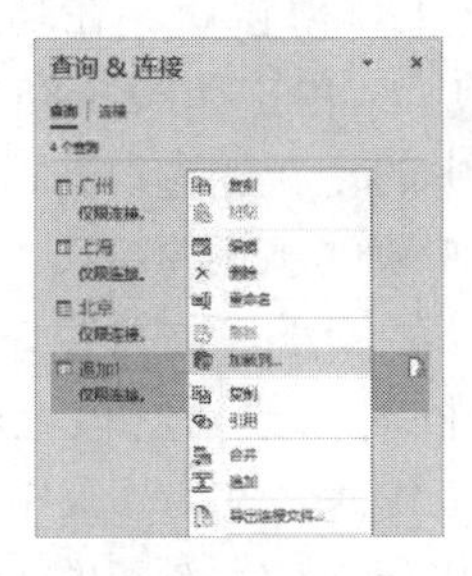

图 3-79

step⑦ 在打开的【导入数据】对话框中选中【表】单选按钮，将数据的放置位置设置为【现有工作表】，单击【确定】按钮后即可合并工作簿中的【北京】【上海】【广州】3 个工作表数据，如图 3-80 所示。

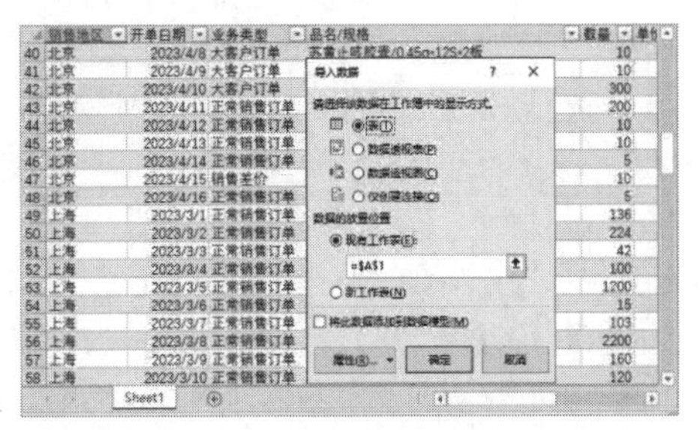

图 3-80

知识点滴

上例所介绍的操作还可以用于合并工作簿中结构和数据不相同的工作表。

3.2.7　将工作表提取为工作簿

图 3-81 所示工作簿中包含某工作室 2023 年每个月的工资发放情况表的一部分，需要将其中所有工作表单独提取为工作簿。

一月份工资					
姓　名	基本工资	奖金+补贴	实发工资	发薪日期	备注
李　林	¥1,800	¥3,500	¥5,300	2023/1/28	
高新民	¥1,800	¥3,000	¥4,800	2023/1/28	
张　彬	¥1,800	¥2,800	¥4,600	2023/1/28	
方茜茜	¥1,800	¥3,250	¥5,050	2023/1/28	
刘　玲	¥1,800	¥4,180	¥5,980	2023/1/28	
林海涛	¥1,800	¥3,800	¥5,600	2023/1/28	
胡　茵	¥1,800	¥5,000	¥6,800	2023/1/28	

2023年1月　2023年2月　2023年3月　2023年4月　2023年5月

图 3-81

用户可以使用 ChatGPT 编写 VBA 程序来快速解决这个问题。

【例 3-6】使用 ChatGPT 编写拆分工作簿代码，将工作簿中的所有工作表拆分为独立的工作簿文件。
视频+素材　(素材文件\第 03 章\例 3-6)

step① 访问 ChatGPT，输入问题指令：编写 Excel VBA 代码，将当前工作簿中的所有工作表拆分为独立的工作簿文件。

step② 单击 ChatGPT 生成代码右上角的【复制】按钮，复制 VBA 代码。

step③ 返回 Excel，打开图 3-81 所示的工资发放情况统计表，单击【开发工具】选项卡中的 Visual Basic 按钮，打开 Microsoft Visual Basic for Applications 窗口，单击【插入模块】下拉

按钮 ，在弹出的列表中选择【模块】选项。

step 4 将鼠标置于打开的模块窗口中，按Ctrl+V键执行【粘贴】命令，将复制的VBA代码粘贴至该窗口中，如图3-82所示。

图 3-82

step 5 按F5键运行VBA代码，工作簿中的工作表将被提取为独立的工作簿，且每个提取工作表而来的工作簿以其原来工作表名称命名。

3.2.8 自动生成工作表目录

当工作簿中工作表数量较多时，通过工作表标签来一个个选择工作表，将会费时又费力。此时，可以参考下面介绍的方法，利用ChatGPT生成VBA代码设置工作表自动生成工作表目录。

step 1 在工作簿中创建一个名为“目录”的工作表，然后按F12键，打开【另存为】对话框，将工作簿保存为“Excel启用宏的工作簿(*.xlsm)”类型，如图3-83所示。

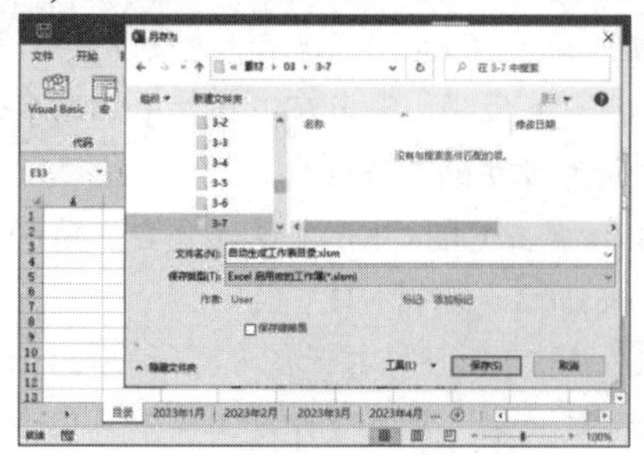

图 3-83

step 2 打开ChatGPT，输入问题指令：编写Excel VBA代码，在当前工作表的A列生成工作表目录。

step 3 单击ChatGPT生成代码右上角的【复制】按钮 ，复制VBA代码。返回Excel，切换至“目录”工作表，单击【开发工具】选项卡中的Visual Basic按钮，在打开的窗口中插入模块，并将复制的代码“粘贴”进模块编辑窗口中。按F5键运行VBA代码，将自动创建图3-84所示的工作表目录，单击目录名称将切换至相应的工作表。

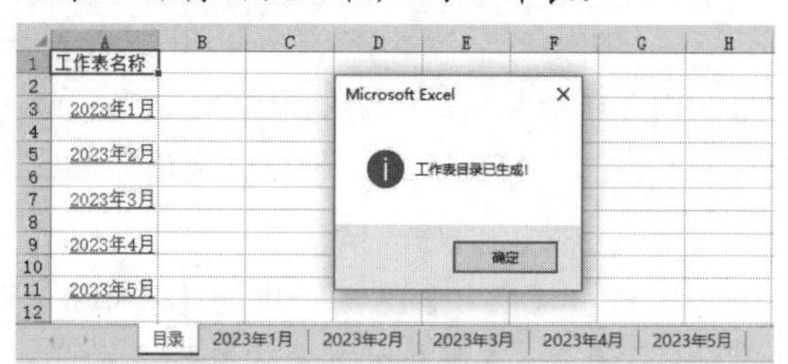

图 3-84

3.2.9 工作表的视图控制

在工作中，经常需要使用Excel处理内容复杂的表格，用户需要在多个工作簿之间相互切换、查找与定位。此时，可以使用Excel软件提供的内置功能，在当前屏幕上显示更多有用的信息，屏蔽无用的内容，以方便对表格内容进行查询与修改。

1. 多窗口显示工作表

同时打开多个工作簿后，每个工作簿将显示为一个独立的工作簿窗口，并最大化显示在屏幕上。用户可以根据工作需要对工作簿窗口执行新建、切换、排列等操作。

▶ 创建工作簿窗口。在功能区上选择【视图】选项卡，单击如图3-85所示的【窗口】命令组中的【新建窗口】命令按钮，即可为当前工作簿创建新的窗口。创建新的工作簿窗口后，原有的工作簿窗口和新建的工作簿窗口将同时修改标题栏上的工作簿标题，例如原工作簿名称为“工作簿1”，将被修改为“工作簿1:1”，新建的工作簿窗口名称为“工作簿1:2”。

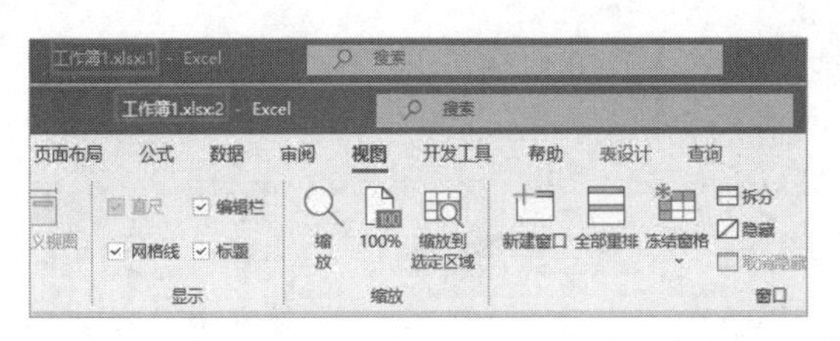

图 3-85

▶ 切换工作簿窗口。在 Windows 系统中打开多个工作簿后，每一个工作簿窗口将以最大化(默认状态)的方式打开。用户可以在【视图】选项卡的【窗口】命令组中单击【切换窗口】下拉按钮，在弹出的下拉列表中选择某个选项，将某一个工作簿窗口选定为当前工作簿窗口。但如果当前打开的工作簿窗口较多(9 个以上)，在图 3-86 所示的情况下，切换列表中将无法显示所有的工作簿窗口。

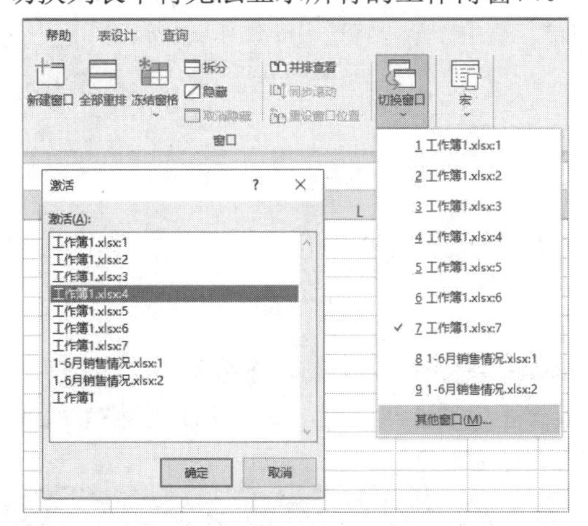

图 3-86

▶ 排列工作簿窗口。在 Excel 中打开多个工作簿后，双击工作簿窗口标题栏，可以将最大化的窗口缩小为窗口模式；在工作簿窗口标题栏上按住鼠标左键拖动，可以移动窗口的位置；当鼠标位于工作簿窗口边界并显示为黑色双向箭头时，可以按住鼠标左键拖动改变窗口的大小和形状(如同操作 Windows 系统窗口一样)。

2. 并列比较工作表内容

在处理一些特殊要求的表格时，用户需要在屏幕中同时操作两个内容相似的工作簿窗口。此时，可以使用并排查看功能实现需要的效果。具体操作方法如下。

step 1 在【窗口】命令组中单击【并排查看】切换按钮，打开【并排比较】对话框，在其中选择需要进行对比的目标工作簿，然后单击【确定】按钮，如图 3-87 所示。

step 2 此时，当前工作簿窗口和选中的目标工作簿窗口将并排显示在 Excel 窗口中。

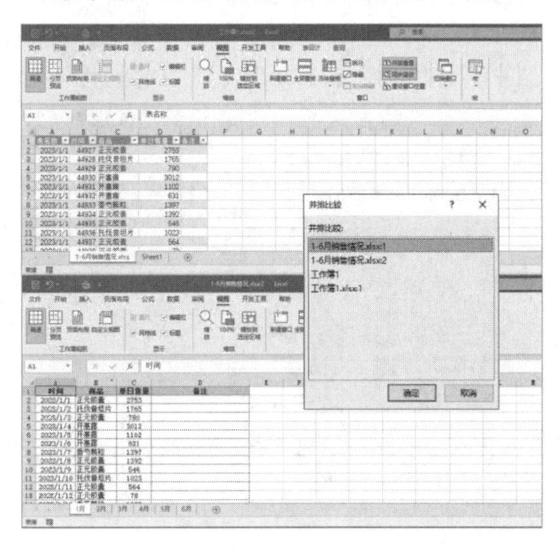

图 3-87

用户在处理两个并排显示的工作簿的过程中，可以方便地比较两个工作簿内容的差异和相同之处。当用户在其中一个工作簿窗口中滚动浏览内容时，另一个窗口也会随之同步滚动(在【窗口】命令组中取消【同步滚动】切换按钮的开启状态，可以关闭【同步滚动】功能)。

在处理“并排查看”状态下的某一个工作簿时，如果用户手动调整了其中一个工作簿的位置，可以通过单击【窗口】命令组中的【重设窗口位置】按钮，恢复“并排查看”工作簿状态(当前激活的窗口将显示在并排显示的工作簿窗口的上方)。

要关闭“并排查看”工作簿窗口，在【视图】选项卡的【窗口】命令组中取消【并排查看】切换按钮的开启状态即可(若单击工作簿窗口右上角的【最大化】按钮□，并不会关闭“并排查看”工作簿窗口)。

3. 拆分显示工作表

在单个 Excel 工作簿窗口中，用户可以通过“拆分”功能，在工作簿窗口中同时显示多个独立的拆分位置，然后根据自己的需要让其显示同一个工作表不同位置的内容。

拆分显示工作表的操作方法如下。

step 1 将鼠标指针定位在工作区域中合适的位置，在【视图】选项卡的【窗口】命令组中单击【拆分】按钮即可将当前表格沿着活动单元格的左边框和上边框的方向拆分为4个窗格，如图 3-88 所示。

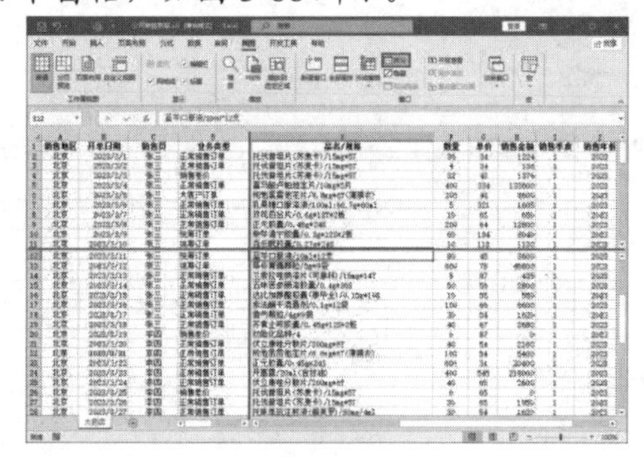

图 3-88

step 2 图 3-88 所示的水平拆分条和垂直拆分条将整个窗口拆分为4个窗格。将鼠标指针放置在水平或垂直拆分条上，按住鼠标左键可以调整拆分条的位置，从而改变窗格的布局。

step 3 如果要在工作簿窗口中去除某个拆分条，可将该拆分条拖到窗口的边缘或在拆分条上双击，取消整个窗口的拆分状态。另外，还可以在【窗口】命令组中单击【拆分】切换按钮进行状态切换。

4. 冻结工作表窗格

在工作中处理复杂并且内容庞大的报表时，经常需要在向下或向右侧滚动浏览表格内容时固定显示表格的表头(行或列)。此时，使用下面介绍的【冻结窗格】命令可以达到目的。冻结窗格与拆分窗格的操作方法类似，具体实现方法可以参考以下操作。

step 1 打开工作簿后，确定要固定显示的窗口区域为1行和A列，选中要冻结列的右侧和要冻结行的下方单元格，本例选中 B2 单元格。然后在【视图】选项卡中选择【冻结窗格】|【冻结窗格】选项，如图 3-89 所示。

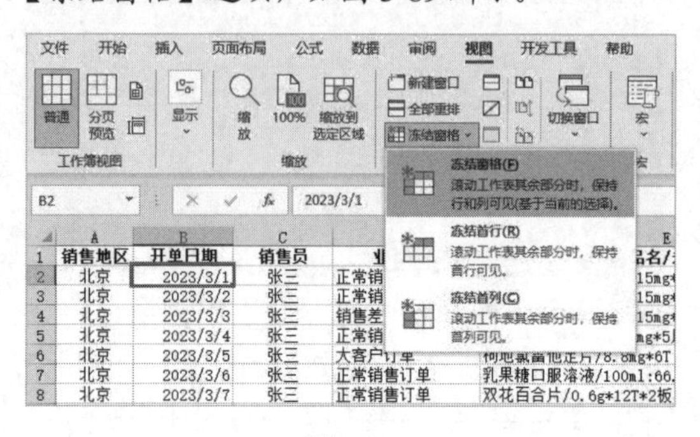

图 3-89

step 2 此时，即可沿着当前选中的活动单元格的左边框和上边框方向显示水平和垂直方向的两条黑色冻结线条。若向下或向右拖动水平和垂直滚动条，A 列和1行标题都将被“冻结”，保持始终可见，如图 3-90 所示。

	A	E	F	G	H	I
1	销售地区	品名/规格	数量	单价	销售金额	销售季度
22	北京	枸地氯雷他定片/8.8mg*6T(薄膜衣)	100	54	5400	1
23	北京	正元胶囊/0.45g*24S	600	34	20400	1
24	北京	开塞露/20ml(含甘油)	400	545	218000	1
25	北京	伏立康唑分散片/200mg*6T	40	65	2600	1
26	北京	托伐普坦片(苏麦卡)/15mg*5T	0	65	0	1
27	北京	托伐普坦片(苏麦卡)/15mg*5T	30	65	1950	1
28	北京	托珠单抗注射液(雅美罗)/80mg/4ml	30	54	1620	1
29	北京	初始化品种/4	30	67	2010	1
30	北京	维生素C泡腾片/1g*15T	40	45	1800	1
31	北京	枸地氯雷他定片/8.8mg*6T(薄膜衣)	5	43	215	1
32	北京	索法酮干混悬剂/0.1g*12袋	30	67	2010	1
33	北京	伏立康唑分散片/200mg*6T	40	87	3480	1

大药店

图 3-90

step 3 要取消工作表的冻结窗格状态，可以选择【视图】选项卡中的【冻结窗格】|【取消冻结窗格】选项。

知识点滴

如果要改变冻结窗格的位置，需要先取消冻结，然后再执行一次冻结窗格操作。用户也可以在【冻结窗格】列表中选择【冻结首行】或【冻结首列】命令，快速冻结数据的首行或首列。

此外，用户还可以参考以下案例，冻结工作表的首行和最后一行。

【例 3-7】冻结“公司销售数据”数据表的首行和最后一行。

视频+素材 (素材文件\第 03 章\例 3-7)

step 1 打开工作表后按 Ctrl+A 键选中数据表中的所有数据。按 Ctrl+T 键打开【创建表】对话框，单击【确定】按钮创建超级表，如图 3-91 所示。

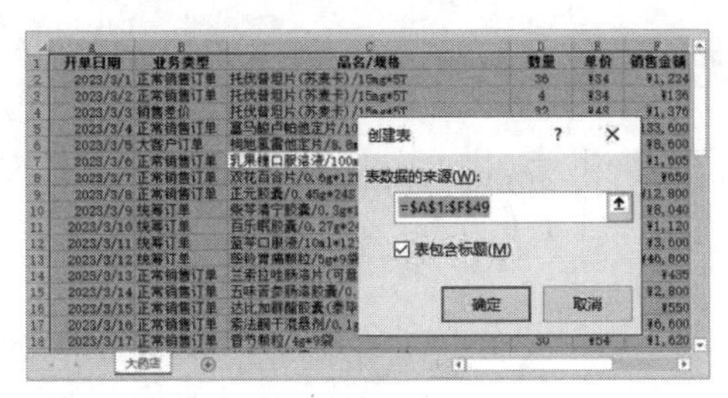

图 3-91

step 2　选中数据表中的任意单元格后按 Ctrl+↓键选中最后一行，如图 3-92 所示。

图 3-92

step 3　单击激活【视图】选项卡中的【拆分】按钮，然后选中最后一行以上的任意一个单元格。此时滚动查看数据表内容，表格的首行和最后一行将固定显示(可以拖动拆分线调整首行和最后一行之间的显示区域)，如图 3-93 所示。

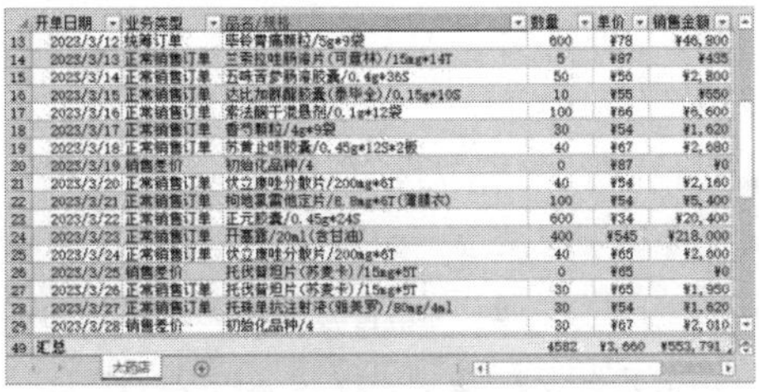

图 3-93

5. 缩放显示工作表窗口

在功能区【视图】选项卡的【显示比例】命令组中单击【缩放】按钮，可以打开【缩放】对话框，设置当前工作簿窗口的预置显示比例，例如 200%、100%、75%、50%等；或选中【自定义】单选按钮，在其后的文本框中可自定义窗口的缩放比例。

此外，在 Excel 右下角的状态栏上拖动显示比例滑动条中的【缩放滑块】按钮也可调整窗口缩放比例，也可以单击滑动条右侧的【缩放级别】按钮，打开【缩放】对话框进行设置，如图 3-94 所示。

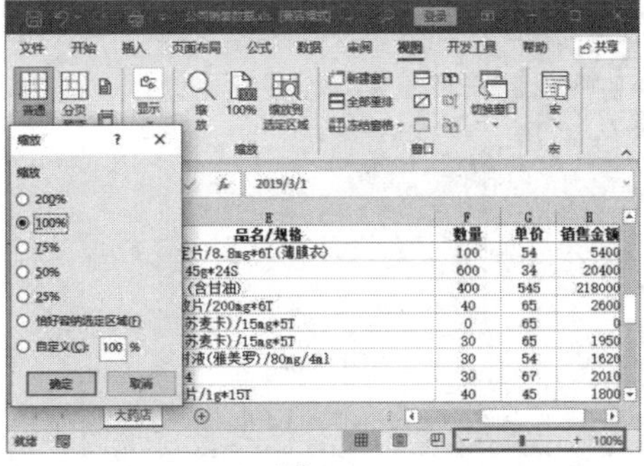

图 3-94

若用户要将缩放过的工作簿窗口快速恢复到 100%比例状态显示，可以在【显示比例】命令组中单击【100%】按钮。

知识点滴

窗口缩放比例功能只对当前工作表窗口有效，可以对不同的工作表或同一张工作表的不同窗口设置不同的缩放显示比例。

6. 自定义 Excel 视图

当用户执行上面介绍的方法对 Excel 工作簿窗口进行调整后，若需要保存设置后的内容，在工作中反复使用，可以参考以下操作步骤，通过单击【视图】选项卡中的【自定义视图】按钮，打开【视图管理器】对话框来达到目的。

在【视图管理器】对话框中自定义视图的操作方法如下。

step 1　在功能区【视图】选项卡的【工作簿视图】命令组中单击【自定义视图】按钮，打开【视图管理器】对话框，如图 3-95 所示。

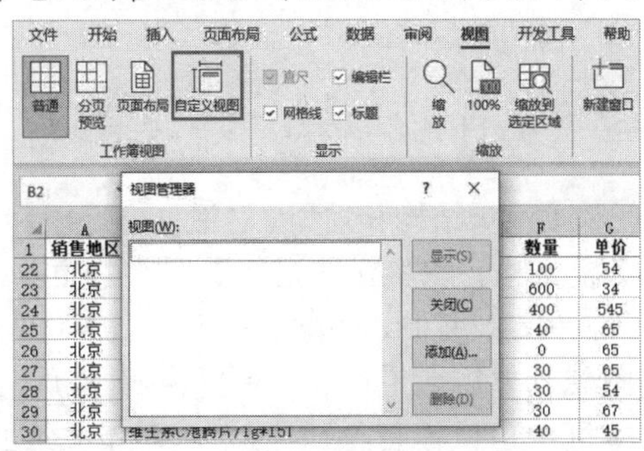

图 3-95

step② 单击【视图管理器】对话框中的【添加】按钮，打开【添加视图】对话框，在【名称】文本框中输入所添加视图的名称，然后单击【确定】按钮，如图3-96所示。

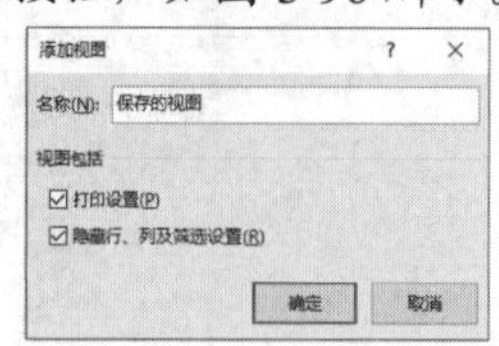

图3-96

step③ 视图管理器中将保存当前视图中的窗口大小、拆分位置、冻结窗格、打印设置、位置以及显示比例等设置。当用户需要调用保存的设置时，可以打开【视图管理器】对话框，在【视图】列表中选中要使用的视图名称，单击【显示】按钮即可，如图3-97所示。

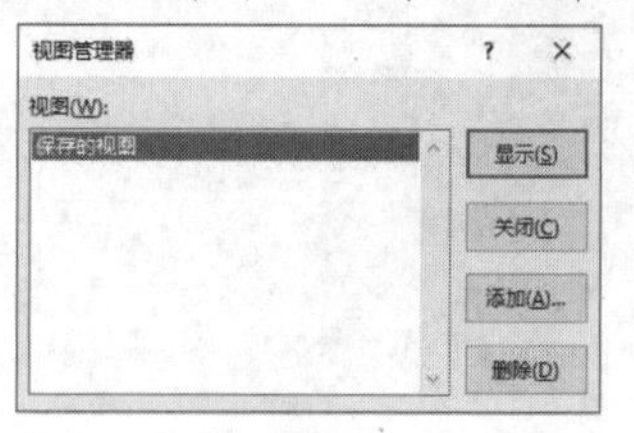

图3-97

在【添加视图】对话框中，【打印设置】和【隐藏行、列及筛选设置】复选框默认为选中状态，它们用于为用户选择需要保存在视图中的相关设置内容，通过调整这两个复选框的选中和取消状态，可以选择当前视图窗口中的打印设置、行与列的隐藏/筛选设置是否也保存在自定义视图中。

3.3 保护工作簿与工作表

在Excel中，通过设置保护工作簿和工作表可以确保数据的安全和完整性。

3.3.1 保护工作簿

Excel 允许用户对整个工作簿进行不同方式的保护，一种是保护工作簿的结构，另一种是通过设置打开密码来加密工作簿。

1. 保护工作簿结构

在功能区中选择【审阅】选项卡，然后单击【保护】命令组中的【保护工作簿】按钮，将打开【保护结构和窗口】对话框，如图3-98所示。

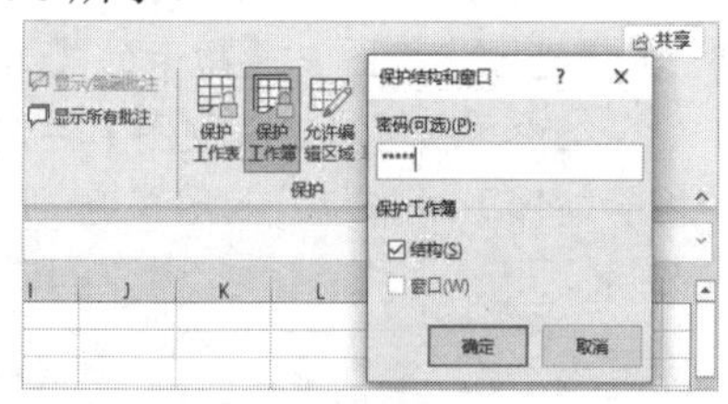

图3-98

在【保护结构和窗口】对话框中选中【结构】复选框，将禁止在当前工作簿中插入、删除、移动、复制、隐藏或取消隐藏工作表，同时禁止重命名工作表。在【密码(可选)】文本框中可以设置密码(该密码与工作表保护密码和工作簿打开密码没有任何关系)。最后单击【确定】按钮，即可保护工作簿。

2. 设置工作簿打开密码

如果用户需要限制必须使用密码才能打开工作簿，除在保存工作时的【另存为】对话框中进行设置以外(参见本章3.1.2节)，还可以在工作簿处于打开状态时进行设置。具体操作方法如下。

step① 打开工作簿后，在功能区选择【文件】|【信息】选项，在显示的界面中单击【保护工作簿】下拉按钮，在弹出的列表中选择【用密码进行加密】选项，如图3-99所示。

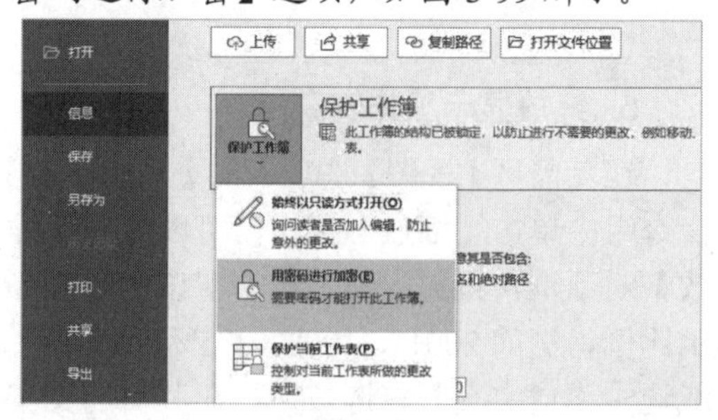

图3-99

step② 打开【加密文档】对话框，在【密码】文本框中输入密码后单击【确定】按钮，如图3-100所示。

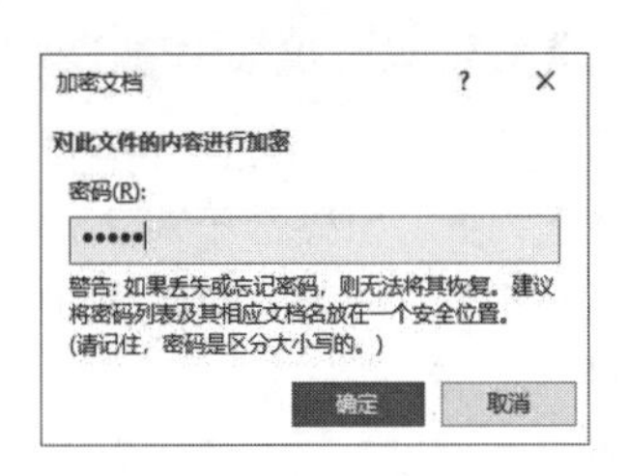

图 3-100

step 3 在打开的【确认密码】对话框中再次输入密码后，单击【确定】按钮。

如果要清除工作簿打开密码，可以重复以上操作，打开【加密文档】对话框，删除现有密码后单击【确定】按钮。

3. 批量设置工作簿密码

在实际工作中往往需要处理大量 Excel 工作簿，如果使用上面介绍的方法一个一个为工作簿设置打开密码，操作起来非常麻烦。此时，用户可以利用 ChatGPT 编写一段 VBA 代码，批量设置工作簿密码。

【例 3-8】使用 ChatGPT 生成 VBA 代码，为当前打开的所有工作簿批量设置打开密码。

视频+素材　(素材文件\第 03 章\例 3-8)

step 1 打开保存 Excel 工作簿文件的文件夹，按 Ctrl+A 键选中文件夹中的所有工作簿文件，如图 3-101 所示。然后按 Enter 键将所有选中的工作簿打开。

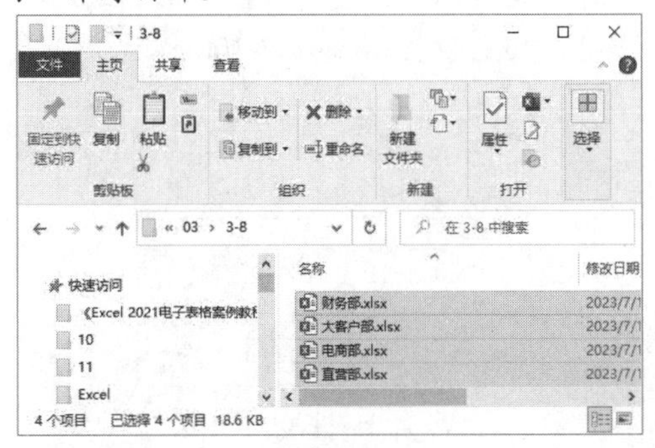

图 3-101

step 2 打开 ChatGPT，输入问题指令：编写一段 VBA 代码，为当前所有打开的工作簿设置打开密码，密码为“1234”。然后单击 ChatGPT 生成代码右上角的【复制】按钮，复制 VBA 代码。

step 3 在任意一个 Excel 工作簿中按 Alt+F11 键打开 Microsoft Visual Basic for Applications 窗口，单击【插入模块】下拉按钮，在弹出的列表中选择【模块】选项。

step 4 将鼠标指针置于打开的模块窗口中，按 Ctrl+V 键执行【粘贴】命令，结果如图 3-102 所示。

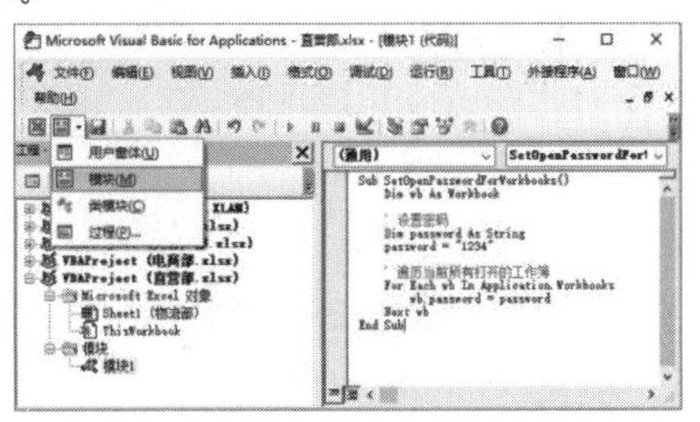

图 3-102

step 5 按 F5 键运行以上代码，然后保存并关闭所有工作簿。再次打开工作簿时，所有工作簿均被批量设置了打开密码，如图 3-103 所示。

图 3-103

3.3.2 保护工作表

在 Excel 中通过设置单元格“锁定”状态，并使用“保护工作表”功能可以设置禁止对单元格的编辑(参见本书 5.7 节内容)。

在实际工作中，对单元格内容的编辑，只是工作表编辑方式中的一项，除此之外，Excel 还允许用户设置更明确的保护方案。

1. 设置工作表的可用编辑方式

在功能区选择【审阅】选项卡后，单击【保护工作表】按钮，可以执行对工作表的保护，在打开的【保护工作表】对话框中包含

许多权限设置选项，如图 3-104 所示。

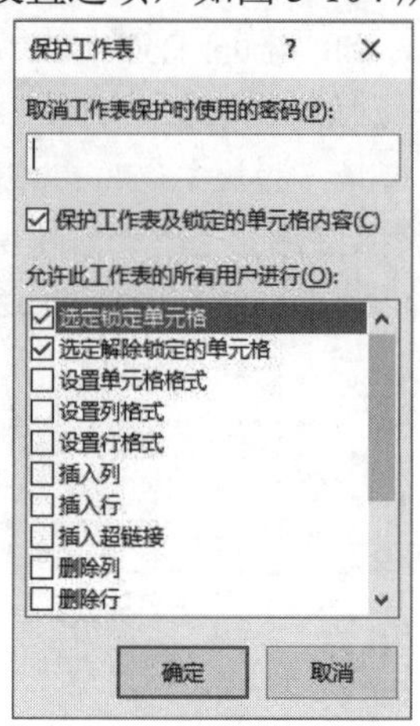

图 3-104

这些权限设置选项决定了当前工作表处于保护状态时，除了禁止编辑锁定单元格，还可以进行其他哪些操作。其中比较重要的 11 个选项的功能说明如表 3-1 所示。

表 3-1 【保护工作表】对话框部分选项说明

类型	功能说明
选定锁定单元格	使用鼠标或键盘选定设置为锁定状态的单元格
选定解除锁定的单元格	使用鼠标或键盘选定未被设置为锁定状态的单元格
设置单元格格式	设置单元格的格式
设置列格式	设置列的宽度，或隐藏列
设置行格式	设置行的高度，或隐藏行
插入超链接	插入超链接(无论单元格是否锁定)
排序	对选定区域进行排序(该区域中不能包含锁定单元格)
使用自动筛选	使用现有的自动筛选，但不能打开或关闭现有表格的自动筛选
使用数据透视表和数据透视图	使用工作表中已有的数据透视表和数据透视图，但不能插入或删除已有的数据透视表和数据透视图
编辑对象	修改图表、图形、图片，插入或删除批注
编辑方案	使用方案

2. 设置凭密码或权限编辑工作表区域

通常，Excel 的“保护工作表”功能作用于整张工作表，如果希望对工作表中的不同区域设置独立的密码或权限来进行保护，可以参考以下方法来操作。

step 1 单击【审阅】选项卡中的【允许编辑区域】按钮，打开【允许用户编辑区域】对话框，单击【新建】按钮，如图 3-105 所示。

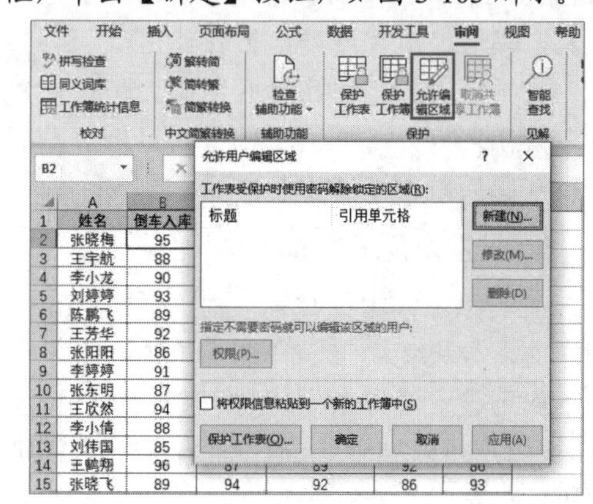

图 3-105

step 2 打开【新区域】对话框，在【标题】文本框中输入区域名称(或使用系统默认名称)，在【引用单元格】编辑栏中输入或选择区域的范围，然后输入区域密码并单击【确定】按钮(这里如果要针对指定计算机用户(组)设置权限，还可以单击【权限】按钮，在打开的对话框中进行设置)，如图 3-106 所示。

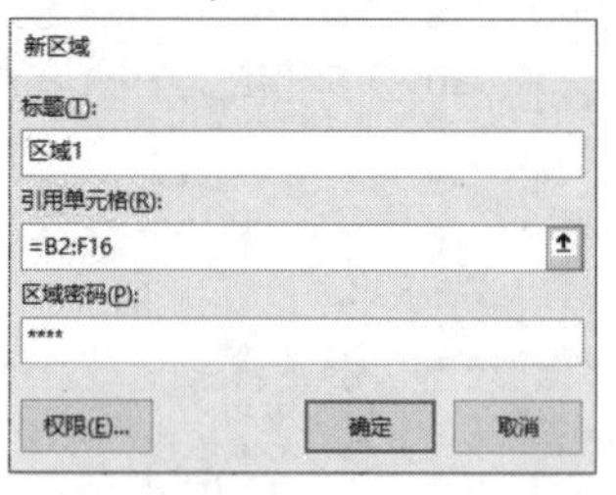

图 3-106

step 3 在打开的【确认密码】对话框中再次输入密码，并单击【确定】按钮。

step 4 返回【允许用户编辑区域】对话框，单击【保护工作表】按钮，打开【保护工作表】对话框，单击【确定】按钮。此时，用户要对以上所选定单元格和区域进行编辑，Excel 程序将自动打开图 3-107 所示的对话框，提示用户需要输入密码后才能进行编辑。这里需要注意的是：如果在步骤(2)中设置了指定用户(组)对某区域拥有“允许”的权限，则该用户或用户组成员可以直接编辑此区域，Excel 将不再打开要求输入密码的提示对话框。

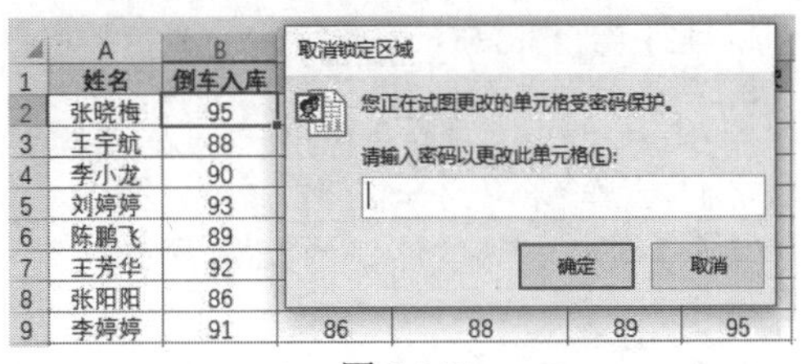

图 3-107

3.4　案例演练

本章主要介绍了 Excel 中与工作簿和工作表相关的操作。下面的案例演练部分将进一步介绍使用 Python 程序批量操作工作簿和工作表的方法，帮助提高使用 Excel 的效率。

【例 3-9】图 3-108 所示为某集团公司的工资统计表，在一个工作簿中包括了几十个存放相关部门员工工资数据的工作表。现在需要使用 Python 程序批量重命名工作表，去掉原有工作表名称前的“集团”，只保留部门名称。

视频+素材　(素材文件\第 03 章\例 3-9)

员工姓名	所属部门	基本工资	工龄工资	福利补贴	提成奖金	加班工资	应发合计
刘佳琪	财务部	4500	450	900	1800	250	7900
孙浩然	财务部	4500	450	900	1800	250	7900
曹立阳	财务部	4800	480	1000	1900	280	8460
吴雅婷	财务部	5500	550	1200	2200	350	9800
郑瑞杰	财务部	5500	550	1200	2200	350	9800
杨晨曦	财务部	5500	550	1200	2200	350	9800
赵天宇	财务部	5000	500	1000	2000	300	8800
史文静	财务部	6000	600	1500	2500	400	11000
周美丽	财务部	6000	600	1500	2500	400	11000
崔继光	财务部	5200	520	1100	2100	320	9240
张晓晨	财务部	5000	500	1000	2000	300	8800
许雪婷	财务部	4800	480	1000	1900	280	8460

集团销售部　集团财务部　集团后勤部　集团技术部　集团数据中心

图 3-108

step 1　打开保存图 3-108 所示工作簿文件的文件夹(例如 D:\Excel)，在空白处右击鼠标，从弹出的菜单中选择【新建】|【文本文档】命令，创建一个文本文档，并将其重命名为“批量重命名工作簿.py”，如图 3-109 所示。

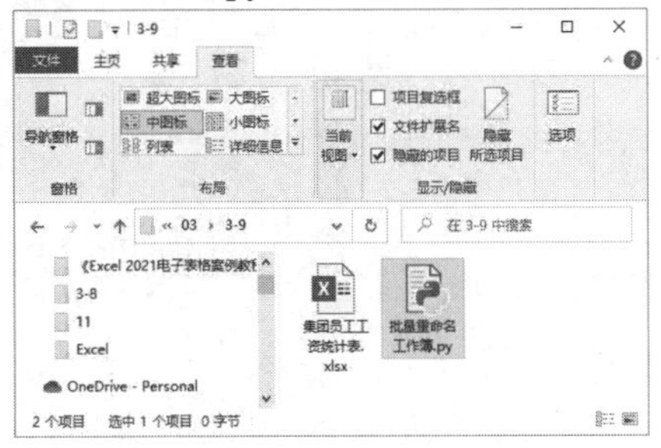

图 3-109

step 2　右击“批量重命名工作簿.py”的文件，从弹出的菜单中选择【打开方式】|PyCharm 命令，启动 PyCharm，编辑“批量重命名工作簿.py”文件，输入以下代码(用户也可以使用 ChatGPT 自动生成代码)，如图 3-110 所示。

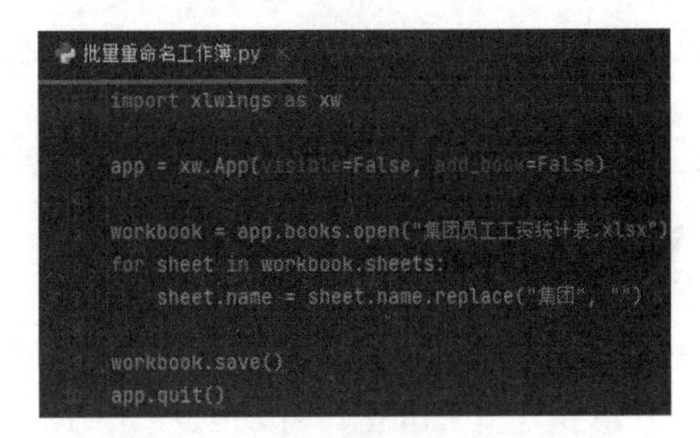

图 3-110

step 3　关闭 PyCharm 软件，在 D:\Excel 文件夹的地址栏中输入 cmd 并按 Enter 键，打开命令行窗口，输入命令：python 批量重命名工作簿.py，如图 3-111 所示。

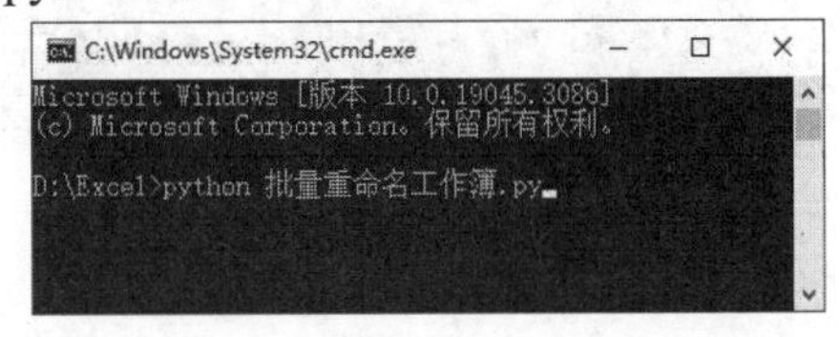

图 3-111

step 4　稍等片刻后，D:\Excel 文件夹中将自动重命名“集团员工工资统计表.xlsx”工作簿中所有工作表的名称，如图 3-112。

员工姓名	所属部门	基本工资	工龄工资	福利补贴	提成奖金	加班工资	应发合计
刘佳琪	财务部	4500	450	900	1800	250	7900
孙浩然	财务部	4500	450	900	1800	250	7900
曹立阳	财务部	4800	480	1000	1900	280	8460
吴雅婷	财务部	5500	550	1200	2200	350	9800
郑瑞杰	财务部	5500	550	1200	2200	350	9800
杨晨曦	财务部	5500	550	1200	2200	350	9800
赵天宇	财务部	5000	500	1000	2000	300	8800
史文静	财务部	6000	600	1500	2500	400	11000
周美丽	财务部	6000	600	1500	2500	400	11000
崔继光	财务部	5200	520	1100	2100	320	9240
张晓晨	财务部	5000	500	1000	2000	300	8800
许雪婷	财务部	4800	480	1000	1900	280	8460

销售部　财务部　后勤部　技术部　数据中心　物流部

图 3-112

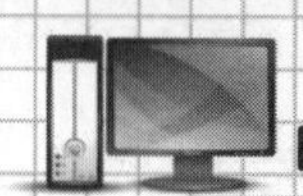

【例 3-10】图 3-113 所示为某驾校 4 组学员在考试中的成绩，分别保存在 4 个工作簿文件中，且每个工作表的结构相同。现在需要使用 Python 程序快速将 4 个工作簿合并为一个工作簿。

视频+素材 (素材文件\第 03 章\例 3-10)

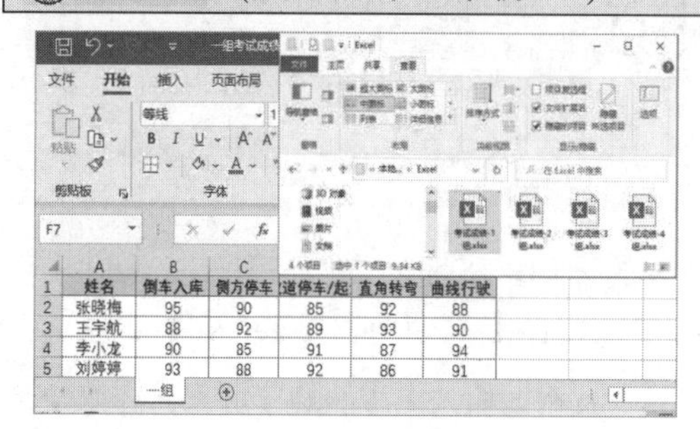

图 3-113

step 1 为了方便管理，在 D: \Excel 文件夹中创建一个名为“批量合并工作簿.py”的文件，并将图 3-113 所示的工作簿复制到该文件夹中。

step 2 右击“批量合并工作簿.py”文件，使用 PyCharm 将其打开，然后输入以下代码(用户也可以使用 ChatGPT 自动生成代码)，如图 3-114 所示。

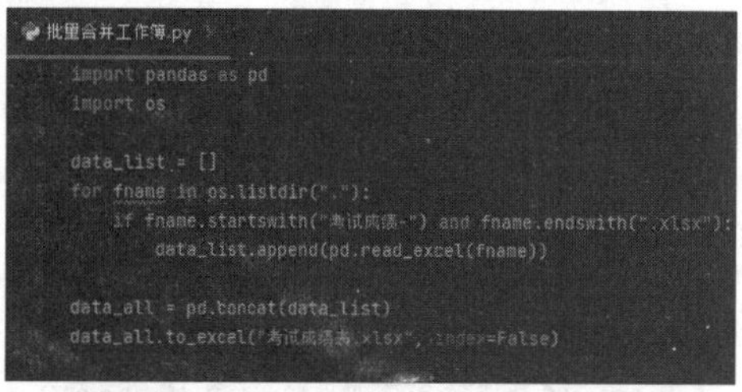

```
批量合并工作簿.py
import pandas as pd
import os

data_list = []
for fname in os.listdir("."):
    if fname.startswith("考试成绩-") and fname.endswith(".xlsx"):
        data_list.append(pd.read_excel(fname))

data_all = pd.concat(data_list)
data_all.to_excel("考试成绩表.xlsx", index=False)
```

图 3-114

step 3 关闭 PyCharm 软件，在 D:\Excel 文件夹的地址栏中输入 cmd 并按 Enter 键，打开命令行窗口，输入命令：python 批量合并工作簿.py。稍等片刻后 D:\Excel 将自动创建一个名为“考试成绩表.xlsx”的工作簿，自动合并 4 个工作簿中的数据。

【例 3-11】图 3-115 所示为两个 Excel 文件，其中一个文件是另一个文件的备份。由于某种原因，其中一个文件中的某个数据可能被其他用户修改，由于两个工作簿中数据量较大，因此需要使用 Python 程序对比两个文件，找出数据中的差异，并标记差异之处。

视频+素材 (素材文件\第 03 章\例 3-11)

图 3-115

step 1 为了方便管理，在 D: \Excel 文件夹中创建一个名为“比对两个工作簿.py”的文件，并将图 3-115 所示的工作簿复制到该文件夹中。

step 2 右击“比对两个工作簿.py”文件，使用 PyCharm 将其打开，然后输入图 3-116 所示代码。

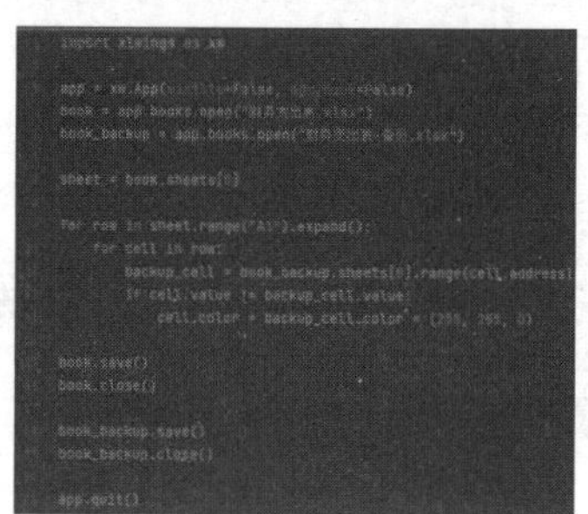

```
import xlwings as xw

app = xw.App(visible=False, add_book=False)
book = app.books.open("财务支出表.xlsx")
book_backup = app.books.open("财务支出表-备份.xlsx")

sheet = book.sheets[0]

for row in sheet.range("A1").expand():
    for cell in row:
        backup_cell = book_backup.sheets[0].range(cell.address)
        if cell.value != backup_cell.value:
            cell.color = backup_cell.color = (255, 255, 0)

book.save()
book.close()

book_backup.save()
book_backup.close()

app.quit()
```

图 3-116

step 3 在 D:\Excel 文件夹的地址栏中输入 cmd 并按 Enter 键，打开命令行窗口，输入命令：python 比对两个工作簿.py。稍等片刻后，打开两个工作簿文件，有差异的部分将以黄色的填充色标识，如图 3-117 所示。

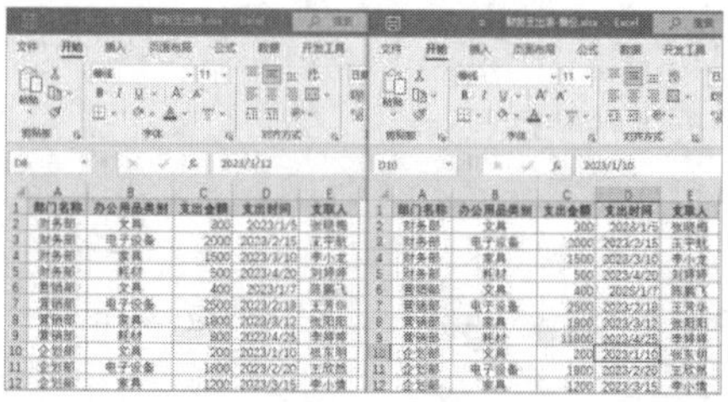

图 3-117

知识点滴

在日常工作中，相比使用 Excel 软件工作界面中提供的命令控件，将 Python 与 Excel 交互使用可以大大提高 Excel 批量操作工作簿和工作表的效率，缩短 Excel 的操作时间。Python 有许多优秀的第三方库可用于处理 Excel 文件，如 pandas、xlwings、openpyxl 等。这些库提供了丰富的功能和灵活的 API，可以帮助用户在 Excel 文件中实现各种自动数据操作，如数据筛选、排序、合并、拆分等。用户还可以将 Python 与 ChatGPT 结合使用，通过正确的提问快速编写出工作中所需的程序。

第 4 章

单元格和数据操作

在 Excel 中单元格是组成工作表的基本元素，用于存储数据、文本或公式。掌握单元格以及其衍生出的行、列、区域的操作，有助于用户使用 Excel 处理、组织和分析电子表格中的数据。

本章对应视频

例 4-1 自动建立分级显示

例 4-2 为数值增加固定的数值

例 4-3 从文本文件中导入数据

例 4-4 自动填充连续数字

例 4-5 自动填充天干序列

例 4-6 限制输入指定范围数据

例 4-7 限制只允许输入日期数据

本章其他视频参见视频二维码列表

4.1 行与列的操作

Excel 工作表由许多横线和竖线交叉而成的一排排格子组成，在由这些线条组成的格子中，录入各种数据后就构成了办公中所使用的表。

4.1.1 行与列的基础知识

在 Excel 中，行(Row)和列(Column)是用于组织和标识数据的重要概念。

1. 认识行与列

以图 4-1 所示的工作表为例，其最基本的结构由横向网格线间隔而出的“行”与由竖向网格线分隔出的“列”组成。行、列相互交叉所形成的格子称为“单元格”。

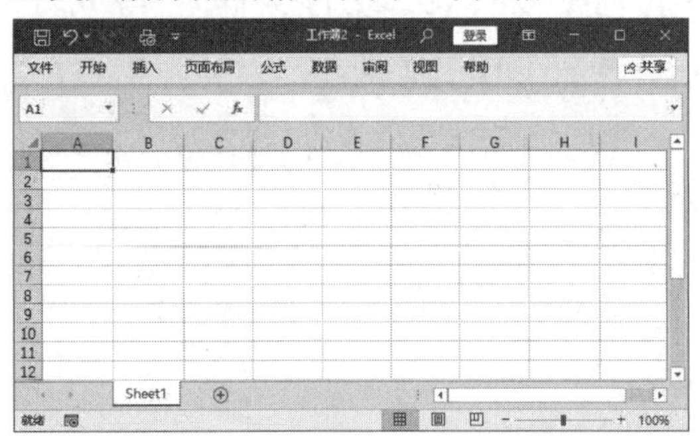

图 4-1

工作表中，一组垂直的灰色标签中的阿拉伯数字标识了电子表格的“行号”；而一组水平的灰色标签中的英文字母则标识了表格的“列标”。在功能区【视图】选项卡的【显示】命令组中，通过是否选中【网格线】和【标题】复选框，能够启用或关闭网格线与标题的显示，如图 4-2 所示。

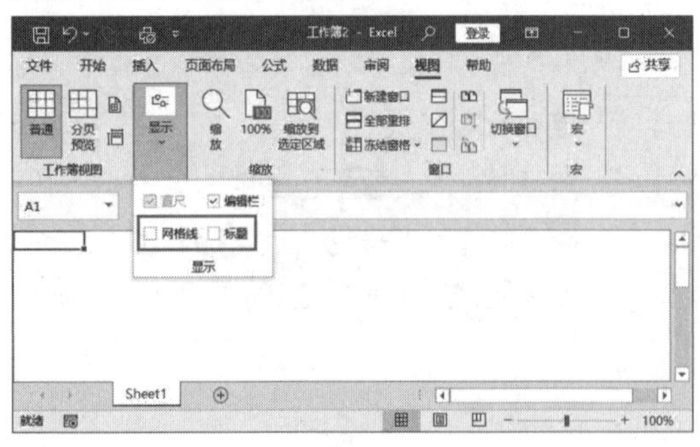

图 4-2

网格线在工作表区域中能够便于识别行、列及单元格的位置。在默认的情况下，网格线不会随着表格内容被实际打印出来。

在【Excel 选项】对话框中选择【高级】选项卡，取消【显示网格线】复选框的选中状态，可以关闭网格线的显示。单击【网格线颜色】下拉按钮，在弹出的颜色面板中可以自定义网格线的颜色，如图 4-3 所示。

图 4-3

2. 行与列的范围

在 Excel 中，如果当前工作簿文件的扩展名为.xls，其包含工作表的最大行号为 65 536(即 65 536 行)；如果当前工作簿文件的扩展名为.xlsx，其包含工作表的最大行号为 1 048 576 (即 1 048 576 行)。在工作表中，最大列标为 XFD 列(即 A～Z、AA～XFD，即 16 384 列)。

选中工作表中的任意单元格，按 Ctrl+↓键，可以快速定位到选定单元格所在列向下连续非空的最后一行，若所选单元格所在列的下方均为空，则定位到当前列的最后一行。按 Ctrl+→键，可以快速定位到选定单元格所在行向右连续非空的最后一列，若选定单元格所在行右侧单元格均为空，则定位到当前行的 XFD 列。按 Ctrl+Home 键，可以到达表格定义的左上角单元格；按 Ctrl+End 键可以到达表格定义的右下角单元格。

4.1.2　选择行与列

在 Excel 中，用户可以使用多种方式选择行与列。

1. 选择单行或单列

在工作表中单击具体的行号和列标标签即可选中相应的整行或整列。当选中某行(或某列)后，此行(或列)的行号标签将会改变颜色，所有的标签将加亮显示，相应行、列的所有单元格也会加亮显示，以标识出其当前处于被选中状态。

2. 选择相邻连续的多行或多列

在工作表中单击具体的行号后，按住鼠标左键不放，向上、向下拖动，即可选中与选定行相邻的连续多行。拖动鼠标时，行标签旁会显示一个带数字和字母的提示框，显示当前选中的区域中有多少行和多少列。例如在图 4-4 中，第 6 行下方的提示框中显示“5R×16384C”，表示当前选中了 5 行 16384 列。

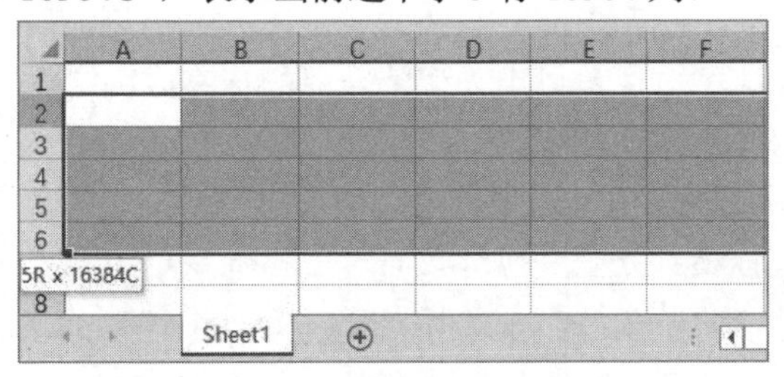

图 4-4

当选择多列时，则会显示“1048576R×*n*C”，其中 *n* 表示选中的列数。例如，图 4-5 中 *n* 为 3，表示选中了 3 列。

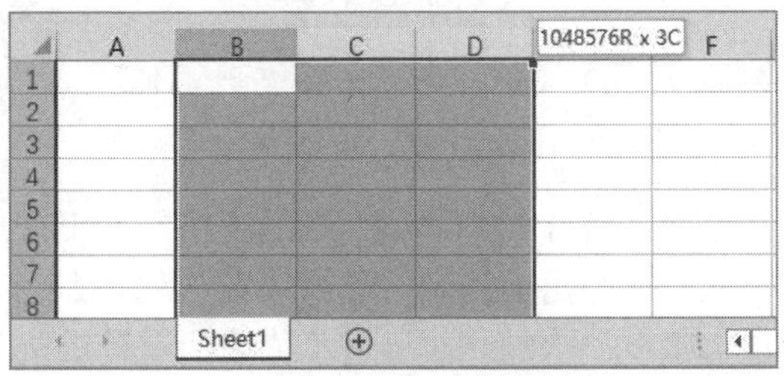

图 4-5

选中某一行后，按 Ctrl+Shift+↓组合键，如果选定行中活动单元格以下的行都是空单元格，则将同时选定该行到工作表的最后一行。同样，选定某列后按 Ctrl+Shift+→键，如果选定列中活动单元格右侧的列都是空单元格，则将同时选定该列到工作表中的最后一列。

单击行号列标交叉处的【全选】按钮◢，可以同时选中工作表中的所有行和所有列(即选中整个工作表)。

3. 选择不相邻的多行或多列

要选取工作表中不相邻的多行，用户可以在选中某行后，按住 Ctrl 键不放，继续使用鼠标单击其他行标号，完成选择后松开 Ctrl 键即可。选择不相邻多列的方法与此类似。

4.1.3　设置行高和列宽

在工作表中，可以根据表格的制作要求，采用不同的设置调整表格中的行高和列宽。

1. 精确设置行高和列宽

选中目标行或某个单元格后，单击【开始】选项卡【单元格】命令组中的【格式】下拉按钮，从弹出的列表中选择【行高】选项，在打开的【行高】对话框中输入所需设置的行高的具体数值，单击【确定】按钮即可精确设置行高，如图 4-6 所示。设置列宽的方法与设置行高的方法类似。

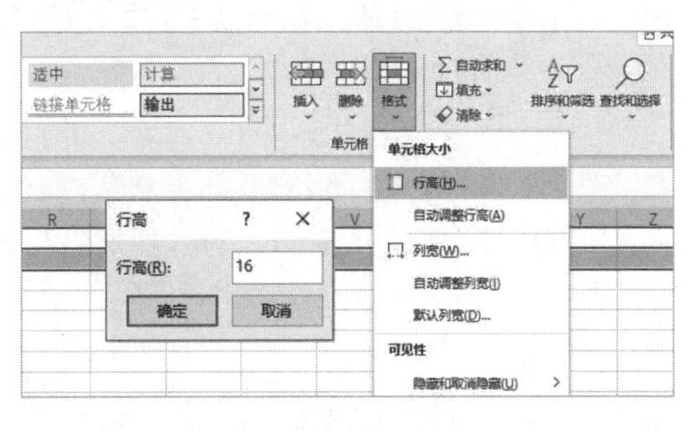

图 4-6

除此之外，在选择行或列后右击鼠标，在弹出的菜单中选择【行高】(或【列宽】命令)，也可以精确设置行高或列宽。

2. 拖动鼠标调整行高和列宽

Excel 中可以通过在工作表行、列标签上拖动鼠标来改变行高和列宽。具体操作方法是：在工作表中选中行或列后，将鼠标指针放置在选中的行或列标签相邻的行或列标签之间(此时指针显示为黑色双向箭头)，按住鼠标左键不放，向上方或下方(调整列宽时为左侧或右侧)拖动鼠标即可调整行高或列宽。同时，Excel 将显示如图 4-7 所示的提示框，提示当前的行高(或列宽)值。

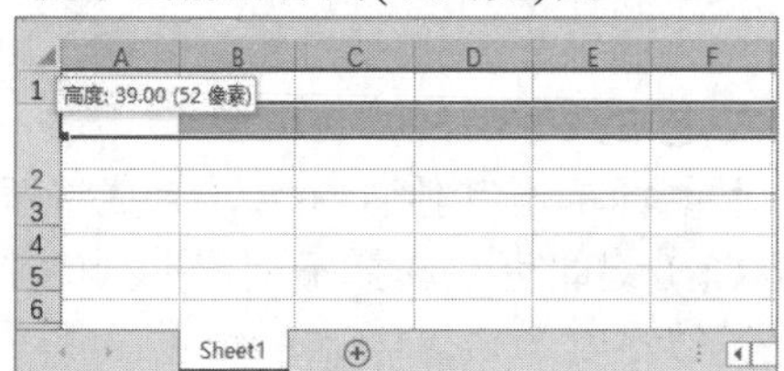

图 4-7

知识点滴

Excel 的行高和列宽数值的单位是一个令初学者容易混淆的问题。Excel 不但没有使用多数人所熟悉的公制长度单位，如 cm、mm，而且为行高和列宽分别使用了不同单位。行高的单位是磅，这里的磅并非英制重量单位的磅，而是一种印刷行业描述字体大小时专用的尺度，即英文 Point 的音译，所以磅数又称为点制、点数制。1 磅近似等于 1/72 英寸，1英寸约等于25.4mm。所以1磅近似等于 0.35278mm。行高的最大限制为 409 磅，即 144.286mm。列宽的单位是字符，列宽的数值是指在默认字体下数字 0~9 的平均值。如果不考虑不同字符之间宽度的差异，列宽的值可以理解为这一列所能容纳的数字字符个数。列宽设置的数字范围为 0~255，当列宽被设置为 0 时，将隐藏该列。

3. 自动调整行高和列宽

如果表格中设置了多种行高和列宽，或者表格的内容长短参差不齐，将会使表格数据看上去非常混乱，影响表格的可读性，如图 4-8 所示。

	A	B	C	D
1	商品编码	数量	单价	金额
2	1008438	300	¥6,963.00	¥2,088,900.00
3	1008438	200	¥11,966.00	¥2,393,200.00
4	1008438	0	¥9,990.00	¥0.00
5	1008438	100	¥1,184.00	¥118,400.00

图 4-8

针对这种情况，可以使用【自动调整行高】和【自动调整列宽】命令快速设置合适的行高和列宽，使设置后的行高和列宽自动适应于表格中字符的长度，操作方法如下。

step① 选中需要调整列宽的多列，单击【开始】选项卡中的【格式】下拉按钮，从弹出的列表中选择【自动调整列宽】选项可以将选中列的列宽调整到最合适的宽度，使一列中最多字符的单元格恰好完全显示。

step② 选中需要调整行高的多行，单击【开始】选项卡中的【格式】下拉按钮，从弹出的列表中选择【自动调整行高】选项，则可以自动调整选中行的行高。调整后的表格如图 4-9 所示。

	A	B	C	D	E
1	商品编码	数量	单价	金额	
2	1008438	300	¥6,963.00	¥2,088,900.00	
3	1008438	200	¥11,966.00	¥2,393,200.00	
4	1008438	0	¥9,990.00	¥0.00	
5	1008438	100	¥1,184.00	¥118,400.00	
6	1008438	0	¥2,947.80	¥0.00	
7	1008438	70	¥2,207.80	¥154,546.00	
8	1008438	110	¥7,800.00	¥858,000.00	

图 4-9

除了上面介绍的方法，还有一种更加快捷的方法可以用来调整合适的行高或列宽。操作方法如下。

step① 同时选中需要调整列宽的多列，将鼠标指针放置在列标之间，当指针显示为黑色双向箭头后双击鼠标即可，如图 4-10 所示。

	A	B	C	D	E
1	商品编码	数量	单价	金额	
2	1008438	300	¥6,963.00	¥2,088,900.00	
3	1008438	200	¥11,966.00	¥2,393,200.00	
4	1008438	0	¥9,990.00	¥0.00	

图 4-10

step② 自动调整行高的方法与此类似。

4. 为工作表设置标准列宽

单击【开始】选项卡中的【格式】下拉按钮，在弹出的列表中选择【默认列宽】选项，可以一次性修改当前工作表所有列的列宽(但该命令对已设置列宽的列无效，也不会影响其他工作表或工作簿中的列宽)。

4.1.4　插入行与列

当用户需要在表格中新增一些条目和内容时，就需要在工作表中插入行或列。

以插入行为例，有以下几种方法可以在工作表中插入行。

➤ 方法 1：选择【开始】选项卡，在【单元格】命令组中单击【插入】拆分按钮，在弹出的列表中选择【插入工作表行】命令，如图 4-11 左图所示。

➤方法 2：右击选中的行，在弹出的快捷菜单中选择【插入】命令，如图 4-11 右图所示。

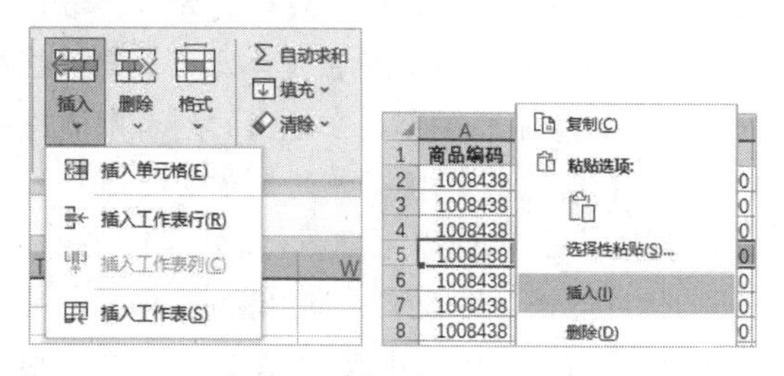

图 4-11

➤方法 3：选中目标行后，按 Ctrl+Shift+= 组合键。

如果用户选中的不是整行，而是一个单元格，则执行以上操作后，将打开【插入】对话框。在【插入】对话框中选中【整行】单选按钮，然后单击【确定】按钮即可完成插入行操作，如图 4-12 所示。

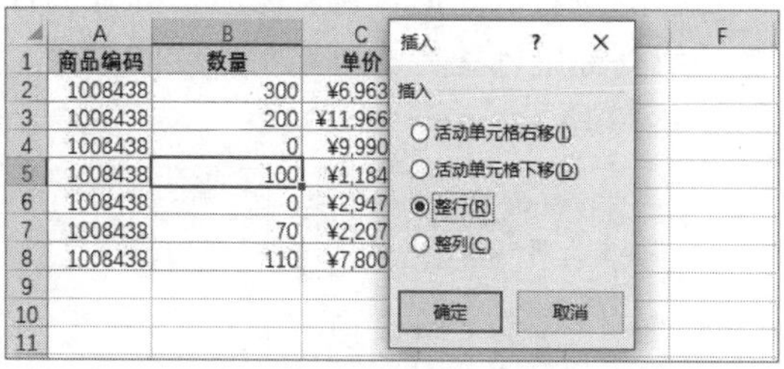

图 4-12

插入行操作插入的行的数量与选中行的数量(或单元格区域)有关，当前选中多少行(或选中单元格区域包含多少行)，就会在工作表中插入多少新行。

插入列的方法与插入行的方法类似。

4.1.5　删除行与列

要在 Excel 中删除行与列，可以采用以下几种方法。

➤ 方法 1：选中需要删除的整行或整列，在功能区【开始】选项卡的【单元格】命令组中单击【删除】下拉按钮，在弹出的列表中选择【删除工作表行】或【删除工作表列】命令即可。

➤ 方法 2：选中要删除的行、列中的单元格或区域，右击鼠标，在弹出的快捷菜单中选择【删除】命令，打开【删除】对话框，选中【整行】或【整列】单选按钮，然后单击【确定】按钮，如图 4-13 所示。

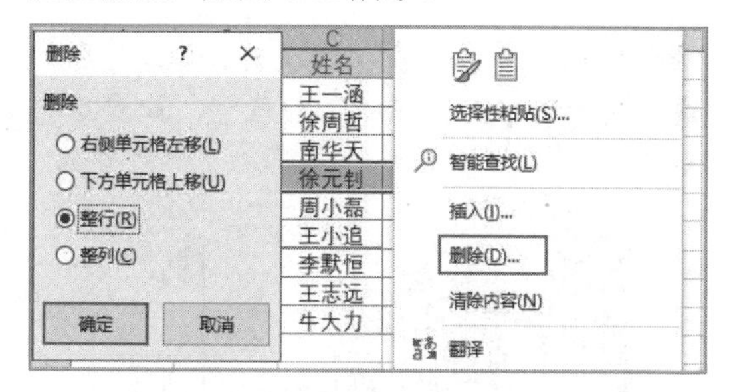

图 4-13

4.1.6　移动和复制行与列

在处理表格时，若用户需要改变表格中行、列的位置或顺序，可以使用“移动”与“复制”行或列的操作来实现。

1. 通过功能区命令控件移动行或列

step 1 选择要移动的行或列，单击【开始】选项卡中的【剪切】按钮(快捷键：Ctrl+X)。

step 2 选择需要移动到的目标位置的下一行(选择整行或该行的第 1 个单元格)，单击【开始】选项卡【单元格】命令组中的【插入】下拉按钮，在弹出的列表中选择【插入剪切的单元格】命令即可。

2. 通过右键菜单移动行或列

step 1 选择要移动的行或列后右击鼠标，在弹出的快捷菜单中选择【剪切】命令(快捷键：Ctrl+X)。

step 2 选择需要移动到的目标行的下一行后再次右击鼠标，在弹出的快捷菜单中选择【插入剪切的单元格】命令。

3. 通过鼠标拖动移动行或列

step 1 选择需要移动的列，将光标移动至选定列的边框上，当鼠标指针显示为如图 4-14 所示的黑色十字箭头图标时，按住鼠标左键不放，按下 Shift 键拖动鼠标。

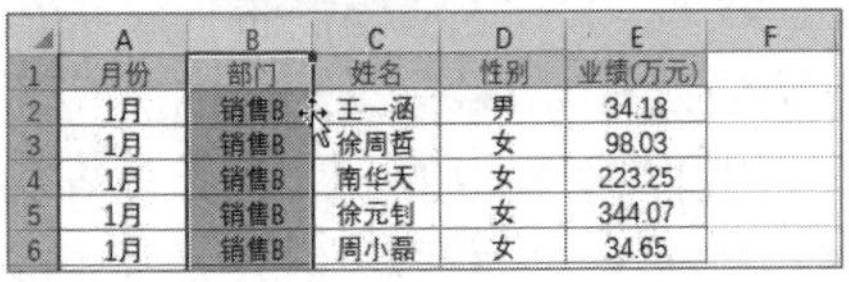

	A	B	C	D	E	F
1	月份	部门	姓名	性别	业绩(万元)	
2	1月	销售B	王一涵	男	34.18	
3	1月	销售B	徐周哲	女	98.03	
4	1月	销售B	南华天	女	223.25	
5	1月	销售B	徐元钊	女	344.07	
6	1月	销售B	周小磊	女	34.65	

图 4-14

step 2 此时工作表中将出现一条“工”字形线，显示了移动目标的插入位置，如图 4-15 所示。

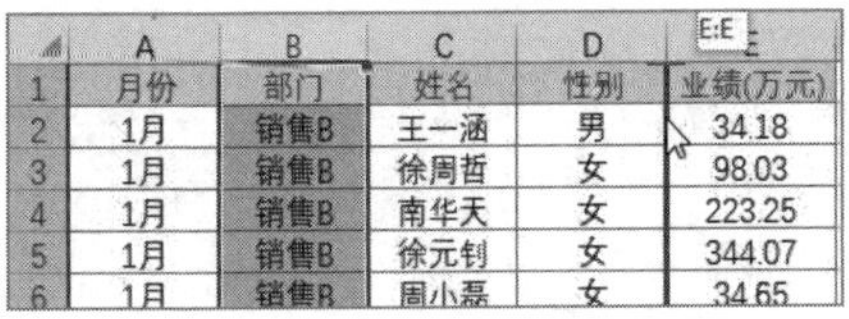

	A	B	C	D	E
1	月份	部门	姓名	性别	业绩(万元)
2	1月	销售B	王一涵	男	34.18
3	1月	销售B	徐周哲	女	98.03
4	1月	销售B	南华天	女	223.25
5	1月	销售B	徐元钊	女	344.07
6	1月	销售B	周小磊	女	34.65

图 4-15

step 3 拖动鼠标将“工”字形线移动到目标位置后，释放鼠标左键和 Shift 键即可完成选定列的移动操作，结果如图 4-16 所示。

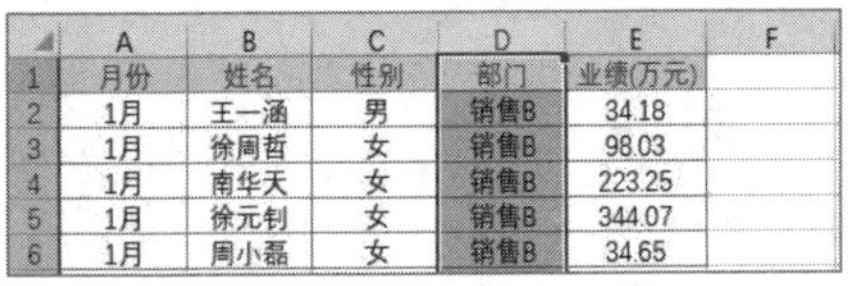

	A	B	C	D	E	F
1	月份	姓名	性别	部门	业绩(万元)	
2	1月	王一涵	男	销售B	34.18	
3	1月	徐周哲	女	销售B	98.03	
4	1月	南华天	女	销售B	223.25	
5	1月	徐元钊	女	销售B	344.07	
6	1月	周小磊	女	销售B	34.65	

图 4-16

移动行的方法和移动列的方法类似。

4. 复制行与列的操作方法

复制行列与移动行列的操作方法类似，如果使用功能区中的命令控件复制行列，只需要将执行【剪切】命令改为执行【复制】命令即可。如果使用鼠标拖动方式复制行列，只需要将按住 Shift 键改为同时按住 Ctrl+Shift 键拖动，即可将移动行列操作更改为复制行列操作。

4.1.7 隐藏和显示行与列

在制作需要他人浏览的表格时，若用户不想让别人看到表格中的部分内容，可以通过“隐藏”行或列的操作来达到目的。

1. 隐藏指定的行或列

在 Excel 中隐藏行或列，可以按照以下步骤操作。

step 1 选中需要隐藏的行，在【开始】选项卡的【单元格】命令组中单击【格式】下拉按钮，在弹出的列表中选择【隐藏和取消隐藏】|【隐藏行】命令即可隐藏选中的行

step 2 隐藏列的操作与隐藏行的方法类似，选中需要隐藏的列后，单击【单元格】命令组中的【格式】下拉按钮，在弹出的列表中选择【隐藏和取消隐藏】|【隐藏列】命令即可。

若用户在执行以上隐藏行、列操作之前，所选中的是整行或整列，也可以通过右击选中的行或列，在弹出的快捷菜单中选择【隐藏】命令来执行隐藏行、列操作。

知识点滴

隐藏行的实质是将选中行的行高设置为 0；同样，隐藏列实际上就是将选中列的列宽设置为 0。因此，通过菜单命令或拖动鼠标改变行高或列宽的操作，也可以实现行、列的隐藏。

2. 显示被隐藏的行或列

在隐藏行列之后，包含隐藏行列处的行标题或列标题标签将不再显示连续的序号，如图 4-17 所示。

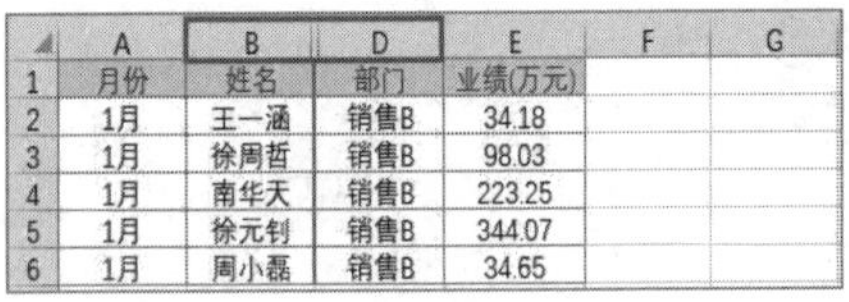

	A	B	D	E	F	G
1	月份	姓名	部门	业绩(万元)		
2	1月	王一涵	销售B	34.18		
3	1月	徐周哲	销售B	98.03		
4	1月	南华天	销售B	223.25		
5	1月	徐元钊	销售B	344.07		
6	1月	周小磊	销售B	34.65		

图 4-17

通过这个特征，用户可以发现表格中隐藏行列的位置。要将被隐藏的行列取消隐藏，重新恢复显示，可以使用以下几种方法。

▶ 方法 1：在工作表中选择包含隐藏行列的区域，例如选中图 4-17 中的 B1:D1 区域，

单击【开始】选项卡【单元格】命令组中的【格式】下拉按钮，从弹出的列表中选择【隐藏和取消隐藏】|【取消隐藏列】选项即可。

➤ 方法 2：通过将行高或列宽设置为 0，可以将选定的行列隐藏；反之，通过将行高或列宽设置为大于 0 的值，则可以让隐藏的行列变为可见，达到取消隐藏的效果。

➤ 方法 3：选择包含隐藏行列的区域后，单击【开始】选项卡中的【格式】下拉按钮，从弹出的列表中选择【自动调整行高】或【自动调整列宽】，命令，即可将其中隐藏的行列恢复显示。

4.1.8　行与列互相转换

使用 Excel 的转置功能可以将行转换为列，也可以将列转换为行。以图 4-18 所示的学生成绩表为例，用户可以使用多种方法将表格的行列数据互换。

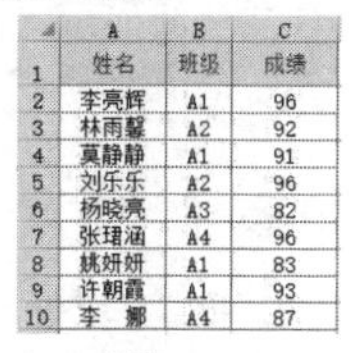

	A	B	C
1	姓名	班级	成绩
2	李亮辉	A1	96
3	林雨馨	A2	92
4	莫静静	A1	91
5	刘乐乐	A2	96
6	杨晓亮	A3	82
7	张珺涵	A4	96
8	姚妍妍	A1	83
9	许朝霞	A1	93
10	李　娜	A4	87

图 4-18

1. 使用选择性粘贴转换行列

step 1 选中表格中任意单元格，按 Ctrl+A 键全选表格，按 Ctrl+C 键执行【复制】命令。

step 2 选中并右击任意空白单元格，在弹出的快捷菜单中选择【选择性粘贴】|【选择性粘贴】命令，如图 4-19 所示。

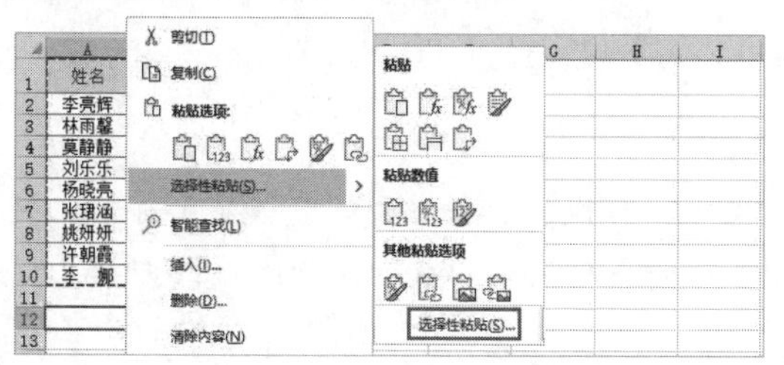

图 4-19

step 3 打开【选择性粘贴】对话框，选中【转置】复选框，然后单击【确定】按钮，如图 4-20 所示。

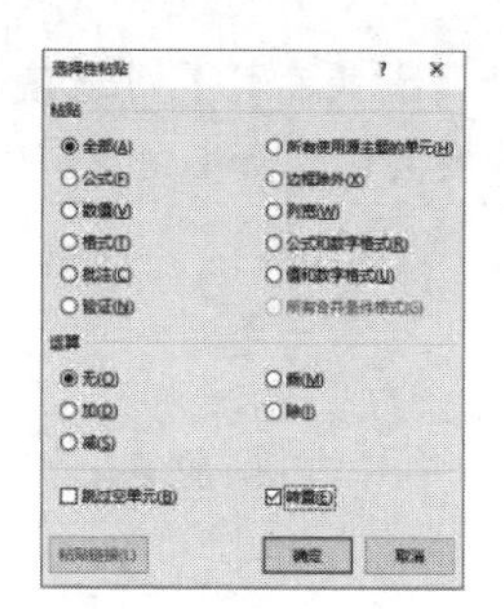

图 4-20

此时，表格的行列将相互转换，如图 4-21 所示。

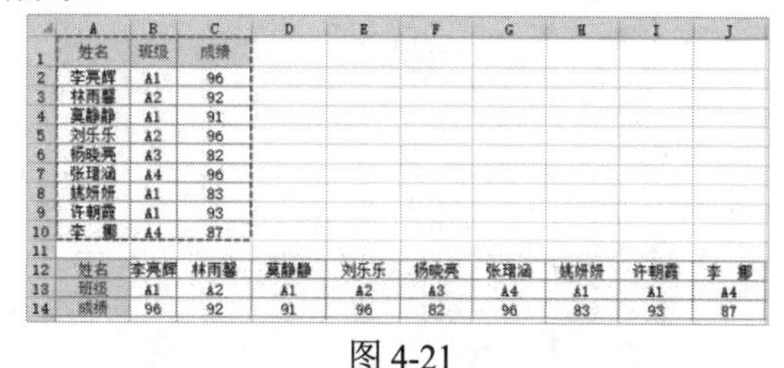

	A	B	C	D	E	F	G	H	I	J
1	姓名	班级	成绩							
2	李亮辉	A1	96							
3	林雨馨	A2	92							
4	莫静静	A1	91							
5	刘乐乐	A2	96							
6	杨晓亮	A3	82							
7	张珺涵	A4	96							
8	姚妍妍	A1	83							
9	许朝霞	A1	93							
10	李　娜	A4	87							
11										
12	姓名	李亮辉	林雨馨	莫静静	刘乐乐	杨晓亮	张珺涵	姚妍妍	许朝霞	李　娜
13	班级	A1	A2	A1	A2	A3	A4	A1	A1	A4
14	成绩	96	92	91	96	82	96	83	93	87

图 4-21

2. 使用 TRANSPOSE 函数转换行列

TRANSPOSE 函数是 Excel 中的一个内置函数，可用于将列数据转置为行数据，或将行数据转置为列数据。使用 TRANSPOSE 函数转换行列数据后，转换的数据会随着原始数据的修改而自动更新。

step 1 选中任意一个空白单元格后，单击编辑栏右侧的【插入函数】按钮 f_x，打开【插入函数】对话框，在【搜索函数】文本框中输入 TRANS 后单击【转到】按钮，选择搜索到的 TRANSPOSE 函数，单击【确定】按钮，如图 4-22 所示。

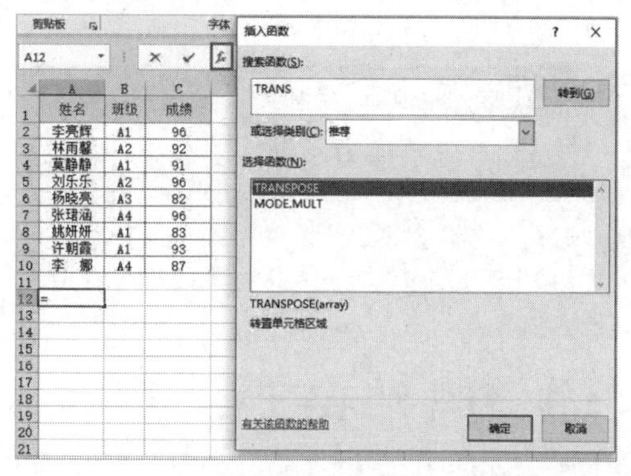

图 4-22

step② 打开【函数参数】对话框后单击按钮，设置转换区域，如图 4-23 所示。

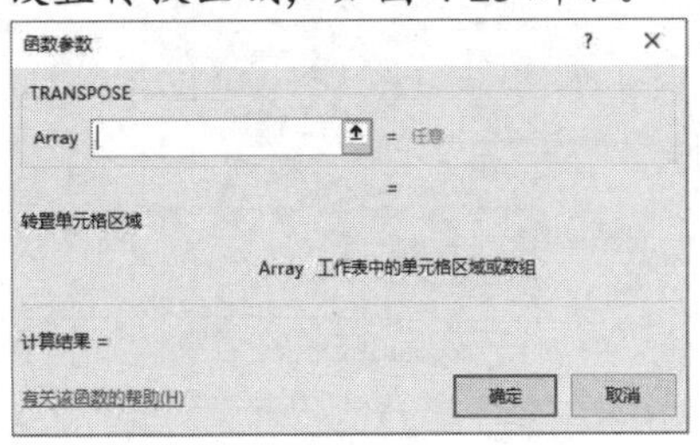

图 4-23

step③ 选择需要转换行列的数据表区域后，按 Enter 键，如图 4-24 所示。

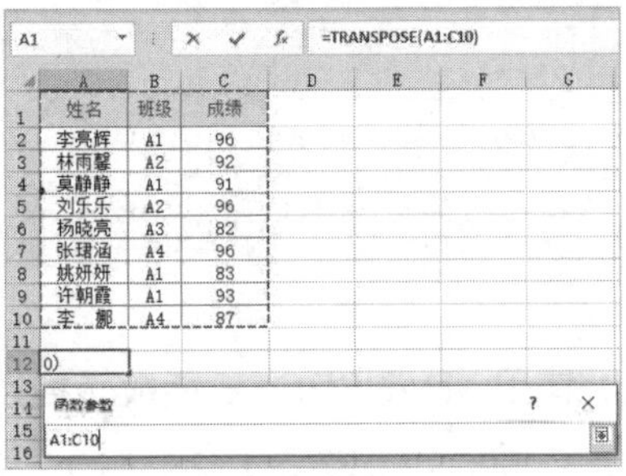

图 4-24

step④ 返回【函数参数】对话框，单击【确定】按钮，即可转换表格行列。同时，修改原始数据表中的数据，转换表格中的数据将会自动同步更新，如图 4-25 所示。

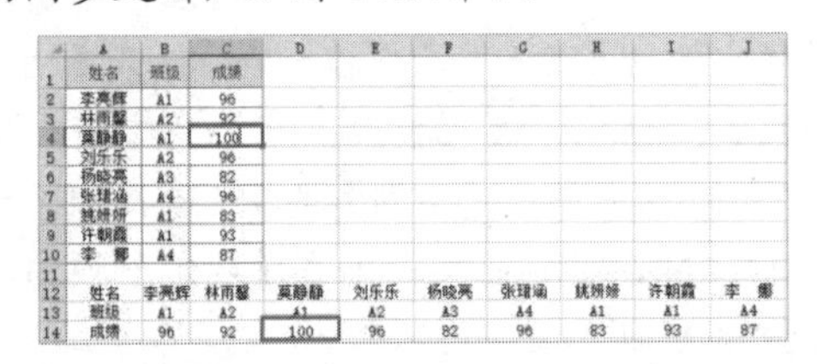

	A	B	C	D	E	F	G	H	I	J
1	姓名	班级	成绩							
2	李亮辉	A1	96							
3	林雨馨	A2	92							
4	莫静静	A1	100							
5	刘乐乐	A2	96							
6	杨晓亮	A3	82							
7	张珺涵	A4	96							
8	姚妍妍	A1	83							
9	许朝霞	A1	93							
10	李　娜	A4	87							
11										
12	姓名	李亮辉	林雨馨	莫静静	刘乐乐	杨晓亮	张珺涵	姚妍妍	许朝霞	李　娜
13	班级	A1	A2	A1	A2	A3	A4	A1	A1	A4
14	成绩	96	92	100	96	82	96	83	93	87

图 4-25

知识点滴

注意：在使用 TRANSPOSE 函数时，需要选定足够的目标区域以容纳转置后的数据。如果目标区域不够大，可能会导致结果截断或错误。同时，使用 TRANSPOSE 函数转换表格得到的行列数据无法直接修改。

4.1.9 行与列组合折叠

在 Excel 中使用“分级显示”功能可以将包含类似标题且行列数据较多的数据列表进行组合和汇总，分级后将自动产生工作表视图符号(加号、减号和数据 1、2、3、4 等)，单击这些符号，可以组合折叠数据表行列中的明细数据。

1. 自动建立分级显示

图 4-26 所示为某工厂各季度工资汇总表的一部分，其数据列表中各季度汇总、各小组合计及总计均由求和公式计算而来。需要在该表中自动建立分级显示，使行列可以随时根据数据查阅需求折叠。

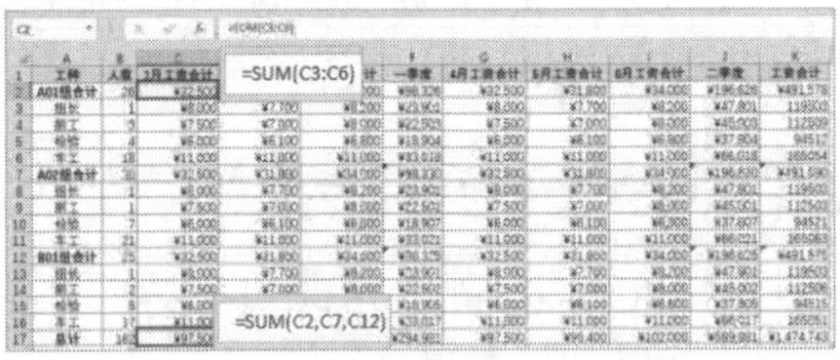

图 4-26

【例 4-1】在图 4-26 所示的数据表中自动建立分级显示(注意：自动建立分级显示的前提是数据列表中必须包括汇总公式，因为分级的依据就是汇总公式的引用范围)。

视频+素材 (素材文件\第 04 章\例 4-1)

step① 在功能区选择【数据】选项卡，单击【分级显示】命令组中的【组合】下拉按钮，从弹出的列表中选择【自动建立分级显示】选项，即可创建一张分级显示数据表，如图 4-27 所示。

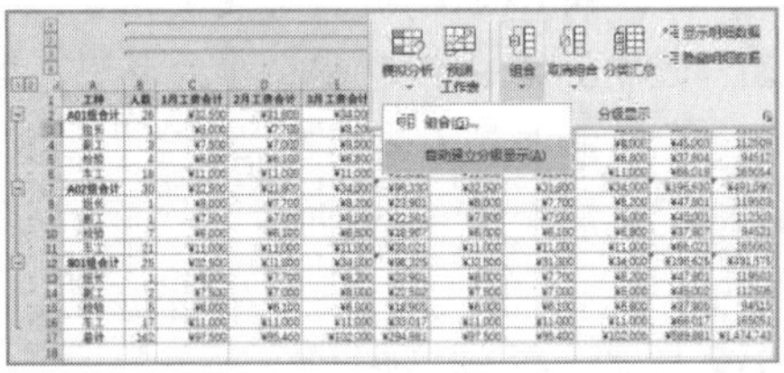

图 4-27

step② 分别单击行、列的分级显示符号，即可折叠不同级别的数据，如图 4-28 所示。

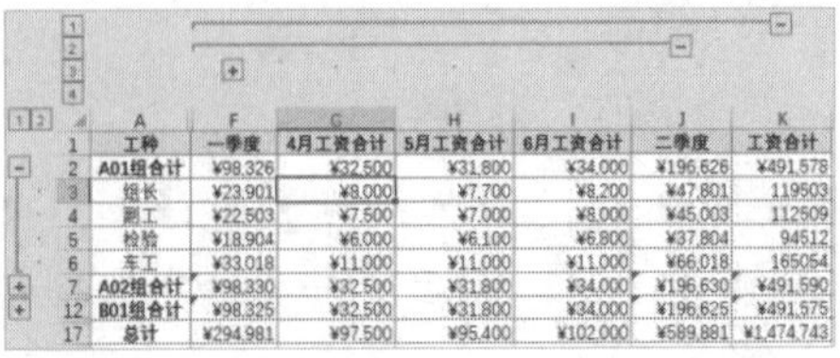

	A	F	G	H	I	J	K
1	工种	一季度	4月工资合计	5月工资合计	6月工资合计	二季度	工资合计
2	A01组合计	¥98,326	¥32,500	¥31,800	¥34,000	¥196,626	¥491,578
3	组长	¥23,901	¥8,000	¥7,700	¥8,200	¥47,801	119503
4	副工	¥22,503	¥7,500	¥7,000	¥8,000	¥45,003	112509
5	检验	¥18,904	¥6,000	¥6,100	¥6,800	¥37,804	94512
6	车工	¥33,018	¥11,000	¥11,000	¥11,000	¥66,018	165054
7	A02组合计	¥98,330	¥32,500	¥31,800	¥34,000	¥196,630	¥491,590
12	B01组合计	¥98,325	¥32,500	¥31,800	¥34,000	¥196,625	¥491,575
17	总计	¥294,981	¥97,500	¥95,400	¥102,000	¥589,881	¥1,474,743

图 4-28

2. 自定义分级显示

自定义分级显示比较灵活，用户可以根据自己的具体需要进行手动组合显示特定的数据。例如，在图 4-29 所示的项目规划表中，需要将数据按照阶段自定义分级显示。

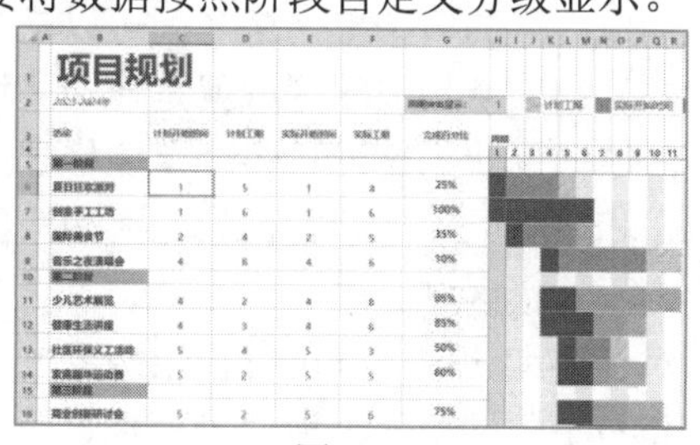

图 4-29

用户可以按照下面的步骤操作。

step 1 选中“第一阶段”下所有项目数据区域(B6:B9 区域)，单击【数据】选项卡中的【组合】下拉按钮，在弹出的下拉列表中选择【组合】选项。

step 2 打开【组合】对话框，选中【行】单选按钮，然后单击【确定】按钮，如图 4-30 所示。

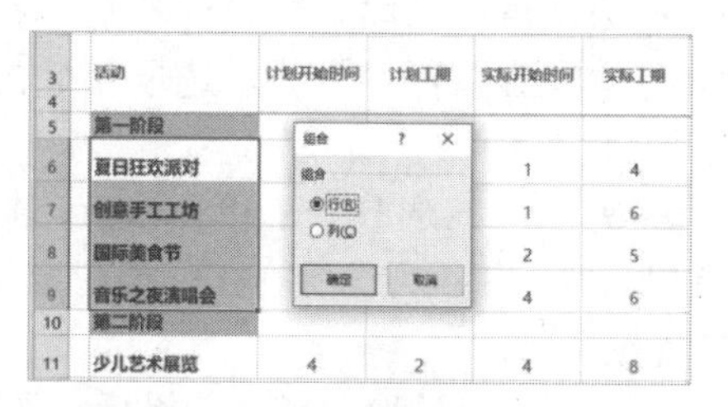

图 4-30

step 3 此时，即可对“第一阶段”进行分组，如图 4-31 所示。

图 4-31

知识点滴

选中数据区域后按 Shift+Alt+→键也可以打开【组合】对话框。

3. 清除分级显示

如果需要将数据表恢复到建立分级显示前的状态，可以单击【数据】选项卡中的【取消组合】下拉按钮，在弹出的列表中选择【清除分级显示】选项，如图 4-32 所示。

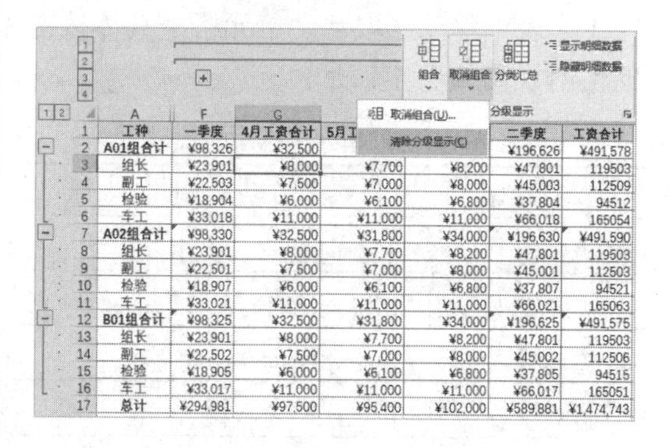

图 4-32

4.2 单元格和区域的操作

在了解行列的概念和常用操作后，用户可以进一步学习 Excel 单元格和区域的操作。

4.2.1 单元格的选取

单元格是构成 Excel 工作表最基础的元素。

1. 认识单元格

一个完整的工作表(扩展名为.xlsx 的工作簿)通常包含 17 179 869 184 个单元格，其中每个单元格都可以通过单元格地址来进行标识，单元格地址由它所在列的列标和所在行的行号组成，其形式为“字母+数字”。以图 4-33 所示的活动单元格为例，该单元格位于 B 列第 3 行，其地址就为 B3(显示在窗口左侧的名称框中)。

B3 徐周哲

	A	B	C	D	E	F
1	月份	姓名	性别	部门	业绩(万元)	
2	1月	王一涵	男	销售B	34.18	
3	1月	徐周哲	女	销售B	98.03	
5	1月	徐元钊	女	销售B	344.07	
6	1月	周小磊	女	销售B	34.65	
7						

图 4-33

在工作表中，无论用户是否执行过任何操作，都存在一个被选中的活动单元格，例如图4-33中的B3单元格。活动单元格的边框显示为加粗矩形线框，在工作窗口左侧的名称框内会显示其单元格地址，在编辑栏中则会显示单元格中的内容。用户可以在活动单元格中输入和编辑数据(其可以保存的数据包括文本、数值、公式等)。

2. 使用鼠标选取单元格

要选取工作表中的某个单元格使其成为活动单元格，只需使用鼠标单击目标单元格或按下键盘按键移动选取活动单元格即可。若通过鼠标直接单击单元格，可以将被单击的单元格直接选取为活动单元格。

3. 使用键盘选取单元格

除了使用鼠标直接单击，还可以使用键盘方向键及Page UP、Page Down等按键，在工作表中移动选取活动单元格，具体按键的使用说明如表4-1所示。

表4-1　选取单元格常用快捷键

快捷键	功能说明
方向键↑	向上一行移动
方向键↓	向下一行移动
方向键←	水平向左移动
方向键→	水平向右移动
Page UP	向上翻一页
Page Down	向下翻一页
Alt+Page UP	左移一屏
Alt+Page Down	右移一屏

4. 通过名称框选取单元格

除了可以使用上面介绍的方法在工作表中选取单元格，还可以通过在Excel窗口左侧的名称框中输入目标单元格地址(例如图4-33中的B3)，然后按Enter键快速将活动单元格定位到目标单元格。

4.2.2　区域的选取

“区域”的概念实际上是单元格概念的延伸，多个单元格所构成的群组就称为“区域”。

1. 区域的基本概念

构成区域的多个单元格之间可以是相互连续的，它们所构成的区域就是连续区域，连续区域的形状为矩形。多个单元格之间也可以是相互独立不连续的，它们所构成的区域称为不连续区域。

对于连续的区域，可以使用矩形区域左上角和右下角的单元格地址进行标识，形式为“左上角单元格地址:右下角单元格地址”。例如，连续单元格地址为“B2:F8”则表示该区域包含了从B2单元格至F8单元格的矩形区域，矩形区域的宽度是5列，高度为7行，总共包含35个连续单元格。

2. 选取连续区域

要选取工作表中的连续区域，可以使用以下几种方法。

- 方法1：选取一个单元格后，按住鼠标左键在工作表中拖动，选取相邻的连续区域。
- 方法2：选取一个单元格后，按住Shift键，然后使用方向键在工作表中选择相邻的连续区域。
- 方法3：选取一个单元格后，按F8键，进入“扩展”模式，在窗口左下角的状态栏中会显示“扩展式选定”提示。单击工作表中的另一个单元格时，将自动选中该单元格与选定单元格之间所构成的连续区域(再次按F8键，关闭“扩展”模式)。
- 方法4：在Excel工作界面的名称框中输入区域的地址，例如“B3:E8”，按Enter键确认，即可选取并定位到目标区域。

3. 选取不连续区域

在工作表中选取不连续的区域，可以参考以下几种方法。

- 方法1：选取一个单元格后，按住

Ctrl 键，通过单击或者拖动鼠标选择多个单元格或者连续区域即可(此时，鼠标最后一次单击的单元格或最后一次拖动开始之前选取的单元格就是选取区域中的活动单元格)。

- 方法 2：按 Shift+F8 组合键，启动“添加”模式，然后使用鼠标选取单元格或区域。完成区域选取后，再次按 Shift+F8 组合键即可。
- 方法 3：在 Excel 窗口的名称框中输入多个单元格或区域的地址，地址之间用半角状态下的逗号隔开，例如“A3:C8,D5,G2:H5”，然后按 Enter 键确认即可(此时，最后一个输入的连续区域的左上角或者最后输入的单元格为选取区域中的活动单元格)。
- 方法 4：在功能区【开始】选项卡的【编辑】命令组中单击【查找和选择】下拉按钮，在弹出的列表中选择【转到】命令(或按 F5 键)，打开【定位】对话框，在【引用位置】文本框中输入多个单元格地址(地址之间用半角状态下的逗号隔开)，然后单击【确定】按钮即可。

4. 选取多工作表区域

在 Excel 中，除了可以在一张工作表中选取某个二维区域，还可以同时在多张工作表上选取区域。

要同时在多张工作表中选取区域，可以在当前工作表中选定某个区域后，按住 Ctrl 键或 Shift 键单击其他工作表标签选中多张工作表。此时，当用户在当前工作表中对选定区域执行输入、编辑及设置单元格等操作时，同时将反映在其他工作表的相同位置上。

4.2.3　设置条件定位

除上面介绍的方法可以选取单元格和区域以外，使用 Excel 的“定位”功能可以让用户快速选取一个或多个符合特定条件的单元格或区域。

在 Excel 中按 F5、Ctrl+G 键，或单击【开始】选项卡【编辑】命令组中的【查找和选择】下拉按钮，从弹出的列表中选择【转到】命令，可以打开【定位】对话框，如图 4-34 所示。在该对话框的【引用位置】文本框中输入单元格或区域的地址后单击【确定】按钮，可以快速选定相应的单元格或区域。

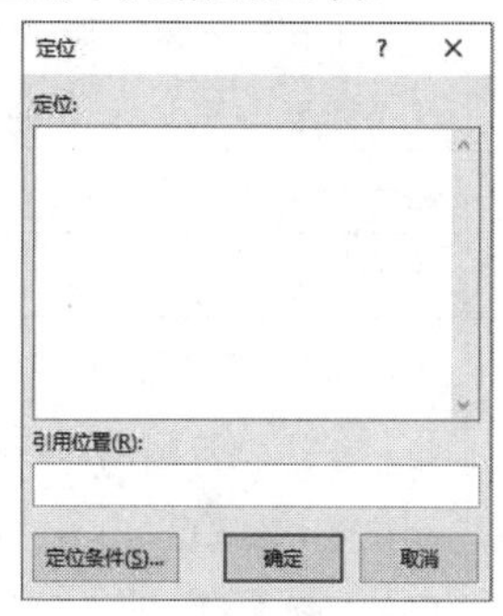

图 4-34

单击【定位】对话框左下角的【定位条件】按钮，将打开【定位条件】对话框，如图 4-35 所示，在该对话框中选择特定的条件，然后单击【确定】按钮，就会在当前选定区域中查找符合选定条件的单元格(如果当前只选定了一个单元格，则会在整个工作表中进行查找)，并将其选定。如果查找范围内没有符合条件的单元格，Excel 会弹出【未找到单元格】提示框。

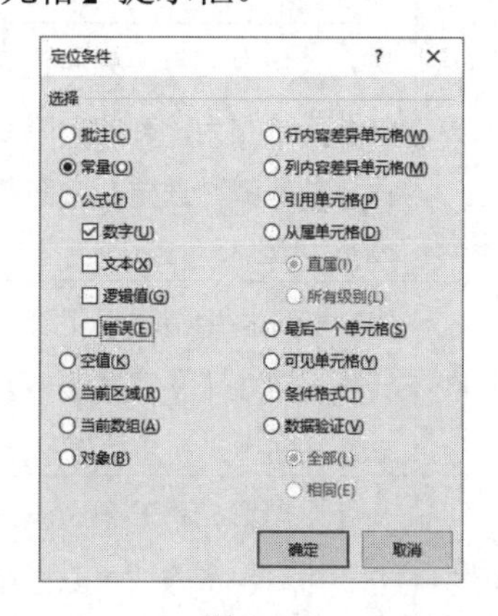

图 4-35

例如，在【定位条件】对话框选中【常量】单选按钮，然后在下方选中【数字】复选框，单击【确定】按钮后，当前选定区域中所有包含数字形式常量的单元格均将被选中。【定位】对话框中各选项的功能说明如表 4-2 所示。

表 4-2　定位条件的含义

选项	功能
批注	所有包含批注的单元格
常量	所有不包含公式的非空单元格。可在【公式】下方进一步筛选数据类型
公式	所有包含公式的单元格
空值	所有空单元格
当前区域	当前单元格周围矩形区域的单元格。该区域范围由周围非空的行、列决定，该选项与 Ctrl+Shift+8 快捷键的功能相同
当前数组	如果当前单元格中包含多单元格数组公式，将选中包含相同多单元格数组公式的所有单元格
对象	包括图片、图表、自选图形、插入文件等
行内容差异单元格	选定区域中，每一行的数据均以活动单元格作为此行的参照数据，横向比较数据，选定与参照数据不同的单元格
列内容差异单元格	选定区域中，每一列的数据均以活动单元格作为此列的参照数据，纵向比较数据，选定与参照数据不同的单元格
引用单元格	当前单元格中公式引用到的所有单元格。可在【从属单元格】下方的单选按钮中进一步筛选引用级别
从属单元格	与【引用单元格】相对应，选定在公式中引用了当前单元格的所有单元格
最后一个单元格	包含数据或格式区域范围中最右下角的单元格
可见单元格	所有未经隐藏的单元格

(续表)

选项	功能
条件格式	工作表中所有设置了条件格式的单元格。在【数据验证】单选按钮下方的选项组中可以选择定位的范围
数据验证	工作表中所有设置了数据验证的单元格。在下方的选项组中可以选择定位的范围

下面将列举几个定位功能的应用案例。

1. 为数值增加固定的数值

图 4-36 所示为某房产中介的房屋交易价格及税费估算表。由于市场行情的波动，需要为【均价】列增加 1200。

	A	B	C	D	E	F
1	户型	面积	均价	税费比例	税费	
2	一室一厅	40	18500	3.04%	22500	
3	两室一厅	65	19000	2.59%	32000	
4	三室一厅	85		3.20%		
5	三室两厅	110	21500	3.42%	81000	
6	四室一厅	160	22000	4.29%	151000	
7	四室两厅	110	21500	3.42%	81000	
8	公寓户型	80	22000	4.29%	75500	
9	复式户型	120		3.42%		
10	平层别墅户型	200		4.29%		
11	跃层别墅户型	360	31000	4.29%	478739	

图 4-36

【例 4-2】为图 4-36 所示表格的【均价】列数据统一增加固定数值 1200。

视频+素材 (素材文件\第 04 章\例 4-2)

step 1 在任意空白单元格中输入数据 1200 后，按 Ctrl+C 键复制该单元格。

step 2 选中表格【均价】列，按 F5 键打开【定位】对话框，单击【定位条件】按钮。

step 3 打开【定位条件】对话框，选中【常量】单选按钮，在【公式】单选按钮下方只选中【数字】复选框，然后单击【确定】按钮。选中图 4-37 所示的单元格。

	A	B	C	D	E	F
1	户型	面积	均价	税费比例	税费	
2	一室一厅	40	18500	3.04%	22500	
3	两室一厅	65	19000	2.59%	32000	
4	三室一厅	85		3.20%		
5	三室两厅	110	21500	3.42%	81000	1200
6	四室一厅	160	22000	4.29%	151000	
7	四室两厅	110	21500	3.42%	81000	
8	公寓户型	80	22000	4.29%	75500	
9	复式户型	120		3.42%		
10	平层别墅户型	200		4.29%		
11	跃层别墅户型	360	31000	4.29%	478739	

图 4-37

step④ 按 Ctrl+Alt+V 键打开【选择性粘贴】对话框，选中【数值】和【加】单选按钮后单击【确定】按钮，如图 4-38 所示。

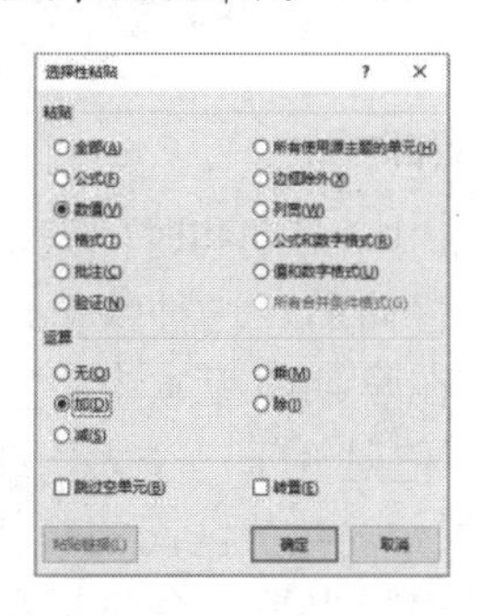

图 4-38

step⑤ 表格中【均价】列中的数值数据将被统一增加固定数值 1200，如图 4-39 所示。

	A	B	C	D	E	F
1	户型	面积	均价	税费比例	税费	
2	一室一厅	40	19700	3.04%	23959	
3	两室一厅	65	20200	2.59%	34021	
4	三室一厅	85		3.20%		
5	三室两厅	110	22700	3.42%	85521	1200
6	四室一厅	160	23200	4.29%	159236	
7	四室两厅	110	22700	3.42%	85521	
8	公寓户型	80	23200	4.29%	79618	
9	复式户型	120		3.42%		
10	平层别墅户型	200		4.29%		
11	跃层别墅户型	360	32200	4.29%	497270	

图 4-39

2. 为区域内所有空单元格添加内容

仍以图 4-36 所示的房屋交易价格及税费估算表为例，如果需要为表格内所有空白单元格添加文字“待统计”，可以执行以下操作。

step① 选中表中的任意单元格后按 F5 键打开【定位】对话框，设置【定位条件】为【空值】后单击【确定】按钮，将选中表中的所有空白单元格，如图 4-40 所示。

	A	B	C	D	E	F
1	户型	面积	均价	税费比例	税费	
2	一室一厅	40	19700	3.04%	23959	
3	两室一厅	65	20200	2.59%	34021	
4	三室一厅	85		3.20%		
5	三室两厅	110	22700	3.42%	85521	
6	四室一厅	160	23200	4.29%	159236	
7	四室两厅	110	22700	3.42%	85521	
8	公寓户型	80	23200	4.29%	79618	
9	复式户型	120		3.42%		
10	平层别墅户型	200		4.29%		
11	跃层别墅户型	360	32200	4.29%	497270	

图 4-40

step② 此时，在编辑栏中输入“待统计”，然后按 Ctrl+Enter 键即可在所有空单元格中统一添加相应的文本，如图 4-41 所示。

C4　待统计

	A	B	C	D	E	F
1	户型	面积	均价	税费比例	税费	
2	一室一厅	40	19700	3.04%	23959	
3	两室一厅	65	20200	2.59%	34021	
4	三室一厅	85	待统计	3.20%	待统计	
5	三室两厅	110	22700	3.42%	85521	
6	四室一厅	160	23200	4.29%	159236	
7	四室两厅	110	22700	3.42%	85521	
8	公寓户型	80	23200	4.29%	79618	
9	复式户型	120	待统计	3.42%	待统计	
10	平层别墅户型	200	待统计	4.29%	待统计	
11	跃层别墅户型	360	32200	4.29%	497270	

图 4-41

知识点滴

在【定位】功能中，使用【空值】作为定位条件的情况比较特殊。在使用【空值】作为定位条件时，如果当前选定的是一个单元格，Excel 不会像通常一样在整个工作表中进行查找，而是只会在当前工作簿中包含数据或格式的区域内进行查找。

3. 避免复制被隐藏的数据

图 4-42 所示为某公司员工信息表的一部分，表中一部分列进行了隐藏设置。如果需要将当前可见的表格数据复制到另一张工作表。直接选择全部表数据执行“复制”和“粘贴”操作，将把表格数据(连同隐藏的数据)全部复制到新的工作表中。

	A	B	C	D	F	G	H	J
1	工号	姓名	性别	部门	入职日期	学历	基本工资	奖金
2	1121	李亮辉	男	销售部	2020/9/3	本科	5,000	4,750
3	1122	林雨馨	女	销售部	2018/9/3	本科	5,000	4,981
4	1123	莫静静	女	销售部	2018/9/3	专科	5,000	4,711
5	1124	刘乐乐	女	财务部	2018/9/3	本科	5,000	4,982
6	1125	杨晓亮	男	财务部	2018/9/3	本科	5,000	4,092
7	1126	张珺涵	男	财务部	2019/9/3	专科	4,500	4,671
8	1127	姚妍妍	女	财务部	2019/9/3	专科	4,500	6,073
9	1128	许朝霞	女	人事部	2019/9/3	本科	4,500	6,721
10	1129	李　娜	女	人事部	2017/9/3	本科	6,000	6,872

图 4-42

要解决这个问题，就需要使用【定位】功能，具体操作如下。

step① 选中表中的任意单元格后，按 Ctrl+A 键选中整个数据表。按 Ctrl+G 键打开【定位】对话框。

step② 单击【定位】对话框中的【定位条件】按钮，在打开的对话框中选中【可见单元格】单选按钮，单击【确定】按钮。此时，Excel 将选中图4-42所示数据表中所有可见的单元格。

step③ 按 Ctrl+C 键执行“复制”操作，选择另一张工作表，选中合适的单元格后按 Ctrl+V 键即可。

4.3 数据的输入与编辑

在工作表中输入和编辑数据是用户使用 Excel 时最基本的操作之一。工作表中的数据都保存在单元格内。

4.3.1 Excel 数据类型简介

单元格内可输入和保存的数据包括数值、日期和时间、文本和公式 4 种基本类型。此外，还有逻辑值、错误值等一些特殊的数据类型。在学习如何输入数据之前，用户需要先了解 Excel 中数据的类型。

1. 数值

数值指的是所代表数量的数字形式，例如企业的销售额、利润等。数值可以是正数，也可以是负数，都可以用于进行数值计算，例如加、减、求和、求平均值等。除了普通的数字，还有一些使用特殊符号的数字也被 Excel 理解为数值，例如百分号%、货币符号￥、千分间隔符以及科学计数符号 E 等。

Excel 可以表示和存储的数字最大精确到 15 位有效数字。对于超过 15 位的整数数字，例如 342 312 345 657 843 742(18 位)，Excel 会自动将 15 位以后的数字变为零，如 342 312 345 657 843 000。对于大于 15 位有效数字的小数，则会将超出的部分截去。

因此，对于超出 15 位有效数字的数值，Excel 无法进行精确的运算或处理，例如，无法比较两个相差无几的 20 位数字的大小，无法用数值的形式存储身份证号码等。用户可以通过使用文本形式来保存位数过多的数字，来处理和避免上面的这些情况，例如，在单元格中输入身份证号码的首位之前加上单引号，或者先将单元格格式设置为文本后，再输入身份证号码。

另外，对于一些很大或者很小的数值，Excel 会自动以科学记数法来表示，例如，342 312 345 657 843 会以科学记数法表示为 3.42312E+14，即为 3.42312×10^{14} 的意思，其中代表 10 的乘方大写字母 E 不可以省略。

2. 日期和时间

在 Excel 中，日期和时间是以一种特殊的数值形式存储的，这种数值形式被称为“序列值”，在早期的版本中也被称为“系列值”。序列值是介于一个大于或等于 0，小于 2 958 466 的数值区间的数值。因此，日期型数据实际上是一个包括在数值数据范畴中的数值区间。

在 Windows 系统所使用的 Excel 版本中，日期系统默认为“1900 年日期系统”，即以 1900 年 1 月 1 日作为序列值的基准日，当日的序列值计为 1，这之后的日期均以距离基准日期的天数作为其序列值，例如 1900 年 2 月 1 日的序列值为 32，2017 年 10 月 2 日的序列值为 43 010。在 Excel 中可以表示的最后一个日期是 9999 年 12 月 31 日，当日的序列值为 2 958 465。如果用户需要查看一个日期的序列值，具体操作方法如下。

step 1 在单元格中输入日期后，右击单元格，在弹出的快捷菜单中选择【设置单元格格式】命令(或按 Ctrl+1 组合键)。

step 2 在打开的【设置单元格格式】对话框的【数字】选项卡中，选择【常规】选项，然后单击【确定】按钮，将单元格格式设置为“常规”。

由于日期存储为数值的形式，因此它继承数值的所有运算功能，例如，日期数据可以参与加、减等数值的运算。日期运算的实质就是序列值的数值运算。例如，要计算两个日期之间相距的天数，可以直接在单元格中输入两个日期，再用减法运算的公式来求得结果。

日期系统的序列值是一个整数数值，一天的数值单位就是 1，那么 1 小时就可以表示为 1/24 天，1 分钟就可以表示为 1/(24×60) 天等，一天中的每一个时刻都可以用小数形式的序列值来表示。例如，中午 12:00:00 的序列值为 0.5(一天的一半)，12:05:00 的序列值近似为 0.503 472。

如果输入的时间值超过 24 小时，Excel 会自动以天为单位进行整数进位处理。例如 25:01:00，转换为序列值为 1.04 236，即为 1+0.4236(1 天+1 小时 1 分)。Excel 中允许输入的最大时间为 9999:59:59:9999。

将小数部分表示的时间和整数部分所表示的日期结合起来，就可以以序列值表示一个完整的日期时间点。例如，2017 年 10 月 2 日 12:00:00 的序列值为 43 010.5。

3. 文本

文本通常指的是一些非数值型文字、符号等，例如，企业的部门名称、员工的考核科目、产品的名称等。此外，许多不代表数量的、不需要进行数值计算的数字也可以保存为文本形式，例如，电话号码、身份证号码、股票代码等。所以，文本并没有严格意义上的概念。事实上，Excel 将许多不能理解为数值(包括日期和时间)和公式的数据都视为文本。文本不能用于数值计算，但可以比较大小。

4. 逻辑值

逻辑值是一种特殊的参数，它只有 TRUE(真)和 FALSE(假)两种类型。例如，公式“=IF(A3=0,"0",A2/A3)”中的 A3=0 就是一个可以返回 TRUE(真)或 FLASE(假)两种结果的参数。当 A3=0 为 TRUE 时，则公式返回结果为 0，否则返回 A2/A3 的计算结果。

在逻辑值之间进行四则运算时，可以认为 TRUE=1，FLASE=0，例如：

```
TRUE+TRUE=2
FALSE*TRUE=0
```

逻辑值与数值之间的运算，可以认为 TRUE=1，FLASE=0，例如：

```
TRUE-1=0
FALSE*5=0
```

在逻辑判断中，非 0 的不一定都是 TRUE，例如公式：

```
=TRUE<5
```

如果把 TRUE 理解为 1，公式的结果应该是 TRUE。但实际上结果是 FALSE，原因是逻辑值就是逻辑值，不是 1，也不是数值。在 Excel 中规定，数字<字母<逻辑值，因此应该是 TRUE>5。

总之，TRUE 不是 1，FALSE 也不是 0，它们不是数值，它们就是逻辑值。只不过有些时候可以把它“当成”1 和 0 来使用。但是逻辑值和数值有着本质的区别。

5. 错误值

经常使用 Excel 的用户可能会遇到一些错误信息，例如#N/A!、#VALUE!等。出现这些错误的原因有很多种，如果公式不能计算正确结果，Excel 将显示一个错误值。例如，在需要数字的公式中使用文本、删除了被公式引用的单元格等。

6. 公式

公式是 Excel 中一种非常重要的数据，Excel 作为一种电子数据表格，其许多强大的计算功能都是通过公式来实现的。

公式通常都以“=”开头，它的内容可以是简单的数学公式，例如：

```
=16*62*2600/60-12
```

也可以包括 Excel 的内嵌函数，甚至是用户自定义的函数，例如：

```
=IF(F3<H3,"",IF(MINUTE(F3-H3)>30,"50 元","20 元"))
```

若用户要在单元格中输入公式，可以在开始输入时以一个等号=开头，表示当前输入的是公式。除了使用等号，使用+号或者-号开头也可以使 Excel 识别其内容为公式，但是在按 Enter 键确认后，Excel 还是会在公式的开头自动加上=号。

当用户在单元格内输入公式并确认后，默认情况下会在单元格内显示公式的运算结果。公式的运算结果，从数据类型上来说，也大致可以区分为数值型数据和文本型数据两大类。选中公式所在的单元格后，在编辑栏内也会显示公式的内容。在 Excel 中有以下 3 种等效方法，可以在单元格中直接显示公式的内容。

- 方法 1：选择【公式】选项卡，在【公式审核】命令组中单击【显示公式】切换按钮，使公式内容直接显示在单元格中，再次单击该按钮，则显示公式计算结果。
- 方法 2：在【Excel 选项】对话框中选择【高级】选项卡，然后选中或取消选中该选项卡中的【在单元格中显示公式而非计算结果】复选框。
- 方法 3：按 Ctrl+~键，在“公式”与“值”的显示方式之间进行切换。

4.3.2 在单元格中输入数据

要在单元格内输入数值和文本类型的数据，用户可以在选中目标单元格后，直接向单元格内输入数据。数据输入结束后按 Enter 键或者使用鼠标单击其他单元格都可以确认完成输入。要在输入过程中取消本次输入的内容，则可以按 Esc 键退出输入状态。

当用户输入数据时，原有编辑栏的左边出现两个新的按钮，分别是✕和✓，如图 4-43 所示。如果用户单击✓按钮，可以对当前输入的内容进行确认，如果单击✕按钮，则表示取消输入。

F3 ✕ ✓ fx 1

	A	B	C	D	E	F
1	时间	商品	单日售量		1月总销量	
2	2028/1/1	正元胶囊	2753		商品	香芍颗粒
3	2028/1/2	托伐普坦片	1765		销量统计	1
4	2028/1/3	正元胶囊	780			
5	2028/1/4	开塞露	3012			

图 4-43

4.3.3 使用记录单添加数据

用户可以在数据表中直接输入数据，也可以使用 Excel 的“记录单”功能辅助数据输入，让数据输入的效率更高。

以图 4-44 所示的“员工信息表”为例，使用记录单功能在数据表中输入数据的具体操作步骤如下。

	A	B	C	D	E	F	G	H
1	工号	姓名	性别	部门	出生日期	入职日期	学历	基本工资
2	1121	李亮辉	男	销售部	2001/6/2	2020/9/3	本科	5,000
3	1122	林雨馨	女	销售部	1998/9/2	2018/9/3	本科	5,000
4	1123	莫静静	女	销售部	1997/8/21	2018/9/3	专科	5,000
5	1124	刘乐乐	女	财务部	1999/5/4	2018/9/3	本科	5,000
6	1125	杨晓亮	男	财务部	1990/7/3	2018/9/3	本科	5,000
7	1126	张珺涵	男	财务部	1987/7/21	2019/9/3	专科	4,500
8	1127	姚妍妍	女	财务部	1982/7/5	2019/9/3	专科	4,500
9	1128	许朝霞	女	人事部	1983/2/1	2019/9/3	本科	4,500
10	1129	李　娜	女	人事部	1985/6/2	2017/9/3	本科	6,000

图 4-44

step 1　单击数据表中任意单元格后，依次按 Alt、D、O 键打开【数据列表】对话框(该对话框中的名称取决于当前的工作表名称)。单击【新建】按钮进入新记录输入状态。

step 2　在【数据列表】对话框的各个单元格中输入相关信息(用户可以使用 Tab 键在文本框之间切换)，一条记录输入完毕后可以在对话框内单击【新建】或【关闭】按钮，也可以直接按下 Enter 键，如图 4-45 所示。

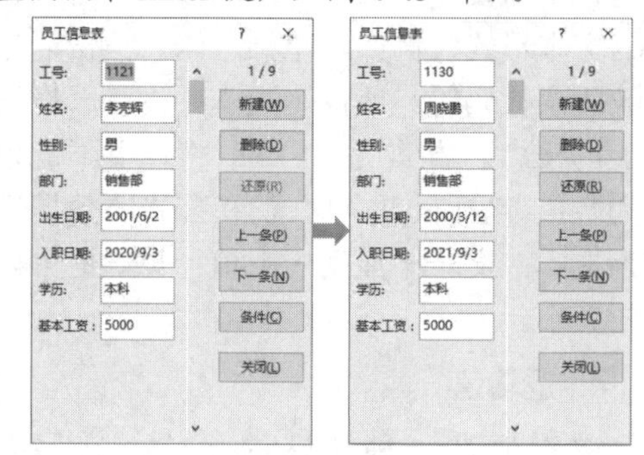

图 4-45

图 4-45 所示【数据列表】对话框中各按钮的功能说明如表 4-3 所示。

表 4-3　【数据列表】对话框中按钮功能说明

按钮	功能说明
新建	添加新的记录
删除	删除当前显示的记录
还原	在没有单击【新建】按钮前，恢复所编辑的全部信息
上一条	显示数据列表中的前一条记录
下一条	显示数据列表中的后一条记录
条件	设置搜索记录的条件
关闭	关闭【数据列表】对话框

4.3.4　导入外部数据

在 Excel 中导入外部数据可以使数据的获取更加高效。

1. 从文本文件导入数据

在日常工作中，经常会遇到将需要以 Excel 处理的数据存放在其他格式的文件中的情况，比如存放在文本文件中。如果选择手动输入这些数据，那将既费时又费力。利用 Excel 的外部数据导入功能，可以高效地解决这个问题。例如，图 4-46 所示为某公司门禁系统自动采集的员工刷卡记录，保存在文本文件中。需要将文本数据导入 Excel 中，对数据进一步处理。

工号	姓名	性别	部门	刷卡时间
1121	李亮辉	男	销售部	14:21:40
1122	林雨馨	女	销售部	14:23:03
1123	莫静静	女	销售部	14:10:46
1124	刘乐乐	女	财务部	14:37:20
1125	杨晓亮	男	财务部	14:09:18
1126	张珺涵	男	财务部	13:49:11
1127	姚妍妍	女	财务部	14:27:32
1128	许朝霞	女	人事部	14:22:10
1129	李 娜	女	人事部	15:01:19

图 4-46

【例 4-3】将图 4-46 所示的文本文件数据导入 Excel，建成规范表格。
视频+素材　(素材文件\第 04 章\例 4-3)

step 1　启动 Excel 后新建一个空白工作簿，在功能区选择【数据】选项卡，单击【获取和转换数据】命令组中的【从文本/CSV】按钮。

step 2　打开【导入数据】对话框，选择需要导入 Excel 的文本文件，单击【导入】按钮，如图 4-47 所示。

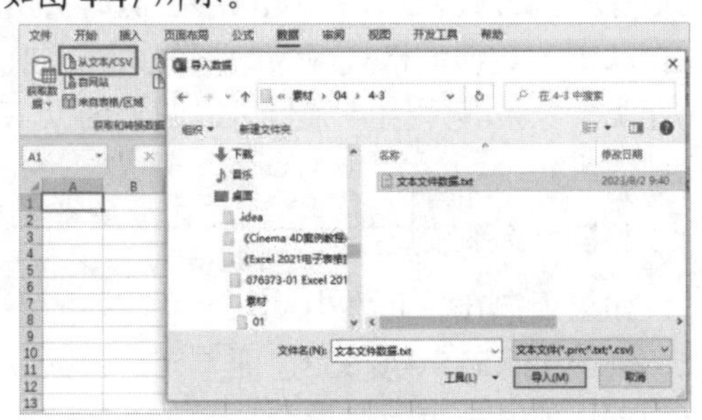

图 4-47

step 3　打开【文本文件数据】对话框，单击【加载】按钮，如图 4-48 所示。

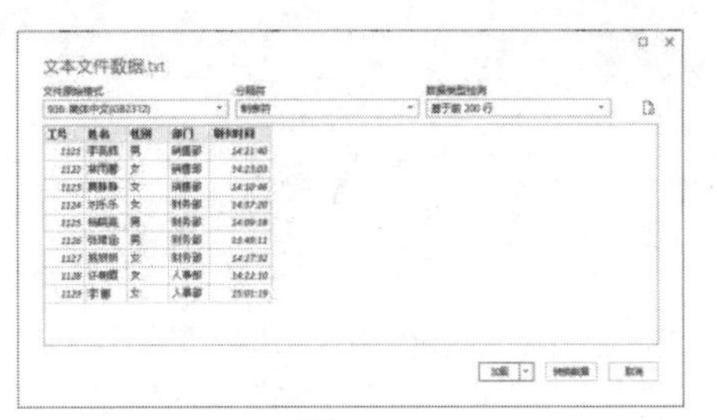

图 4-48

step 4　数据将被自动导入 Excel 中，如图 4-49 所示。

	A	B	C	D	E	F
1	工号	姓名	性别	部门	刷卡时间	
2	1121	李亮辉	男	销售部	14:21:40	
3	1122	林雨馨	女	销售部	14:23:03	
4	1123	莫静静	女	销售部	14:10:46	
5	1124	刘乐乐	女	财务部	14:37:20	
6	1125	杨晓亮	男	财务部	14:09:18	
7	1126	张珺涵	男	财务部	13:49:11	
8	1127	姚妍妍	女	财务部	14:27:32	
9	1128	许朝霞	女	人事部	14:22:10	
10	1129	李 娜	女	人事部	15:01:19	

图 4-49

知识点滴

在 Excel 中导入的文本文件数据具有一定的规则，如以同样的分隔符进行分隔或具有固定的宽度，这样导入的数据才会自动填入相应的单元格。过于杂乱的文本数据，程序难以找到相应分列的规则，导入 Excel 表格中也会非常杂乱。遇到这种情况，如果一定要导入数据，则可以先在文本文件中对数据进行整理。

2. 从网页中导入数据

使用 Excel 整理数据的过程中，有时需要从网上收集数据。此时，用户可以直接在 Excel 表格中导入网页中的一些数据。具体操作方法如下。

step 1　单击【数据】选项卡中的【自网站】按钮，打开【从 Web】对话框，在 URL 文本框中输入目标网页的网址，如图 4-50 所示。

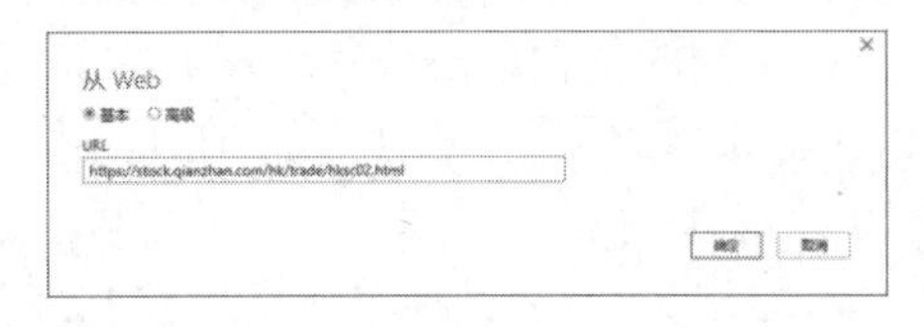

图 4-50

step 2　单击【确定】按钮，打开【导航器】对话框，选择 Table 0 和 Table 1 选项，查看网页中的数据，然后单击【加载】按钮，如图 4-51 所示。

图 4-51

step 4 网页中的数据将自动导入 Excel 中，如图 4-52 所示。

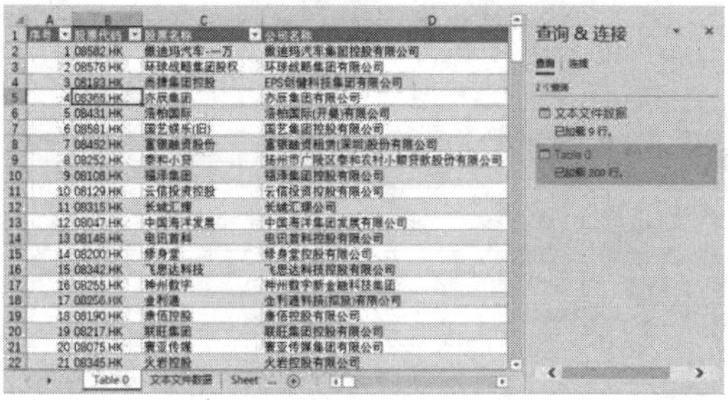

图 4-52

4.3.5 编辑单元格内容

在工作表中输入数据后，用户可以激活目标单元格，重新输入新的内容来替换原有数据，也可以激活单元格进入编辑模式，对单元格中的部分内容进行编辑修改。进入单元格编辑模式的方法有以下几种。

▶ 方法 1：双击单元格。在单元格中的原有内容后会出现竖线光标显示，提示当前进入编辑模式，光标所在的位置为数据插入位置，在不同的位置单击或使用左右方向键，可以移动光标的位置，用户可以在单元格中直接对其内容进行编辑修改。

▶ 方法 2：激活目标单元格后按 F2 键，效果与上述方法相同。

▶ 方法 3：激活目标单元格，单击 Excel 工作界面中的编辑栏，在编辑栏中对单元格原有内容进行编辑修改(对于数据内容较多单元格的编辑修改，特别是对公式的修改，建议在编辑栏中进行修改)。

在编辑单元格内容的过程中，如果出现输入错误，可以按 Ctrl+Z 键或单击快速访问工具栏中的【撤销】按钮，撤销本次输入。执行撤销命令后，可以按 Ctrl+Y 键或单击快速访问工具栏中的【恢复】按钮，恢复撤销的数据输入。

每按一次 Ctrl+Z 键或单击一次快速访问工具栏中的【撤销】按钮，只能撤销一步操作，如果需要撤销多步操作，可以多次按 Ctrl+Z 键，或者单击【撤销】按钮右侧的下拉按钮，在弹出的列表中选择需要撤销返回的具体操作步骤，如图 4-53 所示。

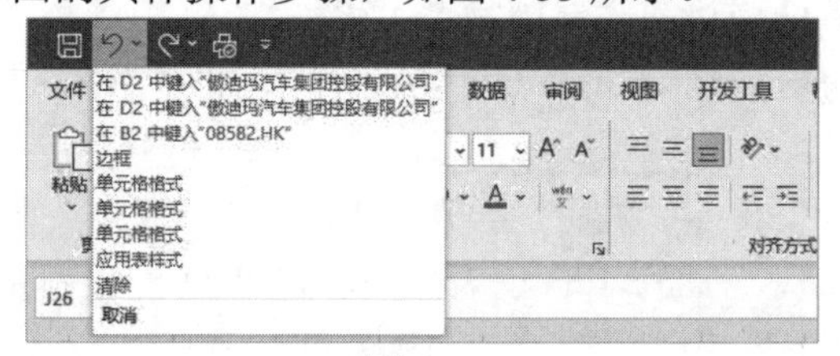

图 4-53

4.3.6 数据显示和输入的关系

在单元格中输入数据后，将在单元格中显示数据的内容(或者公式的结果)，同时在选中单元格时，在编辑栏中显示输入的内容。用户可能会发现，有些情况下在单元格中输入的数值和文本，与单元格中的实际显示并不完全相同。

实际上，Excel 对于用户输入的数据存在一种智能分析功能，软件总是会对输入数据的标识符及结构进行分析，然后以它所认为最理想的方式显示在单元格中，有时甚至会自动更改数据的格式或者数据的内容。对于此类现象及其原因，大致可以归纳为以下几种情况。

1. Excel 系统规范

如果用户在单元格中输入位数较多的小数，例如 111.555 678 333，而单元格列宽设置为默认值时，单元格内会显示 111.5557。这是由于 Excel 系统默认设置了对数值进行四舍五入显示的原因。

当单元格列宽无法完整显示数据的所有部分时，Excel 将会自动以四舍五入的方式对数值的小数部分进行截取显示。如果将单元格的列宽调整得很大，显示的位数相应增多，但是最大也只能显示到保留 10 位有效数字。虽然单元格的显示与实际数值不符，但是当用户选中此单元格时，在编辑栏中仍可以完整显示整个数值，并且在数据计算过程中，Excel 也是根据完整的数值进行计算的，而不是代之以四舍五入后的数值。

如果用户希望以单元格中实际显示的数值来参与数值计算，可执行以下操作。

step① 依次按 Alt、T、O 键打开【Excel 选项】对话框。

step② 选择【高级】选项卡，选中【将精度设为所显示的精度】复选框，并在弹出的提示对话框中单击【确定】按钮，如图 4-54 所示。

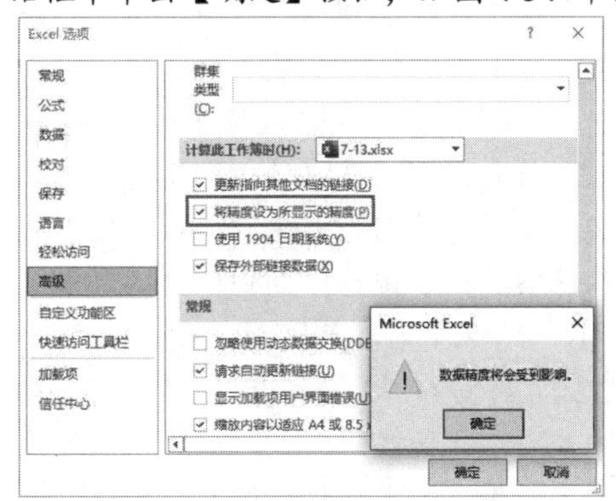

图 4-54

step② 返回【Excel 选项】对话框单击【确定】按钮。

如果单元格的列宽很小，则数值的单元格内容显示会变为“#”符号，此时只要增加单元格列宽就可以重新显示数字。

与以上 Excel 系统规范类似，还有一些数值方面的规范，使得数据输入与实际显示不符，具体如下。

- 当用户在单元格中输入非常大或者非常小的数值时，Excel 会在单元格中自动以科学记数法的形式来显示。
- 输入大于 15 位有效数字的数值时(例如 18 位身份证号码)，Excel 会对原数值进行 15 位有效数字的自动截断处理，如果输入数值是正数，则超过 15 位部分补零。
- 当输入的数值外面包括一对半角小括号时，例如(123456)，Excel 会自动以负数的形式来保存和显示括号内的数值，而括号不再显示。
- 当用户输入以 0 开头的数值时(例如股票代码)，Excel 会因将其识别为数值而将前置的 0 清除。
- 当用户输入末尾为 0 的小数时，系统会自动将非有效位数上的 0 清除，使其符合数值的规范显示。

对于上面提到的情况，如果用户需要以完整的形式输入数据，可以参考下面的方法解决问题。

- 方法 1：对于不需要进行数值计算的数字，例如身份证号码、信用卡号码、股票代码等，可以将数据形式转换成文本形式来保存和显示完整数字内容。在输入数据时，以单引号(')开始输入数据，Excel 会将所输入的内容自动识别为文本数据，并以文本形式在单元格中保存和显示，其中的单引号(')不显示在单元格中(但在编辑栏中显示)。
- 方法 2：用户也可以先选中目标单元格，右击鼠标，在弹出的快捷菜单中选择【设置单元格格式】命令，打开【设置单元格格式】对话框，选择【数字】选项卡，在【分类】列表框中选择【文本】选项，并单击【确定】按钮。这样，可以将单元格格式设置为文本形式，在单元格中输入的数据将保存并显示为文本。

设置成文本后的数据无法正常参与数值计算，如果用户不希望改变数值类型，希望在单元格中能够完整显示的同时，仍可以保留数值的特性，可以参考以下操作。

step① 以股票代码 000321 为例，选取目标单元格，打开【设置单元格格式】对话框，选择【数字】选项卡，在【分类】列表框中选择【自定义】选项。

step 2 在对话框右侧的【类型】文本框中输入 000000，然后单击【确定】按钮，如图 4-55 所示。

图 4-55

step 3 此时再在单元格中输入 000321，即可完全显示数据，并且仍保留数值的格式。

对于小数末尾中的 0 的保留显示(例如某些数字保留位数)，与上面的例子类似。用户可以在输入数据的单元格中设置自定义的格式，例如 0.00000(小数点后面 0 的个数表示需要保留显示小数的位数)。除了自定义的格式外，使用系统内置的“数值”格式也可以达到相同的效果。在【设置单元格格式】对话框中选择【数值】选项后，对话框右侧会显示【小数位数】微调框，使用该微调框调整需要显示的小数位数，就可以将用户输入的数据按照需要的保留位数来显示。

除以上提到的这些数值输入情况外，某些文本数据的输入也存在输入与显示不符合的情况。例如，在单元格中输入内容较长的文本时(文本长度大于列宽)，如果目标单元格右侧的单元格内没有内容，则文本会完整显示甚至“侵占”右侧的单元格，如图 4-56 左图所示(A1 单元格的显示)；而如果右侧单元格中本身就包含内容，则文本就会显示不完全，如图 4-56 右图所示。

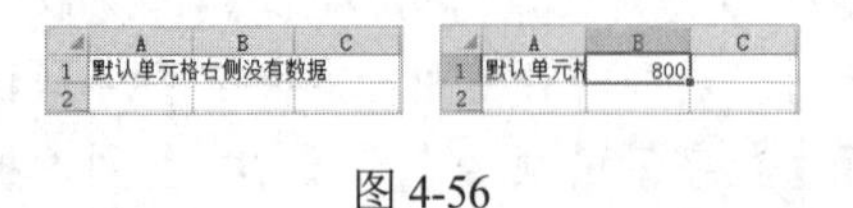

图 4-56

若需要将如图 4-56 左图所示的文本在单元格中完整显示出来，有以下几种方法。

- 方法 1：将单元格所在的列宽调整得更大，容纳更多字符的显示(列宽最大可以容纳 255 个字符)。
- 方法 2：选中单元格，打开【设置单元格格式】对话框，选择【对齐】选项卡，在【文本控制】区域中选中【自动换行】复选框(或者在【开始】选项卡的【对齐方式】命令组中单击【自动换行】按钮)。自动换行后的效果如图 4-57 所示。

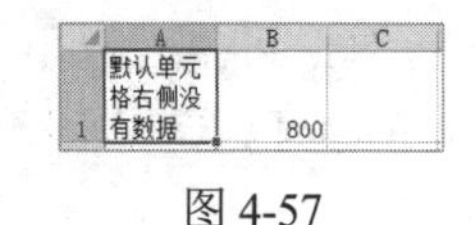

图 4-57

2. 自动格式

当用户输入的数据中带有一些特殊符号时，会被 Excel 识别为具有特殊含义，从而自动为数据设定特有的数字格式来显示。

- 在单元格中输入某些分数时，如 11/12，单元格会自动将输入数据识别为日期形式，显示为日期的格式“11 月 12 日”，同时单元格的格式也会自动被更改。当然，如果用户输入的对应日期不存在，例如 11/32(11 月没有 32 天)，单元格还会保持原有输入显示。但实际上此时单元格还是文本格式，并没有被赋予真正的分数数值意义。
- 在单元格中输入带有货币符号的数值时，例如$500，Excel 会自动将单元格格式设置为相应的货币格式，在单元格中也可以以货币的格式显示(自动添加千位分隔符、数值标红显示或者加括号显示)。如果选中单元格，可以看到在编辑栏内显示的是实际数值(不带货币符号)。

3. 自动更正

Excel 软件中预置有一种“纠错”功能，会在用户输入数据时进行检查，在发现包含特定条件的内容时，会自动进行更正，如以下两种情况。

- 在单元格中输入(R)时，单元格中会

自动更正为®。

▶ 在输入英文单词时，如果开头有连续两个大写字母，例如 EXcel，则 Excel 软件会自动将其更正为首字母大写的 Excel。

以上情况的产生，都是基于 Excel 中【自动更正选项】的相关设置。“自动更正”是一项非常实用的功能，它不仅可以帮助用户减少英文拼写错误，纠正一些中文错别字和错误用法，还可以为用户提供一种高效的输入替换用法——输入缩写或者特殊字符，系统自动替换为全称或者用户需要的内容。上面列举的第一种情况，就是通过“自动更正”中内置的替换选项来实现的。用户也可以根据自己的需要进行设置，具体方法如下。

step 1 依次按 Alt、T、O 键，打开【Excel 选项】对话框，选择【校对】选项。

step 2 在显示的【校对】选项区域中单击【自动更正选项】按钮。

step 3 在打开的【自动更正】对话框中，用户可以通过选中相应复选框及列表框中的内容对原有的更正替换项目进行设置，也可以新增用户的自定义设置。例如，在单元格中输入 EX 时，就自动替换为 Excel。可以在【替换】文本框中输入 EX，然后在【为】文本框中输入 Excel，最后单击【添加】按钮，这样就可以成功添加一条用户自定义的自动更正项目，添加完毕后，单击【确定】按钮确认操作，如图 4-58 所示。

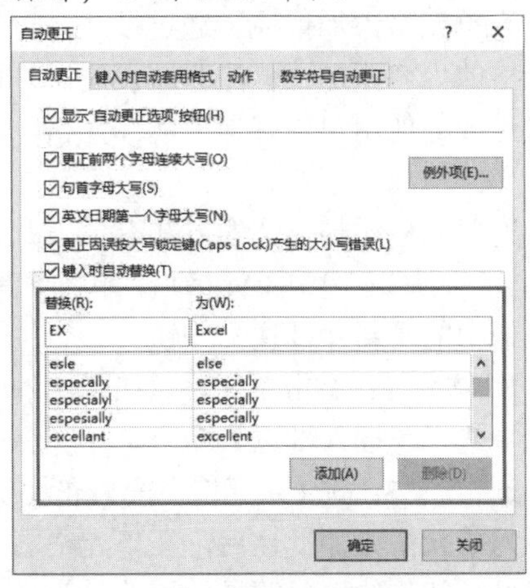

图 4-58

如果用户不希望自己输入的内容被 Excel 自动更改，可以对自动更正选项进行以下设置。

step 1 打开【自动更正】对话框，取消【键入时自动替换】复选框的选中状态，以使所有的更正项目停止使用。

step 2 也可以取消选中某个单独的复选框，或者在对话框下面的列表框中删除某些特定的替换内容，来中止一些特定的自动更正项目。例如，要取消前面提到的连续两个大写字母开头的英文更正功能，可以取消【更正前两个字母连续大写】复选框的选中状态。

4. 自动套用格式

自动套用格式与自动更正类似，当在输入内容中发现包含特殊的文本标记时，Excel 会自动对单元格加入超链接。例如，当用户输入的数据中包含@、WWW、FTP、FTP://、HTTP://等文本内容时，Excel 会自动为此单元格添加超链接，并在输入数据下显示下画线。

4.3.7　日期和时间的输入与识别

日期和时间属于一类特殊的数值类型，其特殊的属性使此类数据的输入以及 Excel 对输入内容的识别，都有一些特别之处。

在中文版的 Windows 系统的默认日期设置下，可以被 Excel 自动识别为日期数据的输入形式如下。

▶ 使用短横线分隔符“-”的输入，如表 4-4 所示。

表 4-4　日期输入形式(短横线)

输入	Excel 识别
2027-1-2	2027 年 1 月 2 日
27-1-2	2027 年 1 月 2 日
90-1-2	1990 年 1 月 2 日
2027-1	2027 年 1 月 1 日
1-2	当前年份的 1 月 2 日

▶ 使用斜线分隔符“/”的输入，如表 4-5 所示。

表 4-5　日期输入形式(斜线)

输入	Excel 识别
2027/1/2	2027 年 1 月 2 日
27/1/2	2027 年 1 月 2 日
90/1/2	1990 年 1 月 2 日
2027/1	2027 年 1 月 1 日
1/2	当前年份的 1 月 2 日

- 使用中文“年、月、日”的输入，如表 4-6 所示。

表 4-6　日期输入形式(中文)

输入	Excel 识别
2027 年 1 月 2 日	2027 年 1 月 2 日
27 年 1 月 2 日	2027 年 1 月 2 日
90 年 1 月 2 日	1990 年 1 月 2 日
2027 年 1 月	2027 年 1 月 1 日
1 月 2 日	当前年份的 1 月 2 日

- 使用包括英文月份的输入，如表 4-7 所示。

表 4-7　日期输入形式(英文)

输入	Excel 识别
March 2	当前年份的 3 月 2 日
Mar 2	
2 Mar	
Mar-2	
2-Mar	
Mar/2	
2/Mar	

对于以上 4 类可以被 Excel 识别的日期输入，有以下几点补充说明。

- 年份的输入方式包括短日期(如 90 年)和长日期(如 1990 年)两种。当用户以两位数字的短日期方式来输入年份时，软件默认将 0~29 的数字识别为 2000 年~2029 年，而将 30~99 的数字识别为 1930 年~1999 年。为了避免系统自动识别造成的错误理解，建议在输入年份时，使用 4 位完整数字的长日期方式，以确保数据的准确性。
- 短横线分隔符“-”与斜线分隔符“/”可以结合使用。例如，输入 2027-1/2 与 2027/1/2 都可以表示“2027 年 1 月 2 日”。
- 当用户输入的数据只包含年份和月份时，Excel 会自动以这个月的 1 号作为它的完整日期值。例如，输入 2027-1 时，会被系统自动识别为 2027 年 1 月 1 日。
- 当用户输入的数据只包含月份和日期时，Excel 会自动以系统当年年份作为这个日期的年份值。例如输入 1-2，如果当前系统年份为 2027 年，则会被 Excel 自动识别为 2027 年 1 月 2 日。
- 包含英文月份的输入方式可以用于只包含月份和日期的数据输入，其中月份的英文单词可以使用完整拼写，也可以使用标准缩写。

除了上面介绍的可以被 Excel 自动识别为日期的输入方式，其他不被识别的日期输入方式，则会被识别为文本形式的数据。例如，使用“.”分隔符来输入日期 2027.1.2，这样输入的数据只会被 Excel 识别为文本格式，而不是日期格式，从而会导致数据无法参与各种运算，给数据的处理和计算造成不必要的麻烦。

4.3.8　为单元格添加批注

除了可以在单元格中输入数据，用户还可以为单元格添加批注。通过批注，可以对单元格的内容添加一些注释或说明，从而方便自己或其他用户更好地理解单元格中内容的含义。

为单元格添加批注的方法有以下几种。

- 方法 1：选中单元格后，单击【审阅】选项卡中的【新建批注】按钮。
- 方法 2：右击单元格，在弹出的快捷菜单中选择【插入批注】命令。
- 方法 3：选中单元格，按 Shift+F2 键。

为单元格添加批注后，在单元格右上角将会显示红色的三角符号，该符号为批注标识符，表示当前单元格包含批注。右侧的矩形文本框通过引导箭头与红色标识相连，该矩形文本框即为批注内容的显示区域，用户可以在输入批注内容，如图 4-59 所示。

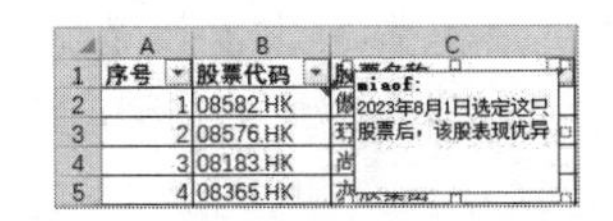

图 4-59

完成批注内容的输入后，单击其他单元格将隐藏批注，只显示红色标识符，如图 4-60 所示。当鼠标指针移动至包含批注标识符的单元格上时，批注内容会自动显示。

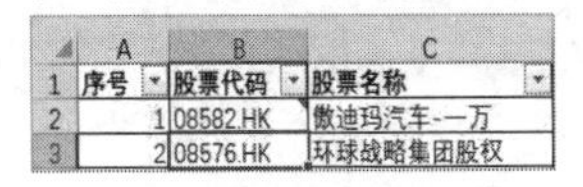

序号	股票代码	股票名称
1	08582.HK	傲迪玛汽车-一万
2	08576.HK	环球战略集团股权

图 4-60

要对现有单元格中的批注内容进行修改，可以使用以下几种等效的方法。

- 方法 1：选定包含批注的单元格，在【审阅】选项卡中单击【编辑批注】按钮。
- 方法 2：右击包含批注的单元格，在弹出的菜单中选择【编辑批注】命令。
- 方法 3：选定包含批注的单元格，按 Shift+F2 键。

要删除现有的批注，可以在选中包含批注的单元格后右击鼠标，在弹出的快捷菜单中选择【删除批注】命令。或选中包含批注的单元格后，单击【审阅】选项卡【批注】命令组中的【删除】按钮。

如果要一次性删除当前工作表中的所有批注，可以按 Ctrl+A 键全选工作表，然后单击【审阅】选项卡【批注】命令组中的【删除】按钮。

如果要删除某个区域中的所有批注，可以在选中需要删除批注的区域后，单击【开始】选项卡中的【清除】下拉按钮，在弹出的下拉列表中选择【清除批注】选项。

4.3.9 清除单元格内容

如果用户要删除单元格中不需要的内容，可以在选中单元格后按 Delete 键。该操作会删除单元格中的内容，但不会影响单元格格式、批注等内容。要彻底地删除这些内容，可以在选定目标单元格后，单击【开始】选项卡【编辑】命令组中的【清除】下拉按钮，从弹出的列表中选择合适的选项，如图 4-61 所示。

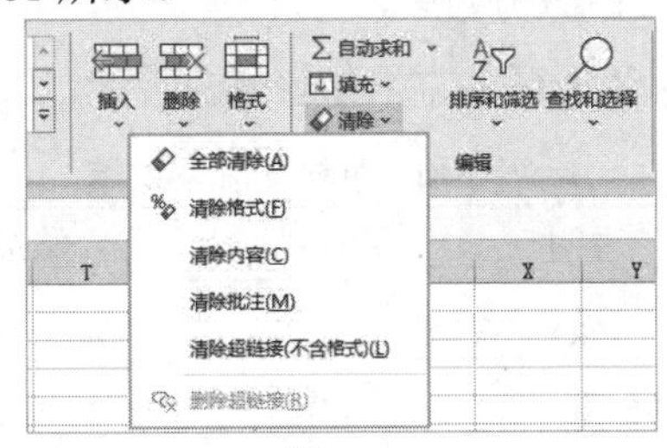

图 4-61

- 全部清除：清除单元格中的所有内容，包括数据、格式、批注等。
- 清除格式：仅清除格式保留其他内容。
- 清除内容：仅清除单元格中的数据，包括数值、文本、公式等，保留格式、批注等其他内容。
- 清除批注：仅清除单元格中的批注。
- 清除超链接(不含格式)：在超链接的单元格显示【清除超链接】下拉按钮，单击该下拉按钮在弹出的列表中可以选择【仅清除超链接】或【清除超链接和格式】选项，如图 4-62 所示。

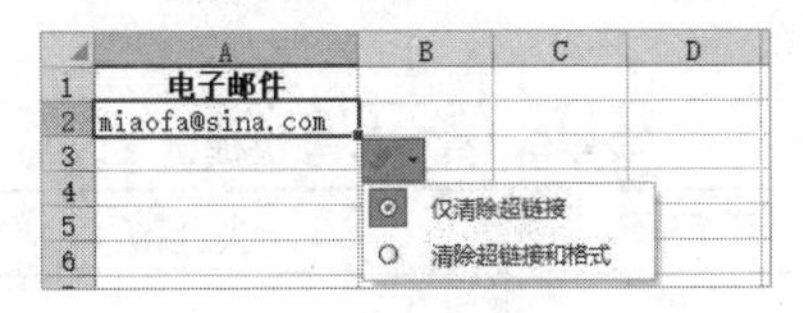

图 4-62

- 删除超链接：清除单元格中的超链接和格式。

4.3.10 数据输入的技巧

在 Excel 中输入数据时，以下是一些常用的数据输入技巧，可以提高效率和准确性。

1. 强制换行

在单元格中输入大量文字信息时，如果

单元格文本内容过长，在需要换行的位置按 Alt+Enter 键，可以为文本添加强制换行符，如图 4-63 所示。

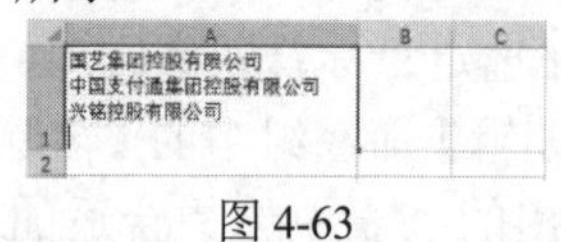

图 4-63

2. 输入分数

输入分数的方法如表 4-8 所示。

表 4-8 在 Excel 中输入分数

说明	输入	结果
输入假分数	2 1/3	2 1/3
输入真分数	0 1/3	1/3
输入大分子分数	0 13/3	4 1/3
输入可约分数	0 2/20	1/10

3. 在多个单元格同时输入

如果需要在多个单元格中同时输入相同的数据，可以同时选中需要输入相同数据的多个单元格，输入需要的数据后按 Ctrl+Enter 键确认输入。

4. 快速输入货币符号

使用 Excel 统计货币时常常会用到货币单位，例如人民币(¥)、英镑(£)、欧元(€)等，此时在按住 Alt 键的同时，依次按小键盘上的数字键即可快速输入相应的货币符号，如表 4-9 所示。

表 4-9 货币符号快捷键

货币符号	快捷键
人民币(¥)	Alt+0165
欧元(€)	Alt+0128
通用货币符号(¤)	Alt+0164
美元($)	Alt+41447
英镑(£)	Alt+0163
美分(¢)	Alt+0162

5. 输入上标和下标

要在单元格中输入带有上标(例如 10^7)和下标(H_7)的数据，可以通过【设置单元格格式】对话框中的【字体】选项卡来实现。

step 1 以输入“10^7”为例，在单元格中输入“’107”，以文本方式输入数字。

step 2 选中单元格中需要设置为上标的数字“7”，按下 Ctrl+1 组合键打开【设置单元格格式】对话框，选中【上标】复选框，然后单击【确定】按钮，如图 4-64 所示。

step 3 按 Ctrl+Enter 组合键，单元格中输入数据的效果将如图 4-64 所示。

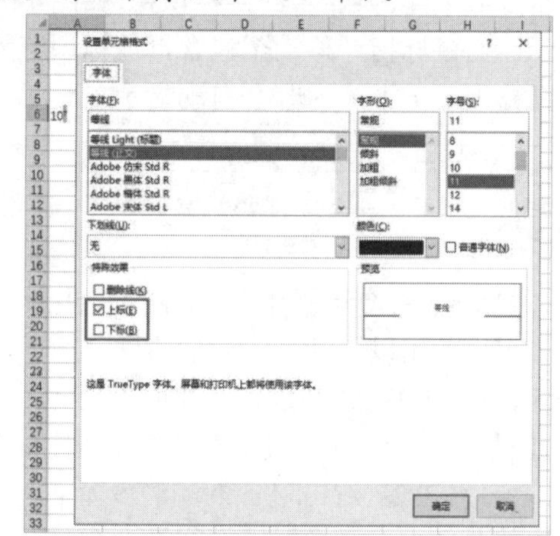

图 4-64

6. 输入超长数值

在 Excel 中可以借助科学记数法的原理快速输入尾数有很多 0 的超长数值。例如，要输入一亿，即数值 100 000 000，在 Excel 中输入“1**8”即可生成科学记数法形式的一亿，即“1.00E+08”，它代表 1 乘以 10 的 8 次方，将其设置为常规即可转换为“100 000 000”的形式。

在了解这个原理后，可以在 Excel 中快速输入各种超长数值，如表 4-10 所示。

表 4-10 输入超长数值示例

说明	输入数据	输入结果	常规格式
九万	9**4	9.00E+04	90000
三百万	3**6	300E+06	3000000
一千万	1**7	1.00E+07	10000000
一亿三千万	1.3**8	130E+08	130000000

4.4　自动填充与序列

在 Excel 中输入数据时，除使用上面介绍的常规输入方式以外，还可以使用自动填充功能进行快速批量输入。

4.4.1　自动填充

当需要在工作表中连续输入某些顺序上相关联的数据时(例如，输入星期一、星期二、星期三、……；甲、乙、丙、……等)，可以利用 Excel 的自动填充功能实现快速输入数据。

【例 4-4】在 A1:A10 区域中快速连续输入 1 和 10 之间的数字。视频

step① 在 A1 单元格中输入数字 1，在 A2 单元格中输入数字 2。

step② 选中 A1:A2 区域，将鼠标指针放置在区域右下角的填充柄上，当鼠标指针显示为黑色加号时，按住鼠标左键向下拖动至 A10 单元格，然后释放鼠标左键，结果如图 4-65 所示。

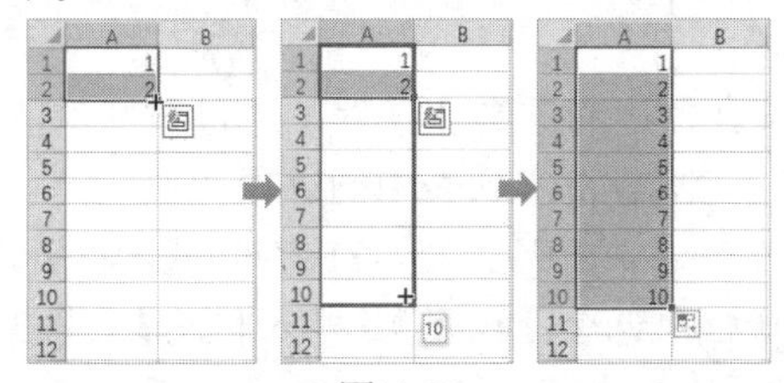

图 4-65

【例 4-5】继续例 4-4 的操作，在 B1:B10 区域中快速连续输入“甲、乙、丙、丁、……”(天干序列)。视频

step① 在 B1 单元格输入“甲”，然后选中 B1 单元格。

step② 将鼠标指针移至填充柄处，当指针显示为黑色加号时双击。

知识点滴

如果在操作例 4-4 时按 Ctrl 键再拖动填充柄执行填充操作，则原来进行顺序填充的数字将转变为“复制”操作，A1:A10 区域内将复制连续的数字 1 和 2。

4.4.2　序列

在上一节中可以实现自动填充的“顺序”数据在 Excel 中被称为序列。在工作表前几个单元格中输入序列中的元素，就可以为 Excel 提供识别序列的内容及顺序信息，以便 Excel 在使用自动填充功能时，自动按序列中的元素、间隔顺序来依次填充。

用户可以在 Excel 的选项设置中查看可以被自动填充的序列。具体操作方法如下。

step① 依次按 Alt、T、O 键，打开【Excel 选项】对话框，单击【高级】选项卡中的【编辑自定义列表】按钮，如图 4-66 所示。

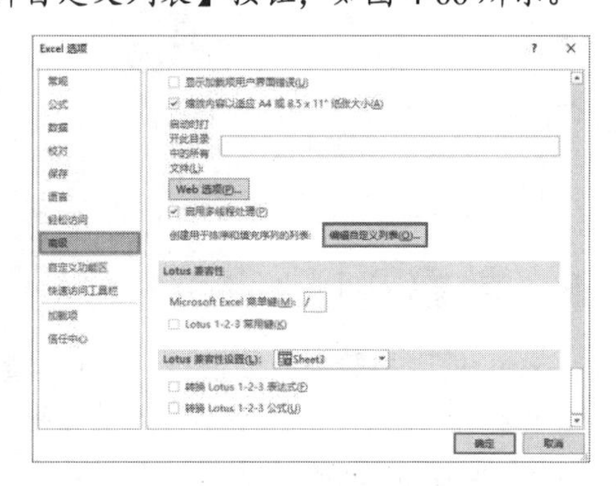

图 4-66

step② 在打开的【自定义序列】对话框中，左侧的列表显示了当前 Excel 中可以被识别的序列，如图 4-67 所示。所有数值型、日期型数据都是可以被自动填充的序列，不再显示于该列表中。

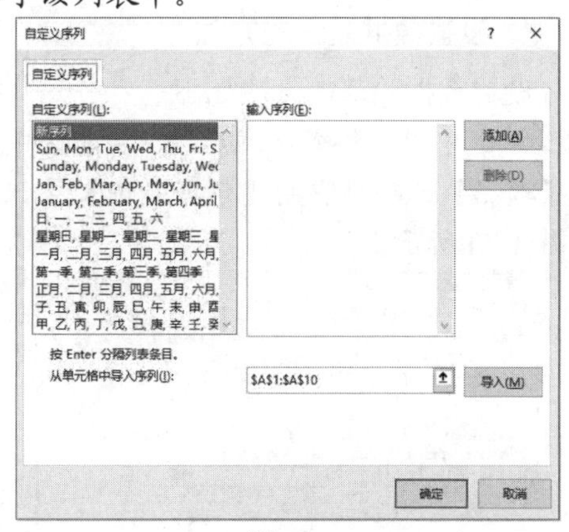

图 4-67

用户可以在【自定义序列】对话框右侧的【输入序列】文本框中手动添加新的数据序列作为自定义序列，或者引用表格中已经存在的数据列表作为自定义序列进行导入。

Excel中自动填充的使用方式非常灵活，用户并非必须从序列中的第一个元素开始进行自动填充，而是可以开始于序列中的任何一个元素，当填充的数据达到序列的尾部时，下一个填充数据会自动取序列开头的元素，循环地继续填充，如图4-68所示。

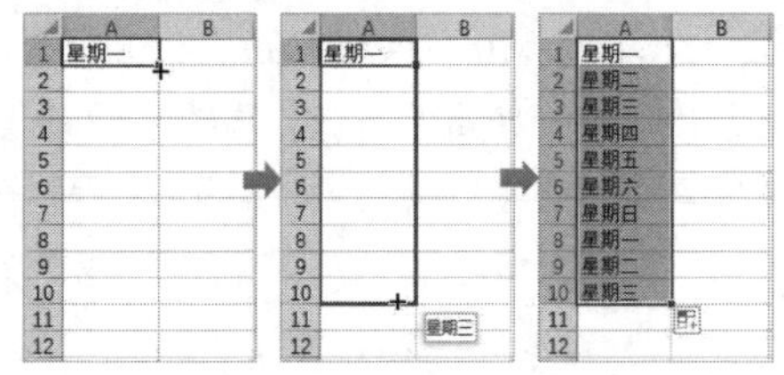

图 4-68

除对自动填充的起始元素没有要求以外，填充时序列中元素的间隔、顺序也没有严格的限制。

当用户只在第一个单元格中输入除数值数据外的序列元素时，自动填充功能默认以连续顺序的方式进行填充。当用户在第一个、第二个单元格内输入具有一定间隔的序列元素时，Excel会自动按照间隔的规律进行填充。例如，在图4-69中显示了从“三月”“六月”“九月”开始自动填充多个单元格的结果。

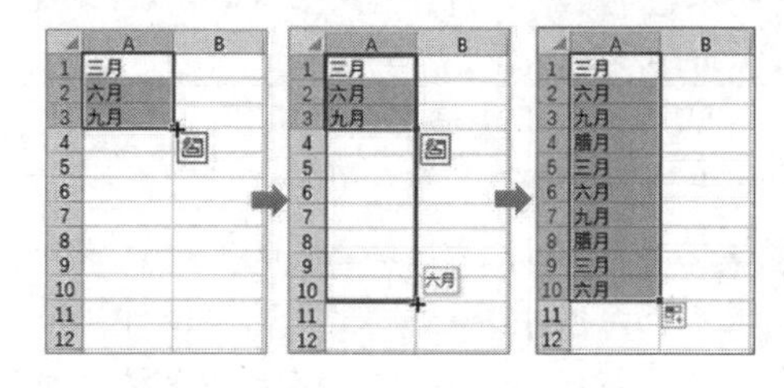

图 4-69

4.5 数据验证

Excel 的数据验证功能常被用于确保数据输入符合预期的规则和条件。通过数据验证，可以限制用户在特定单元格中输入的数据类型、数值范围或特定列表中的选项。

4.5.1 数据验证简介

在Excel 2013之前的版本中，数据验证被称为“数据有效性”。借助数据验证功能，可以设置规则，限制在单元格中所录入数据的范围、类型、字符长度等，或者对已经输入的数据进行检测。

1. 设置数据验证的方法

设置数据验证的方法如下。

step 1 选中单元格或区域后，在功能区中单击【数据】选项卡中的【数据验证】按钮，如图4-70所示。

图 4-70

step 2 在打开的如图4-71所示的【数据验证】对话框中包含【设置】【输入信息】【出错警告】【输入法模式】4个选项卡，用户可以在不同的选项卡中对各个项目进行设置(单击【全部清除】按钮可以清除已有的验证规则)。

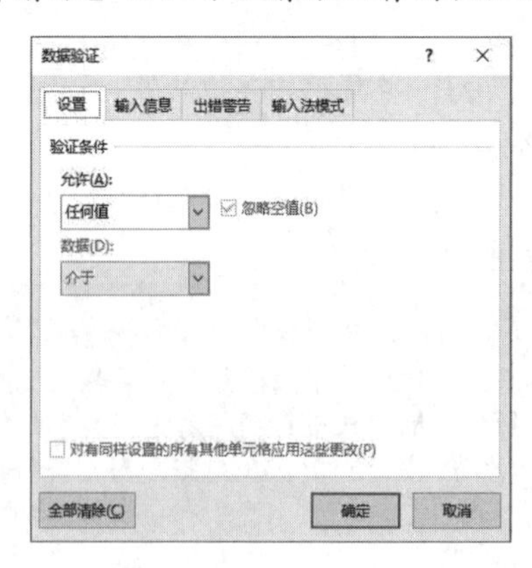

图 4-71

2. 设置数据验证的条件

在如图4-72所示的【数据验证】对话框

的【设置】选项卡中，单击【允许】下拉按钮，可以在弹出的下拉列表中选择多种内置的数据验证条件。如果选择除【任何值】之外的其他验证条件，将在对话框中显示基于该条件规则类型的设置选项。

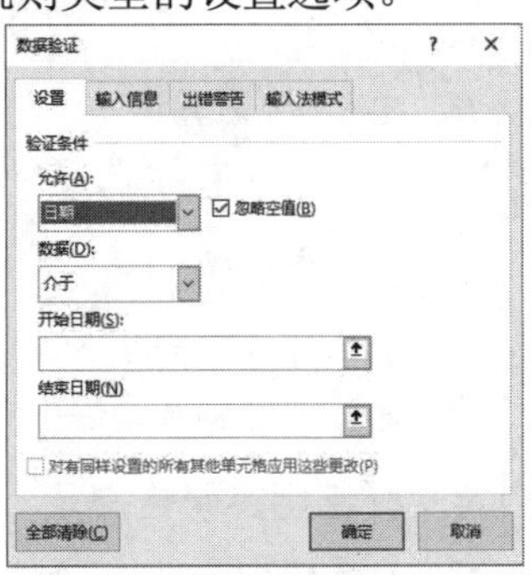

图 4-72

不同验证条件的说明如表 4-11 所示。

表 4-11　数据验证条件说明

验证条件	说明
任何值	允许在单元格内输入任何数据
整数	限制单元格内只能输入整数，并可以指定范围区间
小数	限制单元格内只能输入小数，并可以指定范围区间
序列	限制只能输入包含在特定序列中的内容，序列可由单元格引用、公式或手动输入项构建
日期	限制只能输入某一区间的日期，或者是排除某一日期区间之外的其他日期
时间	与日期条件的设置基本相同
文本长度	用于限制输入数据的字符个数
自定义	使用公式与函数实现自定义条件

如果在【数据验证】对话框的【允许】下拉列表中选择类型为【整数】【小数】【日期】【时间】及【文本长度】时，对话框中将出现【数据】下拉按钮及相应的设置选项。

单击【数据】下拉按钮，可使用的选项包括【介于】【未介于】【等于】【不等于】【大于】【小于】【大于或等于】及【小于或等于】等。

下面将通过一些案例来介绍 Excel 中“数据验证”功能的具体应用。

4.5.2　限制数据输入数值范围

为了规范表格数据录入，可以使用“数据验证”功能设置输入指定范围的数据，如只能输入 10 以内的数据、规定日期段内的日期等。一旦输入范围之外的数据，Excel 将自动弹出出错警告提示框，提示重新录入符合要求的数据。

1. 限制输入指定范围的数据

图 4-73 所示为某企业招聘岗位信息表，要求限制表中每个职位的招聘人数不超过 15 人。

	A	B	C	D	E
1	招聘编号	招聘岗位	招聘人数	周期	备注
2	WTK-65783	程序员		15	
3	WTK-40561	客服		45	
4	WTK-98324	客户经理		30	
5	WTK-27198	程序员		45	
6	WTK-95421	程序员		45	
7	WTK-78709	程序员		30	
8	WTK-62655	程序员		30	
9	WTK-36738	产品策划		30	
10	WTK-83610	程序员		45	

图 4-73

【例 4-6】使用“数据验证”功能设置 C 列中只允许输入不超过 15 的整数。

视频+素材　(素材文件\第 04 章\例 4-6)

step 1　选中 C2:C10 区域后单击【数据】选项卡【数据工具】命令组中的【数据验证】按钮，打开【数据验证】对话框，单击【允许】下拉按钮，从弹出的下拉列表中选择【整数】选项。

step 2　单击【数据】下拉按钮，在弹出的下拉列表中选择【小于】选项，在【最大值】编辑框中输入 15，然后单击【确定】按钮，如图 4-74 所示。

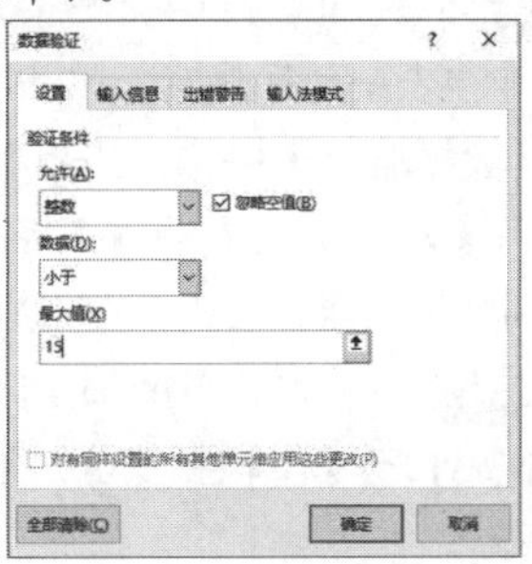

图 4-74

step③ 此时，如果在C列输入不符合要求的数字，将弹出错误警告提示框，提示输入的数值与数据验证限制不匹配，如图4-75所示。用户可以单击【重试】按钮重新输入，或单击【取消】按钮取消数据输入。

	A	B	C	D	E
1	招聘编号	招聘岗位	招聘人数	周期	备注
2	WTK-65783	程序员	5	15	
3	WTK-40561	客服	18	45	
4	WTK-98324	客户经理		30	
5	WTK				
6	WTK				
7	WTK				
8	WTK				
9	WTK				
10	WTK				
11					

图4-75

2. 限制只允许输入日期数据

图4-76所示为某医药公司一季度销售情况汇总表的一部分，要求设置“开单日期”只能输入日期数据，并且日期数据只能录入2023/12/21和2024/3/31之间的日期。为了防止录入错误，可以设置数据验证规定只允许输入指定范围内的日期，当输入其他类型数据或输入的日期不在指定范围内时，自动弹出错误提示信息框。

一季度销售情况汇总表

	A	B	C	D	E	F
2	开单日期	业务类型	品名/规格	数量	单位	价格
3		正常销售订单	香芍颗粒/4g*9袋	30	盒	¥4,201,912
4			苏黄止咳胶囊/0.45g*12S*2板	40	盒	¥6,772,011
5		销售差价	初始化品种/4	10	筒	¥9,832
6		正常销售订单	伏立康唑分散片/200mg*6T	40	盒	¥322,834
7			枸地氯雷他定片/8.8mg*6T(薄膜衣)	100	盒	¥1,497,521
8			正元胶囊/0.45g*24S	600	盒	¥2,342,192
9			开塞露/20ml(含甘油)	400	支	¥5,381,921
10			伏立康唑分散片/200mg*6T	40	盒	¥431,234
11		销售差价	托伐普坦片(苏麦卡)/15mg*5T	2	盒	¥9,821
12		正常销售订单	托伐普坦片(苏麦卡)/15mg*5T	30	盒	¥764,241
13			托珠单抗注射液(雅美罗)/80mg/4ml	30	瓶	¥467,864
14		销售差价	初始化品种/4	5	筒	¥1,245
15		正常销售订单	正元胶囊/0.45g*24S	34	盒	¥634,518
16			开塞露/20ml(含甘油)	107	支	¥2,625,103
17			伏立康唑分散片/200mg*6T	439	盒	¥98,172,491
18			枸地氯雷他定片/8.8mg*6T(薄膜衣)	210	盒	¥31,152,345

图4-76

【例4-7】使用“数据验证”功能设置A3:A18区域只能输入2023/12/21和2024/3/31之间的数据。

视频+素材 (素材文件\第04章\例4-7)

step① 选中A3:A18区域后，单击【数据】选项卡中的【数据验证】按钮，打开【数据验证】对话框，将【允许】设置为【日期】，将【数据】设置为【介于】，在【开始日期】编辑框中输入2023/12/21，在【结束日期】编辑框中输入2024/3/31，然后单击【确定】按钮，如图4-77所示。

图4-77

step② 当在“开单日期”列输入不符合要求的日期时，将弹出错误警告提示框。

3. 自定义弹出出错警告提示

当用户输入的数据不满足验证条件时，Excel将会弹出默认的出错警告提示框(如图4-75所示)。用户也可以自定义出错警告提示框中的提示信息，如提示表格的录入人员正确地输入数据。

【例4-8】为例4-7设置的“一季度销售情况汇总表”自定义输入出错警告提示信息。

视频+素材 (素材文件\第04章\例4-8)

step① 继续例4-7的操作，选中A3:A18区域后，单击【数据】选项卡中的【数据验证】按钮，打开【数据验证】对话框。

step② 选择【出错警告】选项卡，单击【样式】下拉按钮，在弹出的下拉列表中选择【警告】选项，在【标题】和【错误信息】文本框中分别输入提示内容，然后单击【确定】按钮，如图4-78所示。

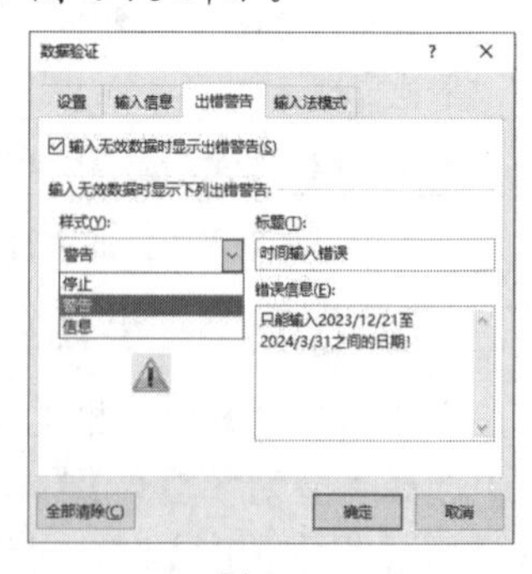

图4-78

step③ 当在“开单日期”列输入不符合要求的日期时，弹出的警告提示框中将给出如何正确输入数据的方法，如图 4-79 所示。

图 4-79

知识点滴

在【出错警告】选项卡中将【样式】设置为【警告】后，如果输入错误会弹出出错警告提示，这时可以单击【是】按钮人为选择允许继续输入。

4.5.3 借助公式设置验证条件

Excel 内置的数据验证规则相对比较简单，而借助公式，则能够在工作表中实现更多、更复杂的个性化数据验证规则。例如单元格或区域只接受输入文本、只接受输入非重复输入项、限制输入空格、禁止出库数据大于库存数据、限制只能输入小于或等于 10 的值等。

1. 设置只接受输入文本

图 4-80 所示为某单位一次培训考核的成绩表，需要在"是否合格"列设置验证条件为当输入非文本数据时，弹出提示框提示只允许输入文本。要实现此类效果，需要使用公式来设置验证条件。

	A	B	C	D	E	F
1	姓名	性别	规章制度	法律知识	电脑操作	是否合格
2	刘自建	男	82	88	87	
3	杨晓亮	男	82	91	87	
4	姚妍妍	女	83	93	88	
5	段程鹏	男	82	90	96	
6	许朝霞	女	93	88	91	
7	莫静静	女	91	93	88	
8	李　娜	女	87	98	89	
9	张珺涵	男	96	90	85	
10	杜芳芳	女	91	93	96	

图 4-80

【例 4-9】使用"数据验证"功能为"是否合格"列数据设置只接受输入文本，并给出出错警告提示。

视频+素材　(素材文件\第 04 章\例 4-9)

step 1　选中要设置数据验证的单元格区域(F2:F10)，在【数据】选项卡中单击【数据验证】按钮，打开【数据验证】对话框，将【允许】设置为【自定义】，在【公式】编辑框中输入公式：=ISTEXT(F2)，如图 4-81 所示。

图 4-81

step 2　选择【出错警告】选项卡，在【标题】和【错误信息】文本框中输入提示信息后，单击【确定】按钮。

step 3　当在"是否合格"列中输入非文本数据后，将会弹出图 4-82 所示的输入出错警告提示。

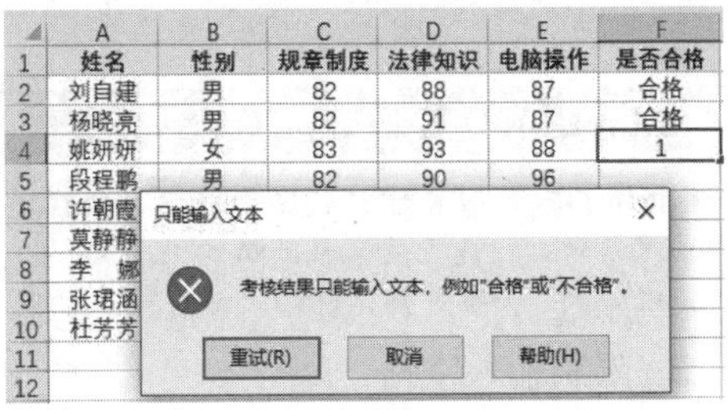

	A	B	C	D	E	F
1	姓名	性别	规章制度	法律知识	电脑操作	是否合格
2	刘自建	男	82	88	87	合格
3	杨晓亮	男	82	91	87	合格
4	姚妍妍	女	83	93	88	1
5	段程鹏	男	82	90	96	
6	许朝霞					
7	莫静静					
8	李　娜					
9	张珺涵					
10	杜芳芳					
11						
12						

只能输入文本

考核结果只能输入文本，例如"合格"或"不合格"。

重试(R)　取消　帮助(H)

图 4-82

知识点滴

ISTEXT 函数用来判断单元格内的数据是否为文本。如果是文本则允许输入，不是则不允许输入。本例中的参数 F2 单元格是一个相对引用方式。当选中一个单元格区域，设置其有效性条件时，公式中的 F2 也会随着对象单元格而变化。具体而言，对于 F3 单元格，条件公式将会自动变化为"=ISTEXT(F3)"，以下单元格以此类推。

2. 设置只接受非重复输入项

图 4-83 所示为某单位员工信息表的一部分，需要在"工号"列设置数据验证，避免该列中重复输入工号数据。

	A	B	C	D	E
1	工号	部门编号	员工姓名	员工电话	职务
2		J01	米晓燕	1387276385	工程师
3		X01	南华国	1387276386	经理
4		X01	徐淑敏	1387276387	工程师
5		X01	刘珍珍	1387276388	工程师

图 4-83

【例 4-10】使用“数据验证”功能设置“工号”列不能重复输入工号数据，并给出警告提示。

视频+素材 (素材文件\第 04 章\例 4-10)

step① 选中需要设置数据验证的单元格区域(A2:A5)，在【数据】选项卡中单击【数据验证】按钮，打开【数据验证】对话框，在【设置】选项卡中将【允许】设置为【自定义】，在【公式】编辑框中输入公式：=COUNTIF(A:A,A2)=1。

step② 选择【出错警告】选项卡，在【标题】和【错误信息】文本框中输入提示信息后，单击【确定】按钮。

step③ 当在“工号”列输入重复数据时，Excel将弹出图 4-84 所示的输入出错警告提示。

图 4-84

知识点滴

COUNTIF 函数用于对指定区域中符合指定条件的单元格计数。这里用来判断 A 列中输入的工号是否是唯一的，如果是则允许输入，否则阻止输入。

3. 限制输入空格

手动输入时经常会有意无意地输入一些多余的空格，这些数据如果只是用于查看，有空格并无大碍，但数据如果要用于统计、查找，如“王　燕”和“王燕”则会作为两个完全不同的对象，此时数据表中的空格将会给数据分析带来困扰(例如设置查找对象为“王燕”时，则会出现找不到数据的情况)。为了规范数据输入，可以使用数据验证限制空格的输入，一旦发现有空格输入将弹出输入出错警告框。

【例 4-11】使用“数据验证”功能，在图 4-85 所示数据表的“姓名”列限制输入空格。

视频+素材 (素材文件\第 04 章\例 4-11)

	A	B	C	D	E	F	G	H	I
1	工号	姓名	性别	籍贯	出生日期	入职日期	学历	基本工资	绩效系数
2	1121		男	北京	2001/6/2	2020/9/3	本科	5,000	0.50
3	1122		女	北京	1998/9/2	2018/9/3	本科	5,000	0.50
4	1123		女	北京	1997/8/21	2018/9/3	专科	5,000	0.50
5	1124		女	北京	1999/5/4	2018/9/3	本科	5,000	0.50
6	1125		男	廊坊	1990/7/3	2018/9/3	本科	5,000	0.50
7	1126		男	哈尔滨	1987/7/21	2019/9/3	专科	4,500	0.60
8	1127		女	哈尔滨	1982/7/5	2019/9/3	专科	4,500	0.60
9	1128		女	徐州	1983/2/1	2019/9/3	本科	4,500	0.60
10	1129		女	武汉	1985/6/2	2017/9/3	本科	6,000	0.70
11	1130		女	西安	1978/5/23	2017/9/3	本科	6,000	0.70
12	1131		男	南京	1972/4/2	2010/9/3	博士	8,000	1.00

图 4-85

step① 选中要设置数据验证的单元格区域(B2:B12)，单击【数据】选项卡中的【数据验证】按钮，打开【数据验证】对话框，在【设置】选项卡中将【允许】设置为【自定义】，在【公式】编辑框中输入公式：=ISERROR(FIND(" ",B2))。

step② 选择【出错警告】选项卡，在【标题】和【错误信息】文本框中输入提示信息后，单击【确定】按钮。

step③ 当在“姓名”列输入包含空格的姓名时，Excel 将弹出图 4-86 所示的出错警告提示。

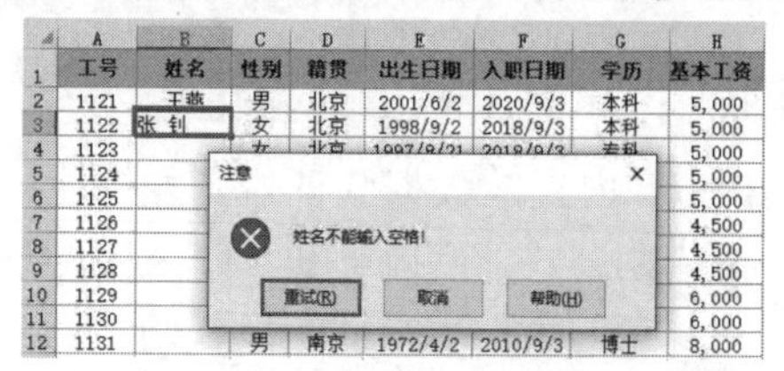

图 4-86

知识点滴

本例所使用的公式先用 FIND 函数在 B2 单元格中查找空格的位置，如果找到，则返回位置值；如果未找到，则返回一个错误值。ISERROR 函数则判断值是否为任意错误值，如果是，则返回 TRUE；如果不是，则返回 FALSE。本例中当结果为 TRUE 时允许录入数据，否则将不允许录入。

4. 禁止出库量大于库存量

图 4-87 所示为某网店商品出库情况记录表，表格中记录了商品上月的结余量和本月的入库量，当商品要出库时，显然出库数量应当小于库存总数。为了保证可以及时发现错误，可以设置数据验证，禁止输入的出库数量大于库存数量。

	A	B	C	D	E	F
1	商品编号	规格型号	单位	上月结余	本月入库	本月出库
2	S0001	教师用	个	1100	500	
3	S0002	200倍	台	800	60	
4	S0009	教师用	盒	1200	20	
5	S0011	学生用	盒	850	100	
6	S0012	学生用	盒	700	304	
7	S0010	学生用	盒	1000	320	
8	S0007	学生用	盒	6000	100	
9	S0008	学生用	盒	4000	80	
10	S0003	1.5A	台	650	69	
11	S0006	学生用	盒	170	1200	
12	S0005	学生用	个	1500	170	
13	S0004	教学型	个	1200	210	

图 4-87

【例 4-12】使用“数据验证”功能为“本月出库”列设置输入限制，使输入的数量大小不得超过“上月结余”+“本月入库”列中的数据之和。

视频+素材　(素材文件\第 04 章\例 4-12)

step 1　选中要设置数据验证的单元格区域(F2:F13)，单击【数据】选项卡中的【数据验证】按钮，打开【数据验证】对话框，在【设置】选项卡中将【允许】设置为【自定义】，在【公式】编辑框中输入公式：=D2+E2>F2。

step 2　选择【出错警告】选项卡，在【标题】和【错误信息】文本框中输入提示信息后，单击【确定】按钮。

step 3　当在“本月出库”列输入超过“上月结余”+“本月入库”的数据时，Excel 将弹出图 4-88 所示的出错警告提示。

	A	B	C	D	E	F
1	商品编号	规格型号	单位	上月结余	本月入库	本月出库
2	S0001	教师用	个	1100	500	1200
3	S0002	200倍	台	800	60	820
4	S0009	教师用	盒	1200	20	1500
5	S0011	学生用	盒	850	100	
6	S0012					
7	S0010					
8	S0007					
9	S0008					
10	S0003					
11	S0006					
12	S0005					
13	S0004	教学型	个	1200	210	

错误
出库量不得大于库存数，请核实后重新录入！
重试(R)　取消　帮助(H)

图 4-88

5. 限制只能输入小于或等于 10 的值

图 4-89 所示为某次比赛评委打分的记录表。需要设置只允许在“评分 1”~“评分 5”列中输入小于 10 的任意数(小数、整数均可)。

	A	B	C	D	E	F
1	评委	评分1	评分2	评分3	评分4	评分5
2	米晓燕					
3	南华国					
4	徐淑敏					
5	刘珍珍					

图 4-89

【例 4-13】使用“数据验证”功能为“评分 1”~“评分 5”区域设置限制，限制用户只能输入小于或等于 10 的数字(整数、小数均可)。

视频+素材　(素材文件\第 04 章\例 4-13)

step 1　选中要设置数据验证的单元格区域(B2:F5)，单击【数据】选项卡中的【数据验证】按钮，打开【数据验证】对话框，在【设置】选项卡中将【允许】设置为【自定义】，在【公式】编辑框中输入公式：=B2<=10。

step 2　选择【出错警告】选项卡，在【标题】和【错误信息】文本框中输入提示信息后，单击【确定】按钮。

step 3　当在“评分 1”~“评分 5”列中输入超过 10 的数字时，Excel 将弹出图 4-90 所示的出错警告提示。

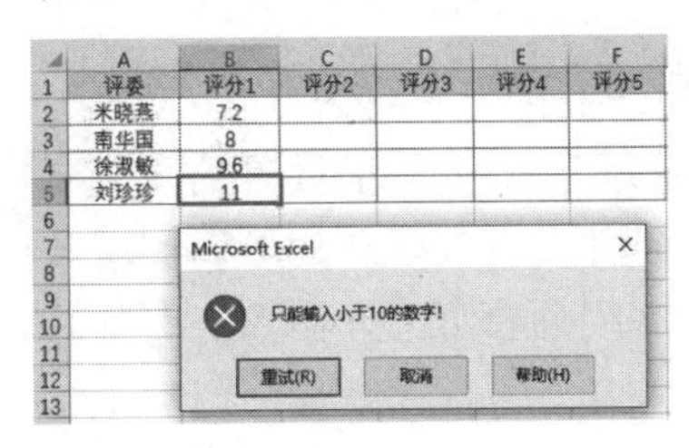

图 4-90

6. 限制输入周末日期

图 4-91 所示为某单位的值班日期表，需要在 E 列的值班日期输入区域设置数据验证规则，要求录入的值班日期不能是周六或周日。

	A	B	C	D	E
1	员工编号	部门编号	员工姓名	联系电话	值班日期
2	A001	X01	王晓燕	1377908271	
3	A002	J01	马朝晖	1389872132	
4	A003	X01	黄嘉欣	1387263831	
5	A006	J01	周杰	1387276384	
6	A007	J01	米晓燕	1387276385	
7	A008	X01	南华国	1387276386	
8	A009	X01	徐淑敏	1387276387	
9	A010	X01	刘珍珍	1387276388	

图 4-91

【例 4-14】使用“数据验证”功能，限制在 E 列输入周六或周日的日期。

视频+素材　(素材文件\第 04 章\例 4-14)

step 1　选中要设置数据验证的单元格区域(E2:F9)，单击【数据】选项卡中的【数据验证】按钮，打开【数据验证】对话框，在【设置】选项卡中将【允许】设置为【自定义】，在【公式】编辑框中输入公式：=WEEKDAY(E2,2)<6。

step 2　选择【出错警告】选项卡，在【标题】和【错误信息】文本框中输入提示信息后，单击【确定】按钮。

step 3　当在 E 列输入周六或周日的日期时，Excel 将弹出图 4-92 所示的出错警告提示。

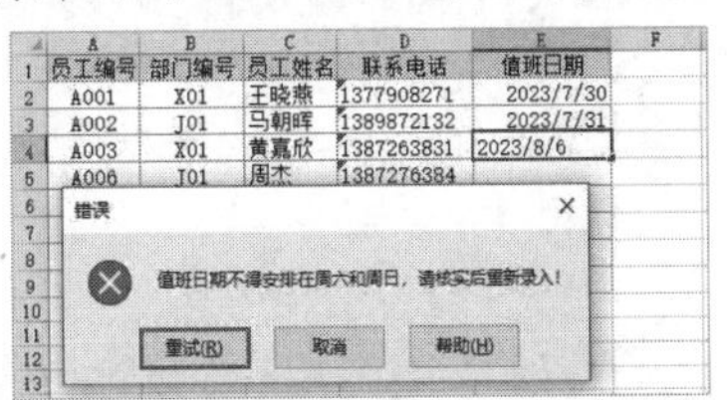

图 4-92

> **知识点滴**
>
> 借助公式设置验证条件时，如果用户对函数和公式的使用方法不太熟悉，可以通过ChatGPT来获取公式的使用方法(参考本书第1章)。

4.5.4 建立可选择输入序列

“序列”是数据验证设置的一个非常重要的验证条件，设置好序列可以实现数据只在设计的序列列表中选择输入，有效防止错误输入。

图4-93所示为某公司销售人员的销售业绩统计表的一部分，需要在“部门”列快速输入数据。由于该公司的部门只有固定的几个(直销部、渠道销售部、电子商务部和客户服务部)，因此可以通过“数据验证”功能建立可选择序列。

	A	B	C	D	E
1	工号	姓名	部门	业绩(万元)	备注
2	1121	李亮辉		99	
3	1126	张珺涵		126	已申请特价
4	1121	李亮辉		93	
5	1132	王　巍		87	
6	1126	张珺涵		91	已申请特价
7	1121	李亮辉		90	已申请特价
8	1121	王晓涵		93	

图4-93

【例4-15】使用“数据验证”功能为单元格区域建立可选择输入序列，使用户输入数据时，可以通过选择下拉列表选项方式输入数据。

视频+素材 (素材文件\第04章\例4-15)

step 1 选中C2:C8区域后单击【数据】选项卡中的【数据验证】按钮，打开【数据验证】对话框，将【允许】设置为【序列】，在【来源】编辑框中输入“直销部,渠道销售部,电子商务部,客户服务部”(使用半角逗号分隔)，然后单击【确定】按钮，如图4-94所示。

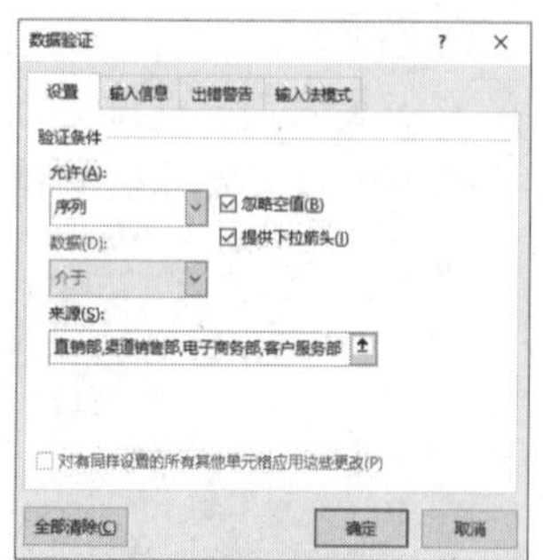

图4-94

step 2 此时将为C2:C8区域中的单元格添加下拉按钮，单击下拉按钮，即可在弹出的下拉列表中选择要输入的数据，如图4-95所示。

	A	B	C	D	E
1	工号	姓名	部门	业绩(万元)	备注
2	1121	李亮辉		99	
3	1126	张珺涵	直销部	126	已申请特价
4	1121	李亮辉	渠道销售部	93	
5	1132	王　巍	电子商务部	87	
6	1126	张珺涵	客户服务部	91	已申请特价
7	1121	李亮辉		90	已申请特价
8	1121	王晓涵		93	

图4-95

4.5.5 设置智能输入提示信息

除直接设置数据验证条件以外，还可以在【数据验证】对话框设置【输入信息】，为数据录入人员提供信息提示(具体实现效果是当选中单元格时就会自动在下方显示提示文字)。

【例4-16】使用“数据验证”功能为某房产中介公司二手房销售信息表中的“户型信息”列设置输入提示信息，提示录入者只能录入2023年当年的房产户型信息。

视频+素材 (素材文件\第04章\例4-16)

step 1 选中要设置数据验证的单元格区域(A2:A8)，单击【数据】选项卡中的【数据验证】按钮，打开【数据验证】对话框，选择【输入信息】选项卡，在【输入信息】文本框中输入提示文本，如图4-96所示。

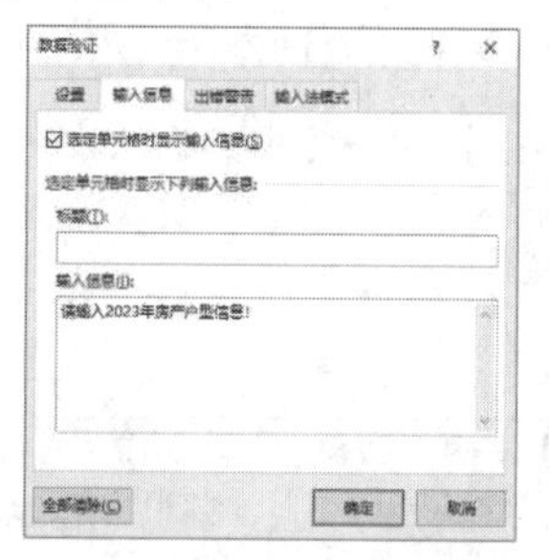

图4-96

step 2 在【数据验证】对话框中单击【确定】按钮后，当鼠标指针指向单元格时会显示图4-97所示的提示信息。

	A	B	C	D	E	F	G	H
1	户型信息	项目名称	类型	总户数	面积	销售价	折扣	税率
2		都市山庄	小户型	21	41	800000	0.95	0.2
3	请输入2023年房产户型信息！	市	电梯公寓	142	70	1650000	0.95	0.2
4		院	电梯公寓	98	80	100000	0.95	0.2

图4-97

4.5.6　圈释表中的无效数据

使用圈释无效数据功能，可以在包含大量记录的数据表中快速查找出不符合要求的数据。例如，图 4-98 所示为某公司员工工资表的一部分，现在需要对 C 列已输入的“基本工资”进行检查，找出所有基本工资低于 5000 的记录。

	A	B	C	D	E	F	G	H
1	员工姓名	所属部门	基本工资	工龄工资	福利补贴	提成奖金	加班工资	应发合计
2	刘佳琪	财务部	4500	450	900	1800	250	7900
3	孙浩然	财务部	4500	450	900	1800	250	7900
4	曹立阳	采购部	4800	480	1000	1900	280	8460
5	吴雅婷	技术部	5500	550	1200	2200	350	9800
6	郑瑞杰	人资源部	5500	550	1200	2200	350	9800
7	杨晨曦	人资源部	5500	550	1200	2200	350	9800
8	赵天宇	销售部	5000	500	1000	2000	300	8800
9	史文静	研发部	6000	600	1500	2500	400	11000
10	周美丽	研发部	6000	600	1500	2500	400	11000
11	崔继光	运营部	5200	520	1100	2100	320	9240
12	张晓晨	运营部	5000	500	1000	2000	300	8800
13	许雪婷	运营部	4800	480	1000	1900	280	8460

图 4-98

使用“数据验证”功能圈释 C 列低于 5000 的记录的具体操作方法如下。

step 1　选中 C2 单元格后按 Ctrl+Shift+↓快捷键选中 C 列中的数据，然后单击【数据】选项卡中的【数据验证】按钮，打开【数据验证】对话框，设置【允许】为整数，【数据】为【大于或等于】，【最小值】为 5000，然后单击【确定】按钮，如图 4-99 所示。

图 4-99

step 2　单击【数据验证】按钮下方的⌄按钮，在弹出的列表中选择【圈释无效数据】选项。

step 3　此时，在不符合要求的单元格上都将添加图 4-100 所示的红色标识圈。将单元格数据修改为 5000 以上后，标识圈将自动消失。

	A	B	C	D	E	F	G	H
1	员工姓名	所属部门	基本工资	工龄工资	福利补贴	提成奖金	加班工资	应发合计
2	刘佳琪	财务部	4500	450	900	1800	250	7900
3	孙浩然	财务部	4500	450	900	1800	250	7900
4	曹立阳	采购部	4800	480	1000	1900	280	8460
5	吴雅婷	技术部	5500	550	1200	2200	350	9800
6	郑瑞杰	人资源部	5500	550	1200	2200	350	9800
7	杨晨曦	人资源部	5500	550	1200	2200	350	9800
8	赵天宇	销售部	5000	500	1000	2000	300	8800
9	史文静	研发部	6000	600	1500	2500	400	11000
10	周美丽	研发部	6000	600	1500	2500	400	11000
11	崔继光	运营部	5200	520	1100	2100	320	9240
12	张晓晨	运营部	5000	500	1000	2000	300	8800
13	许雪婷	运营部	4800	480	1000	1900	280	8460

图 4-100

4.6　案例演练

本章主要介绍了与单元格和数据操作相关的 Excel 基础知识。下面的案例演练部分，将补充介绍一些与表格设置和数据录入相关的技巧，帮助用户在使用 Excel 时提高操作效率。

【例 4-17】在图 4-101 所示包含合并单元格的 A 列中快速填充连续的序号 1、2、3……。

视频+素材　(素材文件\第 04 章\例 4-17)

	A	B	C	D	E	F
1	订单编号	开单日期	品名/规格	数量	单位	价格
2		2023/1/17	香芍颗粒/4g·9袋	30	盒	¥42,019
3		2023/1/18	苏黄止咳胶囊/0.45g·12S·2板	40	盒	¥67,720
4		2023/1/19	初始化品种/4	10	筒	¥9,832
5		2023/1/20	伏立康唑分散片/200mg·6T	40	盒	¥322,834
6		2023/1/21	枸地氯雷他定片/8.8mg·6T(薄膜衣)	100	盒	¥1,497,521
7		2023/1/22	正元胶囊/0.45g·24S	600	盒	¥2,342,192
8		2023/1/23	开塞露/20ml(含甘油)	400	支	¥5,381,921
9		2023/1/24	伏立康唑分散片/200mg·6T	40	盒	¥431,234
10		2023/1/25	托伐普坦片(苏麦卡)/15mg·5T	2	盒	¥9,821
11		2023/1/26	托伐普坦片(苏麦卡)/15mg·5T	30	盒	¥764,241
12		2023/1/27	托珠单抗注射液(雅美罗)/80mg/4ml	30	瓶	¥467,864
13		2023/1/28	初始化品种/4	5	筒	¥1,245
14		2023/1/29	正元胶囊/0.45g·24S	34	盒	¥634,518
15		2023/1/30	开塞露/20ml(含甘油)	107	支	¥2,625,103
16		2023/1/31	伏立康唑分散片/200mg·6T	439	盒	¥98,172,491
17		2023/2/1	枸地氯雷他定片/8.8mg·6T(薄膜衣)	210	盒	¥31,152,345

图 4-101

step 1　选中 A2 单元格后向下拖动鼠标，选中 A2:A17 区域，在地址栏输入“MAX(”，然后单击 A1 单元格，然后输入冒号“:”，此时公式内将自动填充“=MAX(A1:A1”，如图 4-102 所示。

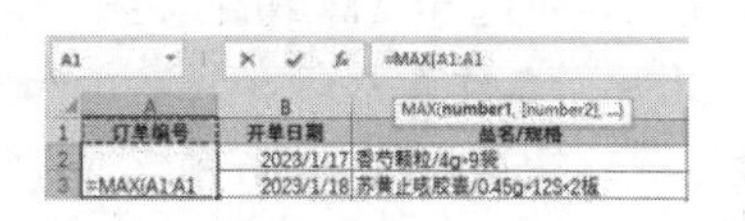

图 4-102

step 2　选中公式中的第 1 个“A1”，按 F4 键，转换其单元格引用方式，如图 4-103 所示。

图 4-103

step 3　将鼠标光标置于公式结尾处，输入“)+1”，然后按 Ctrl+Enter 快捷键。此时，公式将自动向下填充，结果如图 4-104 所示。

A2 =MAX($A$1:A1)+1

	A	B	C
1	订单编号	开单日期	品名/规格
2	1	2023/1/17	香芍颗粒/4g*9袋
3		2023/1/18	苏黄止咳胶囊/0.45g*12S*2板
4	2	2023/1/19	初始化品种/4
5	3	2023/1/20	伏立康唑分散片/200mg*6T
6		2023/1/21	枸地氯雷他定片/8.8mg*6T(薄膜衣)
7		2023/1/22	正元胶囊/0.45g*24S
8		2023/1/23	开塞露/20ml(含甘油)
9		2023/1/24	伏立康唑分散片/200mg*6T
10	4	2023/1/25	托伐普坦片(苏麦卡)/15mg*5T
11	5	2023/1/26	托伐普坦片(苏麦卡)/15mg*5T
12		2023/1/27	托珠单抗注射液(雅美罗)/80mg/4ml
13	6	2023/1/28	初始化品种/4
14	7	2023/1/29	正元胶囊/0.45g*24S
15		2023/1/30	开塞露/20ml(含甘油)
16		2023/1/31	伏立康唑分散片/200mg*6T
17		2023/2/1	枸地氯雷他定片/8.8mg*6T(薄膜衣)

图 4-104

【例 4-18】隐藏工作表中的空白行列。视频

step 1 选中工作表中数据列右侧的第 1 列空列(本例为 F 列)，如图 4-105 所示。

	A	B	C	D	E	F	G	H
1	产品名称	产品规格	库存数量	入库时间	出库时间			
2	电脑	笔记本	50	2023/1/10 14:20	2023/7/10 10:35			
3	洗衣机	8公斤	80	2023/3/20 10:50	2023/9/20 8:15			
4	微波炉	20升	90	2023/6/10 11:40	2023/12/10 9:05			
5	咖啡机	自动	70	2023/6/25 17:30	2023/12/25 15:55			
6	电视	55英寸	100	2023/1/1 10:00	2023/7/1 15:30			
7	手机	128GB	200	2023/1/5 9:45	2023/7/5 17:15			
8	餐桌	实木	300	2023/2/2 11:30	2023/8/2 9:55			
9	沙发	布艺	150	2023/2/10 13:45	2023/8/10 11:20			
10	衣柜	推拉门	250	2023/3/15 16:10	2023/9/15 14:35			
11	冰箱	对开门	120	2023/4/8 14:30	2023/10/8 12:55			
12	空调	1.5匹	180	2023/5/2 9:15	2023/11/2 7:40			
13	热水器	壁挂式	220	2023/6/15 13:20	2023/12/15 11:45			
14								
15								
16								

Sheet1 Sheet2 Sheet3 Sheet4

图 4-105

step 2 按 Ctrl+Shift+→快捷键，选中数据右侧所有的空列，然后右击鼠标，在弹出的快捷菜单中选择【隐藏】命令。

step 3 选中工作表数据行底部的第 1 行空行(本例为第14行)，按 Ctrl+Shift+↓快捷键，选中第14行以下所有的行，然后右击鼠标，在弹出的快捷菜单中选择【隐藏】命令。

step 4 此时，工作表中所有的空行和空列将全部被隐藏，结果如图 4-106 所示。

A14

	A	B	C	D	E
7	手机	128GB	200	2023/1/5 9:45	2023/7/5 17:15
8	餐桌	实木	300	2023/2/2 11:30	2023/8/2 9:55
9	沙发	布艺	150	2023/2/10 13:45	2023/8/10 11:20
10	衣柜	推拉门	250	2023/3/15 16:10	2023/9/15 14:35
11	冰箱	对开门	120	2023/4/8 14:30	2023/10/8 12:55
12	空调	1.5匹	180	2023/5/2 9:15	2023/11/2 7:40
13	热水器	壁挂式	220	2023/6/15 13:20	2023/12/15 11:45

Sheet1 Sheet2 Sheet3

图 4-106

【例 4-19】在单元格中快速输入对错符号。视频

step 1 选中需要设置√和×的单元格区域后，在【开始】选项卡中将【字体】设置为 Wingdings2 字体。

step 2 在单元格中输入大写的 O，系统将自动转换为×，输入大写的 P，则将自动转换为√，如图 4-107 所示。

	A	B	C	D	E	F
1	车间	姓名	性别	总成绩	平均成绩	合格情况
2	A车间	张伟	男	680	85	√
3	A车间	王芳	男	590	73.75	√
4	B车间	李娜	女	720	90	√
				0	63.75	×
				0	83.75	√
				0	60	×
				0	87.5	
				0	65	
				0	86.25	
				0	76.25	

文件 开始 插入 页面布局 公式 Wingdings 2 11 B I U A A 粘贴 剪贴板 字体

图 4-107

step 3 如果用户在单元格中输入大写 R，系统将自动转换为☑，输入大写的 S，将自动转换为☒，如图 4-108 所示。

	A	B	C	D	E	F
1	车间	姓名	性别	总成绩	平均成绩	合格情况
2	A车间	张伟	男	680	85	☑
3	A车间	王芳	男	590	73.75	☑
4	B车间	李娜	女	720	90	☑
5	B车间	刘强	男	510	63.75	☒
6	C车间	陈秀英	女	670	83.75	

图 4-108

【例 4-20】快速复制数据区域。视频

step 1 选中工作表中的数据区域后，将鼠标指针放置于数据区域的边缘。

step 2 当指针上出现“+”号后，按住 Ctrl 键拖动，即可快速复制选中的数据区域，如图 4-109 所示。

	A	B	C	D	E
1	部门名称	办公用品类别	支出金额	支出时间	支取人
2	财务部	文具	300	2023/1/5	张晓梅
3	财务部	电子设备	2000	2023/2/15	王宇航
4	财务部	家具	1500	2023/3/10	李小龙
5	财务部	耗材	500	2023/4/20	刘婷婷
6	营销部	文具	400	2023/1/7	陈鹏飞
7					
8					
9					
10					
11					
12					
13					
14					
15					

A8:E13

图 4-109

【例 4-21】快速输入当前系统日期和时间。视频

step 1 选中单元格后，按 Ctrl+;快捷键可以快速输入当前系统的日期，如图 4-110 所示。

step 2 选中单元格后，按 Ctrl+Shift+;快捷键可以快速输入当前系统的时间，如图 4-110 所示。

	A	B	C	D	E	F
1	单号	商品名称	类别	库存	出库日期	出库时间
2	TB-12345678	连衣裙	上衣	50	2023/8/14	10:03
3	TB-23456789	高跟鞋	鞋子	30		

图 4-110

第 5 章

整理表格数据

在工作中，用户可以使用 Excel 提供的多种功能来整理电子表格中的数据，例如为不同数据设置合理的数字格式，设置单元格格式，应用单元格样式等，使其更有条理和易于分析。

本章对应视频

例 5-1 设置数据的数字格式
例 5-2 将长数字保存在 Excel 中
例 5-3 将文本型数据转换为数值型数据
例 5-4 使用查找和替换功能
例 5-5 设置复杂数据查找条件
例 5-6 设置禁止编辑单元格区域
例 5-7 设置数据前自动添加“00”
本章其他视频参见视频二维码列表

5.1 为数据应用数字格式

Excel 提供了多种对数据进行格式化的功能，除对齐、字体、字号、边框等常用的格式化功能外，更重要的是其“数字格式”功能，该功能可以根据数据的意义和表达需求来调整显示外观，完成匹配展示的效果。例如通过对数据进行格式化设置，可以明显地提高数据的可读性，如表 5-1 所示。

表 5-1　通过格式化提高原始数据的可读性

原始数据	格式化后的数据	数据的格式类型
45047	2023 年 5 月 1 日	日期
- 1610128	- 1,610,128	数值
0.531243122	12:44:59PM	时间
0.05421	5.42%	百分比
0.8312	5/6	分数
7321231.12	¥7,321,231,12	货币
876543	捌拾柒万陆仟伍佰肆拾叁	特殊-中文大写数字
3.213102124	000° 00'03.2"	自定义(经纬度)
4008207821	400-820-7821	自定义(电话号码)
2113032103	TEL:2113032103	自定义(电话号码)
188	1 米 88	自定义(身高)
381110	38.1 万	自定义(以万为单位)
三	第三生产线	自定义(部门)
需要右对齐的数据	需要右对齐的数据	自定义(靠右对齐)

Excel 内置的数字格式大部分适用于数值型数据，因此称之为“数字”格式。但数字格式并非数值数据专用，文本型的数据同样也可以被格式化。用户可以通过创建自定义格式，为文本型数据提供各种格式化的效果(例如上面表格的最后两行所示)。

在 Excel 中，用户可以使用多种方法对单元格中的数据应用格式，包括功能区中的命令控件、键盘上的快捷键或者【设置单元格格式】对话框，下面将逐一进行介绍。

5.1.1 使用命令控件应用数字格式

在 Excel 功能区【开始】选项卡的【数字】命令组中，【数字格式】组合框内会显示当前活动单元格的数字格式类型。单击【数字格式】下拉按钮，用户可以从 11 种数字格式中进行选择，将其中一项应用到单元格中，如图 5-1 所示。

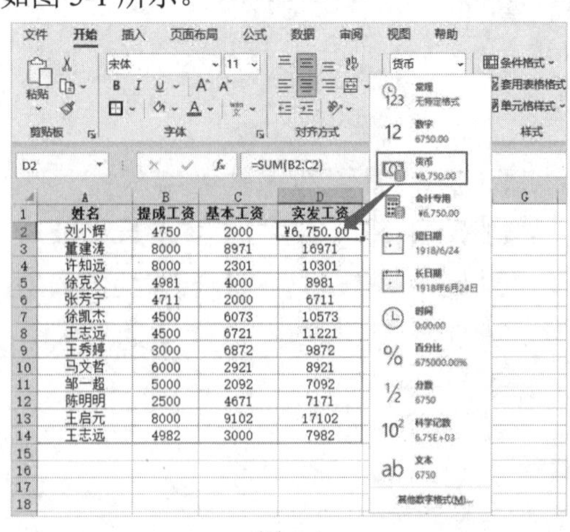

图 5-1

【数字格式】组合框下方预置了【会计数字格式】【百分比样式】【千位分隔样式】【增加小数位数】和【减少小数位数】5 个常用的数字格式按钮，如图 5-2 所示。

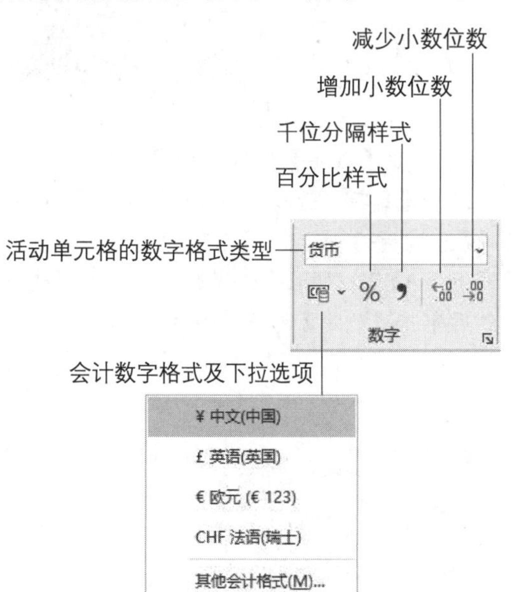

图 5-2

在工作表中选中包含数值的单元格或区域后，单击【数字】命令组中的命令控件，即可应用相应的数字格式，如图 5-3 所示。

	A	B	C	D
1	姓名	提成工资	基本工资	实发工资
2	刘小辉	¥ 4,750.00	¥ 2,000.00	¥ 6,750.00
3	董建涛	¥ 8,000.00	¥ 8,971.00	¥ 16,971.00
4	许知远	¥ 8,000.00	¥ 2,301.00	¥ 10,301.00
5	徐克义	¥ 4,981.00	¥ 4,000.00	¥ 8,981.00
6	张芳宁	¥ 4,711.00	¥ 2,000.00	¥ 6,711.00
7	徐凯杰	¥ 4,500.00	¥ 6,073.00	¥ 10,573.00
8	王志远	¥ 4,500.00	¥ 6,721.00	¥ 11,221.00
9	王秀婷	¥ 3,000.00	¥ 6,872.00	¥ 9,872.00
10	马文哲	¥ 6,000.00	¥ 2,921.00	¥ 8,921.00
11	邹一超	¥ 5,000.00	¥ 2,092.	
12	陈明明	¥ 2,500.00	¥ 4,671.	
13	王启元	¥ 8,000.00	¥ 9,102.	
14	王志远	¥ 4,982.00	¥ 3,000.	
15				

会计专用　%　数字

图 5-3

5.1.2　使用快捷键应用数字格式

除了使用功能区中的命令控件，用户还可以通过按键盘上的快捷键来对选定的单元格或区域设定数字格式。

表 5-2 所示为 Excel 中用于设置数字格式常用的快捷键。

表 5-2　设置数字格式的快捷键

快捷键	功能说明
Ctrl+Shift+~	设置为常规格式(即不带格式)
Ctrl+Shift+%	设置为不包含小数的百分比格式
Ctrl+Shift+^	设置为科学记数法格式
Ctrl+Shift+#	设置为短日期格式
Ctrl+Shift+@	设置为包含小时和分钟的格式
Ctrl+Shift+!	设置为不包含小数位的千位分隔样式

5.1.3　使用对话框应用数字格式

如果用户需要在更多的内置数字格式中进行选择，可以通过【设置单元格格式】对话框中的【数字】选项卡来设置数字格式。

选中单元格或区域后，按 Ctrl+1 快捷键(或右击鼠标，从弹出的菜单中选择【设置单元格格式】命令)打开【设置单元格格式】对话框，在【数字】选项卡左侧的【分类】列表框中显示了 Excel 内置的多种数字格式。其中除了【常规】和【文本】外，其他格式类型中都包含了许多可选样式或选项，如图 5-4 所示。

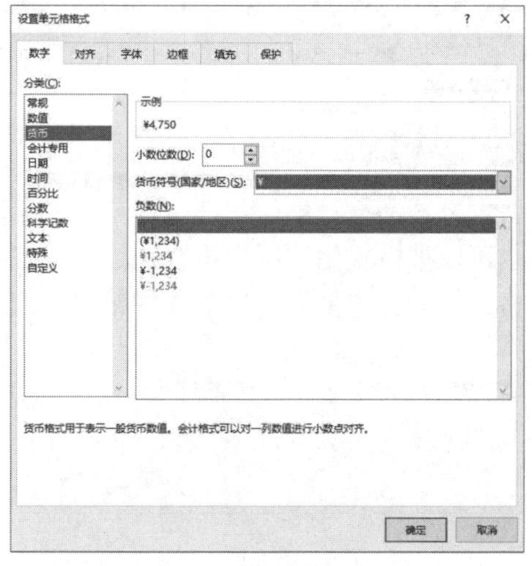

图 5-4

在【数字】选项卡的【分类】列表框中选择一种格式类型后(如【货币】)，对话框右侧将会显示相应的设置选项，并根据用户所做的选择将预览效果显示在【示例】区域中(如图 5-4 所示)。

【例 5-1】在"工资表"工作表中练习通过【设置单元格格式】对话框为数据设置数字格式。

视频+素材 (素材文件\第 05 章\例 5-1)

step① 打开工作表后选中 B2:D14 区域，如图 5-5 所示，按 Ctrl+1 快捷键打开【设置单元格格式】对话框。

	A	B	C	D	E
1	姓名	提成工资	基本工资	实发工资	发薪日期
2	刘小辉	4750	2000	6750	2025/6/1
3	董建涛	8000	8971	16971	2025/6/1
4	许知远	8000	2301	10301	2025/6/1
5	徐克义	4981	4000	8981	2025/6/5
6	张芳宁	4711	2000	6711	2025/6/5
7	徐凯杰	4500	6073	10573	2025/6/1
8	王志远	4500	6721	11221	2025/6/1
9	王秀婷	3000	6872	9872	2025/6/1
10	马文哲	6000	2921	8921	2025/6/1
11	邹一超	5000	2092	7092	2025/6/10
12	陈明明	2500	4671	7171	2025/6/10
13	王启元	8000	9102	17102	2025/6/10
14	王志远	4982	3000	7982	2025/6/10

图 5-5

step② 在【设置单元格格式】对话框中选择【数字】选项卡，在【分类】列表框中选择【货币】选项，在【小数位数】微调框中设置数值为 2，在【货币符号(国家/地区)】下拉列表中选择"¥"选项，在【负数】列表框中选择带括号的红色字体样式，然后单击【确定】按钮，如图 5-6 所示。

图 5-6

step③ 在工作表中选中 E2:E14 区域后，如图 5-7 所示，再次按 Ctrl+1 快捷键打开【设置单元格格式】对话框，并选择【数字】选项卡。

	A	B	C	D	E
1	姓名	提成工资	基本工资	实发工资	发薪日期
2	刘小辉	¥4,750.00	¥2,000.00	¥6,750.00	2025/6/1
3	董建涛	¥8,000.00	¥8,971.00	¥16,971.00	2025/6/1
4	许知远	¥8,000.00	¥2,301.00	¥10,301.00	2025/6/1
5	徐克义	¥4,981.00	¥4,000.00	¥8,981.00	2025/6/5
6	张芳宁	¥4,711.00	¥2,000.00	¥6,711.00	2025/6/5
7	徐凯杰	¥4,500.00	¥6,073.00	¥10,573.00	2025/6/1
8	王志远	¥4,500.00	¥6,721.00	¥11,221.00	2025/6/1
9	王秀婷	¥3,000.00	¥6,872.00	¥9,872.00	2025/6/1
10	马文哲	¥6,000.00	¥2,921.00	¥8,921.00	2025/6/1
11	邹一超	¥5,000.00	¥2,092.00	¥7,092.00	2025/6/10
12	陈明明	¥2,500.00	¥4,671.00	¥7,171.00	2025/6/10
13	王启元	¥8,000.00	¥9,102.00	¥17,102.00	2025/6/10
14	王志远	¥4,982.00	¥3,000.00	¥7,982.00	2025/6/10

图 5-7

step④ 在【数字】选项卡的【分类】列表框中选择【日期】选项，在【类型】列表框中选择【2012 年 3 月 14 日】选项，在【区域设置(国家/地区)】下拉列表中选择【中文(中国)】选项，然后单击【确定】按钮，如图 5-8 所示。

图 5-8

step⑤ 此时表格中的数据格式将如图 5-9 所示。

	A	B	C	D	E
1	姓名	提成工资	基本工资	实发工资	发薪日期
2	刘小辉	¥4,750.00	¥2,000.00	¥6,750.00	2025年6月1日
3	董建涛	¥8,000.00	¥8,971.00	¥16,971.00	2025年6月1日
4	许知远	¥8,000.00	¥2,301.00	¥10,301.00	2025年6月1日
5	徐克义	¥4,981.00	¥4,000.00	¥8,981.00	2025年6月5日
6	张芳宁	¥4,711.00	¥2,000.00	¥6,711.00	2025年6月5日
7	徐凯杰	¥4,500.00	¥6,073.00	¥10,573.00	2025年6月1日
8	王志远	¥4,500.00	¥6,721.00	¥11,221.00	2025年6月1日
9	王秀婷	¥3,000.00	¥6,872.00	¥9,872.00	2025年6月1日
10	马文哲	¥6,000.00	¥2,921.00	¥8,921.00	2025年6月1日
11	邹一超	¥5,000.00	¥2,092.00	¥7,092.00	2025年6月10日
12	陈明明	¥2,500.00	¥4,671.00	¥7,171.00	2025年6月10日
13	王启元	¥8,000.00	¥9,102.00	¥17,102.00	2025年6月10日
14	王志远	¥4,982.00	¥3,000.00	¥7,982.00	2025年6月10日

图 5-9

【设置单元格格式】对话框【分类】列表框中 12 种数字格式的详细说明如下。

- 常规：数据的默认格式，即未进行任何特殊设置的格式。

- 数值：可以设置小数位数、选择是否添加千位分隔符，负数可以设置特殊样式(包括显示负号、显示括号、红色字体等几种样式)。
- 货币：可以设置小数位数、货币符号，数字显示自动包含千位分隔符，负数可以设置特殊样式(包括显示负号、显示括号、红色字体等几种样式)。
- 会计专用：可以设置小数位数、货币符号，数字显示自动包含千位分隔符。与货币格式不同的是，该格式将货币符号置于单元格最左侧显示。
- 日期：可以选择多种日期显示模式，包括同时显示日期和时间模式。
- 时间：可以选择多种时间显示模式。
- 百分比：可以选择小数位数。数字以百分数形式显示。
- 分数：可以设置多种分数显示模式，包括显示一位数或是两位数分母等。
- 科学记数：可以包含指数符号(E)的科学记数形式显示数字，可以设置显示的小数位数。
- 文本：设置文本格式后，再输入的数值将作为文本存储。对于已经输入的数值不能直接将其转换为文本格式。
- 特殊：包括邮政编码、中文小写数字和中文大写数字 3 种比较特殊的数字格式。
- 自定义：允许用户按一定规则自定义单元格格式。

5.2 处理文本型数字

“文本型数字”是 Excel 中一种比较特殊的数据类型，它的数据内容是数值，但作为文本类型进行存储，具有和文本类型数据相同的特征。

5.2.1 “文本”数字格式

“文本”数字格式是特殊的数字格式，它的作用是设置单元格数据为“文本”。在实际应用中，这一数字格式并不总是如字面含义那样可以让数据在“文本”和“数值”之间进行转换。

如果用户在【设置单元格格式】对话框中，先将空白单元格设置为文本格式。然后输入数值，Excel 会将其存储为“文本型数字”。“文本型数字”自动左对齐显示，在单元格的左上角显示绿色的三角形符号(“错误检查”标识)。

【例 5-2】图 5-10 所示为淘宝某商铺的客户订单编号记录，将该记录保存在 Excel 表格中。

视频+素材 (素材文件\第 05 章\例 5-2)

3433756824611823604
7072830494938572013
6904528737281723591
7146829283827841064
7003719104743096718
7215945617936124085
7350495672594160326

图 5-10

step 1 复制图 5-10 中的数据后直接将其“粘贴”至 Excel 工作表中(D2:D8 区域)，由于客户订单编号中的数字超过了 11 位，数据将以科学记数法显示，如图 5-11 所示。要解决这个问题，就需要将输入数据单元格的“数字”格式类型设置为“文本”。

	A	B	C	D
1	日期	客户姓名	交易平台	订单编号
2	2025/6/1	刘小辉	淘宝网	3.43376E+18
3	2025/6/2	董建涛	淘宝网	7.07283E+18
4	2025/6/3	许知远	淘宝网	6.90453E+18
5	2025/6/4	徐克义	淘宝网	7.14683E+18
6	2025/6/5	张芳宁	淘宝网	7.00372E+18
7	2025/6/6	徐凯杰	淘宝网	7.21595E+18
8	2025/6/7	王志远	淘宝网	7.3505E+18

图 5-11

step 2 选中工作表中的 D2:D8 区域，按 Delete 键删除其中的数据后按 Ctrl+1 快捷键，打开【设置单元格格式】对话框，在【分类】列表框中选择【文本】选项，单击【确定】按钮。

step 3 复制客户订单编号数据，将其粘贴至 Excel 工作表后数据将正常显示。同时单元格左上角将显示图 5-12 所示的绿色三角形符号。

	A	B	C	D
1	日期	客户姓名	交易平台	订单编号
2	2025/6/1	刘小辉	淘宝网	3433756824611823604
3	2025/6/2	董建涛	淘宝网	7072830494938572013
4	2025/6/3	许知远	淘宝网	6904528737281723591
5	2025/6/4	徐克义	淘宝网	7146829283827841064
6	2025/6/5	张芳宁	淘宝网	7003719104743096718
7	2025/6/6	徐凯杰	淘宝网	7215945617936124085
8	2025/6/7	王志远	淘宝网	7350495672594160326

图 5-12

在设置“文本”数字格式的时候，如果

先在空白单元格中输入数据，然后再将数据设置为文本格式，Excel 仍会将数据视作数值型数据。以上面案例中的“客户订单编号”数据为例，如果用户没有在步骤(2)中删除 D2:D8 区域中的数据，而直接将 D2:D8 区域的单元格“数字”格式设置为“文本”类型，其中采用科学记数法的数据将不会发生任何变化，仍然被 Excel 视为数值型数据。

对于单元格中的“文本型数字”，无论修改其数字格式为“文本”之外的哪一种格式，Excel 仍然视其为“文本”类型的数据，直到重新输入数据才会变为数值型数据。仍以上面案例中 Excel 表格内 D2:D8 区域中的数据为例，如果用户将该区域中数据的“数字”类型设置为“常规”(或其他类型)，Excel 将仍然以“文本”类型处理其原有的“客户订单编号数据”，不会使数据发生变化。但是如果用户删除原有的数据，输入新的数据，新输入的数据将以“常规”类型显示。

在 Excel 中用户可以通过观察数据能否显示求和结果，来判断单元格区域内的数据是否为文本型数据。“文本”数字格式的数据无法在状态栏显示数据的求和结果，如图 5-13 所示。

图 5-13

在工作表中选中两个或多个数据后，如果状态栏显示求和结果，且求和结果与当前选中数据的数字之和相等，则说明目标单元格中的数据没有文本型数据，否则说明包含了文本型数字，如图 5-14 所示。

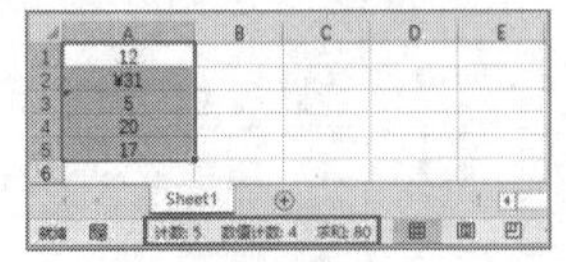

图 5-14

5.2.2 将文本型数据转换为数值型

“文本型数字”所在单元格的左上角会显示绿色三角形符号，此符号为 Excel“错误检查”功能的标识符，它用于标识单元格可能存在某些错误或需要注意的特点。选中此类单元格，会在单元格一侧出现【错误检查选项】按钮，单击该按钮右侧的下拉按钮会显示如图 5-15 所示的下拉菜单，显示“以文本形式存储的数字”提示，显示了当前单元格的数据状态。此时如果选择【转换为数字】命令，单元格中的数据将会转换为数值型。

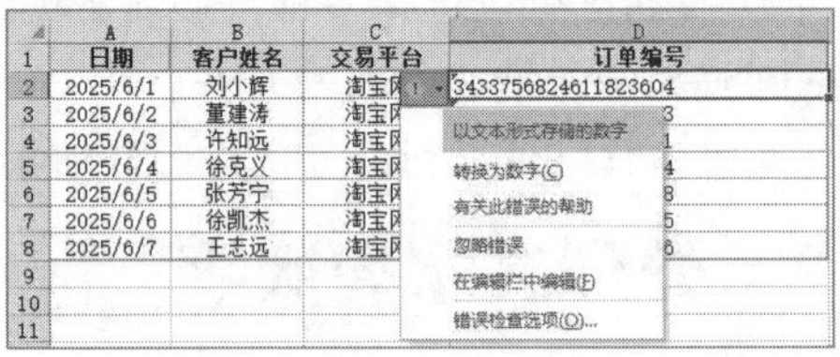

图 5-15

除此之外，用户还可以使用以下方法将工作表中的文本型数据转换为数值型数据。

【例 5-3】图 5-16 所示为某淘宝店铺订单数量统计表，将其中 E 列的文本型数据转换为数值型数据，以方便对数据进行求和计算。

视频+素材 (素材文件\第 05 章\例 5-3)

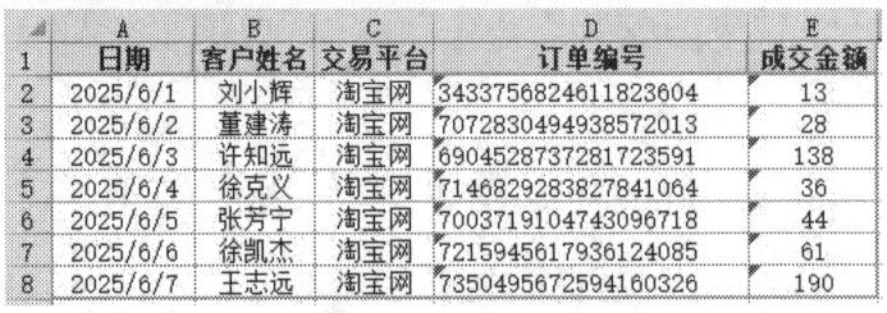

	A	B	C	D	E
1	日期	客户姓名	交易平台	订单编号	成交金额
2	2025/6/1	刘小辉	淘宝网	3433756824611823604	13
3	2025/6/2	董建涛	淘宝网	7072830494938572013	28
4	2025/6/3	许知远	淘宝网	6904528737281723591	138
5	2025/6/4	徐克义	淘宝网	7146829283827841064	36
6	2025/6/5	张芳宁	淘宝网	7003719104743096718	44
7	2025/6/6	徐凯杰	淘宝网	7215945617936124085	61
8	2025/6/7	王志远	淘宝网	7350495672594160326	190

图 5-16

step 1 选中工作表中的任意一个空白单元格(例如 F2 单元格)，按 Ctrl+C 快捷键执行【复制】命令。

step 2 选中并右击 E2:E8 区域，在弹出的快捷菜单中选择【选择性粘贴】命令，如图 5-17 所示。

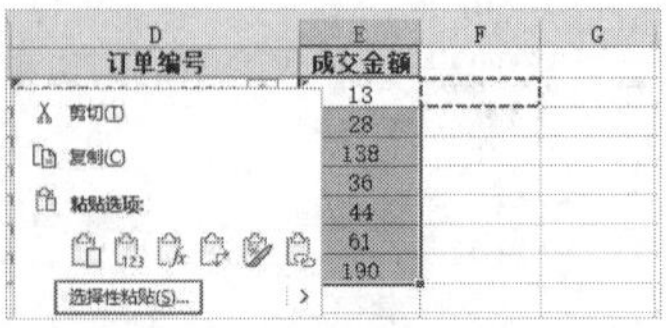

图 5-17

step 3 打开【选择性粘贴】对话框，在【粘贴】区域中选中【数值】单选按钮，在【运算】区域中选中【加】单选按钮，然后单击【确定】按钮，如图 5-18 所示。

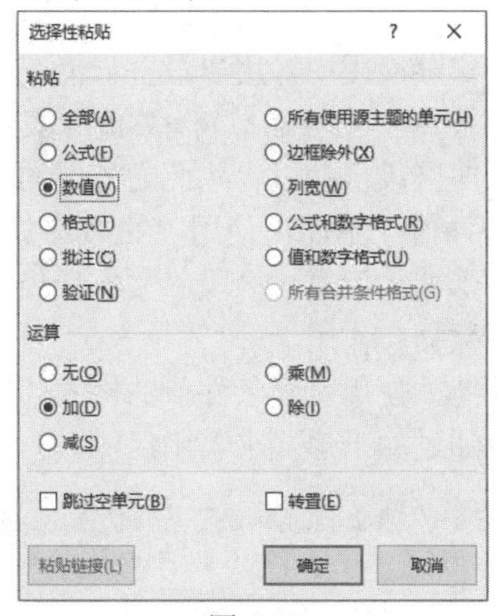

图 5-18

step 4 文本型数据被转换为数值型数据后，其所在单元格左上角将不再显示绿色的“错误检查”标识，如图 5-19 所示。

	A	B	C	D	E
1	日期	客户姓名	交易平台	订单编号	成交金额
2	2025/6/1	刘小辉	淘宝网	3433756824611823604	13
3	2025/6/2	董建涛	淘宝网	7072830494938572013	28
4	2025/6/3	许知远	淘宝网	6904528737281723591	138
5	2025/6/4	徐克义	淘宝网	7146829283827841064	36
6	2025/6/5	张芳宁	淘宝网	7003719104743096718	44
7	2025/6/6	徐凯杰	淘宝网	7215945617936124085	61
8	2025/6/7	王志远	淘宝网	7350495672594160326	190

图 5-19

知识点滴

除了上面所介绍的方法，用户还可以通过“分列”功能将区域中的文本型数据转换为数值型数据。仍以上面案例中 E2:E8 区域数据为例，选中该区域后在功能区中选择【数据】选项卡，在【数据工具】命令组中单击【分列】按钮，然后在打开的对话框中单击【完成】按钮，即可将 E2:E8 区域中的文本型数据快速转换为数值型数据。

5.2.3　对文本型数据强制求和

文本型数据无法使用公式直接求和，以例 5-3 实例中 E2:E8 区域中的数据为例，如果用户使用公式：“=SUM(E2:E8)”对 E2:E8 区域中的文本型数据进行求和，将在单元格中返回数值 0，如图 5-20 所示。

=SUM(E2:E8)

C	D	E	F	G
交易平台	订单编号	成交金额		成交总额
淘宝网	3433756824611823604	13		0
淘宝网	7072830494938572013	28		
淘宝网	6904528737281723591	138		
淘宝网	7146829283827841064	36		
淘宝网	7003719104743096718	44		
淘宝网	7215945617936124085	61		
淘宝网	7350495672594160326	190		

图 5-20

要解决这个问题，使求和公式能够生效，可以使用以下两种方法。

- 方法一：先将 E2:E8 区域中的文本型数据转换为数值型数据，然后再使用求和公式，得到正确的求和结果；
- 方法二：对公式进行调整，通过在公式中添加“--”将文本型数据的性质去除，具体操作方法如下。

step 1 选中 G2 单元格后输入公式：“=SUM(E2:E8)”，然后在公式 E2 前输入两个“-”符号，使其变为“=SUM(--E2:E8)”，如图 5-21 所示。

=SUM(--E2:E8)

C	D	E	F	G
交易平台	订单编号	成交金额		成交总额
淘宝网	3433756824611823604	13		=SUM(--E2:E8)
淘宝网	7072830494938572013	28		
淘宝网	6904528737281723591	138		
淘宝网	7146829283827841064	36		
淘宝网	7003719104743096718	44		
淘宝网	7215945617936124085	61		
淘宝网	7350495672594160326	190		

图 5-21

step 2 此时公式处于数组状态，按Ctrl+Shift+Enter 键，即可对 E2:E8 区域中的文本型数据进行求和，如图 5-22 所示。

{=SUM(--E2:E8)}

C	D	E	F	G
交易平台	订单编号	成交金额		成交总额
淘宝网	3433756824611823604	13		510
淘宝网	7072830494938572013	28		
淘宝网	6904528737281723591	138		
淘宝网	7146829283827841064	36		
淘宝网	7003719104743096718	44		
淘宝网	7215945617936124085	61		
淘宝网	7350495672594160326	190		

图 5-22

对以上操作举一反三，通过在公式中添加“--”，还可以对文本型数据求平均值、最大值、最小值(关于公式计算的详细介绍，本书将在后面的章节中详细介绍)。

5.3 自定义数字格式

在【设置单元格格式】对话框的【数字】选项卡中，【自定义】类型包括了许多用于各种情况的数字格式，如图5-23所示，并且允许用户创建新的数字格式(此类型的数字格式都使用代码方式保存)。

图5-23

自定义的格式代码的完整结构如下：

整数;负数;零值;文本

以分号“;”间隔的4个区段构成了一个完整结构的自定义格式代码，每个区段中的代码对不同类型的内容产生作用。例如，在第1区段“正数”中的代码只会在单元格中的数据为正数数值时产生格式化作用，而第4区段“文本”中的代码只会在单元格中的数据为文本时才产生格式化作用。

除以数值正负作为格式区段分隔依据外，用户也可以为区段设置自己所需的特定条件。例如，以下格式代码结构也是符合规则要求的：

大于条件值;小于条件值;等于条件值;文本

用户可以使用“比较运算符+数值”的方式来表示条件值，在自定义格式代码中可以使用的比较运算符包括大于号“>”、小于号“<”、等于号“=”、大于或等于号“>=”、小于或等于号“<=”和不等于号“<>”等几种。

在实际应用中，用户最多只能在前两个区段中使用“比较运算符+数值”表示条件值，第3区段自动以“除此之外”的情况作为其条件值，不能再使用“比较运算符+数值”的形式，而第4区段“文本”仍然只对文本型数据起作用。

因此，使用包含条件值的格式代码结构也可以通过如下形式来表示：

条件值1;条件值2;同时不满足条件值1、2的数值;文本

此外，在实际应用中不必每次都严格按照4个区段的结构来编写格式代码，区段数少于4个甚至只有1个都是允许的，如表5-3所示，列出了少于4个区段的代码结构含义。

表5-3 少于4个区段的代码结构含义

区段数	代码结构含义
1	格式代码作用于所有类型的数值
2	第1区段作用于正数和零值，第2区段作用于负数
3	第1区段作用于正数，第2区段作用于负数，第3区段作用于零值

对于包含条件值的格式代码来说，区段可以少于4个，但最少不能少于两个区段。相关的代码结构含义如表5-4所示。

表5-4 包含条件值的格式代码的区段含义

区段数	代码结构含义
2	第1区段作用于满足条件值1，第2区段作用于其他情况
3	第1区段作用于满足条件值1，第2区段作用于满足条件值2，第3区段作用于其他情况

除特定的代码结构外，完成一个格式代码还需要了解自定义格式所使用的代码字符及其含义。如表 5-5 所示，显示了可以用于格式代码编写的代码符号及其对应的含义和作用。

表 5-5　格式代码的代码符号

日期和时间代码符号	含义及作用
aaa	使用中文简称显示星期几(“一”~“日”)
aaaa	使用中文全称显示星期几(“星期一”~“星期日”)
d	使用没有前导零的数字来显示日期(1~31)
dd	使用有前导零的数字来显示日期(01~31)
ddd	使用英文缩写显示星期几(sun~sat)
dddd	使用英文全称显示星期几(Sunday~Saturday)
m	使用没有前导零的数字来显示月份(1~12)或分钟 (0~59)
mm	使用有前导零的数字来显示月份(01~12)或分钟(00~59)
mmm	使用英文缩写显示月份(Jan~Dec)
mmmm	使用英文全称显示月份(January~December)
mmmmm	使用英文首字母显示月份(J~D)
y	使用两位数字显示公历年份(00~99)
yy	
yyyy	使用四位数字显示公历年份(1900~9999)
b	使用两位数字显示泰历(佛历)年份(43~99)
bb	
bbbb	使用四位数字显示泰历(佛历)年份(2443~9999)
b2	在日期前加上b2前缀可显示回历日期
h	使用没有前导零的数字来显示小时(0~23)
hh	使用有前导零的数字来显示小时(00~23)
s	使用没有前导零的数字来显示秒钟(0~59)
ss	使用有前导零的数字来显示秒钟(00~59)
[h]、[m]、[s]	显示超出进制的小时数、分数、秒数
AM/PM	使用英文上下午显示 12 进制时间
A/P	
上午/下午	使用中文上下午显示 12 进制时间

5.3.1　创建自定义数字格式

要创建新的自定义数字格式，用户可以在【数字】选项卡右侧的【类型】列表框中输入新的数字格式代码，也可以选择现有的格式代码，然后在【类型】列表框中进行编辑。输入与编辑完成后，可以在【示例】区域显示格式代码对应的数据显示效果，按 Enter 键或单击【确定】按钮即可确认。

如果用户编写的格式代码符合 Excel 的规则要求，即可成功创建新的自定义格式，并应用于当前所选定的单元格区域中。否则，Excel 会打开对话框提示错误，如图 5-24 所示。

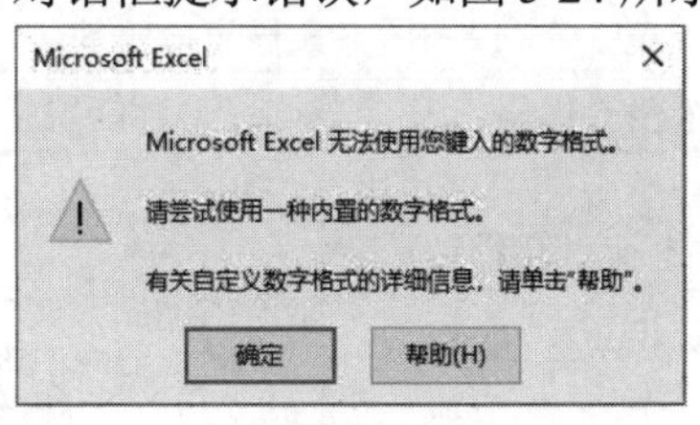

图 5-24

5.3.2　自定义数字格式应用案例

用户创建的自定义格式仅保存在当前工作簿中。如果要将自定义的数字格式应用于其他工作簿，除将格式代码复制到目标工作簿的自定义格式列表中外，将包含此格式的单元格直接复制到目标工作簿也是一种非常方便的方式。

下面将通过案例操作介绍一些自定义数字格式的常用方法。

1. 以万为单位显示数值

表 5-6 所示为以万为单位显示数值数据的格式代码和功能说明。

表 5-6　以万为单元显示数值

格式代码	功能说明
0!.0,	保留一位小数，以万为单位显示
0!.0,"万元"	以万为单位显示数值，保留一位小数，显示后缀为“万元”
0!.0000,"万"	以万为单位显示数值，保留四位小数，显示后缀为“万”

使用表 5-6 所示的格式代码设置表格中的数据，效果如图 5-25 所示。

	A	B	C
1	原始数据	格式代码	自定义格式
2	323561	0!.0,	32.4
3	1733234	0!.0,"万元"	173.3万元
4	100239100	0!.0000,"万"	10.0239万

图 5-25

2. 以不同方式显示分段数字

通过数字格式的设置，用户能够直接从数据的显示方式上轻松判断数值的正负、大小等信息。可以通过对不同的格式区段设置不同的显示方式以及设置区段条件来达到效果，如表 5-7 所示。

表 5-7　以不同方式显示分段数字

格式代码	功能说明
G/通用格式;[红色]-G/通用格式; ;"ERR!"	正数正常显示、负数红色显示带符号、零值不显示、文本显示为“ERR!”
[<1]0.00%；#.00_%	小于1的数字以两位小数的百分数显示，其他情况以普通的两位小数数字显示，并且以小数点位置对齐数字

使用表 5-7 所示的格式代码设置表格中的数据，效果如图 5-26 和图 5-27 所示。

	A	B	C
1	原始数据	格式代码	自定义格式
2	5621.4431		5621.4431
3	0		
4	文本	G/通用格式;[红色]-G/通用格式; ;"ERR!"	ERR!
5	76362.1234		76362.1234
6	-2933.1345		-2933.1345

图 5-26

	A	B	C
1	原始数据	格式代码	自定义格式
2	1		1.00
3	5.2		5.20
4	0.13	[<1]0.00%；#.00_%	13.00%
5	0.67		67.00%
6	3		3.00

图 5-27

3. 以不同方式显示分数

可用表 5-8 所示格式代码显示分数值。

表 5-8　以不同方式显示分数

格式代码	功能说明
# ?/?	常见的分数形式，与内置的分数格式相同，包含整数部分和真分数部分
#"又"?/?	以中文字符“又”替代整数部分与分数部分之间的连接符，符合中文的分数读法
#"+"?/?	以运算符号“+”替代整数部分与分数部分之间的连接符，符合分数的实际数学含义
?/?	以假分数的形式显示分数
# ?/20	分数部分以“20”为分母显示
# ?/50	分数部分以“50”为分母显示

使用表 5-8 所示的格式代码设置表格中的数据，效果如图 5-28 所示。

	A	B
1	格式代码	自定义格式
2	# ?/?	1/3
3	#"又"?/?	1/3
4	#"+"?/?	1/3
5	?/?	1/3
6	# ?/20	7/20
7	# ?/50	17/50

图 5-28

4. 以多种方式显示日期和时间

可用表 5-9 所示的格式代码显示日期数据。

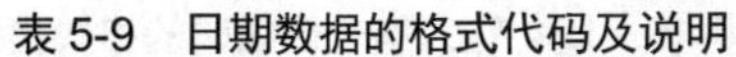

表 5-9 日期数据的格式代码及说明

格式代码	功能说明
yyyy"年"m"月"d"日"aaaa	以中文“年月日”及“星期”来显示日期，符合中文使用习惯
[DBNum1]yyyy"年"m"月"d"日"aaaa	以中文小写数字形式来显示日期中的数值
d-mmm-yy,dddd	以符合英语国家习惯的日期及星期方式显示
![yyyy!]![mm!]![dd!]	以“.”号分隔符间隔的日期显示
"今天"aaaa	仅显示星期几，前面加上文本前缀，适合于某些动态日历的文字显示

使用表 5-9 所示的格式代码设置表格中的数据，效果如图 5-29 所示。

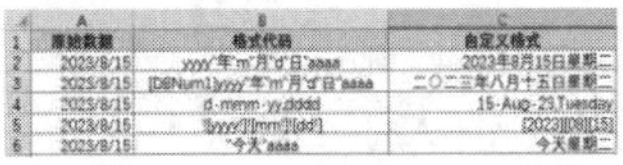

图 5-29

可用表5-10所示的格式代码显示时间数据。

表 5-10 时间数据的格式代码及说明

格式代码	功能说明
上午/下午 h"点"mm"分"ss"秒"	以中文“点分秒”及“上下午”的形式来显示时间，符合中文使用习惯
h:mm a/p".m."	以符合英语国家习惯的 12 小时制时间方式显示
mm'ss.00!"	以符合英语国家习惯的 24 小时制时间方式显示

使用表5-10所示的格式代码设置表格中的数据，效果如图 5-30 所示。

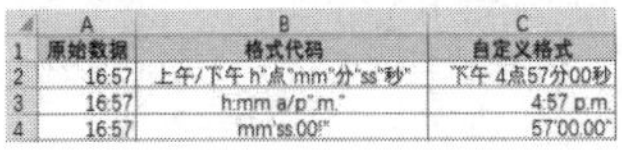

图 5-30

以分秒符号“'”“"”代替分秒名称的显示，秒数显示到百分之一秒。这符合竞赛类计时的习惯用法。

5. 显示电话号码

电话号码是工作和生活中常见的一类数字信息，通过自定义数字格式，可以在 Excel 中灵活显示并且简化用户输入操作。

对于一些专用业务号码，例如 400 电话、800 电话等，使用表 5-11 所示格式可以使业务号段前置显示，使得业务类型一目了然。

表 5-11 显示电话号码的格式代码及说明

格式代码	功能说明
"tel: "000-000-0000	使用“-”分隔 400 或 800 电话

使用表5-11所示格式代码设置表格中的数据，效果如图 5-31 所示。

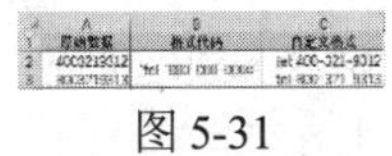

图 5-31

表 5-12 所示的格式代码适用于长途区号自动显示，其中本地号码段长度固定为 8 位。由于我国的城市长途区号分为 3 位(例如 025)和 4 位(0511)两类，代码中的(0###)适应了小于或等于 4 位区号的不同情况，并且强制显示了前置 0。后面的八位数字占位符#是实现长途区号与本地号码分离的关键，也决定了此格式只适用于 8 位本地号码的情况。

表 5-12 适用于长途区号自动显示的格式代码

格式代码	功能说明
(0###) #### ####	显示区号的电话号码

使用表5-12所示的格式代码设置表格中的数据，效果如图 5-32 所示。

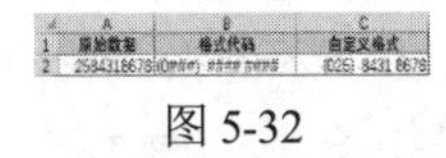

图 5-32

在以上格式的基础上，表 5-13 所示的格式添加了转拨分机号的显示。

表 5-13 显示转拨分机号的格式代码

格式代码	功能说明
(0###) #### #### "转"####	显示转播分机号和区号

6. 简化输入操作

在某些情况下，使用带有条件判断的自定义格式可以简化用户的输入操作，起到类似于“自动更正”功能的效果，例如以下一些例子。

使用表 5-14 所示的格式代码，可以用数字 0 和 1 代替×和√的输入，由于符号√的输入并不方便，而通过设置包含条件判断的格式代码，可以使得当用户输入 1 时自动替换为√显示，输入 0 时自动替换为×显示，以输入 0 和 1 的简便操作代替了原有特殊符号的输入。如果输入的数值既不是 1，也不是 0，将不显示。

表 5-14　用数字代替符号输入的格式代码

格式代码	功能说明
[=1] " √ ";[=0] "×";;	将 0 显示为×，1 显示为 √

使用表5-14所示的格式代码设置表格中的数据，效果如图 5-33 所示。

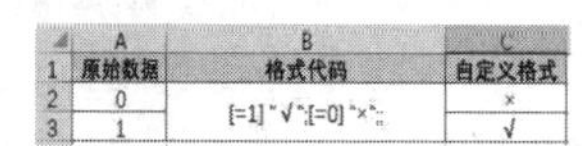

	A	B	C
1	原始数据	格式代码	自定义格式
2	0	[=1] " √";[=0] "×";;	×
3	1		√

图 5-33

用户还可以设计一些类似上面的数字格式，在输入数据时以简单的数字输入来替代复杂的文本输入，并且方便数据统计，而在显示效果时以含义丰富的文本来替代信息单一的数字。例如，在输入数值大于零时显示 YES，等于零时显示 NO，如表 5-15 所示。

表 5-15　用数字代替文本输入的格式代码

格式代码	功能说明
"YES";;"NO"	将0显示为NO，1显示为YES

使用表5-15所示的格式代码设置表格中的数据，效果如图 5-34 所示。

	A	B	C
1	原始数据	格式代码	自定义格式
2	0	"YES";;"NO"	NO
3	1		YES

图 5-34

使用表 5-16 所示的格式代码可以在需要大量输入有规律的编码时，极大程度地提高效率，例如特定前缀的编码，末尾是 5 位流水号。

表 5-16　简化输入有规律编码的格式代码

格式代码	功能说明
"苏 A-2023"-00000	为有规律数字添加末尾数

使用表 5-16 所示格式代码设置表格中的数据，效果如图 5-35 所示。

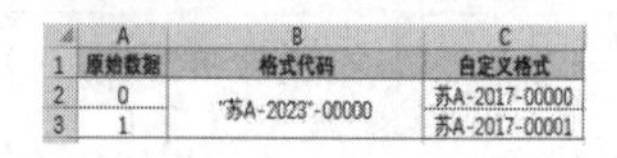

	A	B	C
1	原始数据	格式代码	自定义格式
2	0	"苏A-2023"-00000	苏A-2017-00000
3	1		苏A-2017-00001

图 5-35

7. 隐藏某些类型的数据

通过设置数字格式，还可以在单元格内隐藏某些特定类型的数据，甚至隐藏整个单元格的内容显示。但需要注意的是，这里所谓的“隐藏”只是在单元格显示上的隐藏，当用户选中单元格，其真实内容还是会显示在编辑栏中。

使用表 5-17 所示的格式代码，可以设置当单元格数值大于 1 时才有数据显示，隐藏其他类型的数据。格式代码分为 4 个区段，第 1 区段当数值大于 1 时常规显示，其余区段均不显示内容。

表 5-17　隐藏某些类型数据的格式代码

格式代码	功能说明
[>1]G/通用格式;;;	只显示大于 1 的数值，不显示其余数值和文本

使用表5-17所示的格式代码设置表格中的数据，效果如图 5-36 所示。

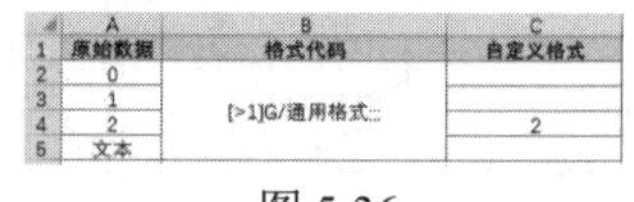

	A	B	C
1	原始数据	格式代码	自定义格式
2	0	[>1]G/通用格式;;;	
3	1		
4	2		2
5	文本		

图 5-36

表 5-18 所示的格式代码分为 4 个区段，第 1 区段当数值大于零时，显示包含 3 位小数的数字；第 2 区段当数值小于零时，显示负数形式的包含 3 位小数的数字；第 3 区段当数值等于零时显示零值；第 4 区段文本类型数据以*代替显示。其中第 4 区段代码中的第一个*表示重复下一个字符来填充列宽，而紧随其后的第二个*则是用来填充的具体字符。

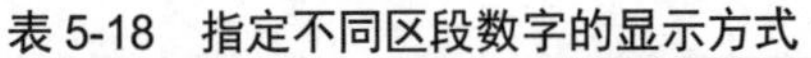

表 5-18　指定不同区段数字的显示方式

格式代码	功能说明
0.000;-0.000;0;**	指定数字的显示方式

使用表5-18所示的格式代码设置表格中的数据，效果如图 5-37 所示。

	A	B	C
1	原始数据	格式代码	自定义格式
2	1234	0.000;-0.000;0;**	1234.000
3	0		0
4	0.2		0.200
5	-10.12		-10.120

图 5-37

表 5-19 所示的格式代码分为 3 个区段，分别对应于数值大于、小于及等于零的 3 种情况，均不显示内容，因此这个格式的效果为只显示文本类型的数据。

表 5-19　只显示文本数据的格式代码

格式代码	功能说明
;;	只显示单元格中的文本

使用表5-19所示的格式代码设置表格中的数据，效果如图 5-38 所示。

	A	B	C
1	原始数据	格式代码	自定义格式
2	文本	;;	文本
3	0		
4	2		
5	-10.12		

图 5-38

表 5-20 所示的格式代码分为 4 个区段，均不显示内容，因此这个格式代码的效果为隐藏所有的单元格内容。此数字格式通常被用来实现简单的隐藏单元格数据操作，但这种“隐藏”方式并不彻底。

表 5-20　隐藏所有单元格内容的格式代码

格式代码	功能说明
;;;	隐藏单元格中的所有内容

使用表5-20所示的格式代码设置表格中的数据，效果如图 5-39 所示。

	A	B	C
1	原始数据	格式代码	自定义格式
2	文本	;;;	
3	0		
4	2		
5	-10.12		

图 5-39

8. 文本内容的附加显示

数字格式在多数情况下主要应用于数值型数据的显示需求，但用户也可以创建出主要应用于文本型数据的自定义格式，为文本内容的显示增添更多样式和附加信息。例如有以下一些针对文本数据的自定义格式。

表 5-21 所示的格式代码分为 4 个区段，前 3 个区段禁止非文本型数据的显示，第 4 区段为文本数据增加了一些附加信息。此类格式可用于简化输入操作，或是某些固定样式的动态内容显示(如公文信笺标题、署名等)，用户可以按照此种结构根据自己的需要创建出更多样式的附加信息类自定义格式。

表 5-21　为内容增加附加信息的格式代码

格式代码	功能说明
;;;"南京分公司"@"部"	为内容增加附加信息

使用表5-21所示的格式代码设置表格中的数据，效果如图 5-40 所示。

	A	B	C
1	原始数据	格式代码	自定义格式
2	销售	;;;"南京分公司"@"部"	南京分公司销售部
3	1		南京分公司1部

图 5-40

表 5-22 所示的格式在文本内容的右侧填充下画线_，形成类似签名栏的效果，可用于一些需要打印后手动填写的文稿类型。

表 5-22　在文本右侧添加下画线的格式代码

格式代码	功能说明
;;; @*_	在文本右侧添加下画线

使用表5-22所示的格式代码设置表格中的数据，效果如图 5-41 所示。

	A	B	C
1	原始数据	格式代码	自定义格式
2	文本	;;;@*_	文本________
3	Hello World		Hello World____
4	123		123________

图 5-41

知识点滴

在 Excel 中，用户可以使用自定义单元格格式功能来自定义单元格的外观，包括数字、日期、时间和文本的显示方式。由于篇幅所限，本章不可能将所有常用的格式设置案例介绍详尽，在实际工作中用户可以通过 ChatGPT 或 Excel 软件的帮助信息查询所需自定义单元格格式的具体用法。

5.4 单元格和区域的复制与粘贴

在整理表格数据的过程中，用户可以根据实际应用需要使用 Excel 的内置功能来复制与粘贴单元格和区域。

5.4.1 单元格和区域的复制与剪切

选中需要复制的单元格或区域后，有以下几种等效操作可以执行“复制”操作。

- 方法 1：单击功能区【开始】选项卡【剪贴板】命令组中的【复制】按钮。
- 方法 2：按 Ctrl+C 快捷键。
- 方法 3：右击选中的目标单元格或区域，在弹出的快捷菜单中选择【复制】命令。

选中目标单元格或区域后，有以下几种等效操作可以剪切目标内容。

- 方法 1：单击【开始】选项卡【剪贴板】命令组中的【剪切】按钮，如图 5-42 所示。

图 5-42

- 方法 2：按 Ctrl+X 快捷键。
- 方法 3：右击选中的单元格或区域，在弹出的快捷菜单中选择【剪切】命令。

完成以上操作后，目标单元格或区域的内容将添加到剪贴板上，用于后续的操作处理。这里所指的“内容”不仅包括单元格中的数据、公式，还包括单元格中的任何格式、数据验证设置及单元格的批注等。

在执行粘贴操作之前，被剪切的单元格区域中的内容不会被清除，直到用户在新的目标单元格区域中执行粘贴操作为止。

5.4.2 单元格和区域的普通粘贴

粘贴操作实际上是从剪贴板中取出内容存放到新的目标区域中。Excel 允许粘贴操作的目标区域大于或等于源区域。选中目标单元格区域后，使用以下两种等效操作都可以执行“粘贴”操作。

- 方法 1：单击【开始】选项卡【剪贴板】命令组中的【粘贴】按钮。
- 方法 2：按 Ctrl+V 快捷键或 Enter 键。

知识点滴

如果复制或剪切的内容只需要执行一次粘贴操作，可以选中目标区域后直接按 Enter 键。如果复制的对象是同行或同列中的非连续单元格，在粘贴到目标区域时会形成连续的单元格区域，并且不会保留源单元格中所包含的公式。

5.4.3 使用【粘贴选项】按钮

在工作表中执行复制和粘贴命令时，默认情况下在被粘贴区域的右下角将会显示【粘贴选项】下拉按钮，如图 5-43 所示。单击该下拉按钮，在弹出的下拉列表中用户可以选择复制内容的粘贴方式(将光标悬停在某个粘贴选项上时，工作表中将显示粘贴结果的预览效果)。

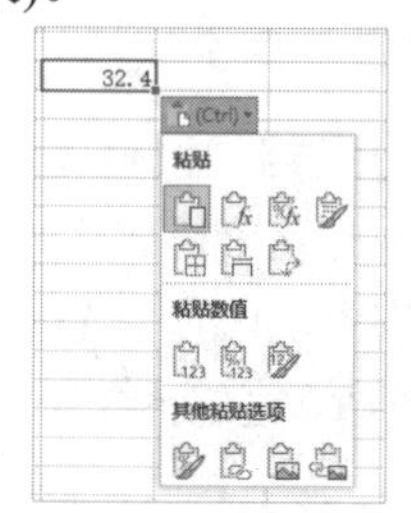

图 5-43

通过在【粘贴选项】下拉列表中进行选择，用户可以根据自己的需求来执行粘贴操作。【粘贴选项】下拉列表中的大部分选项与【选择性粘贴】对话框中的选项相同，其功能与效果可参阅本章 5.4.4 节。

5.4.4 选择性粘贴单元格与区域

在 Excel 中，用户可以使用“选择性粘贴”功能来选择性地粘贴某些数据或格式。要使用“选择性粘贴”功能，首先需要执行“复制”操作(执行“剪切”操作无法使用“选择性粘贴”功能)，然后执行以下两种等效操作，打开【选择性粘贴】对话框。

- 方法 1：单击【开始】选项卡【剪贴板】命令组中的【粘贴】下拉按钮，在弹出的下拉列表中选择【选择性粘贴】选项。
- 方法 2：右击目标单元格区域，在弹出的快捷菜单中选择【选择性粘贴】命令。

打开的【选择性粘贴】对话框如图 5-44 所示。

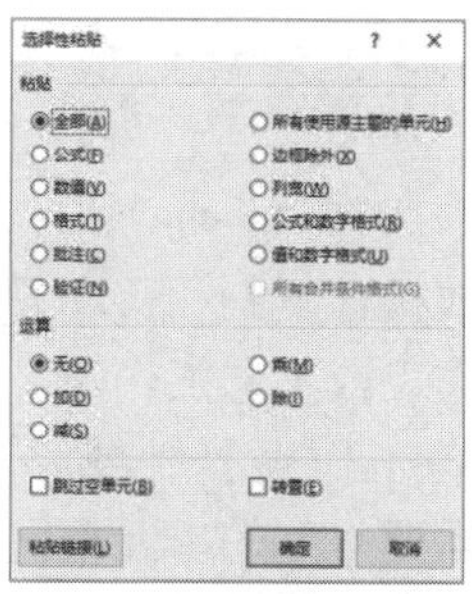

图 5-44

【选择性粘贴】对话框中各个粘贴选项的具体功能说明如表 5-23 所示。

表 5-23 【选择性粘贴】对话框中的粘贴选项说明

选项	功能说明
全部	粘贴源单元格区域中的全部复制内容、格式、数据验证、批注
公式	粘贴所有数据(包括公式)，不保留格式、批注等内容
数值	粘贴数值、文本及公式运算结果，不保留公式、格式、批注、数据验证等内容
格式	只粘贴所有格式(包括条件格式)，而不粘贴任何数据、文本和公式，也不保留批注、数据验证等内容
批注	只粘贴批注
验证	只粘贴数据验证
所有使用源主题的单元	粘贴所有内容，并且使用源区域的主题。在跨工作簿复制数据时，如果两个工作簿使用不同的主题，可以使用该选项
列宽	仅将粘贴目标单元格区域的列宽设置成与源单元格列宽相同，但不保留任何其他内容
边框除外	保留粘贴内容的所有数据、公式
公式和数字格式	粘贴时保留数据内容(包括公式)及原有的数字格式，而去除原来所包含的文本格式
值和数字格式	粘贴时保留数值、文本、公式运算结果及原有的数字格式，而去除原来所包含的文本格式
所有合并条件格式	合并源区域与目标区域中的所有条件格式

在【选择性粘贴】对话框中选中【跳过空单元】复选框后，可以防止用户使用包含空单元格的源数据区域覆盖目标区域中的单元格内容。例如，用户选定并赋值的当前区域第一行为空行，使用该粘贴选项，则当粘贴到目标区域时，会自动跳过第一行，不会覆盖目标区域第一行中的数据。

在【选择性粘贴】对话框中选中【转置】复选框后，可以将数据区域的行列相对位置互换后粘贴到目标区域，类似于二维坐标系统中 x 坐标与 y 坐标的互换转置，如图 5-45 所示。

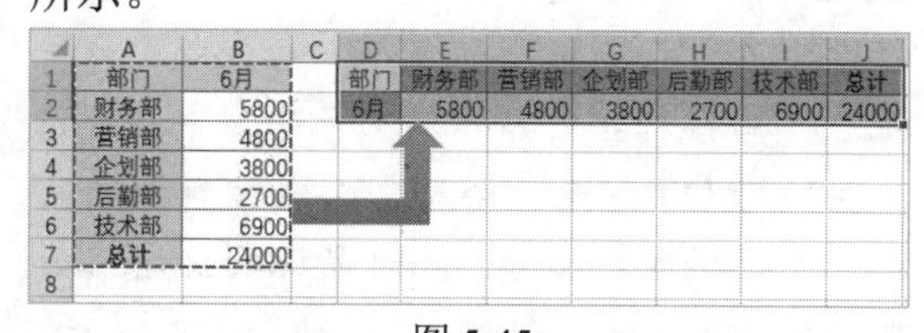

图 5-45

在【选择性粘贴】对话框中单击【粘贴链接】按钮，可以在目标区域包含引用的公式，链接指向源单元格区域，保留原有的数字格式，去除其他格式，如图 5-46 所示。

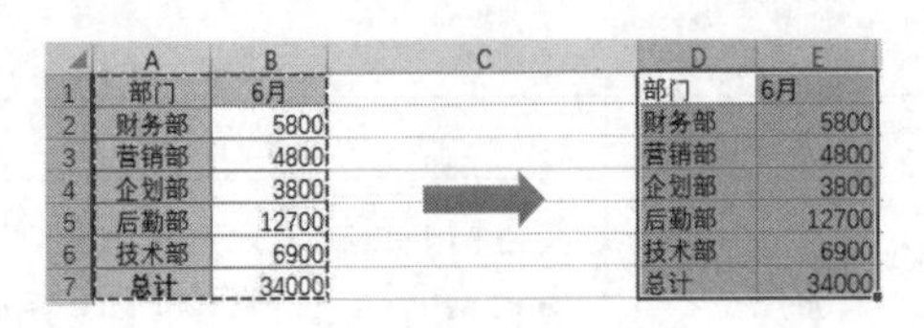

图 5-46

如果复制的数据源来源于其他程序(如网页、记事本)，则会打开图 5-47 所示的【选择性粘贴】对话框。在该对话框中，根据复制数据的类型不同，会在【方式】列表框中显示不同的粘贴方式以供用户选择。

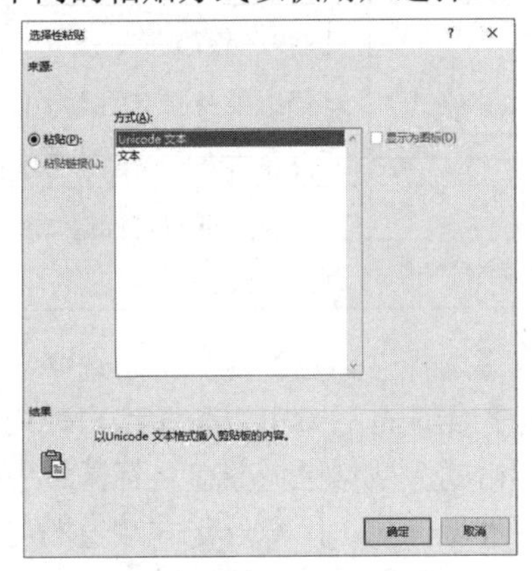

图 5-47

5.4.5 拖放鼠标执行复制和移动

在 Excel 中除上面介绍的复制和剪切方法以外，还可以通过鼠标拖放直接对单元格和区域进行复制和移动操作。

鼠标拖动执行复制操作的方法如下。

step 1 选中需要复制的单元格区域后，将鼠标指针移至区域边缘。

step 2 当鼠标指针显示为黑色十字箭头时，按住鼠标左键拖动，移至需要粘贴数据的目标位置后按住 Ctrl 键，此时鼠标指针显示为带加号“+”的指针样式，如图 5-48 所示，此时松开鼠标左键和 Ctrl 键，即可完成复制操作。

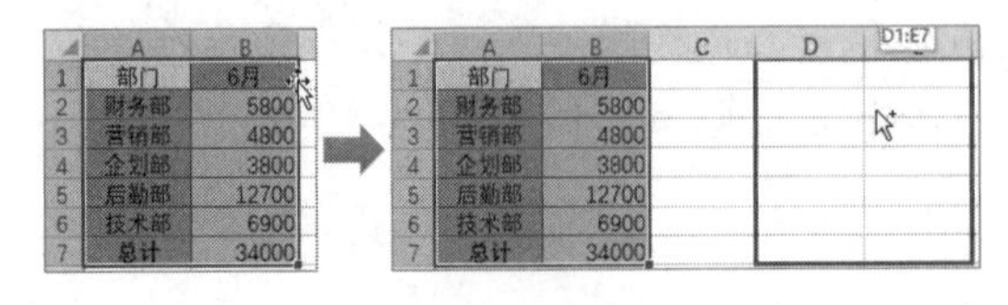

图 5-48

移动数据的操作与复制类似，只是在操作的过程中不需要按 Ctrl 键。

在使用鼠标拖放方式执行移动操作时，如果目标区域已经存在数据，则在松开鼠标左键后 Excel 会弹出警告对话框，提示用户是否替换单元格内容，如图 5-49 所示。如果单击【确定】按钮将继续完成移动操作，单击【取消】按钮则会取消移动操作。

图 5-49

鼠标拖放执行复制和移动操作同样适用于在不同工作表或不同工作簿之间的操作。

要执行跨工作表复制或移动单元格区域，可以将需要复制的单元格区域拖动至目标工作表标签上，然后按 Alt 键，切换至目标工作表，完成跨工作表粘贴。

要执行跨工作簿复制或移动单元格区域，可以先单击【视图】选项卡中的相关按钮，同时显示多个工作簿窗口，然后在不同的工作簿窗口之间拖放数据执行复制、移动和粘贴操作。

5.4.6 使用填充功能复制数据

在 Excel 中，可以使用填充复制功能来快速填充单元格内容、数值序列、日期序列等。以图 5-50 左图所示的数据为例，同时选中需要复制的单元格区域(A2:B3)后，单击【开始】选项卡中的【填充】下拉按钮，在弹出的列表中选择【向下】选项，即可完成选中内容的向下填充。

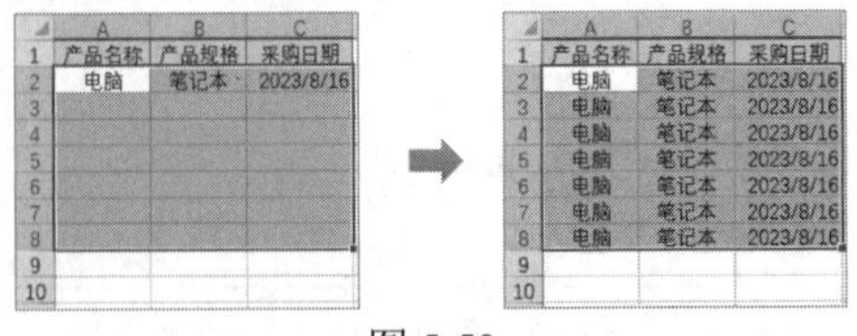

图 5-50

除了【向下】填充，在【填充】下拉列表中还包括【向右】【向上】【向左】3 个填充选项，可以针对不同的复制需要分别选择，如图 5-51 所示。其中【向右】填充效果也可以通过按 Ctrl+R 快捷键来替代。

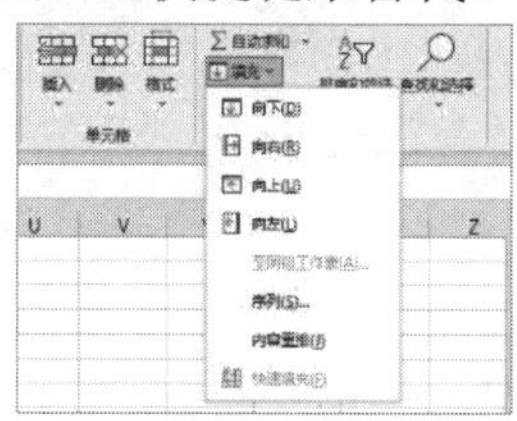

图 5-51

如果在执行填充复制前，用户选中的区域中包含多行多列数据，则只会使用填充方向上的第一行或第一列数据进行复制填充，即使第一行的单元格是空单元格也是如此，如图 5-52 所示。

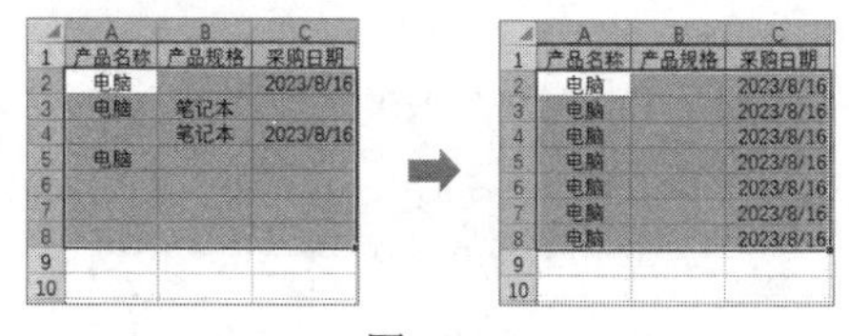

图 5-52

使用填充功能复制数据会自动替换目标区域中的原有数据，所复制的内容包括原有的所有数据(包括公式)、格式(包括条件格式)和数据验证，但不包括单元格批注。

此外，除在同一个工作表相邻的单元格中进行复制以外，使用填充功能还可以对数据跨工作表复制。具体操作方法如下。

step 1 同时选中当前工作表和要复制的目标工作表，形成工作组。

step 2 在当前工作表中选中需要复制的单元格区域后，单击【开始】选项卡中的【填充】下拉按钮，在弹出的下拉列表中选择【至同组工作表】选项，如图 5-53 所示。

step 3 打开【填充成组工作表】对话框，选择填充方式(例如【全部】)，然后单击【确定】按钮即可。

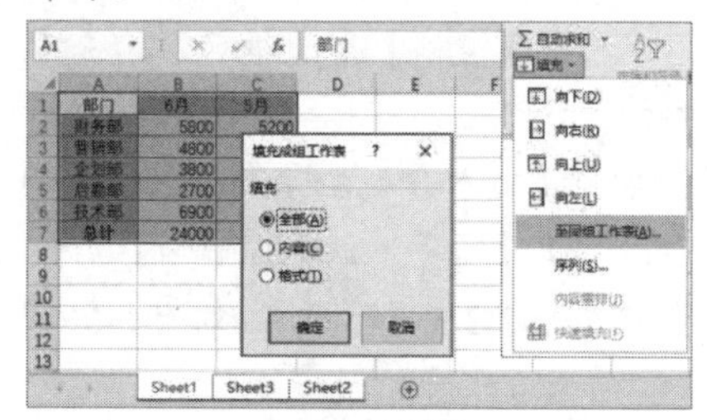

图 5-53

图 5-53 所示【填充成组工作表】对话框中各选项的功能说明如表 5-24 所示。

表 5-24　【填充成组工作表】对话框选项说明

选项	功能说明
全部	复制对象单元格所包含的所有数据(包括公式)、格式(包括条件格式)和数据验证，不保留单元格批注
内容	只保留复制对象单元格的所有数据(包括公式)
格式	只保留复制对象单元格的所有格式(包括条件格式)

知识点滴

除了通过上面介绍的使用功能区中的【填充】按钮可以执行“填充”操作，用户还可以通过拖动鼠标的方式进行自动填充来实现“填充”操作。关于自动填充的方法，可参阅本书 4.4 节。

5.5 使用分列功能处理数据

Excel 提供了多种分列功能，可以根据不同的需求和数据类型进行分列操作。使用分列功能能够在工作表中完成简单的数据清洗。例如，清除不可见字符、转换数字格式、按间隔符号拆分字符及按固定宽度拆分字符等。

5.5.1 清除不可见字符

图 5-54 所示为从其他程序中导入 Excel 的用户名和密码数据，其中 A 列单元格中存在不可见字符，在 B 列使用 LEN 函数计算字符长度与 A 列实际显示的字符长度不符。

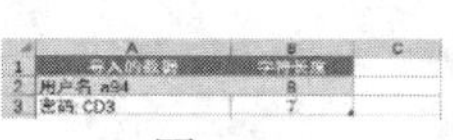

图 5-54

借助分列功能可以清除该单元格中的不可见字符，只在 A 列保留用户名和密码。具体操作方法如下。

step 1 选中 A 列后单击【数据】选项卡中的【分列】按钮，在打开的【文本分列向导-第 1 步，共 3 步】对话框中保持默认设置，单击【下一步】按钮。

step 2 打开【文本分列向导-第 2 步，共 3 步】对话框，选中【空格】复选框后，单击【下一步】按钮。

step 3 打开【文本分列向导-第 3 步，共 3 步】对话框，选中【不导入此列(跳过)】单选按钮后，单击【完成】按钮即可，如图 5-55 所示。

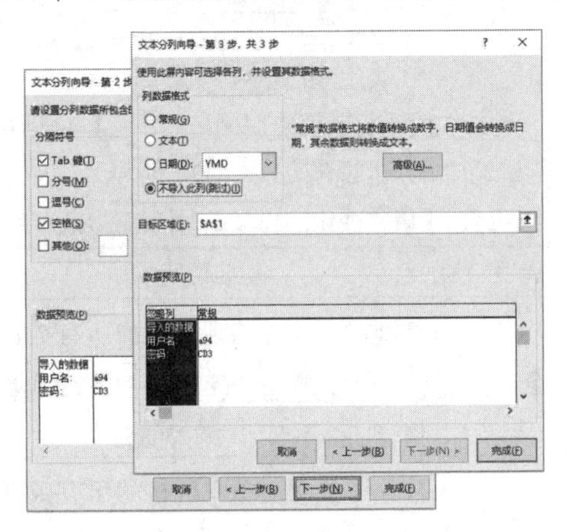

图 5-55

5.5.2 将数值转换为文本型数字

对于单元格中已经输入的数值，如果要将其转换为文本型数字，可以使用“分列”功能执行以下操作。

step 1 选中包含数值的单元格区域，如 D2:D8，将数字格式设置为“文本”，如图 5-56 所示。

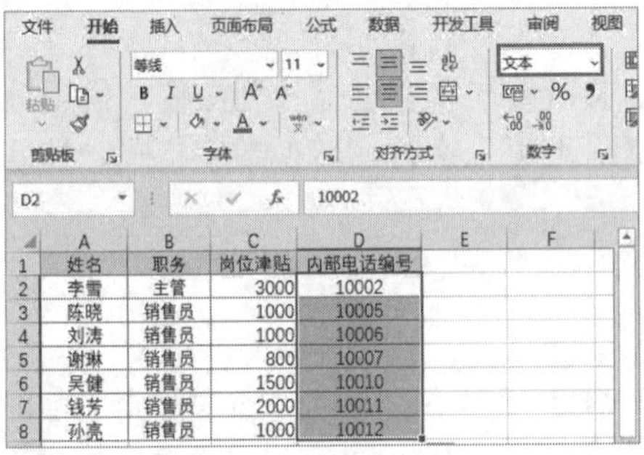

	A	B	C	D
1	姓名	职务	岗位津贴	内部电话编号
2	李雪	主管	3000	10002
3	陈晓	销售员	1000	10005
4	刘涛	销售员	1000	10006
5	谢琳	销售员	800	10007
6	吴健	销售员	1500	10010
7	钱芳	销售员	2000	10011
8	孙亮	销售员	1000	10012

图 5-56

step 2 单击【数据】选项卡中的【分列】按钮，打开【文本分列向导-第 1 步，共 3 步】对话框，保持默认设置，单击【下一步】按钮。

step 3 打开【文本分列向导-第 2 步，共 3 步】对话框，保持默认设置，单击【下一步】按钮。

step 4 打开【文本分列向导-第 3 步，共 3 步】对话框，选中【文本】单选按钮后，单击【完成】按钮即可，如图 5-57 所示。

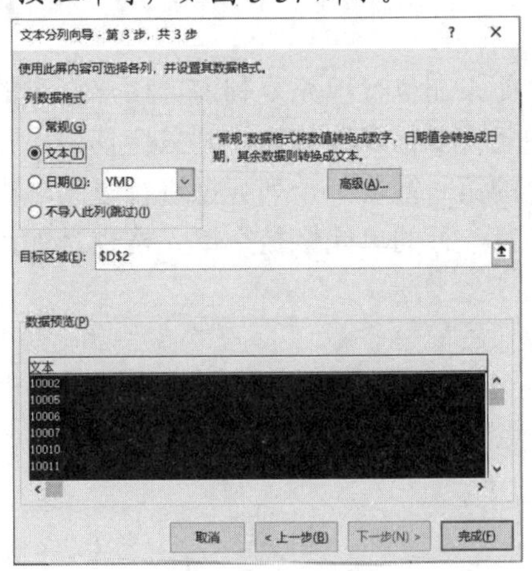

图 5-57

5.5.3 按分隔符号拆分字符

图 5-58 所示为某物流仓库的盘库记录表。现在需要将 D 列“入库时间”数据根据符号“/”拆分到不同的列。具体操作方法如下。

step 1 选中 D2:D13 区域后单击【数据】选项卡中的【分列】按钮。

	A	B	C	D	E	F	G
1	产品名称	产品规格	库存数量	入库时间	年	月	日/时
2	电脑	笔记本	50	2023/1/10 14:20			
3	洗衣机	8公斤	80	2023/3/20 10:50			
4	微波炉	20升	90	2023/6/10 11:40			
5	咖啡机	自动	70	2023/6/25 17:30			
6	电视	55英寸	100	2023/1/1 10:00			
7	手机	128GB	200	2023/1/5 9:45			
8	餐桌	实木	300	2023/2/2 11:30			
9	沙发	布艺	150	2023/2/10 13:45			
10	衣柜	推拉门	250	2023/3/15 16:10			
11	冰箱	对开门	120	2023/4/8 14:30			
12	空调	1.5匹	180	2023/5/2 9:15			
13	热水器	壁挂式	220	2023/6/15 13:20			

图 5-58

step 2 打开【文本分列向导-第 1 步，共 3 步】对话框，保持默认设置，单击【下一步】按钮。

step 3 打开【文本分列向导-第 2 步，共 3 步】对话框，选中【其他】复选框，在其右侧的文本框中输入“/”，然后单击【下一步】按钮，如图 5-59 所示。

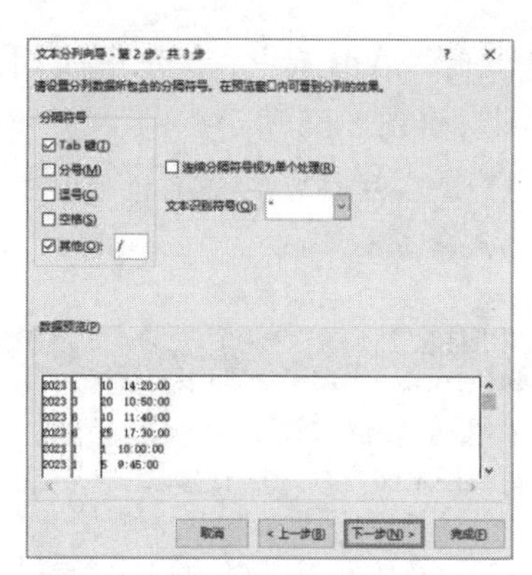

图 5-59

step 4 打开【文本分列向导-第 3 步，共 3 步】对话框，单击【目标区域】输入框右侧的按钮，选中 E2:G13 区域后，按 Enter 键，然后单击【完成】按钮，如图 5-60 所示。

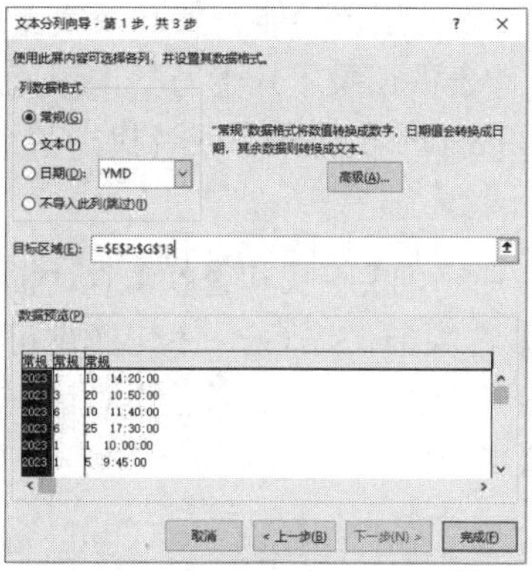

图 5-60

step 5 此时，D 列数据拆分结果如图 5-61 所示。

	A	B	C	D	E	F	G
1	产品名称	产品规格	库存数量	入库时间	年	月	日/时
2	电脑	笔记本	50	2023/1/10 14:20	2023	1	10 14:20:00
3	洗衣机	8公斤	80	2023/3/20 10:50	2023	3	20 10:50:00
4	微波炉	20升	90	2023/6/10 11:40	2023	6	10 11:40:00
5	咖啡机	自动	70	2023/6/25 17:30	2023	6	25 17:30:00
6	电视	55英寸	100	2023/1/1 10:00	2023	1	1 10:00:00
7	手机	128GB	200	2023/1/5 9:45	2023	1	5 9:45:00
8	餐桌	实木	300	2023/2/2 11:30	2023	2	2 11:30:00
9	沙发	布艺	150	2023/2/10 13:45	2023	2	10 13:45:00
10	衣柜	推拉门	250	2023/3/15 16:10	2023	3	15 16:10:00
11	冰箱	对开门	120	2023/4/8 14:30	2023	4	8 14:30:00
12	空调	1.5匹	180	2023/5/2 9:15	2023	5	2 9:15:00
13	热水器	壁挂式	220	2023/6/15 13:20	2023	6	15 13:20:00

图 5-61

5.5.4　按固定宽度拆分字符

使用“分列”功能还可以按指定宽度分列，从而实现固定长度的字符串提取。例如，要从图 5-62 所示的 A 列的身份证号码的第 7 位开始，提取出 8 位字符表示出生年月日，操作步骤如下。

	A	B	C
1	身份证号码	提取出生年月	
2	320102198206044610		
3	320102198208124610		
4	320102198211224610		

图 5-62

step 1 选中 A2:A4 区域后单击【数据】选项卡中的【分列】按钮。打开【文本分列向导-第 1 步，共 3 步】对话框，选中【固定宽度】单选按钮，单击【下一步】按钮。

step 2 打开【文本分列向导-第 2 步，共 3 步】对话框，在【数据预览】区域分别从第 6 位之后和第 14 位之后单击鼠标建立分列线，然后单击【下一步】按钮，如图 5-63 所示。

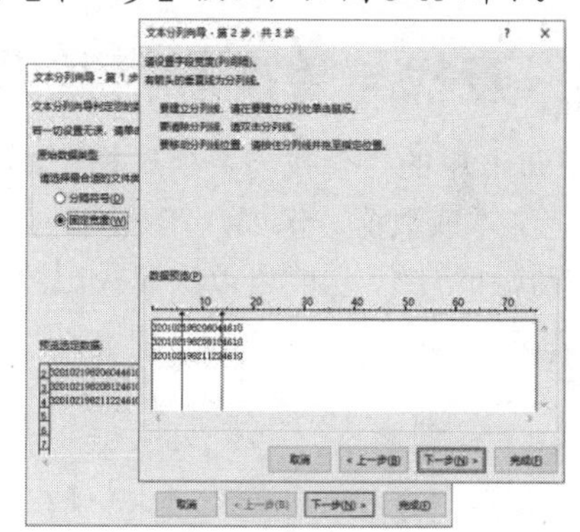

图 5-63

step 3 打开【文本分列向导-第 3 步，共 3 步】对话框，先选中【不导入此列(跳过)】单选按钮，单击【数据预览】区域的中间列，再选中【日期】单选按钮，设置日期类型为【YMD】(Y、M、D 分别表示年、月、日)，如图 5-64 所示。

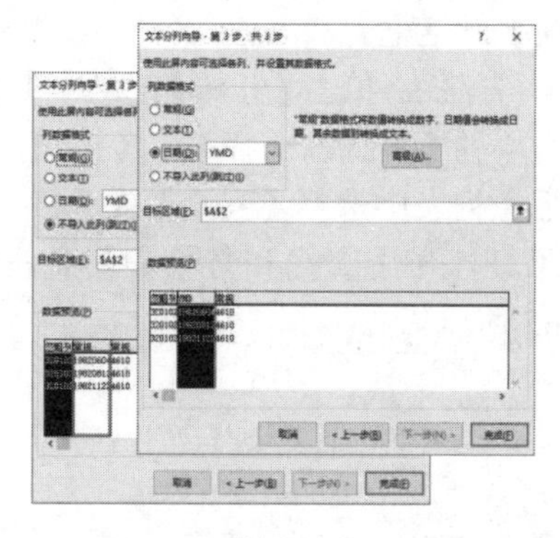

图 5-64

step 4 单击【数据预览】区域的最右侧列，选中【不导入此列(跳过)】单选按钮，在【目标区域】

输入框中输入“=$B$2:$B$4”，单击【完成】按钮，如图 5-65 所示。

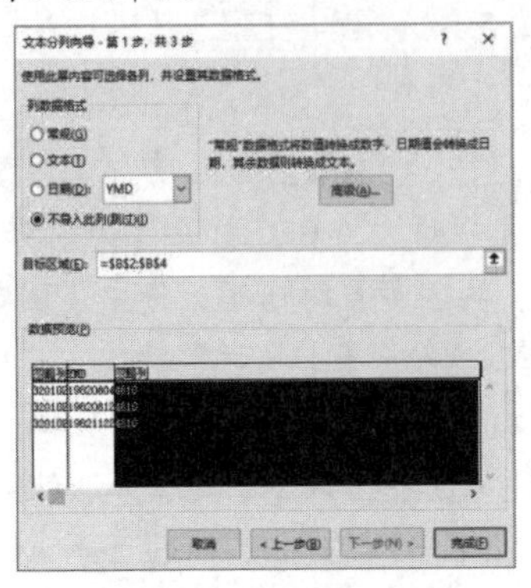

图 5-65

step 5 此时，在 B 列中将提取出 A 列中的出生年月日，如图 5-66 所示。

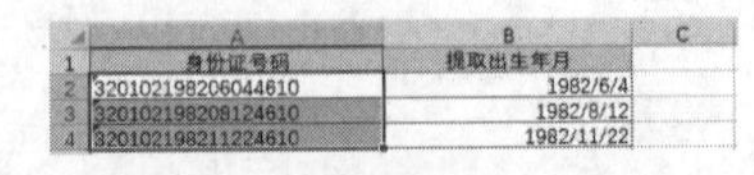

	A	B	C
1	身份证号码	提取出生年月	
2	320102198206044610	1982/6/4	
3	320102198208124610	1982/8/12	
4	320102198211224610	1982/11/22	

图 5-66

知识点滴

使用 Excel 的“分列”功能，可以将一个单元格中的文本按照指定的分隔符(如逗号、空格、制表符等)拆分成多列。由于“分列”功能每次仅可以处理一列数据，在使用“分列”功能之前，应确保数据已经准备好，并且要拆分的文本位于一列中。如果原始数据中包含复杂的结构，则需要处理数据后再执行分列操作。

5.6 查找与替换表格数据

Excel 中的“查找与替换”是一项常用功能，用户可以使用该功能查找并替换工作表中的特定文本或数值。例如，在某医药公司的销售情况统计表中记录了几十万条销售记录，使用“查找和替换”功能可以快速找出数据表中包含“2023/3/11”的记录，或者找出某个品类，批量为其更名。

5.6.1 常规查找和替换

在使用“查找和替换”功能之前，用户需要先确定查找的目标范围。如果要在数据表的某个区域中进行查找，需要先选取该区域；如果要在整个工作表或工作簿范围内进行查找，则需要选中任意一个单元格。

Excel 中的“查找”和“替换”功能位于【查找和替换】对话框的不同选项卡，用户可以执行以下几个等效操作，打开【查找和替换】对话框。

- 方法 1：单击【开始】选项卡【编辑】命令组中的【查找和选择】下拉按钮，在弹出的下拉列表中选择【查找】或【替换】选项，即可打开【查找和替换】对话框，如图 5-67 所示。

图 5-67

- 方法 2：按 Ctrl+F 快捷键可以打开图 5-67 所示的【查找和替换】对话框并选择【查找】选项卡；按 Ctrl+H 快捷键可以打开图 5-68 所示的【查找和替换】对话框并选择【替换】选项卡。

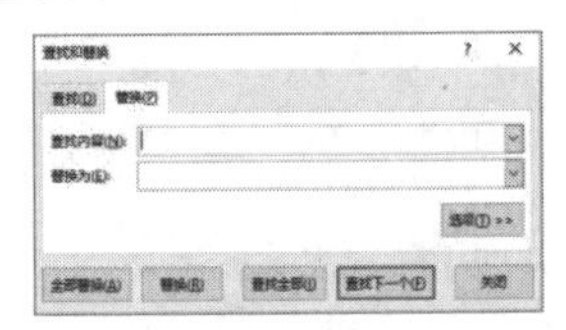

图 5-68

如果只需要执行简单的查找操作，可以执行以上任意一个操作，在打开的【查找和替换】对话框的【查找内容】输入框中输入要查找的内容，然后单击【查找下一个】按钮，即可定位到活动单元格之后的第一个包含查找内容的单元格，如图 5-69 所示。

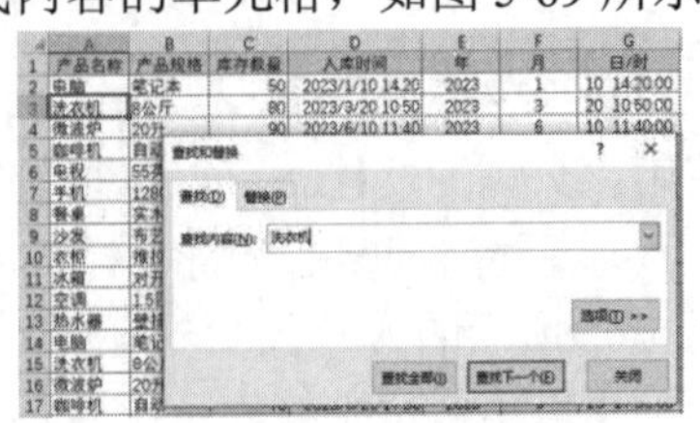

图 5-69

如果单击【查找全部】按钮，对话框将扩展出所有符合条件结果的列表，单击该列表中的某一项即可定位到对应的单元格，如图 5-70 所示。

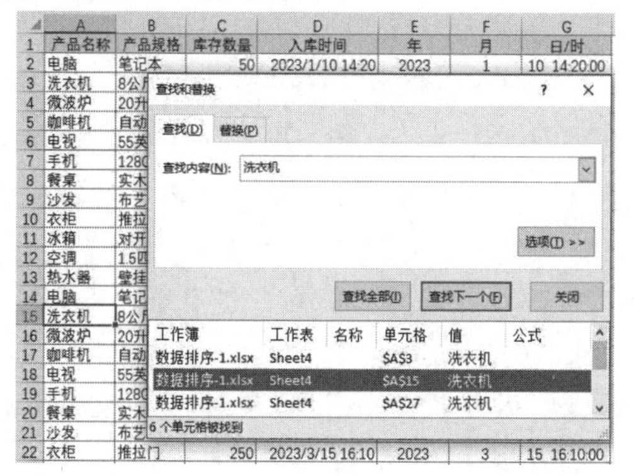

图 5-70

单击图 5-70 所示列表中的任意一项后，按 Ctrl+A 快捷键可以在工作表中选中列表中的所有单元格。

如果要对查找到的数据执行批量替换操作，可以在【查找和替换】对话框中切换至【替换】选项卡，在【替换为】文本框中输入需要替换的内容，然后单击【全部替换】按钮，即可将目标区域内所有满足【查找内容】条件的数据全部替换为【替换为】中的内容。

如果希望对查找到的数据逐个判断是否需要替换，可以先单击【查找下一个】按钮，定位到单个查找目标，然后依次对查找结果中的数据进行确认，需要替换时可以单击【替换】按钮，不需要替换可以单击【查找下一个】按钮定位到下一个数据。

【例 5-4】图 5-71 所示为某单位员工工资统计表的一部分。现在需要使用【查找和替换】功能，将【基本工资】列(C 列)中的数字 4500 替换为 5000。

视频+素材　(素材文件\第 05 章\例 5-4)

	A	B	C	D	E	F	G	H
1	员工姓名	所属部门	基本工资	工龄工资	福利补贴	提成奖金	加班工资	应发合计
2	刘佳琪	财务部	4500	450	4500	4500	250	14200
3	孙浩然	财务部	4500	450	900	1800	250	7900
4	曹立阳	采购部	4500	480	1000	1900	280	8160
5	吴雅婷	技术部	5500	550	1200	2200	350	9800
6	郑瑞杰	人资源部	5500	550	1200	2200	350	9800
7	杨晨曦	人资源部	5500	550	4500	4500	350	15400
8	赵天宇	销售部	5000	500	4500	2000	300	12300
9	史文静	研发部	6000	600	4500	2500	400	14000
10	周美丽	研发部	6000	600	1500	2500	400	11000
11	崔继光	运营部	5200	520	4500	4500	320	15040
12	张晓晨	运营部	5000	500	4500	2000	300	12300
13	许雪婷	运营部	4500	480	4500	1900	280	11660

图 5-71

step① 选中 C 列后，按 Ctrl+H 快捷键，打开【查找和替换】对话框。

step② 在【查找内容】输入框中输入 4500，在【替换为】输入框中输入 5000，然后单击【全部替换】按钮。此时 Excel 将弹出对话框提示进行了几处替换，单击【确定】按钮即可，如图 5-72 所示。

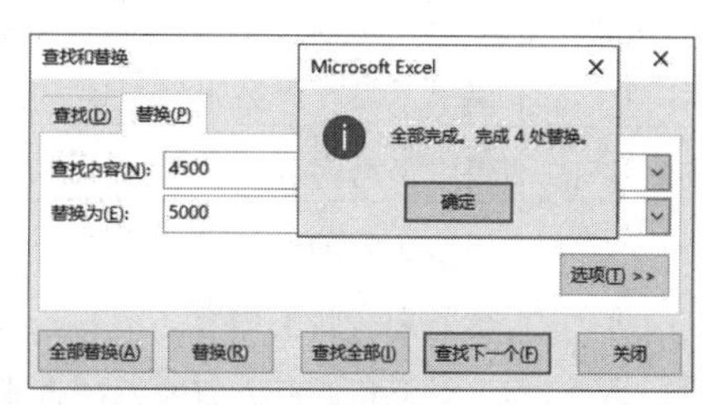

图 5-72

知识点滴

Excel 允许在显示【查找和替换】对话框的同时，返回工作表进行其他操作。如果进行了错误的替换操作，可以在关闭【查找和替换】对话框后按 Ctrl+Z 快捷键来撤销操作。

5.6.2　设置更多查找选项

在【查找和替换】对话框中单击【选项】按钮可以显示更多的查找和替换选项，设置查找和替换数据的范围、格式、搜索方式、对象类型、单元格匹配，以及是否区分大小写或全角和半角，如图 5-73 所示。

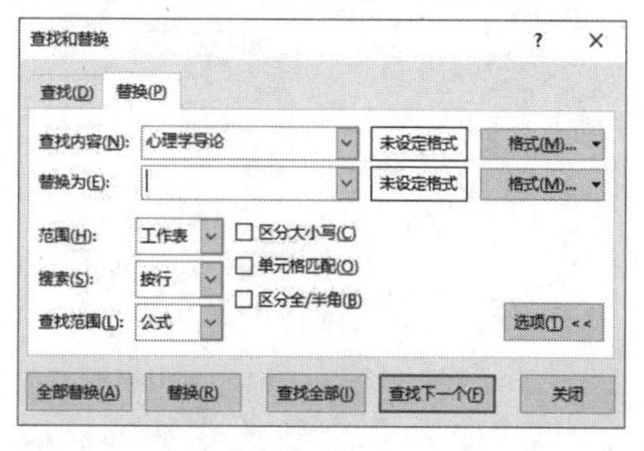

图 5-73

图 5-73 所示对话框中比较重要的 6 个选项的功能说明如表 5-25 所示。

表 5-25　【查找和替换】对话框选项说明

选项	功能说明
范围	设定查找的目标范围是当前工作表还是整个工作簿

（续表）

选项	功能说明
搜索	设定“按行”还是“按列”查找，按行查找优先查找行中的数据，按列查找优先查找列中的数据
查找范围	设定查找对象的类型是“公式”“值”还是“批注”。在“替换”模式下只有“公式”一种方式
区分大小写	设定是否区分英文字母大小写
单元格匹配	设定查找的目标单元格是否仅包含需要查找的内容。例如，选中【单元格匹配】复选框，查找数字100时，就不会找到数字1100
区分全/半角	设定查找的目标单元格是否区分全角和半角字符

除表5-25所介绍的选项以外，在【查找和替换】对话框的更多查找选项中还可以设置查找对象的格式参数，以便用户在查找时找到与某种格式相匹配的单元格。

【例5-5】图5-74所示为某商场所有店铺一段时间以内服装类商品的销售数据。现在需要使用【查找与替换】功能，找到工作簿中所有的黑底白字，内容为“短袖T恤”的记录，将其中的文字修改为“短袖衬衫”。

视频+素材 （素材文件\第05章\例5-5）

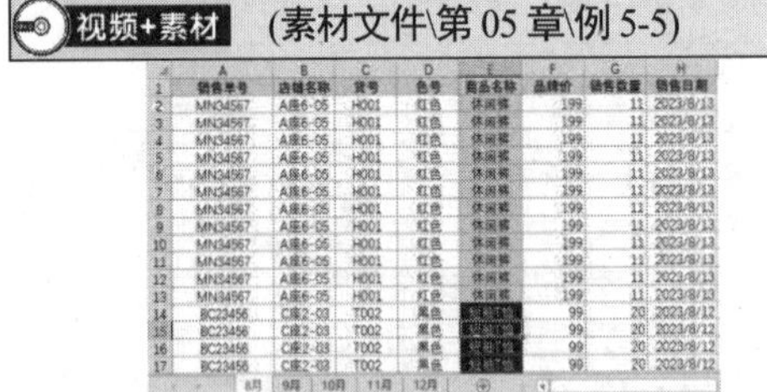

图5-74

step 1 选中数据表中的任意单元格后，按Ctrl+H快捷键打开【查找和替换】对话框，单击【选项】按钮显示更多选项。

step 2 在【查找内容】文本框中输入“短袖T恤”，单击【格式】下拉按钮，在弹出的下拉列表中选择【从单元格选择格式】选项，如图5-75所示，当鼠标光标变为吸管样式后，单击E15单元格。

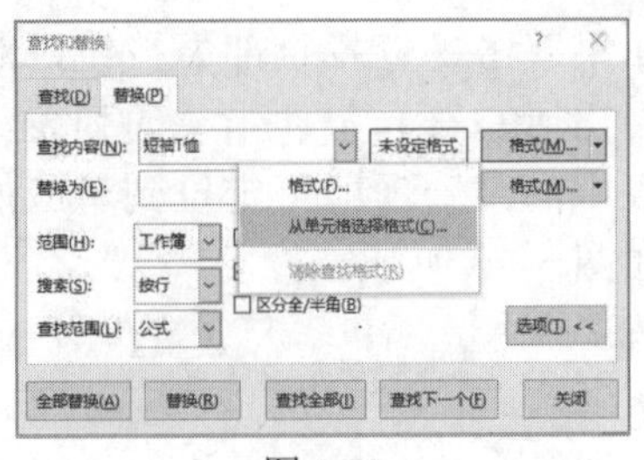

图5-75

step 3 在【替换为】文本框中输入“短袖衬衫”，然后单击该文本框右侧的【格式】按钮，打开【替换格式】对话框，设置填充为黑色，文本颜色为白色。

step 4 返回【查找和替换】对话框，设置【范围】为【工作簿】，单击【全部替换】按钮，然后在弹出的提示对话框中单击【确定】按钮，完成工作簿中所有数据的替换操作，如图5-76所示。

图5-76

知识点滴

在上例中如果将【查找内容】文本框和【替换为】文本框留空，仅设置【查找内容】和【替换为】的格式，可以实现快速替换格式的效果。

5.6.3 使用通配符查找

使用包含通配符的模糊查找方式，可以完成更加复杂的查找操作。Excel支持的通配符包括星号“*”和问号“?”两种，其中星号“*”可代替任意多个字符，问号“?”可代替任意单个字符。

例如，要在上面案例的表格中查找以“短袖”开头的所有文本内容，可以在【查找内容】文本框中输入“短袖*”，此时表格中包含了“短袖衬衫”“短袖T恤”“短袖白大褂”“短袖运动服”“短袖工作服”等词的单元格都会被查找到。如果用户仅需要查找以“短袖”开头，以“服”结尾的五个字的词，则可以在【查找内容】文本框中输入“短袖??服”，以两个“?”代表两个任意字符的位置，此时查找结果在以上几个结果中就只会包含“短袖运动服”和“短袖工作服”。

知识点滴

若需要查找字符“*”或“?”本身，而不是将其作为通配符使用，则需要在字符前加上波浪号(~)。例如“~*”代表查找星号“*”本身。如果需要查找“~”则需要以两个连续的波浪线“~~”来表示。

5.7　隐藏与锁定单元格和区域

通过设置 Excel 单元格格式的【保护】属性，再结合“保护工作表”功能，可以将某些单元格区域的数据隐藏起来，或者将部分单元格或整个工作表锁定，防止泄露数据表中的内容或其他人修改表格中的数据。

5.7.1　隐藏单元格区域

本章 5.3.2 节曾介绍过，将单元格的自定义格式设置为“;;;”(3 个半角分号)可以隐藏单元格中显示的内容。除了这种方式，用户还可以将单元格的背景和字体颜色设置为相同颜色，以实现“浑然一体”的效果，从而实现隐藏单元格内容的效果。但当单元格被选中时，编辑栏中仍然会显示单元格中的数据。要真正地隐藏单元格内容，可以在以上两种方法的基础上进一步操作。

step 1　选中需要隐藏内容的单元格区域，按 Ctrl+1 快捷键打开【设置单元格格式】对话框，在【数字】选项卡中选择【自定义】选项，然后在右侧的【类型】文本框中输入 3 个半角分号“;;;”，如图 5-77 所示。

step 2　选择【保护】选项卡，选中【锁定】和【隐藏】复选框后，单击【确定】按钮，如图 5-77 所示。

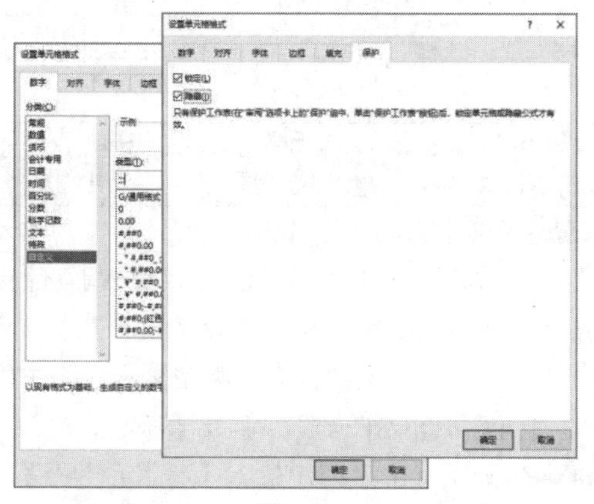

图 5-77

step 3　选择功能区中的【审阅】选项卡，单击【保护工作表】按钮，打开【保护工作表】对话框，单击【确定】按钮，如图 5-78 所示。

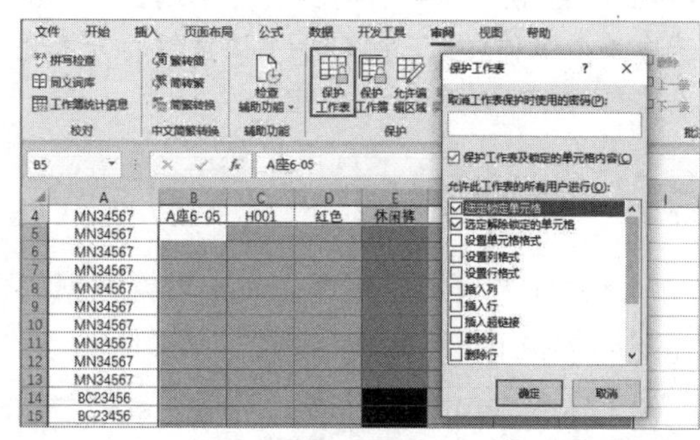

图 5-78

如果要取消单元格内容的隐藏状态，单击【审阅】选项卡中的【撤销工作表保护】按钮即可，如果之前设定了保护密码，此时需要提供正确的密码。

此外，用户也可以先将整行或整列的单元格进行“隐藏行”或“隐藏列”操作，再执行“工作表保护”操作以实现隐藏数据的效果。

5.7.2　锁定单元格区域

单元格是否允许被编辑，取决于单元格是否被设置为“锁定”状态，以及当前工作表是否执行了【工作表保护】命令。当工作表执行了【工作表保护】命令后，所有被设置为“锁定”状态的单元格，将不允许再被编辑，而未被设置“锁定”状态的单元格则仍然可以被编辑。

要将单元格设置为“锁定”状态，可以在【设置单元格格式】对话框的【保护】选项卡中选中【锁定】复选框。默认状态下，Excel 单元格都为“锁定”状态。

【例 5-6】图 5-79 所示为图书馆借书记录数据，现在需要设置禁止用户编辑 D2:D10 区域中的数据。

视频+素材 (素材文件\第 05 章\例 5-6)

	A	B	C	D	E
1	图书编号	图书名称	借出日期	是否归还	归还日期
2	1001234	高等数学	2023年8月5日	是	2023/8/15
3	1002345	英语口语	2023年2月12日	是	2023/2/22
4	1003456	程序设计	2022年3月18日	是	2023/3/28
5	1004567	经济学原理	2023年4月7日	是	2023/4/14
6	1007890	历史文化	2023年7月10日	是	2023/7/17
7	1008901	心理学导论	2023年8月3日	是	2023/8/10
8	1009012	文学选集	2023年1月18日	是	2023/1/28
9	1003212	政治经济学	2023年3月27日	是	2023/4/3
10	1006787	化学实验指南	2023年6月9日	是	2023/6/19
11	1005678	计算机网络	2023年5月16日	否	-
12	1006789	数据结构	2023年6月21日	否	-
13	1001012	统计学基础	2023年2月25日	否	-
14	1003412	近代社会学	2023年4月14日	否	-
15	1005677	地理导论	2023年8月7日	否	-
16	1009875	物理实验导引	2023年7月15日	否	-

图 5-79

step① 单击行号和列标之间的【全选】按钮◢，选中整个工作表后，按 Ctrl+1 快捷键打开【设置单元格格式】对话框，选择【保护】选项卡，取消【隐藏】和【锁定】复选框的选中状态，单击【确定】按钮。

step② 选中 D2:D10 区域后，再次按 Ctrl+1 快捷键打开【设置单元格格式】对话框，选择【保护】选项卡，选中【隐藏】和【保护】复选框，并单击【确定】按钮。

step③ 单击【审阅】选项卡中的【保护工作表】按钮，打开【保护工作表】对话框，然后单击【确定】按钮即可。

完成以上操作后，试图编辑 D2:D10 区域中的任何单元格，都会被 Excel 禁止，并弹出图 5-80 所示的提示框。

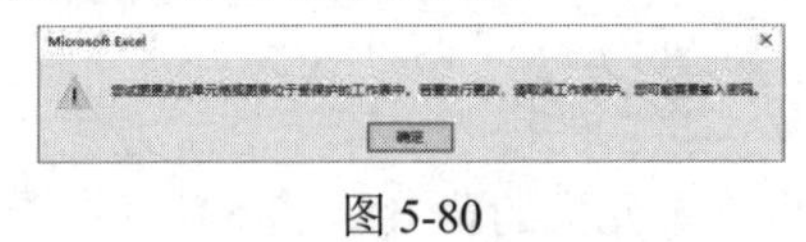

图 5-80

5.8 案例演练

本章主要介绍了整理 Excel 表格数据的相关操作。下面的案例演练部分，将通过具体操作案例帮助用户进一步巩固所学的知识。

【例 5-7】通过自定义单元格格式，使输入数据时自动在数字前添加“00”。视频

step① 选中需要自动添加“00”的单元格区域后(本例为 A 列)，按 Ctrl+1 快捷键打开【设置单元格格式】对话框，选择【数字】选项卡中的【自定义】选项，在【类型】文本框中输入“000”后，单击【确定】按钮，如图 5-81 所示。

图 5-81

step② 此时，在 A 列中输入数字 1、2、3、……，将自动变为 001、002、003、……，如图 5-82 所示。

	A	B	C	D	E	F	G
1	编号	姓名	倒车入库	侧方停车	坡道停车/起	直角转弯	曲线行驶
2	001	张晓梅	95	90	85	92	88
3	002	王宇航	88	92	89	93	90
4	003	李小龙	90	85	91	87	94
5	005	刘婷婷	93	88	92	86	91
6	006	陈鹏飞	89	87	90	95	87
7	012	王芳华	92	91	84	90	92
8	023	张阳阳	86	89	93	88	89
9		李婷婷	91	86	88	89	95
10		张东明	87	93	85	91	90
11		王欣然	94	90	89	87	93
12		李小倩	88	92	90	94	88
13		刘伟国	85	88	94	90	91
14		王鹤翔	96	87	89	92	86
15		张晓飞	89	94	92	86	93
16		李丹丹	91	92	85	95	88

图 5-82

【例 5-8】通过自定义单元格格式，实现在单元格中快速输入“男”“女”或“是”“否”。视频

step① 选中需要快速添加“男”“女”的单元格区域(本例为 C 列)，按 Ctrl+1 快捷键打开【设置单元格格式】对话框，选择【数字】选项卡中的【自定义】选项，在【类型】文本框中输入“[=1]"男";[=2]"女"”，单击【确定】按钮。

step② 此时，在 C 列中输入 1 将显示为“男”，输入 2，将显示为“女”，如图 5-83 所示。

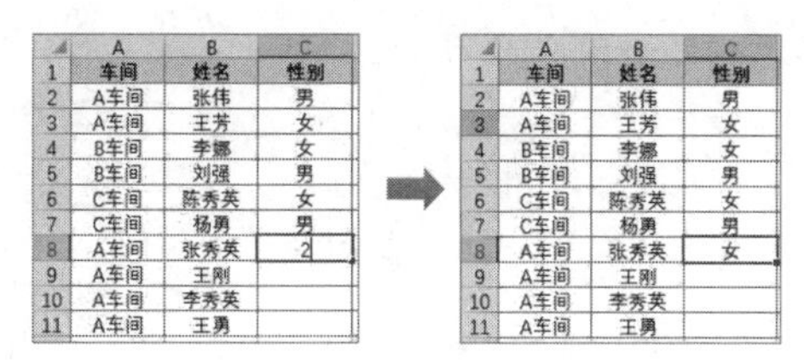

	A	B	C
1	车间	姓名	性别
2	A车间	张伟	男
3	A车间	王芳	女
4	B车间	李娜	女
5	B车间	刘强	男
6	C车间	陈秀英	女
7	C车间	杨勇	男
8	A车间	张秀英	2
9	A车间	王刚	
10	A车间	李秀英	
11	A车间	王勇	

	A	B	C
1	车间	姓名	性别
2	A车间	张伟	男
3	A车间	王芳	女
4	B车间	李娜	女
5	B车间	刘强	男
6	C车间	陈秀英	女
7	C车间	杨勇	男
8	A车间	张秀英	女
9	A车间	王刚	
10	A车间	李秀英	
11	A车间	王勇	

图 5-83

step 3 同理，选中需要快速添加“是”“否”的单元格区域(本例为 F 列)，按 Ctrl+1 快捷键打开【设置单元格格式】对话框，选择【数字】选项卡中的【自定义】选项，在【类型】文本框中输入“[=1]"是";[=2]"否"”，然后单击【确定】按钮。

step 4 此时，在 F 列中输入 1 将显示为“是”，输入 2，将显示为“否”，如图 5-84 所示。

D	E	F
总成绩	平均成绩	合格情况
680	85	是
590	73.75	否
720	90	是
510	63.75	2
670	83.75	
480	60	
700	87.5	
520	65	
690	86.25	
610	76.25	

D	E	F
总成绩	平均成绩	合格情况
680	85	是
590	73.75	否
720	90	是
510	63.75	否
670	83.75	
480	60	
700	87.5	
520	65	
690	86.25	
610	76.25	

图 5-84

【例 5-9】通过自定义单元格格式，将数据表中的日期自动替换为星期几。视频

step 1 选中需要自定义星期几的日期单元格区域(本例为 C 列)，按 Ctrl+1 快捷键打开【设置单元格格式】对话框，选择【数字】选项卡中的【自定义】选项，在【类型】文本框中输入“aaaa”，单击【确定】按钮。

step 2 此时，C 列中的日期数据将自动替换为星期几数据，如图 5-85 所示。

C	D	E
借出日期	是否归还	归还日期
2023年8月5日	是	2023/8/15
2023年2月12日	是	2023/2/22
2023年3月18日	是	2023/3/28
2023年4月7日	是	2023/4/14
2023年7月10日	是	2023/7/17
2023年8月3日	是	2023/8/10
2023年1月18日	是	2023/1/28
2023年3月27日	是	2023/4/3
2023年6月9日	是	2023/6/19
2023年5月16日	否	-
2023年6月21日	否	-
2023年2月25日	否	-
2023年4月14日	否	-
2023年8月7日	否	-
2023年7月15日	否	-

C	D	E
借出日期	是否归还	归还日期
星期六	是	2023/8/15
星期日	是	2023/2/22
星期六	是	2023/3/28
星期五	是	2023/4/14
星期一	是	2023/7/17
星期四	是	2023/8/10
星期三	是	2023/1/28
星期一	是	2023/4/3
星期五	是	2023/6/19
星期二	否	-
星期三	否	-
星期六	否	-
星期五	否	-
星期一	否	-
星期六	否	-

图 5-85

【例 5-10】通过自定义单元格格式，将数据表中数字显示为星号“*”。视频

step 1 选中需要显示为星号的“*”单元格区域(本例为 D2:E16 区域)，按 Ctrl+1 快捷键打开【设置单元格格式】对话框，选择【数字】选项卡中的【自定义】选项，在【类型】文本框中输入“**”，单击【确定】按钮。

step 2 此时，单元格区域中的数字将显示为连续的星号“*”，如图 5-86 所示。

	A	B	C	D	E	F
1	姓名	毕业学校	最终学历	面试成绩	笔试成绩	综合成绩
2	宁婉琳	北京大学	硕士	***********	***********	87.5
3	林紫薇	清华大学	博士	***********	***********	88.5
4	张晨曦	浙江大学	本科	***********	***********	87.5
5	温雅楠	上海交通大学	硕士	***********	***********	90
6	李心怡	北京航空航天大学	本科	***********	***********	90.5
7	赵晓雪	南京大学	硕士	***********	***********	84.5
8	陈悦宜	武汉大学	博士	***********	***********	87.5
9	刘清雅	四川大学	硕士	***********	***********	87
10	周婉娜	电子科技大学	硕士	***********	***********	89.5
11	徐韵宁	天津大学	本科	***********	***********	90.5
12	王雨欣	同济大学	硕士	***********	***********	89.5
13	江悠然	中国科学技术大学	本科	***********	***********	87.5
14	赖思婷	西南交通大学	硕士	***********	***********	84.5
15	何馨怡	华中科技大学	博士	***********	***********	89.5
16	杨婉婷	中山大学	硕士	***********	***********	91

图 5-86

【例 5-11】通过自定义单元格格式，为数据表中的数字自动添加单位“分”“元”“万”“件”等。视频

step 1 选中需要自动添加单位的单元格区域(本例为 D 列)，按 Ctrl+1 快捷键打开【设置单元格格式】对话框，选择【数字】选项卡中的【自定义】选项，在【类型】文本框中输入“0 件”，单击【确定】按钮。

step 2 此时，单元格区域中的数字将自动添加单位(本例自动添加“件”)，如图 5-87 所示。

	A	B	C	D	E
1	单号	商品名称	类别	库存	最近出库时间
2	TB-12345678	连衣裙	上衣	50件	2023/8/1
3	TB-23456789	高跟鞋	鞋子	30件	2023/8/3
4	TB-34567890	半身裙	下装	20件	2023/8/2
5	TB-45678901	女式夹克	外套	10件	2023/8/5
6	TB-56789012	上衣	上衣	40件	2023/8/4
7	TB-67890123	裤子	下装	15件	2023/8/1
8	TB-78901234	短外套	外套	25件	2023/8/3
9	TB-89012345	女式衬衫	上衣	35件	2023/8/2
10	TB-90123456	毛衣	上衣	45件	2023/8/5
11	TB-01234567	牛仔裤	下装	55件	2023/8/4
12	TB-12345012	内衣	内衣	5件	2023/8/1
13	TB-23456123	羽绒服	外套	15件	2023/8/3
14	TB-34567234	长裙	下装	40件	2023/8/2
15	TB-45678345	短裙	下装	30件	2023/8/5
16	TB-56789456	皮衣	外套	20件	2023/8/4

图 5-87

【例 5-12】通过自定义单元格格式，将数据表中小于指定数值的数据标记为红色。例如，将小于 100 的数字标记为红色。视频

step 1 选中需要标记的单元格区域(本例为 G 列)，按 Ctrl+1 快捷键打开【设置单元格格式】对话框，选择【数字】选项卡中的【自定义】选项，在【类型】文本框中输入“[>100];[红色]0”，单击【确定】按钮。

step 2 此时，G 列中小于 100 的数字将被标记为红色，如图 5-88 所示。

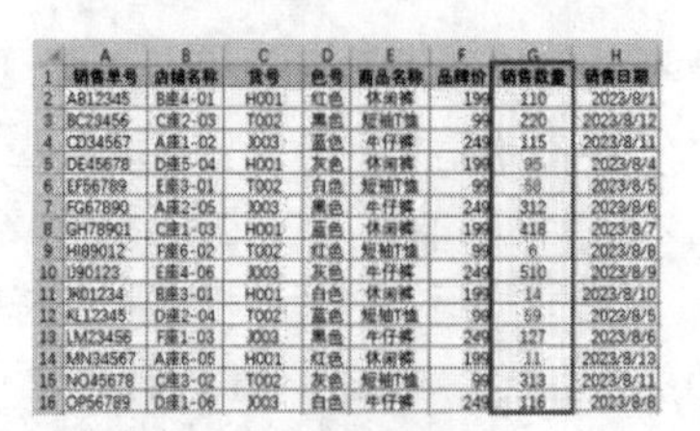

图 5-88

【例 5-13】通过自定义单元格格式，为数据表中的数字划分等次，大于或等于 90 为合格，小于 90 为不合格。视频

step 1 选中需要划分成绩等次的单元格区域(本例为 D2:E16)，按 Ctrl+1 快捷键打开【设置单元格格式】对话框，选择【数字】选项卡中的【自定义】选项，在【类型】文本框中输入"[>=90]"合格";[<90]"不合格""，然后单击【确定】按钮。

step 2 此时，单元格区域中的数据将自动根据数值被划分为"合格"和"不合格"两种等次，如图 5-89 所示。

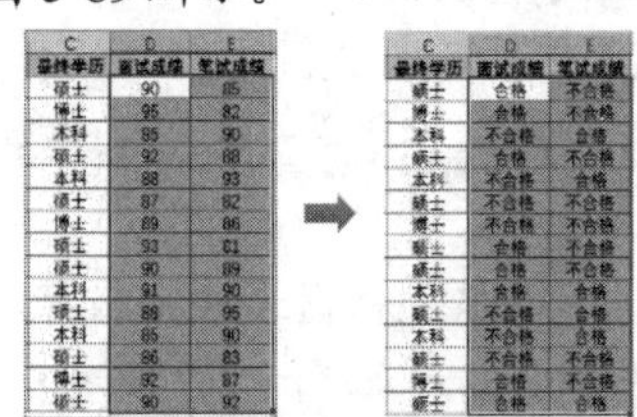

图 5-89

【例 5-14】图 5-90 所示为文本文件中保存的 20 个员工的姓名，姓名与姓名之间存在 1 个或多个空格。现在需要将这些姓名导入 Excel 工作表的 A 列中。

视频+素材 (素材文件\第 05 章\例 5-14)

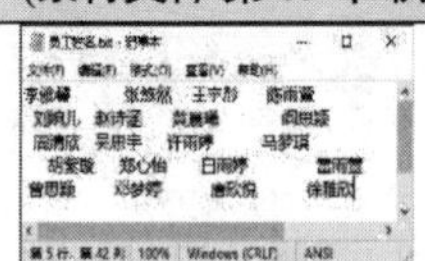

图 5-90

step 1 按 Ctrl+A 快捷键选中文本文件中的所有人名后，按 Ctrl+C 快捷键执行【复制】命令。

step 2 切换至 Excel，右击一个空单元格(本例为 G1 单元格)，在弹出的快捷菜单中选择【只保留文本】选项。

step 3 此时，复制的数据将被 Excel 自动整理并分别放入 G~J 列的单元格中。

step 4 在 G6 单元格中输入"="后，单击 H1 单元格，如图 5-91 所示。

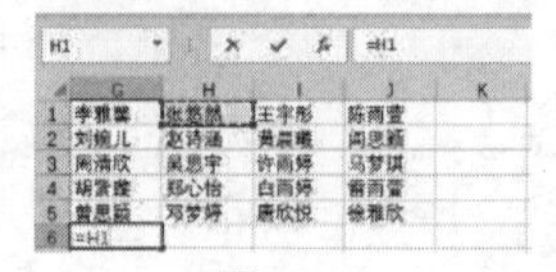

图 5-91

step 5 在公式中继续输入"&""" (此时公式为"=H1&"""），然后按 Ctrl+Enter 快捷键，在 G6 单元格获取 H1 单元格中的员工姓名。

step 6 选中 G8 单元格，按住该单元格右下角的填充柄，先向右拖动，再向下拖动直到 G 列中显示最后一个员工姓名"徐雅欣"，如图 5-92 所示。

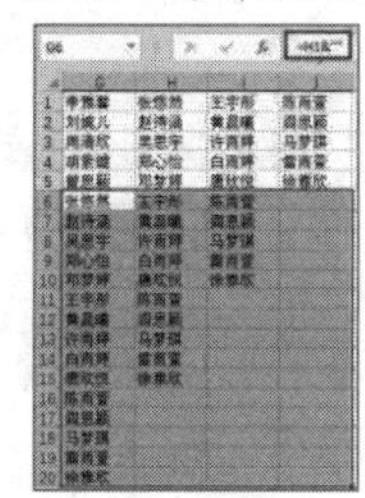

图 5-92

step 7 选中 G 列，先按 Ctrl+C 快捷键执行"复制"操作，再右击 G 列中任意单元格，在弹出的快捷菜单中选择【值】选项，如图 5-93 所示。

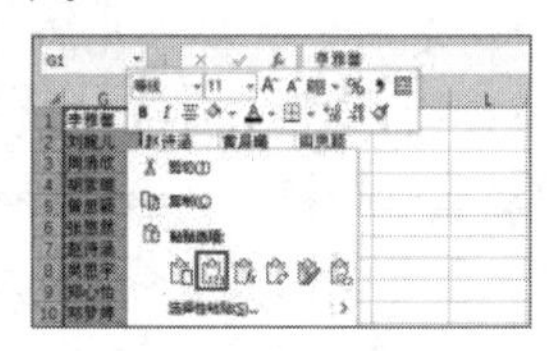

图 5-93

step 8 最后删除工作表中 H、I、J 列中多余的数据，将 G 列中的数据复制到 A 列即可。

知识点滴

在 Excel 中用户可以将列数据转换为单列数据，也可以将单列数据转换为多列数据。以例 5-14 介绍的表格为例，如果要将实例结果转换为一个 5 行 4 列的多列数据，可以先利用"自动填充"功能在图 5-94 所示 C1:F5 区域填充 A1~A20 的文本，然后使用"查找和替换"功能，将工作表中的"A"替换为"=A"即可。

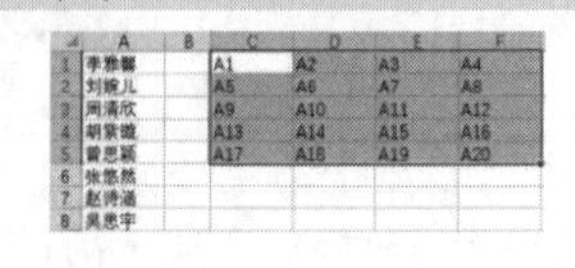

图 5-94

第 6 章

格式化工作表

通过对工作表的格式化处理，如设置字号、更改字体颜色、添加边框、设置对齐方式、设置数字格式等，不但能够使表格更加整洁，还可以使其中重要的信息更加突出，便于用户阅读和分析。

本章对应视频

例 6-1 制作表格三线边框

例 6-2 制作表格斜线表头

例 6-3 套用 Excel 内置表格样式

例 6-4 使用格式刷整理混乱格式

例 6-5 快速统一海量单元格格式

例 6-6 快速统一表格新增数据格式

例 6-7 自定义 Excel 样式

本章其他视频参见视频二维码列表

6.1 设置单元格格式

单元格格式主要包括数字格式、字体和对齐方式等。在 Excel 中用户可以通过【开始】选项卡【字体】【对齐方式】【数字】命令组中的命令控件来对单元格格式进行自定义设置，如图 6-1 所示。

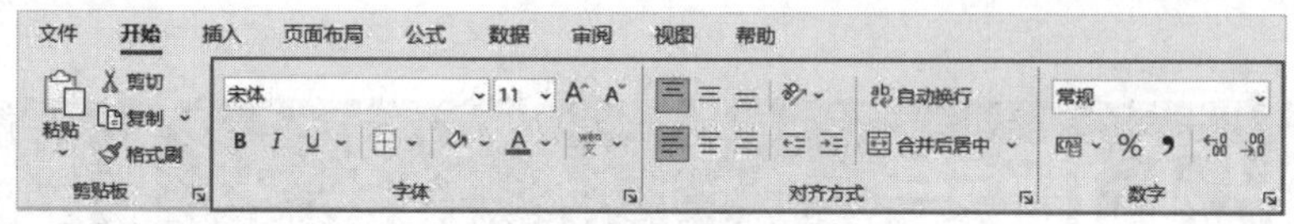

图 6-1

除此之外，结合浮动工具栏与【设置单元格格式】对话框，可以使单元格格式的设置更加灵活、快速。

6.1.1 单元格设置工具

Excel 中设置单元格格式的工具主要是功能区选项卡中的命令控件、浮动工具栏、【设置单元格格式】对话框。

1. 功能区命令控件

在功能区【开始】选项卡的【字体】命令组中，可以设置字体、字号、字体加粗、倾斜、下画线、单元格填充颜色及字体等。

在【对齐方式】命令组中可以设置文字对齐方向、调整缩进量、设置自动换行及合并后居中等。

在【数字】命令组中可以选择不同的内置数字格式，还可以快速设置百分比样式、增加或减少小数位、设置千位分隔符样式等。

2. 浮动工具栏

右击单元格后，将会在单元格上方(或下方)显示浮动工具栏，如图 6-2 所示。

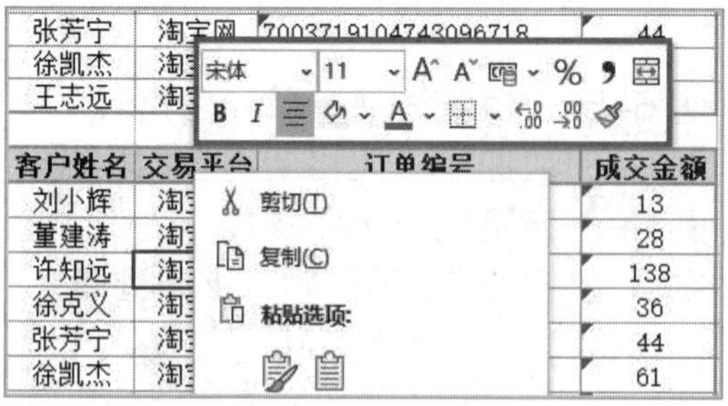

图 6-2

浮动工具栏中包含了常用的单元格格式命令控件。此外，在 Excel 默认设置下，选中单元格中的部分内容后也可调出简化的【浮动工具栏】，如图 6-3 所示。

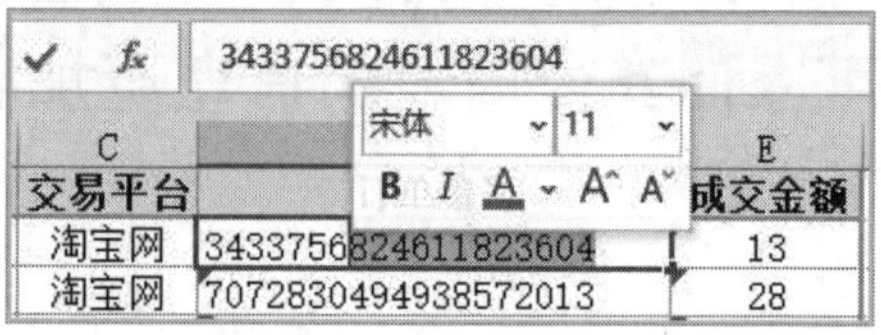

图 6-3

3. 【设置单元格格式】对话框

选中单元格后按 Ctrl+1 快捷键或单击功能区中的对话框启动器，将打开【设置单元格格式】对话框，在该对话框中可以设置单元格内容的对齐方式、字体格式、边框效果以及填充颜色，如图 6-4 所示。

图 6-4

6.1.2　对齐方式

用户可以通过功能区【开始】选项卡【对齐方式】命令组中的和命令控件设置单元格内容的水平和垂直对齐方式，也可以在【设置单元格格式】对话框的【对齐】选项卡中，设置更多的单元格对齐方式选项，包括设置单元格内容的对齐方向、文字方向、水平对齐、垂直对齐、文本控制以及合并单元格，如图 6-5 所示。

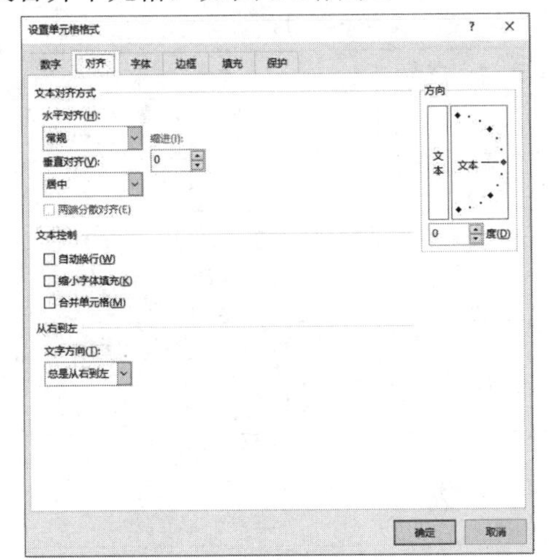

图 6-5

1. 对齐方向和文字方向

在【对齐】选项卡右侧的【方向】设置区域，可以使用鼠标在半圆形表盘内调整单元格内容的倾斜角度，或者通过下方的微调框设置文本的倾斜角度(范围：－90 至 90 度)，如图 6-6 所示。

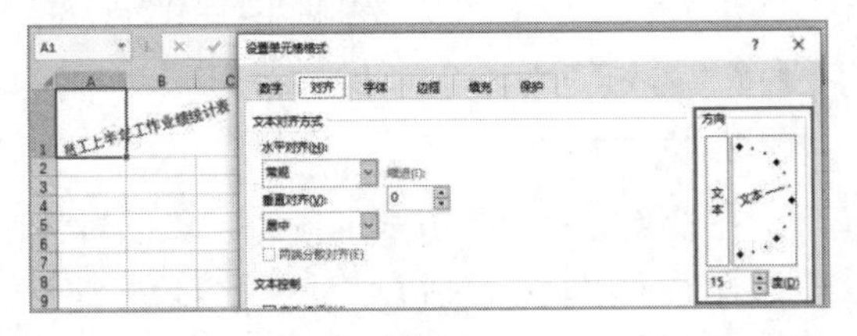

图 6-6

单击【设置单元格格式】对话框【方向】设置区域中的【文本】按钮，可以设置单元格内容的竖排方向。竖排方向是指将单元格内容由水平排列状态转为竖直排列状态，字符仍保持水平显示，如图 6-7 所示。

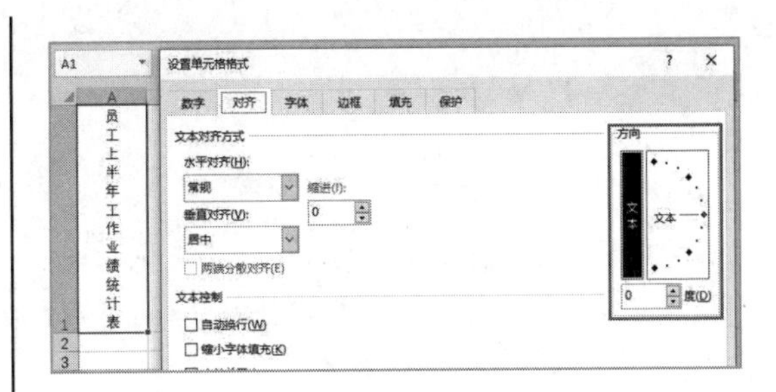

图 6-7

文字方向是指文字从左至右或从右到左的书写和阅读方向，在【设置单元格格式】对话框中将文字方向设置为【总是从右到左】，便于输入阿拉伯语、希伯来语等习惯从右到左输入的语言内容，如图 6-8 所示。

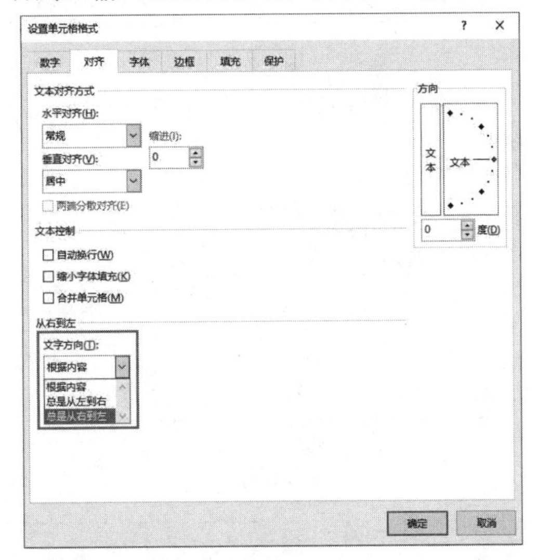

图 6-8

2. 水平对齐和垂直对齐

如图 6-9 所示，在【设置单元格格式】对话框的【文本对齐方式】区域中包含【水平对齐】和【垂直对齐】两个下拉按钮。分别单击这两个下拉按钮，在弹出的下拉列表中用户可以设置更多的单元格对齐选项。其中水平对齐包含【常规】【靠左(缩进)】【居中】【靠右(缩进)】【填充】【两端对齐】【跨列居中】【分散对齐(缩进)】等选项；垂直对齐包括【靠上】【居中】【靠下】【两端对齐】【分散对齐】等选项；用户还可选中【两端分散对齐】复选框。

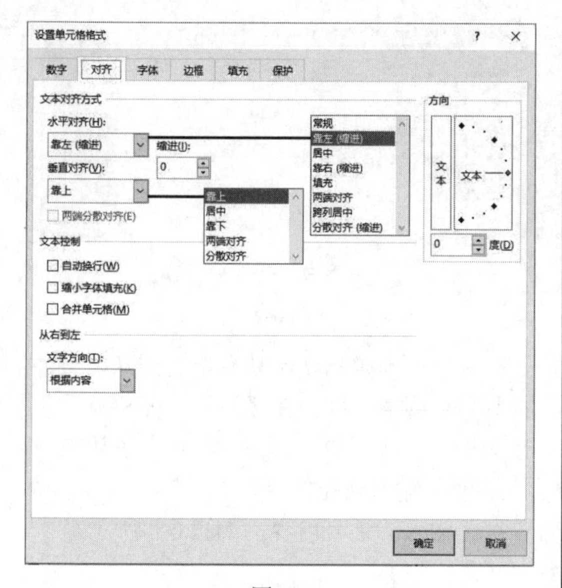

图 6-9

各种水平对齐选项的效果示例如表 6-1 所示。

表 6-1　水平对齐选项效果示例

水平对齐选项	示例效果
常规	1 销售差价 2 Excel 3 300 4 FALSE
靠左 (缩进)	1 销售差价 300 2 正常销售订单
居中	1 销售差价 300 2 正常销售订单
靠右 (缩进)	1 销售差价 300 2 正常销售订单
填充	1 销售差价销售差价 300300 2 正常销售订单正常销售订单
两端对齐	1 销售差价 正 常 销 售订单
跨列居中	1 员工上半年工作业绩统计表 2
分散对齐 (缩进)	1 销 售 差 价 2 正 常 销 售 订 单

(续表)

水平选项	示例效果
两端分散对齐	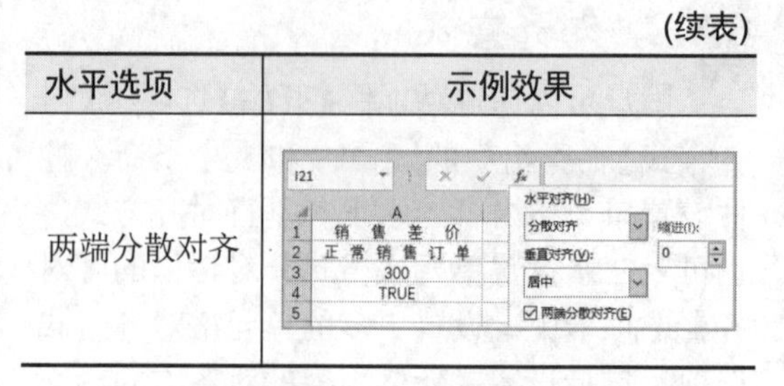

各种垂直对齐选项的效果示例如表 6-2 所示。

表 6-2　垂直对齐选项效果示例

垂直对齐选项	示例效果
靠上	1 销售差价
居中	1 销售差价
靠下	1 销售差价
两端对齐	1 枸地氯雷他定片 /8.8mg*6T(薄膜衣)
分散对齐	1 订单 正常的 → 1 订单 正常的
两端分散对齐	1 订单 正常的 → 1 订单 正常的 垂直对齐(V): 分散对齐 两端分散对齐(E)

(注：表 6-2 中“分散对齐”和“两端分散对齐”单元格中文本的方向为“纵向”)

3. 文本控制

在设置文本对齐方式的同时，可以对文本进行显示控制，包括【自动换行】【缩小字体填充】【合并单元格】3 种方式。

▶ 自动换行：如果单元格内的文本内容长度超出单元格的宽度，在【对齐】选项卡中选中【自动换行】复选框，可使文本内容变为多行显示。如果调整单元格宽度，文本内容的换行位置也将随之调整。

▶ 缩小字体填充：如果文本内容长度超出单元格宽度，在不改变字号的前提下能够使文本内容自动缩小显示，以适应单元格的宽度大小。

▶ 合并单元格：选中需要合并的单元格区域(连续)，在【对齐】选项卡中选中【合并单元格】复选框，可以将选定的区域合并为一个单元格。

在【开始】选项卡【对齐方式】命令组中单击【合并后居中】下拉按钮，在弹出的下拉列表中可以选择以【合并后居中】【跨越合并】【合并单元格】3 种方式合并单元格，如图 6-10 所示。

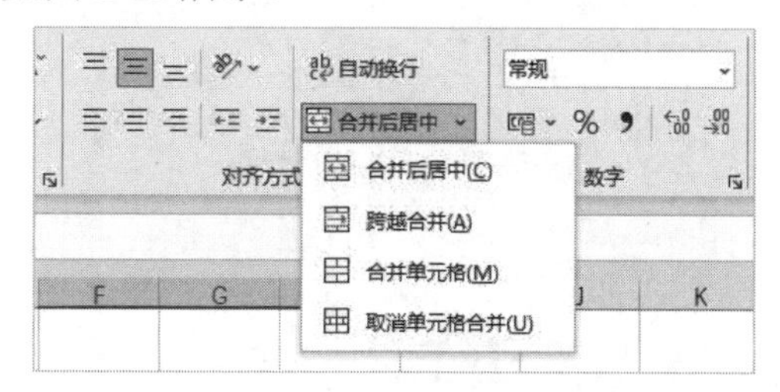

图 6-10

三种合并单元格方式说明如表 6-3 所示。

表 6-3　合并单元格方式说明

合并方式	功能说明
合并后居中	将选定的单元格区域合并，并将单元格内容在水平和垂直两个方向居中显示
跨越合并	在选取多行多列的单元格后，将选定区域的每行进行合并，形成单列多行的单元格区域
合并单元格	将所选单元格区域进行合并，并沿用该区域中活动单元格的对齐方式

以图 6-11 所示某公司"销售情况汇总表"的标题栏为例，将 A1:E1 区域用以上三种方式合并单元格。

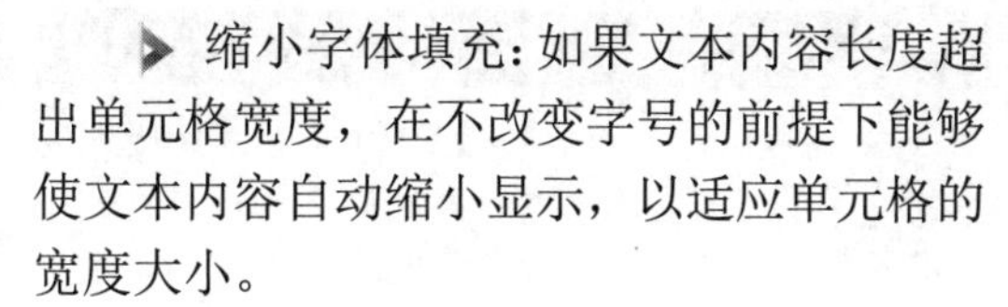

图 6-11

采用"合并后居中"方式合并 A1:E1 区域，效果如图 6-12 所示。

图 6-12

采用"跨越合并"方式合并 A1:E2 区域，效果如图 6-13 所示。

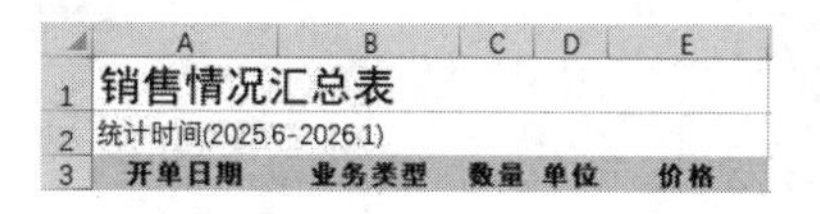

图 6-13

采用"合并单元格"方式合并 A1:E1 区域，效果如图 6-14 所示。

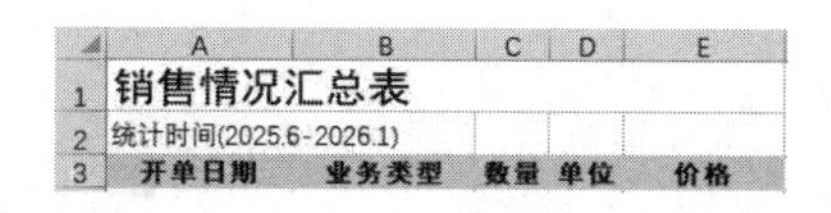

图 6-14

知识点滴

使用合并单元格会影响数据的排序和筛选等操作，而且会使后续的数据分析汇总过程变得更加复杂，因此在多数情况下应减少使用此功能。

6.1.3　字体设置

Excel 2021 默认字体为"正文字体"，默认字号为 11 号。如果使用默认字体(即等线字体)在编辑栏中编辑公式，将会无法直观识别出标点符号的全角或半角状态。用户可以依次按 Alt、T、O 键，打开【Excel 选项】对话框，在【常规】选项卡中修改 Excel 软件的默认字体、字号。

在【开始】选项卡的【字体】命令组中，可以快速设置字体、字号、字体颜色、边框、增大字号、减小字号等格式效果。图 6-15 所示为【字体】命令组中的字体设置命令控件。

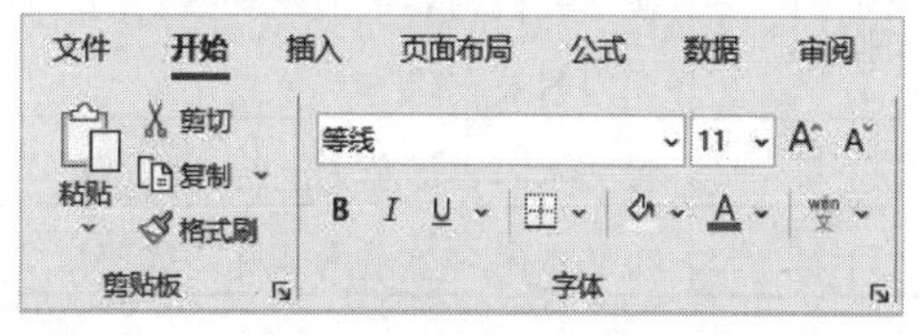

图 6-15

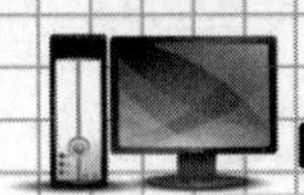

用户也可以在【设置单元格格式】对话框的【字体】选项卡中对Excel单元格内容的字体格式进行更详细的设置，如图6-16所示。

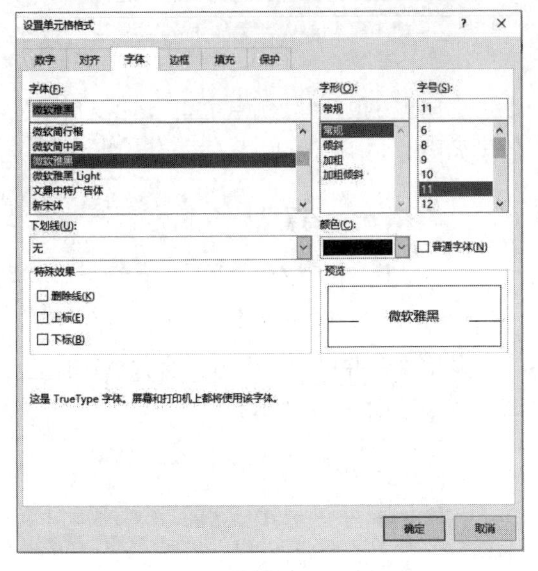

图 6-16

【字体】选项卡中主要选项的功能说明如表6-4所示。

表 6-4 【字体】选项卡主要选项功能说明

选项	功能说明
字体	可以选择系统中已安装的字体
字形	可以选择【常规】【倾斜】【加粗】【加粗倾斜】4种字形效果
字号	可以在【字号】列表框中选择字号大小，也可以在【字号】文本框中输入字号大小(范围是：1~409磅)
下画线	可以在【下画线】下拉列表中选择不同的下画线类型
颜色	单击【颜色】下拉按钮，可以在主题颜色面板中选择字体颜色
删除线	在单元格内容上显示一条直线，标识内容被删除
上标	将文本内容显示为上标，如“K^3”
下标	将文本内容显示为下标，如“K_3”

知识点滴

在Excel中用户除了可以为单元格或区域设置字体格式，还可以选中文本型数据单元格中的一部分内容，为其单独设置字体格式。

6.1.4 边框设置

边框用于划分表格区域，以增加表格的视觉效果。在功能区【开始】选项卡【字体】命令组中单击【边框】下拉按钮，在弹出的下拉列表中可以选择Excel内置边框类型或设置绘制边框时的线条颜色、线型等选项，如图6-17所示。

图 6-17

此外，在【设置单元格格式】对话框中选择【边框】选项卡，也能够对单元格边框进行更加细致的设置。

【例6-1】在【设置单元格格式】对话框中为某公司产品销售情况记录表设置三线边框效果。

视频+素材 (素材文件\第06章\例6-1)

step 1 打开工作表后选中表格数据区域，如图6-18所示。

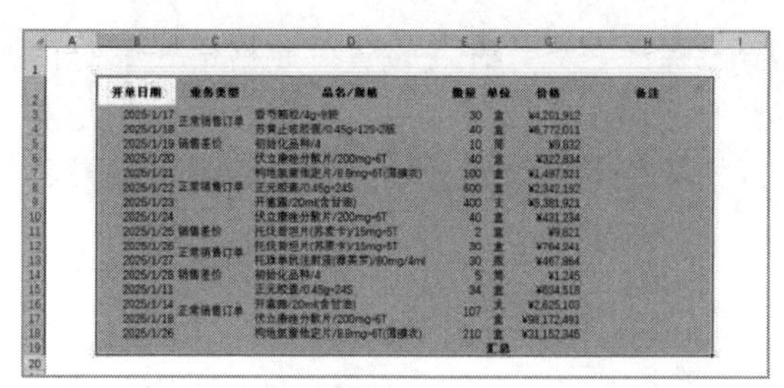

图 6-18

step 2 按 Ctrl+1 快捷键打开【设置单元格格式】对话框，选择【边框】选项卡，在【样式】列表框中选择表格边框样式，单击【颜色】下拉按钮，设置表格边框颜色，然后分别单击【上边框】按钮和【下边框】按钮，单击【确定】按钮，如图 6-19 所示。

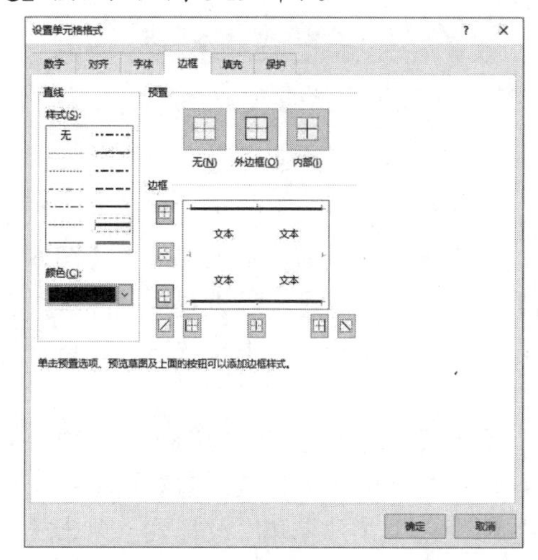

图 6-19

step 3 选中表格的标题栏，再次按 Ctrl+1 快捷键打开【设置单元格格式】对话框，在【样式】列表框中选择一种细线边框样式后，单击【下边框】按钮，然后单击【确定】按钮完成操作。此时，工作表中的表格效果如图 6-20 所示。

开单日期	业务类型	品名/规格	数量	单位	价格	备注
2025/1/17	正常销售订单	香芎颗粒/4g•9袋	30	盒	¥4,201,912	
2025/1/18		苏黄止咳胶囊/0.45g•12S•2板	40	盒	¥6,772,011	
2025/1/19	销售差价	初始化品种/4	10	筒	¥9,832	
2025/1/20		伏立康唑分散片/200mg•6T	40	盒	¥322,834	
2025/1/21		枸地氯雷他定片/8.8mg•6T(薄膜衣)	100	盒	¥1,497,521	
2025/1/22	正常销售订单	正元胶囊/0.45g•24S	600	盒	¥2,342,192	
2025/1/23		开塞露/20ml(含甘油)	400	支	¥5,381,921	
2025/1/24		伏立康唑分散片/200mg•6T	40	盒	¥431,234	
2025/1/25	销售差价	托伐普坦片(苏麦卡)/15mg•5T	2	盒	¥9,821	
2025/1/26	正常销售订单	托伐普坦片(苏麦卡)/15mg•5T	30	盒	¥764,241	
2025/1/27		托珠单抗注射液(雅美罗)/80mg/4ml	30	瓶	¥467,864	
2025/1/28	销售差价	初始化品种/4	5	筒	¥1,245	
2025/1/11		正元胶囊/0.45g•24S	34	盒	¥634,518	
2025/1/14	正常销售订单	开塞露/20ml(含甘油)	107	支	¥2,625,103	
2025/1/18		伏立康唑分散片/200mg•6T		盒	¥98,172,491	
2025/1/26		枸地氯雷他定片/8.8mg•6T(薄膜衣)	210	盒	¥31,152,345	
				汇总		

图 6-20

【例 6-2】在【设置单元格格式】对话框中为某产品的销量统计表制作斜线表头。

视频+素材　(素材文件\第 06 章\例 6-2)

step 1 打开工作表后选中 B1 单元格中的文本“销量”，如图 6-21 所示。

	A	B	C	D	E	F
1		销量地区	销售数量	销售金额	实现利润	
2		华东	59	¥329,300	¥121,390	
3		华北	80	¥23,118	¥9,317	
4		西北	70	¥174,215	¥53,194	
5		西南	58	¥13,452	¥1,927	
6		合计				
7						

图 6-21

step 2 按 Ctrl+1 快捷键打开【设置单元格格式】对话框，选中【下标】复选框，然后单击【确定】按钮，如图 6-22 所示。

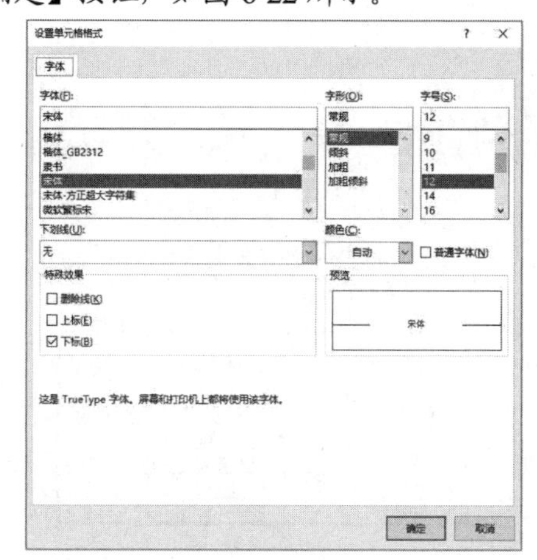

图 6-22

step 3 选中 B1 单元格中的文本“地区”，按 Ctrl+1 快捷键打开【设置单元格格式】对话框，选中【上标】复选框后，单击【确定】按钮。

step 4 选中 B1 单元格，单击【开始】选项卡【字体】组中的【增大字号】按钮，如图 6-23 所示，增大 B1 单元格中文本字体(到合适的大小为止)。

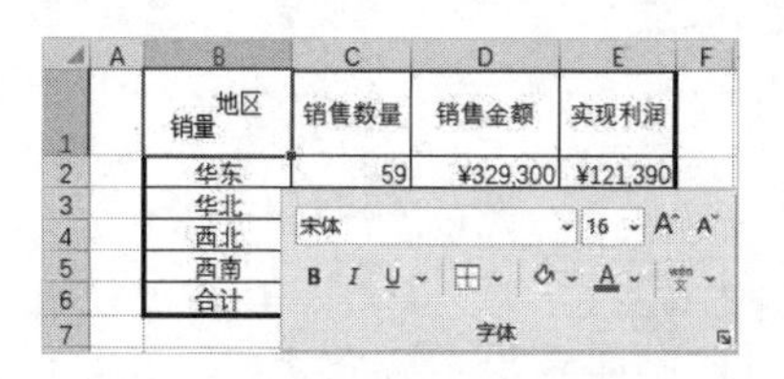

图 6-23

step 5 按 Ctrl+1 快捷键再次打开【设置单元格格式】对话框，选择【边框】选项卡，在【样式】列表框中选择一种边框样式后单击【斜线】按钮，然后单击【确定】按钮，如图 6-24 所示。

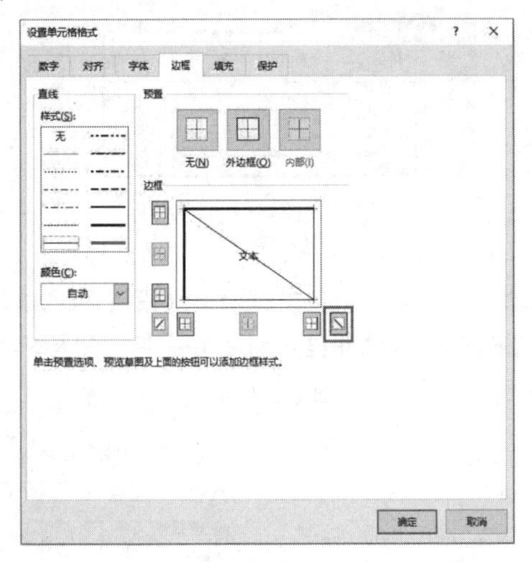

图 6-24

step 6 数据表斜线表头效果如图 6-25 所示。

	A	B	C	D	E	F
1		地区 销量	销售数量	销售金额	实现利润	
2		华东	59	¥329,300	¥121,390	
3		华北	80	¥23,118	¥9,317	
4		西北	70	¥174,215	¥53,194	
5		西南	58	¥13,452	¥1,927	
6		合计				
7						

图 6-25

6.1.5 填充颜色设置

选中单元格后单击【开始】选项卡【字体】命令组中的【填充颜色】下拉按钮，可以在弹出的主题颜色面板中选择单元格的背景颜色，如图 6-26 所示。

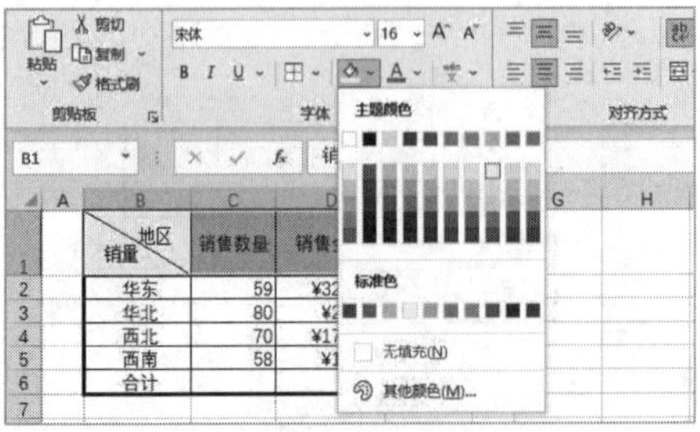

图 6-26

除此之外，在【设置单元格格式】对话框的【填充】选项卡中，可以在设置单元格背景颜色的同时设置填充效果和图案效果等选项，如图 6-27 所示。

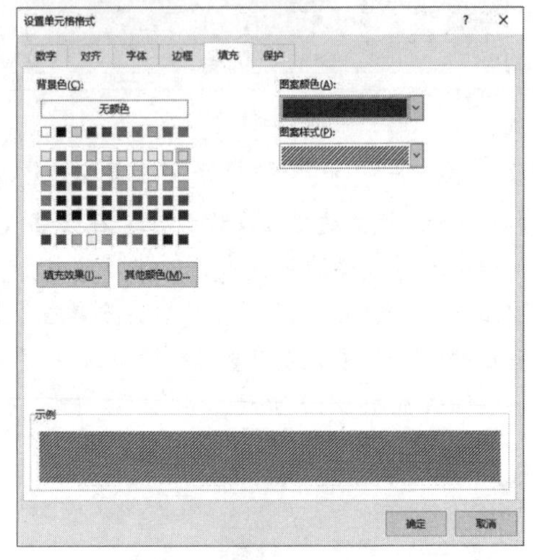

图 6-27

在【填充】选项卡的【背景色】区域中可以选择单元格的填充颜色，单击【图案颜色】下拉按钮可以进一步设置填充图案的颜色，单击【图案样式】下拉按钮可以设置填充图案的样式。

单击【填充】选项卡中的【填充效果】按钮，在打开的【填充效果】对话框中可以设置渐变色填充效果和底纹样式。单击【其他颜色】按钮，在打开的【颜色】对话框中可以自定义单元格填充颜色，如图 6-28 所示。

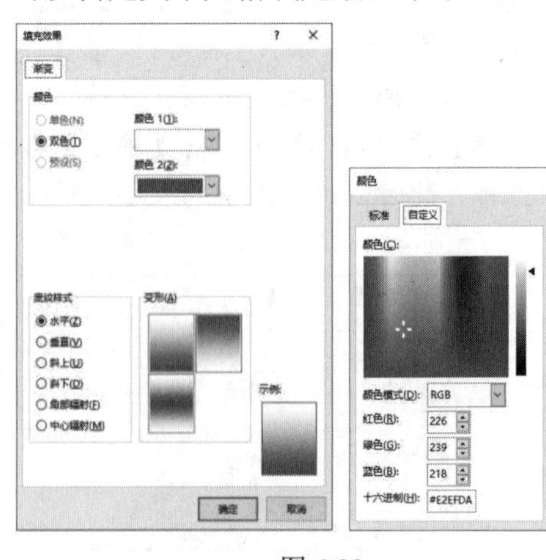

图 6-28

6.1.6　套用表格格式

在 Excel 中，用户可以通过套用表格格式快速为数据表应用软件内置的表格格式。

【例 6-3】为产品销量统计表快速套用 Excel 内置的表格样式。

视频+素材　(素材文件\第 06 章\例 6-3)

step 1　继续例 6-2 的操作，单击数据区域任意单元格，在【开始】选项卡【样式】命令组中单击【套用表格格式】下拉按钮，在弹出的下拉列表中选择一种表格样式，如图 6-29 所示。

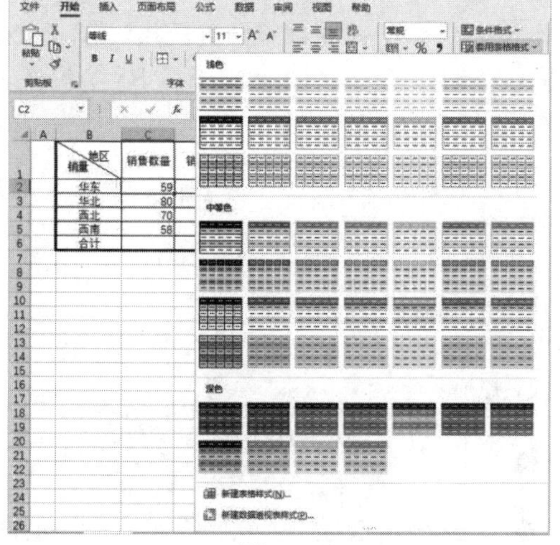

图 6-29

step 2　打开【套用表格式】对话框，保持默认设置，单击【确定】按钮，如图 6-30 所示。

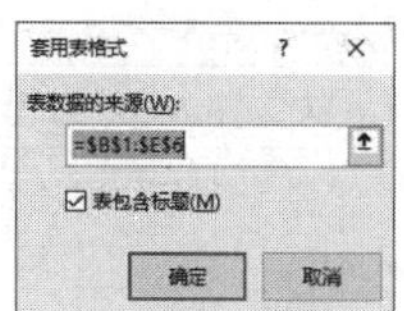

图 6-30

step 3　此时，活动单元格所在连续数据区域将创建为"表格"，并应用相应的样式效果，如图 6-31 所示。

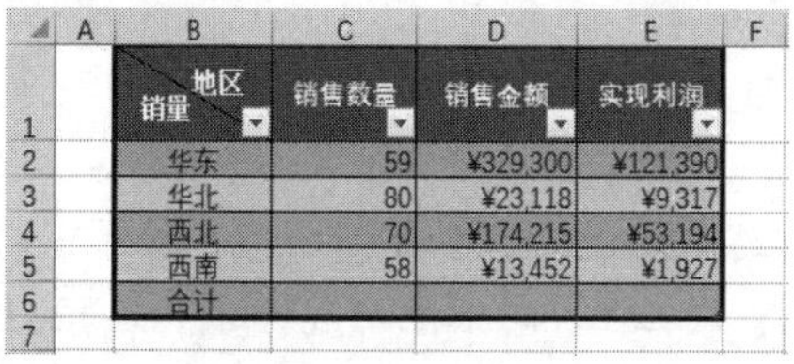

	A	B	C	D	E	F
1		地区 销量	销售数量	销售金额	实现利润	
2		华东	59	¥329,300	¥121,390	
3		华北	80	¥23,118	¥9,317	
4		西北	70	¥174,215	¥53,194	
5		西南	58	¥13,452	¥1,927	
6		合计				
7						

图 6-31

6.1.7　复制格式

如果用户需要将现有的单元格格式复制到其他单元格或区域，可以使用以下方法。

▶ 方法 1：选中带有格式的单元格或区域，按 Ctrl+C 快捷键执行【复制】命令，然后选中并右击目标单元格或区域，在弹出的菜单中选择粘贴选项为【格式】，如图 6-32 所示。

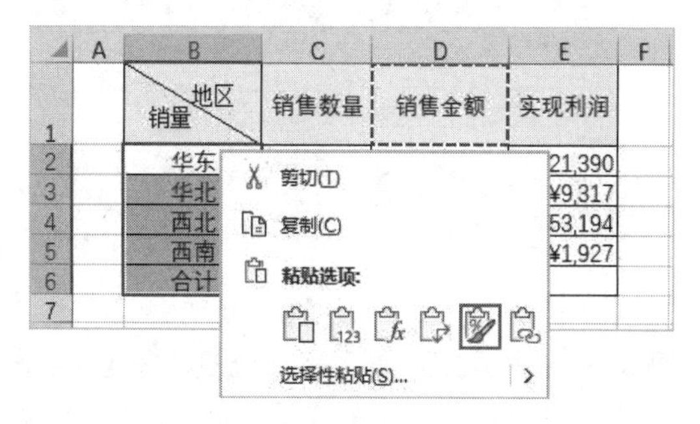

图 6-32

▶ 方法 2：选中需要复制格式的单元格后，单击【开始】选项卡【剪贴板】命令组中的【格式刷】按钮，此时鼠标光标将变为，移动到目标单元格或区域，按下鼠标左键不放进行拖动，即可将单元格格式复制到目标单元格区域，如图 6-33 所示。

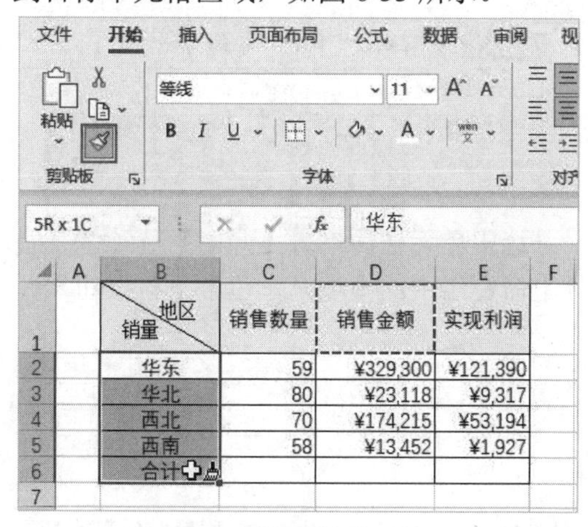

图 6-33

知识点滴

双击格式刷可以在不连续的区域内多次使用格式刷复制单元格格式。操作完成后再次单击【格式刷】按钮或按 Ctrl+S 快捷键可以退出格式刷状态。

【例 6-4】图 6-34 左图所示为京东图书搜索词数据表，使用“格式刷”工具快速统一数据表混乱的单元格格式，使其效果如图 6-34 右图所示。

视频+素材 (素材文件\第 06 章\例 6-4)

	A	B
1	关键词	销量(万件)
2	雷达	15
3	变频器	138
4	电子	11
5	电路	8.5
6	半导体	7.97
7	ccna	7.2
8	数字信号处理	6.8
9	激光雷达	6.3
10	zabbix	65
11	大话5g	3.15
12	正山小种	3.45
13	卷筒纸	26.8
14	神笔马良	15
15	涂料	138
16	传感器	11
17	二手车	8.5
18	3d打印	7.97
19	机械	7.2
20	充电桩	6.8
21	建筑设计防火规范	6.3
22	python	65
23	高效办公	3.15

京东图书搜索词数据

	A	B
1	关键词	销量(万件)
2	雷达	15
3	变频器	138
4	电子	11
5	电路	8.5
6	半导体	7.97
7	ccna	7.2
8	数字信号处理	6.8
9	激光雷达	6.3
10	zabbix	65
11	大话5g	3.15
12	正山小种	3.45
13	卷筒纸	26.8
14	神笔马良	15
15	涂料	138
16	传感器	11
17	二手车	8.5
18	3d打印	7.97
19	机械	7.2
20	充电桩	6.8
21	建筑设计防火规范	6.3
22	python	65
23	高效办公	3.15

京东图书搜索词数据

图 6-34

step 1 选中 A2:B3 单元格区域后单击【开始】选项卡中的【格式刷】按钮，然后按 Ctrl+Shit+↓快捷键。

step 2 此时，A 行和 B 行的单元格格式将被自动填充到 A 列和 B 列包含数据的连续单元格区域中。

【例 6-5】图 6-35 所示为某公司产品的销售情况汇总表，其数据量在 500 条左右。使用“格式刷”工具为所有“销售差价”数据统一应用 B5 单元格的格式。

视频+素材 (素材文件\第 06 章\例 6-5)

	A	B	C	D	E	F	G
1	销售情况汇总表						
2	开单日期	业务类型	品名/规格	数量	单位	价格	备注
3	2025/1/17	正常销售订单	香芍颗粒/4g*9袋	30	盒	¥42,019	
4	2025/1/18		苏黄止咳胶囊/0.45g*12S*2板	40	盒	¥67,720	
5	2025/1/19	销售差价	初始化品种/4	10	筒	¥9,832	特批
6	2025/1/20	正常销售订单	伏立康唑分散片/200mg*6T	40	盒	¥322,834	
7	2025/1/21		枸地氯雷他定片/8.8mg*6T(薄膜衣)	100	盒	¥1,497,521	
8	2025/1/22		正元胶囊/0.45g*24S	600	盒	¥2,342,192	
9	2025/1/23		开塞露/20ml(含甘油)	400	支	¥5,381,921	
10	2025/1/24		伏立康唑分散片/200mg*6T	40	盒	¥431,234	
11	2025/1/25	销售差价	托伐普坦片(苏麦卡)/15mg*5T	2	盒	¥9,821	特批
12	2025/1/26	正常销售订单	托伐普坦片(苏麦卡)/15mg*5T	30	盒	¥764,241	
13	2025/1/27		托珠单抗注射液(雅美罗)/80mg/4ml	30	瓶	¥467,864	
14	2025/1/28	销售差价	初始化品种/4	5	筒	¥1,245	特批
15	2025/1/29	正常销售订单	正元胶囊/0.45g*24S	34	盒	¥634,518	
16	2025/1/30		开塞露/20ml(含甘油)	107	支	¥2,625,103	
17	2025/1/31		伏立康唑分散片/200mg*6T	439	盒	¥98,172,491	
18	2025/2/1		枸地氯雷他定片/8.8mg*6T(薄膜衣)	210	盒	¥31,152,345	
19	2025/2/2	正常销售订单	香芍颗粒/4g*9袋	30	盒	¥42,019	
20	2025/2/3		苏黄止咳胶囊/0.45g*12S*2板	40	盒	¥67,720	
21	2025/2/4	销售差价	初始化品种/4	10	筒	¥9,832	特批
22	2025/2/5	正常销售订单	伏立康唑分散片/200mg*6T	40	盒	¥322,834	
23	2025/2/6		枸地氯雷他定片/8.8mg*6T(薄膜衣)	100	盒	¥1,497,521	
24	2025/2/7		正元胶囊/0.45g*24S	600	盒	¥2,342,192	
25	2025/2/8		开塞露/20ml(含甘油)	400	支	¥5,381,921	
26	2025/2/9		伏立康唑分散片/200mg*6T	40	盒	¥431,234	
27	2025/2/10	销售差价	托伐普坦片(苏麦卡)/15mg*5T	2	盒	¥9,821	特批

图 6-35

step 1 选中 B5 单元格后双击【开始】选项卡中的【格式刷】按钮，然后按 Ctrl+F 快捷键打开【查找和替换】按钮，在【查找内容】文本框中输入“销售差价”，然后单击【查找全部】按钮，如图 6-36 所示。

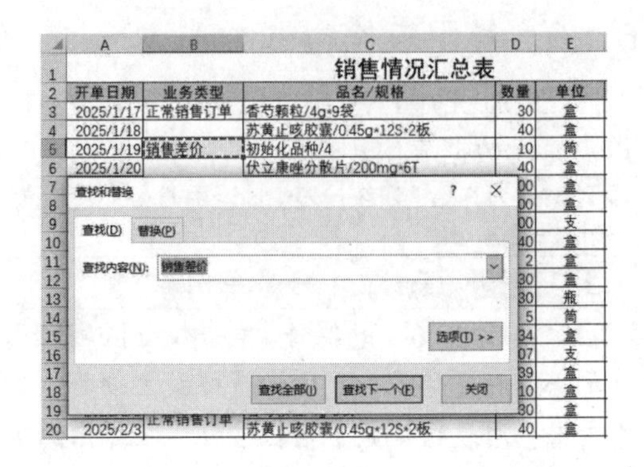

图 6-36

step 2 按 Ctrl+A 快捷键全选查找结果，Excel 将自动为所有找到的单元格应用 B5 单元格的格式，如图 6-37 所示。

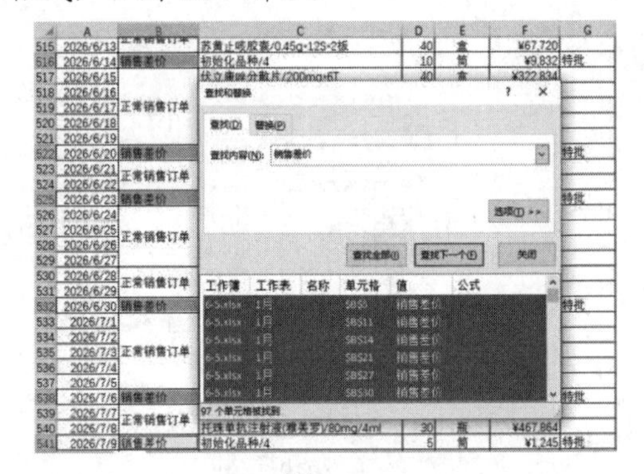

图 6-37

【例 6-6】图 6-38 中第 12~14 行为新增加的表格数据，新数据与表格原有数据的格式不一致。使用“格式刷”工具快速统一表格所有数据的格式。

视频+素材 (素材文件\第 06 章\例 6-6)

	A	B	C	D	E	F
1	姓名	性别	1单元	2单元	3单元	4单元
2	李亮辉	男	95	99	93	91
3	林雨馨	女	92	96	93	95
4	莫静静	女	91	93	88	96
5	刘乐乐	女	96	87	93	96
6	杨晓亮	男	82	91	87	90
7	张珺涵	男	96	90	85	96
8	姚妍妍	女	83	93	88	91
9	许朝霞	女	93	88	91	82
10	李 娜	女	87	98	89	88
11	杜芳芳	女	91	93	96	90
12	刘自建	男	82	88	87	82
13	王 巍	男	96	93	90	91
14	段程鹏	男	82	90	96	82

图 6-38

选中第 3 行后单击【开始】选项卡中的【格式刷】按钮，向下拖动鼠标选中第 12~14 行即可。

6.2　设置单元格样式

在 Excel 中单击功能区【开始】选项卡【样式】命令组中的【单元格样式】下拉按钮，在弹出的列表中用户可以为单元格设置样式，如图 6-39 所示。单元格样式是一系列特定单元格格式的组合，能够方便快捷地实现复杂的格式化设置，确保 Excel 表格的格式规范与统一。

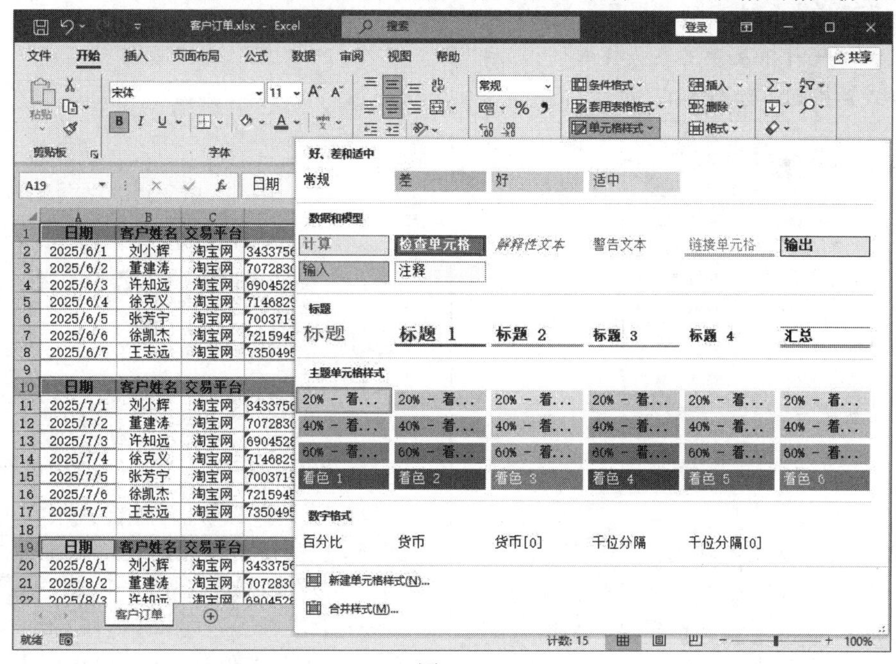

图 6-39

6.2.1　应用内置样式

在图 6-39 所示的【单元格样式】列表中包含多个 Excel 内置单元格样式效果，将光标悬停在某个单元格样式上后，所选单元格区域将会实时显示应用该样式的预览效果，单击鼠标即可将样式应用到所选单元格区域。

如果需要更改某个内置样式的效果，可以在该样式上右击鼠标，在弹出的快捷菜单中选择【修改】命令，如图 6-40 所示。

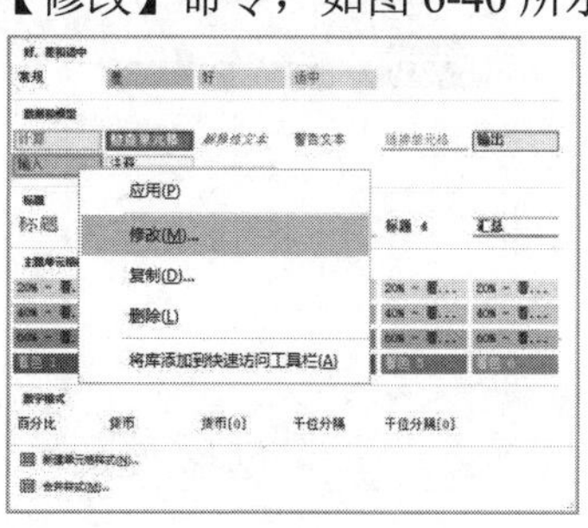

图 6-40

在打开的【样式】对话框中单击【格式】按钮，可以打开【设置单元格格式】对话框，根据需要对单元格样式效果进行调整，如图 6-41 所示。

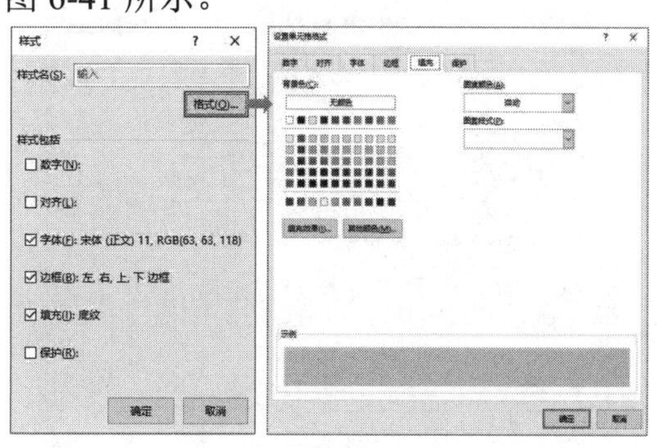

图 6-41

6.2.2　自定义新样式

除使用 Excel 内置的单元格样式以外，用户还可以使用自定义的单元格样式。

【例 6-7】创建一个名为“统计报表专用表头样式”的单元格样式。视频

step 1 单击【开始】选项卡中的【单元格样式】下拉按钮(或【样式】命令组中的【其他】按钮),在弹出列表中选择【新建单元格样式】命令，打开【样式】对话框，在【样式名】文本框中输入“统计报表专用表头样式”，然后单击【格式】按钮，如图 6-42 所示。

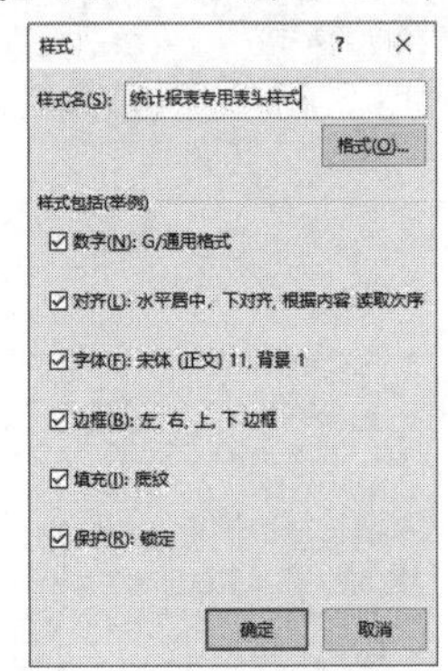

图 6-42

step 2 打开【设置单元格格式】对话框，选择【字体】选项卡，分别设置字体、字形和字号等项目，单击【确定】按钮，如图 6-43 所示。

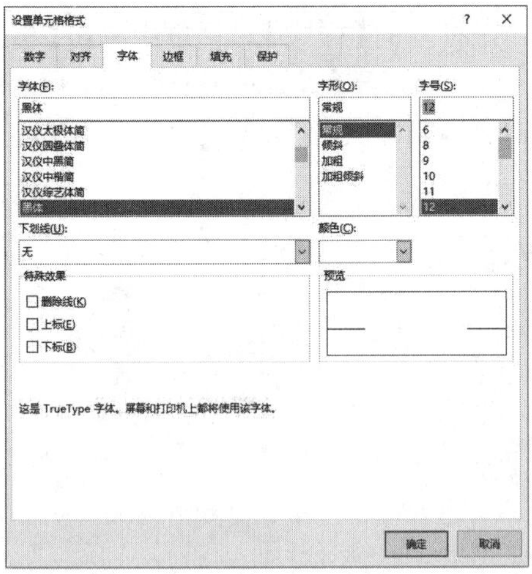

图 6-43

step 3 返回【样式】对话框后单击【确定】按钮。

根据工作中的实际需要，可以重复以上步骤创建多组自定义样式。新建自定义单元格样式后，在样式列表的顶端将会出现【自定义】样式区域，如图 6-44 所示，其中包含了新建的自定义样式的名称。

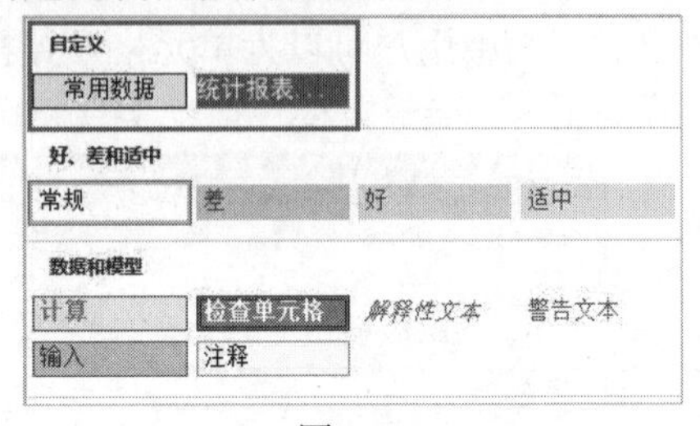

图 6-44

如果需要删除自定义样式，可以右击该样式，在弹出的快捷菜单中选择【删除】命令。

6.2.3 合并样式

用户创建的自定义单元格样式仅保存在当前工作簿中，不能直接在其他工作簿中应用。如果需要在其他工作簿中使用当前的自定义样式，可以通过合并样式来实现。

【例 6-8】将例 6-7 创建的自定义样式通过“合并样式”操作应用于新建的工作簿中。视频

step 1 继续例 6-7 的操作，按 Ctrl+N 快捷键创建一个新的工作簿，然后按 F12 键将该工作簿以文件名“新工作簿”保存。

step 2 返回例 6-7 操作的工作簿，单击【开始】选项卡中的【单元格样式】下拉按钮(或【样式】命令组中的【其他】按钮),在弹出的列表中选择【合并样式】选项。

step 3 打开【合并样式】对话框，选中【新工作簿】选项后，单击【确定】按钮，如图 6-45 所示。

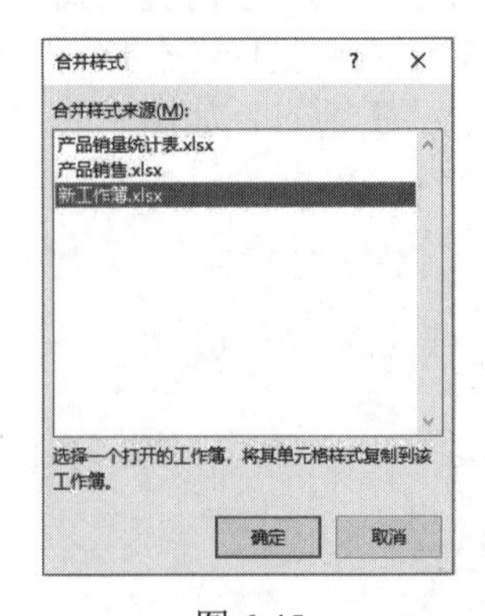

图 6-45

6.3 使用主题

单击功能区【页面布局】选项卡【主题】命令组中的【主题】下拉按钮，在展开的样式列表中用户可以为表格应用主题。分别单击【主题】命令组中的【颜色】【字体】【效果】下拉按钮，可以为主题设置不同的主题效果选项。各应用主题列表如图 6-46 所示。

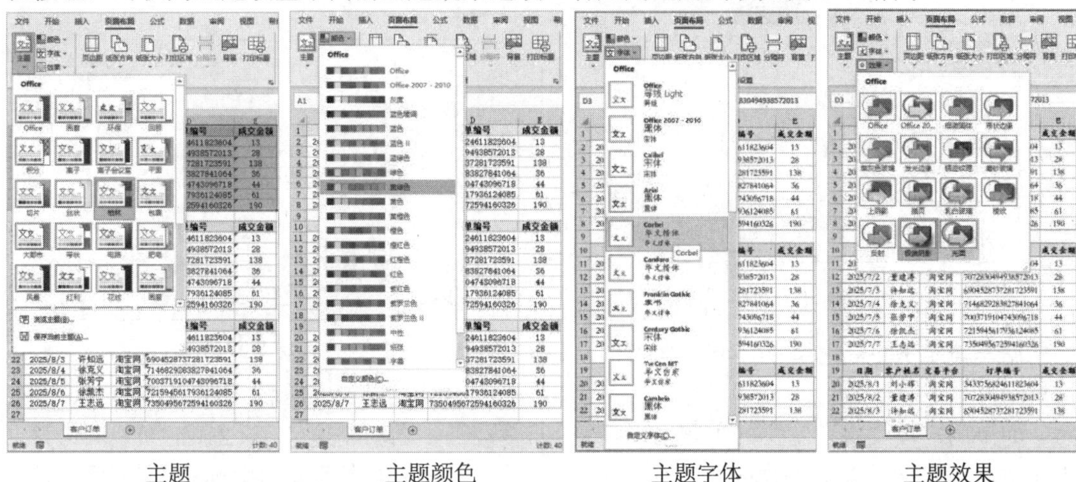

主题　　主题颜色　　主题字体　　主题效果

图 6-46

Excel 主题是一组预定义的格式和样式集合，用于一次性对整个工作表或工作簿进行格式化。每个 Excel 主题都包含了字体、颜色、背景等各种元素的组合，可以让工作表或工作簿以一种统一、协调的方式呈现。

6.3.1 主题三要素

在 Excel 中通过设置主题，能够对整个数据表的颜色、字体、效果进行快速格式化。

1. 颜色

主题颜色是一组预定义的颜色方案，它可以应用于工作簿中的各种元素，例如单元格、图表、表格等。通过使用主题颜色，用户可以保持整体风格一致性，使工作簿看起来更专业和协调。

2. 字体

主题字体是预定义的字体组合，它可以应用于工作簿的标题、正文、表格等。使用主题字体可以确保整体风格一致性，并提升工作簿的可读性和专业性。

3. 效果

主题效果是一组预定义的视觉样式，它可以应用于工作簿中的标题、单元格、图表等。通过使用主题效果，可以使工作簿中的元素看起来更加生动、立体。

6.3.2 自定义主题

在 Excel 中用户可以创建自定义颜色、字体和效果组合，也可以保存自定义主题以便在其他的文档中使用。以创建自定义主题颜色为例，自定义主题的具体操作如下。

step 1 选择【页面布局】选项卡后，单击【主题】命令组中的【颜色】下拉按钮，在弹出的下拉列表中选择【自定义颜色】选项。

step 2 打开【新建主题颜色】对话框，设置【文字/背景-深色 1】【文字/背景-浅色 1】【文字/背景-深色 2】【文字/背景-浅色 2】【着色 1】【着色 2】【超链接】【已访问的超链接】等主题颜色后，在【名称】文本框中输入主题名称，并单击【保存】按钮即可，如图 6-47 所示。

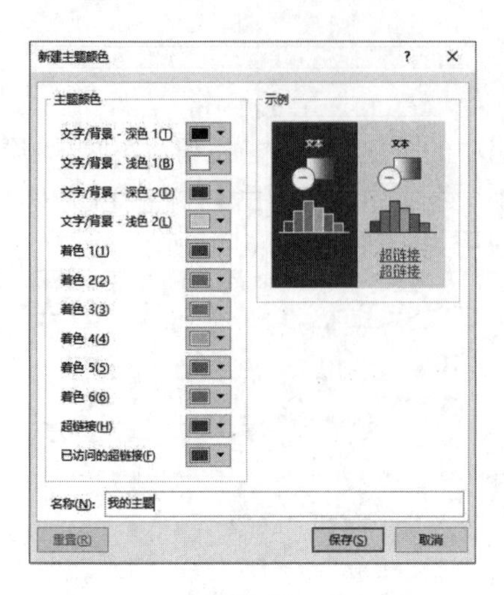

图 6-47

创建自定义主题字体的步骤与之类似，这里不再赘述。

如果用户需要将自定义的主题用于其他工作簿，可以参考以下步骤保存当前主题。

step① 单击【页面布局】选项卡中的【主题】下拉按钮，在弹出的下拉列表中选择【保存当前主题】选项。

step② 打开【保存当前主题】对话框，设置主题名称后，单击【保存】按钮即可，如图 6-48 所示。

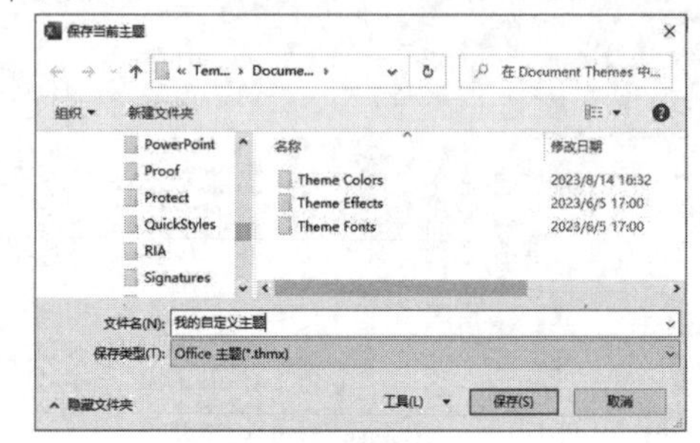

图 6-48

保存自定义主题后，将自动添加至【主题】列表中。若要删除自定义主题，可以右击该主题，在弹出的快捷菜单中选择【删除】命令。

6.4 清除格式

在 Excel 中，用户可以使用“清除格式”命令来清除单元格、区域或整个工作表中的格式设置，包括字体样式、颜色、边框、填充等。

以图 6-49 所示的某公司办公费用支出表为例，全选整张数据表后单击【开始】选项卡【编辑】命令组中的【清除】下拉按钮，在弹出的列表中选择【清除格式】选项。

	A	B	C	D	E
1	部门名称	办公用品类别	支出金额	支出时间	支取人
2	财务部	文具	¥300	2023/1/5	张晓梅
3	财务部	电子设备	¥2,000	2023/2/15	王宇航
4	财务部	家具	¥1,500		
5	财务部	耗材	¥500		
6	营销部	文具	¥400		
7	营销部	电子设备	¥2,500		
8	营销部	家具	¥1,800		
9	营销部	耗材	¥800		
10	企划部	文具	¥200		
11	企划部	电子设备	¥1,800		
12	企划部	家具	¥1,200		

图 6-49

此时，将自动清除选中单元格区域中的格式，单元格格式将恢复为 Excel 默认状态，数字格式将恢复为【常规】，如图 6-50 所示。

	A	B	C	D	E
1	部门名称	办公用品类别	支出金额	支出时间	支取人
2	财务部	文具	300	44931	张晓梅
3	财务部	电子设备	2000	44972	王宇航
4	财务部	家具	1500	44995	李小龙
5	财务部	耗材	500	45036	刘婷婷
6	营销部	文具	400	44933	陈鹏飞
7	营销部	电子设备	2500	44975	王芳华
8	营销部	家具	1800	44997	张阳阳
9	营销部	耗材	800	45041	李婷婷
10	企划部	文具	200	44936	张东明
11	企划部	电子设备	1800	44977	王欣然
12	企划部	家具	1200	45000	李小倩

图 6-50

6.5 美化表格

在使用 Excel 制作一些比较专业的数据表时，由于表格要提交给其他合作伙伴或领导，通常需要美化表格，使其布局合理、颜色与字体协调、数据多而不乱。

为了让表格看上去美观大方，在工作表中完成数据录入后，用户可以进行以下操作。

▶ 清除主要数据区域之外的填充颜色、边框等单元格格式，并在【视图】选项卡中取消【网格线】复选框的选中状态。

▶ 如果发现表格存在公式产生的错误值，可以使用 IFERROR 函数进行屏蔽，或者手动删除错误值。

▶ 将数字格式设置为无货币符号的“会计专用”格式，可以将单元格中的零值显示为短横线。

▶ 在选择字体时，首先应考虑表格的用途，商务类表格通常可以使用等线或 Arial Unicode MS 等字体，同时应考虑不同字段的字号大小是否协调。

▶ 在设置颜色时，同一张表格内应注意尽量不要使用过多或者过于鲜艳的颜色。如果需要使用多种颜色，可以在一些专业配色网站上搜索并选择合适的配色方案。或者使用同一种色系的相近色。

▶ 可以借助不同粗细单元格边框线条或不同深浅的填充颜色来区分数据的层级，边框颜色除了使用默认黑色，还可以使用浅蓝、浅灰、浅绿等颜色。

6.6　案例演练

本章主要介绍了在 Excel 中设置单元格格式的方法。下面的案例演练部分将通过操作案例，帮助用户综合利用 Excel 的各种功能进一步掌握所学的知识。

【例 6-9】设置表格在一定范围内自动根据录入的数据添加边框。

视频+素材　(素材文件\第 06 章\例 6-9)

step 1　打开工作表后选中需要自动添加边框的单元格区域(本例为 A1:F18 区域)，然后单击【开始】选项卡中的【条件格式】下拉按钮，在弹出的列表中选择【新建规则】选项，如图 6-51 所示。

图 6-51

step 2　打开【新建格式规则】对话框，在【选择规则类型】列表框中选择【使用公式确定要设置格式的单元格】选项，在【为符合此公式的值设置格式】输入框中输入“=”，然后单击选中区域左上角的第 1 个单元格(本例为 A1 单元格)。

step 3　按 F4 键将单元格的引用方式修改为“=$A1”，然后输入“<>""”，并单击【预览】右侧的【格式】按钮，如图 6-52 所示。

图 6-52

step 4　打开【设置单元格格式】对话框，选择【边框】选项卡，单击【外边框】按钮后单击【确定】按钮。

step 5　返回【新建格式规则】对话框，单击【确定】按钮。此时，在 A1:F18 区域录入数据，系统将自动添加边框，如图 6-53 所示。

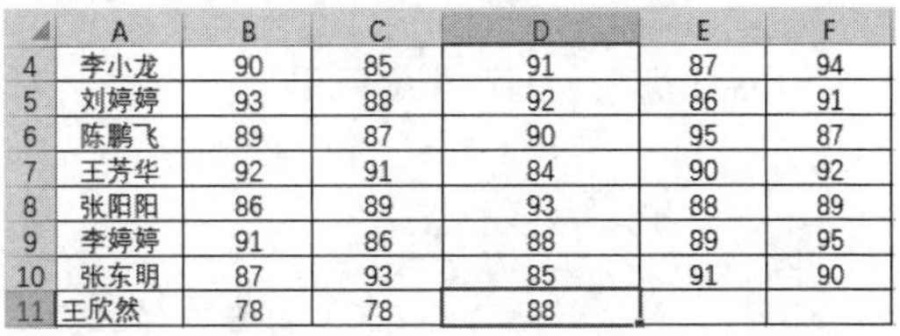

	A	B	C	D	E	F
4	李小龙	90	85	91	87	94
5	刘婷婷	93	88	92	86	91
6	陈鹏飞	89	87	90	95	87
7	王芳华	92	91	84	90	92
8	张阳阳	86	89	93	88	89
9	李婷婷	91	86	88	89	95
10	张东明	87	93	85	91	90
11	王欣然	78	78	88		

图 6-53

【例 6-10】图 6-54 所示为某商场中各店铺服装类商品的销售记录。现在为数据表套用样式，并通过样式的【表设计】选项卡插入切片器，实现快速筛选表格中的【店铺名称】和【商品名称】数据。

视频+素材 (素材文件\第 06 章\例 6-10)

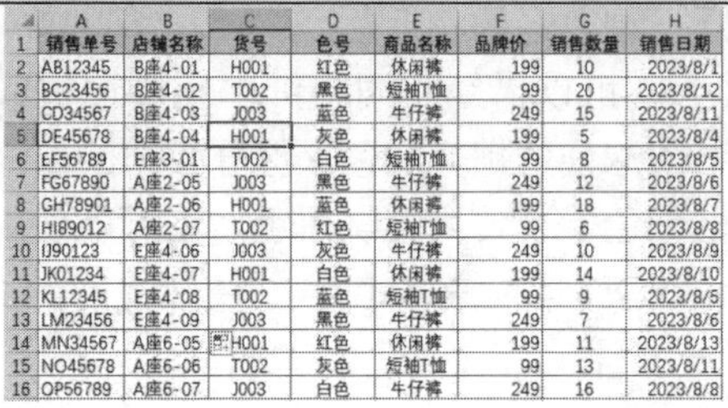

销售单号	店铺名称	货号	色号	商品名称	品牌价	销售数量	销售日期
AB12345	B座4-01	H001	红色	休闲裤	199	10	2023/8/1
BC23456	B座4-02	T002	黑色	短袖T恤	99	20	2023/8/12
CD34567	B座4-03	J003	蓝色	牛仔裤	249	15	2023/8/11
DE45678	B座4-04	H001	灰色	休闲裤	199	5	2023/8/4
EF56789	E座3-01	T002	白色	短袖T恤	99	8	2023/8/5
FG67890	A座2-05	J003	黑色	牛仔裤	249	12	2023/8/6
GH78901	A座2-06	H001	蓝色	休闲裤	199	18	2023/8/7
HI89012	A座2-07	T002	红色	短袖T恤	99	6	2023/8/8
IJ90123	E座4-06	J003	灰色	牛仔裤	249	10	2023/8/9
JK01234	E座4-07	H001	白色	休闲裤	199	14	2023/8/10
KL12345	E座4-08	T002	蓝色	短袖T恤	99	9	2023/8/5
LM23456	E座4-09	J003	黑色	牛仔裤	249	7	2023/8/6
MN34567	A座6-05	H001	红色	休闲裤	199	11	2023/8/13
NO45678	A座6-06	T002	灰色	短袖T恤	99	13	2023/8/11
OP56789	A座6-07	J003	白色	牛仔裤	249	16	2023/8/8

图 6-54

step 1 选中数据表中的任意单元格后，单击【开始】选项卡中的【其他】下拉按钮，在弹出的库中选择一种样式，打开【套用表格式】对话框，保持默认设置，单击【确定】按钮，如图 6-55 所示。

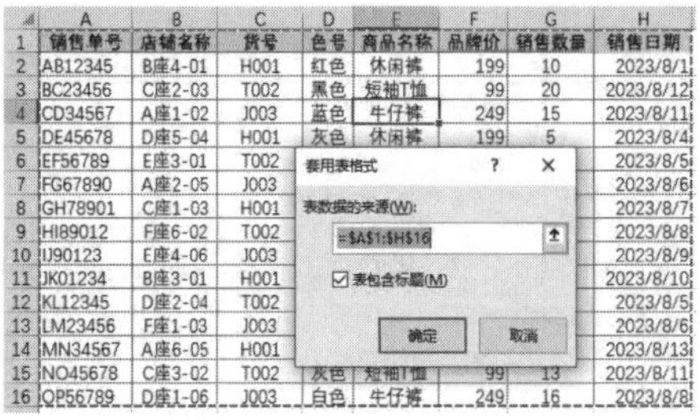

图 6-55

step 2 选择【表设计】选项卡，单击【工具】命令组中的【插入切片器】按钮，打开【插入切片器】对话框，选中【店铺名称】和【商品名称】复选框后，单击【确定】按钮，如图 6-56 所示。

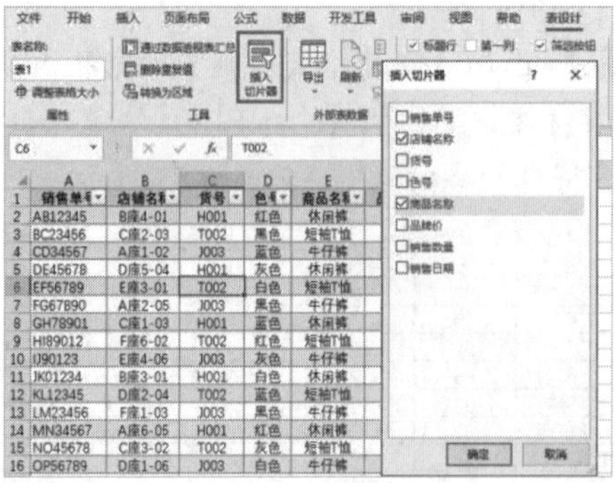

图 6-56

step 3 此时，将在工作表中插入图 6-57 所示的切片器窗格，单击切片器中的【店铺名称】或【商品名称】选项，可以对表格中的数据店铺名称或商品名称进行筛选(单击切片器窗格右上角的【清除筛选器】按钮可以清除筛选)。

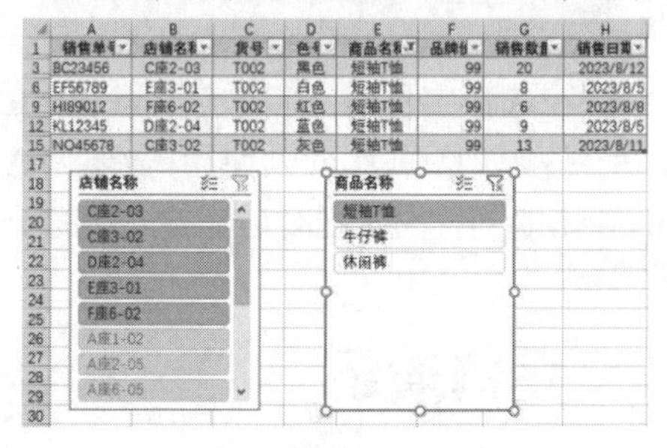

图 6-57

【例 6-11】某公司“销售数据.xlsx”工作簿中包含了上百个工作表，每个工作表采用相同的结构记录了该公司的销售数据明细。现在需要使用 Python 编写一段程序，批量格式化工作簿中所有工作表第一行数据的格式，美化表头效果。

视频+素材 (素材文件\第 06 章\例 6-11)

step 1 打开 ChatGPT 输入提问：编写一段 Python 程序，批量调整“销售数据.xlsx”工作簿中所有工作表的字体样式，设置 A1:H1 区域的填充颜色为黄色，字体为“黑体”，字号为 12。

step 2 复制 ChatGPT 生成的代码。在保存“销售数据.xlsx”文件的工作簿中创建一个文本文件，并将其文件名修改为“批量格式化工作表.py”。

step 3 使用 PyCharm 打开“批量格式化工作表.py”文件，粘贴 ChatGPT 生成的代码，然后在文件夹地址栏中使用 cmd 命令打开命令窗口，执行“Python 批量格式化工作表.py”命令，即可批量修改“销售数据.xlsx”工作簿中所有工作表 A1:H1 区域的字体格式。

知识点滴

使用 ChatGPT 生成 Python 代码时，人工智能未必能一次就生成合适的代码。用户可以在 PyCharm 程序中单击按钮，或按 Shift+F10 快捷键运行代码，如果代码错误，PyCharm 会弹出错误提示。用户可以将错误提示复制给 ChatGPT，提示人工智能根据错误提示，进一步修改 Python 代码，直到 ChatGPT 生成正确的代码。

第 7 章

使用公式与函数

分析和处理 Excel 工作表中的数据时，离不开公式和函数。公式和函数不仅可以帮助用户快速并准确地计算表格中的数据，还可以解决办公中的各种查询与统计问题。

本章对应视频

例 7-1 复制工作表中的公式
例 7-2 使用自动求和功能
例 7-3 使用【插入函数】对话框
例 7-4 在公式中混合引用数据源
例 7-5 使用公式汇总多表数据
例 7-6 制作二级下拉菜单
例 7-7 使用 COUNTIF 函数统计人数
本章其他视频参见视频二维码列表

7.1 公式和函数的基础知识

公式与函数是 Excel 进行数据计算和分析的核心工具。在使用公式与函数之前，用户首先要了解公式与函数的基本概念、单元格引用方式、公式中的运算符、函数的概念和结构及自定义名称等方面的知识。理解并掌握这些基础知识点，对进一步学习运用公式与函数解决问题有着非常重要的作用。

7.1.1 使用公式进行数据计算

Excel 中的公式是指以“=”开头，使用运算符并按照一定顺序组合各种元素进行数据运算的算式，通常包含运算符、单元格引用、数值、文本、工作表函数等元素。

1. 公式的输入和编辑

在单元格中输入“=”后，Excel 将自动进入公式输入状态，此时在单元格中输入含加号“+”或减号“-”等运算符号的算式，Excel 会计算出算式的结果。例如要在 A1 单元格计算 100+8 时，输入顺序依次为等号“=”→数字 100→加号“+”→数字 8，最后按 Enter 键或单击其他任意单元格结束输入，如图 7-1 所示。

图 7-1

如果要在 B1 单元格计算出 A1 和 A2 单元格中数值之和，输入的顺序依次为“=”→“A1”→“+”→“A2”，最后按 Enter 键。或者在输入“=”后，单击 A1 单元格，再输入“+”，然后单击选中 A2 单元格，最后按 Enter 键结束输入，如图 7-2 所示。

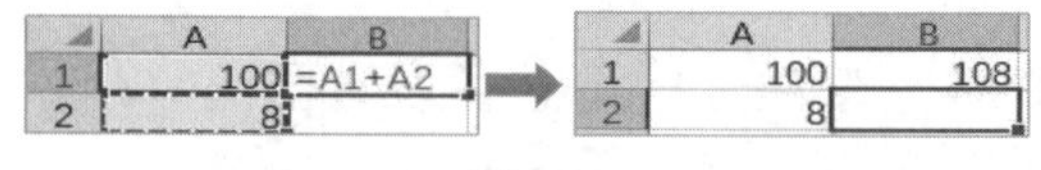

图 7-2

如果要对已有的公式进行修改，可以使用以下 3 种方法。

- 方法 1：选中公式所在的单元格后，按 F2 键。
- 方法 2：双击公式所在的单元格。
- 方法 3：先选中公式所在的单元格，然后单击编辑栏中的公式，在编辑栏中直接进行修改，最后单击编辑栏左侧的【输入】按钮✓或按下 Enter 键确认，如图 7-3 所示。

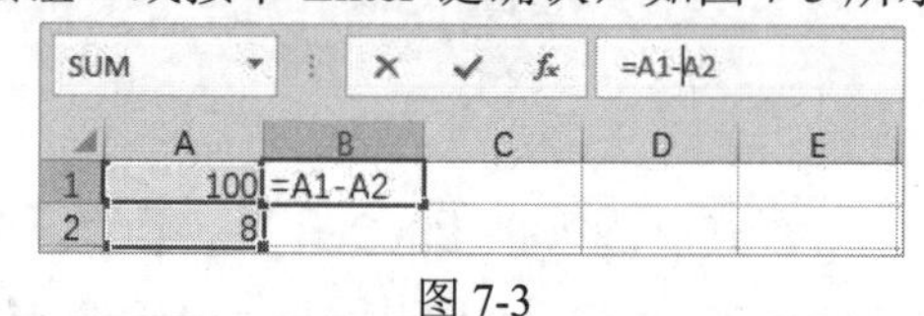

图 7-3

2. 公式的复制和填充

如果需要在多个单元格使用相同的计算规则，可以通过【复制】【粘贴】的方法实现。以图 7-4 所示的“实验仪器采购表”为例，要在该表的 F 列单元格区域中，分别根据 D 列的单价和 E 列的数量计算采购金额.

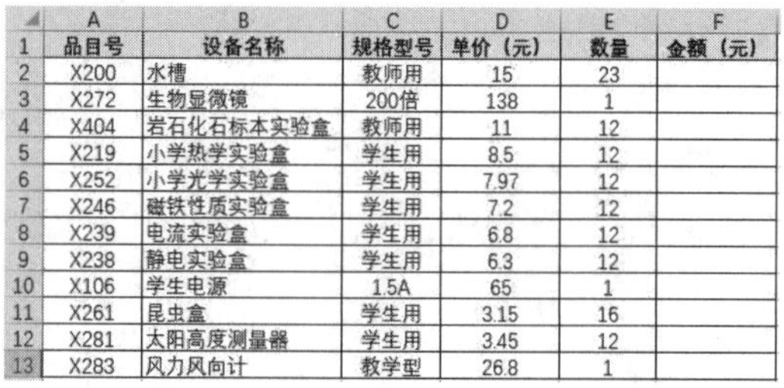

	A	B	C	D	E	F
1	品目号	设备名称	规格型号	单价（元）	数量	金额（元）
2	X200	水槽	教师用	15	23	
3	X272	生物显微镜	200倍	138	1	
4	X404	岩石化石标本实验盒	教师用	11	12	
5	X219	小学热学实验盒	学生用	8.5	12	
6	X252	小学光学实验盒	学生用	7.97	12	
7	X246	磁铁性质实验盒	学生用	7.2	12	
8	X239	电流实验盒	学生用	6.8	12	
9	X238	静电实验盒	学生用	6.3	12	
10	X106	学生电源	1.5A	65	1	
11	X261	昆虫盒	学生用	3.15	16	
12	X281	太阳高度测量器	学生用	3.45	12	
13	X283	风力风向计	教学型	26.8	1	

图 7-4

在 F2 单元格中输入以下公式计算金额：

```
=D2*E2
```

公式中“*”表示乘号。F 列各单元格中的计算规则都是单价乘以数量，因此只要将 F2 单元格中的公式复制到 F3:F13 区域，即可快速计算出其他器材的采购金额。

复制公式的方法如下。

- 方法 1：单击 F2 单元格，将光标指向该单元格右下角，当鼠标指针变为黑色“+”形填充柄时，按住鼠标左键向下拖动，到 F13 单元格时释放鼠标，如图 7-5 所示。

=D2*E2

C	D	E	F
规格型号	单价（元）	数量	金额（元）
教师用	15	23	¥345.00
200倍	138	1	
教师用	11	12	
学生用	8.5	12	
学生用	7.97	12	
学生用	7.2	12	
学生用	6.8	12	
学生用	6.3	12	
1.5A	65	1	
学生用	3.15	16	
学生用	3.45	12	
教学型	26.8	1	

=D2*E2

C	D	E	F
规格型号	单价（元）	数量	金额（元）
教师用	15	23	¥345.00
200倍	138	1	¥138.00
教师用	11	12	¥132.00
学生用	8.5	12	¥102.00
学生用	7.97	12	¥95.64
学生用	7.2	12	¥86.40
学生用	6.8	12	¥81.60
学生用	6.3	12	¥75.60
1.5A	65	1	¥65.00
学生用	3.15	16	¥50.40
学生用	3.45	12	¥41.40
教学型	26.8	1	¥26.80

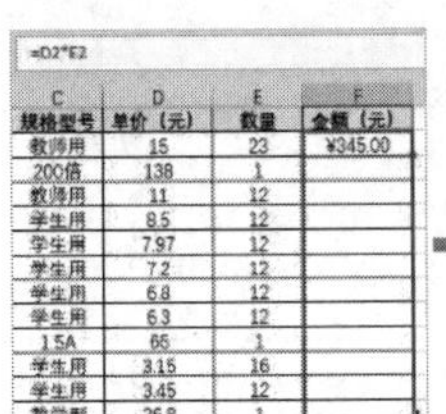

图 7-5

▶ 方法 2：单击选中 F2 单元格后，双击该单元格右下角的填充柄，公式将快速向下填充到 F13 单元格(使用该方法时需要相邻列中有连续的数据)。

如果不同单元格区域或不同工作表中的计算规则一致，也可以快速复制已有公式。

【例 7-1】将“实验仪器采购表”工作表中的公式复制到“体育器材采购表”工作表的 F 列。

视频+素材 (素材文件\第 07 章\例 7-1)

step 1 打开“实验仪器采购表”工作表后，选中 F2 单元格，按 Ctrl+C 快捷键复制公式，如图 7-6 所示。

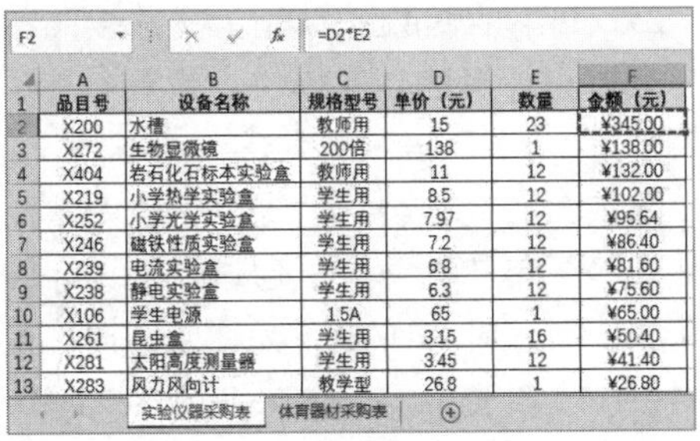

F2　=D2*E2

	A	B	C	D	E	F
1	品目号	设备名称	规格型号	单价（元）	数量	金额（元）
2	X200	水槽	教师用	15	23	¥345.00
3	X272	生物显微镜	200倍	138	1	¥138.00
4	X404	岩石化石标本实验盒	教师用	11	12	¥132.00
5	X219	小学热学实验盒	学生用	8.5	12	¥102.00
6	X252	小学光学实验盒	学生用	7.97	12	¥95.64
7	X246	磁铁性质实验盒	学生用	7.2	12	¥86.40
8	X239	电流实验盒	学生用	6.8	12	¥81.60
9	X238	静电实验盒	学生用	6.3	12	¥75.60
10	X106	学生电源	1.5A	65	1	¥65.00
11	X261	昆虫盒	学生用	3.15	16	¥50.40
12	X281	太阳高度测量器	学生用	3.45	12	¥41.40
13	X283	风力风向计	教学型	26.8	1	¥26.80

实验仪器采购表　体育器材采购表

图 7-6

step 2 选择“体育器材采购表”工作表，选中 F2 单元格后按 Ctrl+V 快捷键或者按下 Enter 键，快速粘贴公式，如图 7-7 所示。

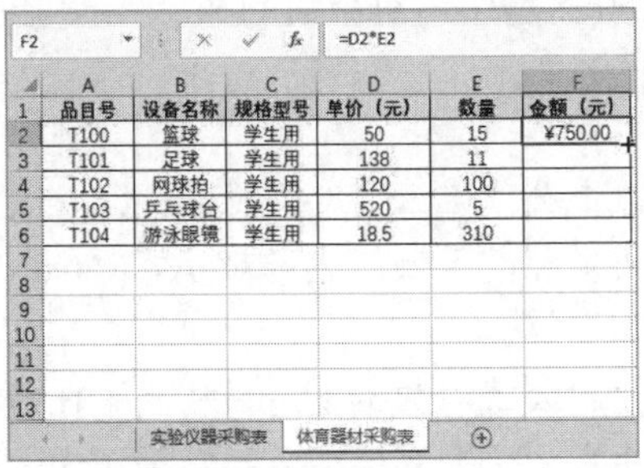

F2　=D2*E2

	A	B	C	D	E	F
1	品目号	设备名称	规格型号	单价（元）	数量	金额（元）
2	T100	篮球	学生用	50	15	¥750.00
3	T101	足球	学生用	138	11	
4	T102	网球拍	学生用	120	100	
5	T103	乒乓球台	学生用	520	5	
6	T104	游泳眼镜	学生用	18.5	310	
7						
8						
9						
10						
11						
12						
13						

实验仪器采购表　体育器材采购表

图 7-7

step 3 将鼠标指针放置在 F2 单元格右下角，当指针变为黑色“+”形填充柄时双击，将公式向下填充。

3. 公式中的运算符

运算符用于对公式中的元素进行特定的运算，或者用来连接需要运算的数据对象，并说明进行了哪种公式运算。Excel 中包含算术运算符、比较运算符、文本运算符和引用运算符 4 种类型的运算符，其说明如表 7-1 所示。

表 7-1　公式中的运算符及说明

符号	说明	示例
-	负号，算术运算符	=10*-5=-50
%	百分号，算术运算符	=50*8%=4
^	乘幂，算术运算符	5^2=25
*和/	乘和除，算术运算符	6*3/9=2
+和 -	加和减，算术运算符	=5+7-12=0
=,<>,>,<,>=,<=	等于、不等于、大于、小于、大于或等于和小于或等于，比较运算符	=(B1=B2) 判断 B1 与 B2 相等；=(A1<> "K01") 判断 A1 不等于 K01；=(A1>=1) 判断 A1 大于或等于 1
&	文本运算符，连接文本	="Excel"&" 案例教程" 返回 "Excel 案例教程"
:(冒号)	冒号，区域运算符	=SUM(A1:E6) 引用以冒号两边所引用的单元格为左上角和右下角的矩形区域
(单个空格)	单个空格，交叉运算符	=SUM(A1:E6 C3:F9) 引用 A1:E6 与 C3:F9 的交叉区域 C3:E6
,(逗号)	逗号，联合运算符	=SUM(A1:B5,A4:D9)

在表 7-1 中，算术运算符主要包含加、减、乘、除、百分比以及乘幂等各种常规的运算符；比较运算符主要用于比较数据的大小，包括对文本或数值的比较；文本运算符主要用于将文本字符或字符串进行连接与合并；引用运算符主要用于在工作表中产生单元格引用。

在 Excel 中，数据可以分为文本、数值、逻辑值、错误值等几种类型。其中，文本用一对半角双引号" "所包含的内容来表示，例如"Date"是由 4 个字符组成的文本。日期与时间是数值的特殊表现形式，数值 1 表示 1 天。逻辑值只有 TRUE 和 FALSE 两个，错误值主要有#VALUE!、#DIV/0!、#NAME?、#N/A、#REF!、#NUM!、#NULL!等几种组成形式。

除错误值外，文本、数值与逻辑值比较时按照以下顺序排列：

```
…、-2、-1、0、1、2、…、A~Z、FALSE、TRUE
```

即数值小于文本，文本小于逻辑值，错误值不参与排序。

如果公式中同时用到多个运算符，Excel 将会依照运算符的优先级来依次完成运算。如果公式中包含相同优先级的运算符，例如，公式中同时包含乘法和除法运算符，则 Excel 将从左到右进行计算。表 7-2 所示的是 Excel 中的运算符优先级。其中，运算符优先级从上到下依次降低。

表 7-2 公式中不同运算符的优先级

顺序	运算符	含义
1	:(冒号)、(单个空格)和,(逗号)	引用运算符
2	-	算术运算符：负号
3	%	算术运算符：百分号
4	^	算术运算符：乘幂
5	* 和 /	算术运算符：乘和除
6	+ 和 -	算术运算符：加和减
7	&	连接两个文本字符串
8	=、<、>、<=、>=、< >	比较运算符

如果要更改求值的顺序，可以将公式中需要先计算的部分用括号括起来。例如，公式=8+2*4 的值是 16，因为 Excel 按先乘除后加减的顺序进行运算，即先将 2 与 4 相乘，然后再加上 8，得到结果 16。若在该公式上添加括号，即公式为=(8+2)*4，则 Excel 先用 8 加上 2，再用结果乘以 4，得到结果 40。

7.1.2 公式计算中函数的使用

Excel 中的函数与公式一样，都可以快速计算数据。公式是由用户自行设计的对单元格进行计算和处理的表达式，而函数则是在 Excel 中已经被软件定义好的公式。

1. 函数的概念

Excel 中的函数是预先定义并按照特定算法来执行计算的功能模块，函数名称不区分大小写。

函数具有简化公式、提高编辑效率的特点。某些简单的计算可以通过自行设计的公式完成，例如对 A1:A2 单元格求和时，可以使用=A1+A2 完成，但如果要对 A1:A50 区域或更大范围的区域求和，逐个单元格相加的做法将变得非常烦琐、低效。此时使用 SUM 函数就可以大大简化这些公式，使之更易于输入和修改，例如以下公式可以得到 A1:A50 区域中所有数值的和。

```
=SUM(A1:A50)
```

以上公式中 SUM 是求和函数，A1:A50 是需要求和的区域，表示对 A1:A50 区域执行求和计算。

使用公式对数据汇总，相当于在数据之间搭建了一个关系模型，当数据源中的数据发生变化时，无须对公式再次编辑，即可实时得到最新的计算结果。同时，也可以将已有的公式快速应用到具有相同样式和相同运算规则的新数据源中。

2. 函数的结构

在公式中使用函数时，通常由表示公式开始的=号、函数名称、左括号、以半角逗号相间隔的参数和右括号构成。此外，公式中允许使用多个函数或计算式，通过运算符进行连接。

```
=函数名称(参数 1,参数 2,参数 3,…)
```

有的函数可以允许多个参数，如 SUM(A1:A5,C1:C5)使用了两个参数。另外，也有一些函数没有参数或不需要参数，例如，NOW 函数、RAND 函数等没有参数，ROW 函数、COLUMN 函数等则可以省略参数，返回公式所在的单元格行号、列标。

函数的参数，可以由数值、日期和文本等元素组成，也可以使用常量、数组、单元格引用或其他函数。当使用函数作为另一个函数的参数时，称为函数的嵌套。

3. 函数的参数

Excel 函数的参数可以是常量、逻辑值、数组、错误值、单元格引用或嵌套函数等(其指定的参数都必须为有效参数值)，其各自的含义如下。

- 常量：指的是整个操作过程中其值不会发生改变的数据，如数字 100 与文本“家庭日常支出情况”都是常量。
- 逻辑值：逻辑值即 TRUE(真值)或 FALSE(假值)。
- 数组：用于建立可生成多个结果或可对在行和列中排列的一组参数进行计算的单个公式。
- 错误值：即#N/A、空值等值。
- 单元格引用：用于表示单元格在工作表中所处位置的坐标集。
- 嵌套函数：嵌套函数就是将某个函数或公式作为另一个函数的参数使用。

4. 函数的分类

根据不同的功能，Excel 函数分为文本函数、信息函数、逻辑函数、查找和引用函数、日期和时间函数、统计函数、数学和三角函数、财务函数、工程函数、多维数据集函数、兼容性函数和 Web 函数等多种类型。

5. 输入函数的方式

Excel 中可使用以下几种方式输入函数。

- 使用【自动求和】功能插入函数。在功能区【开始】选项卡和【公式】选项卡中有【自动求和】按钮。在默认情况下，单击【自动求和】按钮或按 Alt+=快捷键，将在工作表中插入用于求和的 SUM 函数。

【例 7-2】使用 Excel 的“自动求和”功能，在“实验仪器采购表”工作表中自动汇总(求和)采购数量和金额数据。

视频+素材 (素材文件\第 07 章\例 7-2)

打开“实验仪器采购表”工作表后，选中 E14:F14 区域，按 Alt+=快捷键或单击【公式】选项卡中的【自动求和】下拉按钮，在弹出的列表中选择【求和】命令，如图 7-8 所示。

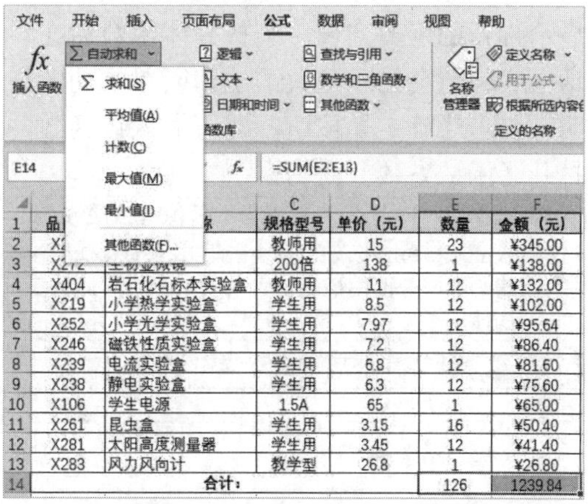

图 7-8

- 使用函数库插入已知类别函数。在【公式】选项卡【函数库】命令组中，Excel 按照内置函数分类提供了【财务】【逻辑】【文本】【时间和日期】【其他函数】等多个下拉按钮。在【其他函数】下拉按钮中还提供了【统计】【工程】【多维数据集】【信息】【兼容性】【Web】等函数扩展菜单。用户可以根据需要在工作表中按分类插入函数，如图 7-9 所示。

图 7-9

▶ 使用【插入函数】对话框输入函数。如果用户对函数所属的类别不太熟悉，可以单击【公式】选项卡中的【插入函数】按钮、编辑栏左侧的【插入函数】按钮 f_x，或者按 Shift+F3 快捷键打开【插入函数】对话框来选择或搜索所需函数。在【插入函数】对话框的【搜索函数】栏中输入关键字(如"平均")，然后单击【转到】按钮，对话框中将显示推荐的函数列表，选择具体函数后在对话框底部将会显示函数语法和简单的功能说明。单击【确定】按钮，即可插入该函数并打开【函数参数】对话框。

【例 7-3】图 7-10 所示为某班级的模拟考试成绩表，使用【插入函数】对话框在 F4 单元格中查找求平均值的函数，并使用该函数计算 D4:D11 区域分数的平均值。

视频+素材 (素材文件\第 07 章\例 7-3)

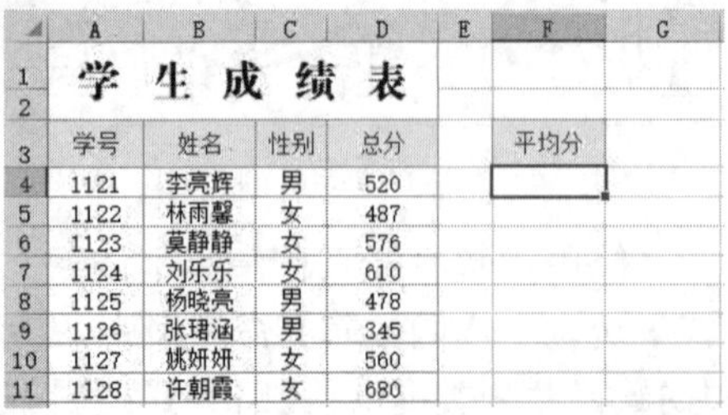

	A	B	C	D	E	F	G
1	学 生 成 绩 表						
2							
3	学号	姓名	性别	总分		平均分	
4	1121	李亮辉	男	520			
5	1122	林雨馨	女	487			
6	1123	莫静静	女	576			
7	1124	刘乐乐	女	610			
8	1125	杨晓亮	男	478			
9	1126	张珺涵	男	345			
10	1127	姚妍妍	女	560			
11	1128	许朝霞	女	680			

图 7-10

step 1 选中 F4 单元格后按 Shift+F3 快捷键打开【插入函数】对话框，在【搜索函数】编辑框中输入"平均"后单击【转到】按钮，在【选择函数】列表框中选择一个计算算术平均值的函数，单击【确定】按钮，如图 7-11 所示。

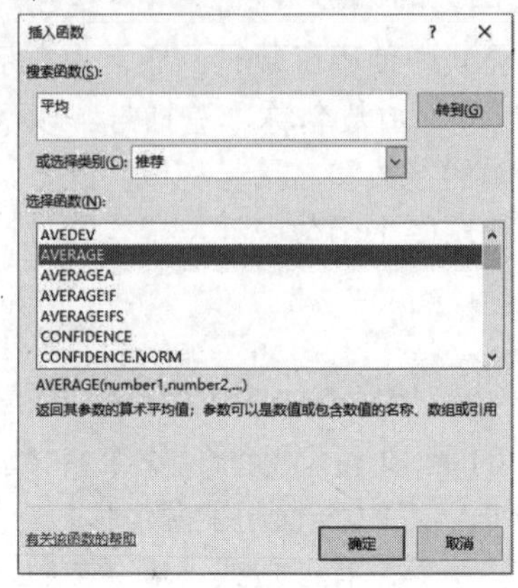

图 7-11

step 2 在打开的【函数参数】对话框中，从上而下由函数名、参数编辑框、函数简介及参数说明、计算结果等几部分组成。其中，参数编辑框允许直接输入参数或单击右侧的折叠按钮在工作表中选取单元格区域，在右侧将实时显示输入参数及计算结果的预览(本例输入 D4:D11，右侧将显示该区域的参数预览)，如图 7-12 所示。

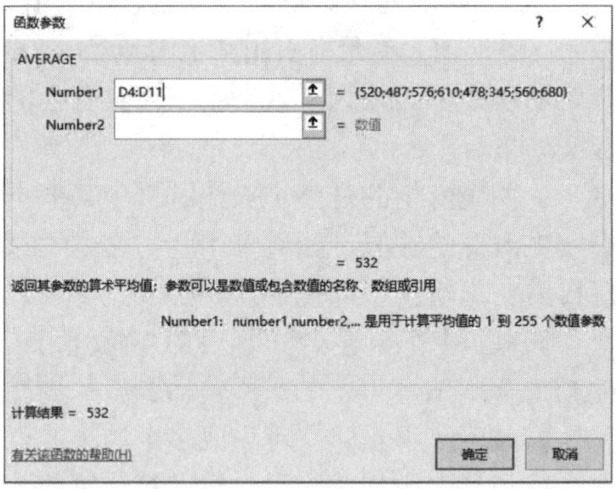

函数参数
AVERAGE
Number1 D4:D11 = {520;487;576;610;478;345;560;680}
Number2 = 数值
= 532
返回其参数的算术平均值；参数可以是数值或包含数值的名称、数组或引用
Number1: number1,number2,... 是用于计算平均值的 1 到 255 个数值参数
计算结果 = 532
有关该函数的帮助(H)
确定 取消

图 7-12

step 3 单击【函数参数】对话框左下角的【有关该函数的帮助】链接，将以系统默认浏览器打开 Office 支持页面，查看函数的帮助信息。完成函数的设置后，单击【确定】按钮即可在 F4 单元格中使用函数计算出学生成绩表中考试成绩的平均分。

➤ 手动输入函数。直接在单元格或编辑栏中输入函数时，Excel 能够根据用户输入公式时的关键字，在屏幕上显示候选的函数和已定义的名称列表。例如，在单元格中输入“=A”后，Excel 将自动显示所有包含“A”的函数名称候选列表，随着输入字符的变化，候选列表中的内容也将会随之更新，如图 7-13 所示。

图 7-13

用户在单元格或编辑栏中编辑公式时，当正确地输入完整函数名称及左括号后，在编辑位置附近将会自动出现悬浮的【函数屏幕提示】工具条，如图 7-14 所示，灵活利用该工具条可以帮助用户了解函数语法中的参数名称、可选参数或必需参数等。

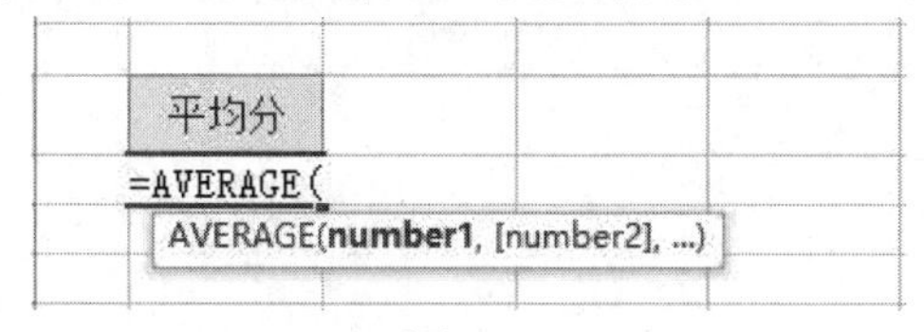

图 7-14

如果公式中已经输入了函数参数，单击屏幕提示工具条中的某个参数名称时，编辑栏中将会自动选择该参数所在部分的公式，并以灰色背景突出显示，如图 7-15 所示。

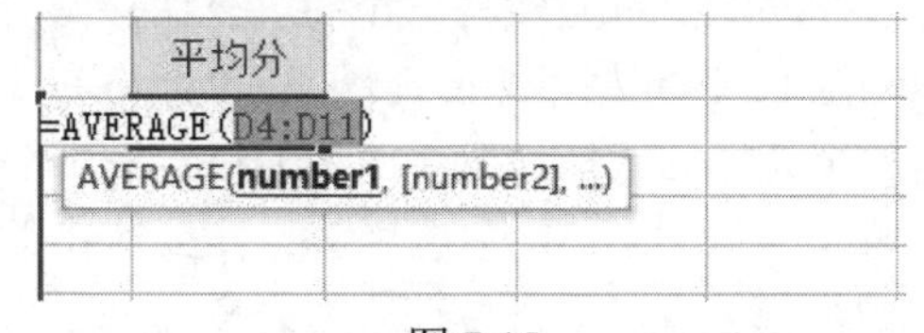

图 7-15

此时，按 F9 键可以查询公式中局部表达式对应的结果，如图 7-16 所示。

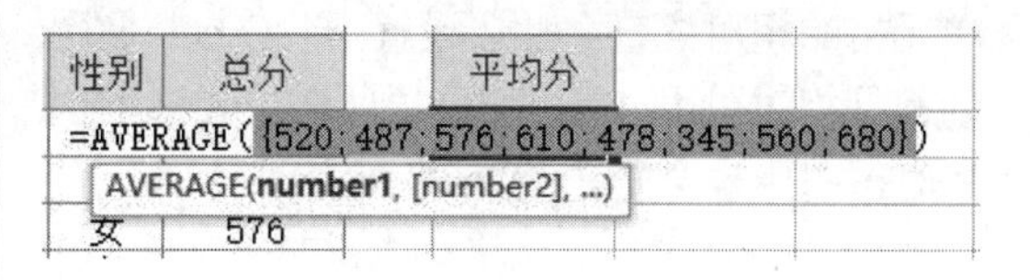

图 7-16

6. 查看函数帮助信息

在 Excel 工作界面右上角的搜索栏中输入函数的名称，在显示的下拉列表中单击【获得相关帮助】右侧的扩展按钮，将打开【帮助】窗格显示该函数的帮助信息，如图 7-17 所示。

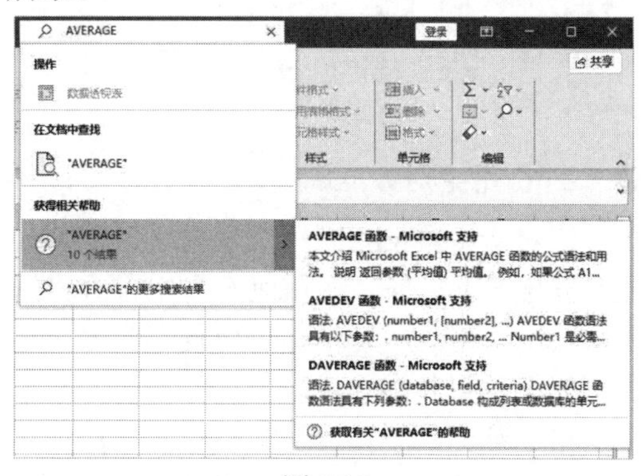

图 7-17

通过查看函数帮助信息，能够帮助用户快速理解函数的说明和用法。帮助信息中包括函数的说明、语法、参数，以及简单的函数示例等，尽管其中有些函数的说明不够透彻，但仍然可以为初学者学习函数与公式提供一定的帮助。在使用函数过程中，遇到难以解决的问题，用户也可以使用 ChatGPT 通过问题描述，获取更详细的使用案例和解决方案，从而快速解决问题。

7.1.3　公式中数据源的引用

在 Excel 中，可以使用不同的方式引用数据源来进行公式计算。

1. 引用相对数据源

引用相对数据源即相对引用，指的是通过当前单元格与目标单元格的相对位置来定位引用单元格。

相对引用包含了当前单元格与公式所在

单元格的相对位置。默认设置下，Excel 使用的都是相对引用，当改变公式所在单元格的位置时，引用也会随之改变。

例如，在 E1 单元格输入公式“=A1”，当公式向右复制时，将依次变为“=B1”“=C1”“=D1”……，当公式向下复制时将依次变为“=A2”“=A3”“=A4”……，也就是始终保持引用公式所在单元格的左侧 1 列或上方 1 行位置的单元格，如图 7-18 所示。

E1　=A1

	A	B	C	D	E	F	G
1	品目号	设备名称	单价（元）		品目号	设备名称	单价（元）
2	T100	篮球	50		T100	篮球	50
3	T101	足球	138		T101	足球	138
4	T102	网球拍	120		T102	网球拍	120
5	T103	乒乓球台	520		T103	乒乓球台	520
6	T104	游泳眼镜	18.5		T104	游泳眼镜	18.5

图 7-18

2. 引用绝对数据源

绝对引用数据源即绝对引用。当复制公式到其他单元格时，采用绝对引用方式将保持公式所引用的单元格绝对位置不变。

如果希望复制公式时能够固定引用某个单元格地址，需要在行号和列标前添加绝对引用符号“$”。例如在E1单元格中输入公式“=$A$1”，将公式向右或向下复制时，会始终保持引用 A1 单元格不变，如图 7-19 所示。

E1　=$A$1

	A	B	C	D	E	F	G
1	品目号	设备名称	单价（元）		品目号	品目号	品目号
2	T100	篮球	50		品目号		
3	T101	足球	138		品目号		
4	T102	网球拍	120		品目号		
5	T103	乒乓球台	520		品目号		
6	T104	游泳眼镜	18.5		品目号		

图 7-19

3. 混合引用数据源

当将公式复制到其他单元格时，仅保持所引用单元格的行或列方向之一的绝对位置不变，而另一个方向的位置发生变化，这种引用方式称为混合引用。混合引用可分为“行绝对引用、列相对引用”及“行相对引用、列绝对引用”两种。

假设公式位于 A1 单元格，各引用类型的说明如表 7-3 所示。

表 7-3　单元格引用类型及特性

引用类型	引用方式	说明
绝对引用	=$A$1	公式向右、向下复制均不改变引用单元格地址
行绝对引用 列相对引用	=A$1	锁定行号。公式向下复制时不改变引用单元格地址，向右复制时列号递增
行相对引用 列绝对引用	=$A1	锁定列号。公式向右复制时不改变引用的单元格地址，向下复制时行号递增
相对引用	=A1	公式向右、向下复制均会改变引用单元格地址

以图 7-20 所示的采购成本损耗计算表为例，如果需要根据 B1:F1 区域中拟定的采购量、A2:A8 单元格中的损耗率及 I1 单元格中的单位成本，测算不同采购量和不同损耗率的相应成本。计算规则是将 B1:F1 单元格中的拟定采购量与 A2:A8 单元格中的损耗率分别相乘，然后乘以 I1 单元格中的单位成本。

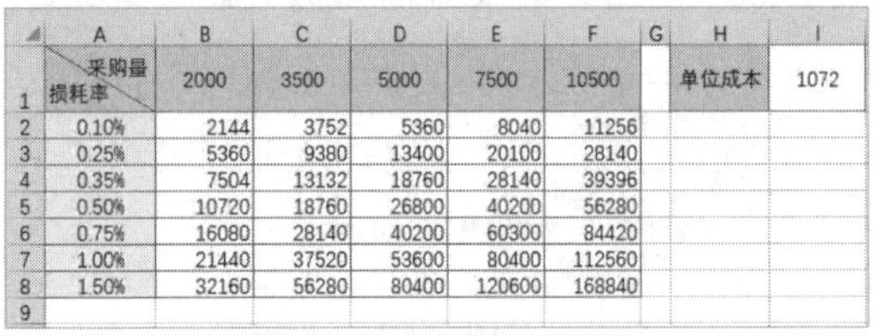

	A	B	C	D	E	F	G	H	I
1	采购量 / 损耗率	2000	3500	5000	7500	10500		单位成本	1072
2	0.10%	2144	3752	5360	8040	11256			
3	0.25%	5360	9380	13400	20100	28140			
4	0.35%	7504	13132	18760	28140	39396			
5	0.50%	10720	18760	26800	40200	56280			
6	0.75%	16080	28140	40200	60300	84420			
7	1.00%	21440	37520	53600	80400	112560			
8	1.50%	32160	56280	80400	120600	168840			
9									

图 7-20

在 B2 单元格输入以下公式：

```
=B$1*$A2*$I$1
```

拖动 B2 单元格右下角的填充柄，向右拖动至 F2 单元格，然后拖动 F2 单元格右下角的填充柄向下拖动至 F8 单元格，完成公式填充。从图 7-21 中可以看出，公式中的“B$1”部分，“$”符号在行号之前，表示引用方式为“列相对引用、行绝对引用”。“$A2”部分，“$”符号在列标之前，表示引用方式为“列绝对引用、行相对引用”。“$I$1”部分，在行号列标之前都使用了“$”符号，表示对行、列均使用绝对引用。

TRANSPOSE　=B$1*$A2*$I$1

	A	B	C	D	E	F	G	H	I
1	采购量 损耗率	2000	3500	5000	7500	10500		单位成本	1072
2	0.10%	=B$1*$A2*$I$1		5360	8040	11256			
3	0.25%	5360	9380	13400	20100	28140			
4	0.35%	7504	13132	18760	28140	39396			
5	0.50%	10720	18760	26800	40200	56280			
6	0.75%	16080	28140	40200	60300	84420			
7	1.00%	21440	37520	53600	80400	112560			
8	1.50%	32160	56280	80400	120600	168840			

图 7-21

【例 7-4】图 7-22 所示为某淘宝店销售额动态汇总的一部分。由于该表中的数据在不断累积，需要在 C 列计算从 3 月 1 日以来累计销售额。

视频+素材 (素材文件\第 07 章\例 7-4)

C2　=SUM($B$2:B2)

	A	B	C	D
1	日期	单日销售额	累计销售额	
2	2023/3/1	¥15,528	¥15,528	
3	2023/3/2	¥2,769	¥18,297	
4	2023/3/3	¥48,720	¥67,017	
5	2023/3/4	¥65,901	¥132,918	
6	2023/3/5	¥83,200	¥216,118	
7	2023/3/6	¥167,021	¥383,139	
8	2023/3/7	¥30,921	¥414,060	

图 7-22

在 C2 单元格中输入以下公式：

```
=SUM($B$2:B2)
```

公式中的第 1 个 B2 单元格使用了绝对引用，第 2 个单元格使用了相对引用，在公式向下复制时会依次变成“$B$2:B3”“$B$2:B4”、……这样逐步扩大范围，最后使用 SUM 函数对这个动态扩展区域求和。

4. 快速切换数据源引用类型

当在公式中输入单元格地址时，可以连续按 F4 键在 4 种不同引用类型中进行循环切换，其顺序是：绝对引用→行绝对引用、列相对引用→行相对引用、列绝对引用→相对引用。例如：

```
$B$1→B$1→$B1→B1
```

5. 引用其他工作表的数据源

在公式中允许引用其他工作表的数据。跨工作表引用表示方式为“工作表名+半角感叹号+引用区域”。例如，以下公式表示对 Sheet5 工作表 B1:C3 区域的引用：

```
=Sheet5!B1:C3
```

除手动输入引用以外，也可以在公式编辑状态下，通过鼠标单击相应工作表标签，然后选取待引用的单元格或区域的方式来实现跨工作表数据源的引用。

当引用的工作表名是以数字开头或包含空格及某些特殊字符时，公式中的工作表名称两侧需要分别添加半角单引号“'”。例如：

```
='汇总数据 '!B1:C3
```

如果更改了被引用的工作表名称，公式中的工作表名会自动更改。

6. 引用多个连续工作表的相同数据源

在使用 SUM(求和)、AVERAGE(计算平均值)函数进行简单的多工作表计算时，如果需要引用多个相邻工作表的相同单元格区域，可以使用特殊的引用方式，而无须逐个对工作表的单元格区域进行引用。例如，图 7-23 所示为某公司一季度产品出货数量记录，需要在“汇总”工作表中计算该公司1月和3月之间所有工作表中D列的总计出货量。

	A	B	C	D	E
1	开单日期	业务类型	品名/规格	出货数量	单位
2	2023/1/1	正常销售订单	托伐普坦片(苏麦卡)/15mg*5T	36	盒
3	2023/1/2	正常销售订单	托伐普坦片(苏麦卡)/15mg*5T	4	盒
4	2023/1/3	销售差价	托伐普坦片(苏麦卡)/15mg*5T	0	盒
5	2023/1/4	正常销售订单	富马酸卢帕他定片/10mg*5片	400	盒
6	2023/1/5	大客户订单	枸地氯雷他定片/8.8mg*6T(薄膜衣)	200	盒
7	2023/1/6	正常销售订单	乳果糖口服溶液/100ml:66.7g*60ml	5	瓶
8	2023/1/7	正常销售订单	双花百合片/0.6g*12T*2板	10	盒
9	2023/1/8	正常销售订单	正元胶囊/0.45g*24S	200	盒
10	2023/1/9	统筹订单	柴芩清宁胶囊/0.3g*12S*2板	60	盒

汇总　1月　2月　3月

图 7-23

【例 7-5】在图 7-23 所示工作簿的“汇总”工作表的 A2 单元格中使用公式汇总“1 月”“2 月”“3 月”3 个工作表中 D 列数据的总和。

视频+素材 (素材文件\第 07 章\例 7-5)

step 1 在“汇总”工作表的 A2 单元格中输入公式“=SUM(”，然后单击“1 月”工作表标签，按住 Shift 键不放单击“3 月”工作表标签，同时选中“1 月”“2 月”“3 月”工作表。

step 2 单击 D 列列表，选取 D 列整列作为求和区域，最后输入右括号“)”，按 Enter

键结束公式输入，得到以下公式：

```
=SUM('1 月:3 月'!D:D)
```

在“汇总”工作表的 A2 单元格中输入以下公式，也能对除公式所在工作表之外的其他工作表 D 列单元格区域求和。

```
=SUM( '*' !D:D)
```

7. 引用其他工作簿的数据源

当引用的单元格与公式所在单元格不在同一工作簿中时，其表示方式为“[工作簿名称] 工作表名 ！单元格引用”。例如：

```
=[工作簿 5]Sheet1!B1:C3
```

如果关闭了被引用的工作簿，公式中会自动添加被引用工作簿的路径。如果首次打开引用了其他工作簿数据的 Excel 文档，并且被引用的工作簿没有同时打开，Excel 将会弹出图 7-24 所示的提示框。

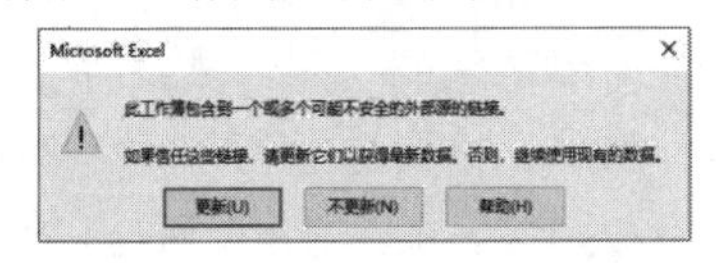

图 7-24

8. 表格中的结构化引用

可以在【插入】选项卡中通过【表格】命令控件将普通数据区转换为具有某些特殊功能的数据表。

依次按 Alt、T、O 键打开【Excel 选项】对话框，选择【公式】选项卡，选中【在公式中使用表名】复选框，单击【确定】按钮即可使用结构化引用来表示表格区域，如图 7-25 所示。

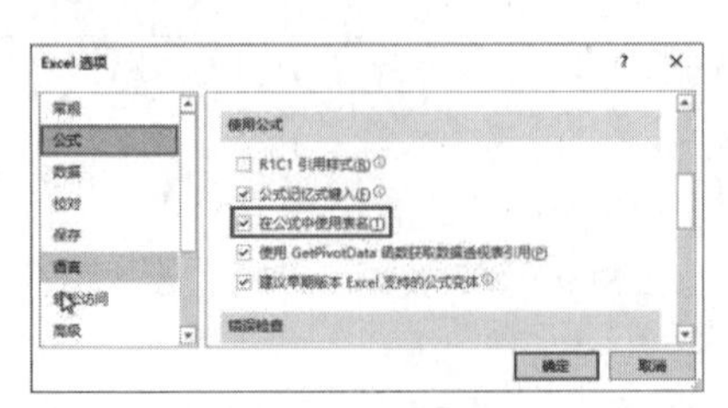

图 7-25

以图 7-26 所示的表格为例，使用结构化引用在 F1 单元格计算 C 列数据汇总的操作方法如下。

	A	B	C	D	E	F
1	开单日期	品名/规格	出货数量		出货汇总	
2	2023/2/1	托伐普坦片(苏麦卡)/15mg*5T	36			
3	2023/2/2	托伐普坦片(苏麦卡)/15mg*5T	7			
4	2023/2/3	托伐普坦片(苏麦卡)/15mg*5T	23			
5	2023/2/4	富马酸卢帕他定片/10mg*5片	412			
6	2023/2/5	枸地氯雷他定片/8.8mg*6T(薄膜衣)	13			
7	2023/2/6	乳果糖口服溶液/100ml:66.7g*60ml	5			
8	2023/2/7	双花百合片/0.6g*12T*2板	10			
9	2023/2/8	正元胶囊/0.45g*24S	200			

图 7-26

step 1 选中任意包含数据的单元格后，单击【插入】选项卡【表格】命令组中的【表格】按钮，在打开的【创建表】对话框中单击【确定】按钮，如图 7-27 所示。

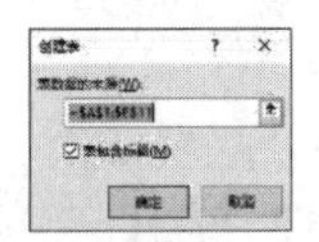

图 7-27

step 2 在 F1 单元格中输入“=SUM(”后，用鼠标选取 C 列的出货数量区域，公式中的单元格地址将自动转换为表名称和字段标题“表 1[出货数量]”，如图 7-28 所示。

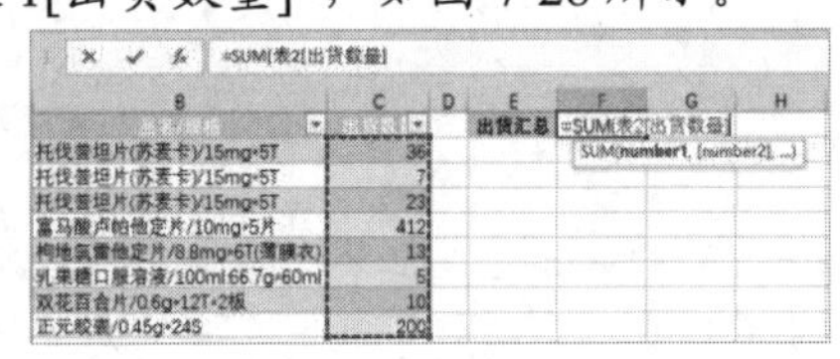

图 7-28

step 3 按 Enter 键后，即可在 F1 单元格得到 C 列数据的汇总。

> **知识点滴**
>
> 如果开启“在公式中使用表名”功能，公式中的字段标题部分仅可以使用相对引用方式。

7.1.4 定义名称方便数据引用

在 Excel 中，可以为单个单元格、单元格范围、列、行或工作表等定义名称，以便于引用和识别。这些名称可以用于公式、数据验证、宏等。

1. 定义名称

定义名称有以下几种方法。

▶ 方法1：选中需要命名的单元格区域，在名称框中输入名称，然后按下 Enter 键，如图 7-29 所示。

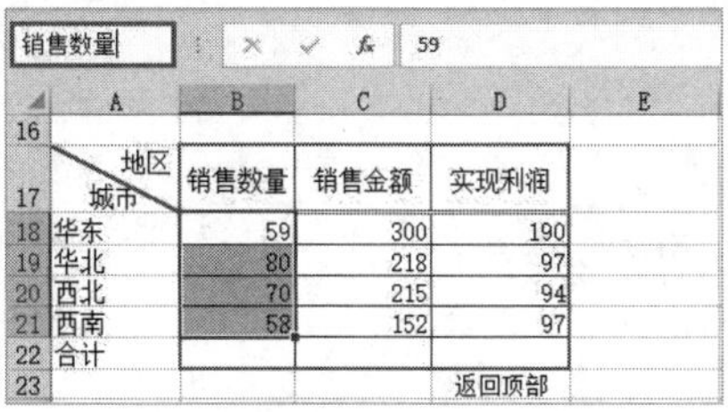

图 7-29

▶ 方法 2：选择【公式】选项卡，单击【定义的名称】命令组中的【定义名称】按钮，打开【新建名称】对话框，在【名称】文本框中输入名称，然后分别设置【范围】【批注】【引用位置】后，单击【确定】按钮，如图 7-30 所示。

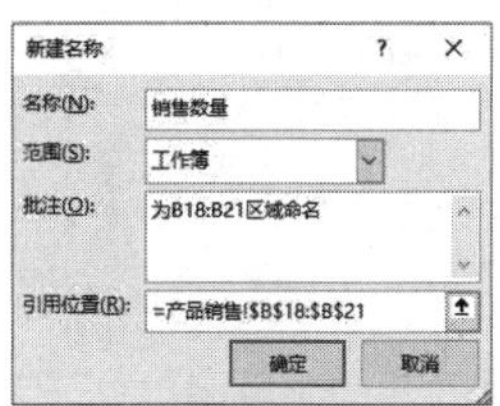

图 7-30

▶ 方法3：选中需要命名的单元格区域，单击【公式】选项卡中的【根据所选内容创建】按钮(或者按 Ctrl+Shift+F3 快捷键)，在打开的对话框中选中【首行】复选框，单击【确定】按钮即可。例如图 7-31 所示的操作将分别根据列标题“销售数量”“销售金额”“实现利润”命名 3 个名称。

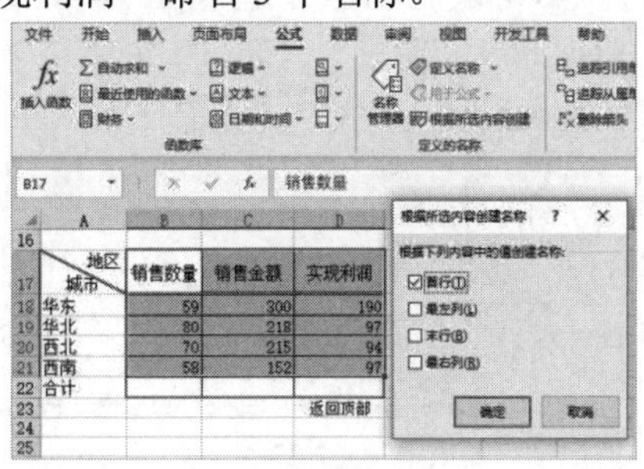

图 7-31

【根据所选内容创建名称】对话框中各复选框的功能说明如表 7-4 所示。

表 7-4　【根据所选内容创建名称】对话框选项说明

复选框	说明
首行	将顶端行的文字作为该列的范围名称
最左列	将最左列的文字作为该行的范围名称
末行	将底端行的文字作为该列的范围名称
最右列	将最右列的文字作为该行的范围名称

▶ 方法 4：单击【公式】选项卡中的【名称管理器】按钮(或按 Ctrl+F3 快捷键)，打开【名称管理器】对话框，单击【新建】按钮，在打开的【新建名称】对话框中新建名称，如图 7-32 所示。

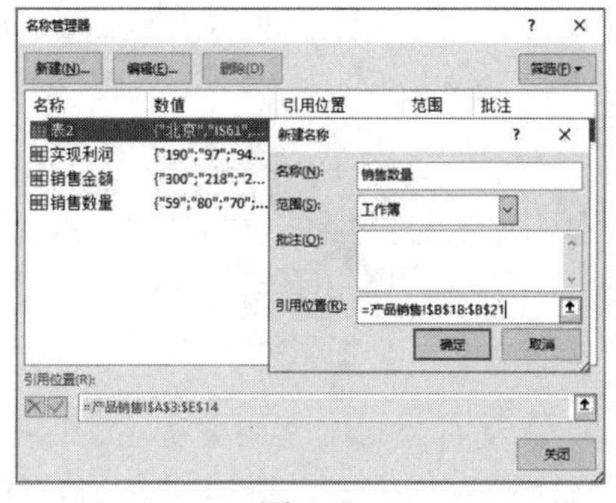

图 7-32

在 Excel 中，对于名称命名有一些限制和规则，具体如下。

▶ 名称可以是字母与数字的组合，但不能以纯数字命名或以数字开头。

▶ 不能使用与单元格地址相同的名称，例如 B2 或 F3 等。

▶ 不能使用除下画线“_”、点号和反斜杠“\”、问号“？”以外的其他符号，也不能使用除下画线“_”和反斜线“\”以外的其他符号开头。

▶ 不能包含空格，不区分大小写，不允许超过 255 个字符。

▶ 在设置了打印区域或使用高级筛选等操作后，Excel 会自动创建一些系统内置的名称，如 print_Area、Criteria 等，创建名称时应避免覆盖 Excel 的内部名称。

名称作为公式的一种存在形式，同样受函数与公式关于嵌套层数、参数个数、计算

精度等方面的限制。

2. 使用名称

使用名称的方法有以下几种。

▶ 在输入公式时使用名称。如果需要在公式编辑过程中调用定义好的名称，除在公式中直接手动输入名称以外，还可以在【公式】选项卡中单击【用于公式】下拉按钮，在弹出的列表中选择相应的名称，如图 7-33 所示。

图 7-33

▶ 在现有公式中使用名称。如果在工作表内已经输入了公式，再定义名称时 Excel 不会自动用新名称替换公式中的单元格引用。如需将名称应用到已有公式中，可以单击【公式】选项卡中的【定义名称】下拉按钮，在弹出的列表中选择【应用名称】选项，在打开的对话框中选择需要应用于公式的名称，然后单击【确定】按钮，如图 7-34 所示。

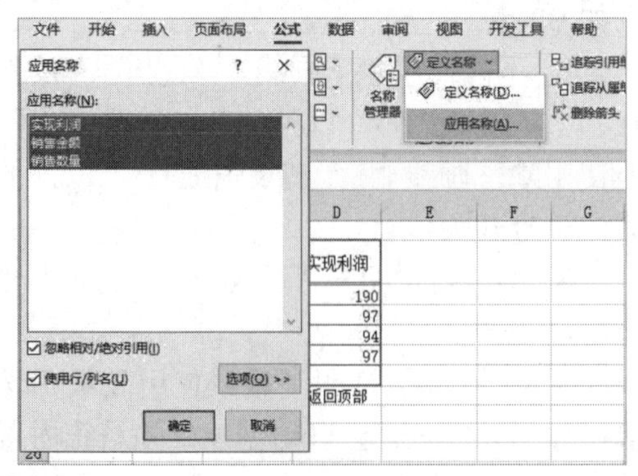

图 7-34

下面通过一个简单的实例来介绍名称在 Excel 公式中的应用。

【例 7-6】通过将“数据验证”与“定义名称”相结合，在图 7-35 所示表格的 B7:B10 区域中制作二级下拉菜单，以方便数据的录入。

视频+素材 (素材文件\第 07 章\例 7-6)

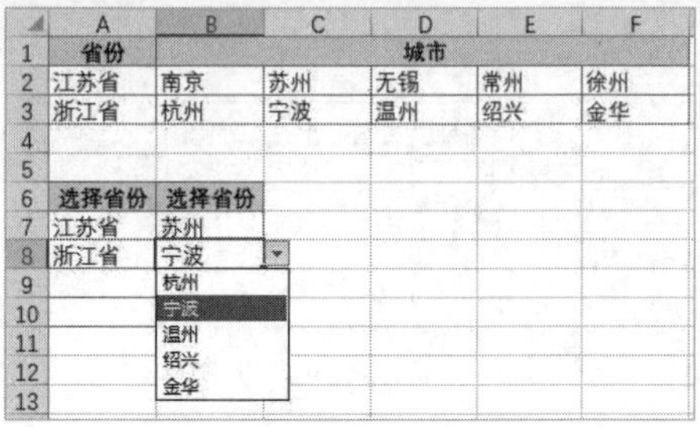

	A	B	C	D	E	F
1	省份	城市				
2	江苏省	南京	苏州	无锡	常州	徐州
3	浙江省	杭州	宁波	温州	绍兴	金华
4						
5						
6	选择省份	选择省份				
7	江苏省	苏州				
8	浙江省	宁波				
9		杭州				
10		宁波				
11		温州				
12		绍兴				
13		金华				

图 7-35

step 1 选中 A2:F3 区域后，单击【公式】选项卡中的【根据所选内容创建】按钮，在打开的对话框中选中【最左列】复选框后，单击【确定】按钮，如图 7-36 所示。

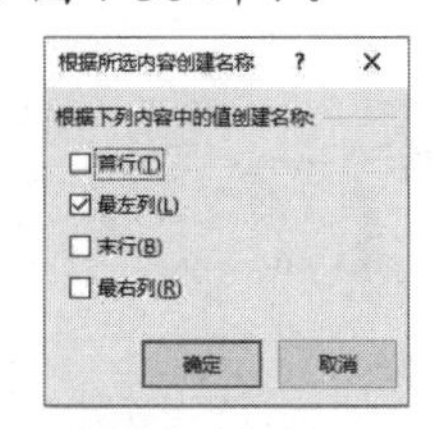

图 7-36

step 2 单击【数据】选项卡中的【数据验证】按钮，在打开的【数据验证】对话框的【设置】选项卡中将【允许】设置为【序列】，然后单击【来源】文本框右侧的⬆，选择 A2:A3 区域后按 Enter 键，返回【数据验证】对话框，单击【确定】按钮，如图 7-37 所示。

图 7-37

step 3 选中 B7:B10 区域后，再次单击【数据】选项卡中的【数据验证】按钮，打开【数据验证】对话框，将【允许】设置为【序列】，在【来源】文本框中输入“=INDIRECT(”后单击 A7 单元格，结果如图 7-38 所示。

图 7-38

step 4 按 F4 键将单元格引用方式转换为相对引用，然后输入右括号“)”，如图 7-39 所示。

图 7-39

step 5 在【数据验证】对话框中单击【确定】按钮，在打开的提示对话框中单击【是】按钮。

step 6 选择【出错警告】选项卡，取消【输入无效数据时显示出错警告】复选框的选中状态，单击【确定】按钮，如图 7-40 所示。

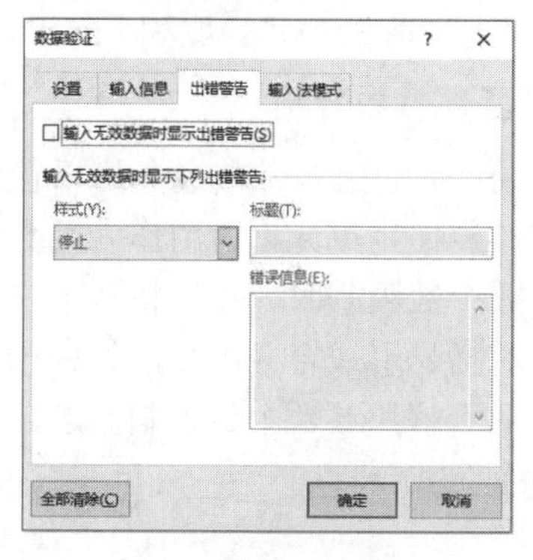

图 7-40

step 7 在打开的 Excel 提示对话框中单击【是】按钮，完成二级下拉菜单的设置。此时，在 A7:A10 区域中单击任意单元格右侧的下拉按钮，可以在弹出的一级下拉菜单中选择省份，单击其后 B 列单元格右下角的下拉按钮，可以在弹出的二级下拉菜单中选择城市。

3. 管理名称

使用名称管理器，用户可以方便地查看、新建、编辑和删除名称。

- 查看已有名称。以例 7-6 为例，完成该案例的操作后，单击【公式】选项卡中的【名称管理器】按钮(或按 Ctrl+F3 快捷键)，可以打开图 7-41 所示的【名称管理器】对话框，在该对话框中可以看到该例创建的 2 个名称“江苏省”和“浙江省”，以及每个名称值对应的城市。

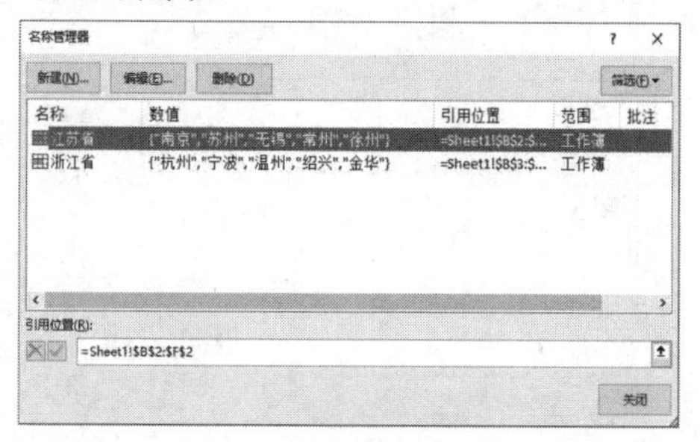

图 7-41

- 修改已有名称的命名和引用位置。在【名称管理器】对话框中选中需要修改的名称后，单击【编辑】按钮，打开【编辑名称】对话框，对名称进行重命名或修改引用区域和公式，如图 7-42 所示。完成修改后单击【确定】按钮返回【名称管理器】对话框，再单击【关闭】按钮即可。

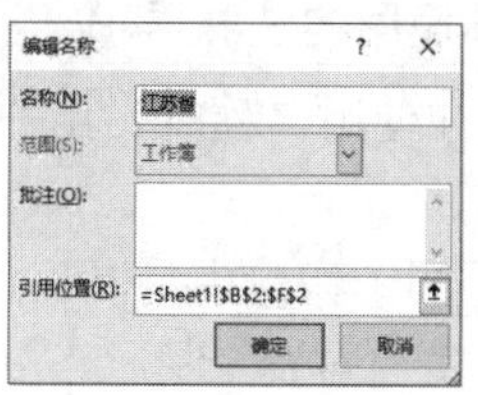

图 7-42

- 筛选和删除错误名称。当名称出现错误无法正常使用时，在【名称管理器】对话框中单击【筛选】下拉按钮，在弹出的下拉列表中选择【有错误的名称】选项，可以筛选出有错误的名称，选中该名称后单击【删除】按钮，可以将有错误的名称删除。

▶ 在单元格中粘贴名称列表。如果在定义名称时用到的公式字符较多，在【名称管理器】对话框中将无法完整显示，需要查看详细信息时，可以将定义名称的引用位置或公式全部在单元格中显示出来。具体操作方法是：在工作表中选中用于粘贴名称的目标单元格，按F3键或单击【公式】选项卡中的【用于公式】下拉按钮，在弹出的列表中选择【粘贴名称】选项，在打开的【粘贴名称】对话框中单击【粘贴列表】按钮，如图7-43所示。

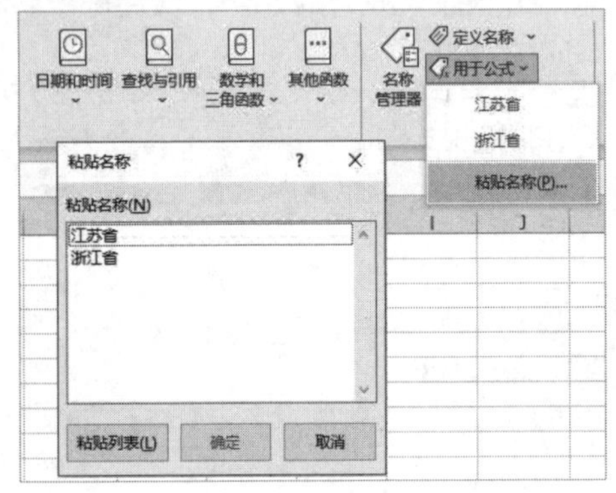

图7-43

▶ 查看名称的命名范围。将工作表的显示比例缩小到40%以下时，可以在定义为名称的单元格区域中显示名称的命名范围的边界和名称。边界和名称有助于观察工作表中的命名范围，打印工作表时，这些内容不会被打印输出。

4. 名称使用的注意事项

在定义和使用名称时，用户应注意以下事项。

▶ 在不同工作簿中复制工作表时，名称会随着工作表一同被复制。当复制的工作表中包含名称时，应注意可能由此产生的名称混乱问题。

▶ 在不同工作簿建立工作表副本时，源工作表中的所有名称将被原样复制。

▶ 在同一个工作簿中建立副本工作表时，原有的工作簿级名称和工作表级名称都将被复制，产生同名的工作表级名称。

▶ 当删除某个工作表时，该工作表中的工作表级名称会被全部删除，而引用该工作表内容的工作簿级名称将被保留，但【引用位置】编辑框中的公式会出现错误值#REF!。

▶ 在【名称管理器】对话框中删除名称后，工作表中所有调用该名称的公式将返回错误值#NAME？。

7.1.5 公式与函数的使用限制

在使用Excel的公式和函数时，有一些使用限制需要注意。

1. 计算精度限制

Excel计算精度为15位数字(含小数，即从左侧第1个不为0的数字开始算起)，输入长数字时，超过15位数字部分将自动变为0。

在输入身份证号码、银行卡号等超过15位的长数字时，需要先设置单元格为文本格式后再输入，或先输入半角单引号“'”，以文本形式存储数字。

2. 公式字符限制

Excel中限制公式最大长度为8192个字符。在实际应用中，如果公式长度达到数百个字符，就已经相当复杂，对于后期的修改、编辑都会带来影响，也不便于其他用户快速理解公式的含义。可以借助排序、筛选、辅助列等手段，降低公式长度和Excel计算量。

3. 函数参数限制

Excel中的内置函数最多可以包含255个参数，当使用单元格引用作为函数参数且超过参数个数限制时，可以将多个引用区域加上一对括号形成合并区域，作为一个参数使用，从而解决参数个数限制问题。例如，以下两个公式：

```
=SUM(A2:B3,C3:E5,F6:G8,H3)
```

```
=SUM((A2:B3,C3:E5,F6:G8,H3))
```

第 1 个公式中使用了 4 个参数，而第 2 个公式利用“合并区域”引用方式，被 Excel 视为使用了 1 个参数。

4. 函数嵌套层数限制

Excel 函数嵌套是指在一个 Excel 公式中使用多个函数来进行复杂的计算或操作。在 Excel 中，可以将一个函数作为另一个函数的参数，这样可以在一个单元格中嵌套使用多个函数。

Excel 中函数嵌套层数最大为 64 层。

7.1.6　公式结果不正确的原因

当 Excel 公式的结果不正确时，可能会有多种原因。下面是一些可能导致 Excel 公式结果错误常见的问题和潜在原因。

- 有文本数据参与运算。文本数据无法参与运算，文本数据看似为数据，但参与公式计算就会返回错误值。
- 空白单元格不为空。当引用的数据源中是由公式返回的空值，或者包含特殊符号“,”或自定义单元格格式为“;;;”的值时，都会造成公式结果返回错误值，因为它们并不是真正的空单元格。
- 实际值与显示值不同。实际工作中为了输入方便或为了让数据显示特殊的外观效果，通常会设置单元格格式，从而改变数据的显示方式，但实际数据并未改变。公式返回值是以实际值为准，所以造成公式计算错误。

> **知识点滴**
>
> 想要正确地使用公式，首先需要理解所使用函数的参数规则，之后才能根据当前使用情况合理设置参数。在实际工作中使用公式难免会出现错误值，有时原因在数据源，有时原因在公式本身。当出现错误值时，用户可以先从数据中排查原因，然后在【公式】选项卡的【公式审核】命令组中单击【错误检查】按钮，打开【错误检查】对话框，查看系统是否给出了错误提示。此外，还可以把公式提交给 ChatGPT，通过提问的方式让人工智能来检查公式是否存在错误，以及如何修改公式。

7.2　使用 ChatGPT 自动生成公式

Excel 为用户提供了丰富的公式与函数。在日常工作中，很多情况下用户可能并不知道在实际情况下该使用 Excel 中的哪个公式，或者对 Excel 中相关公式的语法和使用场景不太了解。此时，通过在 ChatGPT 中描述清楚公式的使用需求和结果，就可以利用 ChatGPT 自动完成相关函数的选择，并生成公式。

例如，在图 7-44 所示的包销费用统计表中，需要比较实际是否超出预算。

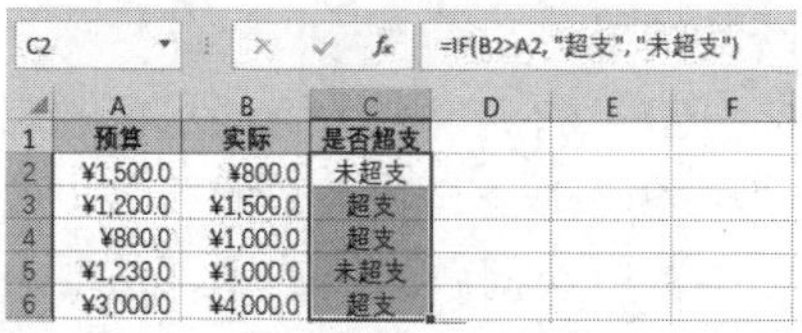

C2　=IF(B2>A2, "超支", "未超支")

	A	B	C	D	E	F
1	预算	实际	是否超支			
2	¥1,500.0	¥800.0	未超支			
3	¥1,200.0	¥1,500.0	超支			
4	¥800.0	¥1,000.0	超支			
5	¥1,230.0	¥1,000.0	未超支			
6	¥3,000.0	¥4,000.0	超支			

图 7-44

可以向 ChatGPT 提出需求描述：生成公式，在 Excel 工作表的 C 列使用公式比对 B 列和 A 列数据，如果 B 列数据大于 A 列数据，则显示“超支”，否则显示“未超支”。

稍等片刻后 ChatGPT 将自动生成公式，以及公式的解释和使用方法，如图 7-45 所示。

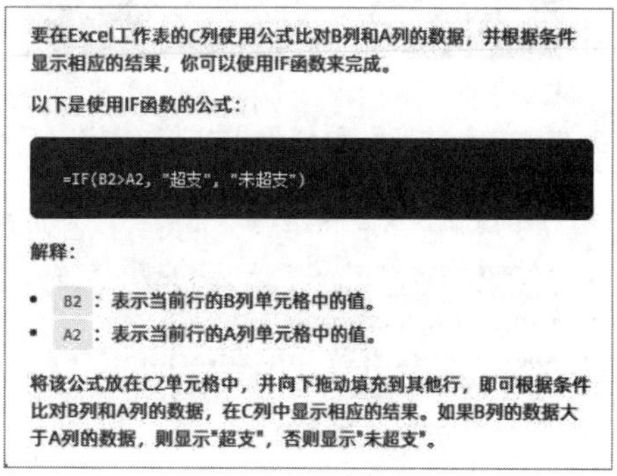

要在Excel工作表的C列使用公式比对B列和A列的数据，并根据条件显示相应的结果，你可以使用IF函数来完成。

以下是使用IF函数的公式：

```
=IF(B2>A2, "超支", "未超支")
```

解释：

- B2 ：表示当前行的B列单元格中的值。
- A2 ：表示当前行的A列单元格中的值。

将该公式放在C2单元格中，并向下拖动填充到其他行，即可根据条件比对B列和A列的数据，在C列中显示相应的结果。如果B列的数据大于A列的数据，则显示"超支"，否则显示"未超支"。

图 7-45

在表格的 C 列使用 ChatGPT 生成的公式可得到所要的统计结果。

又如，在图 7-46 所示的员工考勤记录表中，需要根据 G 列指定的姓名在 H 列统计对应员工在 C 列的打卡次数。

	A	B	C	D	E	F	G	H
1	姓名	打卡日期	机器号	对比方式	卡号		姓名	打卡次数
2	张伟	2023/8/17	1	指纹	32012073931		张伟	10
3	张伟	2023/8/18	1	指纹	32012073931		李秀英	9
4	张伟	2023/8/19	1	指纹	32012073931		王勇	13
5	张伟	2023/8/20	1	指纹	32012073931			
6	张伟	2023/8/21	1	指纹	32012073931			
7	张伟	2023/8/22	1	指纹	32012073931			
8	张伟	2023/8/23	1	指纹	32012073931			
9	张伟	2023/8/24	1	指纹	32012073931			
10	张伟	2023/8/25	1	指纹	32012073931			
11	张伟	2023/8/26	1	指纹	32012073931			
12	李秀英	2023/8/17	1	指纹	32012073932			
13	李秀英	2023/8/18	1	指纹	32012073932			
14	李秀英	2023/8/19	1	指纹	32012073932			
15	李秀英	2023/8/20	1	指纹	32012073932			
16	李秀英	2023/8/21	1	指纹	32012073932			
17	李秀英	2023/8/22	1	指纹	32012073932			
18	李秀英	2023/8/23	1	指纹	32012073932			
19	李秀英	2023/8/24	1	指纹	32012073932			
20	李秀英	2023/8/25	1	指纹	32012073932			
21	王勇	2023/8/17	1	指纹	32012073933			
22	王勇	2023/8/18	1	指纹	32012073933			
23	王勇	2023/8/19	1	指纹	32012073933			

图 7-46

要解决这个问题，可以在 ChatGPT 中详细描述需求：在一个 Excel 表中，A 列为姓名，C 列为打卡次数，G 列为统计姓名，H 列用于统计打卡次数。在 H 列中根据 G 列中的姓名统计 A 列中相同姓名及 C 列的打卡次数。例如 G2 单元格中提供了姓名“张伟”，在 A2:A11 单元格中找到 10 个相同的姓名记录，将 C2:C11 单元中的数字汇总至 H2 单元格。该如何生成公式？

稍等片刻后，ChatGPT 将根据以上描述选择合适的函数并生成相应的公式，如图 7-47 所示。

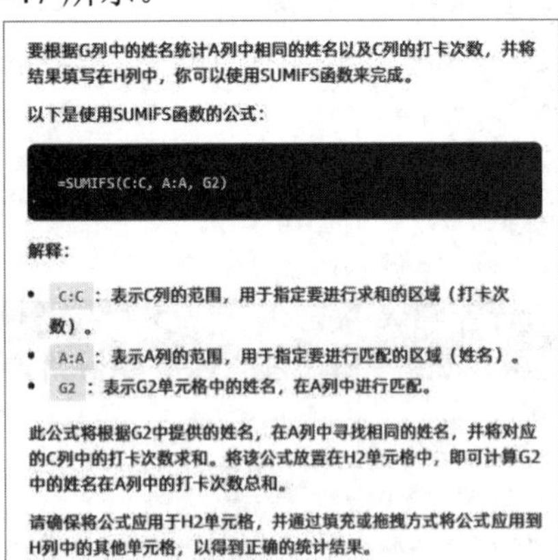
要根据G列中的姓名统计A列中相同的姓名以及C列的打卡次数，并将结果填写在H列中，你可以使用SUMIFS函数来完成。

以下是使用SUMIFS函数的公式：

```
=SUMIFS(C:C, A:A, G2)
```

解释：

- C:C ：表示C列的范围，用于指定要进行求和的区域（打卡次数）。
- A:A ：表示A列的范围，用于指定要进行匹配的区域（姓名）。
- G2 ：表示G2单元格中的姓名，在A列中进行匹配。

此公式将根据G2中提供的姓名，在A列中寻找相同的姓名，并将对应的C列中的打卡次数求和。将该公式放置在H2单元格中，即可计算G2中的姓名在A列中的打卡次数总和。

请确保将公式应用于H2单元格，并通过填充或拖拽方式将公式应用到H列中的其他单元格，以得到正确的统计结果。

图 7-47

复制 ChatGPT 生成的公式，将其应用于 H 列即可得到所需的结果。

再如，在图 7-48 所示的员工统计表中，需要查询指定部门且指定学历的姓名列表。

	A	B	C	D	E	F	G	H
1	姓名	部门	毕业学校	最终学历		部门	学历	员工姓名
2	宁婉琳	财务部	北京大学	硕士		企划部	硕士	温雅楠
3	林紫薇	营销部	清华大学	博士				赵晓雪
4	张晨曦	企划部	浙江大学	本科				杨婉婷
5	温雅楠	企划部	上海交通大学	硕士				
6	李心怡	企划部	北京航空航天大学	本科				
7	赵晓雪	企划部	南京大学	硕士				
8	陈悦宜	企划部	武汉大学	博士				
9	刘清雅	营销部	四川大学	硕士				
10	周婉娜	营销部	电子科技大学	硕士				
11	徐韵宁	营销部	天津大学	本科				
12	王雨欣	营销部	同济大学	硕士				
13	江悠然	财务部	中国科学技术大学	本科				
14	赖思婷	财务部	西南交通大学	硕士				
15	何馨怡	财务部	华中科技大学	博士				
16	杨婉婷	企划部	中山大学	硕士				

图 7-48

要解决这个问题，可以在 ChatGPT 中详细描述需求：在 Excel 数据表的 H 列根据 F2 单元格中输入的部门名称和 G2 单元格中输入的学历，查询指定部门(B2:B16 区域)且指定学历(D2:D16 区域)的姓名(A2:A16 区域)。例如，F2 单元格数据为“企划部”，G2 单元格数据为“硕士”，查找 B 列和 D 列中符合“企划部”与“硕士”相同的数据，然后将与其相对应的 A 列中的数据写在 H 列。该如何生成公式？

稍等片刻后，ChatGPT 将根据以上描述选择合适的函数并生成相应的公式，如图 7-49 所示。

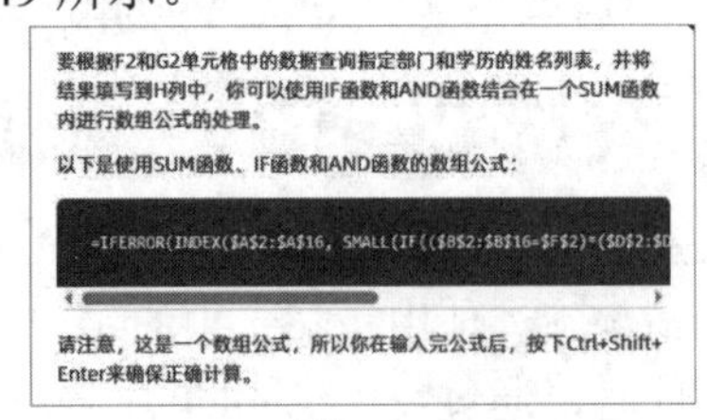
要根据F2和G2单元格中的数据查询指定部门和学历的姓名列表，并将结果填写到H列中，你可以使用IF函数和AND函数结合在一个SUM函数内进行数组公式的处理。

以下是使用SUM函数、IF函数和AND函数的数组公式：

```
=IFERROR(INDEX($A$2:$A$16, SMALL(IF(($B$2:$B$16=$F$2)*($D$2:$D
```

请注意，这是一个数组公式，所以你在输入完公式后，按下Ctrl+Shift+Enter来确保正确计算。

图 7-49

复制 ChatGPT 生成的公式，将其粘贴至 H2 单元格并向下填充，即可在 H 列得到想要的统计结果。

ChatGPT 的出现大大降低了普通用户学习、使用 Excel 公式和函数的门槛。要使用公式和函数解决问题，用户不再需要去记忆复杂的函数名称和参数，也不需要大费周章地学习公式的具体应用案例，只需要向 ChatGPT 正确地描述问题，然后使用人工智能生成的公式即可。

公式和函数在 Excel 中应用广泛，Excel 中的计算、条件判断、字符串处理、数据筛选和过滤，以及数据分析和数据验证都会用到公式和函数。由于篇幅有限，本章无法将所有使用 ChatGPT 生成 Excel 公式和函数的案例逐一展示，用户可以通过学习本章中的案例，结合自己实际的应用或者其他专门介绍 Excel 公式与函数书籍中的示例，举一反三地去学习如何向ChatGPT 正确、高效提出问题，从而使其生成正确公式。

7.3　使用公式审核工具稽核

输入公式后，需要验证公式的计算结果是否正确。如果公式返回了错误值或者计算结果有误，用户可以借助 Excel 提供的公式审核工具查找错误原因，并针对错误原因，重新向 ChatGPT 提出问题，修正公式中的错误。

7.3.1　验证简单公式结果

选中一个数据区域时，Excel 会根据所选内容的格式在状态栏中自动显示该区域的求和、平均值、计数等计算结果，如图 7-50 所示。

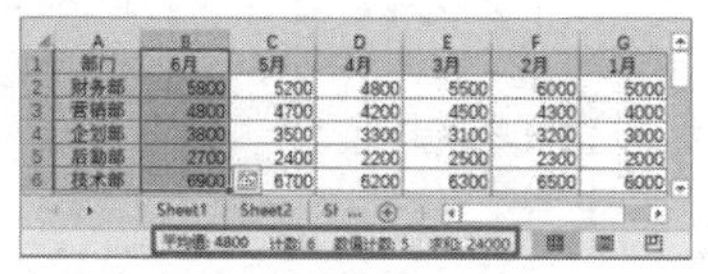

图 7-50

根据状态栏中的显示内容，能够对公式的结果进行简单的验证(右击状态栏，在弹出的快捷菜单中可以设置状态栏中显示的计算选项)。

7.3.2　验证复杂公式结果

对于比较复杂的公式，需要手动验证其结果，如查看引用的内容是否正确，运算的逻辑是否有误等。

当公式中包含多段计算公式或包含嵌套函数时，可以借助 F9 键查看其中一部分公式的运算结果，也可以使用【公式求值】命令查看公式的运算过程。

1. 分段查看公式运算结果

在编辑栏中选中公式中的一部分，按 F9 键可以显示该部分公式的运算结果，如图 7-51 所示。

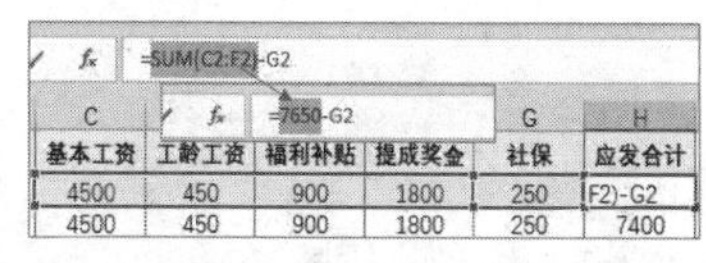

图 7-51

通过分段查看公式运算结果，可以检查公式各段运行结果是否正确。在查看公式部分运算结果的过程中，按 Esc 键或者单击编辑栏左侧的【取消】按钮×，可以使公式恢复原状。

2. 显示公式运算过程

选中包含公式的单元格后，单击【公式】选项卡中的【公式求值】按钮，在打开的【公式求值】对话框中单击【求值】按钮，如图 7-52 所示，可以按照公式运算顺序依次查看分步计算结果。

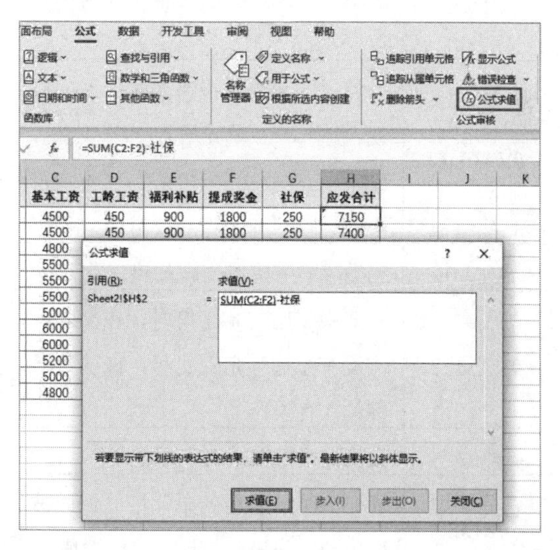

图 7-52

在【公式求值】对话框中单击【求值】按钮后，如果单击【步入】按钮，将显示下一步要参与计算的单元格内容。如果下一步是定义的名称，会显示名称中所使用公式的计算过程，如图 7-53 所示。

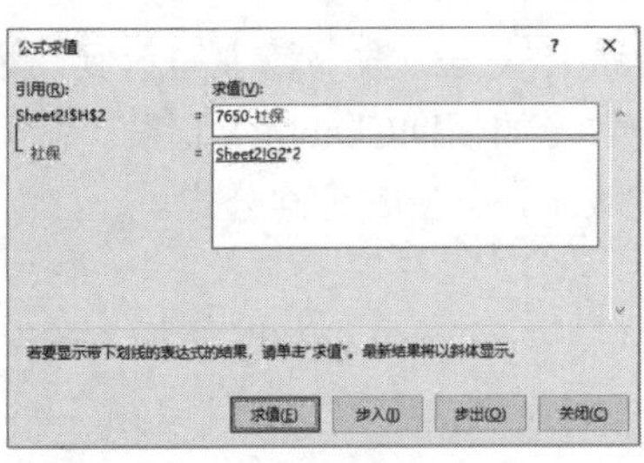

图 7-53

知识点滴

在使用 F9 键或“公式求值”功能时，如果查看内容为函数产生的多维引用，有可能无法显示正确的分段计算结果。

7.3.3 公式错误检查

使用公式进行计算时，可能会因为某种原因而返回错误值。常见错误值及其产生原因说明如表 7-5 所示。

表 7-5 常见错误值及产生原因

错误值	错误原因
#####	当列宽不能完整显示数字，或使用了负的日期、时间时，单元格中将以#号填充
#VALUE!	当使用的参数类型错误时出现的错误。例如，A2 单元格为字符“A”，B2 单元格公式为=1*A2，文本字符不能进行四则运算导致错误
#DIV/0!	当数字被零除时出现的错误
#NAME?	公式中使用文本字符时，在文本外侧没有添加半角双引号，或函数名称输入有误
#N/A	查询类函数找不到可用结果
#REF!	当删除了被引用的单元格区域或被引用的工作表时，返回该错误值
#NUM!	公式或函数中使用了无效数字值
#NULL!	在使用空格表示两个引用单元格区域之间的交叉运算符，但计算并不相交的两个区域的交点时，返回该错误

1. 使用错误检查器

Excel 默认开启后台错误检查功能，用户可以根据需要设置错误检查的规则。具体操作方法如下。

step 1 依次按 Alt、T、O 键打开【Excel 选项】对话框，选择【公式】选项卡。

step 2 在【公式】选项卡中默认选中【错误检查】区域中的【允许后台错误检查】复选框，在【错误检查规则】区域选中各个错误检查规则前的复选框，然后单击【确定】按钮，如图 7-54 所示。

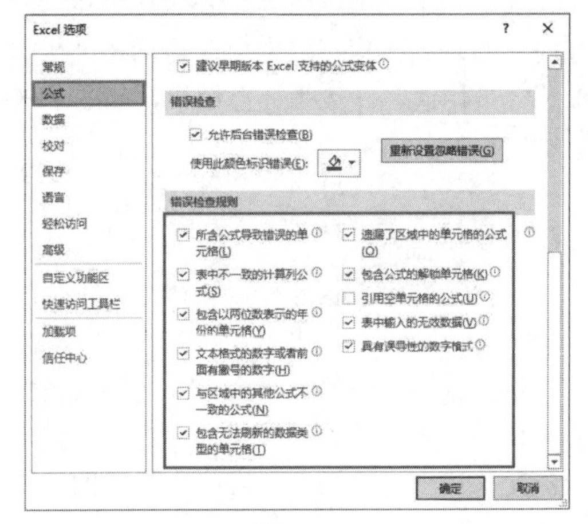

图 7-54

如果单元格中的内容或公式符合图 7-54 所示的规则，或者公式计算结果返回了#DIV/0!、#N/A 等错误值，单元格的左上角将显示智能标记。选中单元格后将自动显示【错误提示器】下拉按钮，单击该下拉按钮，在弹出的下拉列表中将显示错误的类型及【有关此错误的帮助】【显示计算步骤】等选项，选择相应的选项可以进行对应的检查或忽略错误，如图 7-55 所示。

图 7-55

2. 追踪错误

选择【公式】选项卡，单击【公式审核】命令组中的【错误检查】按钮，在打开的如图 7-56 所示的【错误检查】对话框中，系统提供了与图7-55所示错误提示器相似的选项。

图 7-56

在【错误检查】对话框中将显示当前工作表中返回错误值的单元格及错误的原因。单击【上一个】或【下一个】按钮，可以依次查看工作表其他单元格中公式的错误情况。

选中包含错误值的单元格，单击【公式】选项卡中的【错误检查】下拉按钮，在弹出的下拉列表中选择【追踪错误】选项，将在该单元格中出现蓝色的追踪箭头，表示错误可能来源于哪些单元格，如图 7-57 所示。

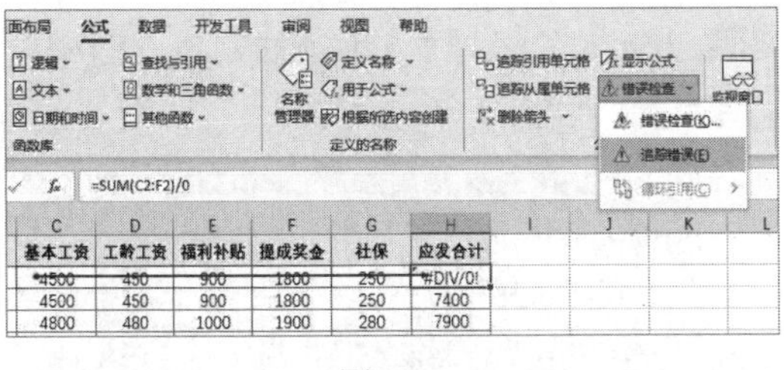

图 7-57

单击【公式】选项卡中的【删除箭头】按钮或按 Ctrl+S 快捷键，可以隐藏追踪箭头。

3. 单元格追踪

如果 B1 单元格中引用了 A1 单元格，那么 A1 是 B1 的引用单元格，B1 则是 A1 的从属单元格。

选中包含公式的单元格，单击【公式】选项卡中的【追踪引用单元格】按钮，或选中被公式引用的单元格，单击【追踪从属单元格】按钮，将在引用单元格和从属单元格之间用蓝色箭头链接，方便用户查看公式与各单元格之间的引用关系，如图 7-58 所示。

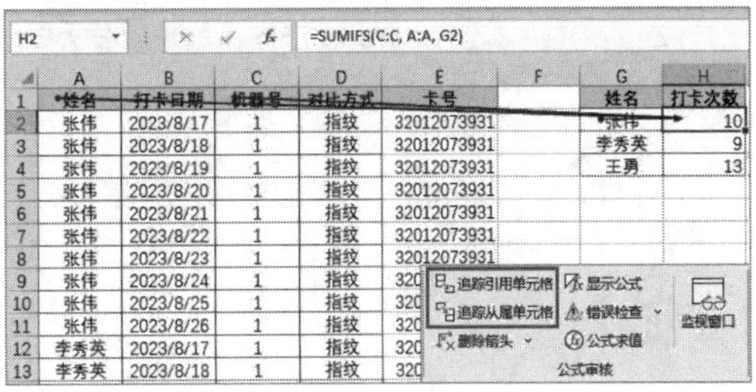

图 7-58

4. 检查循环引用

当公式返回的结果需要依赖公式自身所在的单元格的值时，无论是直接还是间接引用，都称为循环引用。如在B1 单元格中输入公式"=B1+5"，或者在 A1 单元格中输入公式"=B1"，在 B1 单元格中输入公式"=A1"，都会产生循环引用。

如果存在循环引用，公式将无法正常运算，状态栏左侧会提示包含循环引用的单元格地址，如图 7-59 所示。

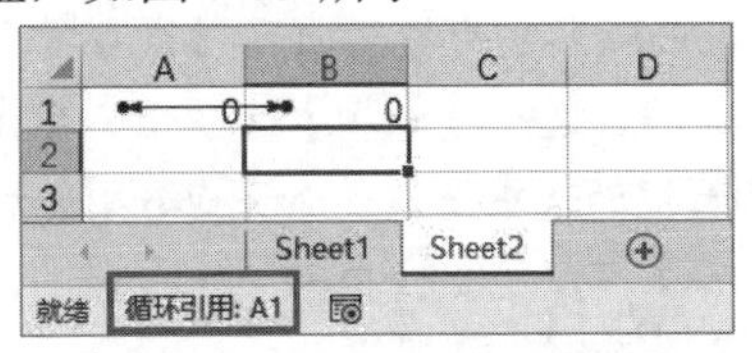

图 7-59

此时，用户可以单击【公式】选项卡中的【错误检查】下拉按钮，在弹出的下拉列表中选择【循环引用】选项，查看包含循环引用的单元格，如图 7-60 所示。

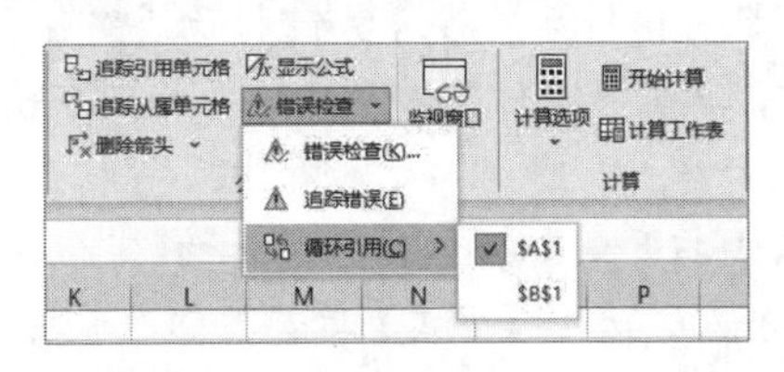

图 7-60

7.3.4 设置监视窗口

在Excel 中利用"监视窗口"功能可以将重点关注的单元格添加到监视窗口中，随时查看数据的变化情况。切换工作表或调整工作表滚动条时，【监视窗口】始终在最前端显示，如图 7-61 所示。

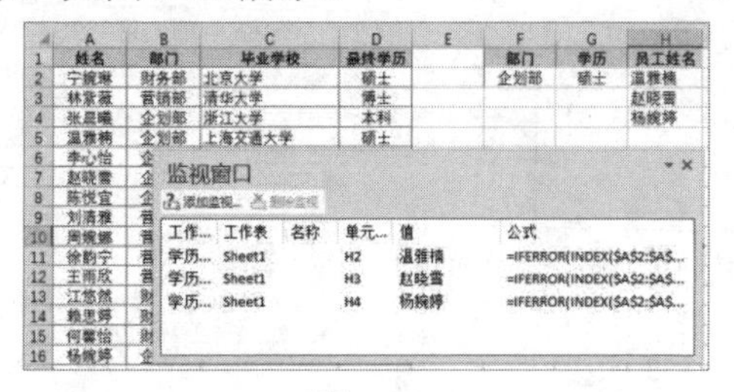

图 7-61

单击【公式】选项卡中的【监视窗口】按钮，在打开的【监视窗口】对话框中单击【添加监视】按钮，然后在打开的【添加监视点】对话框中单击按钮选择目标单元格，并单击【添加】按钮即可在工作表中添加图 7-61 所示的监视窗口。

监视窗口会显示监视点单元格所在工作簿和工作表的名称，同时显示定义的名称、单元格地址、显示的值及使用的公式，并且可以随着这些项目的变化实时更新。

监视窗口中可以添加多个监视点，选中某个监视点后，单击【删除监视】按钮可以将该监视点从窗口中删除。

7.4 使用公式时的常见问题

在Excel 中使用公式解决问题时，除公式本身出现的问题以外，用户还可能需要解决公式保护、显示公式、手动重算公式以及设置数据精度等问题。

7.4.1 设置公式保护

在工作表中使用公式后，如果不希望其他用户修改公式，可以参考以下操作设置公式保护。

step① 选中数据表中的任意单元格后，按 Ctrl+A 快捷键选中整个数据表。

step② 按 Ctrl+1 快捷键打开【设置单元格格式】对话框，选择【保护】选项卡，取消【锁定】复选框的选中状态，如图 7-62 所示。

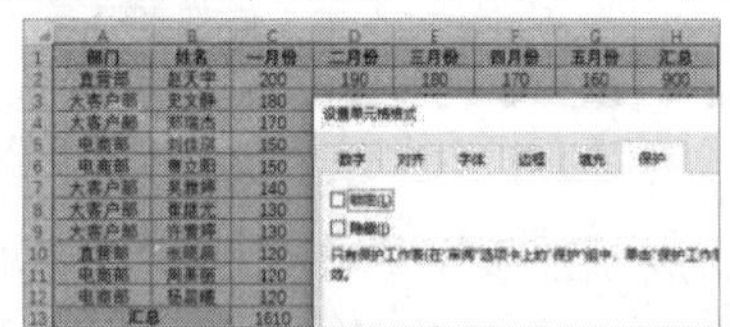

图 7-62

step③ 单击【确定】按钮关闭【设置单元格格式】对话框后，按 F5 键打开【定位】对话框，单击【定位条件】按钮，如图 7-63 左图所示。

step④ 打开如图 7-63 右图所示的【定位条件】对话框后，选中【公式】单选按钮，单击【确定】按钮。返回【定位】对话框，再次单击【确定】按钮。

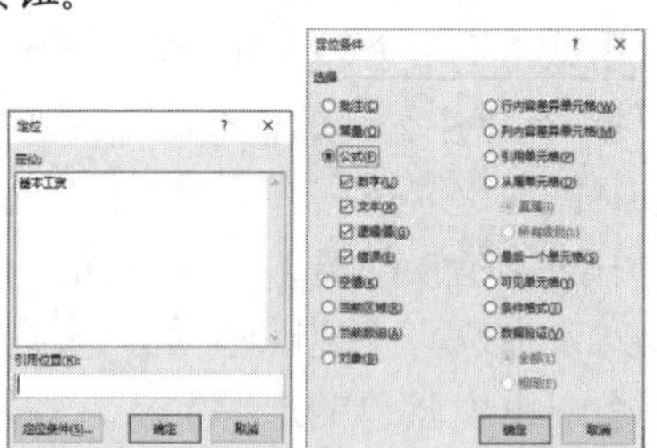

图 7-63

step⑤ 此时，将选中工作表中所有包含公式的单元格，如图 7-64 所示。

	A	B	C	D	E	F	G	H
1	部门	姓名	一月份	二月份	三月份	四月份	五月份	汇总
2	直营部	赵天宇	200	190	180	170	160	900
3	大客户部	史文静	180	190	200	210	220	1000
4	大客户部	郑瑞杰	170	180	190	200	210	950
5	电商部	刘佳琪	150	160	170	180	190	850
6	电商部	曹立阳	150	160	170	180	190	850
7	大客户部	吴雅婷	140	150	160	170	180	800
8	大客户部	崔健允	130	140	150	160	170	750
9	大客户部	许蕾婷	130	140	150	160	170	750
10	直营部	张晓晨	120	150	180	200	220	870
11	电商部	周美丽	120	130	140	150	160	700
12	电商部	杨晨曦	120	110	100	110	120	560
13	汇总		1610	1700	1790	1890	1990	8980

图 7-64

step⑥ 按 Ctrl+1 快捷键再次打开【设置单元格格式】对话框，选择【保护】选项卡，选中【锁定】复选框后，单击【确定】按钮。

step⑦ 选择【审阅】选项卡，单击【保护】命令组中的【保护工作表】按钮，打开【保护工作表】对话框，在【取消工作表保护时使用的密码】文本框中输入一个密码，然后单击【确定】按钮，如图 7-65 所示。

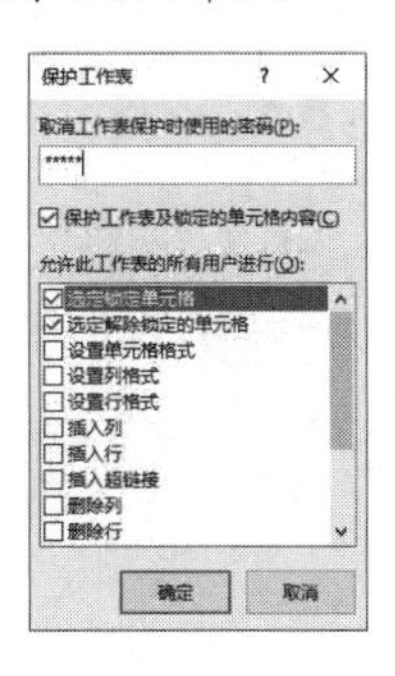

图 7-65

step 8 在打开的【确认密码】对话框中再次输入密码并单击【确定】按钮。

完成以上设置后，当用户尝试修改包含公式的单元格，Excel 将弹出图 7-66 所示的提示对话框阻止对公式的修改。

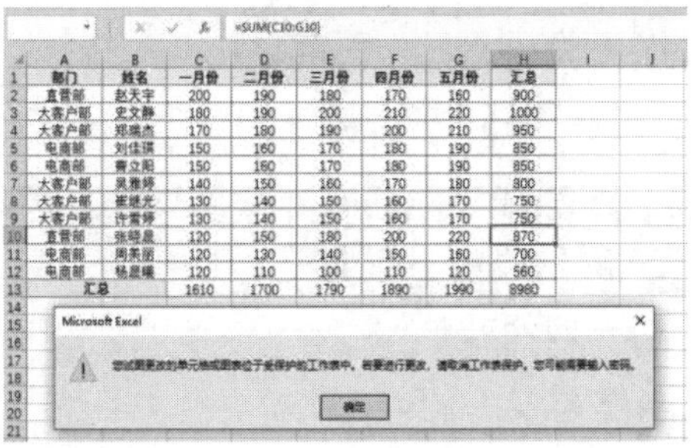

图 7-66

7.4.2　显示公式本身

如果公式编辑后并未返回计算结果，而是显示公式本身的字符，可以在【公式】选项卡中检查【显示公式】按钮是否为高亮状态，单击该按钮可以在普通模式和显示公式模式之间进行切换，如图 7-67 所示。

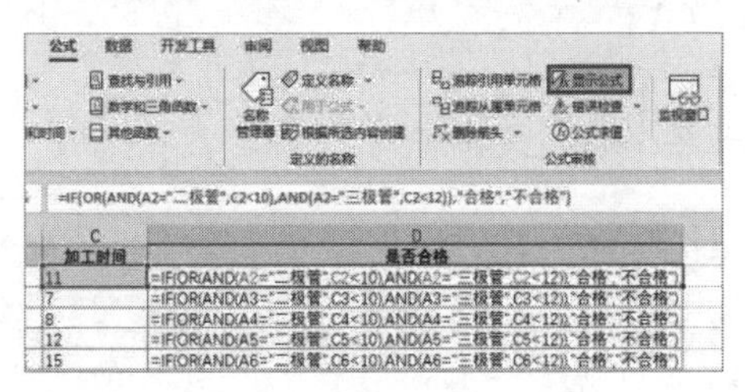

图 7-67

如果未开启"显示公式"模式，则可能是当前单元格的数字格式设置了"文本"格式，将数字格式设置为"常规"格式后，双击公式即可。

7.4.3　检查自动重算

如果在复制使用了相对引用的公式时，公式在不同单元格中的结果不能自动更新，可以单击【公式】选项卡中的【计算选项】下拉按钮，在弹出的下拉列表中检查是否选中了【自动】选项，如图 7-68 所示。

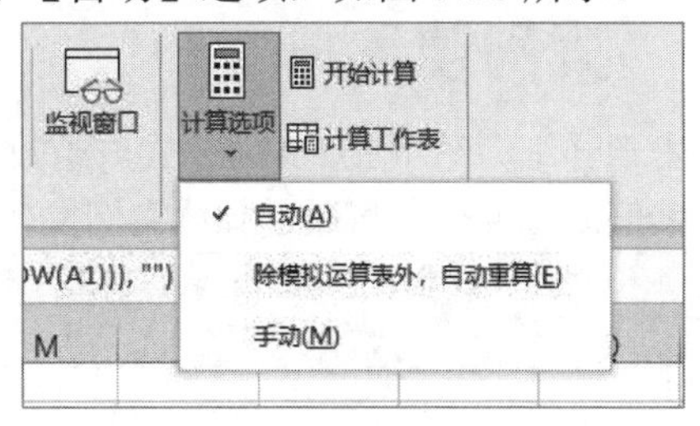

图 7-68

7.4.4　设置数据精度

Excel 在进行计算时，先将数值由十进制转换为二进制后再进行计算，最后将二进制的计算结果转换为十进制的数值。这种运算通常伴随着因为无法精确表示而进行的近似或舍入，将二进制下的微小误差传递到最终计算结果中，可能会得出不准确的结果。

例如，在 A1 单元格中输入公式"=4.1-4.2+1"，然后不断增加 A1 单元格的小数位数，A1 单元格的计算结果将会显示为 0.899999999999999。

Excel 提供了以下两种用于补偿舍入误差的方法。

▶ 方法 1：使用 ROUND 函数对计算结果进行修改。例如，将上面的公式修改为"=ROUND(4.1-4.2+1,1)"，将返回保留一位小数的计算结果 0.900000000000000。

▶ 方法 2：将精度设置为所显示的精度。该选项会将工作表中每个数字的值强制显示为显示值。依次按 Alt、T、O 键，打开【Excel 选项】对话框，选择【高级】选项卡，在【计算此工作簿时】区域中选中【将精度设为所显示的精度】复选框，然后单击【确定】按钮即可，如图 7-69 所示。

如果设置了两位小数的数字格式，然后选中【将精度设为显示的精度】复选框，则在保存工作簿时，所有超出两位小数的精度均会丢失。

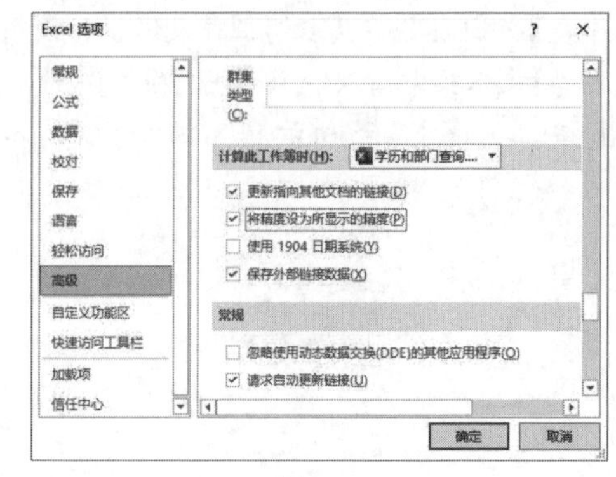

图 7-69

7.5 案例演练

本章详细介绍了 Excel 中公式与函数的基础知识，以及使用 ChatGPT 生成公式的方法。下面的案例演练部分，将通过具体案例操作帮助用户掌握一些日常办公中常用公式的使用方法。

【例 7-7】使用 COUNTIF 函数统计部门员工人数。视频

公式如下：

=COUNTIF(B:B,D2)

在数据表中使用以上公式统计部门人数，结果如图 7-70 所示。

E2　=COUNTIF(B:B,D2)

	A	B	C	D	E	F
1	姓名	部门		部门	人数	
2	王伟阳	企划部		企划部	4	
3	刘明宇	财务部		财务部	5	
4	孙伟涛	营销部		营销部	4	
5	李晓宇	营销部		后勤部	4	
6	吴雨婷	财务部				
7	张丽华	后勤部				
8	陈雅静	营销部				
9	周鑫鑫	企划部				
10	郑瑞华	后勤部				
11	赵婷婷	财务部				
12	钱鑫龙	企划部				
13	唐雪婷	后勤部				
14	曹磊磊	财务部				
15	刘佳琪	营销部				
16	孙浩然	企划部				
17	曹立阳	后勤部				
18	吴雅婷	财务部				

图 7-70

【例 7-8】使用 NETWORKDAYS 函数统计两个日期之间的工作日天数。视频

公式如下：

=NETWORKDAYS(A2,B2)

在数据表中使用以上公式计算工作日天数，结果如图 7-71 所示。

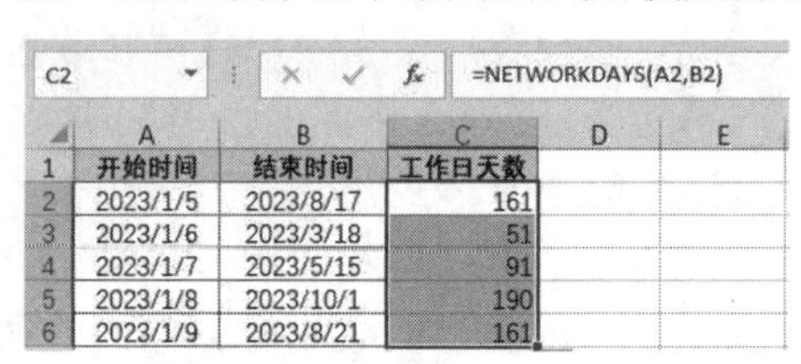
C2　=NETWORKDAYS(A2,B2)

	A	B	C	D	E
1	开始时间	结束时间	工作日天数		
2	2023/1/5	2023/8/17	161		
3	2023/1/6	2023/3/18	51		
4	2023/1/7	2023/5/15	91		
5	2023/1/8	2023/10/1	190		
6	2023/1/9	2023/8/21	161		

图 7-71

【例 7-9】使用 IF 函数和 TIME 函数统计员工考勤表中的迟到和早退情况。视频

统计迟到的公式如下：

=IF(C2>TIME(8,30,0),"迟到","")

在考勤表中使用以上公式统计迟到情况，结果如图 7-72 所示。

E2　=IF(C2>TIME(8,30,0),"迟到","")

	A	B	C	D	E	F
1	姓名	日期	上班打卡	下班打卡	迟到	早退
2	王伟阳	2023/8/18	8:36	17:26	迟到	
3	刘明宇	2023/8/18	8:32	17:32	迟到	
4	孙伟涛	2023/8/18	8:29	17:29		
5	李晓宇	2023/8/18	8:35	17:35	迟到	
6	吴雨婷	2023/8/18	8:13	17:33		
7	张丽华	2023/8/18	8:11	17:31		
8	陈雅静	2023/8/18	8:27	17:17		
9	周鑫鑫	2023/8/18	8:14	17:14		
10	郑瑞华	2023/8/18	8:30	17:30		
11	赵婷婷	2023/8/18	8:38	17:38	迟到	
12	钱鑫龙	2023/8/18	8:28	17:28		

图 7-72

统计早退的公式如下：

=IF(D2<TIME(17,30,0),"早退","")

在考勤表中使用以上公式统计早退情况，结果如图 7-73 所示。

F2　=IF(D2<TIME(17,30,0),"早退","")

姓名	日期	上班打卡	下班打卡	迟到	早退
王伟阳	2023/8/18	8:36	17:26	迟到	早退
刘明宇	2023/8/18	8:32	17:32	迟到	
孙伟涛	2023/8/18	8:29	17:29		早退
李晓宇	2023/8/18	8:35	17:35	迟到	
吴雨婷	2023/8/18	8:13	17:33		
张丽华	2023/8/18	8:11	17:31		
陈雅静	2023/8/18	8:27	17:17		早退
周鑫鑫	2023/8/18	8:14	17:14		早退
郑瑞华	2023/8/18	8:30	17:30		
赵婷婷	2023/8/18	8:38	17:38	迟到	
钱鑫龙	2023/8/18	8:28	17:28		早退

图 7-73

【例 7-10】使用 TEXT 函数和 MID 函数从身份证号码中提取员工出生年月日。 视频

公式如下：

=TEXT(MID(C2,7,8),"0-00-00")

在员工信息表中使用以上公式从身份证号码中提取员工出生年月日，结果如图 7-74 所示。

D2　=TEXT(MID(C2,7,8),"0-00-00")

姓名	部门	身份证号	出生年月日
王伟阳	财务部	302102198706124623	1987-06-12
刘明宇	人资源部	302102199211054611	1992-11-05
孙伟涛	研发部	302102198201224610	1982-01-22
李晓宇	采购部	302102198305094632	1983-05-09
吴雨婷	研发部	302102198111174610	1981-11-17

图 7-74

【例 7-11】使用 DATEDIF 函数从出生年月日中获取员工的年龄。 视频

公式如下：

=DATEDIF(D2,TODAY(),"y")

使用以上公式从出生年月日中获取员工年龄，结果如图 7-75 所示。

E2　=DATEDIF(D2,TODAY(),"y")

姓名	部门	身份证号	出生年月日	年龄
王伟阳	财务部	302102198706124623	1987-06-12	36
刘明宇	人资源部	302102199211054611	1992-11-05	30
孙伟涛	研发部	302102198201224610	1982-01-22	41
李晓宇	采购部	302102198305094632	1983-05-09	40
吴雨婷	研发部	302102198111174610	1981-11-17	41

图 7-75

【例 7-12 使用 IF 函数和 MID 函数通过身份证号码判断员工性别。 视频

公式如下：

=IF(MOD(MID(C2,17,1),2),"男","女")

使用以上公式从员工身份证信息中获取员工性别，结果如图 7-76 所示。

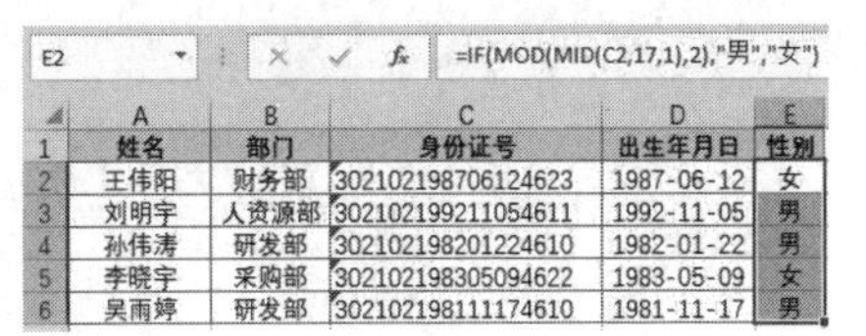

E2　=IF(MOD(MID(C2,17,1),2),"男","女")

姓名	部门	身份证号	出生年月日	性别
王伟阳	财务部	302102198706124623	1987-06-12	女
刘明宇	人资源部	302102199211054611	1992-11-05	男
孙伟涛	研发部	302102198201224610	1982-01-22	男
李晓宇	采购部	302102198305094622	1983-05-09	女
吴雨婷	研发部	302102198111174610	1981-11-17	男

图 7-76

【例 7-13】使用 TEXT 函数、DATEDIF 函数和 TODAY 函数，根据员工出生年月日设置生日提醒。 视频

公式如下：

=TEXT(365-DATEDIF(D2-365,TODAY(),"yd"),"还有 0 天生日;;今天生日")

使用以上公式设置生日提醒，结果如图 7-77 所示。

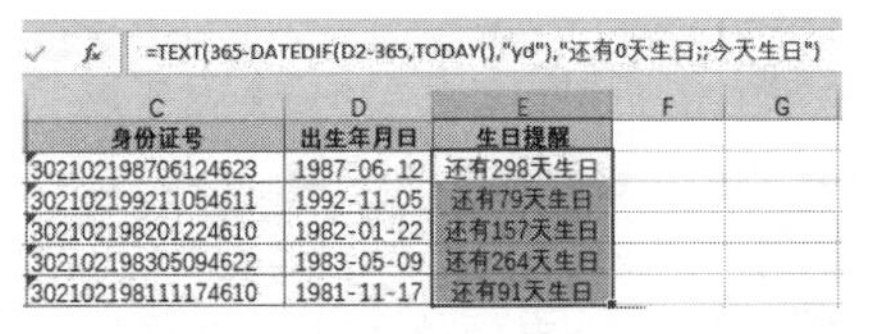

=TEXT(365-DATEDIF(D2-365,TODAY(),"yd"),"还有0天生日;;今天生日")

身份证号	出生年月日	生日提醒
302102198706124623	1987-06-12	还有298天生日
302102199211054611	1992-11-05	还有79天生日
302102198201224610	1982-01-22	还有157天生日
302102198305094622	1983-05-09	还有264天生日
302102198111174610	1981-11-17	还有91天生日

图 7-77

【例 7-14】使用 LEFT 函数和 LEN 函数分离单元格中的单位和数字。 视频

公式如下：

=LEFT(C3,LEN(C3)-1)

使用以上公式在库存信息表中提取C列库存数量，结果如图 7-78 所示。

D2　=LEFT(C2,LEN(C2)-1)

产品名称	产品规格	库存数量	提取数字
电脑	笔记本	50台	50
洗衣机	8公斤	80台	80
微波炉	20升	90台	90
咖啡机	自动	70台	70
电视	55英寸	100台	100
手机	128GB	200部	200
餐桌	实木	300张	300

图 7-78

【例 7-15】使用 SUMIF 函数按指定的条件对单元格区域中的数据进行求和和判断。 视频

公式如下：

=SUMIF(A2:A13,F2,C2:C13)

将以上公式应用在图 7-79 所示的库存信息表中，A2:A13 是条件求和和判断的数据区域，F2 是求和条件，C2:C13 是条件求和的区域。

G2 =SUMIF(A2:A13,F2,C2:C13)

产品名称	产品规格	库存数量	入库时间		产品名称	总数
电脑	笔记本	50	2023/1/10 14:20		冰箱	410
洗衣机	8公斤	80	2023/3/20 10:50			
微波炉	20升	90	2023/6/10 11:40			
冰箱	对开门	70	2023/6/25 17:30			
电视	55英寸	100	2023/1/1 10:00			
手机	128GB	200	2023/1/5 9:45			
餐桌	实木	300	2023/2/2 11:30			
沙发	布艺	150	2023/2/10 13:45			
衣柜	推拉门	250	2023/3/15 16:10			
冰箱	对开门	120	2023/4/8 14:30			
空调	1.5匹	180	2023/5/2 9:15			
冰箱	对开门	220	2023/6/15 13:20			

图 7-79

【例 7-16】使用 Upper 函数、Lower 函数和 Proper 函数批量转换英文大小写。视频

转换大写公式:

```
=Upper(A2)
```

转换小写公式:

```
=Lower(A2)
```

转换首字母大写公式:

```
=Proper(A2)
```

将以上公式应用于数据表中，结果如图 7-80 所示。

英文	转换大写	转换小写	转换首字母大写
BeaUtiful	BEAUTIFUL	beautiful	Beautiful
HappIness	HAPPINESS	happiness	Happiness
CouraGe	COURAGE	courage	Courage
Delicious	DELICIOUS	delicious	Delicious
SereNe	SERENE	serene	Serene
Brilliant	BRILLIANT	brilliant	Brilliant
Mystical	MYSTICAL	mystical	Mystical
HarmoNy	HARMONY	harmony	Harmony
Vibrant	VIBRANT	vibrant	Vibrant
GraceFul	GRACEFUL	graceful	Graceful

图 7-80

【例 7-17】使用 MODE 函数统计一列中出现次数最多的数字。视频

公式如下:

```
=MODE(A2:A21)
```

将以上公式应用于实验数据表中，可以很快统计出一组数字中出现频率最高的数字，如图 7-81 所示。

实验数据		出现次数最多的数字
2.3456		5.6789
5.6789		
1.2345		
7.8901		
0.9876		
3.4567		
9.0123		
6.789		
8.9012		
5.6789		
4.5678		

图 7-81

【例 7-18】使用 RANK 函数计算某个值在数据中的排名。视频

公式如下:

```
=RANK(D2,D:D)
```

将以上公式应用于考核成绩表中，结果如图 7-82 所示。

E2 =RANK(D2,D:D)

车间	姓名	性别	总成绩	排名
A车间	张伟	男	680	4
A车间	王芳	男	590	7
B车间	李娜	女	720	1
B车间	刘强	男	510	9
C车间	陈秀英	女	670	5
C车间	杨勇	男	480	10
A车间	张秀英	男	700	2
A车间	王刚	男	520	8
A车间	李秀英	男	690	3
A车间	王勇	男	610	6

图 7-82

【例 7-19】使用 LEFT 函数和 LEN 函数提取包含中英文内容的单元格中的英文。视频

公式如下:

```
=LEFT(A2,2*LEN(A2)-LENB(A2))
```

将以上公式应用于数据表中，结果如图 7-83 所示。

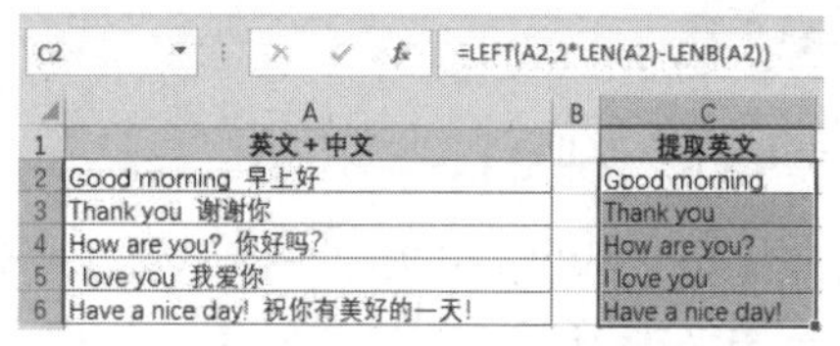
C2 =LEFT(A2,2*LEN(A2)-LENB(A2))

英文+中文		提取英文
Good morning 早上好		Good morning
Thank you 谢谢你		Thank you
How are you? 你好吗?		How are you?
I love you 我爱你		I love you
Have a nice day! 祝你有美好的一天!		Have a nice day!

图 7-83

使用以上公式也可以从数字+中文的单元格中提取出数字。

知识点滴

如果用户在使用上面介绍的公式时出现错误，或者想要了解公式的参数说明和工作步骤，可以向 ChatGPT 提问“帮我分析以下公式+公式”。或者“以下公式是否存在错误+公式”，或者“以下公式在某行某列某单元格是否能够实现某项操作+公式”。ChatGPT 会给出公式的详细说明，分析公式中是否存在错误，并给出正确的公式。将 ChatGPT 提供的自然语言处理能力与 Excel 的数据处理和计算功能相结合，用户可以实现比单独使用 Excel 更直观、灵活的数据处理和分析操作。

第 8 章

设置链接和超链接

链接是通过引用其他工作簿中的单元格区域来获取数据的过程。而超链接则可以在 Excel 工作簿内的不同位置或工作簿外的对象之间实现跳转，如跳转到其他文件或网页。

本章对应视频

例 8-1 批量生成工作表超链接
例 8-2 批量生成工作簿超链接
例 8-3 批量提取工作表超链接地址
例 8-4 制作视频播放窗口
例 8-5 制作打开文件的超链接
例 8-6 批量删除文件名并建立链接

8.1 建立工作簿链接

在 Excel 中使用公式时可以引用其他工作簿中的单元格内容，但是如果移动被引用的工作簿(路径发生变化)，或重命名被引用的工作簿(文件名发生变化)，就会使公式无法正常运算。另外，部分函数(如 SUMIF、COUNTIF、INDIRECT 等)在引用其他工作簿数据时，如果被引用的源工作簿未处于打开状态，将返回错误值。在实际工作中为了便于数据的维护和管理，应尽量避免跨工作簿引用数据，可以将多个工作簿合并为同一个工作簿(参见本书 3.1.6 节内容)，以不同工作表的形式进行引用。

8.1.1 使用外部引用公式

在使用公式引用其他工作簿中的数据时，其标准结构如下：

```
=' 文件路径 \[ 工作簿名.xlsx ] 工作表名 '! 单元格地址
```

工作簿名称的外侧要使用成对的半角中括号“[ ]”，工作表名后要加半角感叹号“!”。

1. 引用文件关闭状态的外部公式

当公式引用其他未打开的工作簿中的单元格时，要在引用中添加完整的文件路径。例如，以下公式表示对 D 盘根目录“数据”工作簿中 Sheet1 工作簿的 D3 单元格的引用：

```
= 'D:\[数据.xlsx] Sheet1 '! $D$3
```

2. 引用文件打开状态的外部公式

如果引用其他已打开工作簿中的单元格，公式中会自动省略路径。如果工作簿和工作表名称中不包含空格等特殊字符，还会自动省略外侧的单引号，使公式成为以下结构的简化形式。

```
= [数据.xlsx]Sheet1!$D$3
```

当源工作簿关闭时，外部引用公式将自动添加文件路径，变为标准结构。

8.1.2 建立链接的常用方法

在 Excel 工作表中，用户可以通过鼠标指向引用单元格和粘贴链接两种方法建立与其他工作簿之间的链接。

1. 鼠标指向引用单元格

当其他工作簿的文件路径比较复杂，或者工作簿名称包含的字符较多，直接输入外部引用公式容易导致错误。此时，可以用鼠标指向被引用文件工作表中单元格的方法，建立外部引用链接，具体操作方法如下。

step 1 打开被引用的源工作簿。

step 2 切换至需要建立链接的工作簿，选中合适的单元格后，输入等号“=”。

step 3 用鼠标选取源工作簿中要引用的单元格或区域，然后按 Enter 键。

2. 粘贴链接

除使用鼠标指向引用单元格方式以外，用户还可以通过“选择性粘贴”功能来创建外部链接公式，具体操作方法如下。

step 1 打开被引用的源工作簿，选中要引用的单元格或区域，按 Ctrl+C 快捷键复制。

step 2 切换至需要建立链接的工作簿，右击合适的单元格，在弹出的快捷菜单中选择【粘贴链接】命令。

8.1.3 设置和编辑链接

建立工作簿链接后，用户可以对链接的提示信息进行设置，也可以编辑链接的引用源、更新值和链接状态。

1. 设置工作簿启动提示方式

首次打开含有外部引用链接公式的工作簿时，如果引用源工作簿未打开，系统将弹出图 8-1 所示的安全警告对话框。

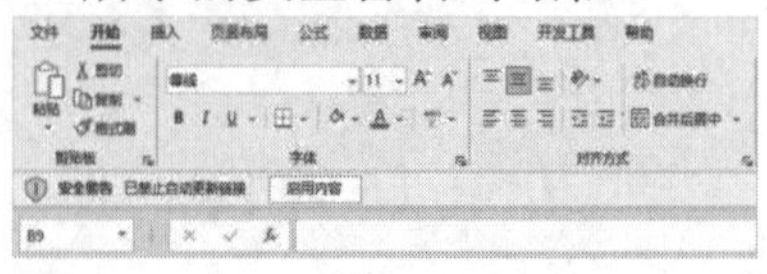

图 8-1

单击警告对话框中的【启动内容】按钮，Excel 将自动更新链接。之后，再次打开包含外部引用链接公式的工作簿时，将弹出图 8-2 所示的提示对话框。

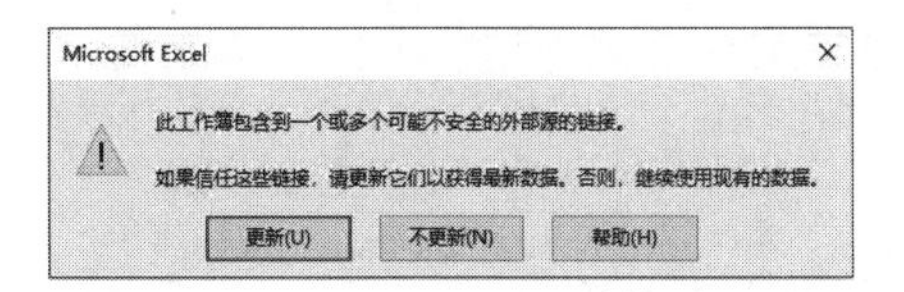

图 8-2

在图 8-2 所示的提示对话框中，可以通过单击【更新】或【不更新】按钮来选择是否执行数据更新操作。如果被引用的工作簿不存在或改变保存位置，单击【更新】按钮时，将会打开图 8-3 所示的警告提示框。

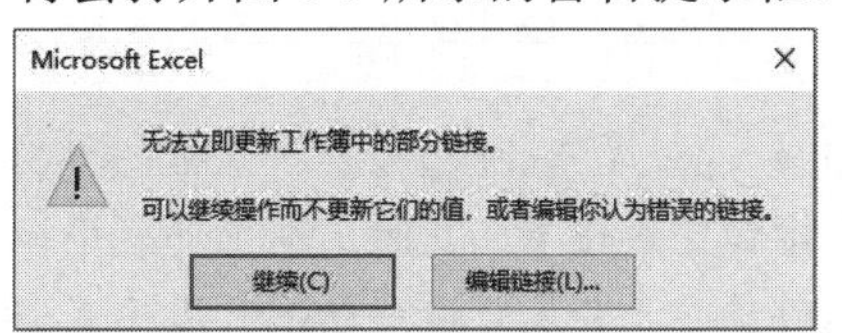

图 8-3

此时，如果单击该提示框中的【继续】按钮，将保持现有链接不变；如果单击【编辑链接】按钮，将打开【编辑链接】对话框，如图 8-4 所示。在【编辑链接】对话框中，用户可以对现有链接进行编辑，同时还可以设置打开当前工作簿的【启动提示】。

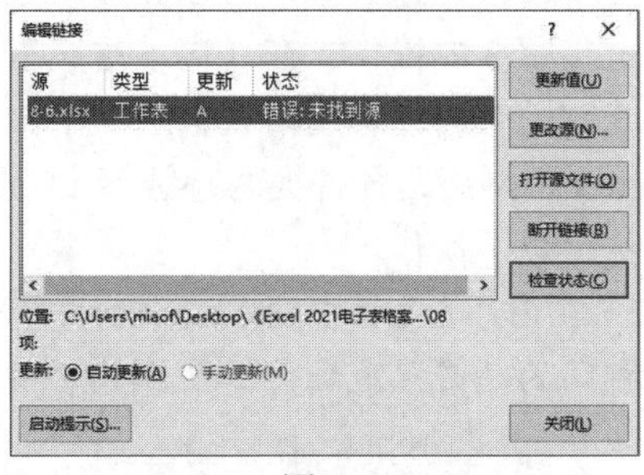

图 8-4

单击【编辑链接】对话框左下角的【启动提示】按钮，在打开的【启动提示】对话框中，包括【让用户选择是否显示该警告】【不显示该警告，同时也不更新自动链接】【不显示该警告，但是更新链接】3 个单选按钮，如图 8-5 所示。

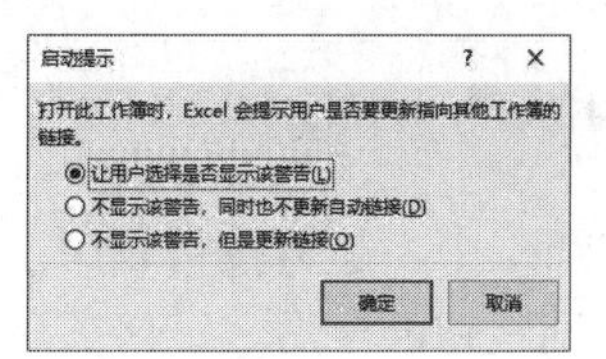

图 8-5

选中【让用户选择是否显示该警告】单选按钮后，在打开含有该链接的工作簿时将弹出警告对话框，提示用户进行相应的选择操作(如果用户不希望每次打开工作簿都弹出警告对话框，则可以根据需要选择其他启动提示方式)。选中【不显示该警告，同时也不更新自动链接】或【不显示该警告，但是更新链接】其中一项时，再次打开目标工作簿将不会弹出警告提示对话框。

2. 编辑链接

如果用户需要编辑工作簿链接，可以单击【数据】选项卡【查询和连接】命令组中的【编辑链接】按钮，打开【编辑链接】对话框进行设置。【编辑链接】对话框中各命令按钮的功能说明如表 8-1 所示。

表 8-1　【编辑链接】对话框命令按钮的功能说明

命令按钮	功能说明
更新值	按用户所选定的工作簿作为数据来源更新数据
更改源	打开【更改源】对话框，重新选择其他工作簿单元格区域作为数据源
打开源文件	打开被引用的工作簿
断开链接	断开与被引用工作簿的链接，并将链接结果转换为值
检查状态	检查所有被引用的工作簿是否可用，以及值是否已更新

知识点滴

如果收到来自其他用户的包含链接的工作簿文件，可以在【编辑链接】对话框中单击【断开链接】按钮，将所有的链接公式转变为值，防止因源文件不存在造成数据丢失。在数据文件分发之前，同样可以采用"断开链接"的方式，制作一份不包含外部引用链接的工作簿文件分发给其他用户。

8.2 设置超链接

在 Excel 中，超链接可以用于链接到其他单元格、工作表、工作簿、文件、网页和电子邮件等。创建超链接后，链接的单元格通常会有下画线和蓝色字体显示，并在鼠标悬停时显示链接的提示。单击超链接可以快速导航到链接的位置或内容。

8.2.1 Excel 自动生成超链接

在工作表中输入 Internet 及网络路径，Excel 会自动进行识别并将其替换为超链接文件。例如，在工作表中输入一个电子邮件地址“miaofa@sina.com”，按 Enter 键后，Excel 会自动将其转换为超链接文本，如图 8-6 所示。

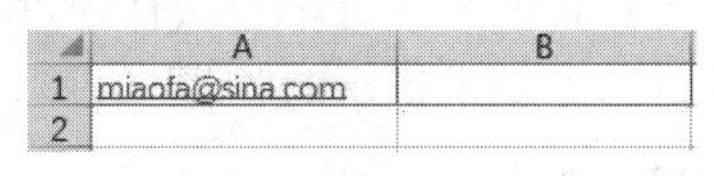

图 8-6

此时如果单击超链接文本，将会打开当前系统中默认的电子邮件程序，并创建一封收件人地址为“miaofa@sina.com”的新邮件。

在批量输入此类型数据时，为了避免因误操作而触发的超链接，可以暂时关闭 Excel 自动生成超链接功能，具体操作方法如下。

step 1 依次按 Alt、T、O 键打开【Excel 选项】对话框，选择【校对】选项卡，单击【自动更正选项】按钮，如图 8-7 所示。

图 8-7

step 2 在打开的【自动更正】对话框中选择【键入时自动套用格式】选项卡，取消【Internet 及网络路径替换为超链接】复选框的选中状态，然后单击【确定】按钮，如图 8-8 所示。

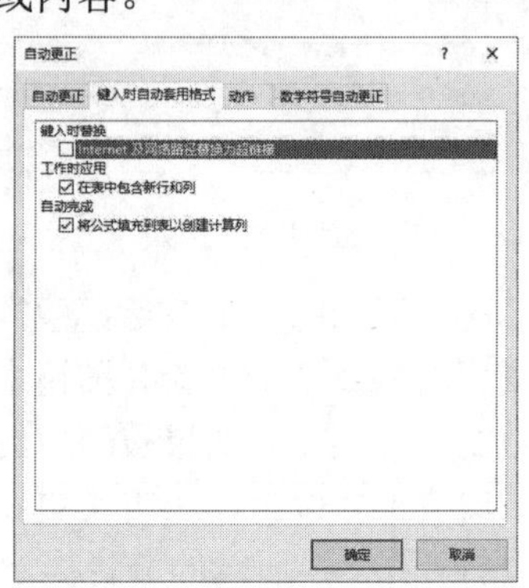

图 8-8

step 3 返回【Excel 选项】对话框，单击【确定】按钮完成设置。此时，在工作表中输入电子邮件地址，Excel 将自动以常规格式进行存储，如图 8-9 所示。

	A	B
1	常规格式	超链接
2	miaofa1@sina.com	
3	miaofa2@sina.com	
4	miaofa3@sina.com	
5	miaofa4@sina.com	
6	miaofa5@sina.com	

图 8-9

如果用户需要批量将图 8-9 所示的邮件地址文本转换为超链接，可以先参考上面步骤 1 至步骤 3 的操作，在【自动更正】对话框的【键入时自动套用格式】选项卡中选中【Internet 及网络路径替换为超链接】复选框，然后执行以下操作。

step 1 在 B2 单元格中输入一个和保存文本内容相同的超链接地址，如图 8-10 所示。

	A	B
1	常规格式	超链接
2	miaofa1@sina.com	miaofa1@sina.com
3	miaofa2@sina.com	
4	miaofa3@sina.com	
5	miaofa4@sina.com	
6	miaofa5@sina.com	

图 8-10

step 2 选中 B2:B6 区域后按 Ctrl+E 快捷键，借助快速填充功能得到带有超链接的内容，如图 8-11 所示。

	A	B
1	常规格式	超链接
2	miaofa1@sina.com	miaofa1@sina.com
3	miaofa2@sina.com	miaofa2@sina.com
4	miaofa3@sina.com	miaofa3@sina.com
5	miaofa4@sina.com	miaofa4@sina.com
6	miaofa5@sina.com	miaofa5@sina.com

图 8-11

8.2.2 创建超链接

用户可以根据需要在工作表中创建不同跳转目标的超链接。利用 Excel 的超链接功能，不但可以链接到工作簿中的任意一个单元格或区域，还可以链接到其他文件及电子邮件地址或网页。

1. 创建指向网页的超链接

如果要在 Excel 中创建指向网页的超链接，可以按以下步骤操作。

step 1 选中用于存放网页超链接的单元格后，单击【插入】选项卡中的【链接】按钮或按 Ctrl+K 快捷键。

step 2 打开【插入超链接】对话框，在【链接到】列表框中选择【现有文件或网页】选项，在【要显示的文字】文本框中输入超链接的提示文本，在【地址】编辑框中输入网址，如图 8-12 所示。

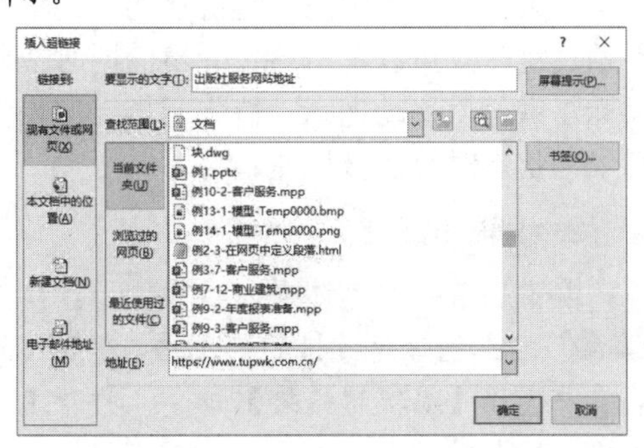

图 8-12

step 3 单击【确定】按钮关闭【插入超链接】对话框后，将光标移动至超链接处，光标指针将变为手形，单击超链接，Excel 将启动系统默认的浏览器打开链接网址，如图 8-13 所示。

	A	B	C	D
1	出版社服务网站地址			
2	https://www.tupwk.com.cn/ -			
3	单击一次可跟踪超链接。			
4	单击并按住不放可选择此单元格。			

图 8-13

2. 创建指向已有文件的超链接

如果要创建指向现有文件的超链接，可以按以下步骤操作。

step 1 选中用于存放超链接的单元格后，按 Ctrl+K 快捷键打开【插入超链接】对话框，如图 8-14 所示，在【链接到】列表框中选中【本文档中的位置】选项，在【要显示的文字】文本框中输入超链接提示文字。

step 2 在【请键入单元格引用】文本框中输入单元格或区域的地址，在【或在此文档中选择一个位置】列表框中选择引用的工作表。

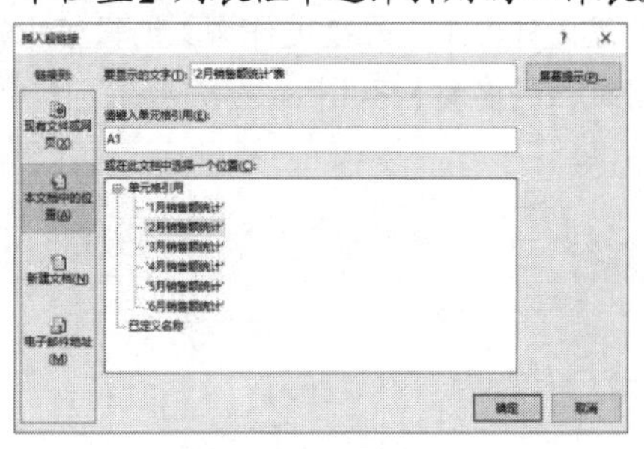

图 8-14

step 3 单击【确定】按钮关闭【插入超链接】对话框后，将创建指向特定工作表的单元格或区域的超链接，单击超链接将跳转到指定位置。

3. 创建指向新建文档的超链接

在创建超链接时，如果链接文件尚未创建，Excel 允许创建指向新建文档的超链接，具体操作方法如下。

step 1 选中单元格后按 Ctrl+K 快捷键打开【插入超链接】对话框，在【链接到】列表框中选择【新建文档】选项，如图 8-15 所示。

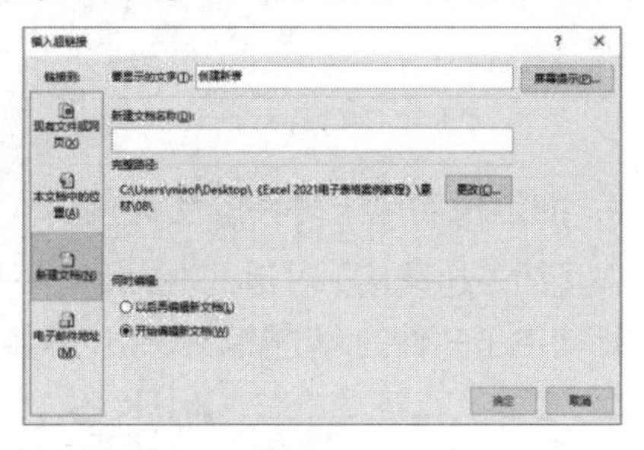

图 8-15

step 2 在【何时编辑】选项组中包括【以后

再编辑新文档】和【开始编辑新文档】两个单选按钮。如果选中【以后再编辑新文档】单选按钮，创建超链接后，将自动在指定位置新建一个指定类型的空白文档。如果选中【开始编辑新文档】单选按钮，创建超链接后，将自动在指定位置新建一个指定类型的文档，并自动打开该文档等待用户编辑。

step 3 本例选中【开始编辑新文档】单选按钮，单击【完成路径】提示右侧的【更改】按钮，打开【新建文档】对话框，先指定存放新建文档的路径，然后在【保存类型】下拉列表中设置文件类型，在【文件名】编辑框中输入新建文档的名称，如图 8-16 所示。

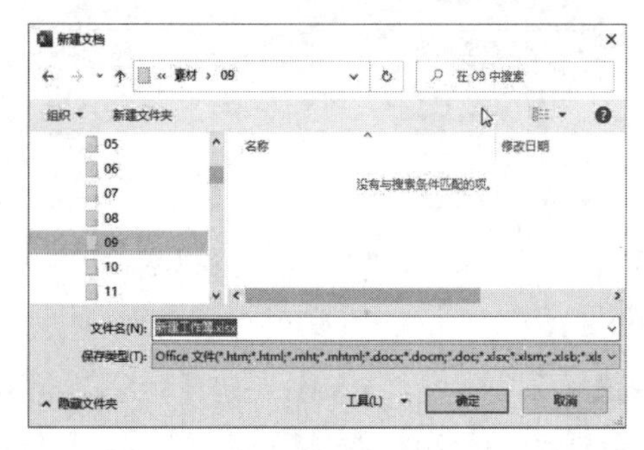

图 8-16

step 4 单击【确定】按钮返回【插入超链接】对话框，再次单击【确定】按钮完成超链接的设置，单击超链接将自动打开新建的文件，如图 8-17 所示。

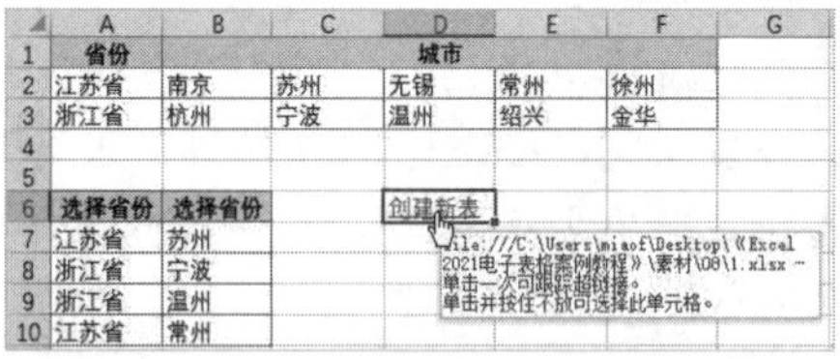

	A	B	C	D	E	F	G
1	省份			城市			
2	江苏省	南京	苏州	无锡	常州	徐州	
3	浙江省	杭州	宁波	温州	绍兴	金华	
4							
5							
6	选择省份	选择省份		创建新表			
7	江苏省	苏州					
8	浙江省	宁波					
9	浙江省	温州					
10	江苏省	常州					

图 8-17

4. 创建指向电子邮件的超链接

在【插入超链接】对话框中，用户还可以创建指向电子邮件的超链接，操作步骤如下。

step 1 选中单元格后，按 Ctrl+K 快捷键打开【插入超链接】对话框，在【链接到】列表框中选中【电子邮件地址】选项。

step 2 在【要显示的文字】文本框中输入文字，在【电子邮件地址】文本框中输入收件人的电子邮件地址(Excel 会自动添加前缀“mailto:”)，在【主题】文本框中输入电子邮件的主题，如图 8-18 所示。

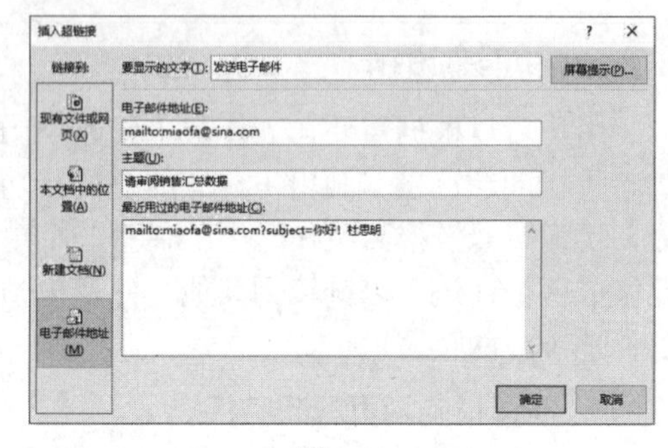

图 8-18

step 3 单击【确定】按钮完成设置后，单击超链接即可打开系统默认的电子邮件程序，并自动进入邮件编辑状态。

8.2.3　编辑和删除超链接

在 Excel 中用户可以编辑或删除已经创建的超链接。

1. 选中包含超链接的单元格

如果需要只选中包含超链接的单元格而不触发跳转，可以单击该单元格的同时按住鼠标左键稍微移动光标，待光标指针变为空心十字状态时释放鼠标左键。

2. 编辑超链接

编辑超链接的具体操作步骤如下。

step 1 右击包含超链接的单元格，在弹出的菜单中选择【编辑超链接】命令，打开【编辑超链接】对话框，如图 8-19 所示。

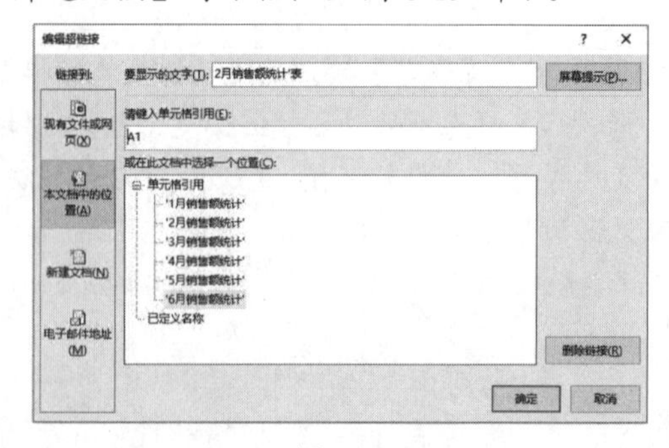

图 8-19

step 2　在【编辑超链接】对话框中更改链接位置或显示的文字内容，然后单击【确定】按钮完成设置。

3. 删除不需要的超链接

在 Excel 中用户可以使用以下几种方法删除工作表中不需要的超链接。

- 方法 1：选中并右击包含超链接的单元格或区域，在弹出的快捷菜单中选择【删除超链接】命令。
- 方法 2：选中包含超链接的单元格或区域，按 Ctrl+K 快捷键打开【编辑超链接】对话框，依次单击【删除链接】和【确定】按钮。
- 方法 3：选中包含超链接的单元格或区域，单击【开始】选项卡中的【清除】下拉按钮，在弹出的列表中选择【删除超链接】选项。在【清除】下拉菜单中还包括【清除超链接】选项，使用该选项时只能清除单元格中的超链接，而不会清除超链接的格式。

8.3　批量处理超链接

在工作表中一个一个地创建和编辑超链接通常无法满足任务的操作需求。为了更高效地处理超链接，掌握使用公式、ChatGPT、VBA 或 Python 等工具来进行批量处理就非常必要。

8.3.1　批量制作工作表超链接

图 8-20 所示是某公司全年销售统计工作簿。需要在“1 月销售统计”工作表最左侧的列中批量插入工作簿中所有工作表名称的超链接，形成目录，使用户在单击工作表名称超链接后，可以自动跳转到相应的工作表，并且这个目录还能够根据工作簿中工作表数量的增删自动更新数据。

	A	B	C	D	E	F	G	H
1			开单日期	业务类型	品名/规格	数量	单位	价格
2			2023/1/17	正常销售订单	香芍颗粒/4g*9袋	30	盒	¥42,019
3			2023/1/18		苏黄止咳胶囊/0.45g*12S*2板	40	盒	¥67,720
4			2023/1/19	销售差价	初始化品种/4	10	筒	¥9,832
5			2023/1/20	正常销售订单	伏立康唑分散片/200mg*6T	40	盒	¥322,834
6			2023/1/21		枸地氯雷他定片/8.8mg*6T(薄膜衣)	100	盒	¥1,497,521
7			2023/1/22		正元胶囊/0.45g*24S	600	盒	¥2,342,192
8			2023/1/23		开塞露/20ml(含甘油)	400	支	¥5,381,921
9			2023/1/24		伏立康唑分散片/200mg*6T	40	盒	¥431,234
10			2023/1/25	销售差价	托伐普坦片(苏麦卡)/15mg*5T	2	盒	¥9,821
11			2023/1/26	正常销售订单	托伐普坦片(苏麦卡)/15mg*5T	30	盒	¥764,241
12			2023/1/27		托珠单抗注射液(雅美罗)/80mg/4ml	30	瓶	¥467,864
13			2023/1/28	销售差价	初始化品种/4	5	筒	¥1,245
14			2023/1/29	正常销售订单	正元胶囊/0.45g*24S	34	盒	¥634,518
15			2023/1/30		开塞露/20ml(含甘油)	107	支	¥2,625,103
16			2023/1/31		伏立康唑分散片/200mg*6T	439	盒	¥98,172,491

1月销售统计　2月销售统计　3月销售统计　4月销售统计　...

图 8-20　需要批量生成工作表链接的文件

【例 8-1】使用 Power Query 为工作簿批量生成访问工作表的“目录”超链接。

视频+素材　(素材文件\第 08 章\例 8-1)

step 1　选中 A2 单元格后单击【数据】选项卡中的【获取数据】下拉按钮，在弹出的下拉列表中选择【来自文件】|【从工作簿】选项。

step 2　打开【导入数据】对话框，选择当前工作簿文件后，单击【导入】按钮。

step 3　打开【导航器】对话框，选择当前文件(本例为 9-1.xlsx)，单击【转换数据】按钮，如图 8-21 所示。

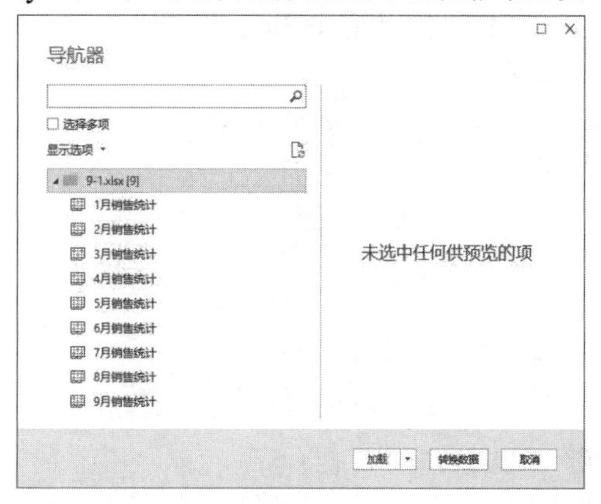

图 8-21

step 4　打开【Power Query 编辑器】窗口，右击 Name 列，在弹出的快捷菜单中选择【删除其他列】命令，如图 8-22 所示。

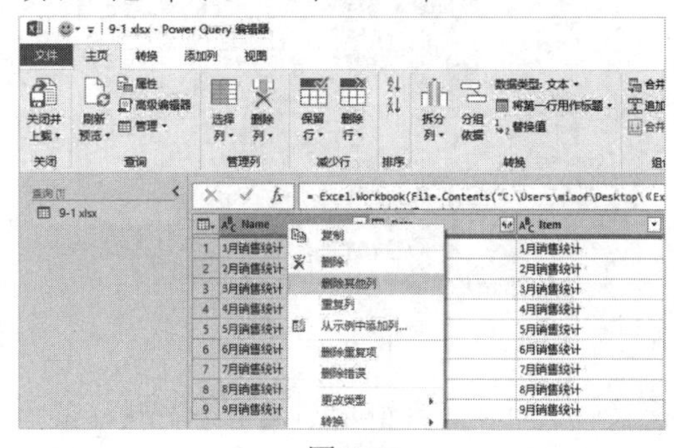

图 8-22

step 5　双击 Name 列标题，将其重命名为“目录”，然后单击【Power Query 编辑器】窗口【主页】选项卡中的【关闭并上载】下拉按钮，在

弹出的下拉列表中选择【关闭并上载至】选项，如图 8-23 所示。

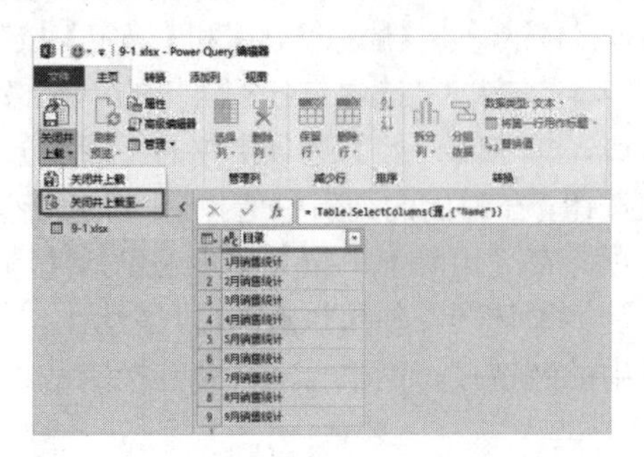

图 8-23

step 6 打开【导入数据】对话框，选中【现有工作表】单选按钮后，单击 A1 单元格，然后单击【确定】按钮，如图 8-24 所示。

图 8-24

step 7 此时，将在工作表的“目录”列创建图 8-25 所示的工作表超链接列表。该列表中包含工作簿中所有工作表的名称。

图 8-25

step 8 选中并右击 B 列，在弹出的快捷菜单中选择【插入】命令，插入一个空白列，然后在 B2 单元格中输入公式:

```
=HYPERLINK("#"&[@目录]&"!C1",[@目录])
```

step 9 按 Ctrl+Enter 快捷键，在 B2:B10 区域中自动创建图 8-26 所示的超链接文本。

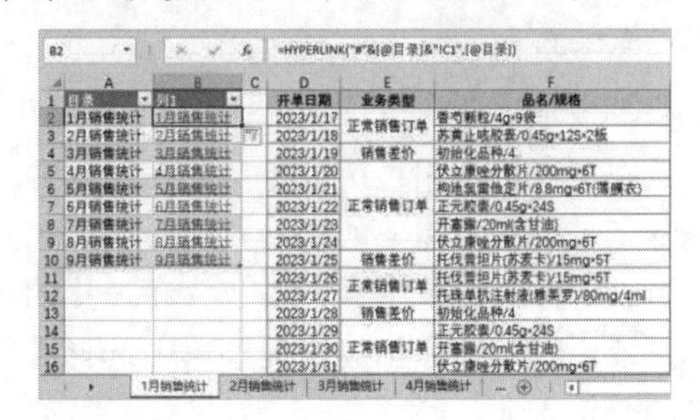

图 8-26

step 10 选中并右击 A 列，在弹出的快捷菜单中选择【隐藏】命令，将该列隐藏。

step 11 修改 B1 单元格中默认的文本为“工作表目录”，然后单击【开始】选项卡中的【套用表格格式】下拉按钮，在弹出的列表中为 B 列数据设置图 8-27 所示的表格格式。

图 8-27

step 12 单击【公式】选项卡中的【名称管理器】按钮，在打开的【名称管理器】对话框中选中系统自动创建的名称，单击【编辑】按钮，如图 8-28 所示。

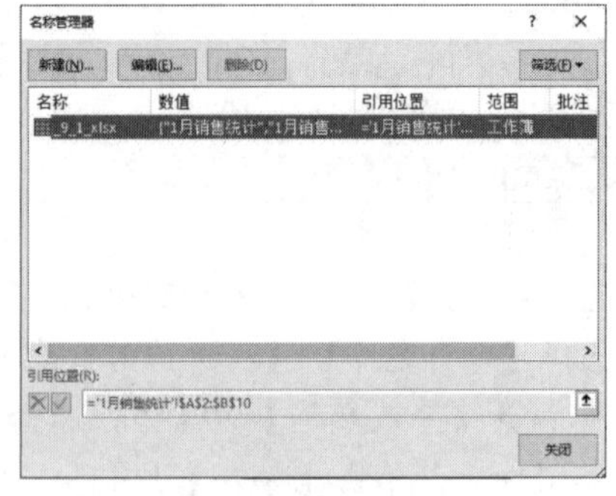

图 8-28

step 13 在打开的如图 8-29 所示的【编辑名称】对话框的【名称】文本框中输入“目录”后，

单击【确定】按钮，返回【名称管理器】对话框。

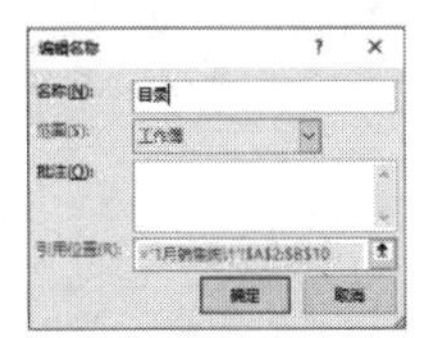

图 8-29

step 14　此时，单击“1 月销售统计”工作表中的超链接(例如单击“6 月销售统计”超链接)，将跳转至相应的工作表并选中 C1 单元格，如图 8-30 所示。

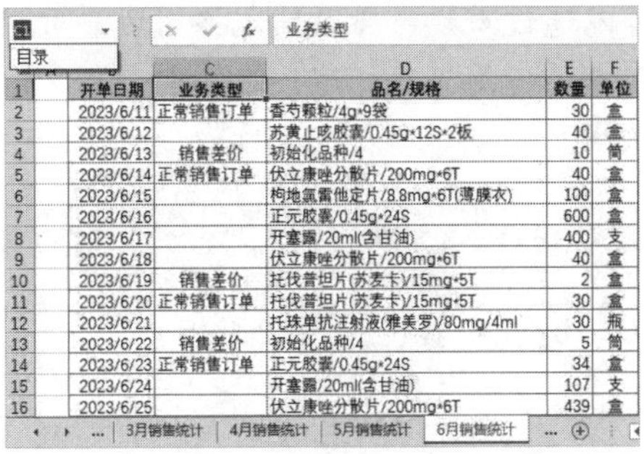

图 8-30

step 15　单击名称框右侧的倒三角按钮，在弹出的列表中选择“目录”选项，可以返回“1 月销售统计”工作表。

step 16　在工作簿中创建新工作表后(比如创建“10 月销售统计”工作表)，用户只需要保存并关闭当前工作簿，然后重新打开工作簿，在“1 月销售统计”工作表右击任意一个包含超链接的单元格，在弹出的快捷菜单中选择“刷新”命令，如图 8-31 所示。

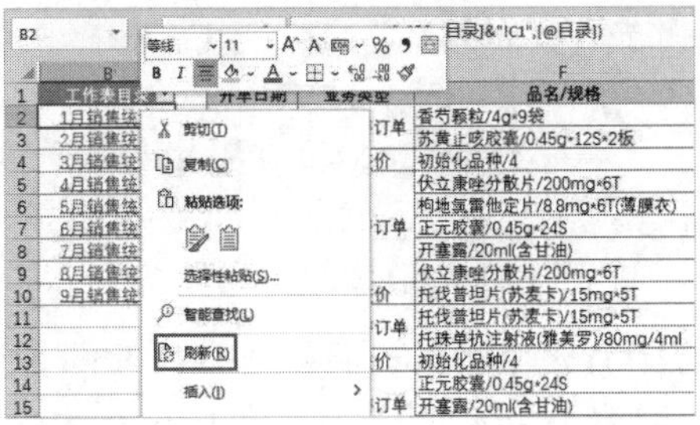

图 8-31

step 17　此时，工作表中的目录信息将自动添加新的超链接，如图 8-32 所示，单击该超链接将打开其指向的工作表。

图 8-32

在刷新超链接列表(目录)时会自动添加无效的引用。用户可以单击【数据】选项卡中的【查询和连接】按钮，在打开的【查询&连接】窗格中双击查询名称，重新打开【Power Query 编辑器】窗口，单击【目录】列右侧的按钮，在弹出的列表中取消无效引用项目的显示，如图 8-33 所示。

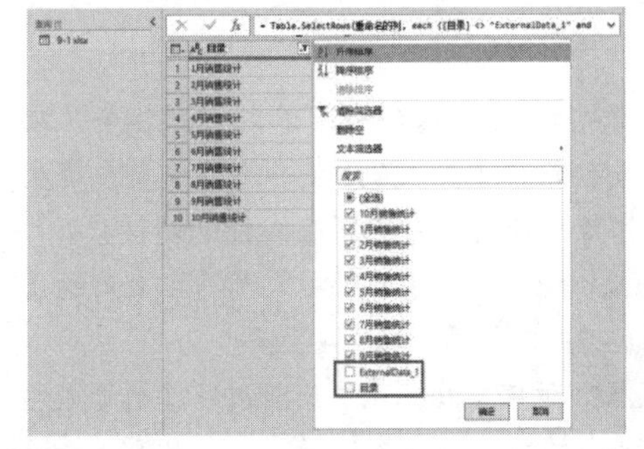

图 8-33

8.3.2　批量生成工作簿超链接

图 8-34 所示文件夹中保存了某公司 28 个部门相关资料信息。现在需要在 1 张工作表中批量生成访问工作簿文件的超链接。

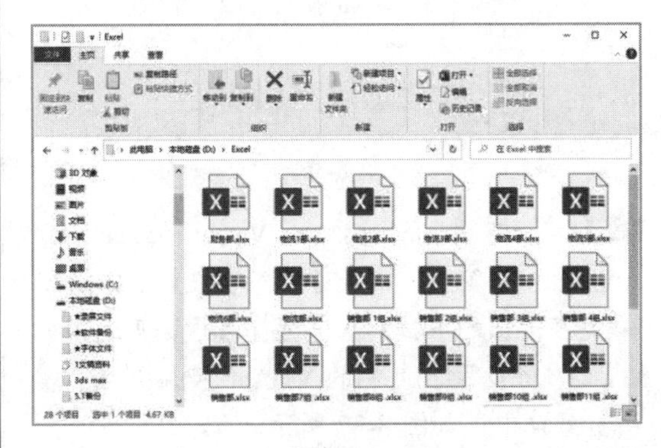

图 8-34

【例 8-2】在一张 Excel 工作表中批量制作访问大量工作簿的超链接。

视频+素材 (素材文件\第 08 章\例 8-2)

step 1 按 Ctrl+N 快捷键创建一个空白工作簿，然后按 F12 键打开【另存为】对话框，将工作簿保存为“Excel 启用宏的工作簿(*.xlsm)”类型的文件(与图 8-34 所示的工作簿保存在同一个文件夹中)，如图 8-35 所示。

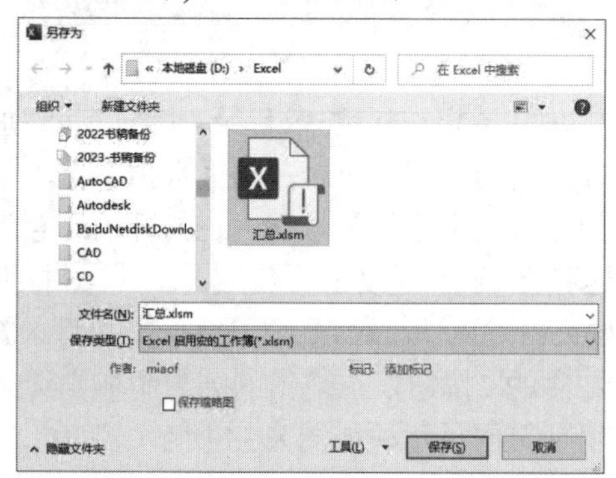

图 8-35

step 2 访问 ChatGPT，输入问题指令：编写一段 Excel VBA 代码，在当前工作表自动生成工作簿所在文件夹中所有文件的超链接。

step 3 单击 ChatGPT 生成代码右上角的【复制】按钮，复制 VBA 代码。

step 4 返回 Excel，右击 Sheet1 工作表标签，在弹出的快捷菜单中选择【查看代码】命令，如图 8-36 所示。

图 8-36

step 5 打开 Microsoft Visual Basic for Applications 窗口，单击【插入模块】下拉按钮，在弹出的下拉列表中选择【模块】选项。

step 6 将步骤(3)复制的 VBA 代码粘贴至【模块】窗口中，如图 8-37 所示。

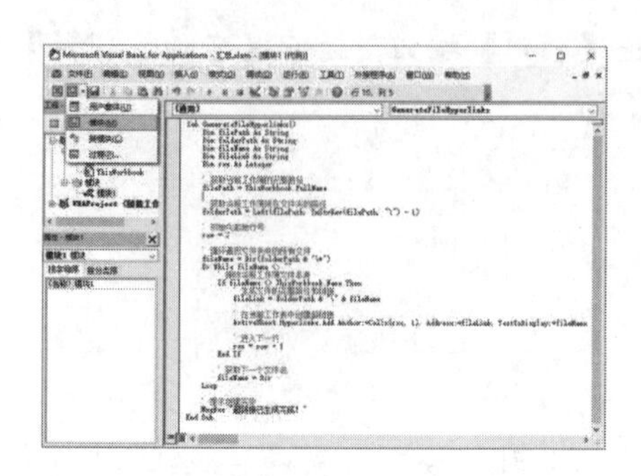

图 8-37

step 7 按 F5 键即可在 Sheet1 工作表中批量创建文件夹中所有工作簿文件的超链接。用户可以通过剪切、粘贴单元格区域，对超链接列表进行简单的处理，制作图 8-38 所示目录效果。

	A	B	C	D	E	F	G
1	公司所有部分信息表汇总						
2	物流部		直营部		销售部		财务部
3	物流1部.xlsx		直营部10组.xlsx		销售部1组.xlsx		财务部.xlsx
4	物流2部.xlsx		直营部1组.xlsx		销售部2组.xlsx		
5	物流3部.xlsx		直营部2组.xlsx		销售部3组.xlsx		
6	物流4部.xlsx		直营部3组.xlsx		销售部4组.xlsx		
7	物流5部.xlsx		直营部4组.xlsx		销售部7组.xlsx		
8	物流6部.xlsx		直营部5组.xlsx		销售部8组.xlsx		
9	物流部.xlsx		直营部6组.xlsx		销售部9组.xlsx		
10			直营部7组.xlsx		销售部12组.xlsx		
11			直营部8组.xlsx		销售部10组.xlsx		
12			直营部9组.xlsx		销售部11组.xlsx		

图 8-38

使用 HYPERLINK 函数也可以批量生成工作簿超链接目录，具体操作方法如下。

step 1 选中保存工作簿文件夹的地址(D:\Excel)后右击鼠标，在弹出的快捷菜单中选择【复制】命令，或者按 Ctrl+C 快捷键，如图 8-39 所示。

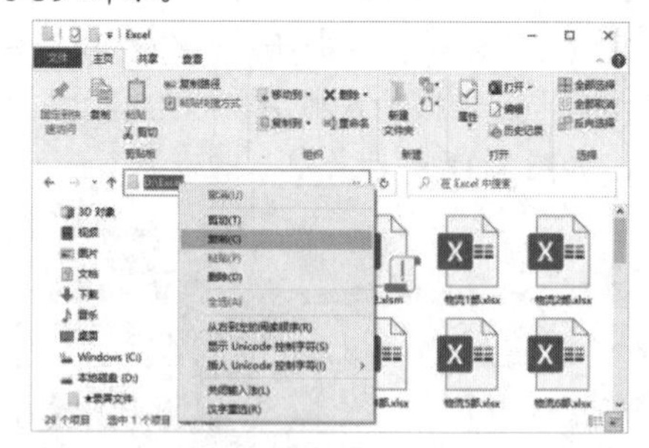

图 8-39

step 2 打开 Windows 系统自带的 Edge 浏览器，将鼠标指针置于浏览器地址栏中，按 Ctrl+V 快捷键执行【粘贴】命令，按 Enter 键，获取文件的地址列表，如图 8-40 所示。

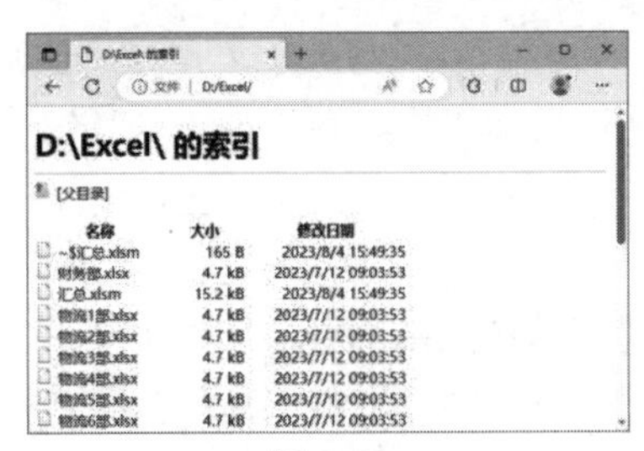

图 8-40

step 3 先按 Ctrl+A 快捷键全选浏览器中的文件地址列表，再按 Ctrl+C 快捷键执行【复制】命令。

step 4 启动 Excel 程序创建一个空白工作簿，右击 A1 单元格，在弹出的快捷菜单中选择【匹配目标格式】命令，如图 8-41 所示。

图 8-41

step 5 删除工作表中多余的列，只保留文件名称信息列(A 列)的数据。

step 6 如图 8-42 所示，在 B2 单元格中输入公式：

```
=HYPERLINK("D:\Excel\"&A2,A2)
```

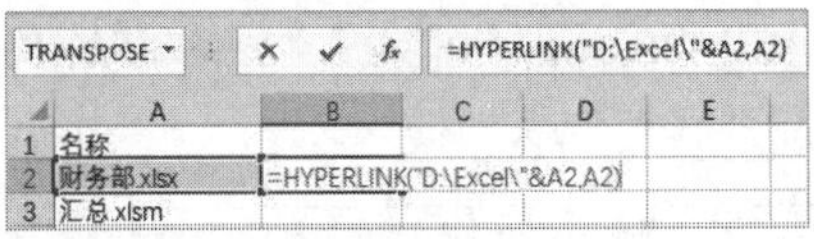

图 8-42

step 7 按 Ctrl+Enter 快捷键，然后双击 B2 单元格右下角的填充柄，向下填充公式，如图 8-43 所示。

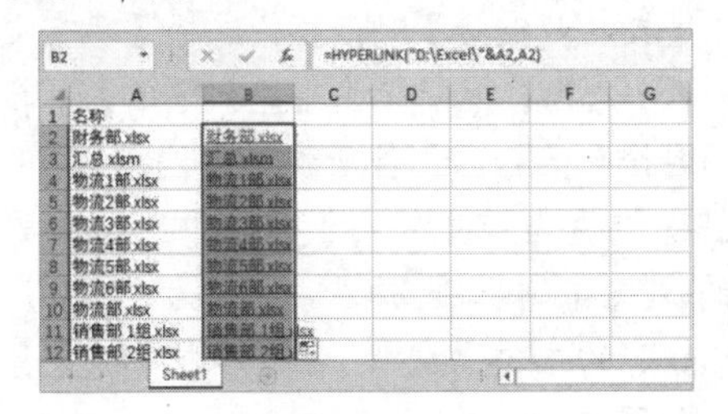

图 8-43

8.3.3 批量提取链接地址

图 8-44 所示为某出版社图书信息表的一部分，其中 A 列图书名称数据都设置了超链接。现在需要将包含超链接单元格背后的超链接地址提取出来，保存在 B 列中。

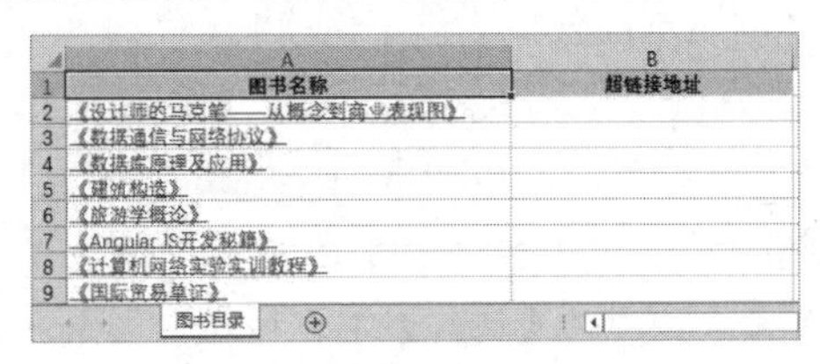

图 8-44

【例 8-3】批量提取工作表中的超链接地址。

视频+素材 (素材文件\第 08 章\例 8-3)

step 1 按 F12 键打开【另存为】对话框，将图 8-44 所示的工作簿保存为“Excel 启用宏的工作簿(*.xlsm)”类型的文件。

step 2 右击“图书目录”工作表标签，在弹出的快捷菜单中选择【查看代码】命令，打开 Microsoft Visual Basic for Applications 窗口，单击【插入模块】下拉按钮，在弹出的下拉列表中选择【模块】选项。

step 3 在打开的【模块】窗口中输入图 8-45 所示的 VBA 代码，然后单击【保存】按钮。

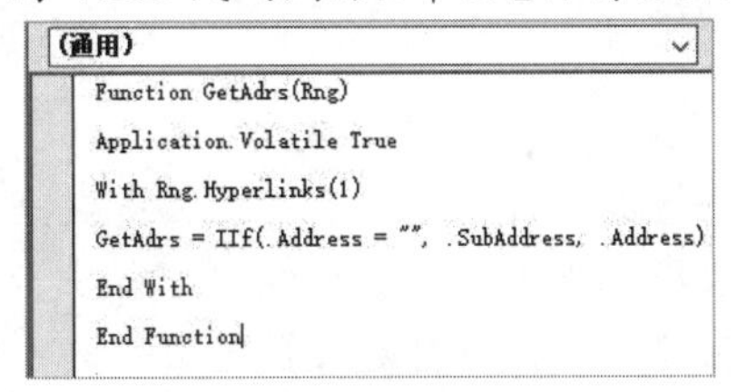

```
Function GetAdrs(Rng)
Application.Volatile True
With Rng.Hyperlinks(1)
GetAdrs = IIf(.Address = "", .SubAddress, .Address)
End With
End Function
```

图 8-45

step 4 返回 Excel，在 B2 单元格中输入公式：

```
=GetAdrs(A2)
```

按 Enter 键即可在 B2 单元格提取 A2 单元格的超链接地址，如图 8-46 所示。

图 8-46

step 5 双击 B2 单元格右下角的填充柄，向下填充公式，即可在 B 列批量提取 A 列超链接的地址信息。

8.4 案例演练

本章详细介绍了在 Excel 中建立工作簿链接以及设置超链接的基本方法和常用操作。下面的案例演练部分将通过案例操作，帮助用户进一步掌握在 Excel 中设置链接与超链接的技巧。

【例 8-4】在 Excel 中通过插入控件，制作一个可以播放视频的播放器窗口链接。视频

step 1 选择【开发工具】选项卡，单击【控件】命令组中的【插入】下拉按钮，在弹出的列表中选择【其他控件】选项，如图 8-47 所示。

step 2 打开【其他控件】对话框，选择 Windows Media Player 选项，单击【确定】按钮。

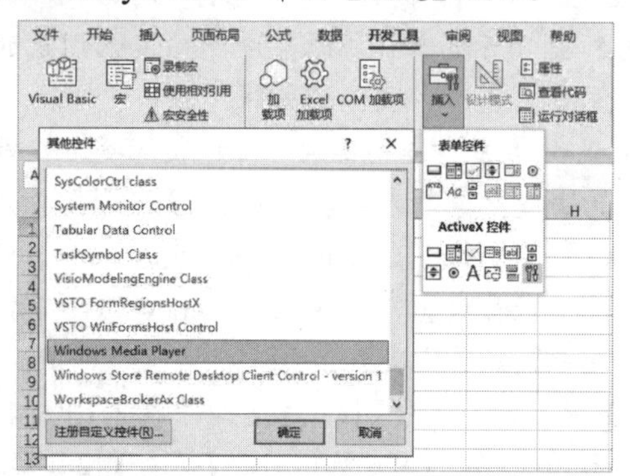

图 8-47

step 3 按住 Ctrl 键拖动鼠标，在工作表中绘制一个播放器窗口，然后右击该窗口，在弹出的快捷菜单中选择【属性】命令，打开【属性】窗格，单击【自定义】选项右侧的...按钮，如图 8-48 所示。

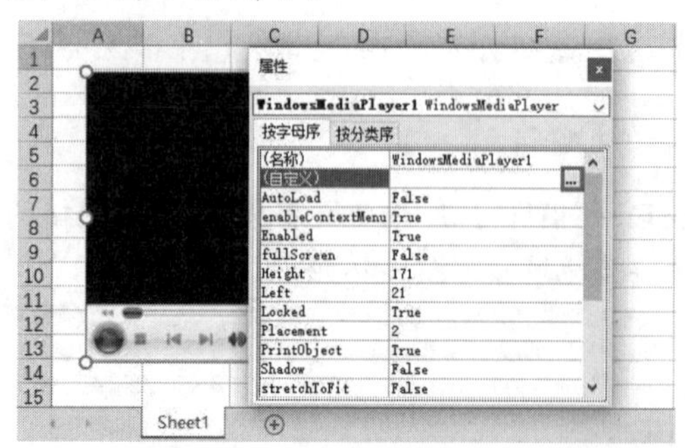

图 8-48

step 4 打开【Windows Media Player 属性】对话框，单击【浏览】按钮，如图 8-49 所示。

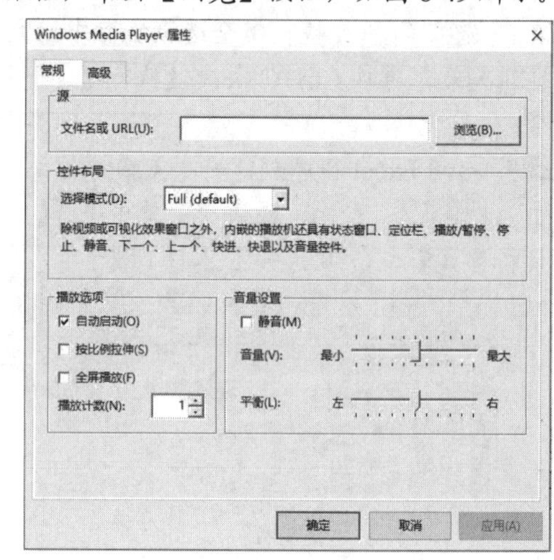

图 8-49

step 5 在打开的【打开】对话框中选择一个视频文件后单击【打开】按钮，返回【Windows Media Player 属性】对话框，依次单击【应用】和【确定】按钮。

step 6 关闭【属性】窗格，在【开发工具】选项卡中取消【设计模式】切换按钮的激活状态，即可在工作表中播放视频。

【例 8-5】在 Excel 中通过为单元格设置超链接，制作一个在单击后可以自动打开工作簿、图片、视频或 PPT 文件的超链接。视频

step 1 选中并右击需要设置超链接的单元格，在弹出的快捷菜单中选择【链接】命令，打开【插入超链接】对话框，选择【现有文件或网页】选项，然后单击【查找范围】下拉按钮，选择需要打开文件所在的文件夹。

step 2 在【当前文件夹】列表中选择需要打开的文件(例如选择一个名为“部门信息.xlsx”的工作簿文件)后，单击【确定】按钮，如图 8-50 所示。

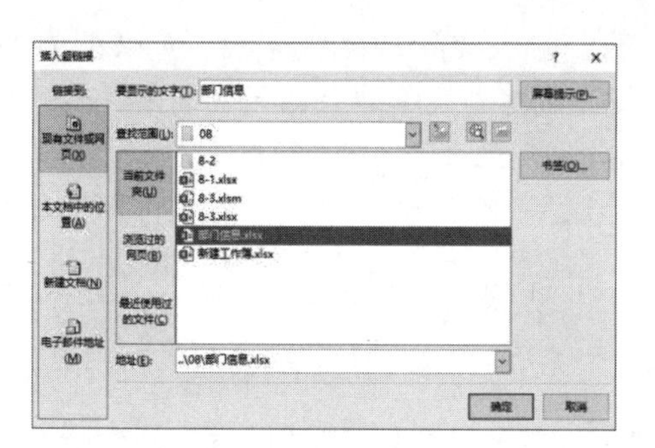

图 8-50

step③ 此时，单击单元格中的超链接即可打开相应的文件，如图 8-51 所示。

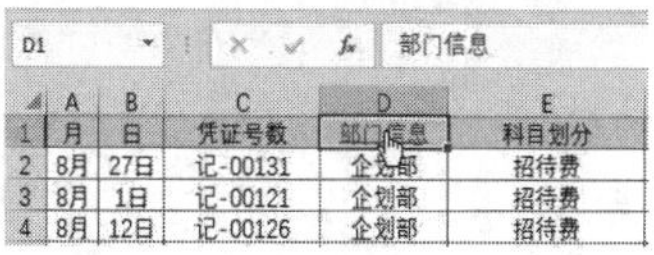

D1　部门信息

	A	B	C	D	E
1	月	日	凭证号数	部门信息	科目划分
2	8月	27日	记-00131	企划部	招待费
3	8月	1日	记-00121	企划部	招待费
4	8月	12日	记-00126	企划部	招待费

图 8-51

【例 8-6】图 8-52 所示为某公司企划部员工的简历信息。现在需要使用 Excel 批量删除文件名称中的“+简历信息-企划部”只保留员工姓名，并在 Excel 工作表中创建可以快速打开 PDF 文件的超链接。

视频

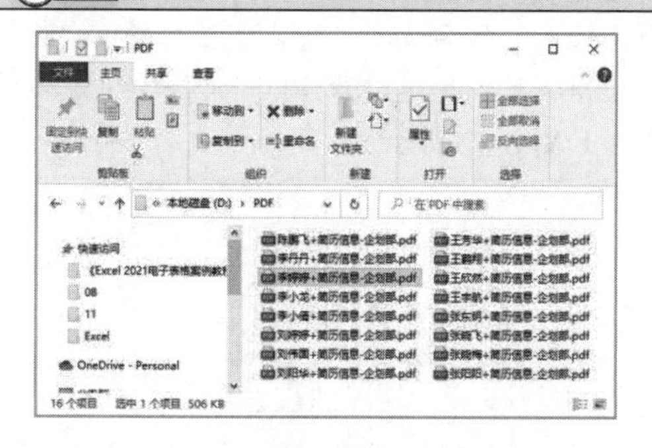

图 8-52

step① 按 Ctrl+A 快捷键选中图 8-52 中的所有文件，然后按住 Shift 键不放右击选中的 PDF 文件，在弹出的快捷菜单中选择【复制文件地址】命令。

step② 打开 Excel 工作表，选择 A1 单元格，按 Ctrl+V 快捷键执行【粘贴】命令，将复制的文件地址粘贴在 A 列。

step③ 双击 A 列和 B 列之间的列标，根据 A 列中的文本自动调整 A 列单元格宽度，然后在 B1 单元格中输入“李小龙”后，先按 Ctrl+Enter 快捷键，再按 Ctrl+E 快捷键，自动提取 A 列中的员工姓名，如图 8-53 所示。

	A	B	C	D	E
1	D:\PDF\李小龙+简历信息-企划部.pdf	李小龙			
2	D:\PDF\李小倩+简历信息-企划部.pdf	李小倩			
3	D:\PDF\刘婷婷+简历信息-企划部.pdf	刘婷婷			
4	D:\PDF\刘伟国+简历信息-企划部.pdf	刘伟国			
5	D:\PDF\刘阳华+简历信息-企划部.pdf	刘阳华			
6	D:\PDF\王芳华+简历信息-企划部.pdf	王芳华			
7	D:\PDF\王鹤翔+简历信息-企划部.pdf	王鹤翔			
8	D:\PDF\王欣然+简历信息-企划部.pdf	王欣然			
9	D:\PDF\王宇航+简历信息-企划部.pdf	王宇航			
10	D:\PDF\张东明+简历信息-企划部.pdf	张东明			
11	D:\PDF\张晓飞+简历信息-企划部.pdf	张晓飞			
12	D:\PDF\张晓梅+简历信息-企划部.pdf	张晓梅			
13	D:\PDF\张阳阳+简历信息-企划部.pdf	张阳阳			
14	D:\PDF\陈鹏飞+简历信息-企划部.pdf	陈鹏飞			
15	D:\PDF\李丹丹+简历信息-企划部.pdf	李丹丹			
16	D:\PDF\李婷婷+简历信息-企划部.pdf	李婷婷			

图 8-53

step④ 选中 C1 单元格后单击编辑栏右侧的【插入函数】按钮 f_x，打开【插入函数】对话框，在【搜索函数】文本框中输入 CONCATE 后单击【转到】按钮，然后单击【确定】按钮，如图 8-54 所示。

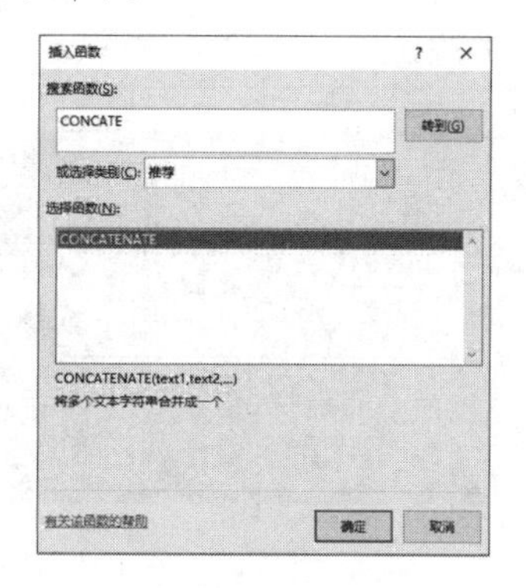

图 8-54

step⑤ 打开【函数参数】对话框，如图 8-55 所示，设置 Text1 为"ren "，Text2 为 A1，Text3 为" "，Text4 为 B1，Text5 为".PDF"，然后单击【确定】按钮，在 C1 单元格生成修改文件名称的命令。

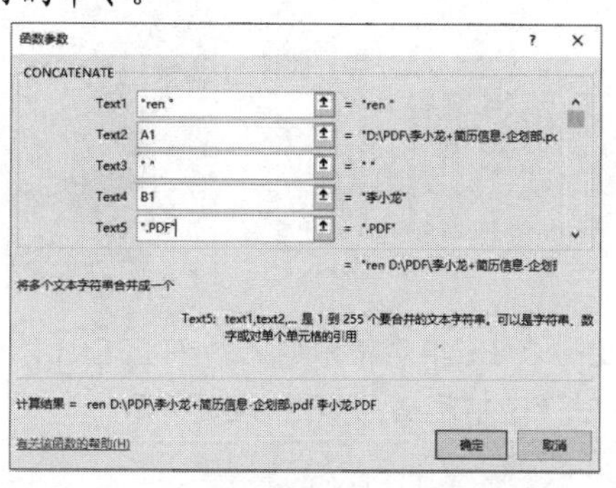

图 8-55

step⑥ 双击 C1 单元格右下角的填充柄，向下填充命令，按 Ctrl+C 快捷键执行【复制】命令。

step 7 返回保存 PDF 文件的文件夹，选择【文件】|【打开 Windows PowerShell】选项，如图 8-56 所示。

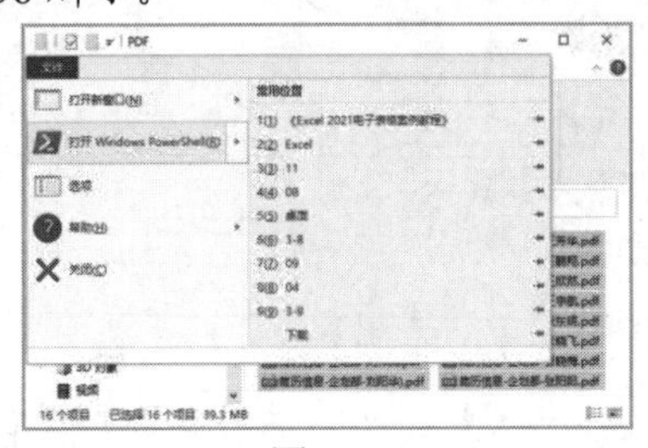

图 8-56

step 8 在打开的如图 8-57 所示的窗口中按 Ctrl+V 快捷键执行【粘贴】命令粘贴复制的内容，然后按 Enter 键，即可重命名文件夹中的所有文件名称。

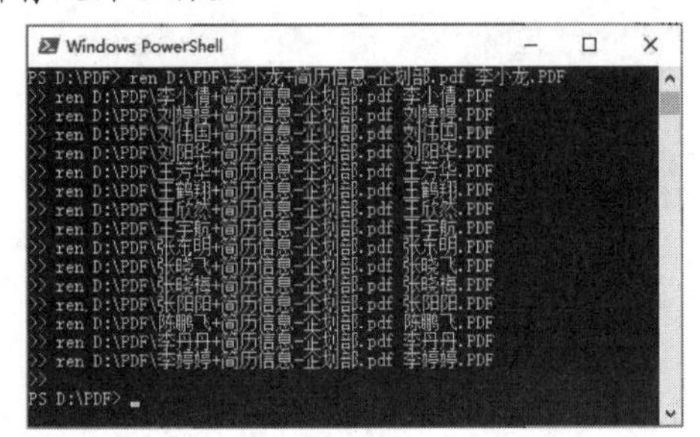

图 8-57

step 9 按 Ctrl+A 快捷键选中所有重命名后的 PDF 文件，参考步骤(1)(2)介绍的方法复制文件的路径，并将其粘贴至 Excel 工作表的 D 列，如图 8-58 所示。

	C	D	E
1	ren D:\PDF\李小龙+简历信息-企划部.pdf 李小龙.PDF	D:\PDF\李婷婷.PDF	
2	ren D:\PDF\李小倩+简历信息-企划部.pdf 李小倩.PDF	D:\PDF\李小龙.PDF	
3	ren D:\PDF\刘婷婷+简历信息-企划部.pdf 刘婷婷.PDF	D:\PDF\李小倩.PDF	
4	ren D:\PDF\刘伟国+简历信息-企划部.pdf 刘伟国.PDF	D:\PDF\刘婷婷.PDF	
5	ren D:\PDF\刘阳华+简历信息-企划部.pdf 刘阳华.PDF	D:\PDF\刘伟国.PDF	
6	ren D:\PDF\王芳华+简历信息-企划部.pdf 王芳华.PDF	D:\PDF\刘阳华.PDF	
7	ren D:\PDF\王鹤翔+简历信息-企划部.pdf 王鹤翔.PDF	D:\PDF\王芳华.PDF	
8	ren D:\PDF\王欣然+简历信息-企划部.pdf 王欣然.PDF	D:\PDF\王鹤翔.PDF	
9	ren D:\PDF\王宇航+简历信息-企划部.pdf 王宇航.PDF	D:\PDF\王欣然.PDF	
10	ren D:\PDF\张东明+简历信息-企划部.pdf 张东明.PDF	D:\PDF\王宇航.PDF	
11	ren D:\PDF\张晓飞+简历信息-企划部.pdf 张晓飞.PDF	D:\PDF\张东明.PDF	
12	ren D:\PDF\张晓梅+简历信息-企划部.pdf 张晓梅.PDF	D:\PDF\张晓飞.PDF	
13	ren D:\PDF\张阳阳+简历信息-企划部.pdf 张阳阳.PDF	D:\PDF\张晓梅.PDF	
14	ren D:\PDF\陈鹏飞+简历信息-企划部.pdf 陈鹏飞.PDF	D:\PDF\张阳阳.PDF	
15	ren D:\PDF\李丹丹+简历信息-企划部.pdf 李丹丹.PDF	D:\PDF\陈鹏飞.PDF	
16	ren D:\PDF\李婷婷+简历信息-企划部.pdf 李婷婷.PDF	D:\PDF\李丹丹.PDF	

图 8-58

step 10 在 E1 单元格中输入"=HYPERLINK("后单击 D1 单元格，如图 8-59 所示。

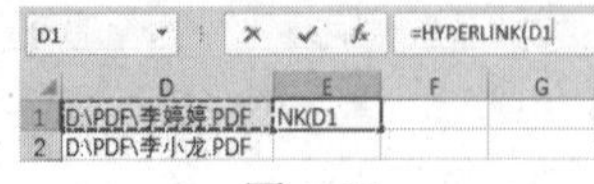

图 8-59

step 11 输入")"后按 Enter 键，可以在 E1 单元格中创建与 D1 单元格对应的超链接，如图 8-60 所示。

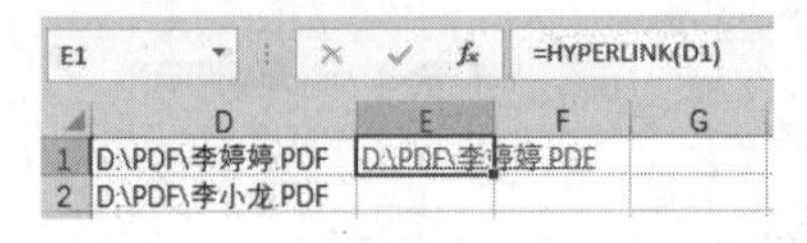

图 8-60

step 12 将鼠标指针插入图 8-60 所示公式中 D1 单元格后，修改公式如下：

```
=HYPERLINK(D1,TRIM(RIGHT(SUBSTITUTE(D1,
    "\",REPT(" ",99)),99)))
```

step 13 按 Ctrl+Enter 快捷键后，公式将自动提取 D 列中的员工名称创建超链接，如图 8-61 所示。

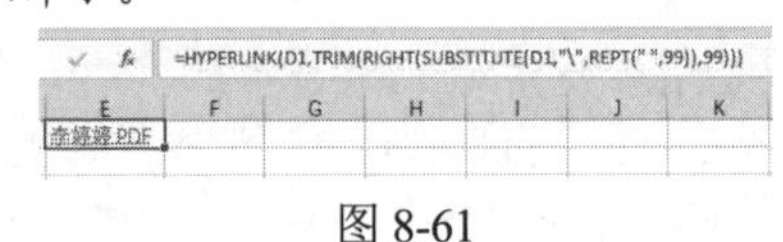

图 8-61

step 14 双击 E1 单元格右下角的填充柄，向下填充公式。然后删除工作表中多余的 A 至 C 列，得到可以快速打开 PDF 文件的超链接列表，如图 8-62 所示。

	A	B	C
1	D:\PDF\李婷婷.PDF	李婷婷.PDF	
2	D:\PDF\李小龙.PDF	李小龙.PDF	
3	D:\PDF\李小倩.PDF	李小倩.PDF	
4	D:\PDF\刘婷婷.PDF	刘婷婷.PDF	
5	D:\PDF\刘伟国.PDF	刘伟国.PDF	
6	D:\PDF\刘阳华.PDF	刘阳华.PDF	
7	D:\PDF\王芳华.PDF	王芳华.PDF	
8	D:\PDF\王鹤翔.PDF	王鹤翔.PDF	
9	D:\PDF\王欣然.PDF	王欣然.PDF	
10	D:\PDF\王宇航.PDF	王宇航.PDF	
11	D:\PDF\张东明.PDF	张东明.PDF	
12	D:\PDF\张晓飞.PDF	张晓飞.PDF	
13	D:\PDF\张晓梅.PDF	张晓梅.PDF	
14	D:\PDF\张阳阳.PDF	张阳阳.PDF	
15	D:\PDF\陈鹏飞.PDF	陈鹏飞.PDF	
16	D:\PDF\李丹丹.PDF	李丹丹.PDF	

图 8-62

知识点滴

除本章所介绍的一些常见的案例应用以外，超链接还可以实现一些特殊的应用。比如，用户可以根据某些条件来创建超链接，根据特定的条件使链接可见或不可见，或者在工作表中创建一个动态链接，使链接根据单元格的值进行更改。在一些表格中还可以将超链接与 VBA 相结合，设置单击超链接可以触发宏操作，从而自动执行某些任务(运行预定义的宏)，使其能够进行特定的操作或计算。

第 9 章

创建与自定义模板

模板是一个事先设计好的文件框架，用于快速创建多个类似的文档。在 Excel 中将有特定格式或计算模型的工作簿保存为模板，能够随时制作出样式相同的新工作表，从而提高工作效率。

本章对应视频

例 9-1 按模板批量创建表格

例 9-2 制作 Excel 库存清单模板

9.1 创建与使用模板

Excel 模板文件的扩展名为“.xltx”或“.xltm”，前者不包含宏代码，后者可以包含宏代码。

9.1.1 创建并使用自定义模板

Excel 自定义模板是一种事先设计好的表格格式，包含特定的布局、公式、样式和设置，用于快速创建和填充类似的表格。

要创建自定义模板，首先需要新建一个工作簿，并对字体、字号、填充颜色、边框及行高、列宽等项目进行个性化设置。用户可以在自定义模板中定义特定字段和功能，以满足特定的需求，例如财务报表、日程安排、预算表等。此外，自定义模板还可以包含图表、宏、数据验证等高级功能。

完成设置后，按 F12 键打开【另存为】对话框，在【保存类型】下拉列表中选择【Excel 模板(*.xltx)】或【Excel 启用宏的模板(*.xltm)】选项。Excel 将会自动选择模板的默认保存位置保存模板文件，单击【保存】按钮即可将工作簿保存为自定义模板，如图 9-1 所示。

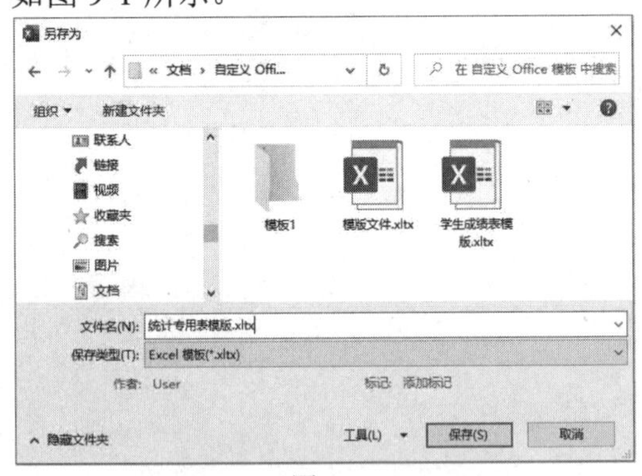

图 9-1

Excel 自定义模板是一个非常有用的工具，它可以帮助用户快速、批量创建表格，并确保创建表格的一致性和准确性。

创建自定义模板后，依次选择【文件】|【新建】命令，在显示的【新建】选项区域中切换至【个人】选项卡，如图 9-2 所示，单击自定义样式模板即可创建基于该模板的新工作簿。

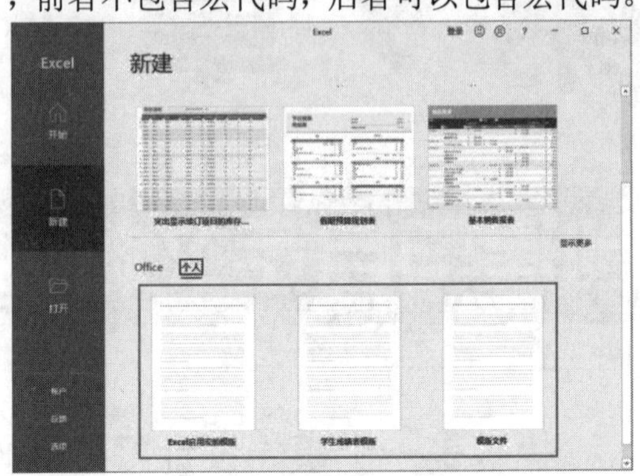

图 9-2

知识点滴

如果将自定义模板文件保存在 Excel 默认文件夹以外的其他位置，个人模板将不会出现在【个人】选项卡中，需要双击模板文件，才能根据该模板创建新的工作簿。

9.1.2 使用内置模板创建工作簿

Excel 为用户提供许多可以快速访问的电子表格模板文件，其中一部分随安装程序被保存到模板文件夹中，其他模板由 Office.com 进行维护并展示在 Excel 的【新建】窗口中，如图 9-3 所示。

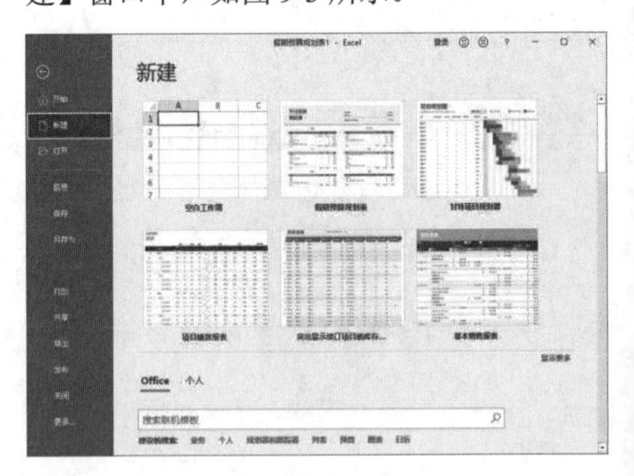

图 9-3

单击图 9-3 所示列表中任意一个模板缩略图，将会打开该模板的预览窗口，单击【创建】按钮，在网络连接正常的情况下即可下载并使用该模板，如图 9-4 所示。

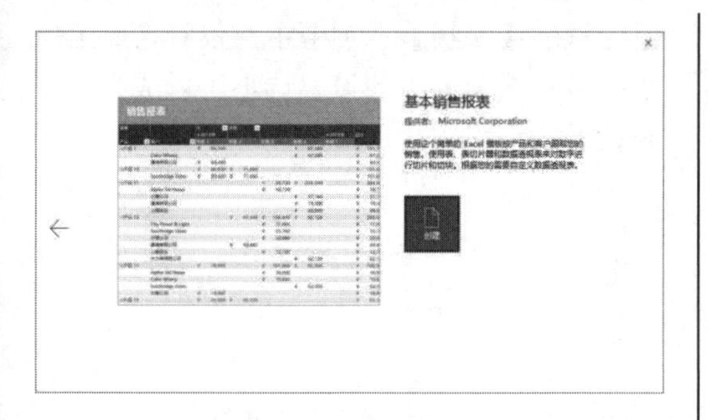

图 9-4

除内置模板列表中显示的模板项目以外，用户还可以通过搜索框获取更多联机模板内容。例如，在搜索框中输入关键词“图表”，然后按 Enter 键，Excel 将会显示与之相关的更多模板选项，如图 9-5 所示。

图 9-5

9.2　自定义默认模板

在 Excel 中用户可以通过自定义默认工作簿模板和默认工作表模板，使用软件在每次执行“新建工作簿”和“新建工作表”操作时，以自定义设置创建工作簿和工作表，从而减少工作中大量对工作簿和工作表的烦琐设置，提高工作效率。

9.2.1　更改默认工作簿模板

Excel 在新建工作簿时会采用默认设置，如字体为正文字体，字号为 11 等。这些默认设置并不存在于实际的模板文件中，如果 Excel 在启动时没有检测到模板文件“工作簿.xltx”，就会使用其默认设置。用户只要创建或修改模板文件“工作簿.xltx”，就可以对这些设置进行自定义修改。

更改默认工作簿模板的具体操作如下。

step① 按 Ctrl+N 快捷键新建一个空白工作簿，对字体、字号、填充颜色、边框及行高、列宽等项目进行个性化设置。

step② 按 F12 键打开【另存为】对话框，将【保存类型】设置为【Excel 模板(*.xltx)】，将【文件名】设置为“工作簿.xltx”，将文件的保存位置定位到 Excel 默认启动文件夹：“C:\用户\用户名\AppData\Roaming\Microsoft\Excel\XLSTART”，然后单击【保存】按钮，如图 9-6 所示。

step③ 依次按 Alt、T、O 键打开【Excel 选项】对话框，选择【常规】选项卡，取消【此应用程序启动时显示开始屏幕】复选框的选中状态，单击【确定】按钮，如图 9-7 所示。

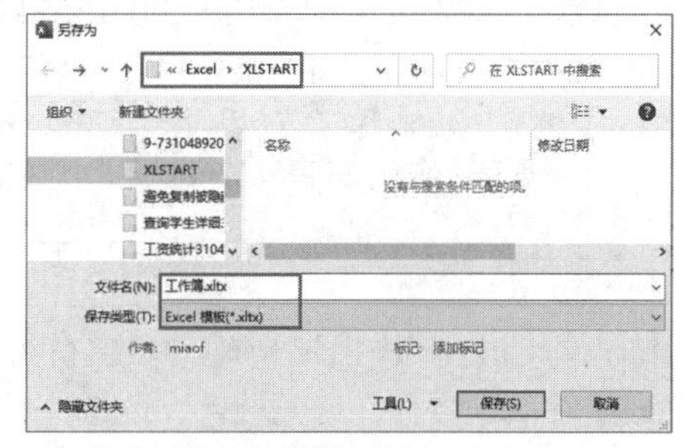

图 9-6

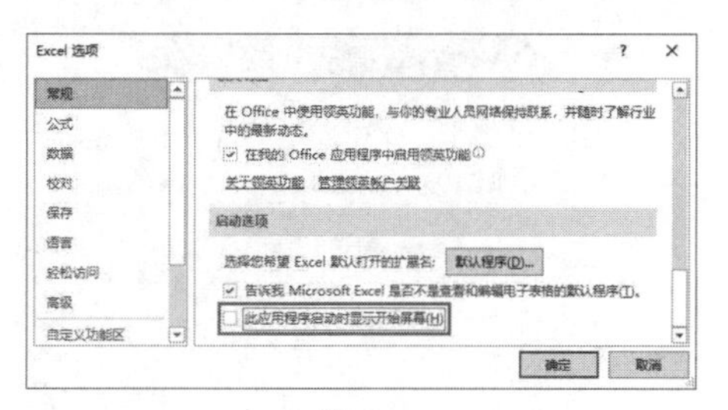

图 9-7

完成以上设置后，在 Excel 工作界面中按 Ctrl+N 快捷键，或重新启动 Excel 程序，即可基于用户自定义的字体、字号、填充颜色及行高、列宽等设置为模板生成新的工作簿。

当用户不需要再使用自定义工作簿模板设置时，在 Excel 默认启动文件夹中删除模板文件“工作簿.xltx”，此后新建的工作簿将自动恢复到默认状态。

9.2.2 更改默认工作表模板

在工作簿中新建工作表时，Excel 会使用默认设置来配置新建工作表的样式。通过创建工作表模板，可以替换原有的默认设置。

设置 Excel 默认工作表模板的操作步骤与上面介绍过的设置工作簿模板的操作步骤基本相同，唯一的区别是文件名需要保存为“Sheet.xltx”。

对工作表模板进行的自定义设置的项目与工作簿模板中的项目类似，但需要注意部分设置是针对整个工作簿有效，并不会单独存在于工作表中。例如，在【Excel 选项】对话框的【高级】选项卡中，仅有【此工作表的显示选项】下的设置选项可以成为工作表模板的设置内容，如图 9-8 所示。

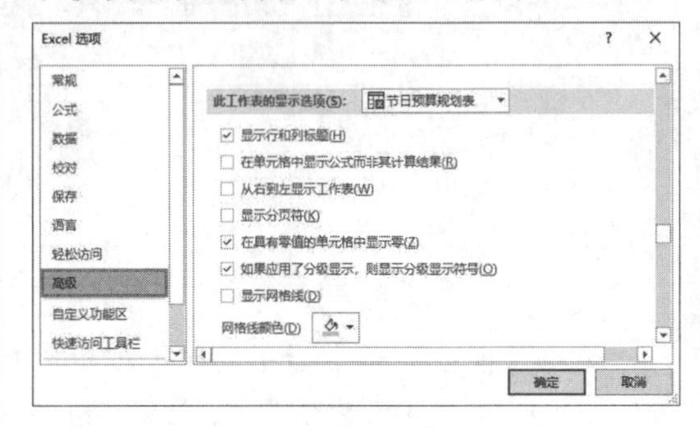

图 9-8

如果删除 Excel 启动文件夹中的“Sheet.xltx”文件，Excel 新建的工作表会自动恢复到默认状态。

9.3 按模板批量创建表格

在工作中经常需要使用模板文件批量创建 Excel 文件，同时可能还需要替换创建文件中的一些数据。这样的操作如果使用 Excel 软件自身的功能逐步操作，将会非常烦琐。用户可以通过编写一段简单的 Python 程序来解决这个问题，简化按模板批量创建表格的操作。

【例 9-1】编写 Python 程序，使用创建的 Excel 模板文件批量创建工作簿，并自动替换新建工作簿中的一部分数据。

视频+素材 (素材文件\第 09 章\例 9-1)

step 1 按 Ctrl+N 快捷键创建一个空白工作簿，设置字体、字号、填充颜色、边框，制作图 9-9 所示的表格模板。

图 9-9

step 2 按 F12 键，将创建的工作簿文件以文件名“模板.xlsx”保存。

step 3 启动 PyCharm，编写以下代码：

```
import shutil
import xlwings as xw

app = xw.App(visible=False, add_book=False)

datas = [
    ('直营部', '李亮辉'),
    ('渠道部', '孔祥亮'),
    ('网络部', '熊小磊'),
    ('社区部', '陈笑')
]

for dept, manager in datas:
    target_excel = f"部门业绩-{dept}.xlsx"
    shutil.copy("模板.xlsx", target_excel)
```

```
    workbook = app.books.open(target_excel)
    worksheet = workbook.sheets[0]
    worksheet.range('A1').value =
worksheet.range('A1').value.replace("{dept}",
dept)
    worksheet.range('A2').value =
worksheet.range('A2').value.replace("{manager}",
manager)
    workbook.save()
    workbook.close()

app.quit()
```

step 4 将编写好的 Python 文件与“模板.xlsx”文件保存在一个文件夹中，双击 Python 文件，即可以指定的文件名自动创建相应的工作簿，如图 9-10 所示。

图 9-10

step 5 自动创建的工作簿将采用统一的模板格式和自定义的表头，如图 9-11 所示。

	A	B
1	部门：渠道部	
2	负责人：孔祥亮	
3	1月	
4	2月	
5	3月	
6	4月	
7	5月	
8	6月	
9	7月	
10	8月	
11	9月	
12	10月	
13	11月	
14	12月	

	A	B
1	部门：社区部	
2	负责人：陈笑	
3	1月	
4	2月	
5	3月	
6	4月	
7	5月	
8	6月	
9	7月	
10	8月	
11	9月	
12	10月	
13	11月	
14	12月	

	A	B
1	部门：网络部	
2	负责人：熊小磊	
3	1月	
4	2月	
5	3月	
6	4月	
7	5月	
8	6月	
9	7月	
10	8月	
11	9月	
12	10月	
13	11月	
14	12月	

	A	B
1	部门：直营部	
2	负责人：李亮辉	
3	1月	
4	2月	
5	3月	
6	4月	
7	5月	
8	6月	
9	7月	
10	8月	
11	9月	
12	10月	
13	11月	
14	12月	

图 9-11

知识点滴

通过在上例所示 Python 的数据列添加新的数据，用户可以批量创建更多的工作簿。在编写 Python 代码的过程中，用户可以使用 ChatGPT 来自动生成想要的代码，或者在手动编写 Python 程序后，使用 ChatGPT 检查并修正代码中的错误。

9.4 案例演练

本章主要介绍了 Excel 模板的创建与应用。下面的案例演练部分，将具体制作一个“库存清单”模板，在回顾前面各章重点知识的同时，帮助用户巩固本章所学的内容。

【例 9-2】制作 Excel 库存清单模板。

视频+素材 (素材文件\第 09 章\例 9-2)

step 1 按 Ctrl+N 快捷键创建一个新的工作簿，并在该工作簿中创建“产品清单”“采购清单”“销售清单”“库存清单”4 个工作表。

step 2 在“产品清单”工作表中输入产品数据后，选中任意数据单元格，按 Ctrl+T 快捷键打开【创建表】对话框，保持默认设置，单击【确定】按钮，将数据表转换为超级表，如图 9-12 所示。

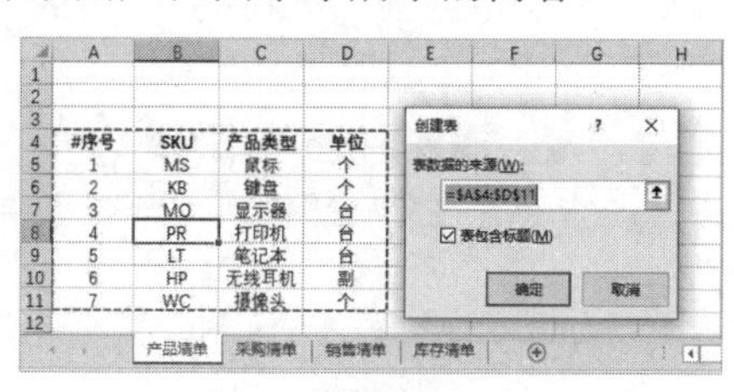

图 9-12

step 3 选择【表设计】选项卡，单击【表格样式】命令组中的【快速样式】按钮，在弹出的库中选择一种样式将其应用于表格。在

【表格样式选项】命令组中取消【筛选按钮】复选框的选中状态。

step 4 在【属性】选项卡的【表名称】文本框中输入“产品清单”，按Enter键，结果如图 9-13 所示。

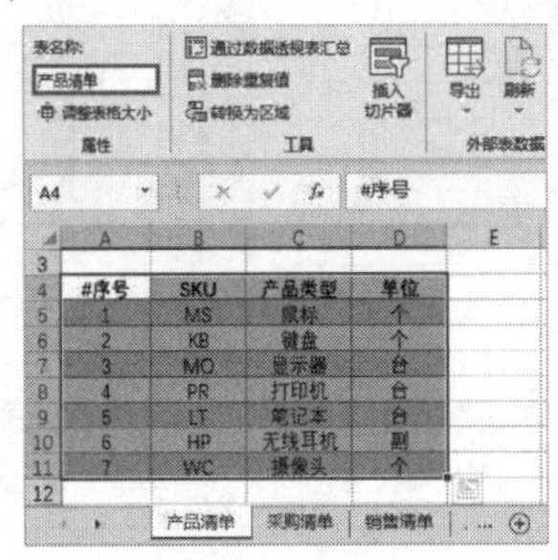

图 9-13

step 5 选择“采购清单”工作表，在第 4 行输入图 9-14 所示的表头文本。

图 9-14

step 6 选中第 4 行中任意一个包含数据的单元格，按 Ctrl+T 快捷键，打开【创建表】对话框，选中【表包含标题】复选框后，单击【确定】按钮，转换超级表。

step 7 参考步骤 3 介绍的方法，为超级表设置样式，并取消筛选按钮。

step 8 在 A5 和 B5 单元格中分别输入日期和仓库名称后，选中 C5 单元格，单击【数据】选项卡中的【数据验证】按钮，如图 9-15 所示。

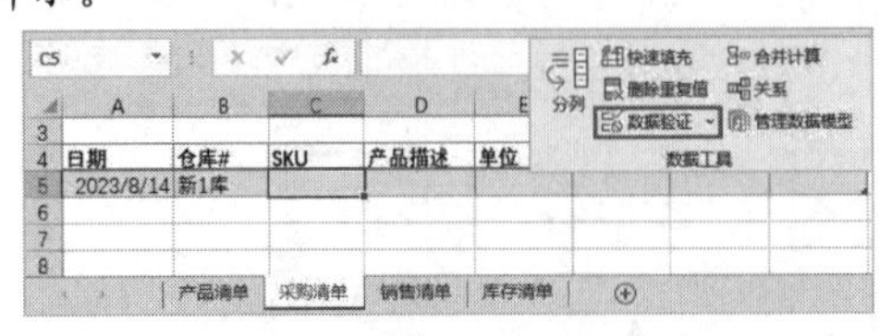

图 9-15

step 9 打开【数据验证】对话框，在【设置】选项卡中设置【允许】为【序列】，然后单击【来源】输入框右侧的按钮，选择“产品清单”工作表中的 B5:B11 区域后按 Enter 键，然后单击【确定】按钮，如图 9-16 所示。

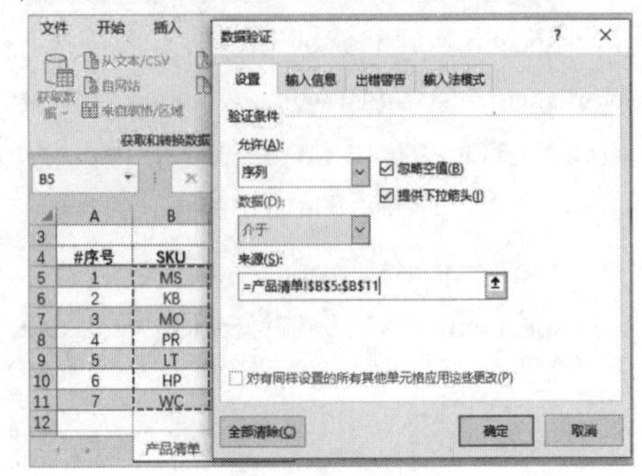

图 9-16

step 10 选中“采购清单”工作表中的 D5 单元格，输入“=VLOOKUP(”，单击 C5 单元格，然后输入“,”，如图 9-17 所示。

图 9-17

step 11 选择“产品清单”工作表的 B5:D11 区域，输入“,2,0)”。此时，D5 单元格中自动生成公式，如图 9-18 所示。

```
=VLOOKUP([@SKU],产品清单[[SKU]:[单位]],2,0)
```

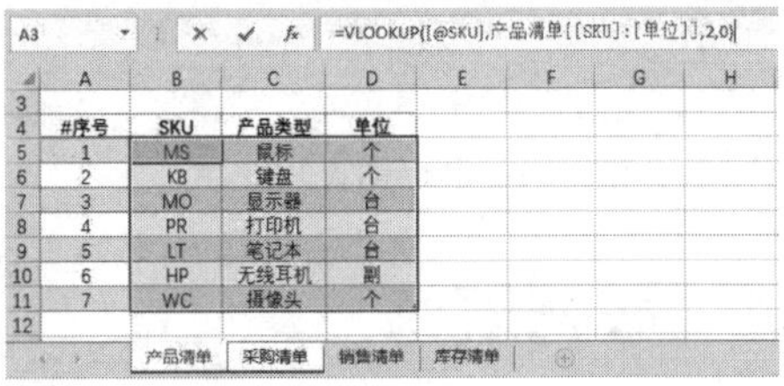

图 9-18

step 12 按 Enter 键后，单击“采购清单”工作表 C5 单元格右侧的下拉按钮，如图 9-19 所示，在弹出的下拉列表中选择 SKU 数据后，D5 单元格会自动识别与之匹配的产品描述。

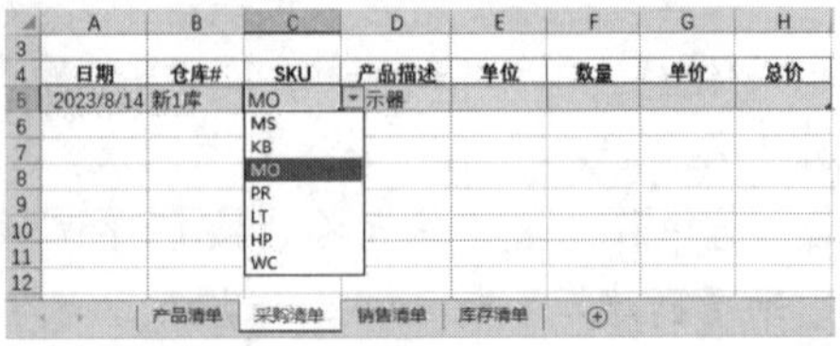

图 9-19

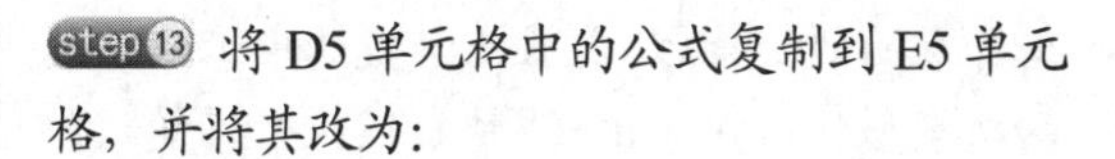

step 13 将 D5 单元格中的公式复制到 E5 单元格，并将其改为：

=VLOOKUP([@SKU],产品清单[[SKU]:[单位]],3,0)

step 14 在 F5 和 G5 单元格输入“数量”和“单价”数据后，在 H5 单元格中输入公式：

=[@数量]*[@单价]

按 Enter 键，H5 单元格中的数据会根据 F5 和 G5 单元格中录入的数据自动进行计算，如图 9-20 所示。

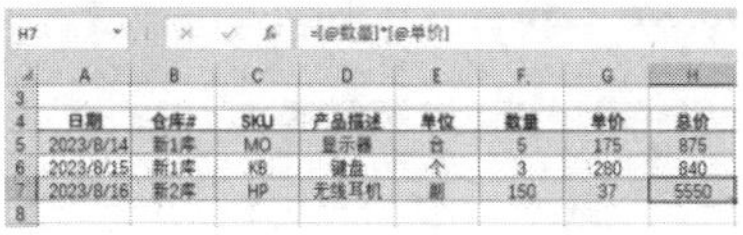

图 9-20

step 15 使用同样的方法，制作“销售清单”工作表中的数据，如图 9-21 所示。

图 9-21

step 16 选中“库存清单”工作表，在 A5 单元格后输入公式：

=IFERROR(产品清单[@SKU],"")

按 Enter 键后，拖动 A5 单元格右下角的填充柄至 A12 单元格，将在 A5:A11 区域中调取“产品清单”工作表 B5:B11 区域的数据，如图 9-22 所示。同时，如果用户在“产品清单”工作表中添加新的记录，也会同步在“库存清单”工作表的 A 列显示。

图 9-22

step 17 选中“库存清单”工作表的 B5 单元格后输入公式：

=IFERROR(VLOOKUP(A5,产品清单[[SKU]:[单位]],2,0),"")

在 C5 单元格中输入公式：

=IFERROR(VLOOKUP($A5,产品清单[[SKU]:[单位]],3,0),"")

选中 B5:C5 区域，双击 C5 单元格右下角的填充柄向下填充公式，如图 9-23 所示。

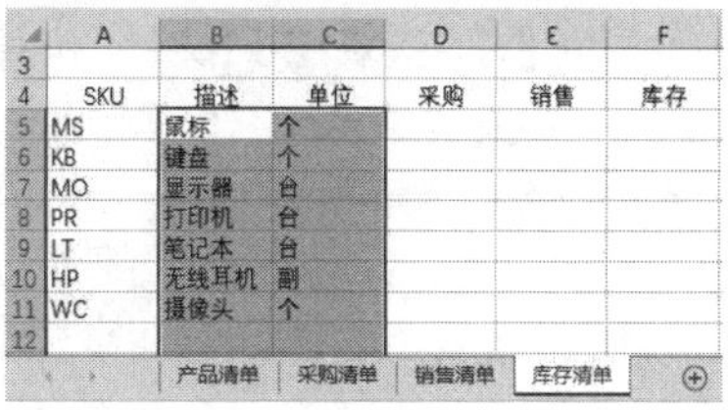

图 9-23

step 18 选中 D5 单元格，输入“=SUMIFS(”，然后选中“采购清单”工作表“数量”列中的数据(本例为 F5:F7 区域)，如图 9-24 所示。

图 9-24

输入“,”后选中 SKU 列中的数据(本例为 C5:C7 区域)，如图 9-25 所示。

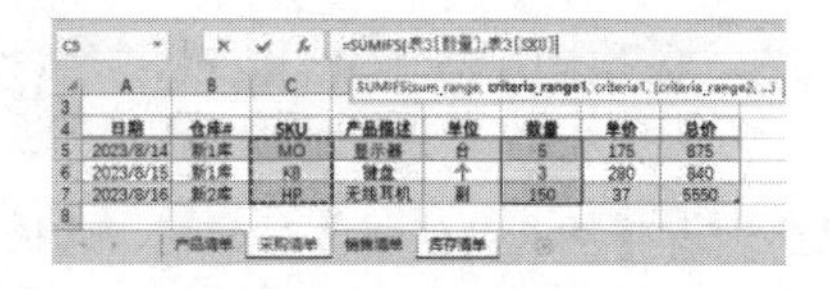

图 9-25

再次输入“,”后单击“库存清单”工作表中的 A5 单元格，如图 9-26 所示。

图 9-26

最后输入“)”后按 Enter 键。选中 D5 单元格右下角的填充柄向下填充。然后选中 D 列，按 Ctrl+1 快捷键。

step 19 打开【设置单元格格式】对话框，选中【自定义】选项，在【类型】文本框中输入“0;0;”，然后单击【确定】按钮，隐藏 D 列中单元格中的 0 值。

step 20 使用同样的方法，在 E5 单元格中输入以下公式：

```
=SUMIFS(表 4[数量],表 4[SKU],库存清单!A5)
```

然后将公式向下填充，在 E 列统计“销售清单”工作表中的“数量”记录。

step 21 在 F5 单元格中输入公式：

```
=D5-E5
```

然后单击 F5 单元格右下角的填充柄向下填充公式。

step 22 选中 A4 单元格后按 Ctrl+A 快捷键选中整张数据表，然后单击【表设计】选项卡【表格样式】命令组中的【快速样式】按钮，在弹出的库中选择一种样式来美化数据表。

step 23 在工作表的第 1~3 行位置插入图 9-27 所示的 4 个形状，选中并右击“产品清单”形状，在弹出的快捷菜单中选择【链接】命令。

图 9-27

step 24 打开【插入超链接】对话框，选择【本文档中的位置】|【产品清单】选项后，单击【确定】按钮，创建超链接，如图 9-28 所示。

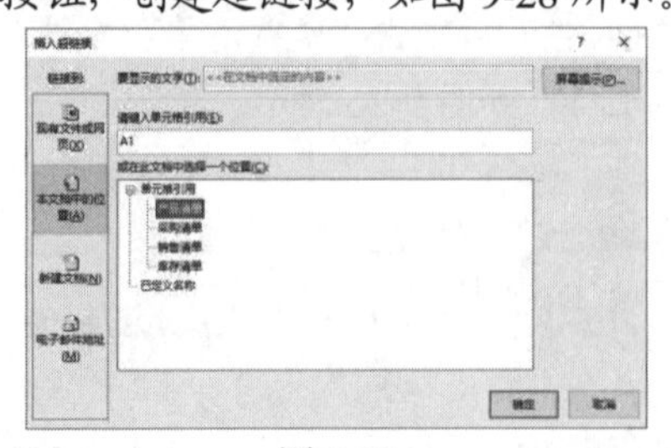

图 9-28

step 25 使用相同的方法，为“采购清单”“销售清单”“库存清单”3 个形状设置切换其对应工作表的超链接后，按住 Ctrl 键选中工作表中的所有形状，按 Ctrl+C 快捷键执行【复制】命令。

step 26 选择其他工作表的 A1 单元格，按 Ctrl+V 快捷键执行【粘贴】命令，在每个工作表中粘贴一个制作好的形状标题。此时，单击工作表第 1~3 行中的形状按钮，可以在不同的工作表中切换显示相应的数据，如图 9-29 所示。同时，在“产品清单”“采购清单”“销售清单”工作表中添加数据，“库存清单”工作表中的数据也会同步更新。

图 9-29

step 27 按 F12 键打开【另存为】对话框，在【保存类型】下拉列表中选择【Excel 模板(*.xltx)】，然后设置文件名为“库存清单模板”，并单击【保存】按钮。

step 28 按 Ctrl+N 快捷键创建一个新的工作簿，选择【文件】|【新建】|【个人】选项，在显示的模板列表中单击【库存清单模板】选项，可以使用创建的模板制作新的库存清单表，如图 9-30 所示。

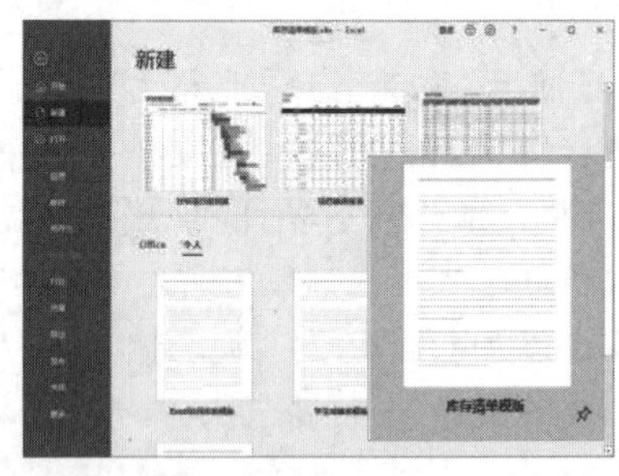

图 9-30

知识点滴

Excel 模板通常包括各类数据表、日程表、财务报表等。用户在创建模板时除了可以对模板进行格式方面的自定义(例如修改列宽、调整行高、更改字体、添加公式等)，还可以在模板中标记出输入数据的区域，或者使用数据验证功能，设置限制用户在输入区域中输入的内容，并设置保护密码，防止意外修改或删除关键数据。

第10章

数据分析工具

无论是一张简单的数据表，还是数量庞大的数据源，若要提取有价值的信息，用户不仅需要选择恰当的数据分析方法，还必须熟练掌握相应的数据分析工具。Excel 作为一款强大的数据处理工具，能够帮助用户轻松完成各种从简单到复杂的数据分析任务。

本章对应视频

例 10-1 删除表格中的重复数据
例 10-2 查找两列重复数据并删除
例 10-3 合并多张数据表中的数据
例 10-4 创建数据透视表
例 10-5 对海量数据快速分类汇总
例 10-6 使用 Alt+=快捷键分类汇总数据
例 10-7 在筛选状态下维持数据编号

10.1 使用快捷键快速处理数据

在使用 Excel 分析数据之前，往往需要先对数据进行汇总、比对、提取、合并等。使用 Excel 工作界面上提供的各种命令控件手动处理这些工作往往费时费力，并且容易出错，此时可以利用快捷键快速完成此类工作。

10.1.1 数据表一键汇总

在 Excel 中按 Alt+=快捷键可以瞬间实现多列数据汇总、多行数据汇总、一键按行/列数据汇总等操作。

1. 多列数据一键汇总

以图 10-1 所示的办公支出费用统计表为例，选中 B7:G7 区域后按 Alt+=快捷键可以快速完成 B 列至 G 列数据的汇总。

	A	B	C	D	E	F	G	H
1	部门	6月	5月	4月	3月	2月	1月	总计
2	财务部	5800	5200	4800	5500	6000	5000	
3	营销部	4800	4700	4200	4500	4300	4000	
4	企划部	3800	3500	3300	3100	3200	3000	
5	后勤部	2700	2400	2200	2500	2300	2000	
6	技术部	6900	6700	6200	6300	6500	6000	
7	总计	24000	22500	20700	21900	22300	20000	

图 10-1

2. 多行数据一键汇总

仍以图 10-1 所示的数据表为例，选中 H2:H7 区域后按 Alt+=快捷键可以快速完成第 2~7 行数据的汇总，如图 10-2 所示。

	A	B	C	D	E	F	G	H
1	部门	6月	5月	4月	3月	2月	1月	总计
2	财务部	5800	5200	4800	5500	6000	5000	32300
3	营销部	4800	4700	4200	4500	4300	4000	26500
4	企划部	3800	3500	3300	3100	3200	3000	19900
5	后勤部	2700	2400	2200	2500	2300	2000	14100
6	技术部	6900	6700	6200	6300	6500	6000	38600
7	总计	24000	22500	20700	21900	22300	20000	131400

图 10-2

3. 按行/列分别汇总数据

按住 Ctrl 键选中图 10-1 所示数据表的 B2: H7 区域后，按 Alt+=快捷键可以按行/列分别完成数据汇总，如图 10-3 所示。

B2 | 5800

	A	B	C	D	E	F	G	H
1	部门	6月	5月	4月	3月	2月	1月	总计
2	财务部	5800	5200	4800	5500	6000	5000	32300
3	营销部	4800	4700	4200	4500	4300	4000	26500
4	企划部	3800	3500	3300	3100	3200	3000	19900
5	后勤部	2700	2400	2200	2500	2300	2000	14100
6	技术部	6900	6700	6200	6300	6500	6000	38600
7	总计	24000	22500	20700	21900	22300	20000	131400

图 10-3

10.1.2 数据表一键比对

在 Excel 中按 Ctrl+\快捷键可以瞬间完成两列或多列数据的比对。

1. 两列数据差异比对

在盘点库存时，核对 Excel 表格数据是分析数据之前首先要做的工作。例如，要在图 10-4 所示的库存盘点数据表中，以 B 列的账存数为基准(基准列在左侧)，在 C 列的实数盘中表示出差异数据。

遇到此类情况，用户可以在选中 B2 单元格后，先按 Ctrl+Shift+↓快捷键，再按 Ctrl+Shift+→快捷键选中需要进行数据比对的单元格区域(B2:C19)，然后按 Ctrl+\快捷键，即可瞬间在 C 列定位差异数据所在的单元格，如图 10-4 所示。

	A	B	C
1	产品名称	账存数	实盘数
2	护肝宝胶囊	36781	36781
3	活血止痛丸	9862	9862
4	维生素C片	52973	52973
5	维生素C片	14509	14509
6	清热解毒口服液	28268	28468
7	维生素C片	6321	6311
8	脑力提高胶囊	43759	43759
9	补肾壮阳片	9236	9236
10	消食健胃颗粒	19857	19857
11	参茸补气胶囊	27493	27493
12	伤风感冒颗粒	5624	5624
13	维生素C片	39127	39127
14	脑力提高胶囊	17645	17642
15	补肾壮阳片	49633	49631
16	改善睡眠丸	8513	8513
17	润喉止咳糖浆	31286	31286
18	维生素C片	4782	4783
19	脑力提高胶囊	6519	6519

	A	B	C
1	产品名称	账存数	实盘数
2	护肝宝胶囊	36781	36781
3	活血止痛丸	9862	9862
4	维生素C片	52973	52973
5	维生素C片	14509	14509
6	清热解毒口服液	28268	28468
7	维生素C片	6321	6311
8	脑力提高胶囊	43759	43759
9	补肾壮阳片	9236	9236
10	消食健胃颗粒	19857	19857
11	参茸补气胶囊	27493	27493
12	伤风感冒颗粒	5624	5624
13	维生素C片	39127	39127
14	脑力提高胶囊	17645	17642
15	补肾壮阳片	49633	49631
16	改善睡眠丸	8513	8513
17	润喉止咳糖浆	31286	31286
18	维生素C片	4782	4783
19	脑力提高胶囊	6519	6519

图 10-4

批量定位差异数据单元格后，可以设置单元格背景颜色，使其在数据表中醒目显示。

如果用户想要以图 10-4 中的“实盘数”列(C 列)为基准，在“账存数”列(B 列)中找出差异数据。先选中 C1 单元格，依次按 Ctrl+Shift+↓快捷键和 Shift+←快捷键，选中需要进行数据比对的单元格区域(B2:C19)，然后按 Ctrl+\快捷键。

2. 多列数据差异比对

如果数据表中有多列数据需要比对。例如在图 10-5 所示的考试答案表中，需要根据正确答案比对学生的答案。

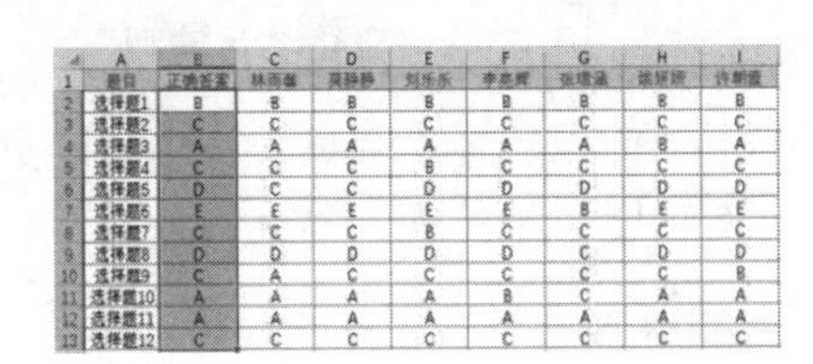

	A	B	C	D	E	F	G	H	I
1	题目	正确答案	[illegible]	[illegible]	[illegible]	[illegible]	[illegible]	[illegible]	[illegible]
2	选择题1	B	B	B	B	B	B	B	B
3	选择题2	C	C	C	C	C	C	C	C
4	选择题3	A	A	A	A	A	A	B	A
5	选择题4	C	C	C	B	C	C	C	C
6	选择题5	D	C	C	D	D	D	D	D
7	选择题6	E	E	E	E	E	B	E	E
8	选择题7	C	C	C	B	C	C	C	C
9	选择题8	D	D	D	D	D	C	D	D
10	选择题9	C	A	C	C	C	C	C	B
11	选择题10	A	A	A	A	B	C	A	A
12	选择题11	A	A	A	A	A	A	A	A
13	选择题12	C	C	C	C	C	C	C	C

图 10-5

遇到这种情况，用户可以选中 B2 单元格，先按 Ctrl+Shift+↓快捷键选中 B 列数据，再按 Ctrl+Shift+→快捷键选中需要比对的数据区域(B2:I13)，然后按 Ctrl+\快捷键，瞬间定位数据表右侧所有与 B 列数据有差异的单元格，如图 10-6 所示。

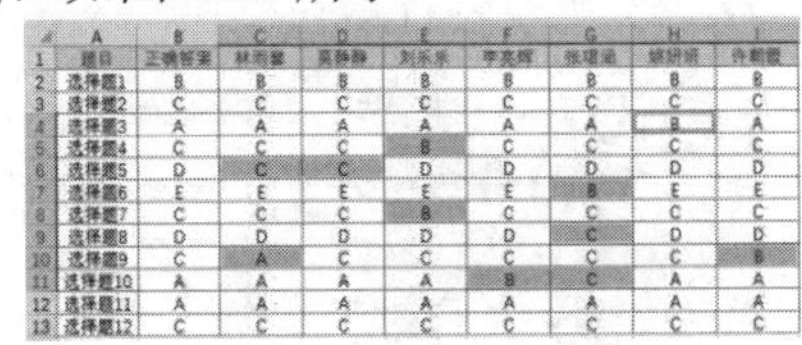

	A	B	C	D	E	F	G	H	I
1	题目	正确答案	[illegible]	[illegible]	[illegible]	[illegible]	[illegible]	[illegible]	[illegible]
2	选择题1	B	B	B	B	B	B	B	B
3	选择题2	C	C	C	C	C	C	C	C
4	选择题3	A	A	A	A	A	A	B	A
5	选择题4	C	C	C	B	C	C	C	C
6	选择题5	D	C	C	D	D	D	D	D
7	选择题6	E	E	E	E	E	B	E	E
8	选择题7	C	C	C	B	C	C	C	C
9	选择题8	D	D	D	D	D	C	D	D
10	选择题9	C	A	C	C	C	C	C	B
11	选择题10	A	A	A	A	B	C	A	A
12	选择题11	A	A	A	A	A	A	A	A
13	选择题12	C	C	C	C	C	C	C	C

图 10-6

设置单元格背景颜色后，可以使这些差异数据突出显示。

10.1.3 数据一键提取与合并

在进行数据分析之前，许多重复、烦琐的工作都是由数据提取、数据合并这类问题造成的，在 Excel 早期版本中出现此类问题时需要使用函数和公式，甚至 VBA 编程来解决。从 Excel 2013 版开始，Excel 新增的快速填充功能可以智能完成绝大多数工作中常见的数据提取和数据合并问题。

下面将通过案例介绍使用 Ctrl+E 快捷键快速处理此类问题的方法。

1. 从文件编号中提取客户名称信息

图 10-7 所示为某公司客户资料文件记录表，现在需要从表格的 A 列文件编号中提取客户名称的信息，并将其置于 C 列中。

	A	B	C
1	文件编号	文件名称	客户名称
2	鼎盛诊所-1	*************************************	鼎盛诊所
3	和谐医院-1	*************************************	
4	和谐医院-2	*************************************	
5	和谐医院-3	*************************************	
6	佳美诊所-1	*************************************	
7	鼎盛诊所-2	*************************************	
8	和谐医院-4	*************************************	
9	佳美诊所-2	*************************************	

图 10-7

在 C2 单元格中手动输入“鼎盛诊所”后按 Ctrl+E 快捷键，即可提取 A 列中的客户名称数据，填充在 C 列中，如图 10-8 所示。

	A	B	C
1	文件编号	文件名称	客户名称
2	鼎盛诊所-1	*************************************	鼎盛诊所
3	和谐医院-1	*************************************	和谐医院
4	和谐医院-2	*************************************	和谐医院
5	和谐医院-3	*************************************	和谐医院
6	佳美诊所-1	*************************************	佳美诊所
7	鼎盛诊所-2	*************************************	鼎盛诊所
8	和谐医院-4	*************************************	和谐医院
9	佳美诊所-2	*************************************	佳美诊所

图 10-8

这里在使用 Ctrl+E 快捷键之前手动输入“鼎盛诊所”是为了给 Excel 做一个示范，让 Excel 知晓提取的规则和效果。如果遇到比较复杂的数据填充，仅输入一个数据作为示范可能无法保证填充的准确性，此时可以手动输入多个数据(一般不超过 4 个)，再按 Ctrl+E 快捷键完成数据提取。

2. 从联系方式中提取电话号码

在图10-9所示的数据表中，想要从 A 列中提取出客户的电话号码。只要在 B1 单元格中手动输入 A1 单元格中的电话号码后，按 Ctrl+E 快捷键即可。

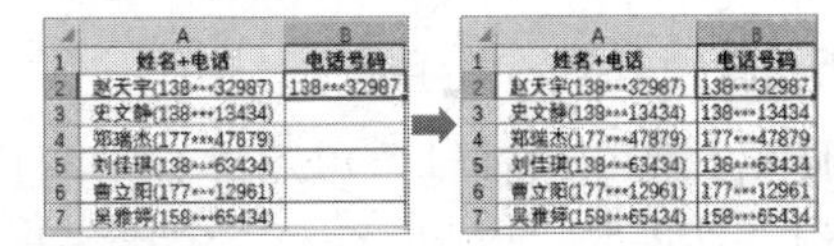

	A	B
1	姓名+电话	电话号码
2	赵天宇(138***32987)	138***32987
3	史文静(138***13434)	
4	郑瑞杰(177***47879)	
5	刘佳琪(138***63434)	
6	曹立阳(177***12961)	
7	吴雅婷(158***65434)	

	A	B
1	姓名+电话	电话号码
2	赵天宇(138***32987)	138***32987
3	史文静(138***13434)	138***13434
4	郑瑞杰(177***47879)	177***47879
5	刘佳琪(138***63434)	138***63434
6	曹立阳(177***12961)	177***12961
7	吴雅婷(158***65434)	158***65434

图 10-9

使用 Ctrl+E 快捷键快速提取数据时，要注意检查结果的准确性。如果出现局部错误，可以在开始时多输入几个示范数据再按 Ctrl+E 快捷键。

3. 从身份证号码中提取出生日

使用 Ctrl+E 快捷键也可以从身份证号码中提取出代表出生日期的 8 位数字。以图 10-10 所示的数据表为例，在 B2 单元格中输入 A2 单元格中身份证号码中的 8 位生日数据后，按 Ctrl+E 快捷键，即可在 B 列提取出 A 列身份证号码中的生日数字。

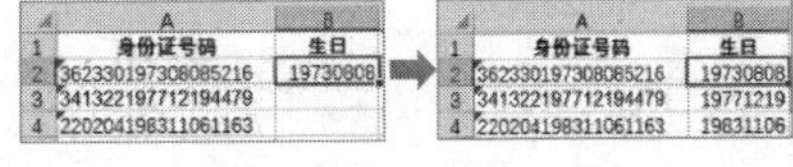

	A	B
1	身份证号码	生日
2	362330197308085216	19730808
3	341322197712194479	
4	220204198311061163	

	A	B
1	身份证号码	生日
2	362330197308085216	19730808
3	341322197712194479	19771219
4	220204198311061163	19831106

图 10-10

4. 批量合并多列信息

在工作中，如果要将多列数据合并在一列中，并使用符号(如短横线“-”)分隔，也可以使用 Ctrl+E 快捷键。以图 10-11 所示的数据表为例。

	A	B	C	D
1	客户名称	负责人	联系方式	客户-负责人-电话
2	鼎盛诊所	李亮辉	138***32987	鼎盛诊所-李亮辉-138***32987
3	和谐医院	林雨馨	138***13434	
4	和谐医院	莫静静	177***47879	
5	和谐医院	刘乐乐	138***63434	
6	佳美诊所	李亮辉	177***12961	
7	鼎盛诊所	张珺涵	158***65434	
8	和谐医院	姚妍妍	138***76231	

图 10-11

在图 10-11 所示数据表的 D2 单元格手动输入一个示范“鼎盛诊所-李亮辉-138***32987”后，按 Ctrl+E 快捷键即可在 D 列合并 A、B、C 列中的数据，如图 10-12 所示。

	A	B	C	D
1	客户名称	负责人	联系方式	客户-负责人-电话
2	鼎盛诊所	李亮辉	138***32987	鼎盛诊所-李亮辉-138***32987
3	和谐医院	林雨馨	138***13434	和谐医院-林雨馨-138***13434
4	和谐医院	莫静静	177***47879	和谐医院-莫静静-177***47879
5	和谐医院	刘乐乐	138***63434	和谐医院-刘乐乐-138***63434
6	佳美诊所	李亮辉	177***12961	佳美诊所-李亮辉-177***12961
7	鼎盛诊所	张珺涵	158***65434	鼎盛诊所-张珺涵-158***65434
8	和谐医院	姚妍妍	138***76231	和谐医院-姚妍妍-138***76231

图 10-12

本例中的短横线“-”符号也可以换为其他符号(如“/”或“:”)。

5. 多列数据智能组合

使用 Ctrl+E 快捷键可以将多列中的数据智能组合在一起。以图 10-13 左图所示的数据表为例，在 C2 中输入一个结合 A2 和 B2 单元格数据的新组合后，按 Ctrl+E 快捷键，Excel 能够智能识别示例，并向下填充组合。

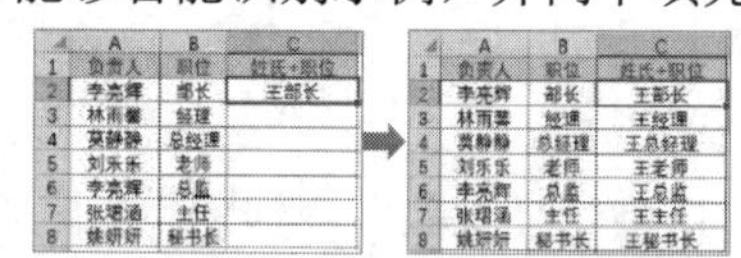

	A	B	C
1	负责人	职位	姓氏+职位
2	李亮辉	部长	王部长
3	林雨馨	经理	
4	莫静静	总经理	
5	刘乐乐	老师	
6	李亮辉	总监	
7	张珺涵	主任	
8	姚妍妍	秘书长	

	A	B	C
1	负责人	职位	姓氏+职位
2	李亮辉	部长	王部长
3	林雨馨	经理	王经理
4	莫静静	总经理	王总经理
5	刘乐乐	老师	王老师
6	李亮辉	总监	王总监
7	张珺涵	主任	王主任
8	姚妍妍	秘书长	王秘书长

图 10-13

同样的智能组合操作也可以应用在地址信息的组合上，如图 10-14 所示，在 C 列中组合省、市信息，并为数据自动添加“省”和“市”。

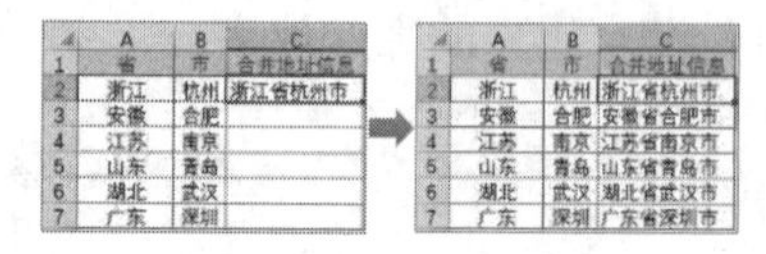

	A	B	C
1	省	市	合并地址信息
2	浙江	杭州	浙江省杭州市
3	安徽	合肥	
4	江苏	南京	
5	山东	青岛	
6	湖北	武汉	
7	广东	深圳	

	A	B	C
1	省	市	合并地址信息
2	浙江	杭州	浙江省杭州市
3	安徽	合肥	安徽省合肥市
4	江苏	南京	江苏省南京市
5	山东	青岛	山东省青岛市
6	湖北	武汉	湖北省武汉市
7	广东	深圳	广东省深圳市

图 10-14

10.1.4 数据表一键自动美化

工作中使用的各种数据表，不仅要数据准确，而且要尽量美观、易读。

1. 一键设置报表自动隔行填充颜色

当数据表中包含的内容较多时，为了避免阅读时出现错误，可以为报表设置隔行填充颜色，以便于区分内容。

以图 10-15 所示的数据表为例，选中数据表中的任意单元格后，按 Ctrl+T 快捷键，在打开的【创建表】对话框中单击【确定】按钮，即可将表格转换为超级表，同时使表格中的数据表实现隔行填充颜色。

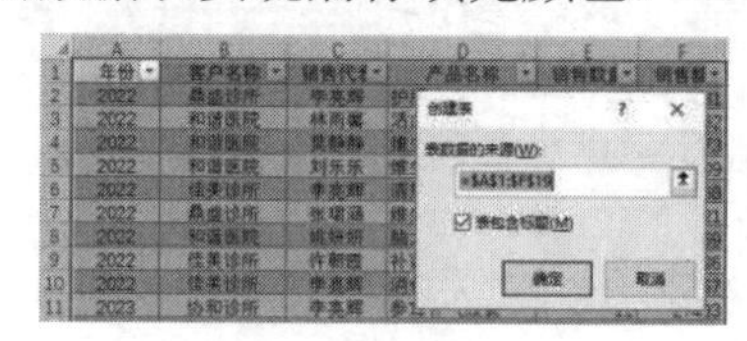

图 10-15

如果用户对 Excel 默认的填充颜色样式不满意，可以单击【开始】选项卡中的【套用表格格式】下拉按钮，从弹出的样式库中为表格选择其他样式效果。

2. 让数据表的标题行自动置顶

用户使用 Ctrl+T 快捷键将数据表转换为超级表后，向下拖动浏览表格中的记录，表格顶部将始终显示标题字段信息，如图 10-16 所示。

	年份	客户名称	销售代表	产品名称	销售数量	销售额
25	2022	鼎盛诊所	张珺涵	维生素C片	9	6321
26	2022	和谐医院	姚妍妍	脑力提高胶囊	16	43759
27	2022	佳美诊所	许朝霞	补肾壮阳片	3	9236
28	2022	佳美诊所	李亮辉	消食健胃颗粒	10	19857
29	2023	协和诊所	李亮辉	参茸补气胶囊	11	27493
30	2023	鼎盛诊所	莫静静	伤风感冒颗粒	6	5624
31	2023	和谐医院	刘乐乐	维生素C片	15	39127
32	2023	佳美诊所	李亮辉	脑力提高胶囊	8	17642
33	2023	鼎盛诊所	张珺涵	补肾壮阳片	17	49631
34	2023	鼎盛诊所	姚妍妍	改善睡眠丸	4	8513
35	2023	和谐医院	姚妍妍	润喉止咳糖浆	13	31286
36	2023	佳美诊所	许朝霞	维生素C片	2	4782
37	2023	佳美诊所	李亮辉	脑力提高胶囊	1	6519
38	2022	鼎盛诊所	李亮辉	护肝宝胶囊	14	36781
39	2022	和谐医院	林雨馨	活血止痛丸	5	9862
40	2022	和谐医院	莫静静	维生素C片	18	52973
41	2022	和谐医院	刘乐乐	维生素C片	7	14509
42	2022	佳美诊所	李亮辉	清热解毒口服液	12	28468
43	2022	鼎盛诊所	张珺涵	维生素C片	9	6321
44	2022	和谐医院	姚妍妍	脑力提高胶囊	16	43759
45	2022	佳美诊所	许朝霞	补肾壮阳片	3	9236
46	2022	佳美诊所	李亮辉	消食健胃颗粒	10	19857
47	2023	协和诊所	李亮辉	参茸补气胶囊	11	27493

图 10-16

同时，单击标题字段右侧的▾，在弹出的列表中可以对字段中的数据进行筛选。

10.2 使用数据表简单分析数据

在 Excel 中利用数据表进行简单数据分析是一种常见且有效的方法。

将数据整理和保存在一个结构化的表格中形成如图 10-17 所示的数据表后，用户可以利用 Excel 提供的排序、筛选、分类汇总、合并计算等功能，对数据进行分析、处理并生成报告。

	A	B	C	D	E	F	G	H
1	序号	品目号	设备名称	规格型号	单位	单价（元）	数量	金额（元）
2	S0001	X200	水槽	教师用	个	¥15.0	23	¥345.0
3	S0002	X272	生物显微镜	200倍	台	¥138.0	1	¥138.0
4	S0009	X404	岩石化石标本实验盒	教师用	盒	¥11.0	12	¥132.0
5	S0011	X219	小学热学实验盒	学生用	盒	¥8.5	12	¥102.0
6	S0012	X252	小学光学实验盒	学生用	盒	¥8.0	12	¥95.6
7	S0010	X246	磁铁性质实验盒	学生用	盒	¥7.2	12	¥86.4
8	S0007	X239	电流实验盒	学生用	盒	¥6.8	12	¥81.6
9	S0008	X238	静电实验盒	学生用	盒	¥6.3	12	¥75.6
10	S0003	X106	学生电源	1.5A	台	¥65.0	1	¥65.0
11	S0006	X261	昆虫盒	学生用	盒	¥3.2	16	¥50.4
12	S0005	X281	太阳高度测量器	学生用	个	¥3.5	12	¥41.4
13	S0004	X283	风力风向计	教学型	个	¥26.8	1	¥26.8

图 10-17

10.2.1 认识数据表

Excel 数据表是由多行数据构成的有组织的信息集合，它通常由位于顶部的一行字段标题，以及多行数值或文本作为数据行。

图10-17所示展示了一个规范的 Excel 数据表实例。该数据表的第 1 行是字段标题，下面包含若干数据。数据表中的列称为字段，行称为记录。数据表一般具备以下几个特点。

- 在表格的第一行(即“表头”)为其对应的一列数据输入描述性文字。
- 如果输入的内容过长，可以使用“自动换行”功能避免列宽增加。
- 表格的每一列需要输入相同类型的数据。
- 为数据表的每一列应用相同的单元格格式。

10.2.2 使用数据表

在 Excel 中最常见的操作任务之一就是管理各种数据表。通常，用户可以对数据表执行以下操作。

- 在数据表中输入数据并设置格式。
- 根据特定的条件对数据进行排序和筛选。
- 对数据表进行分类汇总。
- 在数据表中使用函数和公式实现特定的计算目的。
- 根据数据表创建图表或数据透视表。

10.2.3 创建数据表

创建图 10-17 所示数据表的步骤如下。

step① 在表格的第 1 行的各个单元格中输入描述性文字，例如“序号”“品目号”“设备名称”“规格型号”“单位”“单价(元)”“数量”“金额(元)”等。

step② 设置相应的单元格格式，使需要输入的数据能够以正确的形态表示。

step③ 在每一列中输入相同类型的信息。

10.2.4 删除重复值

在创建数据表的过程中，用户可以利用 Excel 的“删除重复值”功能，快速删除单列或多列数据中的重复值。

1. 删除单列重复数据

图 10-18 所示为京东商城搜索关键词统计表的一部分，目前需要从中提取一份没有重复“关键词”的数据表。

	A	B
1	关键词	销量(万件)
2	雷达	15
3	变频器	138
4	电子	11
5	电路	8.5
6	激光雷达	7.97
7	ccna	7.2
8	数字信号处理	6.8
9	激光雷达	6.3
10	zabbix	65
11	大话5g	3.15
12	激光雷达	3.45

图 10-18

【例 10-1】删除“京东商城搜索关键词统计表”中“关键词”列的重复数据。

视频+素材 (素材文件\第 10 章\例 10-1)

step 1 单击“关键词”列数据区域中的任意单元格，在【数据】选项卡的【数据工具】命令组中单击【删除重复值】按钮。

step 2 在打开的【删除重复值】对话框中选中【关键词】复选框，并取消其他复选框的选中状态，然后单击【确定】按钮，如图 10-19 所示。

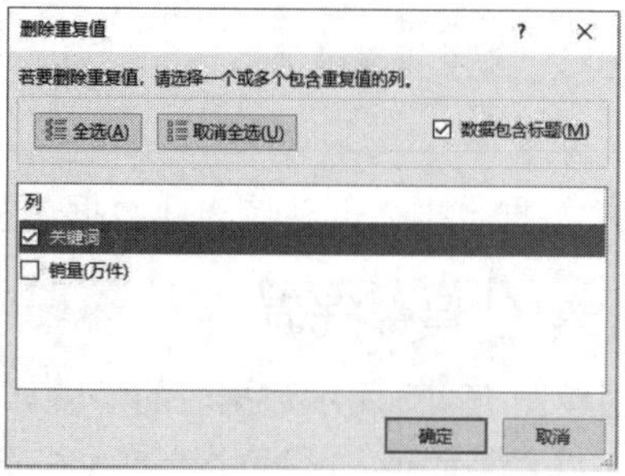

图 10-19

step 3 此时，Excel 将弹出图 10-20 所示的提示框，提示用户已完成重复值的删除，单击【确定】按钮即可。

图 10-20

2. 删除多列重复数据

图10-21所示为一份商品的销售记录表，包含上千条记录。现在需要在该表中快速获取有哪些特色分类(商品特色分类)参与了销售。

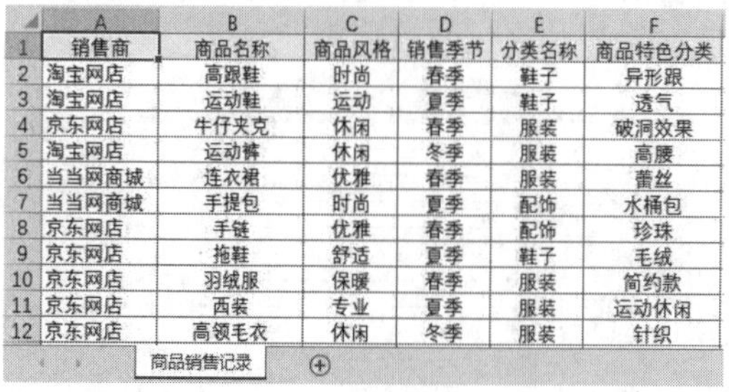

	A	B	C	D	E	F
1	销售商	商品名称	商品风格	销售季节	分类名称	商品特色分类
2	淘宝网店	高跟鞋	时尚	春季	鞋子	异形跟
3	淘宝网店	运动鞋	运动	夏季	鞋子	透气
4	京东网店	牛仔夹克	休闲	春季	服装	破洞效果
5	淘宝网店	运动裤	休闲	冬季	服装	高腰
6	当当网商城	连衣裙	优雅	春季	服装	蕾丝
7	当当网商城	手提包	时尚	夏季	配饰	水桶包
8	京东网店	手链	优雅	春季	配饰	珍珠
9	京东网店	拖鞋	舒适	夏季	鞋子	毛绒
10	京东网店	羽绒服	保暖	春季	服装	简约款
11	京东网店	西装	专业	夏季	服装	运动休闲
12	京东网店	高领毛衣	休闲	冬季	服装	针织

商品销售记录

图 10-21

【例 10-2】依据“销售商”和“商品特色分类”列中的数据查找并删除其余列中的重复值。

视频+素材 (素材文件\第 10 章\例 10-2)

step 1 选中数据表中的任意单元格后，单击【数据】选项卡【数据工具】命令组中的【删除重复值】按钮。

step 2 打开【删除重复值】对话框，取消【商品名称】【商品风格】【销售季节】【分类名称】4 个复选框的选中状态后，单击【确定】按钮，如图 10-22 所示。

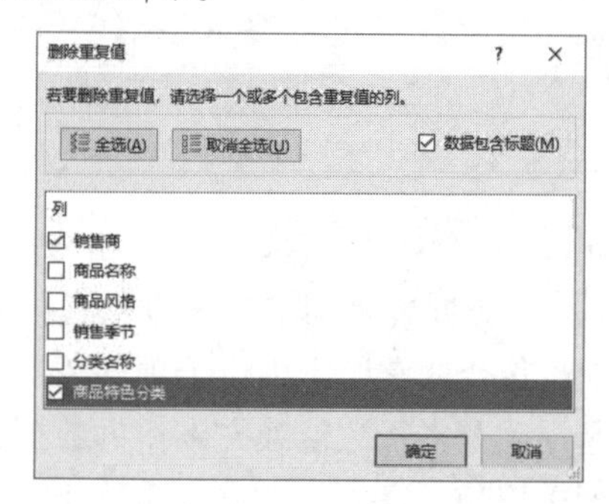

图 10-22

step 3 此时，Excel 将自动删除数据表中的重复数据。在弹出的提示对话框中单击【确定】按钮即可，如图 10-23 所示。

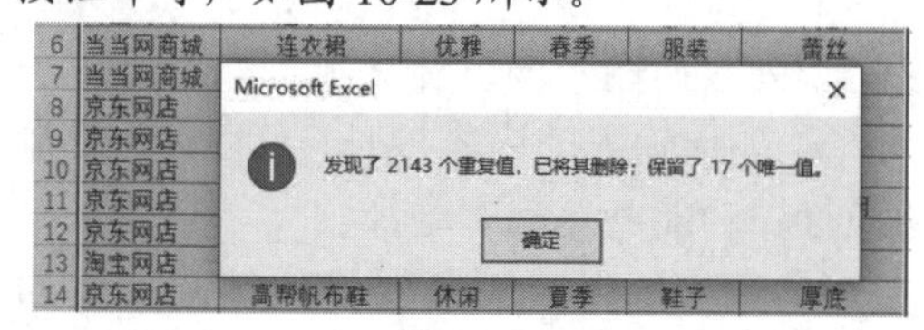

图 10-23

知识点滴

【删除重复值】命令在判定重复值时不区分字母大小写，但是区分数字格式。同一数值的数字格式不同，也会被判断为不同的数据。

10.2.5 排序数据

数据排序是指按一定规则对数据进行整理、排列，这样可以为数据的进一步处理做好准备。Excel 提供了多种方法对数据清单进行排序，可以按升序、降序的方式，也可以按用户自定义的方式排序。下面将介绍几种常用的数据排序方法。

1. 按升(降)序快速排序数据

图 10-24 所示为某公司 1~5 月员工销售业绩统计表。该表由于未经排序，看上去杂乱无章，不利于查找和分析数据。

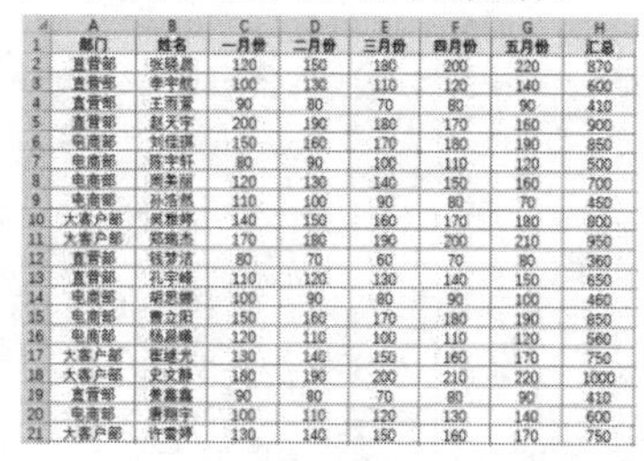

部门	姓名	一月份	二月份	三月份	四月份	五月份	汇总
直营部	张晓晨	120	150	180	200	220	870
直营部	李宇航	100	130	110	120	140	600
直营部	王雨萱	90	80	70	80	90	410
直营部	赵天宇	200	190	180	170	160	900
电商部	刘佳琪	150	160	170	180	190	850
电商部	陈宇轩	80	90	100	110	120	500
电商部	周美丽	120	130	140	150	160	700
电商部	孙浩然	110	100	90	80	70	450
大客户部	吴雅婷	140	150	160	170	180	800
大客户部	郑瑞杰	170	180	190	200	210	950
直营部	钱梦洁	80	70	60	70	80	360
直营部	孔宇峰	110	120	130	140	150	650
电商部	胡思娜	100	90	80	90	100	460
电商部	曹立阳	150	160	170	180	190	850
电商部	杨晨曦	120	110	100	110	120	560
大客户部	崔继光	130	140	150	160	170	750
大客户部	史文静	180	190	200	210	220	1000
直营部	龚鑫鑫	90	80	70	80	90	410
电商部	唐翔宇	100	110	120	130	140	600
大客户部	许雪婷	130	140	150	160	170	750

图 10-24

为了能够快速查看所有员工的销售额排名情况，可以利用排序功能快速查看，无论表格中有多少条记录，都可以迅速从大到小或从小到大排列。具体操作步骤如下。

step 1 选中 C 列任意单元格后，单击【数据】选项卡【排序和筛选】命令组中的【降序】按钮，“一月份”列(C 列)中的数据将按从高到低排列，如图 10-25 所示。

部门	姓名	一月份	二月份	三月份	四月份	五月份	汇总
直营部	赵天宇	200	190	180	170	160	900
大客户部	史文静	180	190	200	210	220	1000
大客户部	郑瑞杰	170	180	190	200	210	950
电商部	刘佳琪	150	160	170	180	190	850
电商部	曹立阳	150	160	170	180	190	850
大客户部	吴雅婷	140	150	160	170	180	800
大客户部	崔继光	130	140	150	160	170	750
大客户部	许雪婷	130	140	150	160	170	750
直营部	张晓晨	120	150	180	200	220	870
电商部	周美丽	120	130	140	150	160	700
电商部	杨晨曦	120	110	100	110	120	560
电商部	孙浩然	110	100	90	80	70	450
直营部	孔宇峰	110	120	130	140	150	650
直营部	李宇航	100	130	110	120	140	600
电商部	胡思娜	100	90	80	90	100	460
电商部	唐翔宇	100	110	120	130	140	600
直营部	王雨萱	90	80	70	80	90	410
直营部	龚鑫鑫	90	80	70	80	90	410
电商部	陈宇轩	80	90	100	110	120	500
直营部	钱梦洁	80	70	60	70	80	360

图 10-25

step 2 如果单击【排序和筛选】命令组中的【升序】按钮，数据将按从低到高排列。

2. 按双关键字条件排序

图 10-26 所示为某单位各部门员工的工资统计表的一部分数据。

员工姓名	所属部门	基本工资	工龄工资	福利补贴	提成奖金	加班工资	应发合计
赵天宇	销售部	5000	500	1000	2000	300	8800
史文静	研发部	6000	600	1500	2500	400	11000
郑瑞杰	人资源部	5500	550	1200	2200	350	9800
刘佳琪	财务部	4500	450	900	1800	250	7900
曹立阳	采购部	4800	480	1000	1900	280	8460
吴雅婷	技术部	5500	550	1200	2200	350	9800
崔继光	运营部	5200	520	1100	2100	320	9240
许雪婷	运营部	4800	480	1000	1900	280	8460
张晓晨	运营部	5000	500	1000	2000	300	8800
周美丽	研发部	6000	600	1500	2500	400	11000
杨晨曦	人资源部	5500	550	1200	2200	350	9800
孙浩然	财务部	4500	450	900	1800	250	7900

图 10-26

现在需要查看表格中相同部门员工薪酬的高低情况。可以设置按双关键字条件排序表格，设置【所属部门】为主要关键字，【应发合计】为次要关键字。具体操作如下。

step 1 选中数据表中的任意单元格后，单击【数据】选项卡中的【排序】按钮，打开【排序】对话框。

step 2 在【排序】对话框中设置主要关键字【所属部门】的排序条件后，单击【添加条件】按钮添加次要关键字后，设置次要关键字的排序条件为【应发合计】，次序为【降序】，然后单击【确定】按钮，如图 10-27 所示。

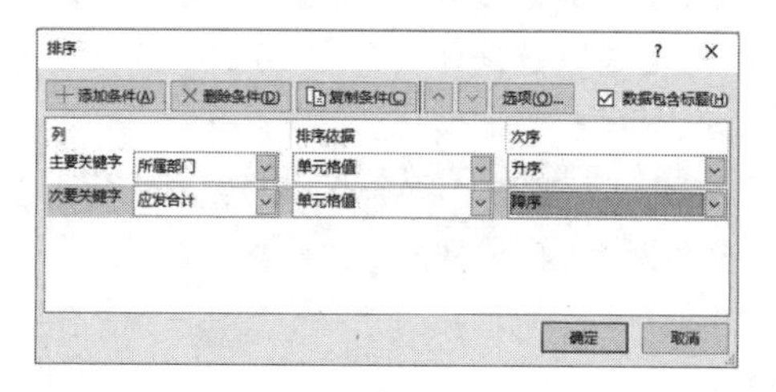

图 10-27

step 3 此时数据表中的数据将首先按部门排序，再将每个部门的应发工资按照降序排序，如图 10-28 所示。

员工姓名	所属部门	基本工资	工龄工资	福利补贴	提成奖金	加班工资	应发合计
刘佳琪	财务部	4500	450	900	1800	250	7900
孙浩然	财务部	4500	450	900	1800	250	7900
曹立阳	采购部	4800	480	1000	1900	280	8460
吴雅婷	技术部	5500	550	1200	2200	350	9800
郑瑞杰	人资源部	5500	550	1200	2200	350	9800
杨晨曦	人资源部	5500	550	1200	2200	350	9800
赵天宇	销售部	5000	500	1000	2000	300	8800
史文静	研发部	6000	600	1500	2500	400	11000
周美丽	研发部	6000	600	1500	2500	400	11000
崔继光	运营部	5200	520	1100	2100	320	9240
张晓晨	运营部	5000	500	1000	2000	300	8800
许雪婷	运营部	4800	480	1000	1900	280	8460

图 10-28

3. 按笔画条件排列数据

在默认情况下，Excel 对汉字的排列方式是按照拼音首字母排序，以中文姓名为例，字母顺序即按姓名第一个字的拼音首字母在 26 个英文字母中出现的顺序进行排列，如果同姓，则继续比较姓名中的第二个字，以此类推。图 10-29 所示是一份员工加班时间统计表，可以通过设置排序，按笔画顺序(横、竖、撇、捺、折)排列表格【姓名】列中的数据。具体操作步骤如下。

	A	B	C	D	E	F
1	工号	部门	姓名	加班开始时间	加班结束时间	加班时长
2	1121	财务部	张丽华	19:00	19:32	0:32
3	1122	财务部	王伟阳	19:00	20:07	1:07
4	1123	采购部	李晓宇	19:00	21:12	2:12
5	1124	技术部	赵婷婷	19:00	19:12	0:12
6	1125	人资源部	刘明宇	19:00	22:11	3:11
7	1126	人资源部	陈雅静	19:00	19:48	0:48
8	1127	销售部	周鑫鑫	19:00	20:45	1:45
9	1128	研发部	孙伟涛	19:00	19:13	0:13
10	1129	研发部	吴雨婷	19:00	19:29	0:29
11	1130	运营部	郑瑞华	19:00	19:34	0:34
12	1131	运营部	钱鑫龙	19:00	20:54	1:54
13	1132	运营部	唐雪婷	19:00	21:12	2:12
14	1133	运营部	曹磊磊	19:00	22:09	3:09

图 10-29

step① 选中数据表中的任意单元格，单击【数据】选项卡中的【排序】按钮，打开【排序】对话框。

step② 在【排序】对话框中选择【主要关键字】为【姓名】，【排序次序】为【升序】，然后单击【选项】按钮，如图 10-30 所示。

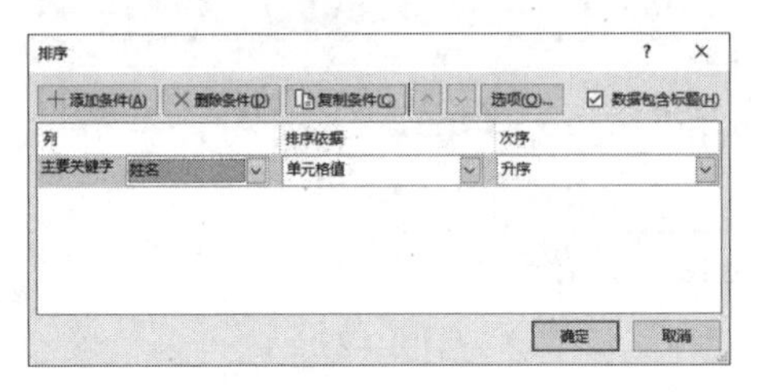

图 10-30

step③ 打开【排序选项】对话框，选中【笔画排序】单选按钮，单击【确定】按钮，如图 10-31 所示。

step④ 返回【排序】对话框后单击【确定】按钮，表格中的【姓名】列数据将按笔画排列。

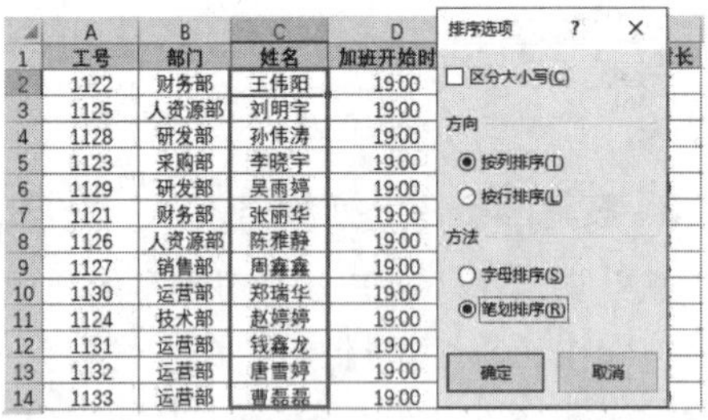

	A	B	C	D
1	工号	部门	姓名	加班开始时
2	1122	财务部	王伟阳	19:00
3	1125	人资源部	刘明宇	19:00
4	1128	研发部	孙伟涛	19:00
5	1123	采购部	李晓宇	19:00
6	1129	研发部	吴雨婷	19:00
7	1121	财务部	张丽华	19:00
8	1126	人资源部	陈雅静	19:00
9	1127	销售部	周鑫鑫	19:00
10	1130	运营部	郑瑞华	19:00
11	1124	技术部	赵婷婷	19:00
12	1131	运营部	钱鑫龙	19:00
13	1132	运营部	唐雪婷	19:00
14	1133	运营部	曹磊磊	19:00

排序选项 ？ ×
□区分大小写(C)
方向
◉按列排序(T)
○按行排序(L)
方法
○字母排序(S)
◉笔划排序(R)
确定 取消

图 10-31

知识点滴

Excel 中按笔画排序的规则并不完全符合许多人的日常习惯。对于相同笔画数的汉字，Excel 程序会按照其内码顺序进行排列，而不是按照笔画顺序进行排列。

5. 按颜色条件排列

图 10-32 所示为一张库存数量统计表的一部分，其中库存量低于 100 的数据被设置了绿色的单元格底纹色。

	A	B	C	D	E
1	产品名称	产品规格	库存数量	入库时间	盘库时间
2	电视	55英寸	100	2023/1/1 10:00	2023/7/1 15:30
3	手机	128GB	200	2023/1/5 9:45	2023/7/5 17:15
4	电脑	笔记本	50	2023/1/10 14:20	2023/7/10 10:35
5	餐桌	实木	300	2023/2/2 11:30	2023/8/2 9:55
6	沙发	布艺	150	2023/2/10 13:45	2023/8/10 11:20
7	衣柜	推拉门	250	2023/3/15 16:10	2023/9/15 14:35
8	洗衣机	8公斤	80	2023/3/20 10:50	2023/9/20 8:15
9	冰箱	对开门	120	2023/4/8 14:30	2023/10/8 12:55
10	空调	1.5匹	180	2023/5/2 9:15	2023/11/2 7:40
11	微波炉	20升	90	2023/6/10 11:40	2023/12/10 9:05
12	热水器	壁挂式	220	2023/6/15 13:20	2023/12/15 11:45
13	咖啡机	自动	70	2023/6/25 17:30	2023/12/25 15:55

图 10-32

现在需要将表格中有相同颜色标记的单元格全部排列在表格的最上方，以方便快速、直观地查看库存量较少的产品数据。具体操作步骤如下。

step① 选中数据表中的任意单元格，单击【数据】选项卡中的【排序】按钮，打开【排序】对话框，设置【主要关键字】为【库存数量】，单击【排序依据】下拉按钮，在弹出的下拉列表中选择【单元格颜色】选项，如图 10-33 所示。

step② 单击【次序】下拉按钮，在弹出的下拉列表中选择【绿色】色块，然后单击【确定】按钮。

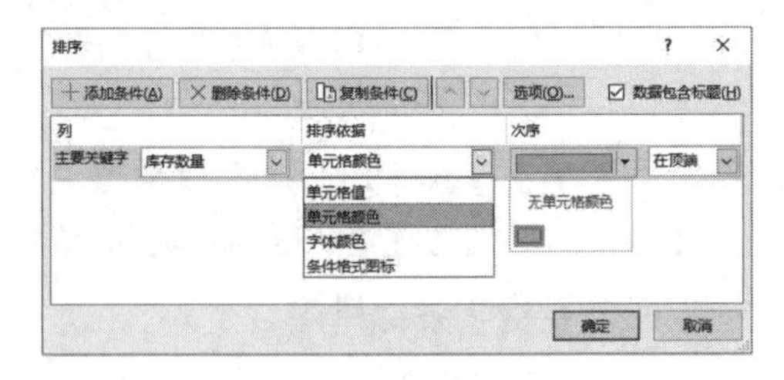

图 10-33

step③ 完成设置后排序结果如图 10-34 所示。

参考上例所介绍的方法，在【排序】对话框中用户可以通过设置次要关键字，按多种颜色或单元格中由条件格式生成的图标来排序表格(请用户结合上面案例所介绍的方法思考并尝试自行实现该操作)。

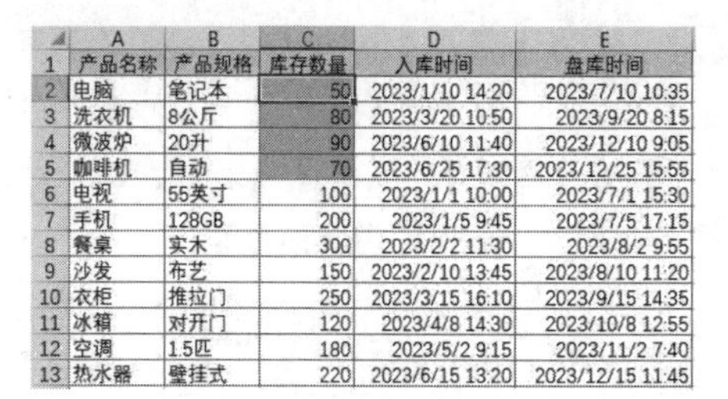

	A	B	C	D	E
1	产品名称	产品规格	库存数量	入库时间	盘库时间
2	电脑	笔记本	50	2023/1/10 14:20	2023/7/10 10:35
3	洗衣机	8公斤	80	2023/3/20 10:50	2023/9/20 8:15
4	微波炉	20升	90	2023/6/10 11:40	2023/12/10 9:05
5	咖啡机	自动	70	2023/6/25 17:30	2023/12/25 15:55
6	电视	55英寸	100	2023/1/1 10:00	2023/7/1 15:30
7	手机	128GB	200	2023/1/5 9:45	2023/7/5 17:15
8	餐桌	实木	300	2023/2/2 11:30	2023/8/2 9:55
9	沙发	布艺	150	2023/2/10 13:45	2023/8/10 11:20
10	衣柜	推拉门	250	2023/3/15 16:10	2023/9/15 14:35
11	冰箱	对开门	120	2023/4/8 14:30	2023/10/8 12:55
12	空调	1.5匹	180	2023/5/2 9:15	2023/11/2 7:40
13	热水器	壁挂式	220	2023/6/15 13:20	2023/12/15 11:45

图 10-34

6. 按职务条件排列

图10-35所示为某单位员工津贴数据表，其中 C 列记录了员工的职务。

	A	B	C	D	E
1	员工编号	姓名	职务	岗位津贴	联系方式(内部电话编号)
2	A1D4B	张宇	技术员	5000	10001
3	A1D4C	李雪	主管	3000	10002
4	A1D4D	王峰	技术员	2000	10003
5	A1D4E	赵晨	技术员	1500	10004
6	A1D4F	陈晓	销售员	1000	10005
7	A1D4G	刘涛	销售员	1000	10006
8	A1D4H	谢琳	销售员	800	10007
9	A1D4I	郑阳	实习生	500	10008
10	A1D4J	周莉	实习生	2000	10009
11	A1D4K	吴健	销售员	1500	10010
12	A1D4L	钱芳	销售员	2000	10011
13	A1D4M	孙亮	销售员	1000	10012

图 10-35

现在需要按职务对表格进行排序。具体操作步骤如下。

step 1 选中图 10-35 所示表格中的 C2:C13 区域后，依次按 Alt、T、O 键，打开【Excel 选项】对话框，选择【高级】选项卡，单击【编辑自定义列表】按钮。

step 2 打开【选项】对话框，在【输入序列】列表框中依次输入主管、销售员、技术员、实习生，然后单击【添加】按钮和【确定】按钮，如图 10-36 所示。

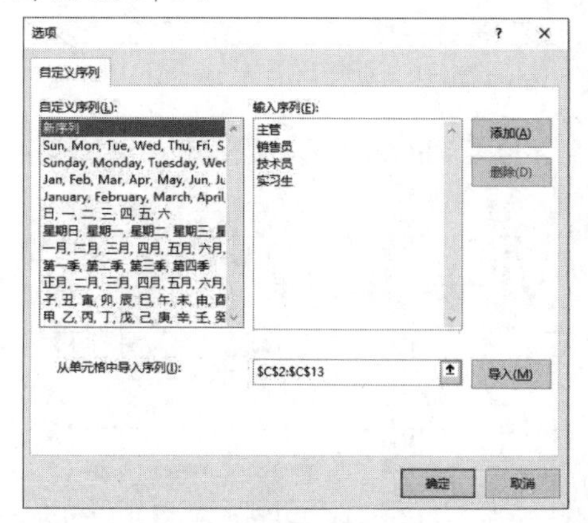

图 10-36

step 3 返回【Excel 选项】对话框后单击【确定】按钮。选中数据表中的任意单元格，单击【数据】选项卡中的【排序】按钮，打开【排序】对话框，设置【主要关键字】为【职务】，【次序】为【自定义序列】，如图 10-37 所示。

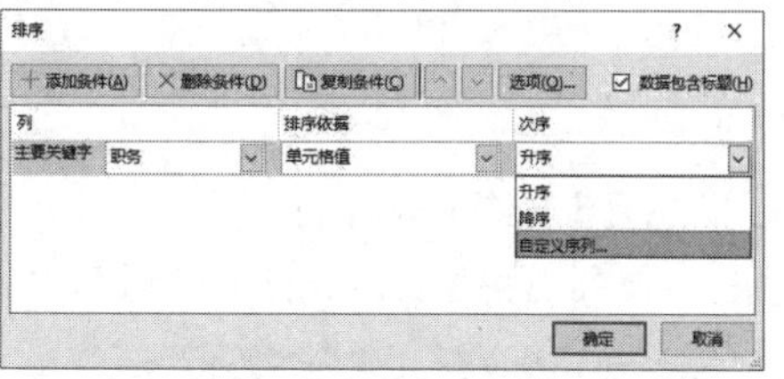

图 10-37

step 4 打开【自定义序列】对话框，选中步骤 2 添加的自定义序列后单击【确定】按钮。

step 5 返回【排序】对话框，单击【确定】按钮完成操作，结果如图 10-38 所示。

	A	B	C	D	E
1	员工编号	姓名	职务	岗位津贴	联系方式(内部电话编号)
2	A1D4C	李雪	主管	3000	10002
3	A1D4F	陈晓	销售员	1000	10005
4	A1D4G	刘涛	销售员	1000	10006
5	A1D4H	谢琳	销售员	800	10007
6	A1D4K	吴健	销售员	1500	10010
7	A1D4L	钱芳	销售员	2000	10011
8	A1D4M	孙亮	销售员	1000	10012
9	A1D4B	张宇	技术员	5000	10001
10	A1D4D	王峰	技术员	2000	10003
11	A1D4E	赵晨	技术员	1500	10004
12	A1D4I	郑阳	实习生	500	10008
13	A1D4J	周莉	实习生	2000	10009

图 10-38

7. 排列数据表指定区域

图10-39所示为公司费用发生流水账数据。

	A	B	C	D	E	F
1	月	日	凭证号数	部门	科目划分	发生额
2	8月	1日	记-00121	财务部	招待费	¥500
3	8月	3日	记-00122	营销部	差旅费	¥1,000
4	8月	5日	记-00123	企划部	技术开发费	¥2,000
5	8月	7日	记-00124	后勤部	广告费	¥1,500
6	8月	9日	记-00125	财务部	其他	¥800
7	8月	12日	记-00126	营销部	招待费	¥600
8	8月	15日	记-00127	企划部	差旅费	¥1,200
9	8月	18日	记-00128	后勤部	技术开发费	¥2,500
10	8月	21日	记-00129	财务部	广告费	¥1,800
11	8月	24日	记-00130	营销部	其他	¥700
12	8月	27日	记-00131	企划部	招待费	¥400
13	8月	30日	记-00132	后勤部	差旅费	¥900
14	9月	2日	记-00133	财务部	技术开发费	¥1,200
15	9月	8日	记-00134	营销部	广告费	¥1,800
16	9月	13日	记-00135	企划部	其他	¥600
17	9月	19日	记-00136	后勤部	招待费	¥800
18	9月	25日	记-00137	财务部	差旅费	¥1,500

图 10-39

现在需要对表格中 8 月产生的“发生额”数据进行排序。具体操作步骤如下。

step 1 选中 A2:F13 区域，单击【数据】选项卡中的【排序】按钮，打开【排序】对话框。

step 2 在【排序】对话框中取消选中【数据包含标题】复选框。设置【主要关键字】为 F 列，【次序】为【升序】，单击【确定】按钮，如图 10-40 所示。

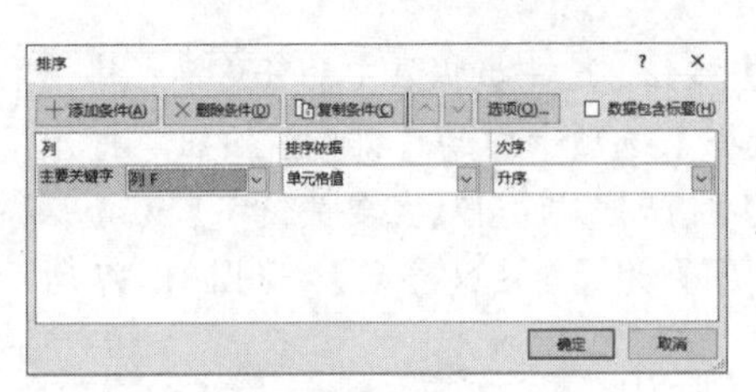

图 10-40

step 3 此时，表格中 8 月的记录将自动以【发生额】由低到高排序，如图 10-41 所示。

	A	B	C	D	E	F
1	月	日	凭证号数	部门	科目划分	发生额
2	8月	27日	记-00131	企划部	招待费	¥400
3	8月	1日	记-00121	财务部	招待费	¥500
4	8月	12日	记-00126	营销部	招待费	¥600
5	8月	24日	记-00130	营销部	其他	¥700
6	8月	9日	记-00125	财务部	其他	¥800
7	8月	30日	记-00132	后勤部	差旅费	¥900
8	8月	3日	记-00122	营销部	差旅费	¥1,000
9	8月	15日	记-00127	企划部	差旅费	¥1,200
10	8月	7日	记-00124	后勤部	广告费	¥1,500
11	8月	21日	记-00129	财务部	广告费	¥1,800
12	8月	5日	记-00123	企划部	技术开发费	¥2,000
13	8月	18日	记-00128	后勤部	技术开发费	¥2,500
14	9月	2日	记-00133	财务部	技术开发费	¥1,200
15	9月	8日	记-00134	营销部	广告费	¥1,800
16	9月	13日	记-00135	企划部	其他	¥600
17	9月	19日	记-00136	后勤部	招待费	¥800
18	9月	25日	记-00137	财务部	差旅费	¥1,500

图 10-41

8. 按行排列数据

图 10-42 所示为某单位各部门上半年办公支出费用统计数据，其中 A 列是部门名称，第 1 行中的数字用于表示月份。

	A	B	C	D	E	F	G	H
1	部门	1月	2月	3月	4月	5月	6月	总计
2	财务部	5000	6000	5500	4800	5200	5800	32300
3	营销部	4000	4300	4500	4200	4700	4800	26500
4	企划部	3000	3200	3100	3300	3500	3800	19900
5	后勤部	2000	2300	2500	2200	2400	2700	14100
6	技术部	6000	6500	6300	6200	6700	6900	38600
7	总计	20000	22300	21900	20700	22500	24000	131400

图 10-42

现在需要依次按“月份”来对表格进行排序。具体操作步骤如下。

step 1 选中 B1:G6 区域，单击【数据】选项卡中的【排序】按钮，打开【排序】对话框。

step 2 在【排序】对话框中单击【选项】按钮，打开【排序选项】对话框，选中【按行排序】单选按钮，单击【确定】按钮，如图 10-43 所示。

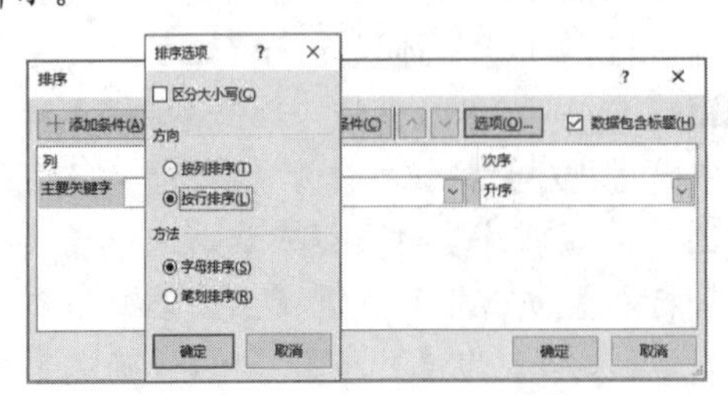

图 10-43

step 3 返回【排序】对话框，设置【主要关键字】为【行 1】，【排序依据】为【单元格值】，【次序】为【降序】，单击【确定】按钮后，表格按行排序结果如图 10-44 所示。

	A	B	C	D	E	F	G	H
1	部门	6月	5月	4月	3月	2月	1月	总计
2	财务部	5800	5200	4800	5500	6000	5000	32300
3	营销部	4800	4700	4200	4500	4300	4000	26500
4	企划部	3800	3500	3300	3100	3200	3000	19900
5	后勤部	2700	2400	2200	2500	2300	2000	14100
6	技术部	6900	6700	6200	6300	6500	6000	38600
7	总计	24000	22500	20700	21900	22300	20000	131400

图 10-44

知识点滴

在使用按行排序时，如果选中全部数据区域再进行排序，左侧第一列的数据也会参与排序。因此在上例第 1 步中只能选中 A 列以外的数据区域。

10.2.6 筛选数据

筛选是一种用于查找数据清单(数据表)中数据的快速方法。经过筛选后的数据清单只显示包含指定条件的数据行，以供用户浏览、分析之用。

Excel 提供筛选和高级筛选两种筛选数据表的方法，使用“筛选”功能可以按简单的条件筛选数据表；使用“高级筛选”功能可以设置复杂的筛选条件筛选数据表。下面将通过案例介绍“筛选”与“高级筛选”功能的几种常见应用。

1. 筛选大于/小于指定值的记录

图 10-45 所示为某公司各部门费用支取表。现在需要将费用支出额在 1500 元以上的记录单独筛选出来。

	A	B	C	D	E
1	部门名称	办公用品类别	支出金额	支出时间	支取人
2	财务部	文具	300	2023/1/5	张晓梅
3	财务部	电子设备	2000	2023/2/15	王宇航
4	财务部	家具	1500	2023/3/10	李小龙
5	财务部	耗材	500	2023/4/20	刘婷婷
6	营销部	文具	400	2023/1/7	陈鹏飞
7	营销部	电子设备	2500	2023/2/18	王芳华
8	营销部	家具	1800	2023/3/12	张阳阳
9	营销部	耗材	800	2023/4/25	李婷婷
10	企划部	文具	200	2023/1/10	张东明
11	企划部	电子设备	1800	2023/2/20	王欣然
12	企划部	家具	1200	2023/3/15	李小倩
13	企划部	耗材	300	2023/4/30	刘伟国
14	后勤部	文具	150	2023/1/12	王鹤翔
15	后勤部	电子设备	2200	2023/2/22	张晓飞
16	后勤部	家具	1000	2023/3/18	李丹丹
17	后勤部	耗材	400	2023/5/2	刘阳华

图 10-45

这里可以使用“筛选”功能来获取筛选结果。具体操作步骤如下。

step 1 选中数据表中的任意单元格，单击【数据】选项卡【排序和筛选】命令组中的【筛选】按钮，为表格列添加自动筛选按钮。

step 2 单击【支出金额】列标右侧的筛选按钮，在弹出的下拉列表中选择【数字筛选】|【大于】选项，如图 10-46 所示。

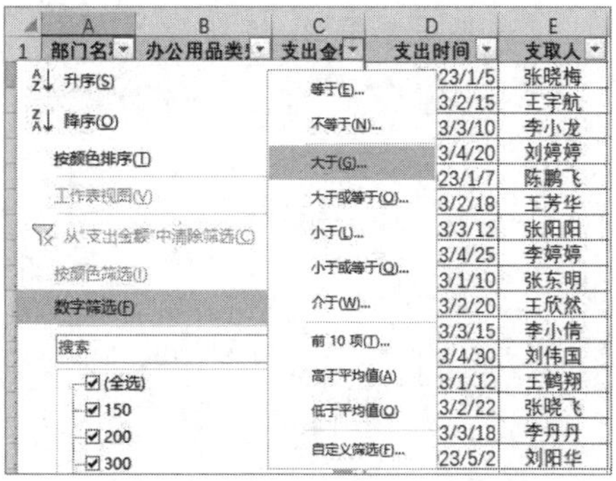

图 10-46

step 3 打开【自定义自动筛选方式】对话框，在【支出金额】输入框中输入 1500，单击【确定】按钮，如图 10-47 所示。

图 10-47

step 4 此时 Excel 将会筛选支出金额在 1500 以上的记录，结果如图 10-48 所示。

	A	B	C	D	E
1	部门名	办公用品类	支出金	支出时间	支取人
3	财务部	电子设备	2000	2023/2/15	王宇航
7	营销部	电子设备	2500	2023/2/18	王芳华
8	营销部	家具	1800	2023/3/12	张阳阳
11	企划部	电子设备	1800	2023/2/20	王欣然
15	后勤部	电子设备	2200	2023/2/22	张晓飞
18					
19					

图 10-48

2. 筛选排名前 N 位的记录

图 10-49 所示统计了某驾校一次考试中学员的成绩。现在需要将表格中“倒车入库”项目考试成绩前 3 名的记录筛选出来。

	A	B	C	D	E	F
1	姓名	倒车入库	侧方停车	坡道停车/起步	直角转弯	曲线行驶
2	张晓梅	95	90	85	92	88
3	王宇航	88	92	89	93	90
4	李小龙	90	85	91	87	94
5	刘婷婷	93	88	92	86	91
6	陈鹏飞	89	87	90	95	87
7	王芳华	92	91	84	90	92
8	张阳阳	86	89	93	88	89
9	李婷婷	91	86	88	89	95
10	张东明	87	93	85	91	90
11	王欣然	94	90	89	87	93
12	李小倩	88	92	90	94	88
13	刘伟国	85	88	94	90	91
14	王鹤翔	96	87	89	92	86
15	张晓飞	89	94	92	86	93
16	李丹丹	91	92	85	95	88

图 10-49

可以使用“前 10 项”功能将总分排名前 3 名的记录筛选出来。具体操作步骤如下。

step 1 选中数据表中的任意单元格，单击【数据】选项卡中的【筛选】按钮添加自动筛选按钮，然后单击【倒车入库】列标右侧的筛选按钮，在弹出的列表中选择【数字筛选】|【前 10 项】选项。

step 2 打开【自动筛选前 10 个】对话框，设置自动筛选条件为【最大】【3】【项】，单击【确定】按钮即可筛选出数据表中【倒车入库】成绩在前 3 名的记录，如图 10-50 所示。

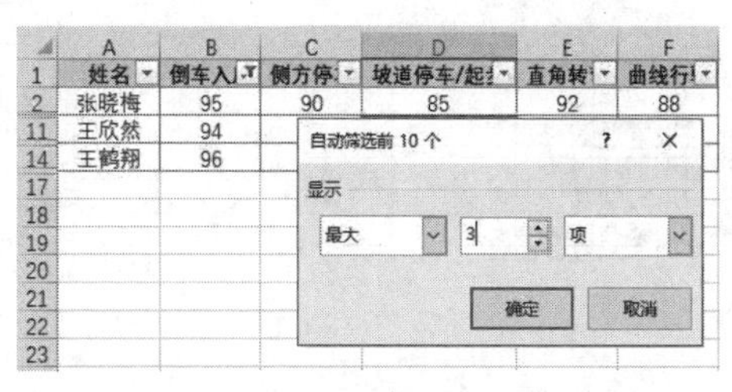

图 10-50

3. 筛选包含指定文本的记录

图10-51所示为某淘宝网店近期出货数据，需要筛选出商品名称中有“衣”字的销售记录。

	A	B	C	D	E
1	单号	商品名称	类别	库存	最近出库时间
2	TB-12345678	连衣裙	上衣	50	2023/8/1
3	TB-23456789	高跟鞋	鞋子	30	2023/8/3
4	TB-34567890	半身裙	下装	20	2023/8/2
5	TB-45678901	女式夹克	外套	10	2023/8/5
6	TB-56789012	上衣	上衣	40	2023/8/4
7	TB-67890123	裤子	下装	15	2023/8/1
8	TB-78901234	短外套	外套	25	2023/8/3
9	TB-89012345	女式衬衫	上衣	35	2023/8/2
10	TB-90123456	毛衣	上衣	45	2023/8/5
11	TB-01234567	牛仔裤	下装	55	2023/8/4
12	TB-12345012	内衣	内衣	5	2023/8/1
13	TB-23456123	羽绒服	外套	15	2023/8/3
14	TB-34567234	长裙	下装	40	2023/8/2
15	TB-45678345	短裙	下装	30	2023/8/5
16	TB-56789456	皮衣	外套	20	2023/8/4

图 10-51

这里可以使用搜索筛选器自动筛选出符合要求的记录。具体操作步骤如下。

step① 选中数据表中的任意单元格，单击【数据】选项卡中的【筛选】按钮添加自动筛选按钮，单击【商品名称】列标右侧的筛选按钮▾，在弹出的列表中输入“衣”，如图10-52所示。

图 10-52

step② 单击【确定】按钮后，即可看到Excel筛选商品名称记录的结果如图10-53所示。

	A	B	C	D	E
1	单号	商品名称	类别	库存	最近出库时间
2	TB-12345678	连衣裙	上衣	50	2023/8/1
6	TB-56789012	上衣	上衣	40	2023/8/4
10	TB-90123456	毛衣	上衣	45	2023/8/5
12	TB-12345012	内衣	内衣	5	2023/8/1
16	TB-56789456	皮衣	外套	20	2023/8/4
17					
18					

图 10-53

4. 排除某个指定文本的筛选

仍以图10-51所示的数据表为例，如果要筛选出除“上衣”类型记录以外的其他记录，可以使用“不包含”功能，在筛选时自动剔除包含指定文本的记录。具体操作步骤如下。

step① 单击【数据】选项卡中的【筛选】按钮添加自动筛选按钮后，单击【类别】列标右侧的筛选按钮▾，在弹出的列表中选择【文本筛选】|【不包含】选项。

step② 打开【自定义自动筛选方式】对话框，设置不包含文本为“上衣”，然后单击【确定】按钮，如图10-54所示。

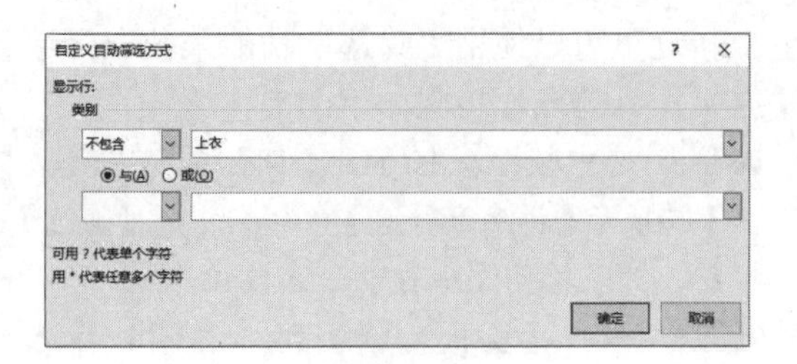

图 10-54

step③ 此时将筛选出类别中排除“上衣”类别的记录，结果如图10-55所示。

	A	B	C	D	E
1	单号	商品名称	类别	库存	最近出库时间
3	TB-23456789	高跟鞋	鞋子	30	2023/8/3
4	TB-34567890	半身裙	下装	20	2023/8/2
5	TB-45678901	女式夹克	外套	10	2023/8/5
7	TB-67890123	裤子	下装	15	2023/8/1
8	TB-78901234	短外套	外套	25	2023/8/3
11	TB-01234567	牛仔裤	下装	55	2023/8/4
12	TB-12345012	内衣	内衣	5	2023/8/1
13	TB-23456123	羽绒服	外套	15	2023/8/3
14	TB-34567234	长裙	下装	40	2023/8/2
15	TB-45678345	短裙	下装	30	2023/8/5
16	TB-56789456	皮衣	外套	20	2023/8/4

图 10-55

5. 筛选指定日期之后的记录

图10-56所示为某百货商场8月各店铺服装类商品的出货记录。现在需要将8月8日之前的所有销售记录筛选出来。

	A	B	C	D	E	F	G	H
1	销售单号	店铺名称	货号	色号	商品名称	品牌价	销售数量	销售日期
2	AB12345	B座4-01	H001	红色	休闲裤	199	10	2023/8/1
3	BC23456	C座2-03	T002	黑色	短袖T恤	99	20	2023/8/12
4	CD34567	A座1-02	J003	蓝色	牛仔裤	249	15	2023/8/11
5	DE45678	D座5-04	H001	灰色	休闲裤	199	5	2023/8/4
6	EF56789	E座3-01	T002	白色	短袖T恤	99	8	2023/8/5
7	FG67890	A座2-05	J003	黑色	牛仔裤	249	12	2023/8/6
8	GH78901	C座1-03	H001	蓝色	休闲裤	199	18	2023/8/7
9	HI89012	F座6-02	T002	红色	短袖T恤	99	6	2023/8/8
10	IJ90123	E座4-06	J003	灰色	牛仔裤	249	10	2023/8/9
11	JK01234	B座3-01	H001	白色	休闲裤	199	14	2023/8/10
12	KL12345	D座2-04	T002	蓝色	短袖T恤	99	9	2023/8/5
13	LM23456	F座1-03	J003	黑色	牛仔裤	249	7	2023/8/6
14	MN34567	A座6-05	H001	红色	休闲裤	199	11	2023/8/13
15	NO45678	C座3-02	T002	灰色	短袖T恤	99	13	2023/8/11
16	OP56789	D座1-06	J003	白色	牛仔裤	249	16	2023/8/8

图 10-56

这里可以在“筛选”功能中设置某个日期“之前”的记录。具体操作步骤如下。

step① 选中数据表中的任意单元格，单击【数据】选项卡中的【筛选】按钮添加自动筛选按钮，然后单击【销售日期】列标右侧的筛选按钮▾，在弹出的列表中选择【日期筛选】|【之前】选项。

step② 打开【自定义自动筛选方式】对话框，设置自定义筛选方式，设置日期为2023年8月8日，然后单击【确定】按钮，如图10-57所示。

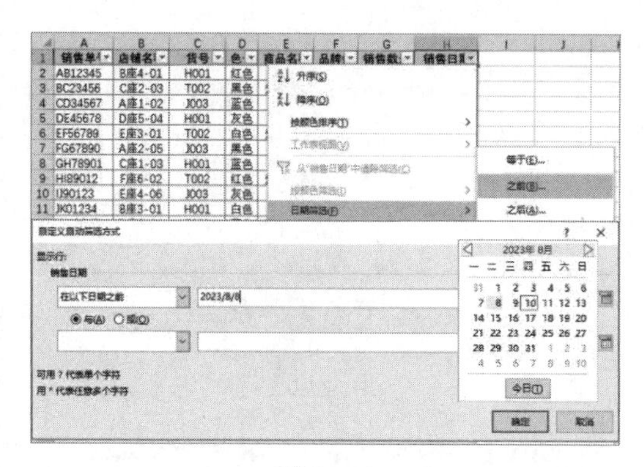

图 10-57

step 3　此时 Excel 将自动筛选出指定日期(2023 年 8 月 8 日)之前的记录，如图 10-58 所示。

	A	B	C	D	E	F	G	H
1	销售单号	店铺名称	货号	色	商品名称	品牌	销售数量	销售日期
2	AB12345	B座4-01	H001	红色	休闲裤	199	10	2023/8/1
5	DE45678	D座5-04	H001	灰色	休闲裤	199	5	2023/8/4
6	EF56789	E座3-01	T002	白色	短袖T恤	99	8	2023/8/5
7	FG67890	A座2-05	J003	黑色	牛仔裤	249	12	2023/8/6
8	GH78901	C座1-03	H001	蓝色	休闲裤	199	18	2023/8/7
12	KL12345	D座2-04	T002	蓝色	短袖T恤	99	9	2023/8/5
13	LM23456	F座1-03	J003	黑色	牛仔裤	249	7	2023/8/6
17								
18								

图 10-58

6. 筛选指定月份内的记录

图10-59所示为某图书馆借书记录数据。现在需要根据借出日期筛选出本月(8 月)所有的图书借出记录。

	A	B	C	D	E
1	图书编号	图书名称	借出日期	是否归还	归还日期
2	1001234	高等数学	2023年8月5日	是	2023/8/15
3	1002345	英语口语	2023年2月12日	是	2023/2/22
4	1003456	程序设计	2023年3月18日	是	2023/3/28
5	1004567	经济学原理	2023年4月7日	是	2023/4/14
6	1005678	计算机网络	2023年5月16日	否	-
7	1006789	数据结构	2023年6月21日	否	-
8	1007890	历史文化	2023年7月10日	是	2023/7/17
9	1008901	心理学导论	2023年8月3日	是	2023/8/10
10	1009012	文学选集	2023年1月18日	是	2023/1/28
11	1001012	统计学基础	2023年2月25日	否	-
12	1003212	政治经济学	2023年3月27日	是	2023/4/3
13	1003412	近代社会学	2023年4月14日	否	-
14	1005677	地理导论	2023年8月7日	否	-
15	1006787	化学实验指南	2023年6月9日	是	2023/6/19
16	1009876	物理实验导引	2023年7月15日	否	-

图 10-59

这里可以使用自动筛选功能，在【借出日期】列设置筛选项为【本月】。具体操作步骤如下。

step 1　选中数据表中的任意单元格，单击【数据】选项卡中的【筛选】按钮添加自动筛选按钮，然后单击【借出日期】列标右侧的筛选按钮，在弹出的列表中选择【日期筛选】|【本月】选项。

step 2　此时将筛选出本月(8 月)的图书借出记录，如图 10-60 所示。

	A	B	C	D	E
1	图书编号	图书名称	借出日期	是否归还	归还日期
2	1001234	高等数学	2023年8月5日	是	2023/8/15
9	1008901	心理学导论	2023年8月3日	是	2023/8/10
14	1005677	地理导论	2023年8月7日	否	-
17					
18					

图 10-60

7. 筛选同时满足多个条件的记录

图 10-61 所示为某工厂工人技能培训考核成绩表。现在需要筛选出【合格情况】为“合格”，且【车间】为“A 车间”的记录。

	A	B	C	D	E	F	G	H	I
1	车间	姓名	性别	总成绩	平均成绩	合格情况		车间	合格情况
2	A车间	张伟	男	680	85	合格		A车间	合格
3	A车间	王芳	男	590	73.75	合格			
4	B车间	李娜	女	720	90	合格			
5	B车间	刘强	男	510	63.75	不合格			
6	C车间	陈秀英	女	670	83.75	合格			
7	C车间	杨勇	男	480	60	不合格			
8	A车间	张秀英	男	700	87.5	合格			
9	A车间	王刚	男	520	65	不合格			
10	A车间	李秀英	男	690	86.25	合格			
11	A车间	王勇	男	610	76.25	合格			
12	B车间	杨秀英	男	670	83.75	合格			
13	C车间	张静	男	550	68.75	合格			
14	A车间	李军	男	480	60	不合格			
15	A车间	王霞	男	590	73.75	合格			
16	A车间	张平	男	720	90	合格			

图 10-61

这里可以使用“与”条件筛选，实现将同时满足多个条件的记录筛选出来。具体操作步骤如下。

step 1　选中数据表中的任意单元格，单击【数据】选项卡中的【高级】按钮，打开【高级筛选】对话框。

step 2　在【高级筛选】对话框中设置【列表区域】为整个数据表区域，【条件区域】为 H1:I2 区域，选中【将筛选结果复制到其他位置】单选按钮，单击【复制到】输入框右侧的按钮，如图 10-62 所示。

D	E	F	G	H	I
总成绩	平均成绩	合格情况		车间	合格情况
680	85	合格		A车间	合格
590	73.75	合格			
720	90	合格			
510	63.75	不合格			
670	83.75	合格			
480	60	不合格			
700	87.5	合格			
520	65	不合格			
690	86.25	合格			
610	76.25	合格			
670	83.75	合格			
550	68.75	合格			
480	60	不合格			
590	73.75	合格			
720	90	合格			

高级筛选
方式
○ 在原有区域显示筛选结果(F)
◉ 将筛选结果复制到其他位置(O)
列表区域(L): $A$1:$F$16
条件区域(C): Sheet6!$H$1:$I$2
复制到(T):
□ 选择不重复的记录(R)
确定　取消

图 10-62

step③ 选中A19单元格后按Enter键，返回【高级筛选】对话框，单击【确定】按钮即可筛选出A车间中考核“合格”的所有记录，如图10-63所示。

19	车间	姓名	性别	总成绩	平均成绩	合格情况
20	A车间	张伟	男	680	85	合格
21	A车间	王芳	男	590	73.75	合格
22	A车间	张秀英	男	700	87.5	合格
23	A车间	李秀英	男	690	86.25	合格
24	A车间	王勇	男	610	76.25	合格
25	A车间	王霞	男	590	73.75	合格
26	A车间	张平	男	720	90	合格

图10-63

知识点滴

只要数据表是标准的数据明细表，“高级筛选”对话框中的“列表区域”一般会自动显示整个表格区域。如果默认的区域不正确或用户想使用其他的数据区域，可以单击【高级筛选】对话框中各输入框右侧的按钮在数据表中选择数据区域。

8. 筛选满足多个条件之一的记录

图10-64所示为员工入职考试表。现在需要在该表格中筛选出笔试成绩高于或等于90分，或者综合成绩高于或等于90分，或者面试成绩高于或等于90分的记录，即筛选出三项成绩中只要有一项高于90分的所有记录。

	A	B	C	D	E	F	G	H	I	J
1	姓名	毕业学校	最终学历	面试成绩	笔试成绩	综合成绩		笔试成绩	面试成绩	综合成绩
2	宁婉琳	北京大学	硕士	90	85	87.5		>=90		
3	林紫薇	清华大学	博士	95	82	88.5			>=90	
4	张晨曦	浙江大学	本科	85	90	87.5				>=90
5	温雅楠	上海交通大学	硕士	92	88	90				
6	李心怡	北京航空航天大学	本科	88	93	90.5				
7	赵晓雪	南京大学	硕士	87	82	84.5				
8	陈悦宜	武汉大学	博士	89	86	87.5				
9	刘清雅	四川大学	硕士	93	81	87				
10	周婉娜	电子科技大学	硕士	90	89	89.5				
11	徐韵宁	天津大学	本科	91	90	90.5				
12	王雨欣	同济大学	硕士	88	91	89.5				
13	江悠然	中国科学技术大学	本科	85	90	87.5				
14	赖思婷	西南交通大学	硕士	86	83	84.5				
15	何馨怡	华中科技大学	博士	92	87	89.5				
16	杨婉婷	中山大学	硕士	90	92	91				

图10-64

step① 选中数据表中的任意单元格，单击【数据】选项卡中的【高级】按钮，打开【高级筛选】对话框。

step② 在【高级筛选】对话框中设置【列表区域】为A1:F16，【条件区域】为H1:J4，选中【将筛选结果复制到其他位置】单选按钮，设置【复制到】为A19单元格，如图10-65所示。

step③ 单击【确定】按钮返回工作表，数据筛选结果如图10-66所示。

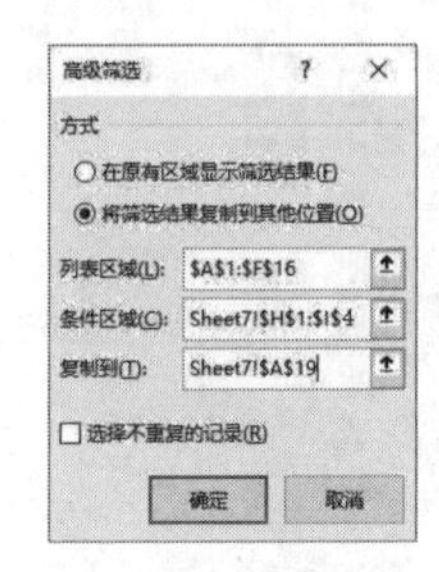

图10-65

19	姓名	毕业学校	最终学历	面试成绩	笔试成绩	综合成绩
20	宁婉琳	北京大学	硕士	90	85	87.5
21	林紫薇	清华大学	博士	95	82	88.5
22	张晨曦	浙江大学	本科	85	90	87.5
23	温雅楠	上海交通大学	硕士	92	88	90
24	李心怡	北京航空航天大学	本科	88	93	90.5
25	刘清雅	四川大学	硕士	93	81	87
26	周婉娜	电子科技大学	硕士	90	89	89.5
27	徐韵宁	天津大学	本科	91	90	90.5
28	王雨欣	同济大学	硕士	88	91	89.5
29	江悠然	中国科学技术大学	本科	85	90	87.5
30	何馨怡	华中科技大学	博士	92	87	89.5
31	杨婉婷	中山大学	硕士	90	92	91

图10-66

9. 取消数据表的筛选结果

如果要取消对某一列数据的筛选，可以单击该列标右侧的筛选按钮，在弹出的列表中选中【(全选)】复选框，或者选择【从“字段名(此处为类别)”中清除筛选】选项，如图10-67所示。

1	单号	商品名称	类别	库存	最近出库时间
3				30	2023/8/3
4				20	2023/8/2
5				10	2023/8/5
7				15	2023/8/1
8				25	2023/8/3
11				55	2023/8/4
12				5	2023/8/1
13				15	2023/8/3
14				40	2023/8/2
15				30	2023/8/5
16				20	2023/8/4

升序(S)
降序(O)
按颜色排序(T)
工作表视图(V)
从“类别”中清除筛选(C)
按颜色筛选(I)
文本筛选(F)
搜索
(全选)
内衣
上衣

图10-67

如果要取消数据列表中的所有筛选，可以单击【数据】选项卡中的【清除】按钮。

再次单击【数据】选项卡中的【筛选】按钮，或者按Ctrl+Shift+L快捷键，可以退出筛选状态。

10. 复制和删除筛选后的数据

在需要复制数据筛选结果时，只有可见的行会被复制。同样，在删除筛选结果时，只有可见的行会被删除，隐藏的行不会受影响。

10.2.7　分类汇总

分类汇总数据，即在按某一条件对数据进行分类的同时，对同一类别中的数据进行统计运算。例如计算同一类数据的总和、平均值、最大值等。由于通过分类汇总可以得到分散记录的合计数据，因此分类汇总是数据分析时(特别是大数据分析)的常用功能。

下面将通过案例介绍分类汇总功能的一些常见应用。

1. 按类别分类汇总数据

图 10-68 所示为某书店一天之内销售图书的数据记录。现在需要通过创建分类汇总，统计出各个图书分类的总销量。

	A	B	C	D	E	F
1	图书编码	销售日期	图书分类	出版社	作者	总销量
2	12345QH	2023/1/15	科幻小说	清华大学出版社	赵雨萱	100
3	23456QH	2023/2/18	历史类	人民邮电出版社	陈晓彤	80
4	34567QH	2023/3/25	小说类	机械工业出版社	李梓涵	120
5	45678QH	2023/4/10	文学类	清华大学出版社	王婧怡	90
6	56789QH	2023/5/2	科幻小说	人民邮电出版社	张雨薇	150
7	67890QH	2023/6/8	历史类	机械工业出版社	刘心怡	70
8	78901QH	2023/7/11	小说类	清华大学出版社	杨诗涵	110
9	89012QH	2023/8/14	文学类	人民邮电出版社	黄雅婷	85
10	90123QH	2023/9/21	科幻小说	清华大学出版社	周晓宇	130
11	01234QH	2023/10/3	历史类	机械工业出版社	徐子涵	95
12	23456QH	2023/11/9	小说类	人民邮电出版社	宋思嘉	140
13	34567QH	2023/12/12	科幻小说	机械工业出版社	许小雨	75

图 10-68

这里可以通过数据排序和创建分类汇总来对各个类别进行统计。具体操作步骤如下。

step 1 选中【图书分类】列中的任意单元格，单击【数据】选项卡中的【降序】按钮，将【图书分类】列数据降序排列，如图 10-69 所示。

	A	B	C	D	E	F
1	图书编码	销售日期	图书分类	出版社	作者	总销量
2	34567QH	2023/3/25	小说类	机械工业出版社	李梓涵	120
3	78901QH	2023/7/11	小说类	清华大学出版社	杨诗涵	110
4	23456QH	2023/11/9	小说类	人民邮电出版社	宋思嘉	140
5	45678QH	2023/4/10	文学类	清华大学出版社	王婧怡	90
6	89012QH	2023/8/14	文学类	人民邮电出版社	黄雅婷	85
7	23456QH	2023/2/18	历史类	人民邮电出版社	陈晓彤	80
8	67890QH	2023/6/8	历史类	机械工业出版社	刘心怡	70
9	01234QH	2023/10/3	历史类	机械工业出版社	徐子涵	95
10	12345QH	2023/1/15	科幻小说	清华大学出版社	赵雨萱	100
11	56789QH	2023/5/2	科幻小说	人民邮电出版社	张雨薇	150
12	90123QH	2023/9/21	科幻小说	清华大学出版社	周晓宇	130
13	34567QH	2023/12/12	科幻小说	机械工业出版社	许小雨	75

图 10-69

step 2 单击【数据】选项卡【分类显示】命令组中的【分类汇总】按钮，打开【分类汇总】对话框，设置【分类字段】为【图书分类】，【汇总方式】为【求和】，选中【总销量】复选框，单击【确定】按钮，如图 10-70 所示。

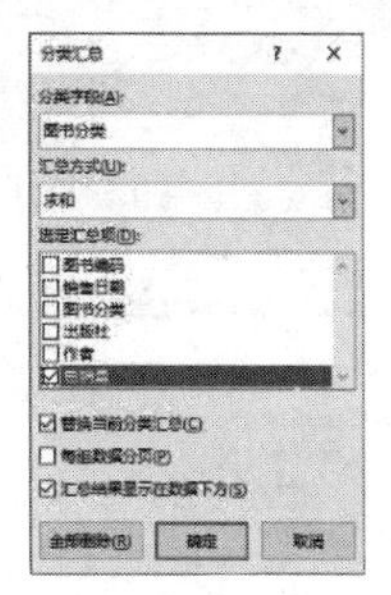

图 10-70

step 3 此时 Excel 将按图书分类统计出总销量，结果如图 10-71 所示。

	A	B	C	D	E	F
1	图书编码	销售日期	图书分类	出版社	作者	总销量
2	34567QH	2023/3/25	小说类	机械工业出版社	李梓涵	120
3	78901QH	2023/7/11	小说类	清华大学出版社	杨诗涵	110
4	23456QH	2023/11/9	小说类	人民邮电出版社	宋思嘉	140
5			小说类 汇总			370
6	45678QH	2023/4/10	文学类	清华大学出版社	王婧怡	90
7	89012QH	2023/8/14	文学类	人民邮电出版社	黄雅婷	85
8			文学类 汇总			175
9	23456QH	2023/2/18	历史类	人民邮电出版社	陈晓彤	80
10	67890QH	2023/6/8	历史类	机械工业出版社	刘心怡	70
11	01234QH	2023/10/3	历史类	机械工业出版社	徐子涵	95
12			历史类 汇总			245
13	12345QH	2023/1/15	科幻小说	清华大学出版社	赵雨萱	100
14	56789QH	2023/5/2	科幻小说	人民邮电出版社	张雨薇	150
15	90123QH	2023/9/21	科幻小说	清华大学出版社	周晓宇	130
16	34567QH	2023/12/12	科幻小说	机械工业出版社	许小雨	75
17			科幻小说 汇总			455
18			总计			1245

图 10-71

2. 更改汇总计算的函数

图 10-72 所示为参考上面介绍的方法，对员工销售业绩统计表进行分类汇总的结果。Excel 默认以求和方式汇总数据，现在需要将汇总方式改为“最大值”，以查看各部门在 1～5 月份销售业绩的最高值是多少。

	A	B	C	D	E	F	G
1	部门	姓名	一月份	二月份	三月份	四月份	五月份
2	直营部	赵天宇	200	190	180	170	160
3	直营部	张晓晨	120	150	180	200	220
4	直营部	李宇航	100	130	110	120	140
5	直营部	王雨萱	90	80	70	80	90
6	直营部	姜鑫鑫	90	80	70	80	90
7	直营部	钱梦洁	80	70	60	70	80
8	直营部 汇总		680	700	670	720	780
9	电商部	刘佳琪	150	160	170	180	190
10	电商部	曹立阳	150	160	170	180	190
11	电商部	周美丽	120	130	140	150	160
12	电商部	陈宇轩	80	90	100	110	120
13	电商部 汇总		500	540	580	620	660
14	大客户部	史文静	180	190	200	210	220
15	大客户部	郑瑞杰	170	180	190	200	210
16	大客户部	吴雅婷	140	150	160	170	180
17	大客户部	崔继光	130	140	150	160	170
18	大客户部	许雪婷	130	140	150	160	170
19	大客户部 汇总		750	800	850	900	950
20	总计		1930	2040	2100	2240	2390

图 10-72

step 1 单击【数据】选项卡中的【分类汇总】按钮，打开【分类汇总】对话框，将【汇总方式】设置为【最大值】，单击【确定】按钮，如图 10-73 所示。

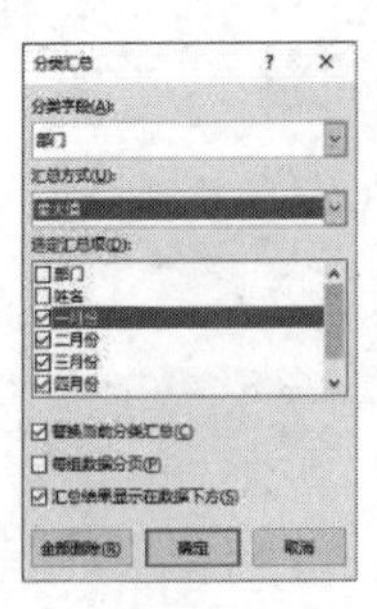

图 10-73

step 2 此时 Excel 将按部门汇总各月份销售业绩的最大值，如图 10-74 所示。

	A	B	C	D	E	F	G
1	部门	姓名	一月份	二月份	三月份	四月份	五月份
2	直营部	赵天宇	200	190	180	170	160
3	直营部	张晓晨	120	150	180	200	220
4	直营部	李宇航	100	130	110	120	140
5	直营部	王雨萱	90	80	70	80	90
6	直营部	姜鑫鑫	90	80	70	80	90
7	直营部	钱梦洁	80	70	60	70	80
8	营部 最大值		200	190	180	200	220
9	电商部	刘佳琪	150	160	170	180	190
10	电商部	曹立阳	150	160	170	180	190
11	电商部	周美丽	120	130	140	150	160
12	电商部	陈宇轩	80	90	100	110	120
13	商部 最大值		150	160	170	180	190
14	大客户部	史文静	180	190	200	210	220
15	大客户部	郑瑞杰	170	180	190	200	210
16	大客户部	吴雅婷	140	150	160	170	180
17	大客户部	崔继光	130	140	150	160	170
18	大客户部	许雪婷	130	140	150	160	170
19	客户部 最大值		180	190	200	210	220
20	总计最大值		200	190	200	210	220

图 10-74

3. 创建多种统计的分类汇总

多种统计结果的分类汇总是指在分类汇总结果中同时显示多种统计结果，例如同时显示求和值、最大值、平均值等。仍以图 10-74 所示的数据表为例，如果需要显示每个部门 1~5 月份业绩的汇总、平均值、最大值、最小值，则需要创建多种统计的分类汇总，具体操作方法如下。

step 1 单击分类汇总后数据表中的任意单元格，单击【数据】选项卡中的【分类汇总】按钮，打开【分类汇总】对话框。

step 2 在【分类汇总】对话框中设置【分类字段】为【部门】，【汇总方式】为【求和】，在【选定汇总项】列表框中依次选中【一月】【二月】【三月】【四月】【五月】5 个复选框，然后取消【替换当前分类汇总】复选框的选中状态，并单击【确定】按钮，如图 10-75 所示。

step 3 重复以上操作，分别设置对【部门】进行【平均值】【最大值】【最小值】的分类汇总，完成后的结果如图 10-76 所示。

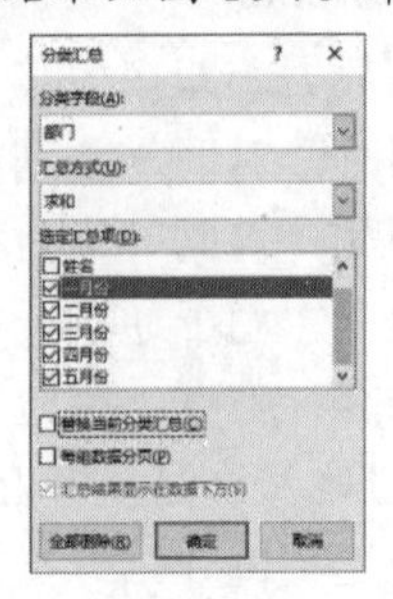

图 10-75

	A	B	C	D	E	F	G
1	部门	姓名	一月份	二月份	三月份	四月份	五月份
2	直营部	赵天宇	200	190	180	170	160
3	直营部	张晓晨	120	150	180	200	220
4	直营部	李宇航	100	130	110	120	140
5	直营部	王雨萱	90	80	70	80	90
6	直营部	姜鑫鑫	90	80	70	80	90
7	直营部	钱梦洁	80	70	60	70	80
8	直营部 最小值		80	70	60	70	80
9	直营部 平均值		113.3333	116.6667	111.6667	120	130
10	直营部 汇总		680	700	670	720	780
11	直营部 最大值		200	190	180	200	220
12	电商部	刘佳琪	150	160	170	180	190
13	电商部	曹立阳	150	160	170	180	190
14	电商部	周美丽	120	130	140	150	160
15	电商部	陈宇轩	80	90	100	110	120
16	电商部 最小值		80	90	100	110	120
17	电商部 平均值		125	135	145	155	165
18	电商部 汇总		500	540	580	620	660
19	电商部 最大值		150	160	170	180	190
20	大客户部	史文静	180	190	200	210	220
21	大客户部	郑瑞杰	170	180	190	200	210
22	大客户部	吴雅婷	140	150	160	170	180
23	大客户部	崔继光	130	140	150	160	170
24	大客户部	许雪婷	130	140	150	160	170
25	大客户部 最小值		130	140	150	160	170

图 10-76

如果用户想将分类汇总后的数据列表按汇总项打印，只需在【分类汇总】对话框中选中【每组数据分页】复选框即可。

4. 取消和替换当前分类汇总

如果需要取消已经设置好的分类汇总，只需在打开【分类汇总】对话框后，单击【全部删除】按钮即可。如果需要替换当前的分类汇总，则需在【分类汇总】对话框中选中【替换当前分类汇总】复选框。

10.2.8 合并计算

“合并计算”功能是一种将多个单元格的数据合并为一个单元格并进行计算的功能，常用于数据的汇总和计算。下面将通过案例介绍合并计算功能的一些常见应用。

1. 按条件合并计算多表行数据

图 10-77 所示中某企业不同月份的销售记录分散在数据表中，为了后续对数据进行统一分析，需要将所有销售记录合并在一起。

	A	B	C	D	E
1	日期	销售额		日期	销售额
2	2023/8/18	36781		2023/8/18	36781
3	2023/8/19	9862		2023/8/19	9862
4	2023/8/20	52973		2023/8/20	52973
5	2023/8/21	14509		2023/8/21	14509
6	2023/8/22	28468		2023/8/22	28468
7	2023/8/23	6321		2023/8/23	6321
8				2023/7/1	43759
9	日期	销售额		2023/7/2	9236
10	2023/7/1	43759		2023/7/3	19857
11	2023/7/2	9236		2023/7/4	27493
12	2023/7/3	19857		2023/7/5	5624
13	2023/7/4	27493		2023/7/6	39127
14	2023/7/5	5624		2023/10/5	17642
15	2023/7/6	39127		2023/10/6	49631
16				2023/10/7	8513
17	日期	销售额		2023/10/8	31286
18	2023/10/5	17642		2023/10/9	4782
19	2023/10/6	49631		2023/10/10	6519
20	2023/10/7	8513			
21	2023/10/8	31286			
22	2023/10/9	4782			
23	2023/10/10	6519			

图 10-77

【例 10-3】使用"合并计算"功能，将 3 张数据表中的数据合并在一张数据表中。

视频+素材 (素材文件\第 10 章\例 10-3)

step 1 选中放置结果的单元格E1后，单击【数据】选项卡中的【合并计算】按钮，打开【合并计算】对话框。

step 2 在【合并计算】对话框中使用按钮和【添加】按钮，将 A1:B7、A9:B15 和 A17:B23 区域添加到【所有引用位置】列表框中，然后选中【首行】和【最左列】复选框，并单击【确定】按钮，如图 10-78 所示。

图 10-78

step 3 此时，所有表格合并后，可以看到 D 列显示的是数值而非日期。在 D1 单元格中输入字段名称"日期"后，选中 D2 单元格，按 Ctrl+Shift+↓快捷键选中 D 列中的数据，如图 10-79 所示。

	A	B	C	D	E
1	日期	销售额		日期	销售额
2	2023/8/18	36781		45156	36781
3	2023/8/19	9862		45157	9862
4	2023/8/20	52973		45158	52973
5	2023/8/21	14509		45159	14509
6	2023/8/22	28468		45160	28468
7	2023/8/23	6321		45161	6321
8				45108	43759
9	日期	销售额		45109	9236
10	2023/7/1	43759		45110	19857
11	2023/7/2	9236		45111	27493
12	2023/7/3	19857		45112	5624
13	2023/7/4	27493		45113	39127
14	2023/7/5	5624		45204	17642
15	2023/7/6	39127		45205	49631
16				45206	8513
17	日期	销售额		45207	31286
18	2023/10/5	17642		45208	4782
19	2023/10/6	49631		45209	6519
20	2023/10/7	8513			
21	2023/10/8	31286			
22	2023/10/9	4782			
23	2023/10/10	6519			

图 10-79

step 4 按 Ctrl+1 快捷键，打开【设置单元格格式】对话框，将 D 列数据的数字设置为"日期"，然后对 D1:E1 区域进行格式和对齐方式设置，完成数据合并操作。

在上面案例中的 3 个表中，第 2 列的字段都是"销售额"，所以在合并计算时将多表数据放置在同一列下。当多个表格中第 2 列字段名称不同时，合并计算工具会在多列中分类列出各表数据，下面将具体介绍相关内容。

2. 按类别合并计算多表列数据

当需要将多个表格的列数据按行合并在一起时，用户仍然可以借助"合并计算"功能快速合并数据。

图 10-80 所示中某企业商品的销售数据分散在不同的表格。为了后续统一进行数据分析，需要将所有商品的销售数据合并。

	A	B	C	D	E	F	G
1	日期	A商品		日期	A商品	B商品	C商品
2	2023/8/18	36781		2023/8/18	36781		
3	2023/8/19	9862		2023/8/19	9862		
4	2023/8/20	52973		2023/8/20	52973		
5	2023/8/21	14509		2023/8/21	14509		
6	2023/8/22	28468		2023/8/22	28468		
7	2023/8/23	6321		2023/8/23	6321		
8				2023/7/1		43759	
9	日期	B商品		2023/7/2		9236	
10	2023/7/1	43759		2023/7/3		19857	
11	2023/7/2	9236		2023/7/4		27493	
12	2023/7/3	19857		2023/7/5		5624	
13	2023/7/4	27493		2023/7/6		39127	
14	2023/7/5	5624		2023/10/5			17642
15	2023/7/6	39127		2023/10/6			49631
16				2023/10/7			8513
17	日期	C商品		2023/10/8			31286
18	2023/10/5	17642		2023/10/9			4782
19	2023/10/6	49631		2023/10/10			6519
20	2023/10/7	8513					
21	2023/10/8	31286					
22	2023/10/9	4782					
23	2023/10/10	6519					

图 10-80

在 Excel 中参考例 10-3 介绍的方法，将 A 列、B 列的 3 个数据表中的数据合并，完成后的结果如图 10-81 所示。

	A	B	C	D	E	F	G
1	日期	A商品			A商品	B商品	C商品
2	2023/8/18	36781		45156	36781		
3	2023/8/19	9862		45157	9862		
4	2023/8/20	52973		45158	52973		
5	2023/8/21	14509		45159	14509		
6	2023/8/22	28468		45160	28468		
7	2023/8/23	6321		45161	6321		
8				45108		43759	
9	日期	B商品		45109		9236	
10	2023/7/1	43759		45110		19857	
11	2023/7/2	9236		45111		27493	
12	2023/7/3	19857		45112		5624	
13	2023/7/4	27493		45113		39127	
14	2023/7/5	5624		45204			17642
15	2023/7/6	39127		45205			49631
16				45206			8513
17	日期	C商品		45207			31286
18	2023/10/5	17642		45208			4782
19	2023/10/6	49631		45209			6519
20	2023/10/7	8513					
21	2023/10/8	31286					
22	2023/10/9	4782					
23	2023/10/10	6519					

图 10-81

在 D1 单元格中输入字段名“日期”，设置 D 列的数字格式为“日期”，然后设置 D1:G1 区域的格式和对齐方式后，即可实现按类别合并计算多表数据。

使用例 10-3 介绍的方法，即使需要合并的数据表不在同一张工作表内，也可以利用合并计算对数据进行合并，但仅适用于包含两个字段的表格。因此，采用合并计算合并多表的方法，适用于字段数量较少的多表合并，当表格中字段较多时，用户可以借助 Excel 的 Power Query 来实现数据合并。关于使用 Power Query 合并工作簿的具体操作方法，用户可以参考本书 3.1.6 节，使用 Power Query 合并工作表的具体操作方法，可以参考本书 3.2.6 节，这里不再赘述。

10.3 使用数据透视表分析数据

数据透视表是一种可用于对数据进行汇总和分析的强大工具。它能够快速对数据进行重排、汇总和展示，以便更好地理解和分析数据。

10.3.1 认识数据透视表

数据透视表是一种从 Excel 数据表、关系数据库文件或 OLAP 多维数据集中的特殊字段中总结信息的分析工具，它能够对大量数据快速汇总并建立交叉列表的交互式动态表格，帮助用户分析和组织数据。例如，计算平均数或标准差、建立关联表、计算百分比、建立新的数据子集等。

以图 10-82 所示的数据表为例，表格中包括年份、客户名称、销售代表、产品名称、销售数量、销售额等，时间跨度为 2022 年至 2023 年。利用数据透视表，只需要执行几步操作就可以将表格数据变成一张有价值的报表。

	A	B	C	D	E	F
1	年份	客户名称	销售代表	产品名称	销售数量	销售额
2	2022	鼎盛诊所	李亮辉	护肝宝胶囊	14	36781
3	2022	和谐医院	林雨馨	活血止痛丸	5	9862
4	2022	和谐医院	莫静静	维生素C片	18	52973
5	2022	和谐医院	刘乐乐	维生素C片	7	14509
6	2022	佳美诊所	李亮辉	清热解毒口服液	12	28468
7	2022	鼎盛诊所	张珺涵	维生素C片	9	6321
8	2022	和谐医院	姚妍妍	脑力提高胶囊	16	43759
9	2022	佳美诊所	许朝霞	补肾壮阳片	3	9236
10	2022	佳美诊所	李亮辉	消食健胃颗粒	10	19857
11	2023	协和诊所	李亮辉	参茸补气胶囊	11	27493
12	2023	鼎盛诊所	莫静静	伤风感冒颗粒	6	5624

图 10-82

【例 10-4】在 Excel 中根据图 10-82 所示的数据表创建数据透视表。

视频+素材 (素材文件\第 10 章\例 10-4)

step 1 选中数据表中的任意单元格，单击【插入】选项卡中的【推荐的数据透视表】按钮。

step 2 打开【推荐的数据透视表】对话框，在该对话框中列出了按不同计数项和求和项的多种不同统计视角的推荐选项，根据数据源的复杂程度不同，推荐数据透视表的数目也不相同，用户可以在【推荐的数据透视表】对话框左侧列表中选择不同的推荐项，在右侧查看相应的数据透视表预览，如图 10-83 所示。

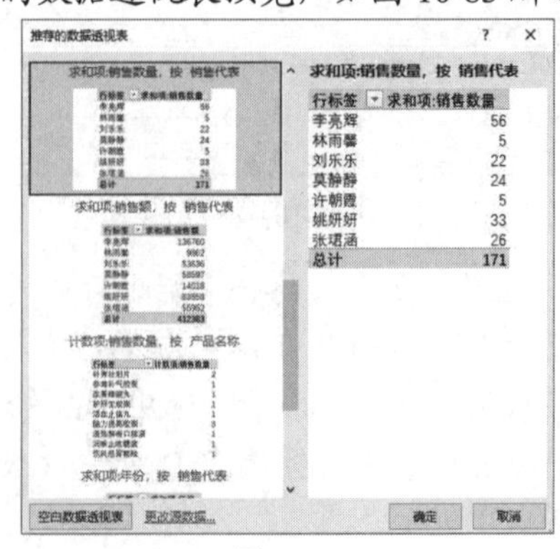

图 10-83

step 3 如果希望统计每个销售代表卖出商品的数量，以及商品的总销量，在【推荐的数据透视表】对话框中选择【求和项:销售数量，按销售代表】选项后，单击【确定】按钮即可创建图 10-84 所示的数据透视表。

行标签	求和项:销售数量
李亮辉	56
林雨馨	5
刘乐乐	22
莫静静	24
许朝霞	5
姚妍妍	33
张珺涵	26
总计	171

图 10-84

1. 数据透视表的结构

数据透视表分为【行区域】【列区域】【值区域】【筛选区】4 部分，如图 10-85 所示。

筛选区　列区域

客户名称	(全部)		
求和项:销售数量	列标签		
行标签	2022	2023	总计
李亮辉	36	20	56
林雨馨	5		5
刘乐乐	7	15	22
莫静静	18	6	24
许朝霞	3	2	5
姚妍妍	16	17	33
张珺涵	9	17	26
总计	94	77	171

行区域　值区域

图 10-85

- 行区域：该区域中的字段将作为数据透视表的行标签。
- 列区域：该区域中的字段将作为数据透视表的列标签。
- 值区域：该区域用于显示数据透视表汇总的数据。
- 筛选区：该区域中的字段将作为数据透视表的筛选页。

2. 数据透视表字段列表

在创建数据透视表时，Excel 将打开【数据透视表字段】窗格，如图 10-86 所示，其中【数据透视表字段】列表框中反映了数据透视表的结构，用户利用它可以轻而易举地向数据透视表内添加、删除、移动字段，设置字段格式，或者对数据透视表中的字段进行排序和筛选。

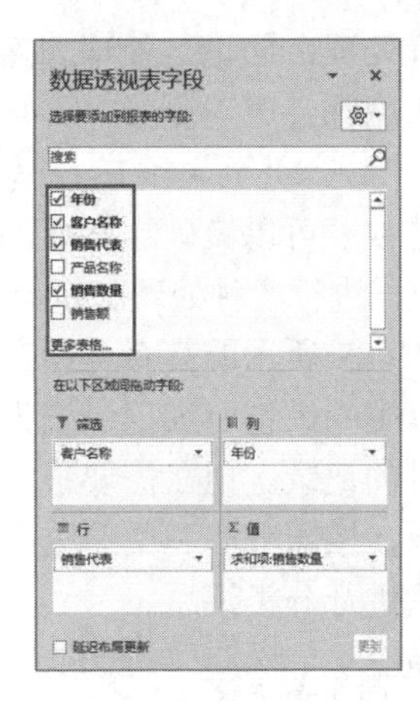

图 10-86

例如，在【数据透视表字段】列表框中选中一个字段后，单击其右侧的倒三角按钮，在弹出的列表中可以设置对字段的筛选，如图 10-87 所示。或者选择【升序】和【降序】选项，对字段进行排序处理。

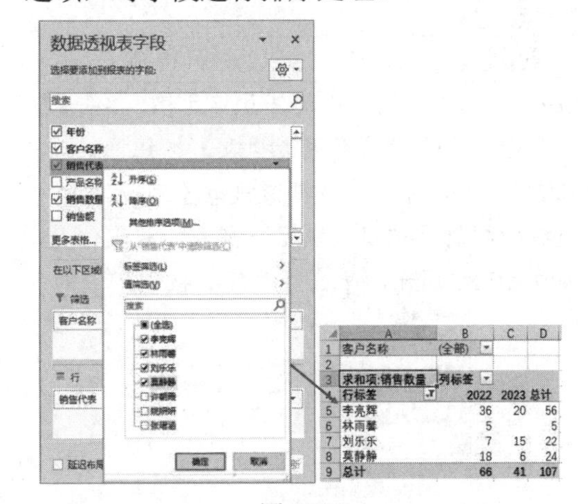

图 10-87

拖动某个字段至【筛选】【列】【行】【值】区域中，可以在数据透视表的相应区域中显示该字段。

如果用户希望在数据透视表中不显示某个字段，只需要在【数据透视表字段】列表框中取消该字段复选框的选中状态即可。

10.3.2　快速分类汇总海量数据

在实际工作中经常会接触到包含成千上万条数据的工作表，这时如果仅用 Excel 函数或公式进行处理，无论是处理的速度还是更新结果的速度都会遭遇瓶颈，严重时还可能引起 Excel 卡顿，甚至导致 Excel 软件崩溃。使用数据透视表可以突破这些瓶颈，轻松满足对海量数据进行各种处理和统计的需求。

以图 10-88 所示的某企业所有分店、产品、渠道分类的销售明细记录表为例，其中包含了大量的记录。现在需要根据数据表中的明细记录，按照分店和渠道分类两个维度对销售金额进行分类汇总。

	A	B	C	D	E	F	G
1	序号	日期	分店	产品	分类	金额	店员
2	1	2023/1/1	花园分店	炫彩口红	批发订单	105	小芳
3	2	2023/1/1	明珠分店	精致眼影	代理分销	289	小明
4	3	2023/1/1	金鼎分店	清新洗面奶	代理分销	452	小红
5	4	2023/1/1	金鼎分店	亮丽指甲油	代理分销	642	小李
6	5	2023/1/1	金鼎分店	炫彩口红	代理分销	827	小华
7	6	2023/1/1	花园分店	精致眼影	代理业务	964	小燕
8	7	2023/1/1	花园分店	清新洗面奶	代理业务	116	小亮
9	8	2023/1/1	花园分店	亮丽指甲油	代理业务	372	小张
10	9	2023/1/1	花园分店	炫彩口红	代理业务	541	小丽
11	10	2023/1/1	明珠分店	精致眼影	批发订单	728	小军
12	11	2023/1/1	明珠分店	清新洗面奶	批发订单	855	小梅

图 10-88

【例 10-5】使用数据透视表实现对大量数据的快速分类汇总。

视频+素材 (素材文件\第 10 章\例 10-5)

step 1 选中数据表中的任意单元格，单击【插入】选项卡中的【数据透视表】按钮。

step 2 打开【创建数据透视表】对话框后，选择数据源区域以及数据透视表的放置位置，如图 10-89 所示，单击【确定】按钮。

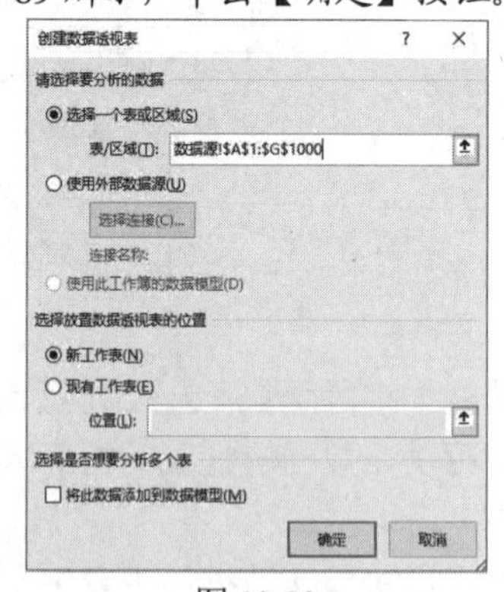

图 10-89

step 3 打开【数据透视表字段】窗格，选中【分店】【分类】【金额】字段后，将【分店】字段拖动至【行】列表框，将【分类】字段拖动至【列】列表框，将【金额】字段拖动至【值】列表框，如图 10-90 所示。

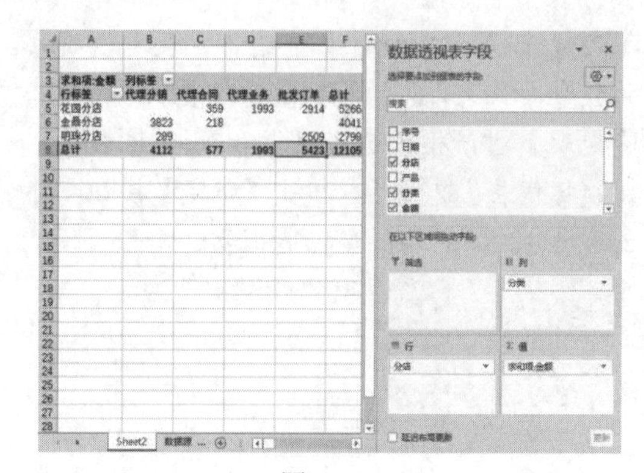

图 10-90

step 4 为了将 A4 单元格的“行标签”显示为具有实际意义的字段名称，单击【设计】选项卡中的【报表布局】下拉按钮，在弹出的下拉列表中选择【以表格形式显示】选项，设置数据透视表布局为“表格形式”，如图 10-91 所示。

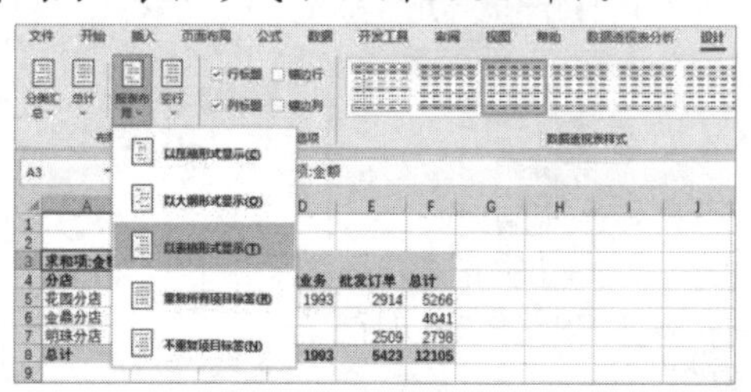

图 10-91

step 5 经过简单的操作，可以从大量数据中轻松得到想要的分类汇总结果，如图 10-92 所示。

	A	B	C	D	E	F
1						
2						
3	求和项:金额	分类				
4	分店	代理分销	代理合同	代理业务	批发订单	总计
5	花园分店		359	1993	2914	5266
6	金鼎分店	3823	218			4041
7	明珠分店	289			2509	2798
8	总计	4112	577	1993	5423	12105
9						
10						

图 10-92

数据透视表不但可以按照条件对海量数据进行快速分类汇总，而且可以根据用户需求快速调整报表布局和统计分析维度。

如果要求按照产品和渠道分类两个维度对上例中的销售金额进行分类汇总，仅需要调整数据透视表的字段布局，将数据透视表行区域中的“分店”换成“产品”，即可将工作表中的数据透视表结果同步更新，如图 10-93 所示。

图 10-93

如果要添加新的要求，对全年销售记录按照渠道分类、分店、产品 3 个维度进行分类汇总，仅需要调整数据透视表的字段布局，在数据透视表【行】列表框中放置【分类】和【分店】字段，在数据透视表【列】列表框中放置【产品】字段，即可将工作表中的数据透视表结果同步更新，如图 10-94 所示。

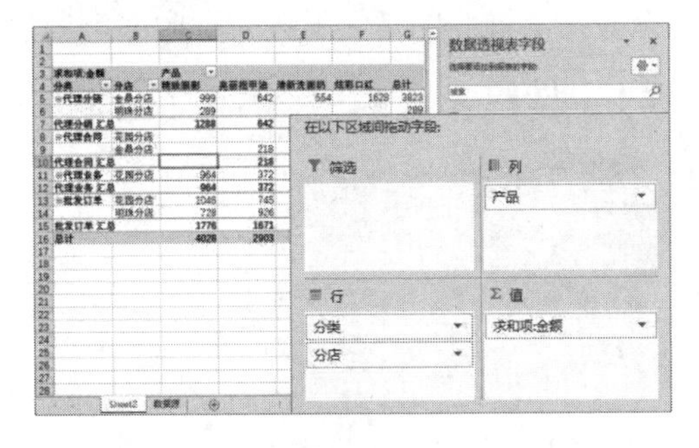

图 10-94

由此可见，对于复杂的多维度分类汇总需求，使用数据透视表可以快速实现操作要求。

数据透视表不仅能够轻松实现按条件对海量数据进行分类汇总，还可以自定义分组将数据分类分组汇总。

10.3.3　按季度/月份汇总全年数据

在使用 Excel 时，经常需要按照时间周期对数据进行分组和统计分析，但是数据源中仅有日期字段，没有月份、季度等字段。此时可以使用数据透视表来处理。

仍以例 10-5 介绍过的销售明细记录表为例。将数据表按照季度和月份分类汇总的具体操作步骤如下。

step 1　先根据数据源创建数据透视表，在【数据透视表字段】窗格中选中【日期】字段后，将其拖动至数据透视表【行】列表框，然后在数据透视表的日期所在位置右击，在弹出的快捷菜单中选择【组合】命令，如图 10-95 所示。

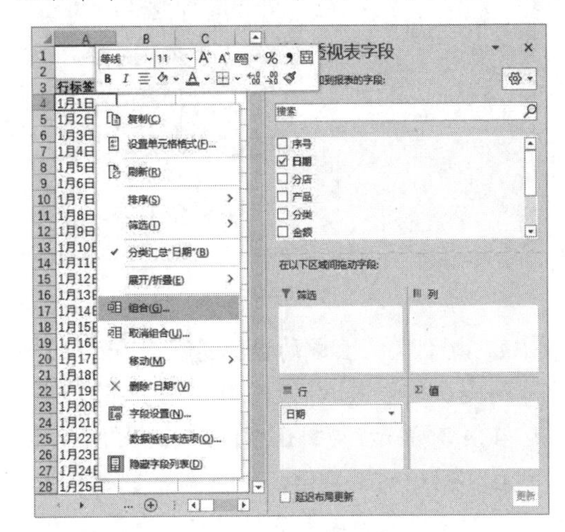

图 10-95

step 2　打开【组合】对话框，同时选中【月】和【季度】选项，单击【确定】按钮，如图 10-96 所示。

step 3　此时，可以将数据透视表自动将日期按照月份和季度分组显示。

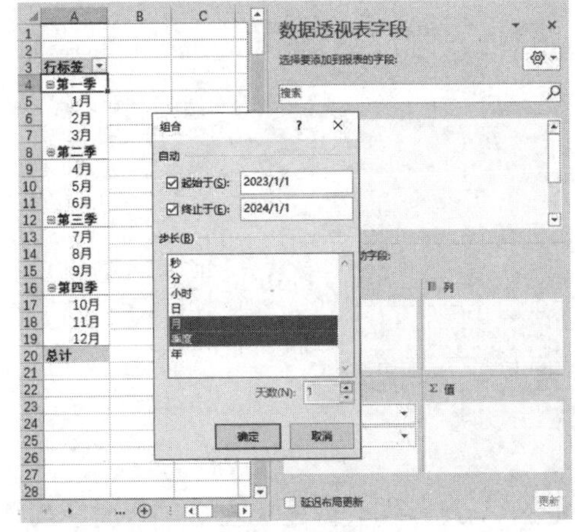

图 10-96

step 4　如果需要对销售金额进行分类汇总，将【金额】字段拖动至数据透视表的【值】列表框，即可快速实现同时按照季度和月份对金额进行分类汇总，结果如图 10-97 所示。

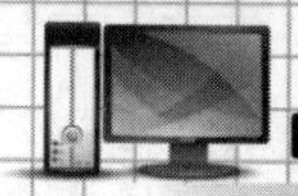

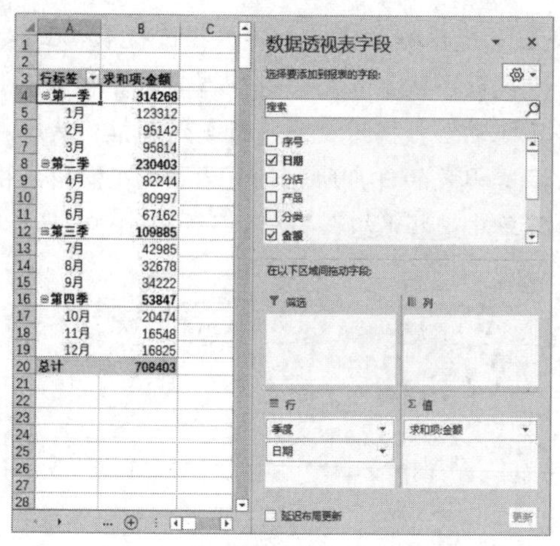

图 10-97

step 5 由于默认生成的数据透视表采用的报表布局是压缩形式，季度和月份两个字段都被压缩在 A 列显示，要想让季度和月份两个字段分别在不同的列上显示，可以单击【设计】选项卡中的【报表布局】下拉按钮，在弹出的下拉列表中选择【以表格形式显示】选项，调整数据透视表的报表布局为“表格形式”，如图 10-98 所示。

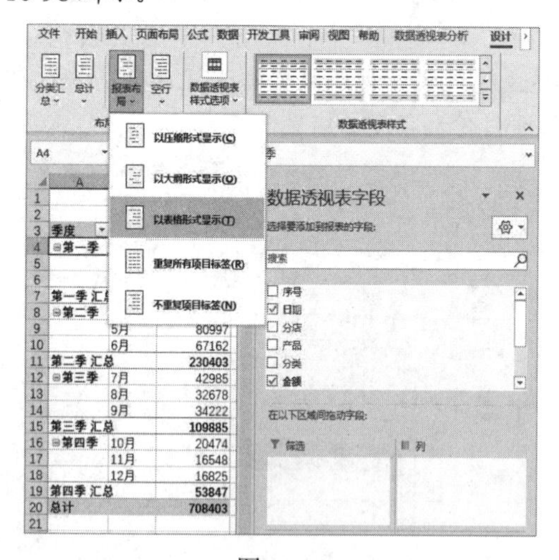

图 10-98

step 6 如此，在数据透视表中，季度字段将放置在 A 列显示，月份字段将放置在 B 列显示。此时数据透视表中 B 列的月份数据的字段名称为“日期”，选中 B3 单元格，在编辑栏中将其修改为“月”。修改完成后，字段名称将被命名为“月”，结果如图 10-99 所示。

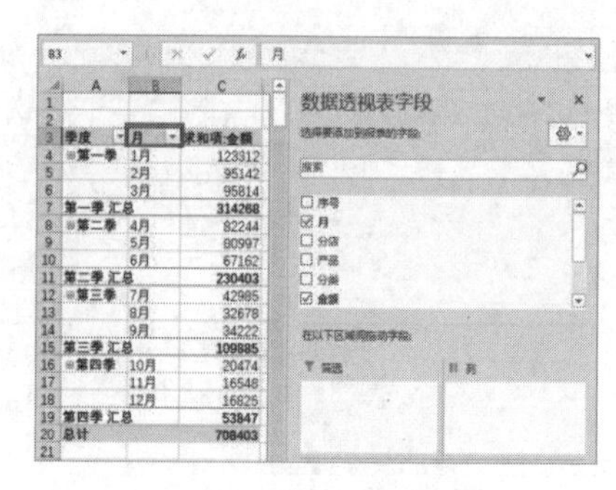

图 10-99

这样就完成了全年数据按季度、月份分类汇总。在使用了分组功能的数据透视表中，同样可以根据需要调整或添加数据透视表字段，数据透视表的结果会自动更新。

如果此时再添加新的要求，在按照季度和月份两个维度的基础上，再添加分店维度对数据分类汇总，仅需要将【分店】字段拖动至数据透视表的【列】列表框中即可，如图 10-100 所示。

图 10-100

综上所述，只需灵活运用数据透视表的“分组”功能，并合理调整字段布局，即可实现多个维度的数据统计分析。

10.3.4 制作动态数据透视表

上面介绍的案例中，数据源是固定不变的，而在实际工作中经常遇到数据源的数据会发生增减变动的情况，此时就需要设置数据透视表跟随数据源的变动自动更新。

仍以例 10-5 介绍过的销售明细记录表为例。当在工作中遇到对经常变动的数据源进行处理及统计时，普通数据透视表仅能对最初引用的数据源区域内的数据更新结果，当新增数据超出原有数据源范围时，数据透视表的结果将不再准确。这时用户可以使用以下两种等效方法之一来让数据透视表返回正确结果。

- 方法 1：手动调整数据透视表的数据范围。
- 方法 2：设置动态引用数据源，创建数据透视表。

1. 手动调整数据透视表的数据源范围

在例 10-5 的销售明细记录表中手动调整数据透视表数据源范围的方法如下。

step 1 当销售记录不断增加时，由于数据源放置在当前工作簿中，因此单击【数据透视表分析】选项卡中的【更改数据源】按钮，然后在打开的【更改数据透视表数据源】对话框中单击【表/区域】输入框右侧的按钮，如图 10-101 所示。

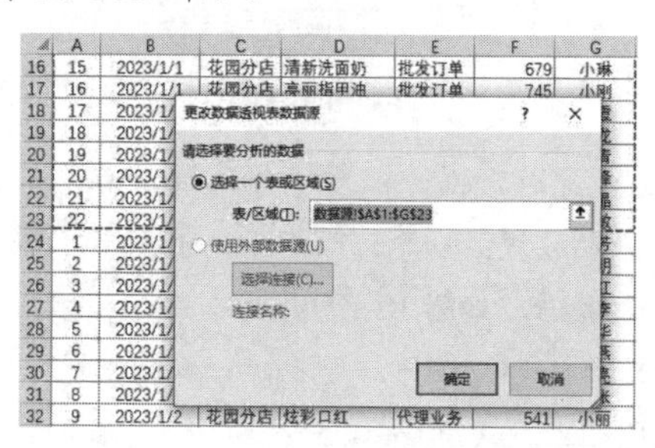

图 10-101

step 2 根据改动的数据源范围修改引用区域后按 Enter 键，返回【更改数据透视表数据源】对话框，单击【确定】按钮。

step 3 在修改数据透视表的数据源后，为了保证数据透视表结果能够同步更新，单击【数据透视表分析】选项卡中的【刷新】下拉按钮，在弹出的下拉列表中选择【刷新】或【全部刷新】选项刷新数据透视表，如图 10-102 所示。

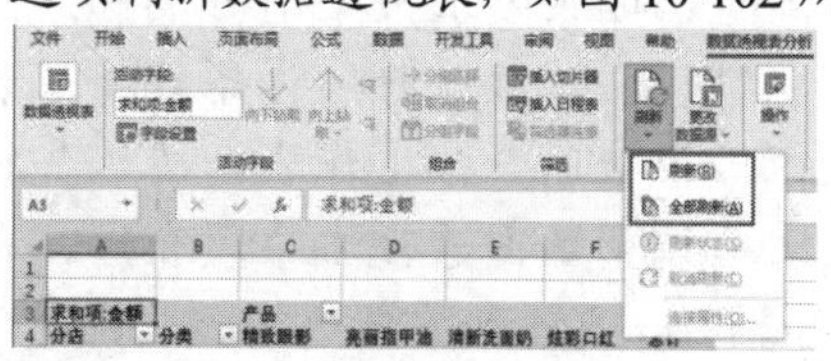

图 10-102

由于例 10-5 案例中仅有一个数据透视表，可以选择【刷新】选项刷新数据透视表；当工作簿中包含多个数据透视表时，可以选择【全部刷新】选项，将当前工作簿中所有数据透视表批量刷新。

2. 设置动态引用数据源

手动调整数据透视表数据源的方法适用于数据源范围偶尔变动的情况，当数据源范围经常发生变动时，可以采用设置动态引用区域创建动态数据透视表的方法，让数据透视表结果跟随数据源自动更新。以例 10-5 中的销售明细记录表为例，设置动态引用数据源的具体方法如下。

step 1 选中数据表中的任意单元格后，按 Ctrl+T 快捷键，在打开的【创建表】对话框中单击【确定】按钮，创建超级表，如图 10-103 所示。

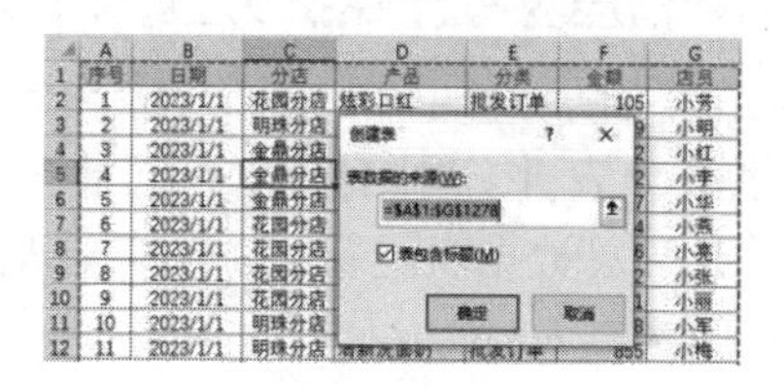

图 10-103

step 2 此时 Excel 会将创建的超级表自动命名为“表 1”，同时将数据区域隔行填充颜色并进入筛选状态，如图 10-104 所示。

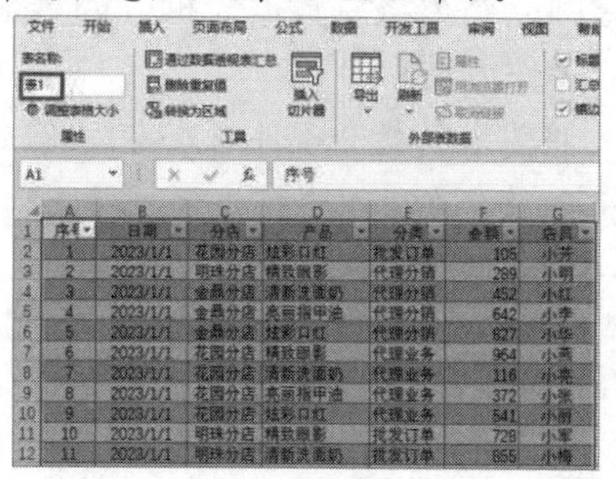

图 10-104

step 3 选中数据透视表中的任意单元格，单击【数据透视表分析】选项卡中的【更改数据源】按钮，在打开的对话框中，在【选择一个表/区域】输入框中输入“表 1”，然后单击【确定】按钮即可，如图 10-105 所示。

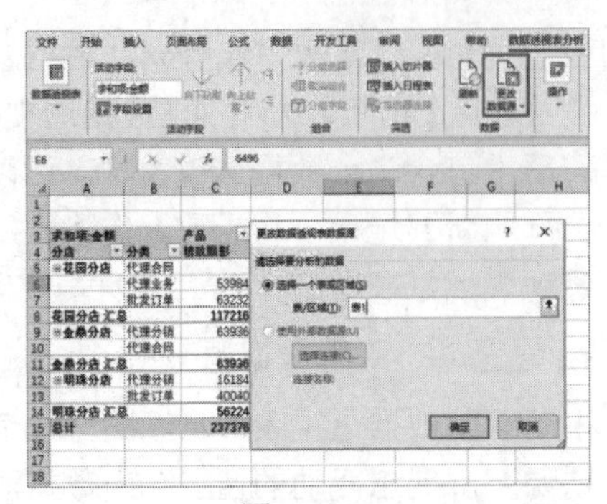

图 10-105

完成以上设置后，得到的数据透视表可以根据数据源的范围变动而自动更新，如此便免去了手动调整数据透视表数据源的麻烦。

设置动态引用数据源时，用户应注意：当数据透视表的数据源从超级表转换为普通区域后，也就同时失去了自动更新数据透视表的功能。

10.3.5 快速将总表拆分为多张分表

在工作中，有时需要将数据表按条件拆分为多张分表并分别放置在不同的工作表中，并且当总数据表更新时，所有分表也会同步更新数据。

此时，如果采用手动操作方法不但费时费力，而且操作非常烦琐、容易出错。用户可以借助数据透视表的报表筛选功能批量实现多表拆分。下面以例 10-5 中的销售明细记录表为例，介绍将总数据表拆分为多个分表的具体操作方法。

step 1 将要求的拆分条件所在字段(例如“季度”字段)放置在数据透视表的“筛选”区域，如图 10-106 所示。

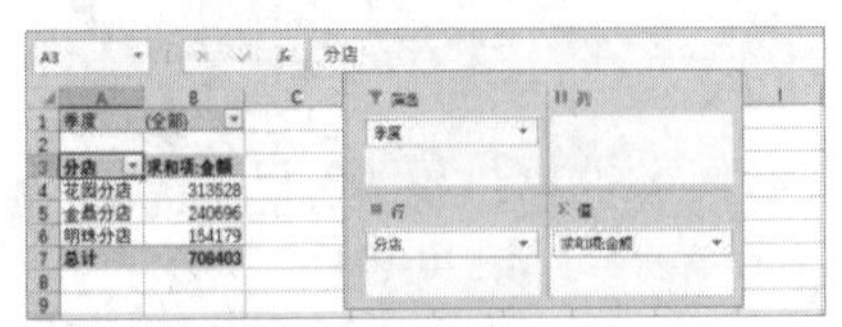

图 10-106

step 2 选中数据透视表中的任意单元格，单击【数据透视表分析】选项卡中的【选项】下拉按钮，在弹出的下拉列表中选择【显示报表筛选页】选项，如图 10-107 所示。

图 10-107

step 3 打开【显示报表筛选页】对话框，选中【季度】选项后，单击【确定】按钮，如图 10-108 所示。

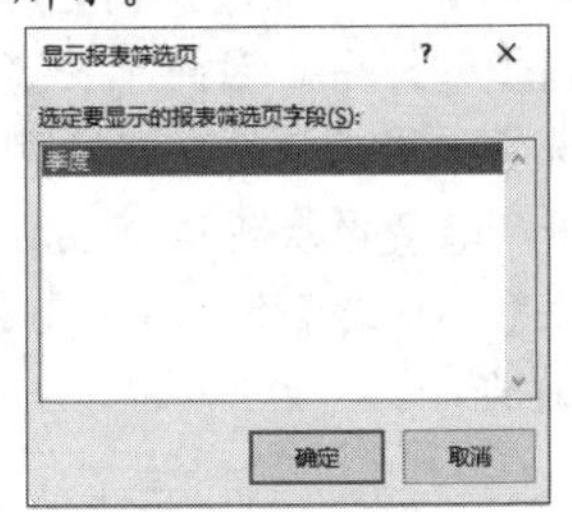

图 10-108

step 4 此时数据透视表将自动拆分为多个工作表，分别放置第一季、第二季、第三季、第四季的分表数据，如图 10-109 所示。

季度	第一季
分店	求和项:金额
花园分店	139591
金鼎分店	104727
明珠分店	69950
总计	314268

图 10-109

这些自动生成的分表与数据透视表总表共用一个数据缓存，当数据源变动时，所有分表会跟随总表同步更新。

此时，如果要求按渠道分类和产品分类汇总销售额，并以分店为条件将总表拆分为每一个分店一张工作表，可以先按照要求对应调整数据透视表字段布局，再将【分店】字段放置到数据透视表“筛选”区域内，如图 10-110 所示。

	A	B	C	D	E	F
1						
2	分店	(全部)				
3						
4	求和项:金额	产品				
5	分类	精致眼影	亮丽指甲油	清新洗面奶	炫彩口红	总计
6	代理分销	80120	35952	31024	97576	244672
7	代理合同		12208		20104	32312
8	代理业务	53984	20832	6496	30296	111608
9	批发订单	103272	98610	90481	27448	319811
10	总计	237376	167602	128001	175424	708403

图 10-110

最后，在【数据透视表分析】选项卡中执行报表筛选操作，得到图 10-111 所示的分表。

	A	B	C	D	E	F
1	分店	花园分店				
2						
3	求和项:金额	产品				
4	分类	精致眼影	亮丽指甲油	清新洗面奶	炫彩口红	总计
5	代理合同				20104	20104
6	代理业务	53984	20832	6496	30296	111608
7	批发订单	63232	47680	43456	27448	181816
8	总计	117216	68512	49952	77848	313528

花园分店　金鼎分店　明珠分店

图 10-111

由总表拆分生成的分表在不需要时可以随意删除，删除分表不会对数据透视表总表产生任何影响，即使删除所有分表，也可以在有需要时再次从总表重新拆分生成分表。

10.3.6　使用切片器交互更新数据

当数据透视表中的字段较多、数据报表较庞大时，用户还可以给数据透视表植入选择器，让数据透视表的展示结果可以与用户需求交互更新。

在 Excel 中，用户可以使用数据透视表中的切片器作为选择器，实现各种条件下的数据透视表快速筛选。以例 10-5 中的销售明细记录表为例，使用“切片器”功能实现交互筛选数据透视表数据的方法如下。

step 1　选中数据透视表中的任意单元格后，单击【数据透视表分析】选项卡中的【插入切片器】按钮，打开【插入切片器】对话框后选中【店员】复选框，单击【确定】按钮，如图 10-112 所示。

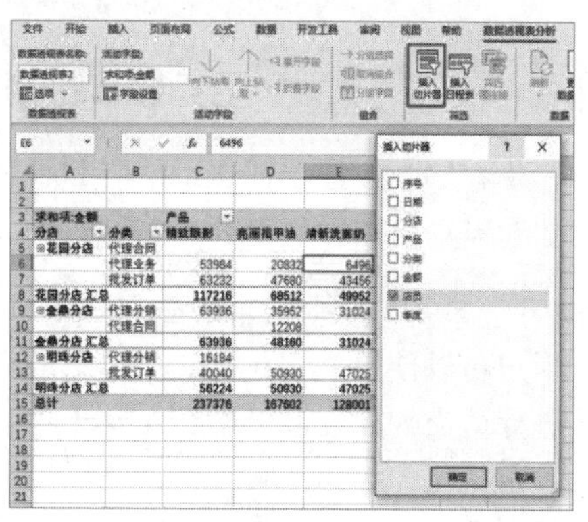

	A	B	C	D	E
3	求和项:金额		产品		
4	分店	分类	精致眼影	亮丽指甲油	清新洗面奶
5	花园分店	代理合同			
6		代理业务	53984	20832	6496
7		批发订单	63232	47680	43456
8	花园分店 汇总		117216	68512	49952
9	金鼎分店	代理分销	63936	35952	31024
10		代理合同		12208	
11	金鼎分店 汇总		63936	48160	31024
12	明珠分店	代理分销	16184		
13		批发订单	40040	50930	47025
14	明珠分店 汇总		56224	50930	47025
15	总计		237376	167602	128001

图 10-112

step 2　插入切片器后只要在切片器中单击某个店员的名字，就可以查看该店员的销售数据，如图 10-113 所示。

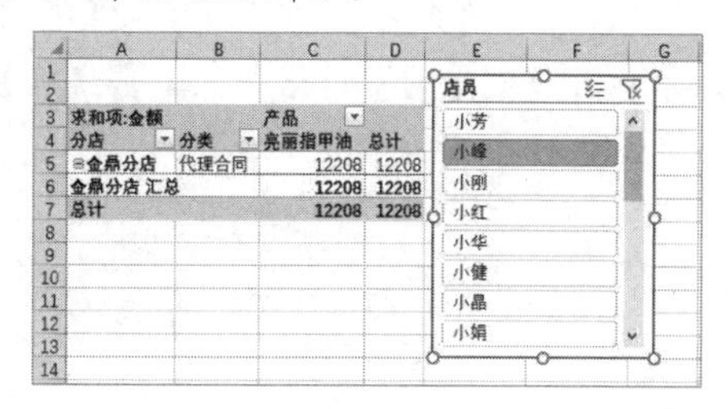

	A	B	C	D
3	求和项:金额		产品	
4	分店	分类	亮丽指甲油	总计
5	金鼎分店	代理合同	12208	12208
6	金鼎分店 汇总		12208	12208
7	总计		12208	12208

图 10-113

在数据透视表切片器中，用户可以采用按住鼠标左键拖动的方式(或按住 Ctrl 键连续单击)，选中多个切片器选项，如图 10-114 所示。

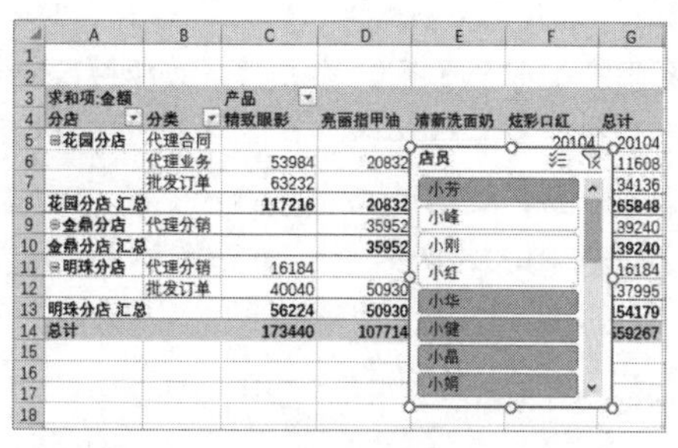

	A	B	C	D	G
3	求和项:金额		产品		
4	分店	分类	精致眼影	亮丽指甲油	总计
5	花园分店	代理合同			20104
6		代理业务	53984	20832	111608
7		批发订单	63232		134136
8	花园分店 汇总		117216	20832	265848
9	金鼎分店	代理分销		35952	139240
10	金鼎分店 汇总			35952	139240
11	明珠分店	代理分销	16184		16184
12		批发订单	40040	50930	137995
13	明珠分店 汇总		56224	50930	154179
14	总计		173440	107714	559267

图 10-114

如果要清除所有筛选条件，单击切片器右上角的【清除筛选器】按钮即可。

在数据透视表中，用户可以根据需求插入多个切片器，当使用多个切片器同时筛选数据时，数据透视表会展示同时满足所有切片器中条件的数据结果。当不需要某些切片时，选中切片器后按 Delete 键即可将其删除。

10.4 使用 Power Query 超级查询

Power Query 是一种数据提取和转换工具。它允许用户从各种数据源中获取数据并进行转换和整合，以便进行更深入的分析和可视化。

10.4.1 数据提取

用户可以使用 Power Query 提取数据并对其进行适当的处理，以便在 Excel 中进行分析和可视化。

使用 Power Query 除了可以快速实现数据提取，还支持提取的结果随数据源同步更新，具体操作方法如下。

step 1 选中工作表中的任意单元格，单击【数据】选项卡中的【来自表格/区域】按钮。

step 2 打开【创建表】对话框，单击【确定】按钮，如图 10-115 所示。

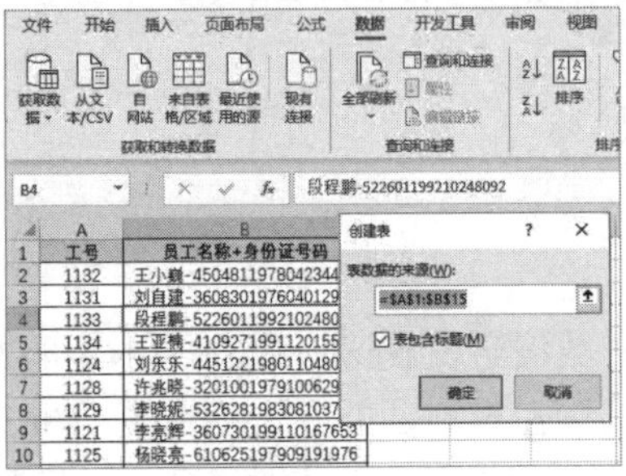

图 10-115

step 3 打开【Power Query 编辑器】窗口，选中【身份证号码】列，单击【添加列】选项卡中的【提取】下拉按钮，在弹出的下拉列表中选择【分隔符之前的文本】选项，提取员工姓名，如图 10-116 所示。

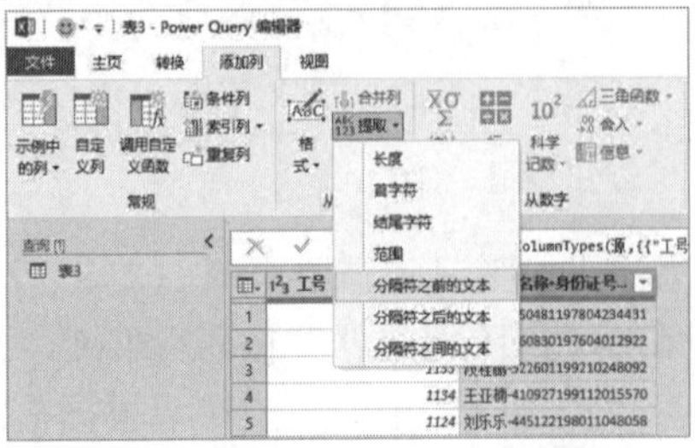

图 10-116

step 4 打开【分隔符之前的文本】对话框，在【分隔符】文本框中输入“-”，单击【确定】按钮，如图 10-117 所示。

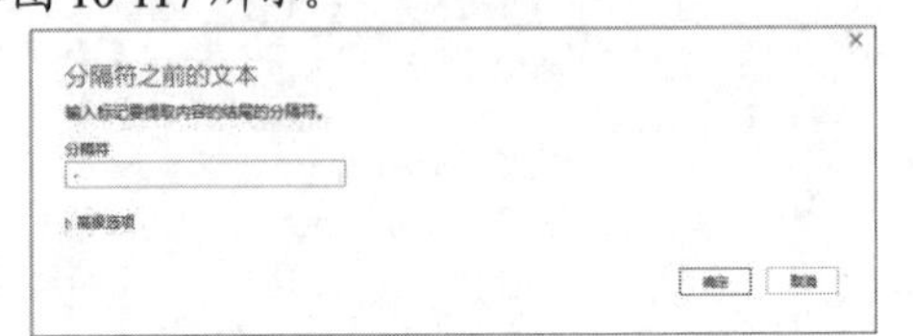

图 10-117

step 5 提取结束后，【Power Query 编辑器】窗口将增加一列，如图 10-118 所示。

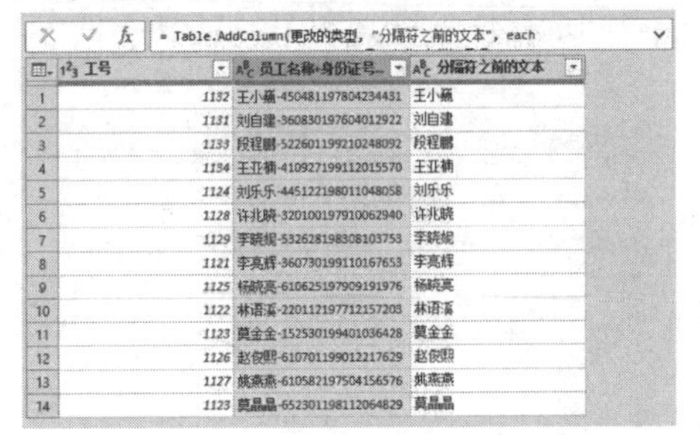

图 10-118

step 6 再次单击【提取】下拉按钮，在弹出的下拉列表中选择【分隔符之后的文本】选项，提取员工的身份证号码。

step 7 在【Power Query 编辑器】窗口中单击【主页】选项卡中的【关闭并上载】下拉按钮，在弹出的下拉列表中选择【关闭并上载至】选项。

step 8 打开【导入数据】对话框，选中【仅创建连接】单选按钮，单击【确定】按钮，如图 10-119 所示。

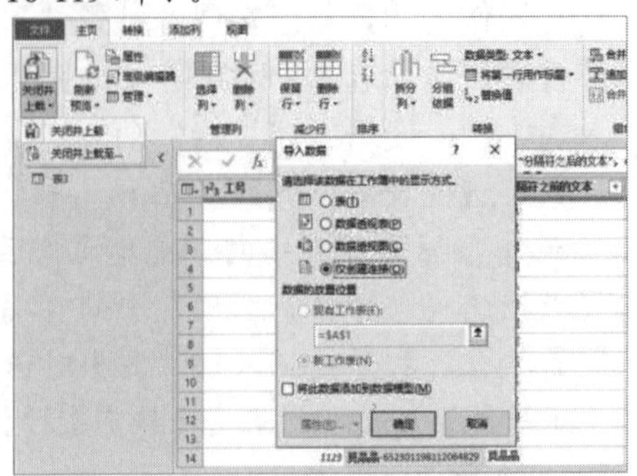

图 10-119

step 9 打开【查询&连接】窗格，右击创建的“表 1”查询，在弹出的快捷菜单中选择【加载到】命令，如图 10-120 所示。

图 10-120

step 10 打开【导入数据】对话框，选中【表】单选按钮，单击【现有工作表】输入框右侧的按钮，然后选中 D1 单元格，返回【导入数据】对话框，单击【确定】按钮，如图 10-121 所示。

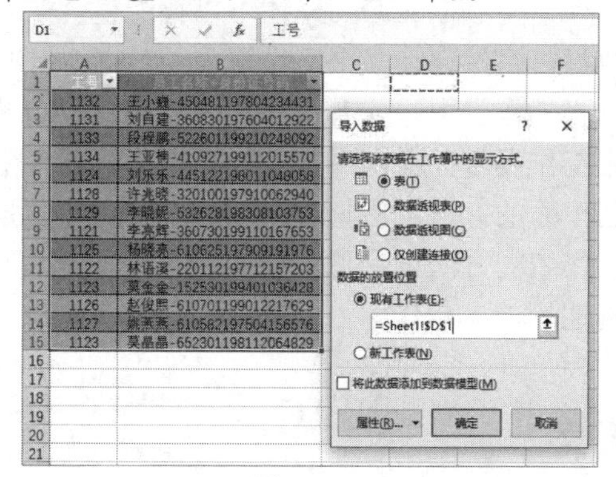

图 10-121

step 11 此时，将在工作表中导入图 10-122 所示的数据。

工号	员工名称+身份证号码	分隔符之前的文本	分隔符之后的文本
1132	王小巍-450481197804234431	王小巍	450481197804234431
1131	刘自建-360830197604012922	刘自建	360830197604012922
1133	段程鹏-522601199210248092	段程鹏	522601199210248092
1134	王亚楠-410927199112015570	王亚楠	410927199112015570
1124	刘乐乐-445122198011048058	刘乐乐	445122198011048058
1128	许兆晓-320100197910062940	许兆晓	320100197910062940
1129	李晓妮-532628198308103753	李晓妮	532628198308103753
1121	李亮辉-360730199110167653	李亮辉	360730199110167653
1125	杨晓亮-610625197909191976	杨晓亮	610625197909191976
1122	林语溪-220112197712157203	林语溪	220112197712157203
1123	莫金金-152530199401036428	莫金金	152530199401036428
1126	赵俊熙-610701199012217629	赵俊熙	610701199012217629
1127	姚燕燕-610582197504156576	姚燕燕	610582197504156576
1123	莫晶晶-652301198112064829	莫晶晶	652301198112064829

图 10-122

由于图10-122所示的表格由 Power Query 生成，因此结果报表可以跟随数据源的变动而同步更新。用户在数据源中更改数据后，单击【查询】选项卡中的【刷新】按钮即可更新数据。

10.4.2　数据转换

Power Query 不但可以智能提取数据，还可以智能转换数据。例如图 10-123 所示为某公司库房的库存信息表，现在需要将该表格从二维表格转换为一维结构。

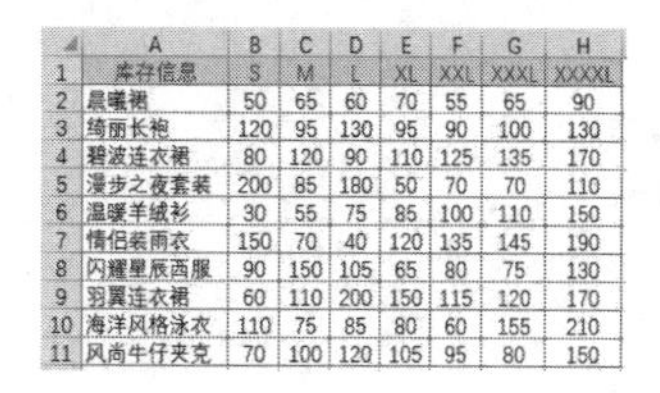

库存信息	S	M	L	XL	XXL	XXXL	XXXXL
晨曦裙	50	65	60	70	55	65	90
绮丽长袍	120	95	130	95	90	100	130
碧波连衣裙	80	120	90	110	125	135	170
漫步之夜套装	200	85	180	50	70	70	110
温暖羊绒衫	30	55	75	85	100	110	150
情侣装雨衣	150	70	40	120	135	145	190
闪耀星辰西服	90	150	105	65	80	75	130
羽翼连衣裙	60	110	200	150	115	120	170
海洋风格泳衣	110	75	85	80	60	155	210
风尚牛仔夹克	70	100	120	105	95	80	150

图 10-123

使用 Power Query 转换表格数据结构的具体操作方法如下。

step 1 选中数据源中的任意一个单元格后，单击【数据】选项卡中的【来自表格/区域】按钮，打开【创建表】对话框，单击【确定】按钮。

step 2 打开【Power Query 编辑器】窗口，选中【库存信息】列，单击【转换】选项卡中的【逆透视列】下拉按钮，在弹出的下拉列表中选择【逆透视其他列】选项，如图 10-124 所示。

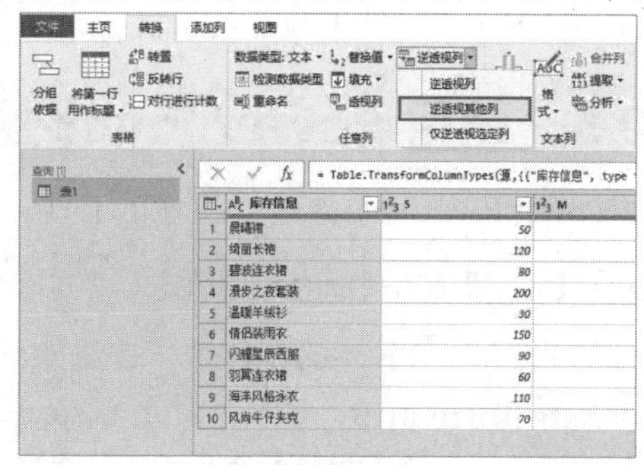

图 10-124

step 3 Power Query 执行逆透视列功能，将库存表中各种尺寸的字段信息从列方向转换为行方向。

step 4 根据图 10-125 所示表格内容修改字段名称。

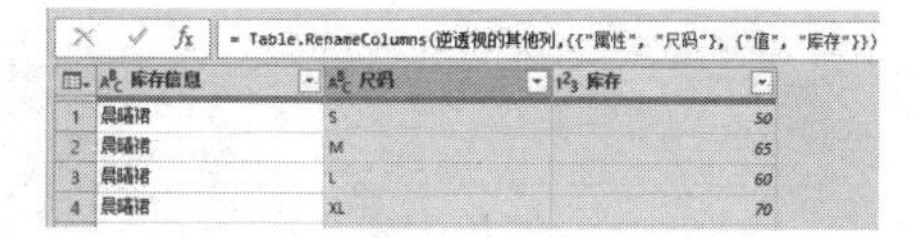

图 10-125

step 5 单击【文件】下拉按钮，在弹出的下拉列表中选择【关闭并上载至】选项，如图 10-126 所示。

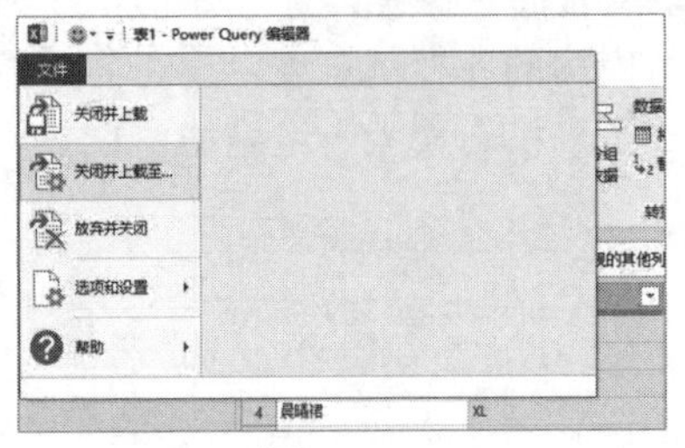

图 10-126

step 6 打开【导入数据】对话框，设置在现有工作表的J1单元格加载Power Query编辑器中的转换结果，如图 10-127 所示。

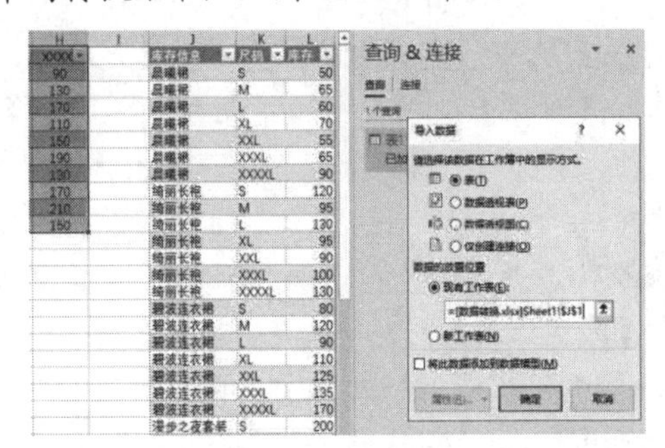

图 10-127

完成以上操作后，工作表右侧的转换结果可以根据左侧数据源的变动而同步更新。如果在左侧数据源中新增一个字段，右击右侧的结果表格，在弹出的快捷菜单中选择【刷新】命令可以将结果同步更新，如图 10-128 所示。

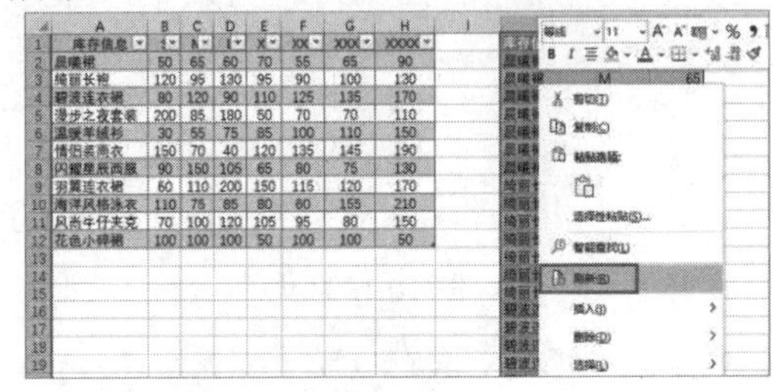

图 10-128

10.4.3 数据整合

使用 Power Query 还可以智能整合多表数据，将保存在多个工作簿中的数据合并在一张工作表中，或者将同一个工作簿中的多张工作表合并在同一张工作表中。合并多个工作簿的方法可参见本书 3.1.6 节，合并多张工作表的方法可参见本书 3.2.6 节，这里不再赘述。

10.5 使用 Power Pivot 数据建模

Power Pivot 是数据建模和分析工具，可以用于处理大量数据和创建高级数据分析报告。

10.5.1 加载 Power Pivot

加载 Power Pivot 的具体操作方法如下。

step 1 依次按 Alt、T、O 键，打开【Excel 选项】对话框，选择【加载】选项卡，设置【管理】为【COM 加载项】后单击【转到】按钮，如图 10-129 所示。

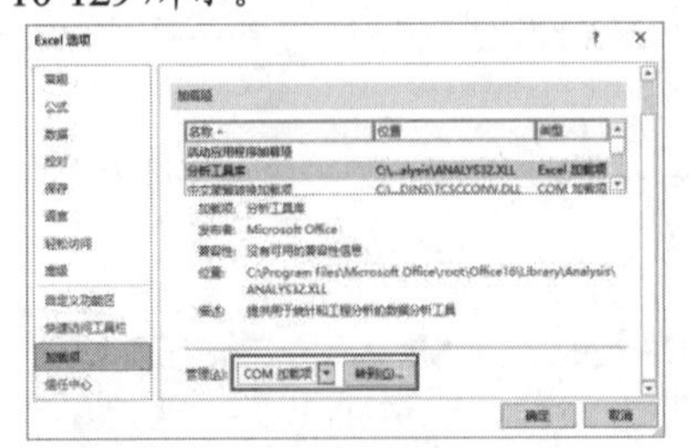

图 10-129

step 2 在打开的【COM 加载项】对话框中选中【Microsoft Power Pivot for Excel】复选框后，单击【确定】按钮，如图 10-130 所示。

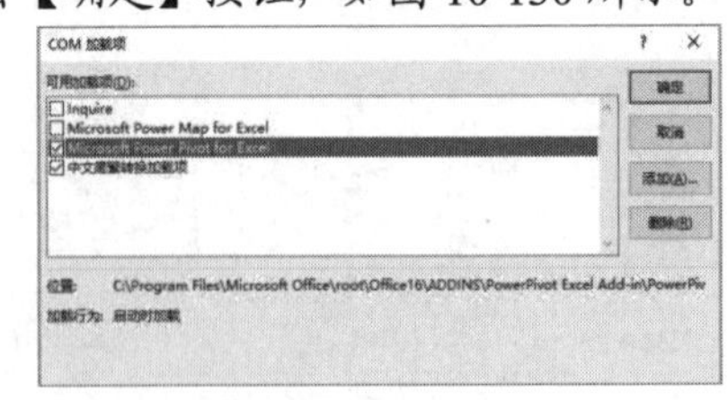

图 10-130

step 3 加载成功后，Excel 功能区会增加 Power Pivot 选项卡，如图 10-131 所示。

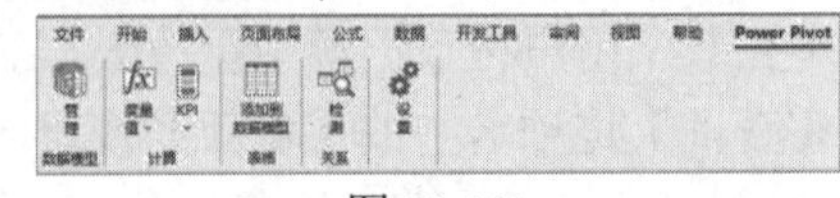

图 10-131

10.5.2　智能计算表数据

使用 Power Pivot 可以智能计算数据表中的数据。以图 10-132 所示的企业销售订单表为例，使用 Power Pivot 可以从销售记录中按照日期和店铺计算销售金额和不重复客户数。

	A	B	C	D	E
1	销售日期	订单编号	店铺名称	金额	客户名称
2	2023/3/1	DT-00021	风尚小店	2845	雪儿
3	2023/3/1	DT-00022	悦享茶坊	7892	小天使
4	2023/3/1	DT-00023	时尚精品店	5476	珊珊
5	2023/3/1	DT-00024	美食天堂	1934	心语
6	2023/3/1	DT-00024	美食天堂	1934	心语
7	2023/3/3	DT-00026	风尚小店	3567	小天使
8	2023/3/2	DT-00027	悦享茶坊	8723	海蓝
9	2023/3/2	DT-00028	时尚精品店	4198	心语
10	2023/3/2	DT-00029	美食天堂	5864	珊珊
11	2023/3/3	DT-00030	梦幻精品店	2463	小天使
12	2023/3/5	DT-00031	悦享茶坊	7354	海蓝
13	2023/3/5	DT-00032	时尚精品店	9257	心语
14	2023/3/5	DT-00032	时尚精品店	9257	心语
15	2023/3/6	DT-00034	梦幻精品店	6890	海蓝
16	2023/3/6	DT-00035	风尚小店	1547	心语
17	2023/3/6	DT-00036	悦享茶坊	4792	珊珊
18	2023/3/6	DT-00037	时尚精品店	3126	小天使
19	2023/3/6	DT-00038	时尚精品店	8715	海蓝

图 10-132

根据需求将企业的业务目的分解为两个：第一个目的是按照销售日期和店铺名称汇总金额；第二个目的是按照销售日期和店铺名称统计不重复的客户数。其中第一个目的使用普通数据透视表即可实现，而第二个目的涉及多条件非重复计数统计，因此使用普通数据透视表很难满足对应需求，需要借助 Power Pivot 进行计算，具体操作如下。

step 1 选中数据表中的任意单元格后，单击【插入】选项卡中的【数据透视表】按钮，在打开的【创建数据透视表】对话框中选中【将此数据添加到数据模型】复选框后单击【确定】按钮，在新工作表中创建数据透视表，如图 10-133 所示。

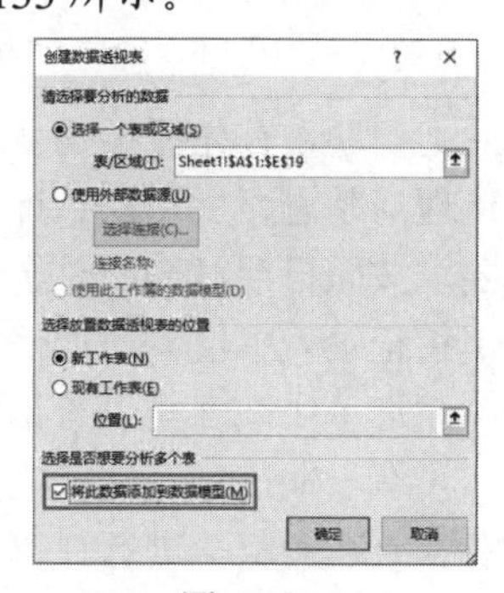

图 10-133

step 2 打开【数据透视表字段】窗格后设置图 10-134 所示的字段。当前的报表布局并不符合大多数人的阅读习惯，因为数据透视表行字段中的“销售日期”和“店铺名称”是同时压缩在 A 列显示的，这是由于创建的默认数据透视表的报表布局是压缩形式。

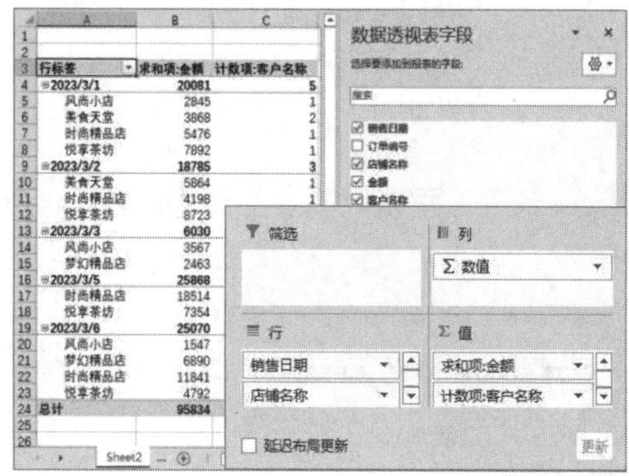

图 10-134

step 3 单击【设计】选项卡中的【报表布局】下拉按钮，在弹出的下拉列表中选择【以表格形式显示】选项，将报表布局转换为表格形式。转换为表格形式显示报表布局的数据透视表会将行字段分列放置并显示字段名称，如图 10-135 所示。

	A	B	C	D
1				
2				
3	销售日期	店铺名称	以下项目的总和:金额	以下项目的计数:客户名称
4	⊟2023/3/1	风尚小店	2845	1
5		美食天堂	3868	2
6		时尚精品店	5476	1
7		悦享茶坊	7892	1
8	⊟2023/3/2	美食天堂	5864	1
9		时尚精品店	4198	1
10		悦享茶坊	8723	1
11	⊟2023/3/3	风尚小店	3567	1
12		梦幻精品店	2463	1
13	⊟2023/3/5	时尚精品店	18514	2
14		悦享茶坊	7354	1
15	⊟2023/3/6	风尚小店	1547	1
16		梦幻精品店	6890	1
17		时尚精品店	11841	2
18		悦享茶坊	4792	1
19	总计		95834	18

图 10-135

step 4 当前数据透视表中 D 列的客户名称计数结果是包含重复客户的，要想排除重复值再进行统计可以通过右击【以下项目的计数：客户名称】列中的任意单元格，在弹出的快捷菜单中选择【值汇总依据】|【其他选项】命令来实现。

step 5 打开【值字段设置】对话框，选择【非重复计数】选项，单击【确定】按钮，如图 10-136 所示。

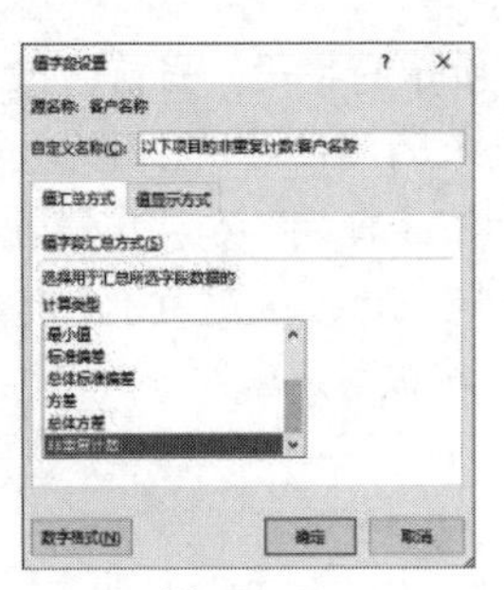

图 10-136

step 6 设置非重复计数后，结果如图 10-137 所示。

	A	B	C	D
1				
2				
3	销售日期	店铺名称	以下项目的总和:金额	以下项目的非重复计数:客户名称
4	⊟2023/3/1	风尚小店	2845	1
5		美食天堂	3868	1
6		时尚精品店	5476	1
7		悦享茶坊	7892	1
8	⊟2023/3/2	美食天堂	5864	1
9		时尚精品店	4198	1
10		悦享茶坊	8723	1
11	⊟2023/3/3	风尚小店	3567	1
12		梦幻精品店	2463	1
13	⊟2023/3/5	时尚精品店	18514	1
14		悦享茶坊	7354	1
15	⊟2023/3/6	风尚小店	1547	1
16		梦幻精品店	6890	1
17		时尚精品店	11841	2
18		悦享茶坊	4792	1
19	总计		95834	5

图 10-137

step 7 当前数据透视表中的“销售日期”字段并非每行填充，可以单击【设计】选项卡中的【报表布局】下拉按钮，在弹出的下拉列表中选择【重复所有项目标签】选项，日期字段将每行填充，如图 10-138 所示。

文件 开始 插入 页面布局 公式 数据 开发工具 审阅 视图 帮助 Power
分类汇总 总计 报表布局 空行 行标题 镶边行 列标题 镶边列
布局 选项 数据透视表样式
以压缩形式显示(C)
以大纲形式显示(O)
以表格形式显示(T)
重复所有项目标签(R)
不重复项目标签(N)
D4

	A	B	C	D
1				
2				
3	销售日期		的总和:金额	以下项目的非重复计数:客户名称
4	⊟20		2845	1
5	20		3868	1
6	20		5476	1
7	20		7892	1
8	⊟20		5864	1
9	2023/3/2	时尚精品店	4198	1
10	2023/3/2	悦享茶坊	8723	1
11	⊟2023/3/3	风尚小店	3567	1
12	2023/3/3	梦幻精品店	2463	1
13	⊟2023/3/5	时尚精品店	18514	1
14	2023/3/5	悦享茶坊	7354	1
15	⊟2023/3/6	风尚小店	1547	1
16	2023/3/6	梦幻精品店	6890	1
17	2023/3/6	时尚精品店	11841	2
18	2023/3/6	悦享茶坊	4792	1
19	总计		95834	5

图 10-138

step 8 最后根据实际需求对数据透视表字段名称进行规范，选中 C3 和 D3 单元格并输入字段名称，结果如图 10-139 所示。

	A	B	C	D	E
1					
2					
3	销售日期	店铺名称	金额	客户数	
4	⊟2023/3/1	风尚小店	2845	1	
5	2023/3/1	美食天堂	3868	1	
6	2023/3/1	时尚精品店	5476	1	
7	2023/3/1	悦享茶坊	7892	1	
8	⊟2023/3/2	美食天堂	5864	1	
9	2023/3/2	时尚精品店	4198	1	
10	2023/3/2	悦享茶坊	8723	1	
11	⊟2023/3/3	风尚小店	3567	1	
12	2023/3/3	梦幻精品店	2463	1	
13	⊟2023/3/5	时尚精品店	18514	1	
14	2023/3/5	悦享茶坊	7354	1	
15	⊟2023/3/6	风尚小店	1547	1	
16	2023/3/6	梦幻精品店	6890	1	
17	2023/3/6	时尚精品店	11841	2	
18	2023/3/6	悦享茶坊	4792	1	
19	总计		95834	5	

图 10-139

如此，可以实现多条件分类汇总和非重复计数统计的智能数据计算。

10.5.3 智能分析表数据

Power Pivot 不但可以针对单表数据进行智能计算，而且可以对多表数据进行智能分析。以图 10-140 所示的销售记录表和订单明细表为例，要求根据销售记录表和订单明细表进行汇总分析，得到各销售日期下各产品名称的总金额。

	A	B	C	D	E
1	销售日期	订单编号	快递公司	发货地址	手机号码
2	2023/3/1	DT-00021	韵达	北京	13650839988
3	2023/3/1	DT-00022	韵达	上海	13650971168
4	2023/3/1	DT-00023	韵达	天津	13660002468
5	2023/3/1	DT-00024	申通	武汉	13660132220
6	2023/3/1	DT-00024	顺丰	南京	13660355556
7	2023/3/3	DT-00026	顺丰	杭州	13660595551
8	2023/3/2	DT-00027	申通	杭州	13660709997
9	2023/3/2	DT-00028	申通	杭州	13660710005
10	2023/3/2	DT-00029	中通	北京	13650971110
11	2023/3/3	DT-00030	中通	北京	13660021115
12	2023/3/5	DT-00031	中通	北京	13660686606
13	2023/3/5	DT-00032	韵达	上海	13660710003
14	2023/3/5	DT-00032	顺丰	上海	17688889999
15	2023/3/6	DT-00034	申通	武汉	18520000002
16	2023/3/6	DT-00035	申通	武汉	18688877777
17	2023/3/6	DT-00036	申通	南京	13316000000
18	2023/3/6	DT-00037	顺丰	南京	18688888368
19	2023/3/6	DT-00038	韵达	南京	18922229999

销售记录表

	A	B	C	D
1	订单编号	产品名称	销售单价	数量
2	DT-00021	炫彩笔	39	7
3	DT-00022	智慧镜	78	13
4	DT-00023	快乐球	54	5
5	DT-00024	智慧镜	92	25
6	DT-00024	轻便背包	67	12
7	DT-00026	智慧镜	22	18
8	DT-00027	炫彩笔	58	9
9	DT-00028	炫彩笔	81	21
10	DT-00029	轻便背包	43	3
11	DT-00030	轻便背包	71	16
12	DT-00031	快乐球	96	4
13	DT-00032	快乐球	63	11
14	DT-00032	炫彩笔	29	8
15	DT-00034	智慧镜	51	19
16	DT-00035	轻便背包	85	2
17	DT-00036	智慧镜	47	15
18	DT-00037	炫彩笔	74	6
19	DT-00038	炫彩笔	36	10

订单明细表

图 10-140

遇到此类问题，首先要根据业务目的拆分需求，梳理清楚思路后再动手计算。

企业要求按照日期对产品总金额进行汇总，但是销售记录表中仅有日期信息却没有金额信息，而订单明细表里仅有销售单价和数量信息却没有日期信息，这就需要先将两张表的信息整合在一起再进行计算和分析。

通过观察销售记录表和订单明细表，可以发现两张表同时包含“订单编号”信息，且销售记录表中的每个订单编号对应着订单明细表中的多个销售记录，可以借助 Power Pivot 按照“订单编号”关联销售记录表和订单明细表数据。具体操作方法如下。

step 1 为了使导入 Power Pivot 数据模型中的表格具有良好的含义标识，在导出之前先按 Ctrl+T 快捷键将数据源转换为超级表，并为销售记录表设置表名称“销售记录表”，如图 10-141 所示。

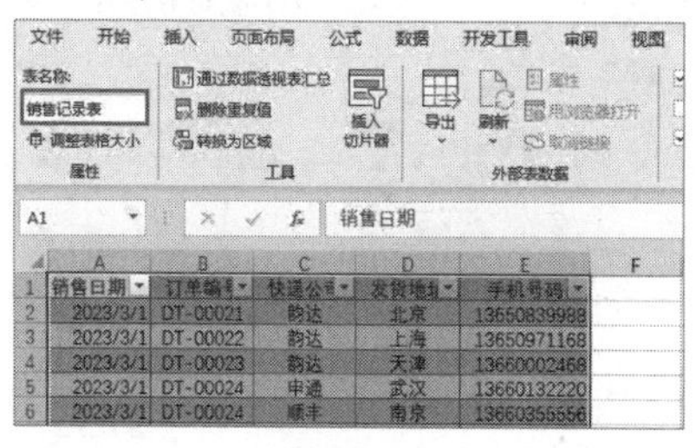

图 10-141

step 2 按 Ctrl+T 快捷键将订单明细表转换为超级表，并设置其表名称为“订单明细表”，如图 10-142 所示。

图 10-142

step 3 在准备好超级表后，需要将它们添加到 Power Pivot 数据模型中。选中“订单明细表”中的 A1 单元格，单击 Power Pivot 选项卡中的【添加到数据模型】按钮，如图 10-143 所示。

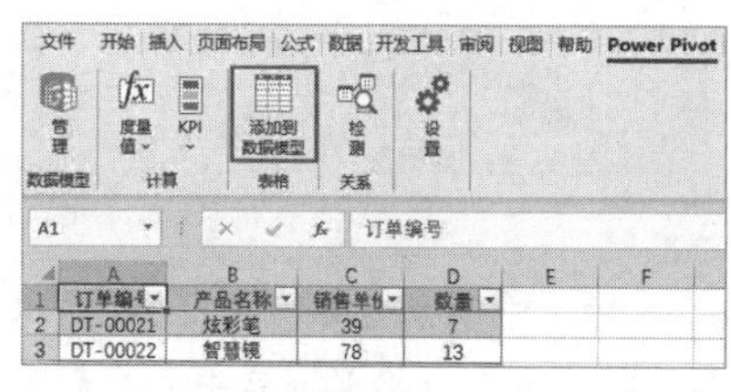

图 10-143

step 4 打开 Power Pivot for Excel 窗口，将订单明细表添加到 Power Pivot 数据模型，如图 10-144 所示。

	订单编号	产品名称	销售单价	数量	添加列
1	DT-00021	炫彩笔	39	7	
2	DT-00022	智慧镜	78	13	
3	DT-00023	快乐球	54	5	
4	DT-00024	智慧镜	92	25	
5	DT-00024	轻便背包	67	12	
6	DT-00026	智慧镜	22	18	
7	DT-00027	炫彩笔	58	9	
8	DT-00028	炫彩笔	81	21	
9	DT-00029	轻便背包	43	3	
10	DT-00030	轻便背包	71	16	
11	DT-00031	快乐球	96	4	
12	DT-00032	快乐球	63	11	
13	DT-00032	炫彩笔	29	8	
14	DT-00034	智慧镜	51	19	
15	DT-00035	轻便背包	85	2	
16	DT-00036	智慧镜	47	15	
17	DT-00037	炫彩笔	74	6	
18	DT-00038	炫彩笔	36	10	

图 10-144

step 5 将销售记录表也添加到 Power Pivot 数据模型，添加完毕后可在 Power Pivot 数据模型中查看到从 Excel 导入的表名称，如图 10-145 所示。

	销售日期	订单编号	快递公司	发货地址	手机号码	添加列
1	2023/3/1 0:0...	DT-00021	韵达	北京	13650839988	
2	2023/3/1 0:0...	DT-00022	韵达	上海	13650971168	
3	2023/3/1 0:0...	DT-00023	韵达	天津	13660002468	
4	2023/3/1 0:0...	DT-00024	申通	武汉	13660132220	
5	2023/3/1 0:0...	DT-00024	顺丰	南京	13660355556	
6	2023/3/3 0:0...	DT-00026	顺丰	杭州	13660595551	
7	2023/3/2 0:0...	DT-00027	申通	杭州	13660709997	
8	2023/3/2 0:0...	DT-00028	申通	杭州	13660710005	
9	2023/3/2 0:0...	DT-00029	中通	北京	13650971110	
10	2023/3/3 0:0...	DT-00030	中通	北京	13660021115	
11	2023/3/5 0:0...	DT-00031	中通	北京	13660686606	
12	2023/3/5 0:0...	DT-00032	韵达	上海	13660710003	
13	2023/3/5 0:0...	DT-00032	顺丰	上海	17688889999	
14	2023/3/6 0:0...	DT-00034	申通	武汉	18520000002	
15	2023/3/6 0:0...	DT-00035	申通	武汉	18688877777	
16	2023/3/6 0:0...	DT-00036	申通	南京	13316000000	
17	2023/3/6 0:0...	DT-00037	顺丰	南京	18688888368	
18	2023/3/6 0:0...	DT-00038	韵达	南京	18922229999	

图 10-145

step 6 在 Power Pivot 数据模型中选中订单明细表，然后在下方的区域中选中任意位置，在编辑栏中输入公式，添加度量值“总金额”(输入公式时注意使用英文半角符号，并且利用单引号“'”显示表名称及字段的下拉菜单)。例如，在编辑栏中输入“总金额:=SUMX('”时，显示的下拉菜单如图 10-146 所示。

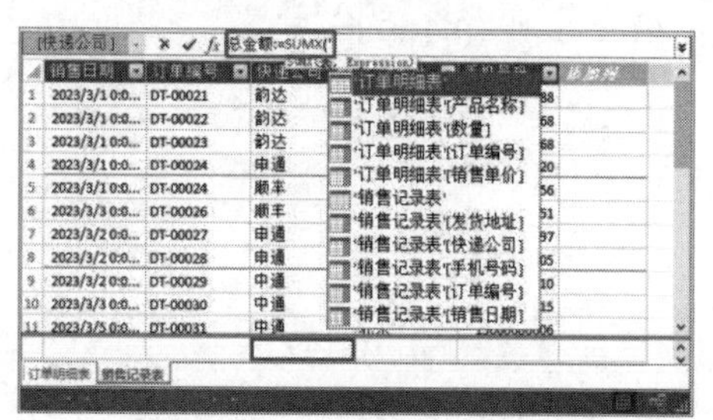

图 10-146

在图 10-146 所示的下拉菜单中双击对应项目即可将其输入编辑栏中，利用该方法输入以下 DAX 公式。

```
总金额:=SUMX('订单明细表','订单明细表'[销售单价]*'订单明细表'[数量])
```

输入完毕后的度量值及计算结果在 Power Pivot 数据模型下方区域中可见，如图 10-147 所示。

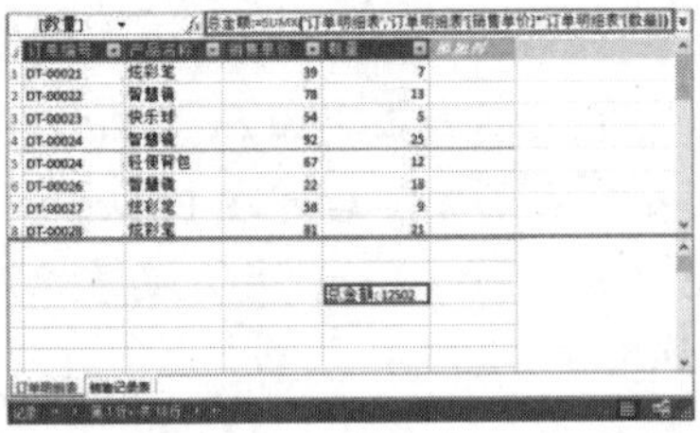

图 10-147

step 7 由于订单明细表和销售记录表要按照“订单编号”进行关联，需要激活【查看】命令组中的【关系图视图】切换按钮，将 Power Pivot 数据模型由默认的数据视图转换为关系图视图显示，如图 10-148 所示。

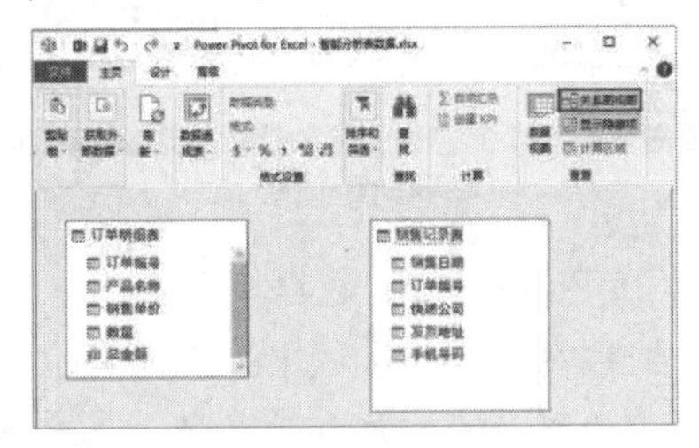

图 10-148

step 8 在“订单明细表”中单击【订单编号】字段，按住鼠标左键不放，将其拖动至“销售记录表”的【订单编号】字段上再松开鼠标左键，如图 10-149 所示。

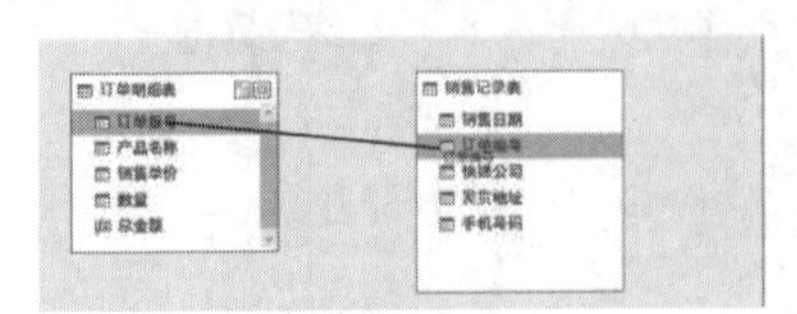

图 10-149

step 9 此时两个表格按照“订单编号”建立关联后，可从销售记录表到订单明细表建立一对多关系，如图 10-150 所示。

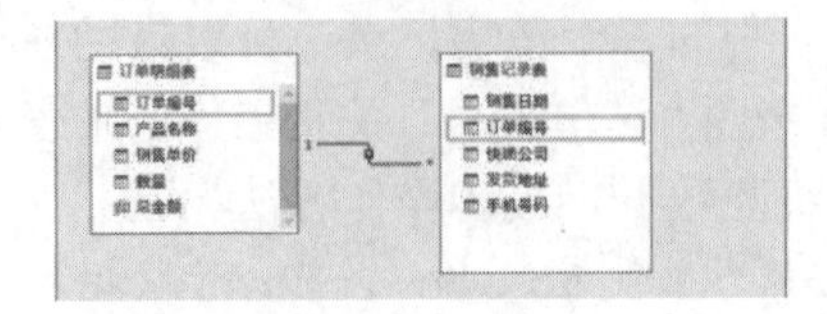

图 10-150

step 10 单击【主页】选项卡中的【数据透视表】下拉按钮，在弹出的下拉列表中选择【数据透视表】选项，如图 10-151 所示。

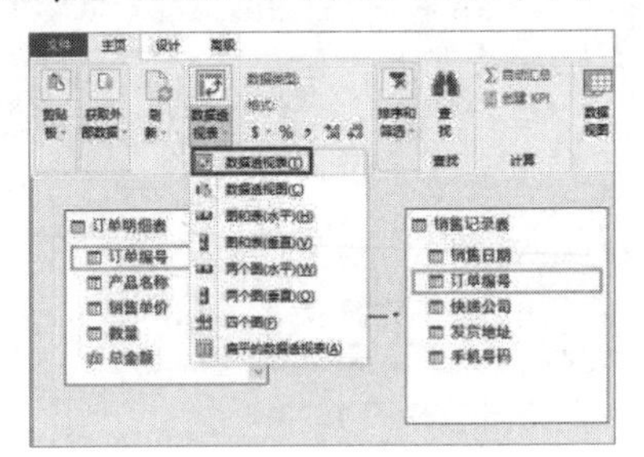

图 10-151

step 11 打开【创建数据透视表】对话框，单击【确定】按钮，如图 10-152 所示。

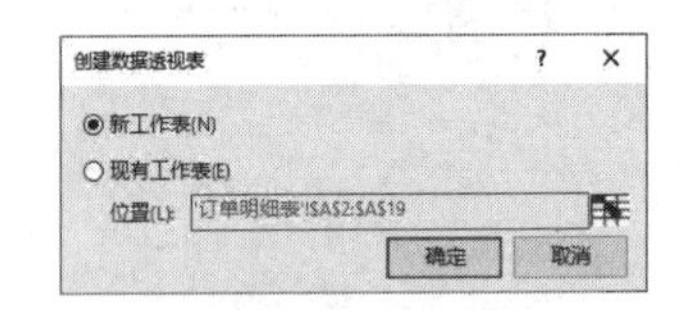

图 10-152

step 12 在新建的工作表中右击鼠标，从弹出的快捷菜单中选择【显示字段列表】命令，如图 10-153 所示。

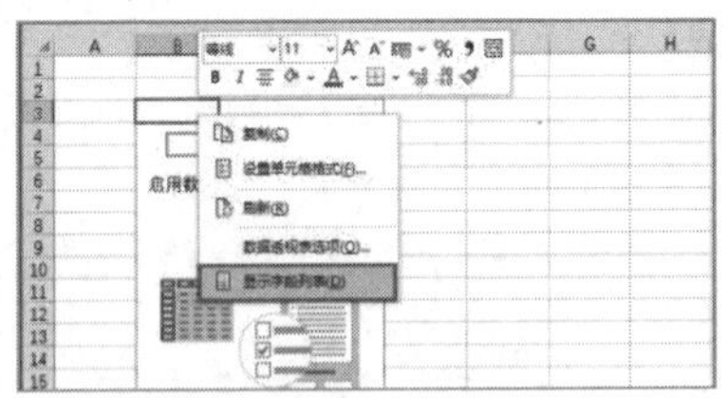

图 10-153

step 13 此时，在数据透视表字段区域中可见数据模型中的多个表名称，单击表名称可以展开对应的表字段。单击【数据透视表字段】窗格右上角的【工具】下拉按钮，在弹出的下拉列表中选择【字段节和区域节并排】选项，如图 10-154 所示。

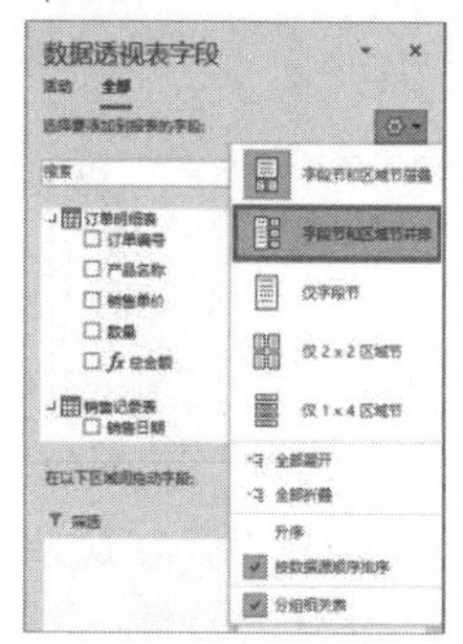

图 10-154

step 14 按企业需求设置数据透视表字段布局，如图 10-155 所示。

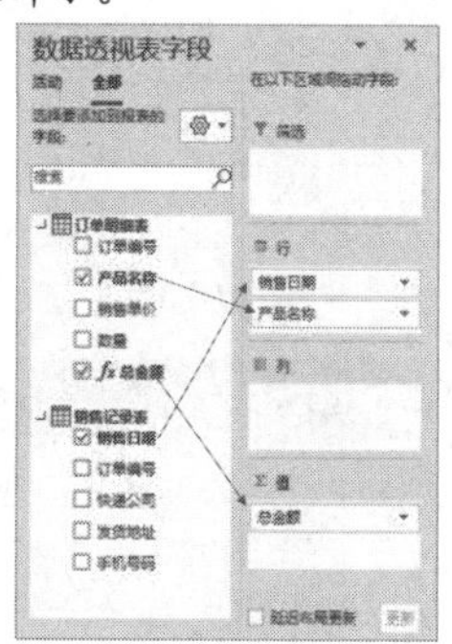

图 10-155

step 15 单击【设计】选项卡中的【报表布局】下拉按钮，在弹出的下拉列表中选择【以表格形式显示】选项，将数据透视表布局转换为“以表格形式显示”。

step 16 再次单击【设计】选项卡中的【报表布局】下拉按钮，在弹出的下拉列表中选择【重复所有项目标签】选项，设置数据透视表重复所有项目标签。

完成以上操作后，利用 Power Pivot 可以快速实现多表数据智能计算和数据分析。表格的最终效果如图 10-156 所示。

图 10-156

10.6　案例演练

本章主要介绍了 Excel 中的常用数据分析工具。下面的案例演练部分，将通过操作帮助用户进一步巩固所学的知识。

【例 10-6】在图 10-157 所示的数据表中，使用 Alt+=快捷键完成对小计和总计的分类汇总。

视频+素材 (素材文件\第 10 章\例 10-6)

	A	B	C	D	E
1		1月	2月	3月	总计
2	美食天堂	128	301	604	
3	悦享茶坊	362	475	879	
4	风尚小店	543	692	235	
5	小计				
6	欣然家居	789	586	718	
7	时尚潮店	456	913	326	
8	美味食府	278	827	594	
9	小计				
10	灵感创意	921	364	407	
11	瑜伽之家	637	519	152	
12	养生堂馆	845	742	863	
13	小计				
14	总计				

图 10-157

step 1 选中 B2:E5 区域后，按 Alt+=快捷键，对第一组数据求和，如图 10-158 所示。

	A	B	C	D	E
1		1月	2月	3月	总计
2	美食天堂	128	301	604	1033
3	悦享茶坊	362	475	879	1716
4	风尚小店	543	692	235	1470
5	小计	1033	1468	1718	4219
6	欣然家居	789	586	718	
7	时尚潮店	456	913	326	
8	美味食府	278	827	594	
9	小计				
10	灵感创意	921	364	407	
11	瑜伽之家	637	519	152	
12	养生堂馆	845	742	863	
13	小计				
14	总计				

图 10-158

step 2 分别选中 B6:E9 区域和 B10:E13 区域后，按 Alt+=快捷键，对第二组和第三组数据求和，如图 10-159 所示。

	A	B	C	D	E
1		1月	2月	3月	总计
2	美食天堂	128	301	604	1033
3	悦享茶坊	362	475	879	1716
4	风尚小店	543	692	235	1470
5	小计	1033	1468	1718	4219
6	欣然家居	789	586	718	2093
7	时尚潮店	456	913	326	1695
8	美味食府	278	827	594	1699
9	小计	1523	2326	1638	5487
10	灵感创意	921	364	407	1692
11	瑜伽之家	637	519	152	1308
12	养生堂馆	845	742	863	2450
13	小计	2403	1625	1422	5450
14	总计				

图 10-159

step 3 按 Ctrl+A 快捷键选中整张数据表后，按 Alt+=快捷键，在第 14 行汇总表格数据，如图 10-160 所示。

	A	B	C	D	E
1		1月	2月	3月	总计
2	美食天堂	128	301	604	1033
3	悦享茶坊	362	475	879	1716
4	风尚小店	543	692	235	1470
5	小计	1033	1468	1718	4219
6	欣然家居	789	586	718	2093
7	时尚潮店	456	913	326	1695
8	美味食府	278	827	594	1699
9	小计	1523	2326	1638	5487
10	灵感创意	921	364	407	1692
11	瑜伽之家	637	519	152	1308
12	养生堂馆	845	742	863	2450
13	小计	2403	1625	1422	5450
14	总计	4959	5419	4778	15156

图 10-160

【例 10-7】当数据表处于“筛选”状态时，一旦设置了筛选条件，表中部分不满足条件的行便会被隐藏。此时若依旧使用常规编号，则会出现编号被一并隐藏的问题，导致无法按顺序自动编号。此时，可以使用 SUBTOTAL 函数对筛选表格进行编号，实现在筛选状态下显示顺序编号的效果。

视频+素材 (素材文件\第 10 章\例 10-7)

step 1 取消筛选状态后选中数据表中的编号列 A2:A12 区域，在地址栏中输入公式：

```
=SUBTOTAL(103,$B$1:B1)
```

按 Ctrl+Enter 快捷键，即可完成不受“筛选”功能影响的编号，如图 10-161 所示。

CONCATE... =SUBTOTAL(103,$B$1:B1)

	A	B	C	D	E	F	G	H	I
1	编号	员工姓名	所属部门	基本工资	工龄工资	福利补贴	提成奖金	加班工资	应发合计
2		刘佳琪	财务部	4500	450	900	1800	250	7900
3	2	孙浩然	财务部	4500	450	900	1800	250	7900
4	3	曹立阳	采购部	4800	480	1000	1900	280	8460
5	4	吴雅婷	技术部	5500	550	1200	2200	350	9800
6	5	郑瑞杰	人资源部	5500	550	1200	2200	350	9800
7	6	杨晨曦	人资源部	5500	550	1200	2200	350	9800
8	7	赵天宇	销售部	5000	500	1000	2000	300	8800
9	8	史文静	研发部	6000	600	1500	2500	400	11000
10	9	周美丽	研发部	6000	600	1500	2500	400	11000
11	10	崔继光	运营部	5200	520	1100	2100	320	9240
12	11	张晓晨	运营部	5000	500	1000	2000	300	8800
13	12	许雪婷	运营部	4800	480	1000	1900	280	8460

图 10-161

step 2 重新进入筛选状态，数据表“编号”列中的数据将不会受筛选影响，效果如图 10-162 所示。

B1 员工姓名

	A	B	C	D	E	F	G	H	I
1	编号	员工姓	所属部门	基本工	工龄工	福利补	提成奖	加班工	应发合
5	1	吴雅婷	技术部	5500	550	1200	2200	350	9800
6	2	郑瑞杰	人资源部	5500	550	1200	2200	350	9800
7	3	杨晨曦	人资源部	5500	550	1200	2200	350	9800
8	4	赵天宇	销售部	5000	500	1000	2000	300	8800
9	5	史文静	研发部	6000	600	1500	2500	400	11000
10	6	周美丽	研发部	6000	600	1500	2500	400	11000
11	7	崔继光	运营部	5200	520	1100	2100	320	9240
12	8	张晓晨	运营部	5000	500	1000	2000	300	8800
13	9	许雪婷	运营部	4800	480	1000	1900	280	8460

图 10-162

知识点滴

上例中 SUBTOTAL 函数是小计函数，常用于在表格末端做小计、总计等工作，是一个集成了多种函数的复合函数，它只对可见单元格进行统计，忽略隐藏单元格，在案例中正是利用了其忽略隐藏单元格的特性。可以看到 SUBTOTAL 函数的第 1 个参数为 103，这代表的是应用忽略隐藏单元格的 COUNTA 函数，该函数统计文本单元格个数的范围(BB1:B1)，其中起点是 B1 单元格，锁定不变；而终点也是 B1 单元格，但会随着公式在不同的单元格而变化，如在 A3 单元格中读取的就是 B1:B2 的范围、在 A5 中读取的就是 B1:B4 的范围，以此类推。因此，上例公式计算的是 B 列中当前行上方的可见单元格区域中有几个单元格是有存储的文本的，也因为数据表中“员工姓名”列均有人名，最终计算得到的编号便会依次递增，形成序号。

第 11 章

数据可视化工具

Excel 提供了多种数据可视化工具，能够以图表、图形和其他可视化元素的形式形象地反映数据的差异、构成比例或变化趋势，从而帮助用户更好地呈现和分析数据。

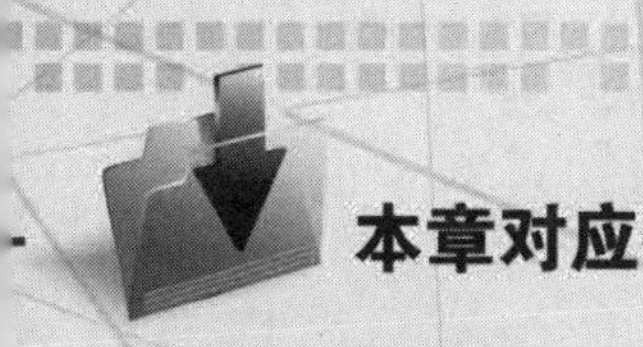

本章对应视频

例 11-1 使用图表呈现表格数据的比较
例 11-2 使用图表呈现表格部分数据
例 11-3 使用直方图分析并呈现数据
例 11-4 使用组合图表呈现数据趋势
例 11-5 使用图表呈现数据平均值
例 11-6 创建数据切换交互式图表
例 11-7 使用形状绘制百分比图表
本章其他视频参见视频二维码列表

11.1 使用图表呈现数据

在 Excel 中，图表常被用于可视化和分析数据。

图表能够将数据以图形形式直观地展示出来，使得数据更易于理解和分析。通过图表，用户可以快速把握数据的趋势、关系、差异等，从而更好地获取相关的信息并做出决策。图表还可以将多个数据系列进行比较，从而更容易发现数据之间的差异和关联。在会议、报告等演示场景中，通过图表可以生动地展示数据的关键点和结论，提升沟通的效果和说服力。

11.1.1 创建图表

图表的基础是数据，因此要创建图表，首先需要在工作表中准备好相应的数据。在 Excel 中，有 3 种常用的方法可以创建图表。

▶ 方法 1：选中数据后，使用【插入】选项卡【图表】命令组中的命令控件快速创建图表。

【例 11-1】图 11-1 所示为某部门 1~5 月计划与实际完成工作指标的数据，需要在 Excel 中使用这些数据创建一个图表呈现数据大小的比较。

视频+素材 (素材文件\第 11 章\例 11-1)

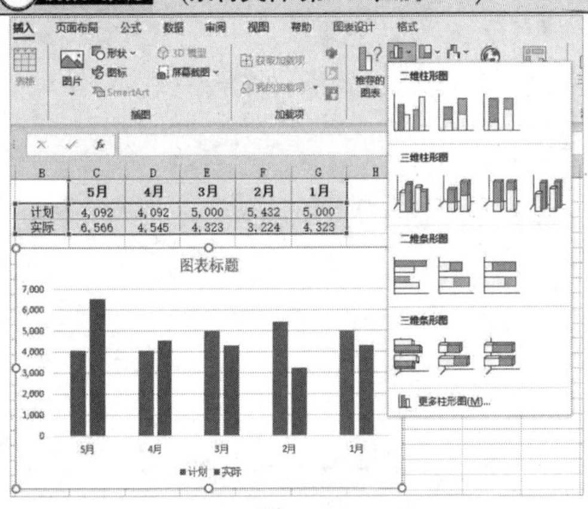

图 11-1

选中数据后，单击【插入】选项卡【图表】命令组中的【插入柱形图或条形图】下拉按钮，在弹出的下拉列表中选择一种图表类型即可。

▶ 方法 2：选中数据后，单击【图表】命令组右下角的对话框启动器，打开【插入图表】对话框创建图表。

【例 11-2】图 11-2 所示为某出版社新书开展打折促销活动以来，1~8 月的销量变化情况表。需要使用表格中的一部分数据，创建一个可以反映一段时间以来数据变化的图表。

视频+素材 (素材文件\第 11 章\例 11-2)

	A	B	C	D	E	F
1	年份	门店	月份	数量	单价	销售金额
2	2023	直营部	1月	189	8720	1648080
3	2023	直营部	2月	137	167	22879
4	2023	直营部	3月	105	13080	1373400
5	2023	直营部	4月	70	7500	525000
6	2023	直营部	5月	50	5100	255000
7	2023	直营部	6月	85	2200	187000
8	2023	直营部	7月	66	5600	369600
9	2023	直营部	8月	32	3700	118400

图 11-2

step 1 选中 D1:E9 区域后，单击【插入】选项卡【图表】命令组中的对话框启动器，打开【插入图表】对话框。

step 2 在【插入图表】对话框中选择【所有图表】选项卡，选中【漏斗图】选项，此时在对话框中将显示漏斗图的效果预览，如图 11-3 所示。单击【确定】按钮，将在工作表中创建相应的图表。

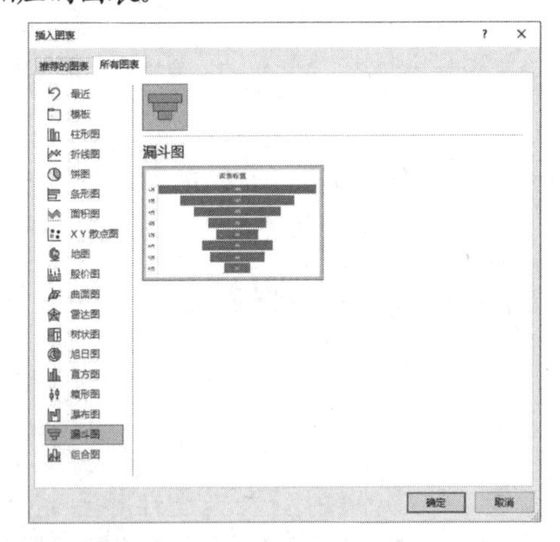

图 11-3

▶ 方法 3：选中数据后，按 F11 键或 Alt+F1 快捷键，可以快速创建图表(使用 Alt+F1 快捷键创建的是嵌入式图表，而使用 F11 快捷键创建的是图表工作表)。

Excel 内置多种类型的图表，常用的有柱形图、折线图、饼图、条形图、面积图、

XY 散点图、地图、股价图、曲面图、雷达图、树状图、旭日图、直方图、箱形图、瀑布图和漏斗图，不同的图表类型对于数据的表达各不相同。在创建图表时，用户可以按数据分析的目的来选择图表的类型，例如当需要比较数据大小时使用柱形图或者条形图；需要反映部分占整体比例时选择饼图或圆环图；需要显示随时间波动、趋势的变化时选择折线图或面积图；需要展示数据二级分类，可以选择旭日图；需要呈现数据累积效果时，选择瀑布图；需要分析数据分布区域时，选择直方图。

正确地选择图表类型，对准确传递信息至关重要。下面通过几个例子来介绍在创建图表时，如何按照分析目的选择合适的图表类型。

1. 比较数据大小

如图 11-4 所示，柱形图和条形图是用于比较数据大小的图表，将数据转换为图表后，对数据的大小比较就转换成了对柱状体高度或长度的比较，因此对于数据大小比较就更加直观了。

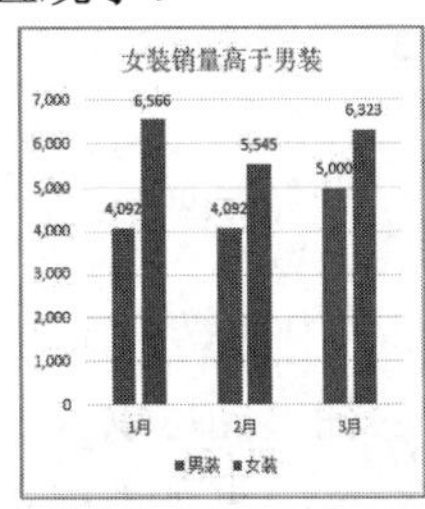

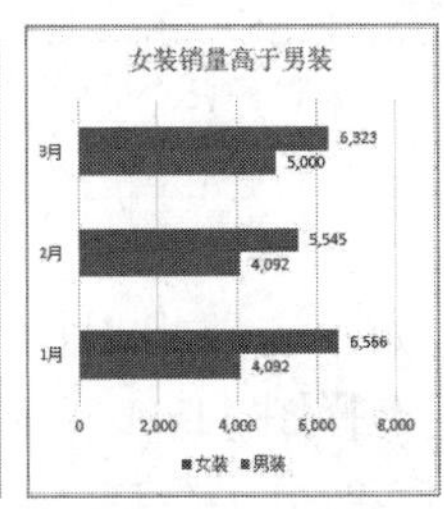

图 11-4

柱形图或条形图中又细分为簇状、堆积状、百分比状的图表，这些图表统统归为二维图表。如果柱子使用立体柱状，则称为三维图表。

图 11-5 左图所示为簇状柱形图，右图所示为堆积柱形图。这两个图表虽然都是柱形图，但显然两个图表所表达的是不同的。左图所示的簇状柱形图明确地表达了 1~3 月期间，每个月直营店的女装产品都高于男装产品，侧重于月份销售数据的比较。而在右图所示的堆积柱形图中，则更加直观地表达了男装和女装在 1~3 月中占总销售数据的比例(3 月份销量最高、2 月份最低)，重在对总销量的比较。

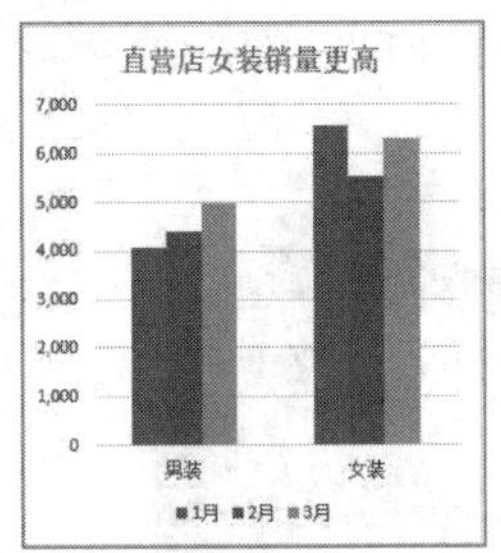

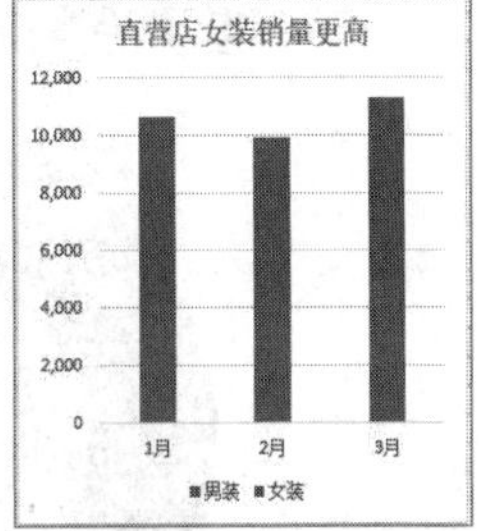

图 11-5

2. 计算部分占整体比例

计算部分占整体比例的图表是指用来显示不同部分与整体之间比例关系的图表。例如计算各个店铺的销售额占总销售额的百分比值，本月支出占全年支出金额的百分比，各个年龄段人员占总人数的百分比等。通常，计算部分占整体比例使用饼图或圆环图来表达。

以图 11-6 左图所示的饼图为例，该图表反映了某公司产品 1~4 季度的销量情况。其中最大的扇面是“四季度”，这直接反映了该季度中产品的销量最多，以及“四季度”销量超过全年销售总量的一半。

以图 11-6 右图所示的饼图为例，对图表进行修饰并添加标题，可以很好地体现图表中需要表达的重点。例如，这个饼图将最小的扇面拖出，并为其设置了对比色，强调了“一季度销售量未达到预期”。

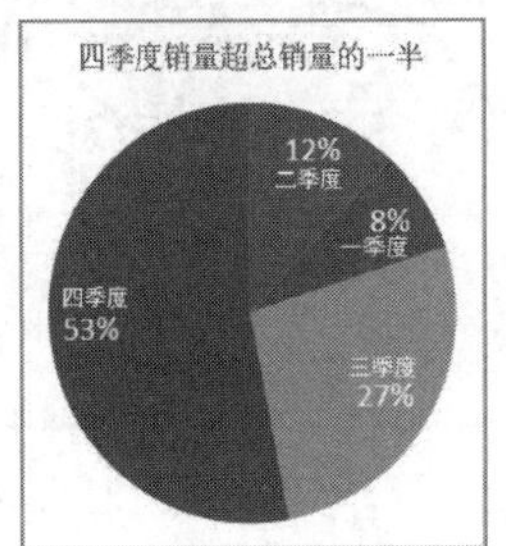

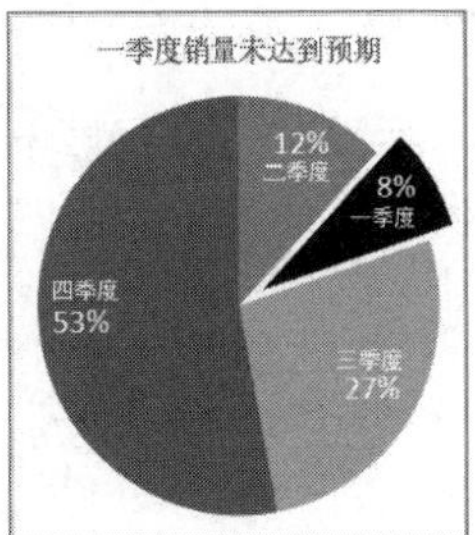

图 11-6

除了饼图，圆环图也可以表示局部与整体之间的关系，如图 11-7 所示。圆环图与饼图相比，饼图可以准确地显示每个部分相对

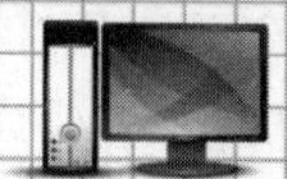

于整体的比例，而圆环图则可以同时显示子分类和主分类之间的比例关系。

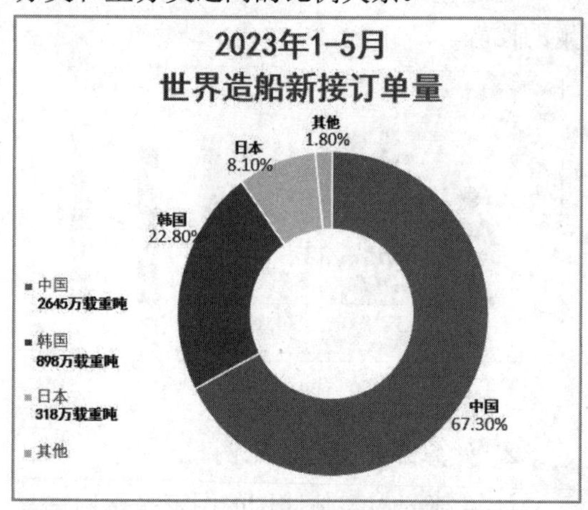

图 11-7

知识点滴

图表的标题是图表中的一个必要元素，用户可以通过标题文字阐明图表想要传达的信息。在创建图表时，标题的设置有两方面的要求：一是标题设置得要简短、鲜明；二是注意一定要将想传达的信息写入标题，以便能够快速引导阅读者理解图表所要表达的内容(观点)，读懂分析数据的目的。

3. 显示数据随时间变化的波动和趋势

如图 11-8 所示，折线图是一种用来展示数据随时间、顺序或其他有序变量而变化(波动)的图表。它通过将数据点连接起来形成折线来显示数据的趋势和变化。

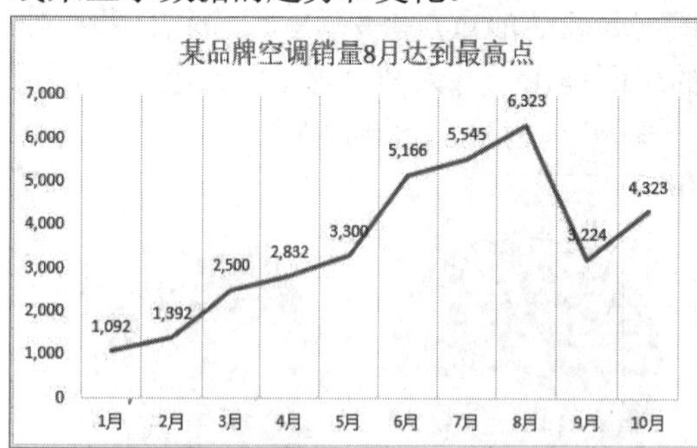

图 11-8

以图 11-8 所示的折线图为例，在该图表中可以直观地看到空调销量从 1 月到 8 月期间持续增加，在8月后开始降低，但在10月有所回升。

在显示数据随时间变化的趋势时，如果需要强调时间变化的幅度，也可以使用面积图。如图 11-9 所示，面积图和折线图类似，但是在折线下方的区域填充颜色，形成一个填充的面积。这种填充的面积通过强调数据点之间的相对大小来显示数据的变化趋势。

图 11-9

4. 展示数据二级分类

二级分类是指在大的一级分类下，还有下级的分类，甚至更多级别。图 11-10 所示的表格是某单位一季度的采购支出项目及金额，其中 3 月份记录了各项目的明细数据。

	A	B	C
1	月份	项目	金额(万元)
2	1月		9.27
3	2月		11.32
4	3月	纸张	0.76
5		办公电脑	5.32
6		汽车配件	7.13
7		清洁剂	1.23
8			

图 11-10

如果需要根据这张表中的数据创建图表，选择图 11-11 所示的柱形图可以体现 B 列的二级分类数据，但是无法直观地展示 3 月份的总支出金额。

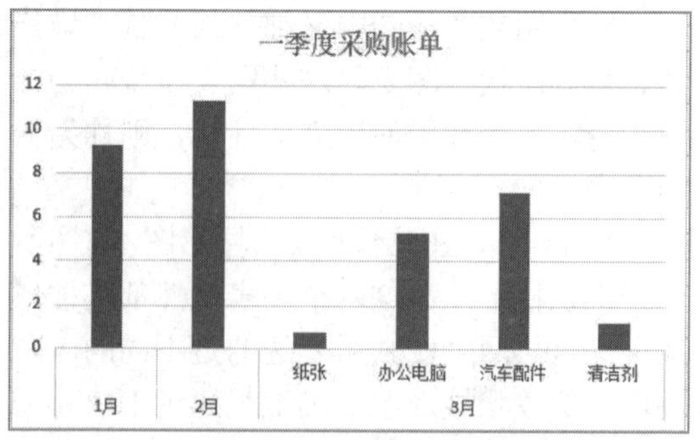

图 11-11

此时，使用旭日图就可以解决这个问题。

旭日图是一种圆形的层级饼图，用于呈

现层次结构数据的可视化。它通过圆形的半径和环扩展来表示不同的层级，并将每个层级划分为扇形区域，以显示数据的相对大小和比例关系，如图 11-12 所示。

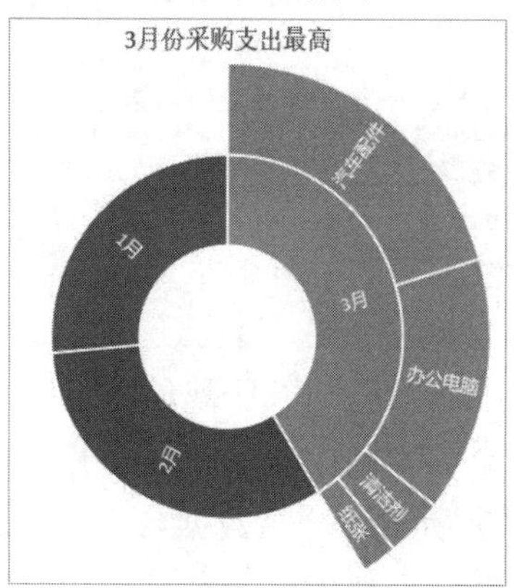

图 11-12

知识点滴

旭日图也用于展示具有层次结构的数据，例如组织架构、文件目录、产品分类等。每个扇形区域代表一个层级，并且扇形的角度大小表示该层级所占比例的大小。

5. 呈现数据累积结果

如图 11-13 所示，瀑布图的外观看起来像瀑布，它是柱形图的变形，可以很直观地显示数据增加与减少后的累积情况，常用于展示数据的变化。

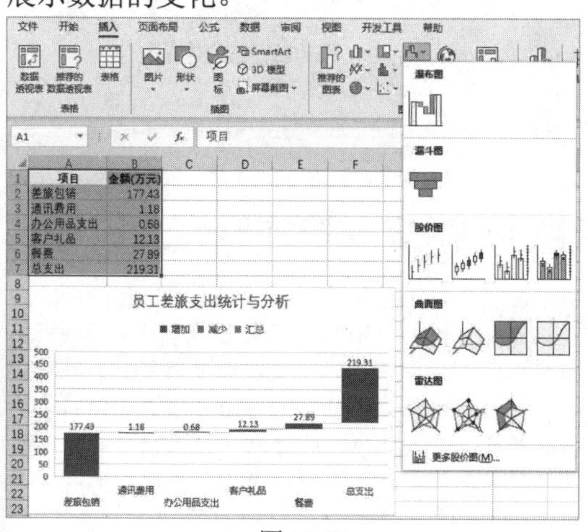

图 11-13

在需要观众理解一系列正值和负值对初始值的影响时，使用瀑布图非常有用。但也需要注意，瀑布图适用于展示数据的增减变化情况，如果数据之间没有连续的关联性，瀑布图可能不是最合适的图表类型。

6. 分析数据分布区域

直方图是一种用于表示数据分布的图表，通常与数据分析工具结合使用，它可以通过将数据分成若干区间并统计每个区间内的数据数量来展示数据的频率分布情况。利用直方图，可以让看似寻找不到规律的数据或大数据在瞬间呈现可分析的结果。

【例 11-3】在数据分析工具中使用直方图分析，并呈现某淘宝网店近 30 天以来的利润数据。

视频+素材 (素材文件\第 11 章\例 11-3)

step 1 打开数据表后在 C3 单元格中输入“=MAX(”，然后选中 A3 单元格后，按 Ctrl+Shift+↓快捷键选中 A 列中的每日利润数据，如图 11-14 所示。

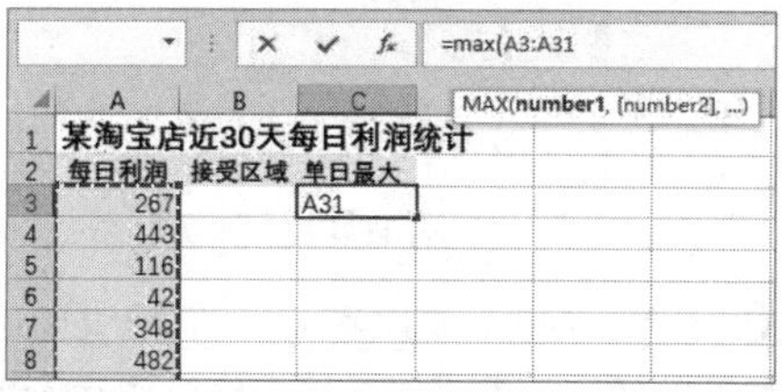

=max(A3:A31　　MAX(number1, [number2], ...)

	A	B	C
1	某淘宝店近30天每日利润统计		
2	每日利润	接受区域	单日最大
3	267		A31
4	443		
5	116		
6	42		
7	348		
8	482		

图 11-14

step 2 输入“)”后按 Ctrl+Enter 快捷键在 C3 单元格计算出近 30 天内单日最大利润值(本例为 497)。然后根据单日最大利润值在“接受区域”列设计使用直方图分析数据的分组档位(本例为每 100 分一组)，如图 11-15 所示。

	A	B	C
1	某淘宝店近30天每日利润统计		
2	每日利润	接受区域	单日最大
3	267	0	497
4	443	100	
5	116	200	
6	42	300	
7	348	400	
8	482	500	
9	217		

图 11-15

step 3 依次按 Alt、T、O 键打开【Excel 选项】对话框，选择【加载项】选项，在显示的选项区域中单击【转到】按钮，如图 11-16 所示。

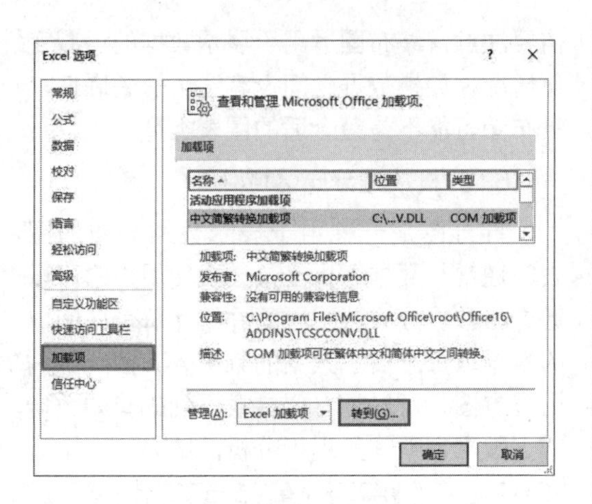

图 11-16

step④ 打开【加载项】对话框，选中【分析工具库】复选框后，单击【确定】按钮，如图 11-17 所示。

图 11-17

step⑤ 返回 Excel 工作界面，在功能区选择【数据】选项卡，单击【分析】命令组中的【数据分析】按钮，打开【数据分析】对话框，选中【直方图】选项后单击【确定】按钮，如图 11-18 所示。

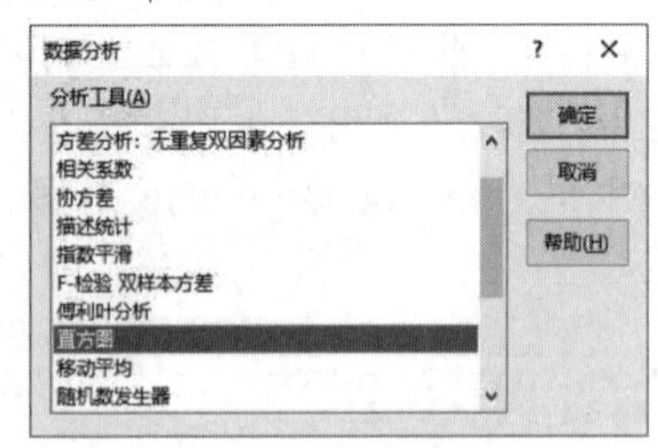

图 11-18

step⑥ 打开【直方图】对话框，设置【输入区域】为【每日利润】列中的单元格区域(A3:A32)，【接收区域】为 B3:B8 单元格区域，【输出区域】为 D3 单元格，并选中【图表输出】复选框，然后单击【确定】按钮，如图 11-19 所示。

图 11-19

完成上例操作后，将在工作表中生成图 11-20 所示的分析数据与直方图。通过直方图可以直观地看到各分组档位利润的变化情况(0~100 档单日利润出现的频率最高，300~400 档出现的频率最低)。

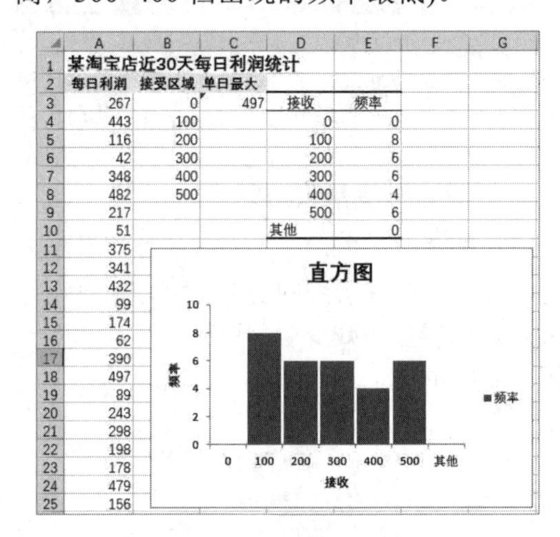

	A	B	C	D	E
1	某淘宝店近30天每日利润统计				
2	每日利润	接受区域	单日最大		
3	267	0	497	接收	频率
4	443	100		0	0
5	116	200		100	8
6	42	300		200	6
7	348	400		300	6
8	482	500		400	4
9	217			500	6
10	51			其他	0
11	375				
12	341				
13	432				
14	99				
15	174				
16	62				
17	390				
18	497				
19	89				
20	243				
21	298				
22	198				
23	178				
24	479				
25	156				

图 11-20

知识点滴

在使用以上方法得到直方图分析数据结果后，用户可以将图 11-20 中 D3:E10 区域中的统计数据发给 ChatGPT，使用人工智能辅助分析得到的数据。人工智能可以在数据分析的各个环节提供辅助，从数据的探索和预测到可视化和决策支持，它可以处理大量的数据，并从中提取有用的信息，从而帮助用户做出更明智的决策。

除了上面介绍的一些图表类型，Excel 中还有一些图表也比较常用，这些图表的功能说明如表 11-1 所示。

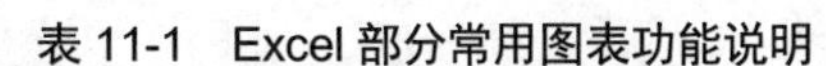

表 11-1　Excel 部分常用图表功能说明

类型	功能说明
XY 散点图	可以表现数据变化的趋势，灵活地显示数据的横向或纵向变化
气泡图	在 XY 散点图的基础上增加了第 3 个变量，即气泡尺寸，可以用于分析更加复杂的数据关系
雷达图	对采用多项指标全面分析目标情况有着重要的作用，是企业进行经营分析等分析活动时十分有效的图表
树状图	以矩形显示层次结构级别中的比例，一般在数据按层次结构组织并具有较少类别时使用
排列图	用双直角坐标系表示。用于比较不同类别或组之间的数量或大小
箱形图	一种用作显示一组数据分散情况资料统计的图表，常用于品质管理，能提供有关数据位置和分散情况的关键信息

11.1.2　组合图表

Excel 中用户不仅可以创建单一的图表类型，还可以创建组合图表，使数据的显示更加科学有序。下面将举例介绍常见的组合图表。

1. 柱形图与折线图的组合

图 11-21 所示为某批发市场 2023 年全年交易额的相关数据。需要将其中的交易额显示为柱形图、百分比增长率显示为折线图，通过柱形图的高低比较数据的大小，通过折线图的走向观察数据的增减趋势。

	A	B	C	D	E
1	年份	季度	交易额(万元)	增长	
2	2023	一季度	5731	12%	
3	2023	二季度	9267	32%	
4	2023	三季度	4082	8%	
5	2023	四季度	1596	21%	

图 11-21

【例 11-4】在工作表中使用柱形图与折线图形成的组合图表，同时呈现数据的高低比较和增减趋势。

视频+素材　(素材文件\第 11 章\例 11-4)

step 1　选中数据表中的 B1:D5 区域后，单击【插入】选项卡中的【插入组合图】下拉按钮，在弹出的下拉列表中选择【簇状柱形图-次坐标轴上的折线图】选项，如图 11-22 所示。

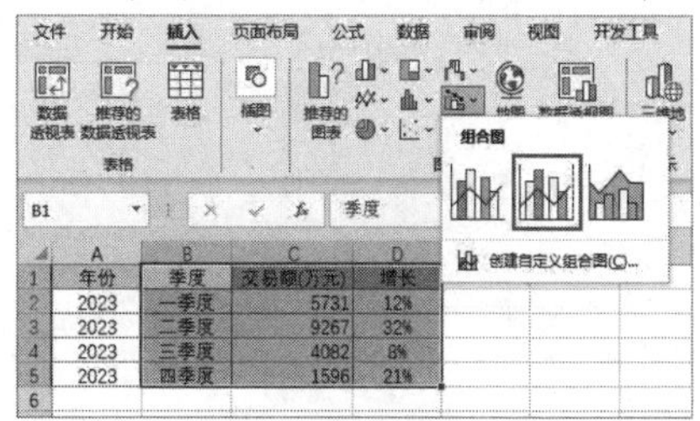

图 11-22

step 2　此时将创建默认格式的簇状柱形图-次坐标轴上的折线图图表，为图表添加标题并重新设置样式后，其效果如图 11-23 所示。

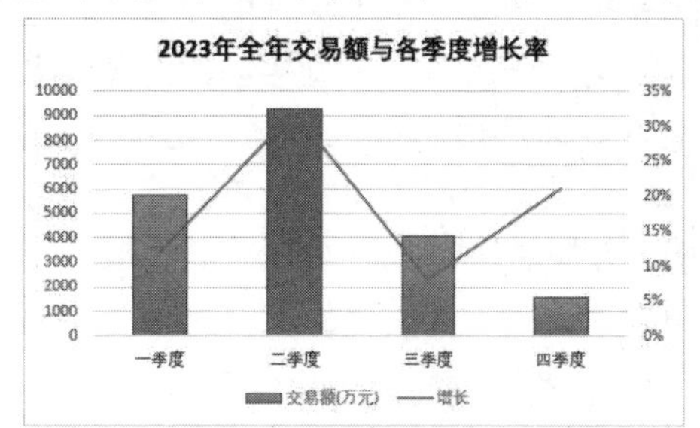

图 11-23

2. 面积图与柱形图的组合

图 11-24 所示为某公司各产品定价与平均销售比较数据。需要将定价显示为面积图、平均售价显示为柱形图，通过查看柱形图是否包含在面积图的内部，来判断平均售价是高于还是低于定价。

	A	B	C	D	E
1	产品编号	产品名称	定价	平均售价	
2	DS-01	电视机	1298	1250	
3	SJ-08	手机	3599	3700	
4	KFB-01	打印机	1199	1280	
5	GB-02	复印机	1999	1800	
6	ZXC-05	存储器	999	1250	

图 11-24

【例 11-5】在工作表中使用面积图和柱形图形成的组合图表，呈现平均售价是否高于定价。

视频+素材　(素材文件\第 11 章\例 11-5)

step 1　选中图 11-24 所示数据表中的 B1:D6 区域后，单击【插入】选项卡中的【插入组合图】下拉按钮，在弹出的下拉列表中选择【堆

积面积图-簇状柱形图】选项。

step 2 此时将创建默认格式的堆积面积图-簇状柱形图图表，为该图表添加标题并重新设置样式，效果如图 11-25 所示。

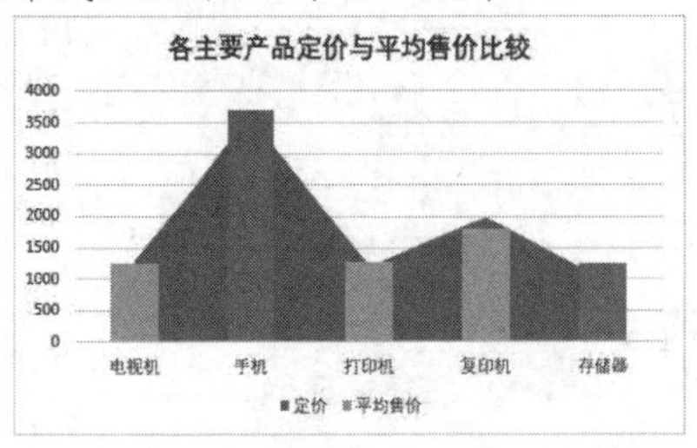

图 11-25

11.1.3 编辑图表

图表的主要作用是以直观可见的方式来描述和展现数据。由于数据的关系和特性总是多样的，一些情况下直接创建的图表并不能很直观地展现出用户所要表达的意图(或者 Excel 默认的图表样式掩盖、隐藏了数据中的一些特性)。遇到这种情况就需要通过编辑图表，让图表能够提供更有价值的信息。

1. 调整图表的大小和位置

Excel 中的图表通常包括标题区、绘图区和图例区 3 部分，并默认采用横向构图方式。但在商务图表中，采用更多的却是纵向的构图方式。用户可以参考下面的操作，通过调整图表大小改变图表的构图。

step 1 选中图表后，将鼠标指针放置在图表四周的控制柄上拖动，调整图表的大小，如图 11-26 所示。

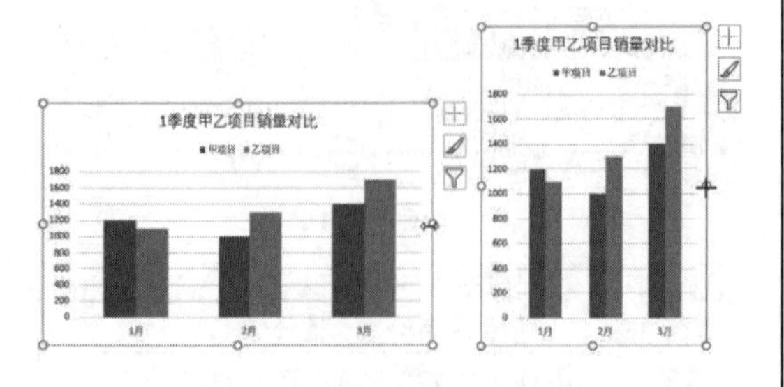

图 11-26

step 2 选中图表，在【格式】选项卡的【大小】命令组中，用户可以精确调整图表的大小参数。

step 3 将鼠标指针放置在图表的图表区中(或四周的边框线上)，按住鼠标左键拖动可以调整图表在工作表中的位置。

2. 更改图表类型

创建图表后，如果需要重新更改图表的类型，不需要在 Excel 中重新选择单元格数据并创建图表，只需要单击【图表设计】选项卡中的【更改图表类型】按钮即可，具体操作方法如下。

step 1 选中图表后单击【图表设计】选项卡中的【更改图表类型】按钮，打开【更改图标类型】对话框，选择另一种图表类型，然后单击【确定】按钮，如图 11-27 所示。

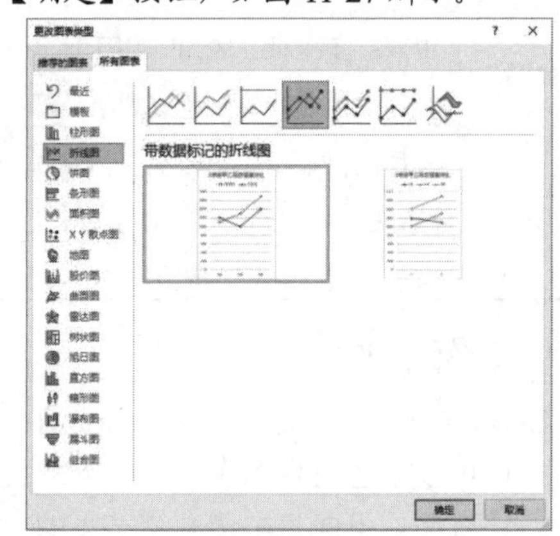

图 11-27

step 2 此时，图表将自动更改为所选类型，如图 11-28 所示。

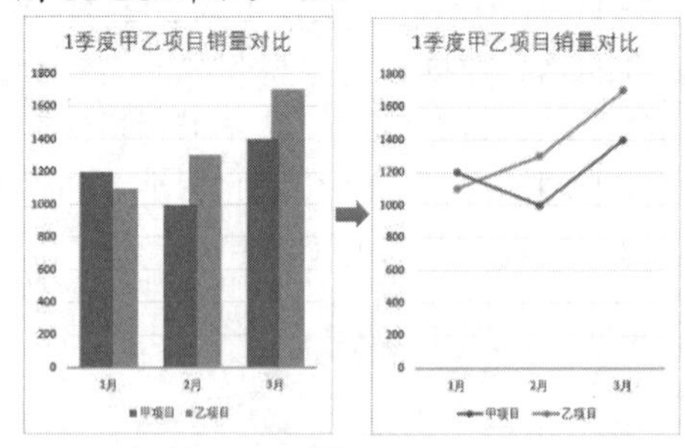

图 11-28

3. 调整图表数据系列

创建图表后，用户可以通过调整数据系列，使数据呈现结果符合数据分析的需要，更加准确。具体操作方法如下。

step① 在数据表的 E1:E2 区域中输入新的数据，选中图表后向右侧拖动图表数据区域右侧的控制柄，如图 11-29 所示。

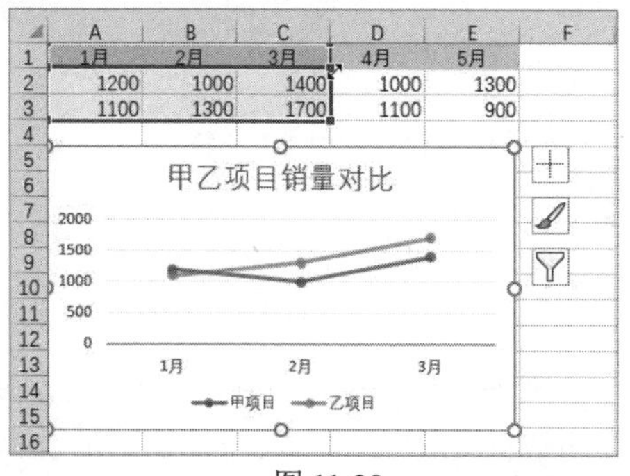

图 11-29

step② 当图表数据覆盖 E1:E2 区域后，图表中将自动添加新的数据系列，如图 11-30 所示。同样，如果在拖动图表数据区域时，将区域中的数据移出图表数据区域，与之相对应的数据系列也将从图表中消失。

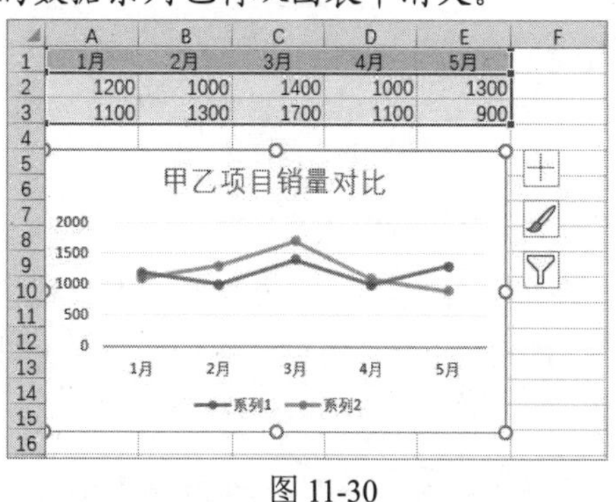

图 11-30

4. 设置图表数据标签

图表的数据标签是用来表示图表中各个数据点的具体数值或分类信息的标签。数据标签的作用是为了使观众能够快速准确地理解图表中的数据内容，从而更好地进行数据分析和决策。

在 Excel 中创建图表后，默认图表中不显示数据标签。要为图表添加数据标签，用户可以在选中图表后，单击图表左侧的＋按钮，在弹出的列表中选中【数据标签】复选框，在图表中显示数据标签。单击【数据标签】复选框右侧的下拉按钮，在弹出的列表中用户可以选择数据标签的显示位置，如图 11-31 所示。

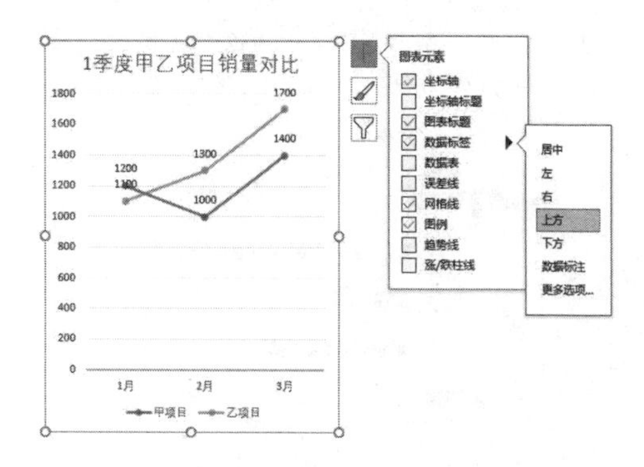

图 11-31

在图 11-31 所示的列表中选择【更多选项】选项，可以打开【设置数据标签格式】窗格，在该窗格中用户可以调整数据标签中显示的具体项目内容，如图 11-32 所示。

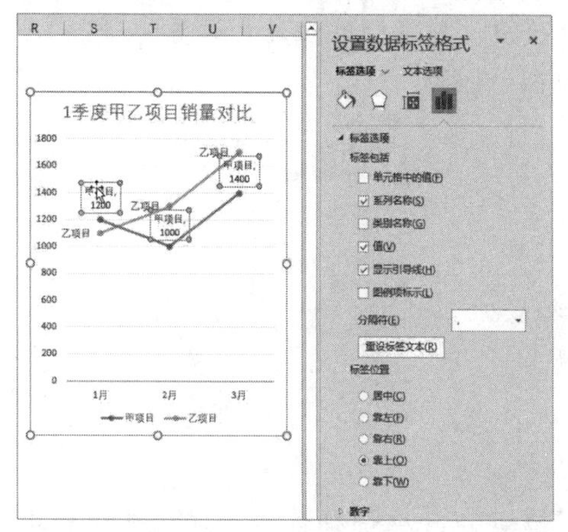

图 11-32

5. 编辑图表坐标轴

图表坐标轴是用于显示和度量数据值的直线，它们构成了图表的基本框架。坐标轴通常分为水平轴(X 轴)和垂直轴(Y 轴)，它们在图表上创建了一个二维坐标系，使得数据能够被准确地表示和比较。

通过编辑图表的坐标轴，用户可以重新设置坐标轴的位置、最大值、最小值和单位。

▶ 重新设置坐标轴的刻度位置。在建立图表时，Excel 会根据当前数据状况及选用的图表类型自动确认坐标轴的最大值和位置。有时默认值虽然能够呈现数据，但是影响了图表的表达要求。例如在图 11-33 所示的图表中，坐标轴与数据系列出现了重叠，导致一部分坐标轴上的部门名称看不清楚。

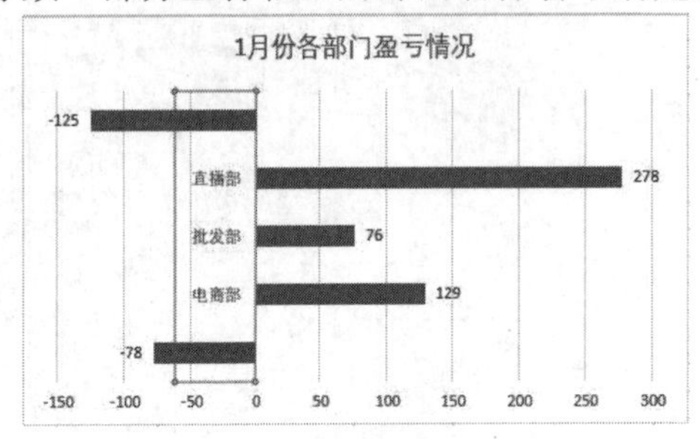

图 11-33

这个问题可以通过设置坐标轴刻度位置来解决，具体操作步骤如下。

step① 选中并双击图11-33中的垂直坐标轴，打开【设置坐标轴格式】窗格，展开【标签】选项组，将【标签位置】设置为【低】，如图 11-34 所示。

图 11-34

step② 此时坐标轴将显示在图表中数据较低的一侧(左侧)，能够完整显示其中的内容，如图 11-35 所示。

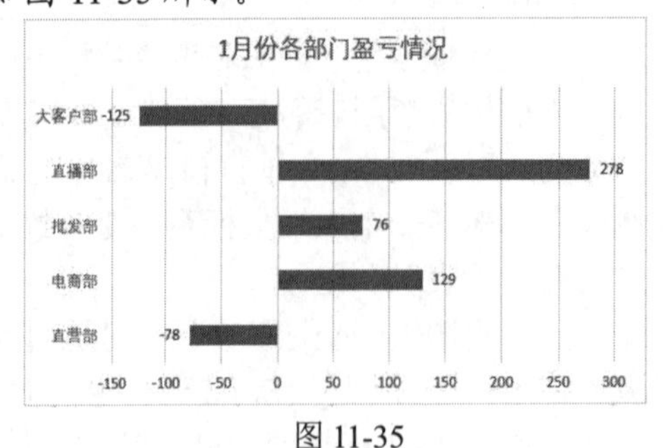

图 11-35

▶ 设置坐标的最大值、最小值和单位。在【设置坐标轴格式】窗格中展开【坐标轴选项】选项组，用户可以对坐标轴的最大值、最小值及单位进行设置，如图 11-36 所示。

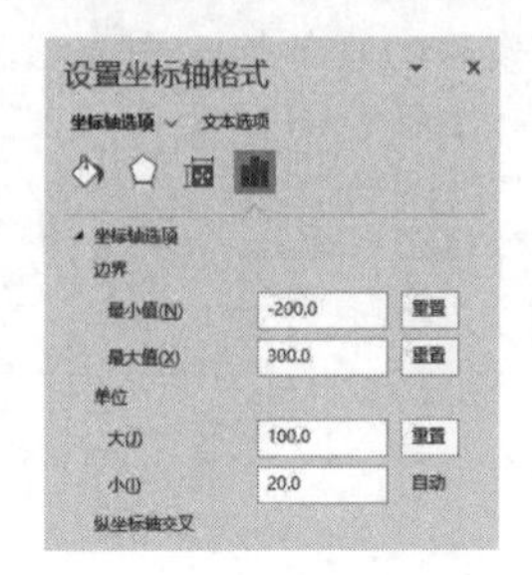

图 11-36

合理设置坐标轴的最大值、最小值和单位，可以简化图表，让数据呈现更加合理，如图 11-37 所示。

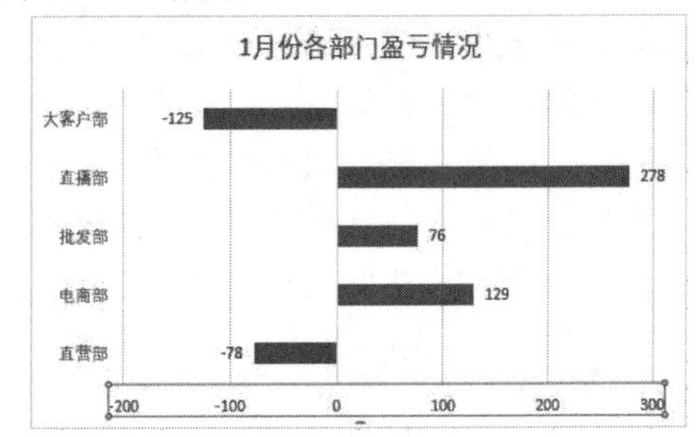

图 11-37

6. 设置图例位置与文字

在创建图表时，如果数据表中没有相关图例的文字，Excel 将默认生成“系列 1”“系列 2”等图例名称，如图 11-38 所示。

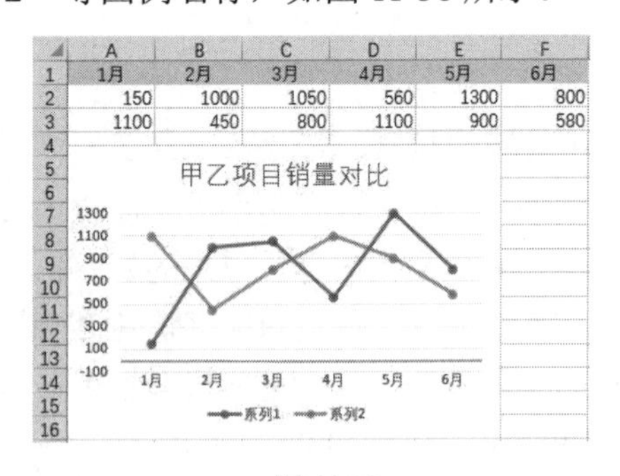

	A	B	C	D	E	F
1	1月	2月	3月	4月	5月	6月
2	150	1000	1050	560	1300	800
3	1100	450	800	1100	900	580

图 11-38

用户可以在选中图表后，单击图表右侧的＋按钮，在弹出的列表中单击【图例】复选框右侧的下拉按钮，在弹出的下拉列表中设置图例在图表中的显示位置，如图 11-39 所示。

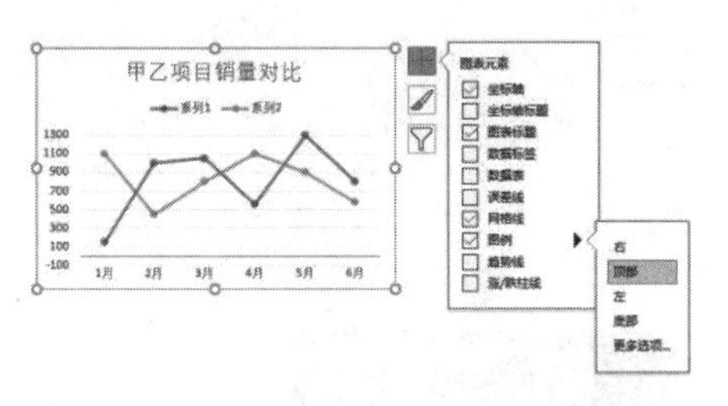

图 11-39

如果要更改图例文本，具体操作如下。

step 1 选中图表后，单击【图表设计】选项卡中的【选择数据】按钮，打开【选择数据源】对话框，在【图例项(系列)】列表中选择需要修改的图例后，单击【编辑】按钮，如图 11-40 所示。

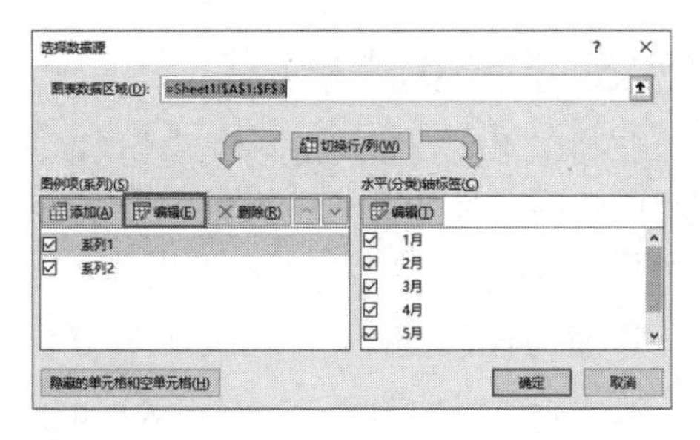

图 11-40

step 2 打开【编辑数据系列】对话框，在【系列名称】输入框中输入新的系列名后，单击【确定】按钮，如图 11-41 所示。

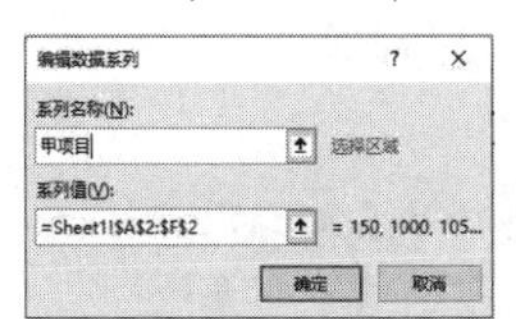

图 11-41

step 3 使用同样的方法设置其他图例的名称后，单击【确定】按钮，图表效果如图 11-42 所示。

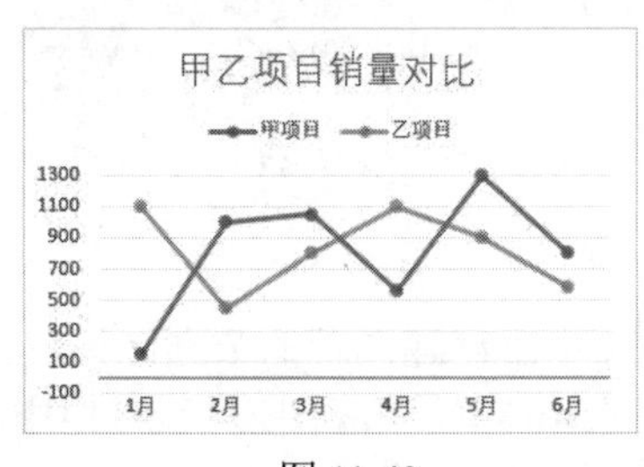

图 11-42

11.1.4　美化图表效果

选择数据源创建图表后，Excel 默认以一种最简易的格式呈现图表。为了让图表的外观效果看上去更加美观、更具辨识性，可以通过调整图表的布局和样式来美化图表。例如隐藏和显示图表中的某些对象，设置图表中标题和图例文字的格式，为图表中的对象设置填充和线条，为图表应用 Excel 内置的样式等。

1. 合理设置图表元素

常见的图表有柱形图、饼图、折线图、条形图、组合图等，不论哪种类型的图表都是由最基础的元素构成的，例如图表标题、数据标签、数据系列、纵坐标轴、横坐标轴、网格线、图例等，如图 11-43 所示。

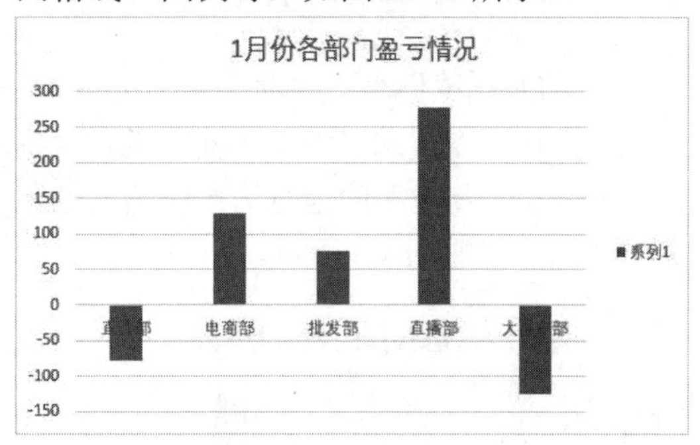

图 11-43

美化图表的第一步，就是要合理设置图表中的元素，将其中不需要的元素删除(例如删除网格线、图例)；添加需要的元素(例如添加数据标签)；合理设置其余元素的位置(例如设置坐标轴的显示位置、最大值、最小值和单位)，如图 11-44 所示。

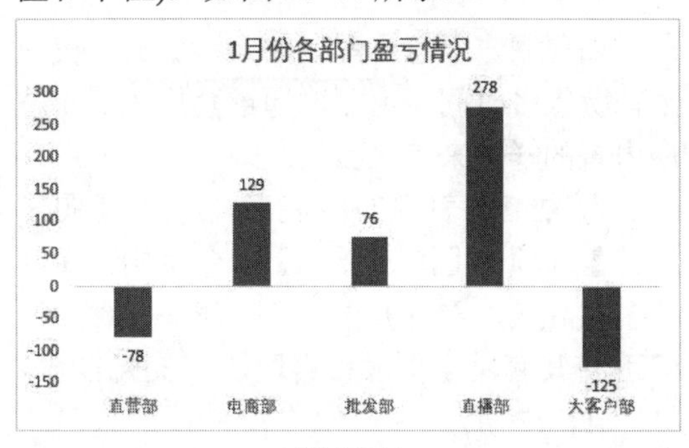

图 11-44

2. 设置图表中的文字

图表中的文字与文档、表格中的文字一样，都是用来阐明图表分析目的的。为了让观众能够一眼就看懂图表中的重要信息，一般需要设置图表的文字格式，例如为标题文字设置突出的格式，或者在图表中的重要数据的一旁使用文本框插入文本做注解，如图 11-45 所示。

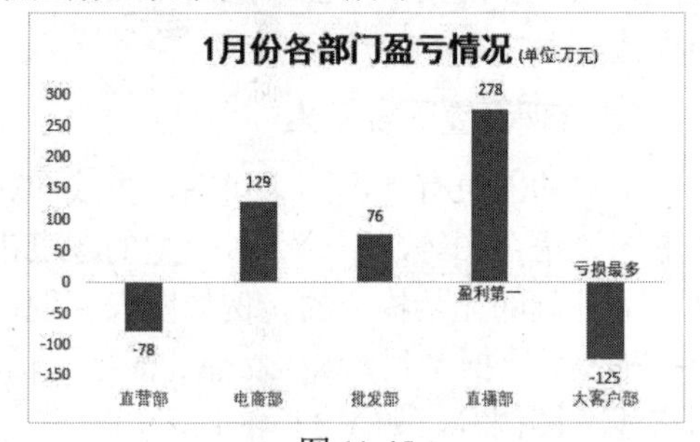

图 11-45

3. 为重点数据添加修饰

用户可以调整图表中主要数据系列的颜色填充效果，将重要的信息用更鲜艳的颜色突出显示，如图 11-46 所示。

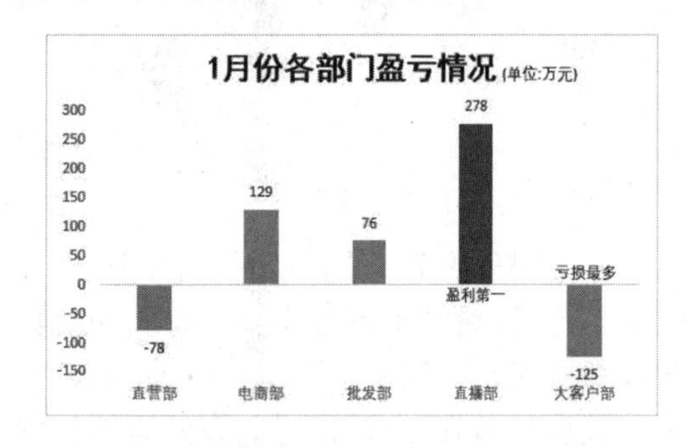

图 11-46

4. 套用图表样式

如果用户不想在图表的元素、文本美化上花费太多时间，也可以通过套用 Excel 程序内置的样式来美化图表。

选中工作表中的图表后，单击【图表设计】选项卡【图表样式】命令组中的【其他】按钮，在打开的库中选择一种样式，即可将其套用于图表，实现快速美化图表，如图 11-47 所示。

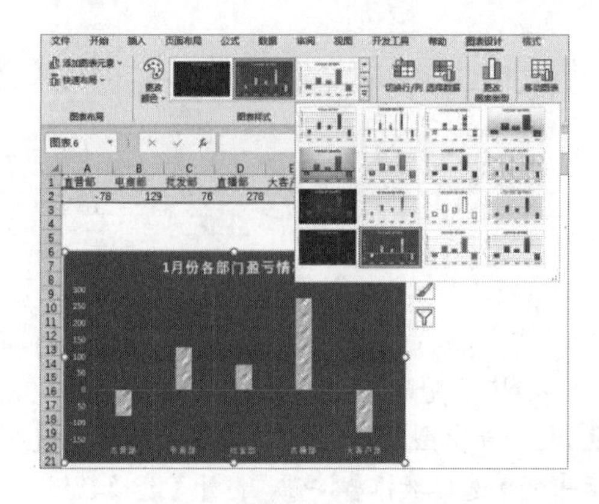

图 11-47

在为图表套用样式时，如果之前对图表进行了格式设置，其格式都将会被覆盖。

11.1.5 制作图表模板

在制作相同类型及相同格式或大部分格式相同的图表时，用户可以将图表保存为模板后反复调用。

1. 保存图表模板

选中制作好的图表后，在图表区的空白处右击鼠标，在弹出的快捷菜单中选择【另存为模板】命令，如图 11-48 所示。打开【保存图表模板】对话框，分别设置【文件名】和【路径】后，单击【保存】按钮，即可将图表保存为模板。

图 11-48

2. 使用图表模板

选中用于创建图表的数据区域后，选择【插入】选项卡，单击【图表】命令组中的【推荐的图表】启动器按钮，在打开的【插入图表】对话框中选择【所有图表】选项卡，单击【模板】选项，在【我的模板】列表框中将显示所有保存的模板，如图 11-49 所示，选择要使用的模板后，单击【确定】按钮即可使用该模板来创建新的图表。

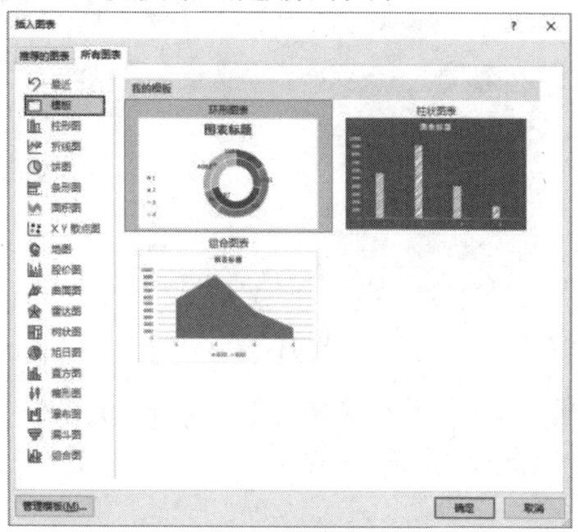

图 11-49

3. 管理图表模板

如果想要删除图表模板，可以在图 11-49 所示对话框的左下角单击【管理模板】按钮，打开保存模板文件的文件夹，选中要删除的模板文件后，按 Delete 键即可。

11.1.6　创建交互式图表

在 Excel 中，用户除了可以使用上面介绍的一些软件基础功能来创建简单的图表(例如柱状图、条形图、散点图)以外，还可以利用函数公式、名称、控件等功能创建各种类型的交互式图表，来呈现和分析比较复杂的数据。

例如，图 11-50 所示为一份按月统计的销售数据情况表，统计了 4 项指标的相关数据。

项目	1月	2月	3月	4月	5月	6月
目标	2100	1600	1800	1400	1900	1300
实际完成	1700	1500	1300	1300	1400	1100
利润率	11%	19%	27%	12%	21%	15%
市场份额	8%	15%	21%	18%	10%	23%

图 11-50

如果我们将表格中所有的指标数据都放在一个图表中时，图表中的内容将显得比较繁杂，难以进行数据分析。因此需要创建交互式动态图表，将表格中的 4 项指标分别用几个可相互切换的图表来呈现。

【例 11-6】在 Excel 中创建一个可以通过单选按钮切换数据的交互式图表。

视频+素材　(素材文件\第 11 章\例 11-6)

step 1　按 Ctrl+N 快捷键创建一个空白工作簿，将源数据粘贴 2 份至该工作簿中，并清空其中一份数据，只保留数据表结构，如图 11-51 所示。

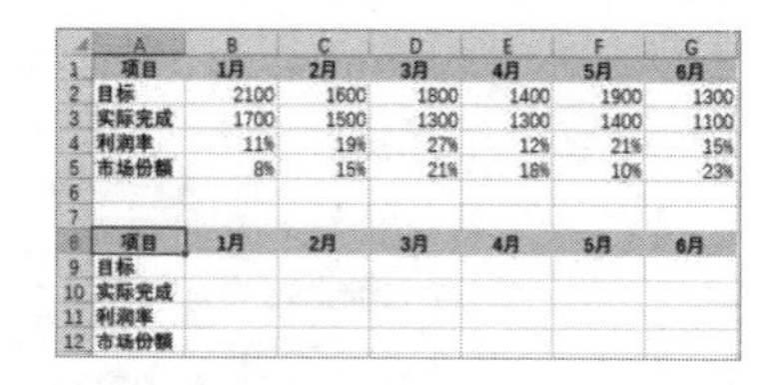

项目	1月	2月	3月	4月	5月	6月
目标	2100	1600	1800	1400	1900	1300
实际完成	1700	1500	1300	1300	1400	1100
利润率	11%	19%	27%	12%	21%	15%
市场份额	8%	15%	21%	18%	10%	23%
项目	1月	2月	3月	4月	5月	6月
目标						
实际完成						
利润率						
市场份额						

图 11-51

step 2　选择【开发工具】选项卡，单击【控件】命令组中的【插入】下拉按钮，在弹出的下拉列表中选择【选项按钮】选项◉，然后按住鼠标左键拖动，在工作表中插入选项按钮，如图 11-52 所示。

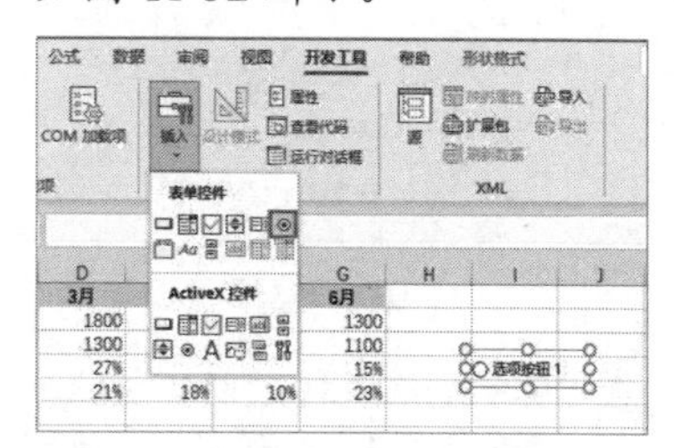

图 11-52

step 3　单击进入选项按钮的文件名中，将其重命名为“目标与实际”，然后右击选项按钮，在弹出的快捷菜单中选择【设置控件格式】命令，如图 11-53 所示。

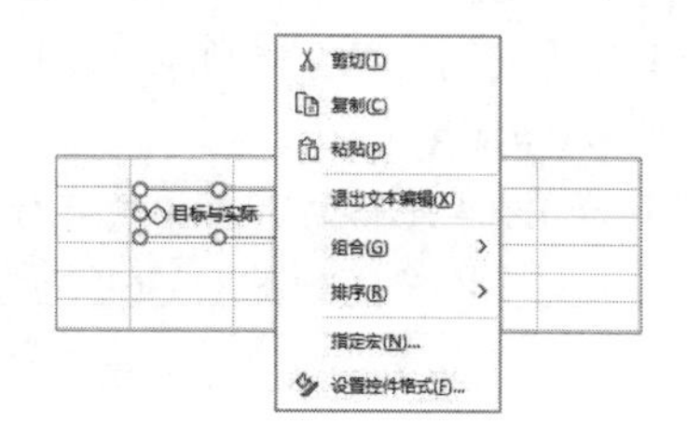

图 11-53

step 4　打开【设置对象格式】对话框，单击【单元格链接】输入框右侧的，选择 K1 单元格后按 Enter 键，然后单击【确定】按钮，如

图 11-54 所示。

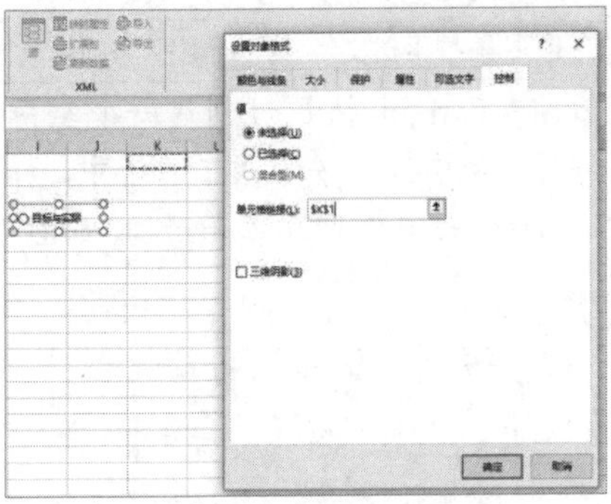

图 11-54

step 5 按住Ctrl键将制作好的选项按钮复制2份，并分别将其命名为“利润情况”和“市场份额”。此时，选择【目标与实际】选项按钮，K1单元格中的数字变为1，选择【市场份额】选项按钮，单元格中的数字变为2，选择【利润情况】选项按钮，单元格中的数字将变为3，如图 11-55 所示。

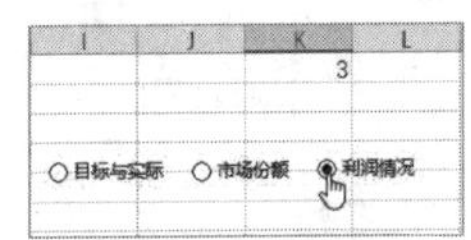

图 11-55

step 6 在B9单元格中输入以下公式，使用IF函数检测K1单元格中的数值，如果等于1，返回B2单元格中的数据，否则返回“#N/A”：

=IF($K$1=1,B2,NA())

此时，如果选中【目标与实际】选项按钮，B9单元格将显示B2单元格中的数据。选中【市场份额】和【利润情况】选项按钮，则B9单元格将显示“#N/A”。

step 7 拖动B9单元格右下角的填充柄，先向右填充，再向下填充，如图 11-56 所示。

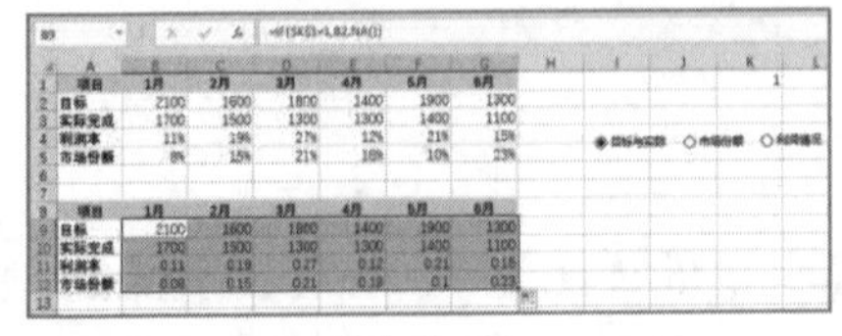

图 11-56

step 8 选中【市场份额】选项按钮，将B12单元格中的公式改为：

=IF($K$1=2,B2,NA())

拖动B12单元格右侧的填充柄向右填充公式，如图 11-57 所示。

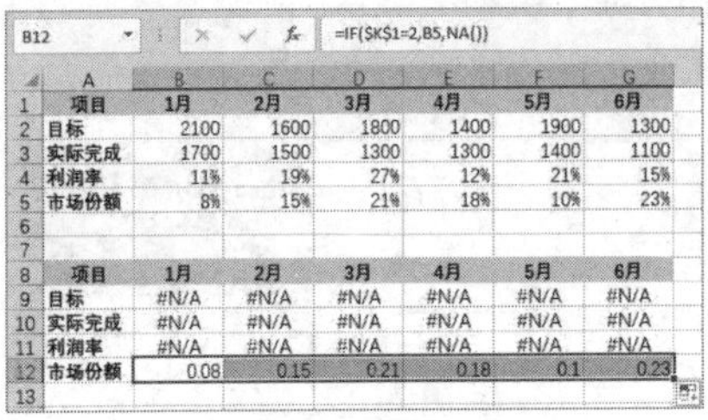

B12 =IF($K$1=2,B5,NA())

	A	B	C	D	E	F	G
1	项目	1月	2月	3月	4月	5月	6月
2	目标	2100	1600	1800	1400	1900	1300
3	实际完成	1700	1500	1300	1300	1400	1100
4	利润率	11%	19%	27%	12%	21%	15%
5	市场份额	8%	15%	21%	18%	10%	23%
6							
7							
8	项目	1月	2月	3月	4月	5月	6月
9	目标	#N/A	#N/A	#N/A	#N/A	#N/A	#N/A
10	实际完成	#N/A	#N/A	#N/A	#N/A	#N/A	#N/A
11	利润率	#N/A	#N/A	#N/A	#N/A	#N/A	#N/A
12	市场份额	0.08	0.15	0.21	0.18	0.1	0.23
13							

图 11-57

step 9 选中【利润情况】选项按钮，将B11单元格中的公式改为：

=IF($K$1=2,B5,NA())

拖动B11单元格右侧的填充柄向右填充公式。

step 10 选中B11:G12区域，单击【开始】选项卡【数字】命令组中的【百分比样式】按钮%，设置区域中的数据格式为“百分比样式”。

step 11 选中A8:G12区域，单击【插入】选项卡中的【推荐的图表】按钮，打开【插入图表】对话框，选择【所有图表】选项卡中的【组合图】选项，在【为您的数据系列选择图表类型和轴】列表框中设置【利润率】和【市场份额】数据系列采用【带数据标记的折线图】，然后单击【确定】按钮，如图 11-58 所示。

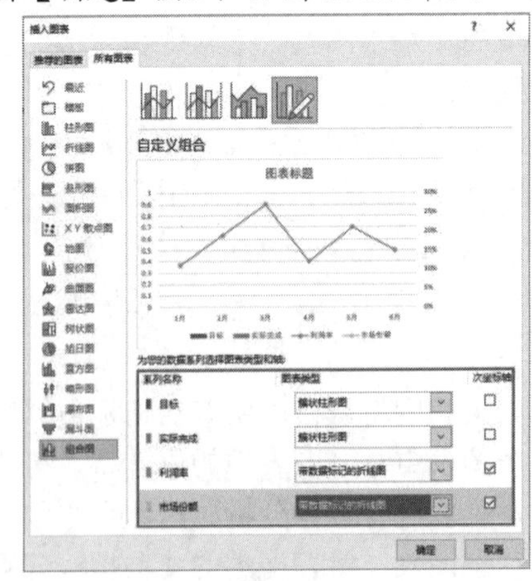

图 11-58

step 12 此时，将在工作表中插入图 11-59 所示的图表。单击【目标与实际】【市场份额】【利润情况】选项按钮，可以切换不同的图表数据。

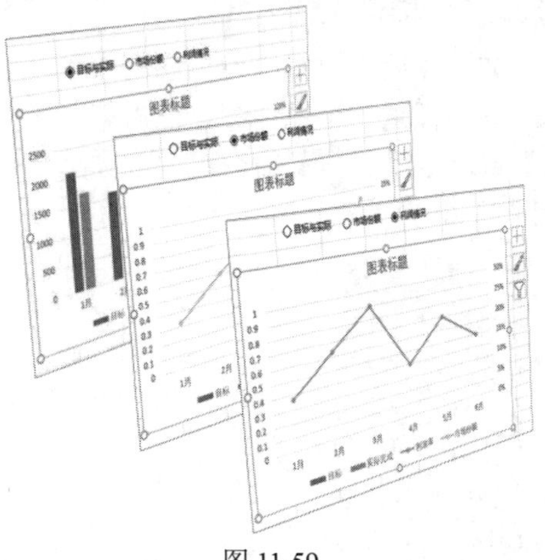

图 11-59

step 13 参考本章 11.1.4 节内容对图表的效果进行美化设置后，完成交互式图表的制作，效果如图 11-60 所示。

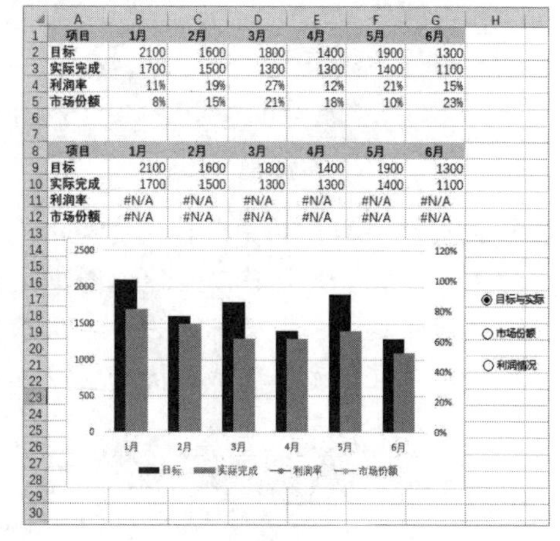

项目	1月	2月	3月	4月	5月	6月
目标	2100	1600	1800	1400	1900	1300
实际完成	1700	1500	1300	1300	1400	1100
利润率	11%	19%	27%	12%	21%	15%
市场份额	8%	15%	21%	18%	10%	23%

项目	1月	2月	3月	4月	5月	6月
目标	2100	1600	1800	1400	1900	1300
实际完成	1700	1500	1300	1300	1400	1100
利润率	#N/A	#N/A	#N/A	#N/A	#N/A	#N/A
市场份额	#N/A	#N/A	#N/A	#N/A	#N/A	#N/A

图 11-60

11.2　使用迷你图展示数据

Excel 中的迷你图是一种简洁、小型的图表，用于在有限的空间内显示数据变化趋势。迷你图结构紧凑，通常在数据表格的一侧成组使用，能够帮助用户快速观察数据表中数据的变化趋势，如图 11-61 所示。

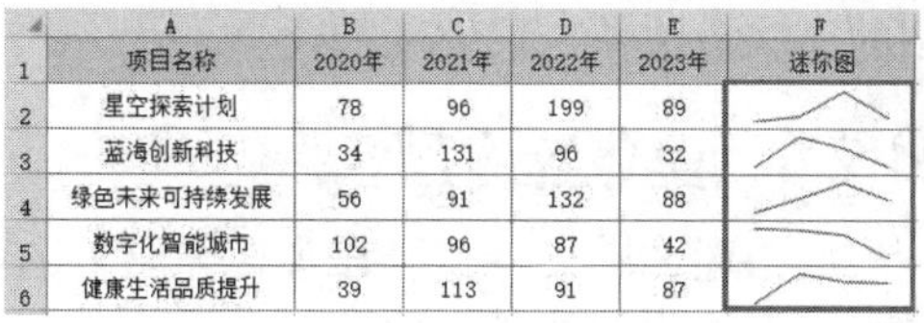

项目名称	2020年	2021年	2022年	2023年	迷你图
星空探索计划	78	96	199	89	
蓝海创新科技	34	131	96	32	
绿色未来可持续发展	56	91	132	88	
数字化智能城市	102	96	87	42	
健康生活品质提升	39	113	91	87	

图 11-61

迷你图与图表的外观相似，但是在功能上有以下几点差异。

- 图表是嵌入工作表中的对象，能够显示多个数据系列，而迷你图只存在于单元格中，并且仅由一个数据系列构成。
- 在使用了迷你图的单元格内，仍然可以输入文字并设置填充色。
- 使用填充的方式可以快速创建一组迷你图。
- 迷你图没有图表标题、图例、网格线等图表元素。

迷你图包括折线、柱形和盈亏 3 种类型，其功能说明如表 11-2 所示。

表 11-2　迷你图常用类型功能说明

类型	图例	说明
折线	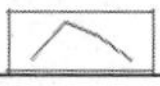	展示数据趋势走向
柱形		识别数据最高点和最低点
盈亏		显示方向块，表示盈利和亏损

11.2.1　创建迷你图

创建迷你图的操作步骤如下。

step 1 选中要创建迷你图的单元格，单击【插入】选项卡【迷你图】命令组中的一种迷你图类型(例如【折线】)，如图 11-62 所示。

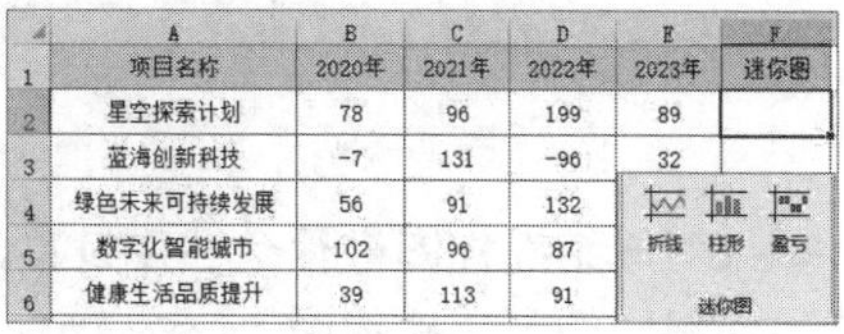

项目名称	2020年	2021年	2022年	2023年	迷你图
星空探索计划	78	96	199	89	
蓝海创新科技	-7	131	-96	32	
绿色未来可持续发展	56	91	132		
数字化智能城市	102	96	87		
健康生活品质提升	39	113	91		

折线　柱形　盈亏
迷你图

图 11-62

step 2 打开【创建迷你图】对话框，单击【数据范围】输入框右侧的按钮，选择迷你图引用数据范围后按 Enter 键，单击【确定】按钮，如图 11-63 所示。

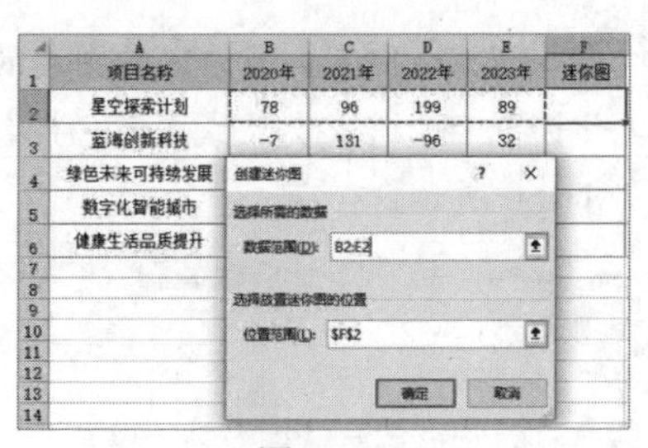

图 11-63

step 3 此时将在单元格中创建图 11-64 所示的迷你图。将鼠标光标移动至迷你图单元格右下角的填充柄上，当光标变为十字状态后向下拖动，可在单元格区域内快速生成多个迷你图。

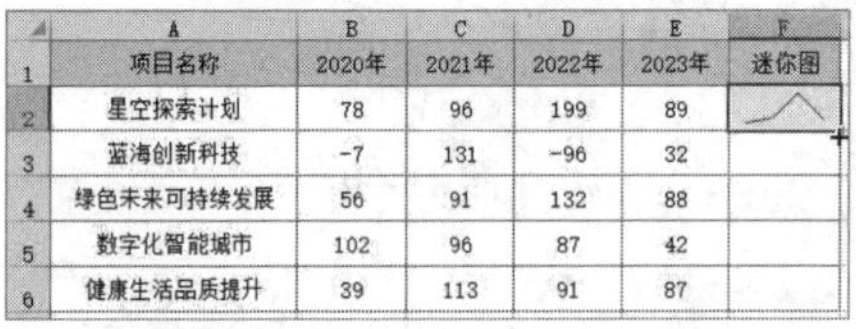

项目名称	2020年	2021年	2022年	2023年	迷你图
星空探索计划	78	96	199	89	
蓝海创新科技	-7	131	-96	32	
绿色未来可持续发展	56	91	132	88	
数字化智能城市	102	96	87	42	
健康生活品质提升	39	113	91	87	

图 11-64

知识点滴

在创建迷你图时，单元格的高度比例影响迷你图的外观效果，可能会对数据呈现带来影响。

11.2.2 组合迷你图

通过填充或同时选中多个单元格创建的迷你图称为成组迷你图。同组迷你图具有相同的特性，如果选中其中一个，处于同一组的迷你图会显示蓝色外框线，如图 11-65 所示。

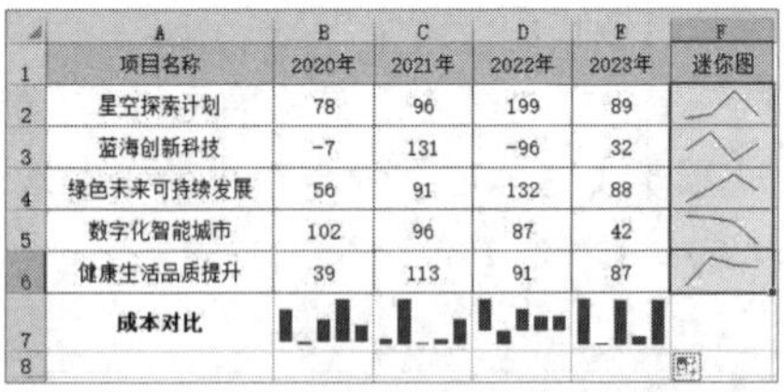

项目名称	2020年	2021年	2022年	2023年	迷你图
星空探索计划	78	96	199	89	
蓝海创新科技	-7	131	-96	32	
绿色未来可持续发展	56	91	132	88	
数字化智能城市	102	96	87	42	
健康生活品质提升	39	113	91	87	
成本对比					

图 11-65

如果对成组迷你图进行个性化设置，将影响当前组中的所有迷你图。

此外，用户也可以执行以下操作，将多个或多组迷你图组合为新的成组迷你图。

step 1 选中已插入迷你图的单元格区域后，按住 Ctrl 键不放选中其他包含迷你图的单元格或区域。

step 2 选择【设计】选项卡，单击【组合】命令组中的【组合】按钮即可。

11.2.3 更改迷你图

如果需要更改成组迷你图的类型，可以选中其中任意一个迷你图，然后单击【迷你图】选项卡【类型】命令组中的类型选项，如图 11-66 所示。

项目名称	2020年	2021年	2022年	2023年	迷你图
星空探索计划	78	96	199	89	
蓝海创新科技	-7	131	-96	32	
绿色未来可持续发展	56	91	132	88	
数字化智能城市	102	96	87	42	
健康生活品质提升	39	113	91	87	
成本对比					

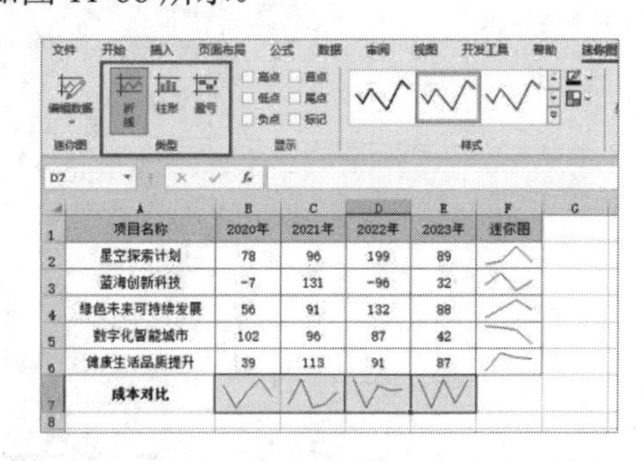

图 11-66

如果需要对成组迷你图中单个迷你图的类型进行更改，需要先选中成组迷你图，单击【迷你图】选项卡中的【取消组合】按钮，取消迷你图的组合状态，然后再使用上面介绍的方法更改单个迷你图的类型。

11.2.4 美化迷你图

选中迷你图后，可以在【迷你图】选项卡中设置迷你图的样式效果。

1. 设置突出显示项目

选中迷你图后，单击【迷你图】选项卡中的【标记颜色】下拉按钮，在弹出的下拉列表中，可以对迷你图的负点、标记、高点、低点、首点和尾点等设置不同的颜色，如图 11-67 所示。

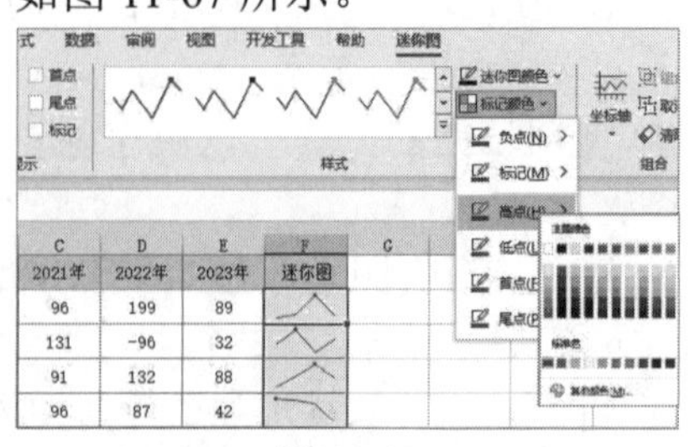

图 11-67

图 11-67 所示【标记颜色】下拉列表中各选项的功能说明如表 11-3 所示。

表 11-3 【标记颜色】列表选项功能说明

选项	说明
负点	对数据的负面或不利的方面进行展示和说明
标记	在迷你图中突出显示数据点
高点	突出显示最高数据点
低点	突出显示最低数据点
首点	突出显示最左侧数据点
尾点	突出显示最右侧数据点

2. 套用内置样式

Excel 内置多种迷你图样式。选中包含迷你图的单元格后，单击【迷你图】选项卡中的【样式】下拉按钮，在弹出的下拉列表中选中一个样式图标，即可将该样式应用到所选迷你图，如图 11-68 所示。

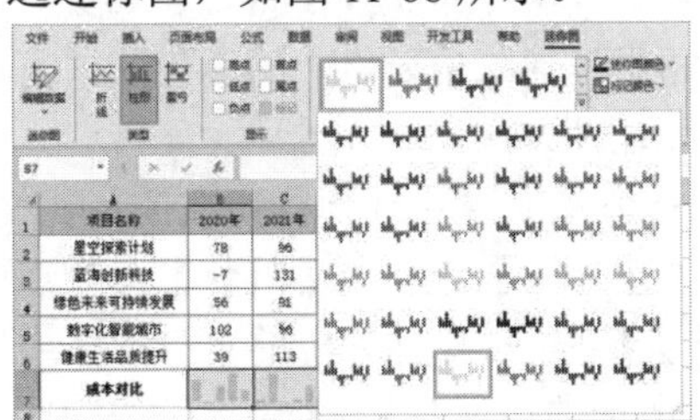

图 11-68

3. 更改颜色或线型

在折线迷你图中，迷你图颜色是指折线的颜色。在柱形迷你图和盈亏迷你图中，迷你图颜色是指柱形或方块颜色。

选中包含折线迷你图的单元格，用户可以参考以下操作，设置线条粗细。

step① 选择包含折线迷你图的单元格，在【迷你图】选项卡中单击【迷你图颜色】下拉按钮，在弹出的【主题颜色】面板中选择一种颜色。

step② 再次单击【迷你图颜色】下拉按钮，在弹出的列表中选择【粗细】，然后在子列表中可以设置折线迷你图的折线粗细，如图 11-69 所示。

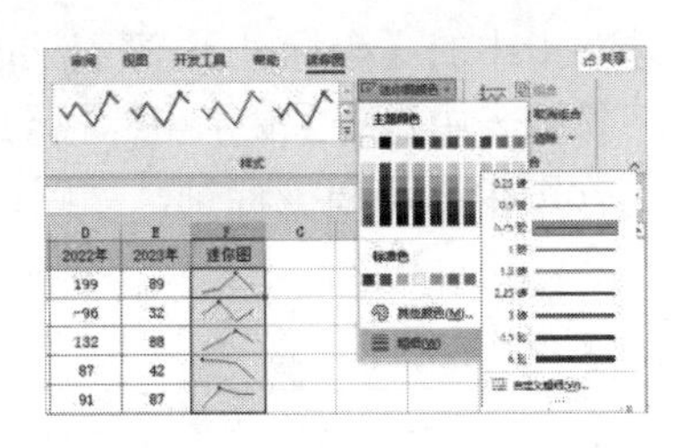

图 11-69

4. 设置垂直坐标轴

默认情况下，成组迷你图仅对每一行/列中的数据单独展示高低变化，用户可以根据需要手动设置迷你图的纵坐标最小值和最大值，使迷你图能够以统一的坐标轴范围反映数据的整体差异状况。具体操作方法如下。

step① 选中 F3:F6 区域，然后按住 Ctrl 键单击 F2 单元格，在【迷你图】选项卡【组合】命令组中单击【组合】按钮，如图 11-70 所示。

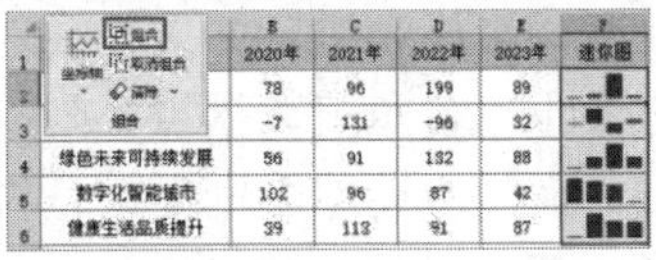

图 11-70

step② 选中 F2 单元格，在【组合】命令组中单击【坐标轴】下拉按钮，在弹出的下拉列表中选择【纵坐标轴的最小值选项】区域中的【自定义值】选项。

step③ 打开【迷你图垂直轴设置】对话框，根据实际数据范围输入垂直轴的最小值，然后单击【确定】按钮即可，如图 11-71 所示。

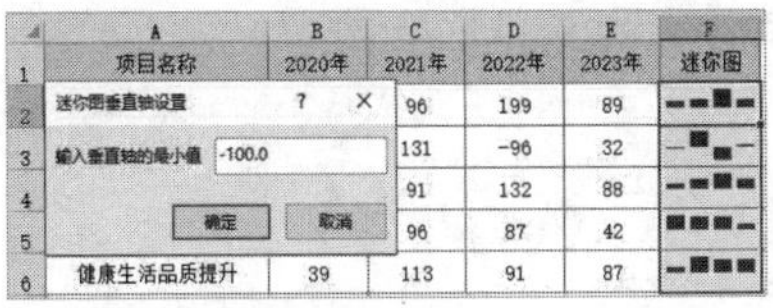

图 11-71

使用同样的方法，在【坐标轴】下拉列表中选择【纵坐标轴的最大值选项】区域中的【自定义值】选项，可以设置纵坐标轴的最大值。

5. 显示横坐标轴

选中包含迷你图的单元格后，单击【迷

你图】选项卡中的【坐标轴】下拉按钮，在弹出的下拉列表中选择【显示坐标轴】选项，可以在迷你图中显示横坐标轴，如图 11-72 所示。

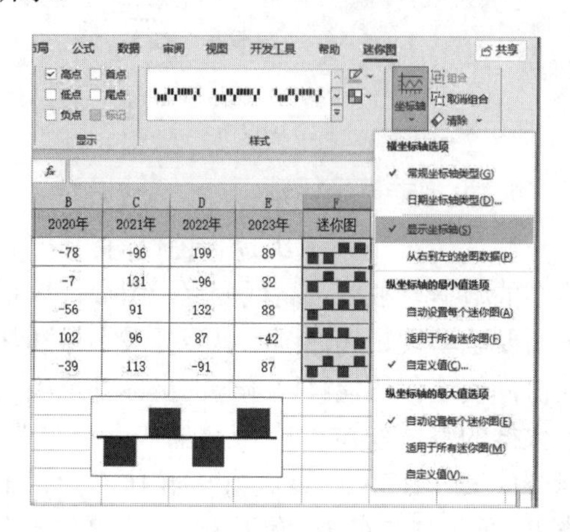

图 11-72

在显示横坐标轴时，如果折线迷你图或柱形迷你图不包含负值数据点，则不会显示横坐标轴。而盈亏迷你图则无论是否包含负值数据点，都可以显示横坐标轴。

6. 处理隐藏的行列和空单元格

在默认情况下，迷你图中不显示隐藏行列的数据，将空单元格显示为空距。如果需要更改默认设置，可以执行以下操作。

step 1 选中包含迷你图的单元格后，单击【迷你图】选项卡中的【编辑数据】下拉按钮，在弹出的下拉列表中选择【隐藏和清空单元格】选项，如图 11-73 所示。

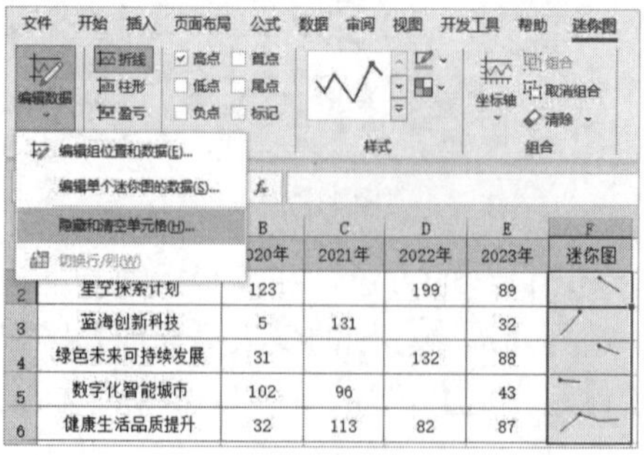

	A	B	C	D	E	F
1		2020年	2021年	2022年	2023年	迷你图
2	星空探索计划	123		199	89	
3	蓝海创新科技	5	131		32	
4	绿色未来可持续发展	31		132	88	
5	数字化智能城市	102	96		43	
6	健康生活品质提升	32	113	82	87	

图 11-73

step 2 打开【隐藏和空单元格设置】对话框，选中【用直线连接数据点】单选按钮，再选中【显示隐藏行列中的数据】复选框，然后单击【确定】按钮，如图 11-74 所示。

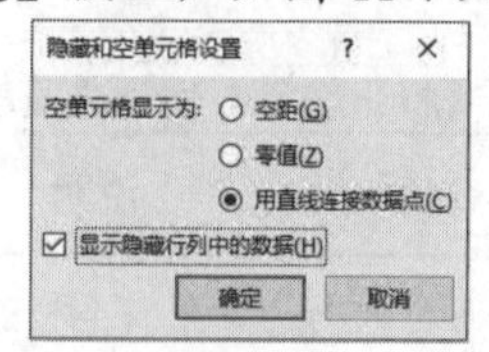

图 11-74

step 3 完成以上设置后，空单元格在迷你图中将用直线连接，被隐藏的数据也会显示在迷你图中，如图 11-75 所示。

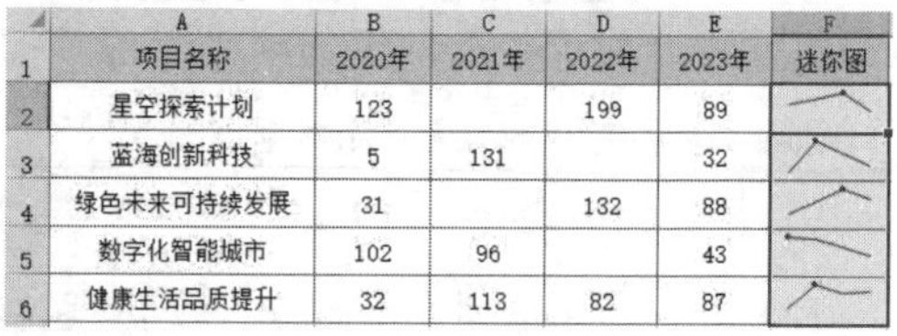

	A	B	C	D	E	F
1	项目名称	2020年	2021年	2022年	2023年	迷你图
2	星空探索计划	123		199	89	
3	蓝海创新科技	5	131		32	
4	绿色未来可持续发展	31		132	88	
5	数字化智能城市	102	96		43	
6	健康生活品质提升	32	113	82	87	

图 11-75

以上方法仅适用于折线迷你图。

11.2.5 清除迷你图

如果要清除单元格中的迷你图，可以使用以下几种方法。

▶ 方法 1：选中迷你图所在的单元格后，单击【迷你图】选项卡【组合】命令组中的【清除】下拉按钮，在弹出的下拉列表中选择【清除所选的迷你图】或【清除所选的迷你图组】选项，如图 11-76 所示。

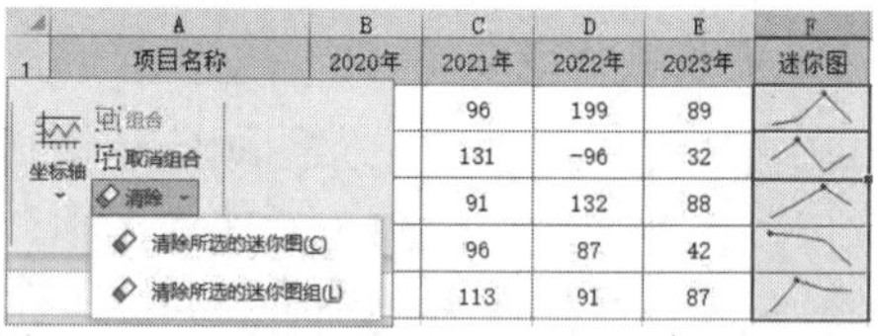

	A	B	C	D	E	F
1	项目名称	2020年	2021年	2022年	2023年	迷你图
2			96	199	89	
3			131	-96	32	
4			91	132	88	
5			96	87	42	
6			113	91	87	

图 11-76

▶ 方法 2：选中并右击迷你图所在的单元格，在弹出的快捷菜单中选择【迷你图】|【清除所选的迷你图】或【清除所选的迷你图组】命令。

▶ 方法 3：选中迷你图所在的单元格区域，单击【开始】选项卡中的【清除】下拉按钮，在弹出的下拉列表中选择【全部清除】选项。

11.3　制作非数据类图表

非数据类图表通常使用图形、形状等展示概念、关系、流程等非数值性信息。

11.3.1　使用形状

形状是一组浮于单元格上方的几何图形，也称为自选图形。不同的形状可以组合成新的形状，从而在 Excel 中制作出如图 11-77 所示的非数据类图表。

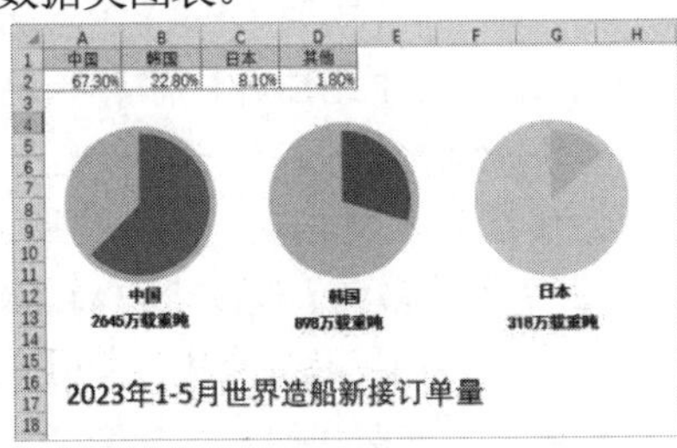

图 11-77

文本框是一种可以输入文本的特殊形状，允许放在工作表中的任何位置，用于对表格图形或图片进行说明。

【例 11-7】在 Excel 中使用形状绘制图 11-77 所示的百分比图表。

视频+素材　(素材文件\第 11 章\例 11-7)

step 1　选择【插入】选项卡，单击【插图】命令组中的【形状】下拉按钮，在弹出的下拉列表中选择【椭圆】选项○，然后按住 Shift 键在工作表中绘制一个圆形形状，如图 11-78 所示。

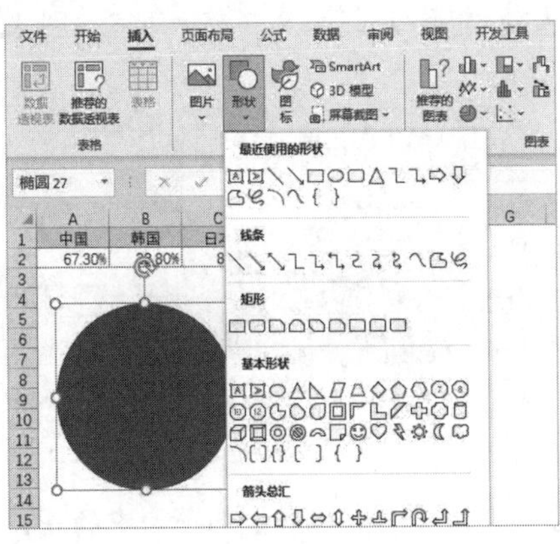

图 11-78

step 2　选择【形状格式】选项卡，单击【形状样式】命令组中的【形状填充】下拉按钮，在弹出的下拉列表中设置形状的填充颜色。

step 3　单击【形状样式】命令组中的【形状轮廓】下拉按钮，在弹出的下拉列表中设置形状为【无轮廓】。

step 4　再次单击【插入】选项卡中的【形状】下拉按钮，在弹出的下拉列表中选择【不完整圆】选项◔，在工作表中绘制图 11-79 所示的不完整圆形状。

step 5　选择【形状格式】选项卡，单击【排列】命令组中的【旋转】下拉按钮，在弹出的类别中选择【向左旋转 90°】选项，将绘制的不完整形状向左旋转 90°，如图 11-80 所示。

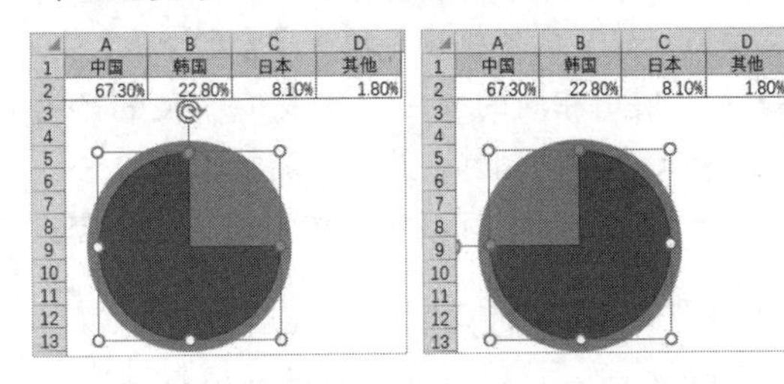

图 11-79　　图 11-80

step 6　在【形状样式】命令组中分别单击【形状填充】下拉按钮和【形状轮廓】下拉按钮，设置不完整圆形的填充色和轮廓(无轮廓)。

step 7　拖动不完整圆形形状中的圆形控制柄，调整该形状的开口范围，如图 11-81 所示。

step 8　按住 Ctrl 键，同时选中圆形形状和不完整圆形形状，然后右击鼠标，在弹出的快捷菜单中选择【组合】|【组合】命令，将两个形状组合为一个形状，如图 11-82 所示。

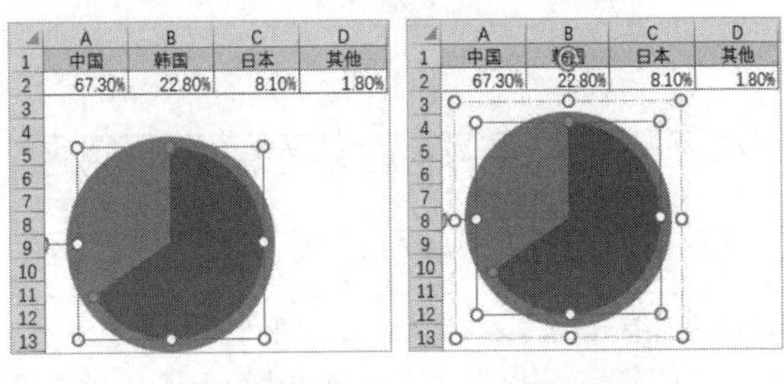

图 11-81　　图 11-82

step 9　单击【插入】选项卡中的【文本框】

下拉按钮，在弹出的下拉列表中选择【绘制横排文本框】选项，然后在工作表中拖动鼠标绘制一个横排文本框，并在其中输入文本“中国”，如图11-83所示。

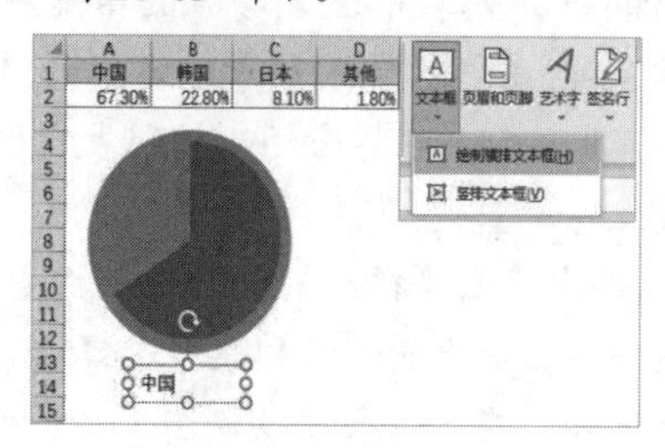

图 11-83

step 10 选中绘制的文本框，在【开始】选项卡中设置文本框中文本的字体格式和对齐方式。选择【形状格式】选项卡，单击【形状样式】命令组中【形状填充】和【形状轮廓】下拉按钮，设置文本框【无填充】【无轮廓】。

step 11 使用相同的方法，完成工作表中其他形状和文本框的制作。最后，调整工作表中形状的布局，并将所有形状与文本框进行组合。

11.3.2 使用图片

图片是Excel中为数据呈现提供辅助的元素。在功能区中选择【插入】选项卡，然后单击【插图】命令组中的【图片】下拉按钮，在弹出的下拉列表中用户可以选择插入来自【此设备】【图像集】【联机图片】中的图片，如图11-84所示。

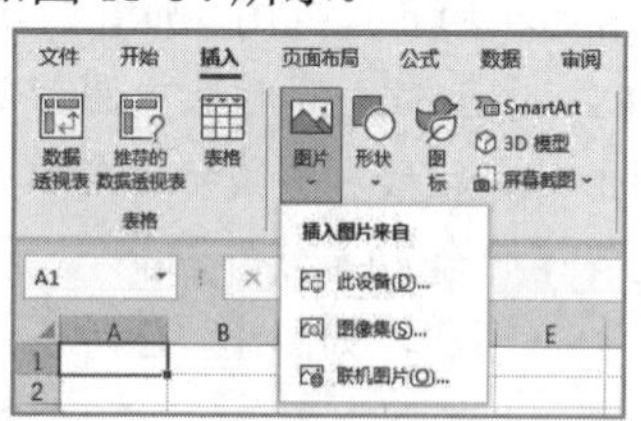

图 11-84

【例11-8】继续例11-7的操作，在工作表中插入图片，并将图片裁剪为形状。

视频+素材 (素材文件\第11章\例11-8)

step 1 单击【插入】选项卡中的【图片】下拉按钮，在弹出的下拉列表中选择【此设备】选项，在打开的【插入图片】对话框中选择图片文件后，单击【插入】按钮，如图11-85所示。

图 11-85

step 2 选中工作表中的图片，将鼠标光标放置在图片四周的控制柄上，当光标变为双向箭头时，按住鼠标左键拖动，调整图片大小。

step 3 单击【图片格式】选项卡中的【裁剪】下拉按钮，在弹出的下拉列表中选择【裁剪】选项，然后拖动图片四周的裁剪控制柄，裁剪图片的大小，如图11-86所示。完成后单击任意空白单元格。

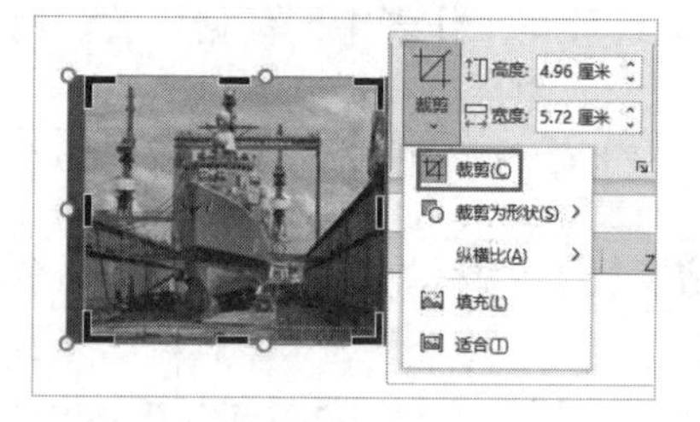

图 11-86

step 4 再次单击【裁剪】下拉按钮，在弹出的下拉列表中选择【裁剪为形状】|【不完整圆】选项，将图片裁剪为不完整圆，如图11-87所示。

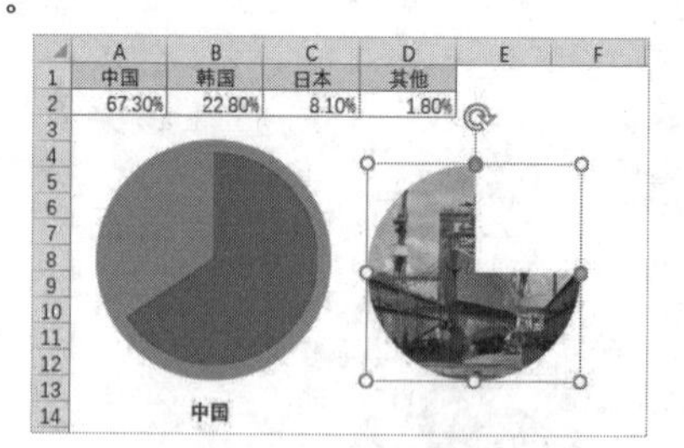

图 11-87

step 5 单击【图片格式】选项卡中的【旋转】下拉按钮，在弹出的类别中选择【向左旋转90°】选项，将绘制的不完整形状旋转90°。

step 6 最后，调整不完整圆形形状的位置，拖动其圆形控制柄调整形状的开口范围，如图 11-88 所示。

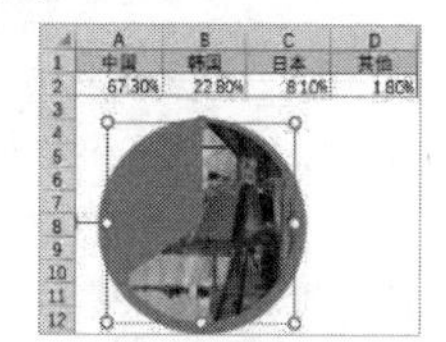

图 11-88

11.3.3　使用 SmartArt 图形

SmartArt 图形是一种图形工具，用于创建各种类型的图表和组织结构图，帮助用户以可视化的方式展示和表达数据、概念、流程和关系等信息。

在 Excel 中，SmartArt 图形的主要功能是制作组织结构图，具体操作方法如下。

step 1　在工作表的 A 列输入组织结构图的相关数据后选中数据区域，按 Ctrl+C 快捷键，执行【复制】命令，然后单击【插入】选项卡中的 SmartArt 按钮。

step 2　打开【选择 SmartArt 图形】对话框，选择【组织结构图】样式，单击【确定】按钮，如图 11-89 所示。

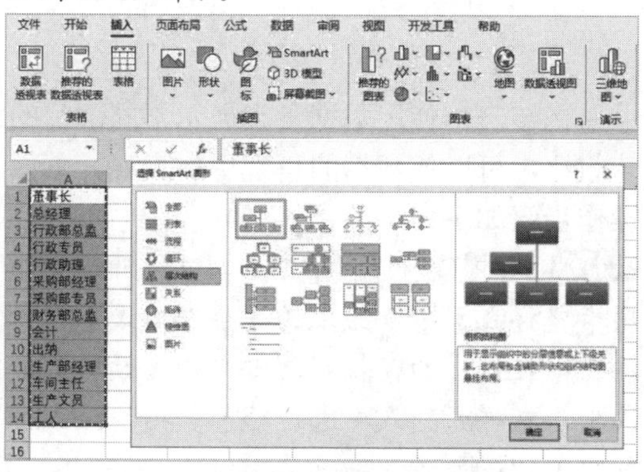

图 11-89

step 3　在工作表中单击插入的 SmartArt 图形左侧的按钮，打开【在此处键入文字】窗格，按 Ctrl+A 快捷键，如图 11-90 所示。

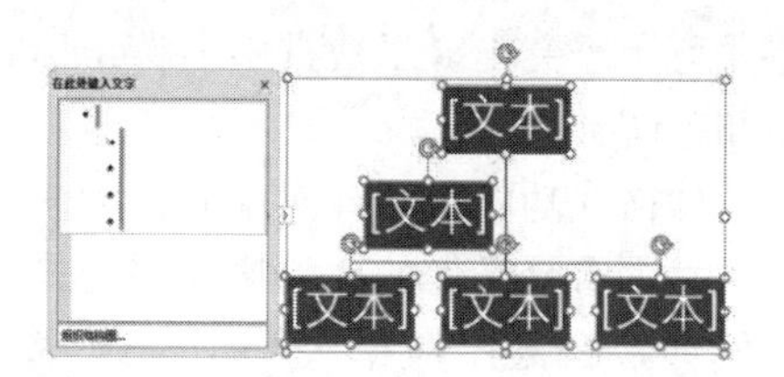

图 11-90

step 4　按 Ctrl+V 快捷键执行【粘贴】命令，结果如图 11-91 所示。

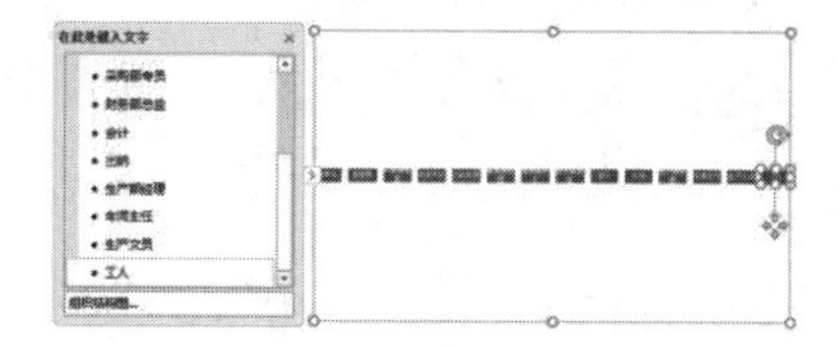

图 11-91

step 5　将鼠标指针置于【在此处键入文字】窗格中的文字左侧，按 Tab 键调整组织结构图的各层级级别，如图 11-92 所示。

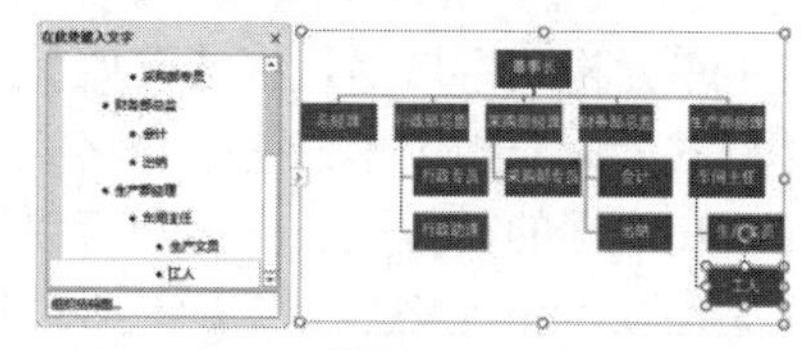

图 11-92

step 6　最后，单击【在此处键入文字】窗格右上角的按钮关闭窗格，拖动 SmartArt 图形四周的控制柄调整其大小，然后单击【SmartArt 设计】选项卡【版式】命令组中的，在弹出的列表中选择一种版式，将其应用于 SmartArt 图形。制作好的 SmartArt 图形如图 11-93 所示。

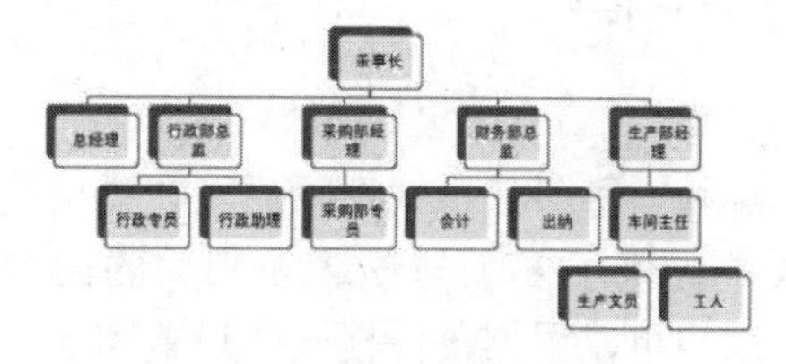

图 11-93

11.4　设置条件格式

在 Excel 中，使用条件格式功能可以根据特定的条件来格式化单元格或区域的外观。条件格式可用于突出显示数据中的特定模式、数值范围、文本等，从而帮助用户更好地分析、呈现和理解数据。

条件格式功能能够针对单元格的内容进行判断，为符合条件的单元格应用格式。

例如，在某个数据区域设置条件格式为对重复数据用黄色背景进行突出标记，如图 11-94 所示。当用户输入或修改数据时，Excel 将会自动对整个区域的数据进行检测，判断数据是否重复。

	A	B	C	D	E
1	时间	姓名	加班开始时间	加班结束时间	加班时长
2	2023/3/1	李亮辉	19:00	19:32	0 小时 32 分"
3	2023/3/2	林雨馨	19:00	20:07	1 小时 7 分"
4	2023/3/3	莫静静	19:00	21:12	2 小时 12 分"
5	2023/3/4	刘乐乐	19:00	19:12	0 小时 12 分"
6	2023/3/5	杨晓亮	19:00	22:11	3 小时 11 分"
7	2023/3/6	李亮辉	19:00	19:48	0 小时 48 分"
8	2023/3/7	姚妍妍	19:00	20:45	1 小时 45 分"
9	2023/3/8	许朝霞	19:00	19:13	0 小时 13 分"
10	2023/3/9	王亚茹	19:00	19:29	0 小时 29 分"
11	2023/3/10	李亮辉	19:00	19:34	0 小时 34 分"
12	2023/3/13	李亮辉	19:00	22:09	3 小时 9 分"

图 11-94

11.4.1 设置条件格式的方法

选中单元格或区域后，在【开始】选项卡的【样式】命令组中单击【条件格式】下拉按钮，在弹出的下拉列表中用户可以通过选择【突出显示单元格规则】【最前/最后规则】【数据条】【色阶】【图标集】等条件格式选项设置条件格式，如图 11-95 所示。

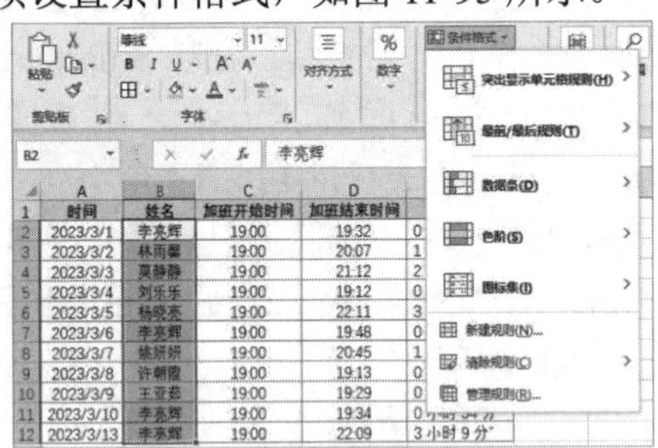

图 11-95

选择一种条件格式选项后，在弹出的子列表中提供了多个与该选项相关的内置规则。用户可以根据条件格式的设置需求，选择合适的规则。例如，选择【突出显示单元格规则】选项，在弹出的子列表中可以选择【大于】【小于】【介于】【等于】【文本包含】【发生日期】【重复值】等选项，如图 11-96 所示。

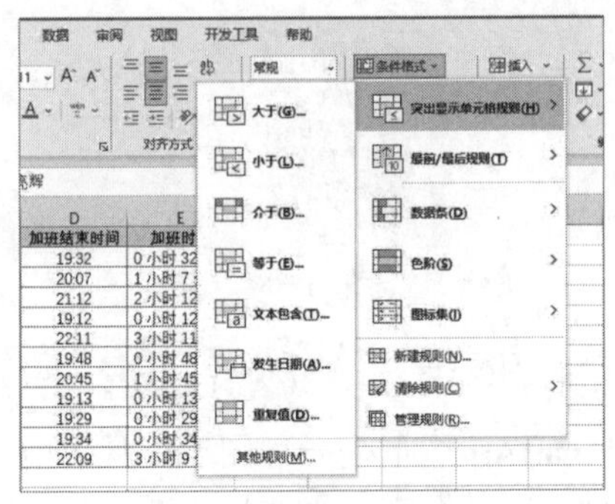

图 11-96

选择不同的选项，可以为单元格或区域设置不同的规则。下面将通过案例来介绍一些设置条件格式的具体应用。

11.4.2 使用数据条展示数据差异

图 11-97 所示为某销售公司各销售中心利润及其营收占比数据表中的一部分数据。

	A	B	C	D	E
1	编号	销售中心	利润(万)	营收占比	
2	1	翔宇销售中心	1523	15.23%	
3	2	卓越销售中心	2567	25.67%	
4	3	锦绣销售中心	1085	10.85%	
5	4	和谐销售中心	3291	32.91%	
6	5	南风销售中心	945	9.45%	
7	6	北极销售中心	689	6.89%	

图 11-97

在该表中使用数据条来展示不同部门的营收比，可以使数据的呈现更加直观。具体操作步骤如下。

step 1 选中 D2:D7 区域后，单击【开始】选项卡【样式】命令组中的【条件格式】下拉按钮，在弹出的下拉列表中选择【数据条】选项，在样式列表中选择蓝色数据条样式，如图 11-98 所示。

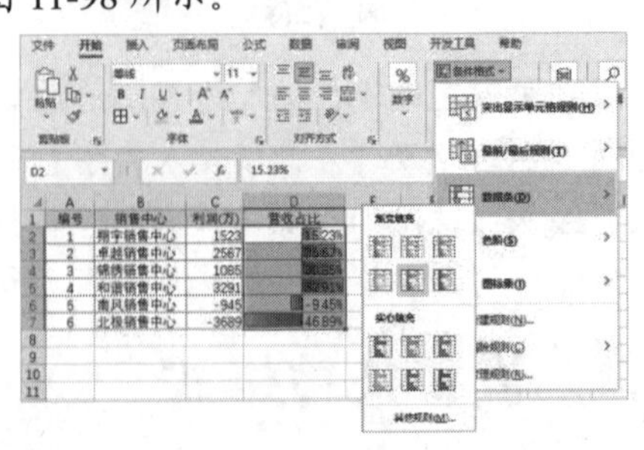

图 11-98

此时 D2:D7 区域中的数据条长度默认根据所选区域的最大值和最小值来显示，可以将其最大值调整为 1，即百分之百。

step 2 再次单击【开始】选项卡中的【条件格式】下拉按钮，在弹出的下拉列表中选择【管理规则】选项，打开【条件格式规则管理器】对话框，选中数据条规则，然后单击【编辑规则】按钮，如图 11-99 所示。

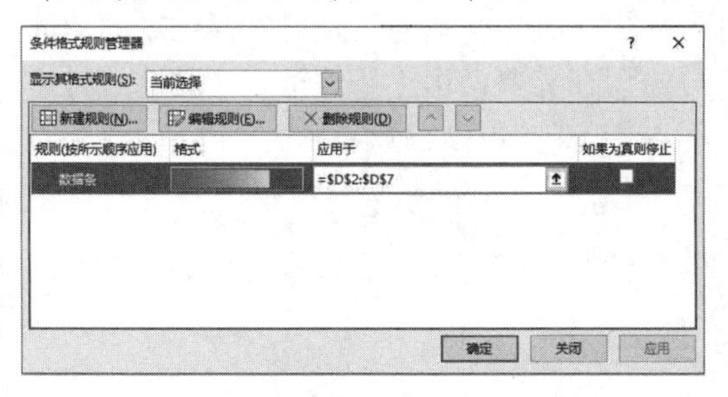

图 11-99

step 3 打开【编辑格式规则】对话框，单击【最大值】下的【类型】下拉按钮，将最大值设置为【数字】，【值】设置为 1，然后单击【负值和坐标轴】按钮，如图 11-100 所示。

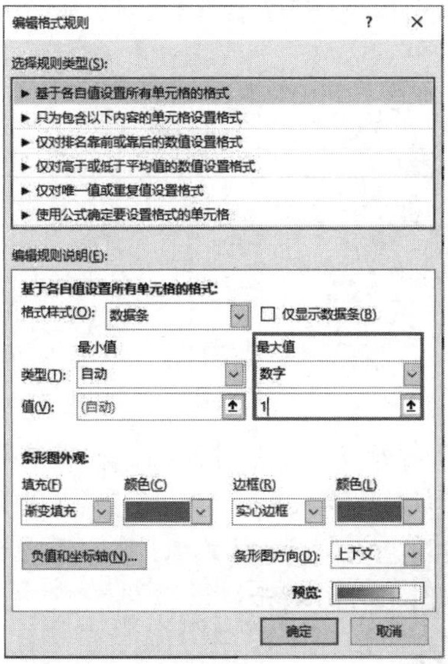

图 11-100

step 4 打开【负值和坐标轴设置】对话框，【在【坐标轴设置】区域中选中【单元格中点值】单选按钮，然后单击【确定】按钮，如图 11-101 所示。

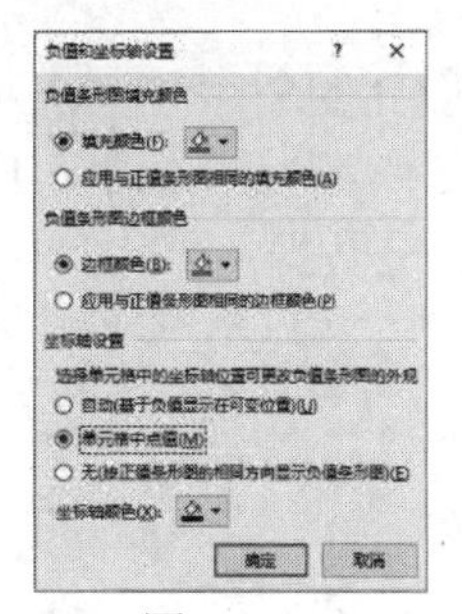

图 11-101

step 5 返回【编辑格式规则】对话框，连续单击【确定】按钮。最终效果如图 11-102 所示。

编号	销售中心	利润(万)	营收占比
1	翔宇销售中心	1523	15.23%
2	卓越销售中心	2567	25.67%
3	锦绣销售中心	1085	30.85%
4	和谐销售中心	3291	32.91%
5	南风销售中心	-945	-9.45%
6	北极销售中心	-3689	-46.89%

图 11-102

11.4.3　使用色阶绘制热图效果

图 11-103 所示为一次农业实验得到的数据。

农作物高度分析

	化肥A	化肥B	化肥C	化肥D	化肥E	化肥F
10℃	76	49	64	78	115	18
	68	45	56	14	73	32
20℃	59	40	49	62	29	57
	56	38	50	35	44	42
30℃	43	45	32	47	68	71
	44	55	41	92	87	63
40℃	43	102	54	23	51	26
	34	32	32	56	36	89
50℃	45	67	54	81	62	74
	65	54	32	39	93	61

图 11-103

使用色阶可以通过不同深浅、不同颜色的色块直观地反映表格中数据的大小，形成“热图”效果。具体操作方法如下。

选中 B3:G12 区域，单击【开始】选项卡中的【条件格式】下拉按钮，在弹出的下拉列表中选择【色阶】|【红-白色阶】选项，如图 11-104 所示。

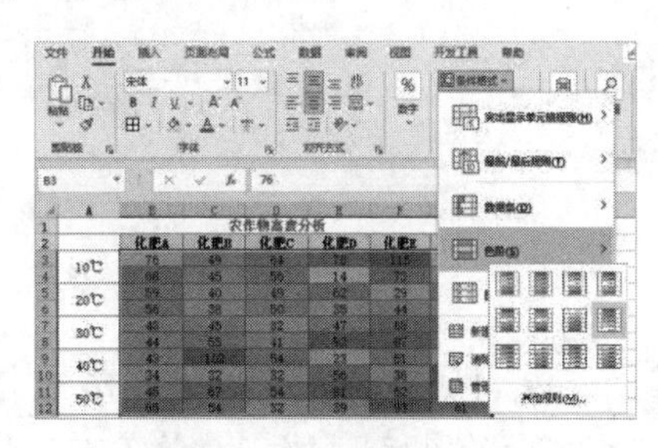

图 11-104

11.4.4 使用图标集展示业绩差异

图 11-105 所示为某公司员工 1~3 月份销售业绩的一部分数据。

	A	B	C	D	E	F
1	部门	姓名	性别	1月业绩	2月业绩	3月业绩
2	销售推广部门	李亮辉	男	156	27	63
3	客户关系部门	林雨馨	女	98	193	127
4	销售运营部门	莫静静	女	112	84	89
5	销售运营部门	刘乐乐	女	139	51	45
6	销售运营部门	许朝霞	女	93	309	312
7	销售运营部门	段程鹏	男	87	76	76
8	销售推广部门	杜芳芳	女	91	112	55
9	客户关系部门	杨晓亮	男	132	45	94
10	销售运营部门	张珺涵	男	183	68	108

图 11-105

根据图 11-105 中数据值的大小，可以使用图标集在单元格中显示特定的图标。在业绩数字大于或等于 150 的数据前显示✔，低于 150，高于或等于 100 的数据前显示❗，低于 100 的数据前显示✖。具体操作方法如下。

step① 选中 D2:F10 区域后，单击【开始】选项卡中的【条件格式】下拉按钮，在弹出的下拉列表中选择【新建规则】选项。

step② 打开【新建格式规则】对话框，在【选择规则类型】列表框中选择【基于各自值设置所选单元格的格式】选项，在【编辑规则说明】区域中参考图 11-106 所示进行设置，然后单击【确定】按钮。

图 11-106

step③ 此时，Excel 将自动在 D2:F10 区域中添加三种符号的图标集，标记出员工 1~3 月销售业绩的差异，如图 11-107 所示。

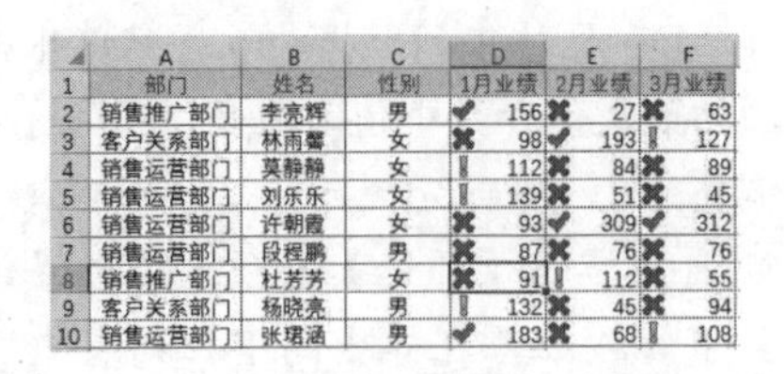

	A	B	C	D	E	F
1	部门	姓名	性别	1月业绩	2月业绩	3月业绩
2	销售推广部门	李亮辉	男	✔ 156	✖ 27	✖ 63
3	客户关系部门	林雨馨	女	✖ 98	✔ 193	❗ 127
4	销售运营部门	莫静静	女	❗ 112	✖ 84	✖ 89
5	销售运营部门	刘乐乐	女	❗ 139	✖ 51	✖ 45
6	销售运营部门	许朝霞	女	✖ 93	✔ 309	✔ 312
7	销售运营部门	段程鹏	男	✖ 87	✖ 76	✖ 76
8	销售推广部门	杜芳芳	女	✖ 91	❗ 112	✖ 55
9	客户关系部门	杨晓亮	男	❗ 132	✖ 45	✖ 94
10	销售运营部门	张珺涵	男	✔ 183	✖ 68	❗ 108

图 11-107

11.4.5 突出满足条件的表数据

图 11-108 所示为某库房库存数据的一部分。现在需要使用“条件格式”功能，将库存小于 50 的数据特殊显示。

	A	B	C	D	E
1	入库日期	药品名称	库存量	单位	备注
2	2023/3/1	护肝宝胶囊	30	盒	
3	2023/3/1	活血止痛丸	40	盒	
4	2023/3/1	安宫牛黄丸	10	盒	
5	2023/3/1	高血压养心丸	40	盒	
6	2023/3/1	清热解毒口服液	100	盒	
7	2023/3/1	维生素C片	600	盒	
8	2023/3/17	脑力提高胶囊	400	盒	
9	2023/4/8	补肾壮阳片	40	盒	
10	2023/4/8	消食健胃颗粒	2	盒	
11	2023/4/8	参茸补气胶囊	30	盒	
12	2023/4/8	伤风感冒颗粒	30	盒	

图 11-108

step① 选中 C2 单元格后，按 Ctrl+Shift+↓快捷键选中 C 列中所有的数据。

step② 单击【开始】选项卡中的【条件格式】下拉按钮，在弹出的下拉列表中选中【突出显示单元格规则】|【小于】选项，如图 11-109 所示。

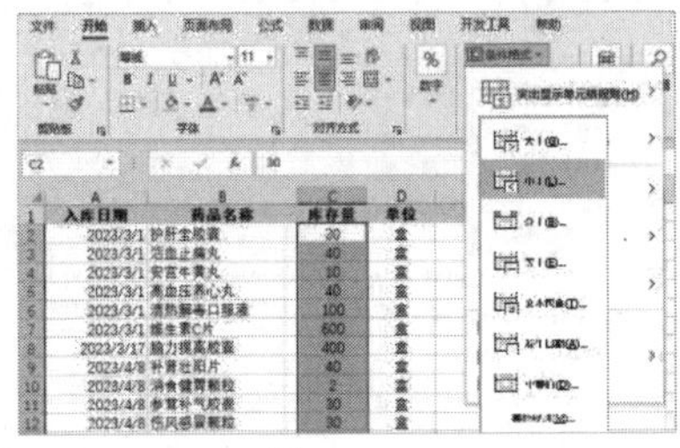

图 11-109

step③ 打开【小于】对话框，在数值框中删除原有数值，输入数值 50，将【设置为】设置为【黄填充色深黄色文本】，单击【确定】按钮，如图 11-110 所示。

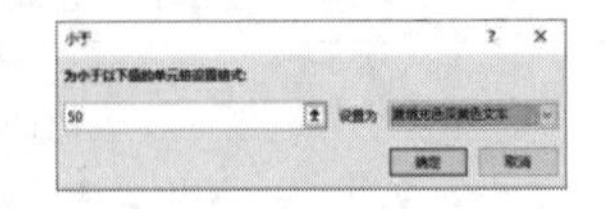

图 11-110

step④ 此时，表格中“库存量”小于 50 的数据将以图 11-111 所示的特殊格式显示。

	A	B	C	D	E
1	入库日期	药品名称	库存量	单位	备注
2	2023/3/1	护肝宝胶囊	30	盒	
3	2023/3/1	活血止痛丸	40	盒	
4	2023/3/1	安宫牛黄丸	10	盒	
5	2023/3/1	高血压养心丸	40	盒	
6	2023/3/1	清热解毒口服液	100	盒	
7	2023/3/1	维生素C片	600	盒	
8	2023/3/17	脑力提高胶囊	400	盒	
9	2023/4/8	补肾壮阳片	40	盒	
10	2023/4/8	消食健胃颗粒	2	盒	
11	2023/4/8	参茸补气胶囊	30	盒	
12	2023/4/8	伤风感冒颗粒	30	盒	
13	2023/4/8	强力止痒乳液	5	盒	
14	2023/4/8	胃炎护胃片	34	盒	
15	2023/4/8	退烧镇痛颗粒	107	盒	
16	2023/4/8	改善睡眠丸	439	盒	

图 11-111

11.4.6　标记排名靠前的数据

图 11-112 所示为某公司一次技能考核的成绩统计表。现在需要使用“条件格式”功能，快速标记出技能考核成绩的前 3 名。

	A	B	C	D	E	F
26	员工号	部门	姓名	性别	技能考核成绩	
27	1121	直营部	李亮辉	男	97	
28	1122	直营部	林雨馨	女	92	
29	1123	直营部	莫静静	女	91	
30	1124	直营部	刘乐乐	女	96	
31	1125	直营部	杨晓亮	男	82	
32	1126	直营部	张珺涵	男	99	
33	1127	大客户部	姚妍妍	女	83	
34	1128	大客户部	许朝霞	女	93	
35	1129	大客户部	李　娜	女	87	
36	1130	电商部	杜芳芳	女	91	
37	1131	电商部	刘自建	男	82	
38	1132	电商部	王　巍	男	100	
39	1133	电商部	段程鹏	男	82	

图 11-112

step 1 选中 E2 单元格后按 Ctrl+Shift+↓快捷键，选中 E 列中所有的数据。单击【开始】选项卡中的【条件格式】下拉按钮，在弹出的下拉列表中选择【项目选取规则】|【前 10 项】选项。

step 2 打开【前 10 项】对话框，在对话框的输入框中输入 3，将【设置为】设置为【浅红填充色深红色文本】，然后单击【确定】按钮，如图 11-113 所示。

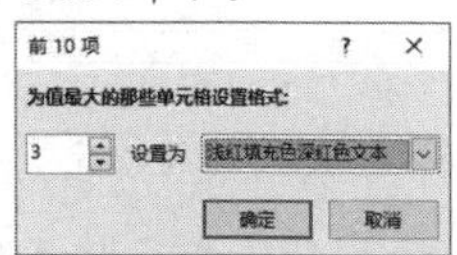

图 11-113

step 3 此时，将以浅红填充色深红色文本标记出表格 E 列数据最大的 3 个数字。

11.4.7　自动识别周末加班日期

图 11-114 所示的表格中统计了某公司员工的加班日期，需要使用“条件格式”功能将双休日加班的记录以特殊格式显示。

	A	B	C	D	E
1	加班日期	姓名	加班开始时间	加班结束时间	
2	2023/3/12	李 亮辉	19:00	19:32	
3	2023/3/13	林 雨馨	19:00	20:07	
4	2023/3/14	莫 静静	19:00	21:12	
5	2023/3/15	刘 乐乐	19:00	19:12	
6	2023/3/16	杨 晓亮	19:00	22:11	
7	2023/3/17	张 珺涵	19:00	19:48	
8	2023/3/18	姚 妍妍	19:00	20:45	
9	2023/3/19	许 朝霞	19:00	19:13	
10	2023/3/20	王 亚茹	19:00	19:29	
11	2023/3/21	杜 芳芳	19:00	19:34	

图 11-114

step 1 选中 A2 单元格后按 Ctrl+Shift+↓快捷键，选中 A 列中所有的数据。单击【开始】选项卡中的【条件格式】下拉按钮，在弹出的下拉列表中选择【新建规则】选项。

step 2 打开如图 11-115 所示的【新建格式规则】对话框，在【选择规则类型】列表框中选中【使用公式确定要设置格式的单元格】选项，然后在【为符合此公式的值设置格式】输入框中输入公式：

```
=WEEKDAY(A2,2)>5
```

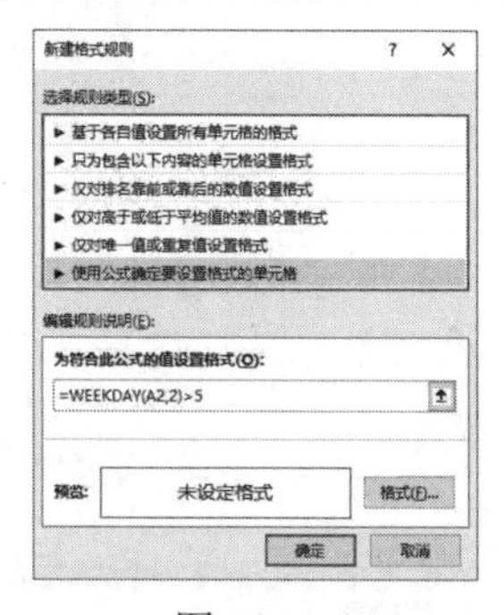

图 11-115

step 3 单击【格式】按钮，打开【设置单元格格式】对话框，选择【填充】选项卡，设置填充颜色(黄色)后，单击【确定】按钮。

step 4 返回【新建格式规则】对话框，单击【确定】按钮，即可标记出表格中的周末日期，如图 11-116 所示。

	A	B	C	D	E
1	加班日期	姓名	加班开始时间	加班结束时间	
2	2023/3/12	李 亮辉	19:00	19:32	
3	2023/3/13	林 雨馨	19:00	20:07	
4	2023/3/14	莫 静静	19:00	21:12	
5	2023/3/15	刘 乐乐	19:00	19:12	
6	2023/3/16	杨 晓亮	19:00	22:11	
7	2023/3/17	张 珺涵	19:00	19:48	
8	2023/3/18	姚 妍妍	19:00	20:45	
9	2023/3/19	许 朝霞	19:00	19:13	
10	2023/3/20	王 亚茹	19:00	19:29	
11	2023/3/21	杜 芳芳	19:00	19:34	

图 11-116

11.4.8　管理已有的条件格式

在工作表中创建条件格式后，用户可以根据实际应用需求对其进行编辑、修改、查找与删除。

1. 编辑与修改条件格式规则

编辑与修改条件格式规则的方法如下。

step 1 选中要修改条件格式规则的单元格区域，单击【开始】选项卡中的【条件格式】下拉按钮，在弹出的下拉列表中选择【管理规则】选项，打开【条件格式规则管理器】对话框。

step 2 在【条件格式规则管理器】对话框中，单击【显示其格式规则】下拉按钮，可以选择不同的工作表、表格、数据透视表或当前条件格式规则所应用的范围，如图 11-117 所示。

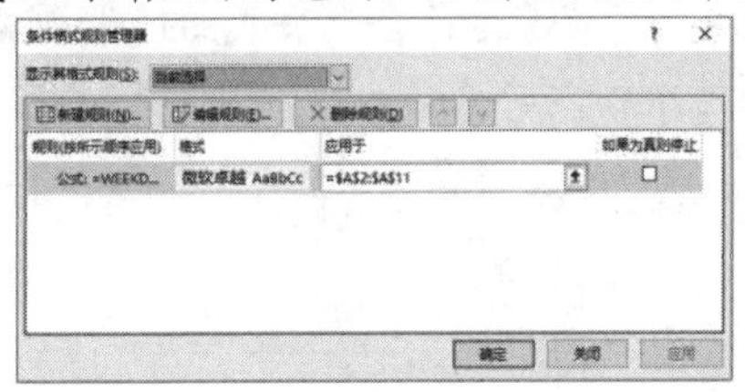

图 11-117

step 3 单击【新建规则】按钮，可以打开【新建格式规则】对话框设置新的规则，如图 11-118 所示。

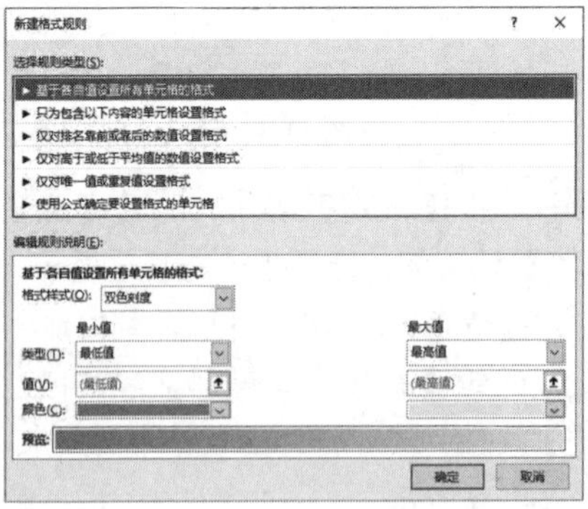

图 11-118

step 4 在【条件格式规则管理器】对话框中的【应用于】编辑框中可以修改条件格式的应用范围。选中需要编辑规则的项目，单击【删除规则】按钮将删除该规则，单击【编辑规则】按钮，将打开【编辑格式规则】对话框，在该对话框中可以对已有的条件格式规则进行修改。

2. 查找条件格式规则

在 Excel 中，通过目测的方法无法确定单元格中是否包含条件格式规则，如果要查找哪些单元格或区域设置了条件格式，可以使用以下方法。

step 1 按 Ctrl+G 快捷或 F5 键打开【定位】对话框，单击【定位条件】按钮，如图 11-119 所示。

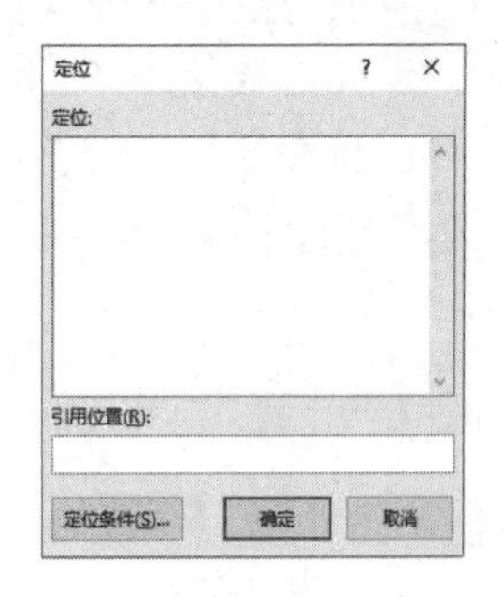

图 11-119

step 2 打开【定位条件】对话框，如图 11-120 所示。选中【条件格式】单选按钮后，如果选中【全部】单选按钮，将会选中所有包含条件格式的单元格区域，如果选中【相同】单选按钮，将仅选中与活动单元格具有相同条件格式的单元格区域。

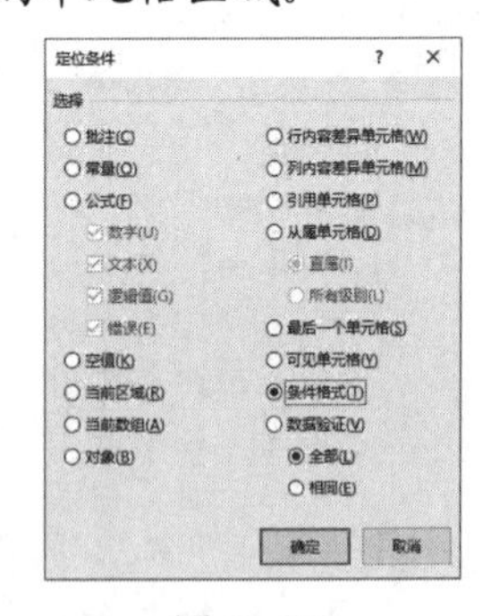

图 11-120

step 3 最后，连续单击【确定】按钮即可。

除此之外，也可以单击【开始】选项卡【编辑】命令组中的【查找和选择】下拉按钮，在弹出的下拉列表中选择【条件格式】选项，选中工作表中所有包含条件格式的区域。

3. 调整条件格式规则的优先级

在默认情况下，新设置的条件格式规则总是添加在【条件格式规则管理器】对话框列表的顶部，因此具有最高的优先级。选中一项规则后，单击对话框中的【上移】按钮或【下移】按钮，可以更改该规则的优先顺序(优先级)，如图 11-121 所示。

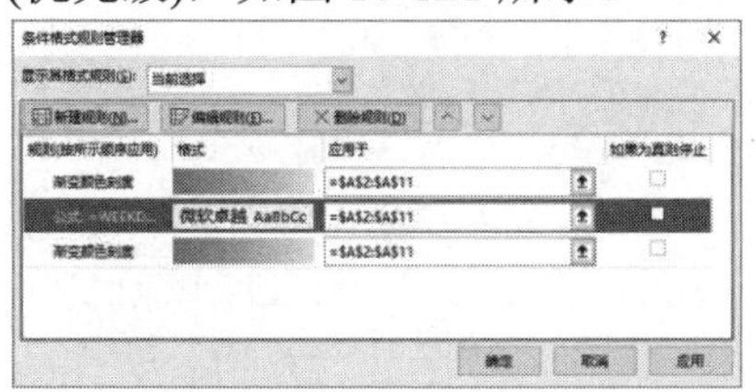

图 11-121

当同一个单元格中存在多个条件格式规则时，如果规则之间没有冲突，则全部规则都会生效。如果规则之间存在冲突，则只会执行优先级高的规则。

4. 给条件格式加上开关

在【条件格式规则管理器】对话框中，如果选中某个规则右侧的【如果为真则停止】复选框，当该规则成立时，则不再执行优先级较低的其他规则。利用这个功能，可以参考以下步骤给条件加一个开关。

step 1 选中设置了条件格式规则的任意单元格(例如 D2 单元格)，如图 11-122 所示，然后单击【开始】选项卡中的【条件格式】下拉按钮，在弹出的下拉列表中选择【管理规则】选项，打开【条件格式规则管理器】对话框。

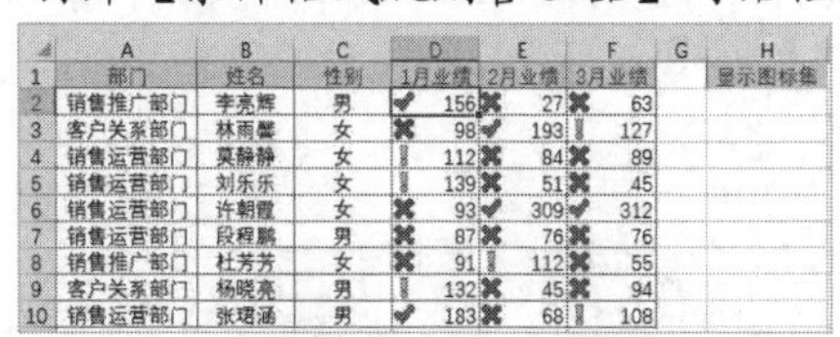

	A	B	C	D	E	F	G	H
1	部门	姓名	性别	1月业绩	2月业绩	3月业绩		显示图标集
2	销售推广部门	李亮辉	男	156	27	63		
3	客户关系部门	林雨馨	女	98	193	127		
4	销售运营部门	莫静静	女	112	84	89		
5	销售运营部门	刘乐乐	女	139	51	45		
6	销售运营部门	许朝霞	女	93	309	312		
7	销售运营部门	段程鹏	男	87	76	76		
8	销售推广部门	杜芳芳	女	91	112	55		
9	客户关系部门	杨晓亮	男	132	45	94		
10	销售运营部门	张珺涵	男	183	68	108		

图 11-122

step 2 单击【新建规则】按钮，在打开的【新建格式规则】对话框中选中【使用公式确定要设置格式的单元格】选项，然后在【为符合此公式的值设置格式】输入框中输入公式：

```
=$H$2=1
```

然后单击【确定】按钮，如图 11-123 所示。

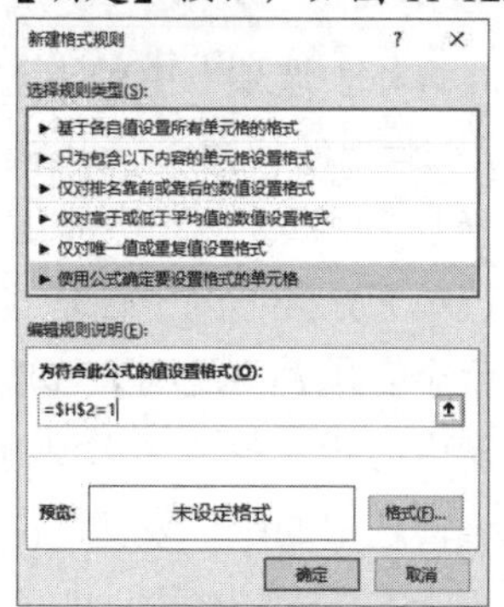

图 11-123

step 3 返回【条件格式规则管理器】对话框，将鼠标指针置于新增条件格式规则的【应用于】文本框内容，然后在工作表中按住鼠标左键拖动选取设置条件格式的单元格区域，如图 11-124 所示。

图 11-124

step 4 选中图 11-124 所示条件格式规则右侧的【如果为真则停止】复选框，单击【确定】按钮。此时，在 H2 单元格中输入 1，条件格式的图标集将不再显示，如图 11-125 所示。

	A	B	C	D	E	F	G	H
1	部门	姓名	性别	1月业绩	2月业绩	3月业绩		显示图标集
2	销售推广部门	李亮辉	男	156	27	63		1
3	客户关系部门	林雨馨	女	98	193	127		
4	销售运营部门	莫静静	女	112	84	89		
5	销售运营部门	刘乐乐	女	139	51	45		
6	销售运营部门	许朝霞	女	93	309	312		
7	销售运营部门	段程鹏	男	87	76	76		
8	销售推广部门	杜芳芳	女	91	112	55		
9	客户关系部门	杨晓亮	男	132	45	94		
10	销售运营部门	张珺涵	男	183	68	108		

图 11-125

step 5 清除 H2 单元格中的数字 1，将继续执行条件格式，显示图标集的效果。

5. 删除条件格式规则

单击【开始】选项卡中的【条件格式】下拉按钮，在弹出的如图 11-126 所示的下拉列表中选择【清除所选单元格的规则】选项，将清除所选单元格区域的条件格式规则；选择【清除整个工作表的规则】选项，将清除当前工作表中的所有条件格式规则。

如果当前选中的是“表格”(在【插入】选项卡中单击【表格】按钮创建的表)或是数据透视表，可以选择【清除此表的规则】和【清除此数据透视表的规则】选项。

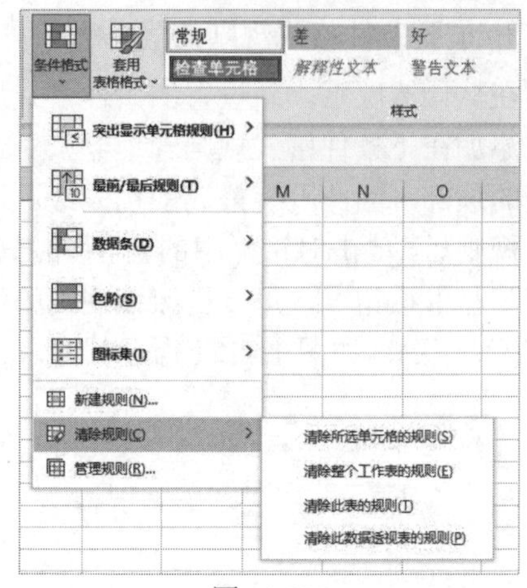

图 11-126

11.5 案例演练

本章详细介绍了 Excel 中用于可视化数据的几种常用工具。下面的案例演练部分将结合上一章介绍过的数据透视表与本章介绍的图表，制作一个用于可视化表格数据的数据看板。

【例 11-9】结合数据透视表与图表制作数据看板。

视频+素材 (素材文件\第 11 章\例 11-9)

step 1 选中数据表中的任意单元格后，按 Ctrl+T 快捷键，打开【创建表】对话框，然后单击【确定】按钮。

step 2 依次按 Alt、N、V 键，或者单击【插入】选项卡中的【数据透视表】按钮，打开【创建数据透视表】对话框。选中【新工作表】单选按钮后，单击【确定】按钮，如图 11-127 所示。

	年份	类型	商品名称	销售额	好评率
2	2022	上衣	连衣裙	2735	67
3	2022	鞋子	高跟鞋	9124	82
4	2022	下装	半身裙	5678	78
5	2022	外套	女式夹克	1485	93
6	2022	上衣	上衣	7896	71
7	2022	下装	裤子	4532	85
8	2022	外套	短外套	6123	76
9	2022	上衣	女式衬衫	9867	89
10	2022	上衣	毛衣	2354	80
11	2022	下装	牛仔裤	8746	76
12	2022	内衣	内衣	5679	91
13	2022	外套	羽绒服	3012	69
14	2022	下装	长裤	6890	84
15	2022	下装	短裤	1453	77
16	2022	外套	皮衣	9876	95
17	2023	上衣	连衣裙	4021	72
18	2023	鞋子	高跟鞋	5432	87
19	2023	下装	半身裙	6897	81
20	2023	外套	女式夹克	1203	73
21	2023	上衣	上衣	8357	90
22	2023	下装	裤子	6901	68
23	2023	外套	短外套	2578	83
24	2023	上衣	女式衬衫	4961	79
25	2023	上衣	毛衣	7802	96%

创建数据透视表
请选择要分析的数据
选择一个表或区域(S)
表/区域(T): 表1
使用外部数据源(U)
选择连接(C)...
连接名称:
使用此工作簿的数据模型(D)
选择放置数据透视表的位置
新工作表(N)
现有工作表(E)
位置(L):
选择是否想要分析多个表
将此数据添加到数据模型(M)
确定 取消

图 11-127

step 3 打开【数据透视表字段】窗格，将【类型】【商品名称】拖动至【行】列表框中，将【销售额】拖动至【值】列表框中，创建图 11-128 所示的数据透视表。

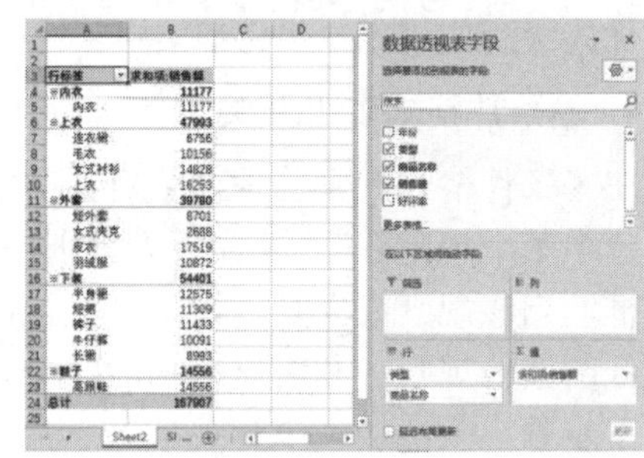

图 11-128

step 4 选中数据透视表中的任意单元格后，单击【插入】选项卡中的【插入柱形图或条形图】下拉按钮，在弹出的下拉列表中选择【簇状条形图】选项，在工作表中插入簇状条形图，如图 11-129 所示。

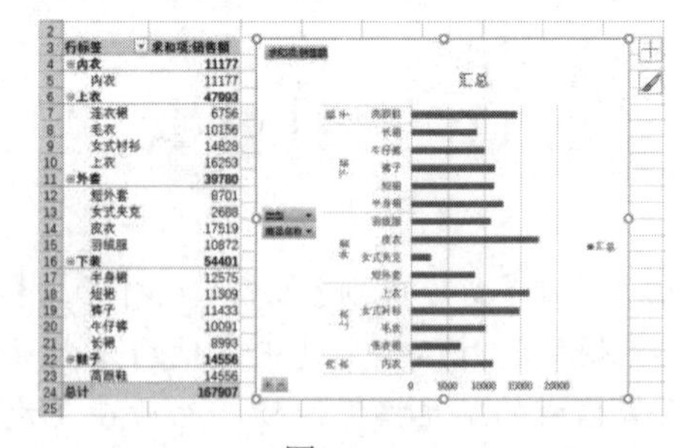

图 11-129

step 5 右击图表上的字段按钮，在弹出的快捷菜单中选择【隐藏图表上的所有字段按钮】命令，隐藏图表中的字段按钮，如图 11-130 所示。

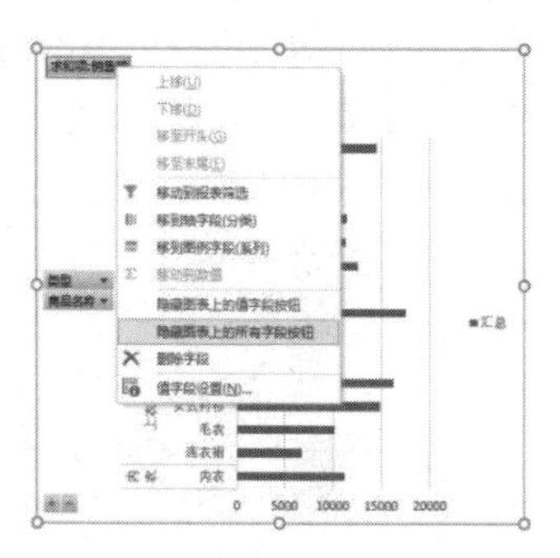

图 11-130

step 6　单击图表右侧的 + 按钮，在弹出的列表中取消【图例】【网格线】复选框的选中状态，隐藏图表中的图例和网格线。

step 7　选中并右击图表中的数据系列，在弹出的快捷菜单中选择【设置数据系列格式】命令，在打开的窗格中设置数据系列的【间隙宽度】为 35%。

step 8　将鼠标指针置于图表的标题中，输入“销售情况汇总”，然后调整标题的位置。

step 9　选中图表后，单击【数据透视图分析】选项卡中的【插入切片器】按钮，打开【插入切片器】对话框，选中【年份】复选框后单击【确定】按钮，在工作表中插入一个切片器，如图 11-131 所示。

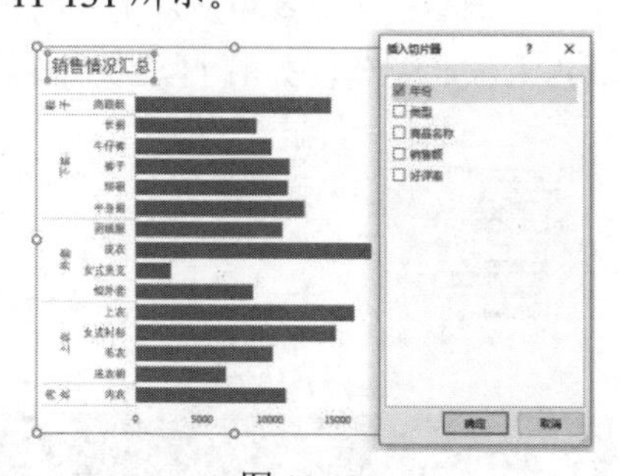

图 11-131

step 10　在【切片器】选项卡的【列】微调框中输入 2，将工作表中的切片器设置为 2 列形式，并拖动切片器的边缘，调整切片器的大小和位置，将切片器放置在图表中，如图 11-132 所示。

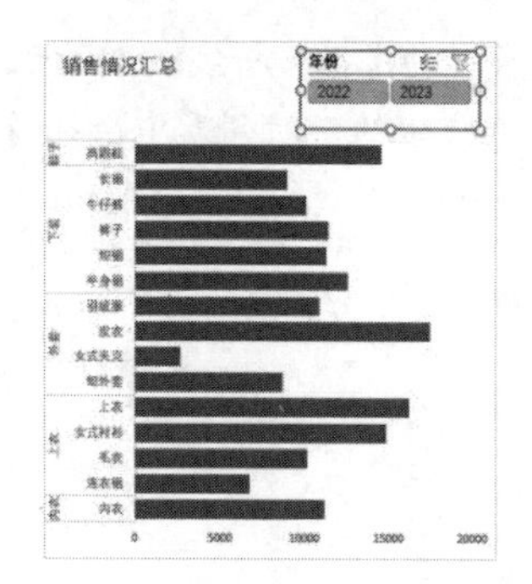

图 11-132

step 11　此时，用户可以通过单击切片器中的年份，动态查看数据的筛选结果(按住 Ctrl 键后单击任意年份，可以将数据恢复到未筛选的状态)。选中切片器后先按 Ctrl+A 快捷键同时选中图表和数据透视表，再按 Ctrl+X 快捷键执行【剪切】命令。

step 12　将当前工作表重命名为“数据透视表”，然后创建一个名为“仪表盘”的工作表。选中【仪表盘】工作表，按 Ctrl+V 快捷键，将制作好的图表粘贴至该工作表中。

step 13　返回【数据透视表】工作表，选中数据透视表中的任意单元格，然后先按 Ctrl+A 快捷键全选数据透视表，再按 Ctrl+C 快捷键执行【复制】命令。

step 14　选中 D3 单元格后，按 Ctrl+V 快捷键执行【粘贴】命令。然后在【数据透视表字段】窗格中调整复制的数据透视表的字段，将【类型】放在【列】列表框中，将【年份】放在【行】列表框中，取消【商品名称】复选框的选中状态，如图 11-133 所示。

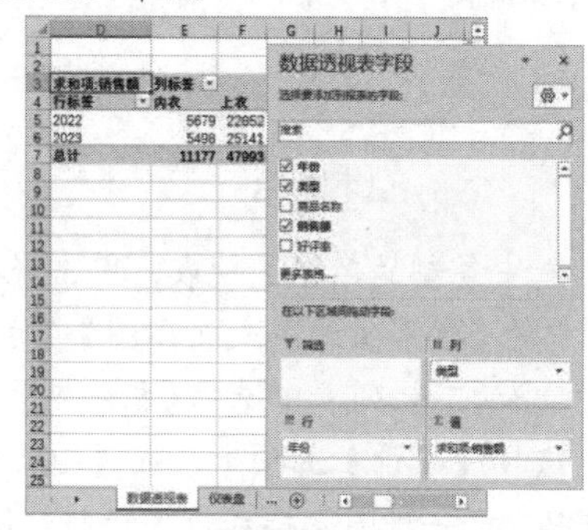

图 11-133

step 15　选中新设置的数据透视表，单击【插

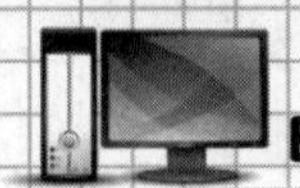

入】选项卡中的【插入折线图或面积图】下拉按钮，在弹出的下拉列表中选择【折线图】选项，创建一个折线图，如图 11-134 所示。

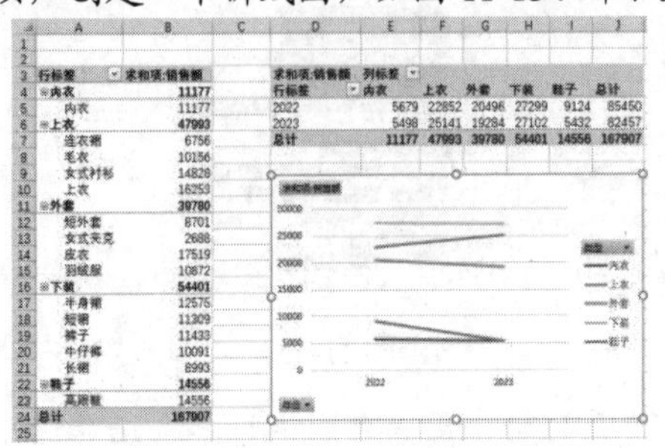

图 11-134

step 16 设置折线图的样式，并参考上面介绍的方法插入切片器，然后将制作好的折线图和切片器剪切至【仪表盘】工作表中，如图 11-135 所示。

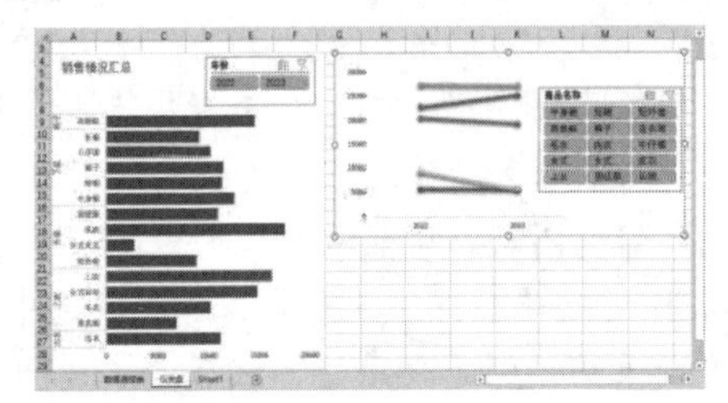

图 11-135

step 17 返回【数据透视表】工作表，将数据透视表复制一份，如图 11-136 所示。

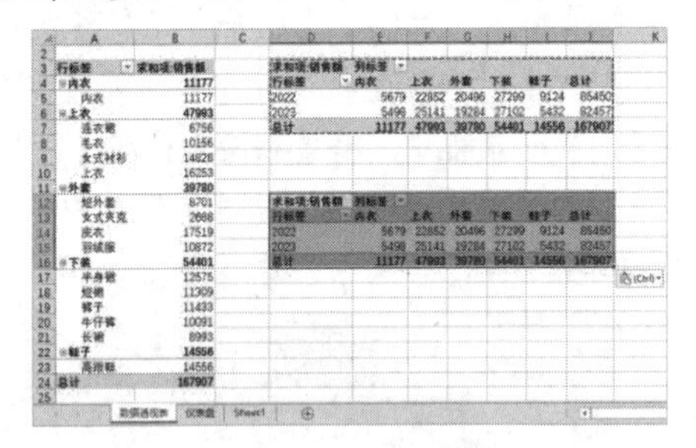

图 11-136

step 18 选中复制的数据透视表，单击【插入】选项卡中的【插入折线图或面积图】下拉按钮，在弹出的下拉列表中选择【折线图】选项。

step 19 选择【设计】选项卡，在【图表样式】命令组中选择一种图表样式应用于折线图。

step 20 将创建折线图剪切至【仪表盘】工作表中，调整其大小和位置。

step 21 将【数据透视表】工作表右侧的两个数据透视表各复制一份。然后选中并右击复制的第一个数据透视表中的 2022 年字段，在弹出的快捷菜单中选择【值显示方式】|【差异百分比】命令，如图 11-137 所示。

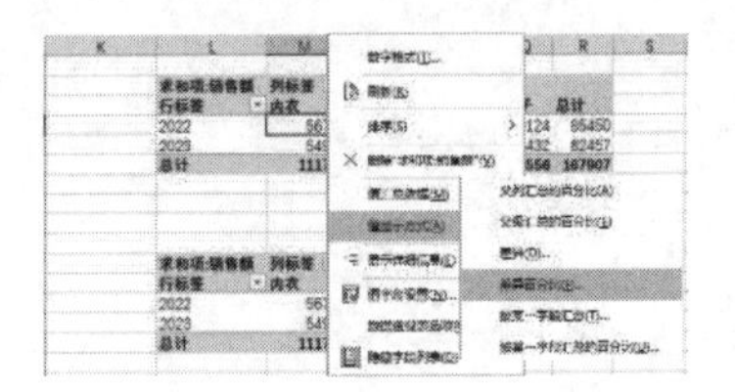

图 11-137

step 22 打开【值显示方式】对话框，将【基本项】设置为【(下一个)】后，单击【确定】按钮，如图 11-138 所示。

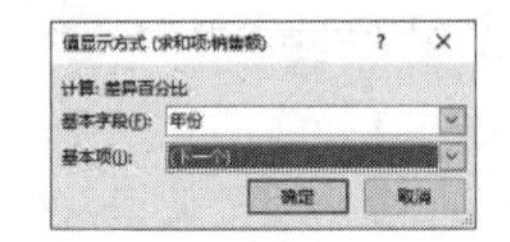

图 11-138

step 23 使用同样的方法设置另一个复制的数据透视表，在【值显示方式】对话框中将【基本项】设置为【(上一个)】后，单击【确定】按钮。

step 23 使用设置后的数据透视表创建两个数据同比图表(簇状柱形图)。

step 25 将制作好的图表剪切至【仪表盘】工作表中，并调整该工作表中所有图表的位置，完成数据看板的制作，如图 11-139 所示。

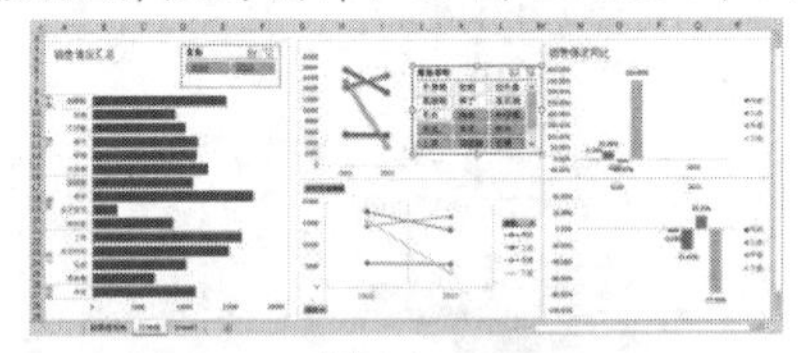

图 11-139

知识点滴

Excel 数据看板是用于可视化和汇总数据的工具，可以用于监控和分析数据。在本例的基础之上，用户还可以对数据看板进一步设置，强化其功能。例如，添加数据筛选器和条件格式，提高数据看板的交互性和可用性；根据主题或数据类型创建不同的数据表；使用公式对数据进行计算、过滤和排序；定期更新数据，根据需要调整和改进数据看板。

第 12 章

页面设置与打印输出

在 Excel 中，用户可以通过页面设置来调整工作表的布局、页面大小、页面缩放、页边距、打印区域、打印质量、打印顺序等设置，以便在工作中得到所需的打印效果。

本章对应视频

例 12-1 设置打印时首页不显示页码
例 12-2 设置多页打印相同的标题行
例 12-3 将页面设置应用到其他工作表
例 12-4 将超宽表格打印在一张纸上
例 12-5 将指定行上下数据分别打印
例 12-6 设置不打印表格中的形状
例 12-7 设置不打印工作表中的颜色
本章其他视频参见视频二维码列表

12.1 页面设置

在使用 Excel 程序制作需要打印的电子表格时，在录入数据之前，需要进行页面设置。页面设置包括纸张大小、纸张方向、页边距、打印区域等内容，如图 12-1 所示。通过页面设置，可以确保在录入数据后不会因为调整页面设置而破坏表格的整体结构。

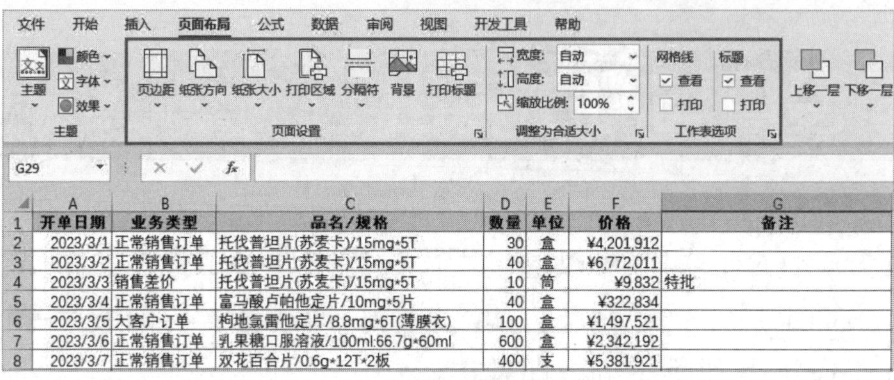

图 12-1

12.1.1 页面设置常用选项

以图 12-1 所示某公司销售统计表为例，若要将其打印输出，可以使用【页面布局】选项卡中的命令控件进行打印前的页面设置。

1. 纸张设置

在【页面布局】选项卡中包含了【页面设置】【调整为合适大小】【工作表选项】3 组与页面设置相关的命令。其中最主要的三个命令控件的功能说明如下。

- 纸张大小。单击【纸张大小】下拉按钮，在弹出的下拉列表中包括常用的纸张尺寸选项，选择某个选项即可应用对应的规格，如图 12-2 所示。

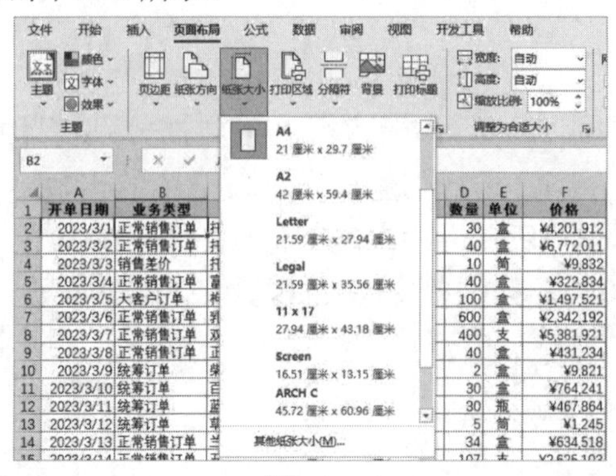

图 12-2

- 纸张方向。单击【纸张方向】下拉按钮，在弹出的下拉列表中选择纸张方向，包括【纵向】和【横向】，如图 12-3 所示。如果表格列数较多，可以选择纸张方向为【横向】，以便在水平方向上显示更多内容。

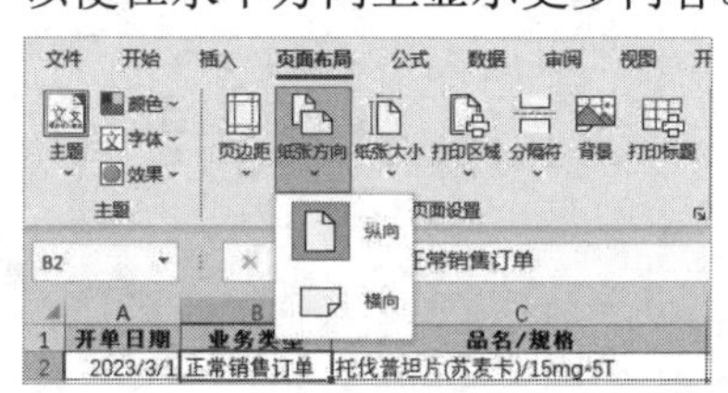

图 12-3

- 页边距。单击【页边距】下拉按钮，在弹出的下拉列表中包括【常规】【宽】【窄】3 种选项，并且会保留用户上次的自定义设置，如图 12-4 所示。

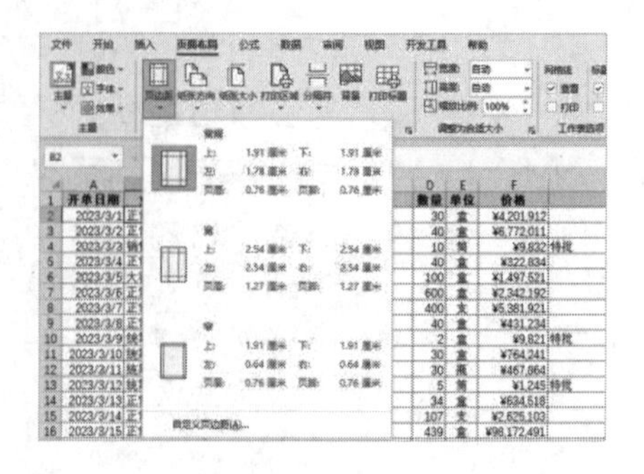

图 12-4

在图 12-4 所示【页边距】下拉列表中选择【自定义页边距】选项，将打开【页面设置】对话框，并自动选中【页边距】选项卡。如图 12-5 所示，在该选项卡中可以根据需要，调整【上】【下】【左】【右】输入框中的微调按钮设置自定义页边距，在【居中方式】选项组中选中【水平】复选框，可以使打印后的内容在水平方向居中对齐。

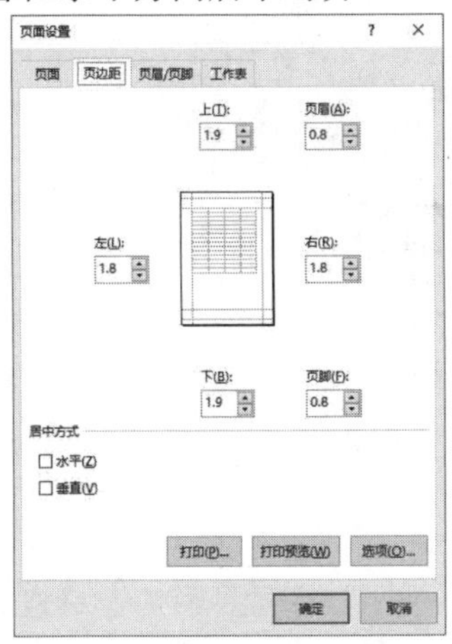

图 12-5

2. 打印区域

在默认情况下，用户在 Excel 中执行打印命令将会打印所有可见内容，包括文字、添加的边框线、设置的填充颜色或图形对象等。如果工作表中不包含可见内容，执行打印命令时会弹出图 12-6 所示的提示对话框，提示用户未发现打印内容。

图 12-6

如果仅需要打印工作表中的部分内容或是打印不连续的单元格区域，可以先选中需要打印的单元格区域，如 A1:E6，在【页面布局】选项卡中单击【打印区域】下拉按钮，在弹出的下拉列表中选择【设置打印区域】选项，即可将当前选中区域设置为打印区域，如图 12-7 所示。

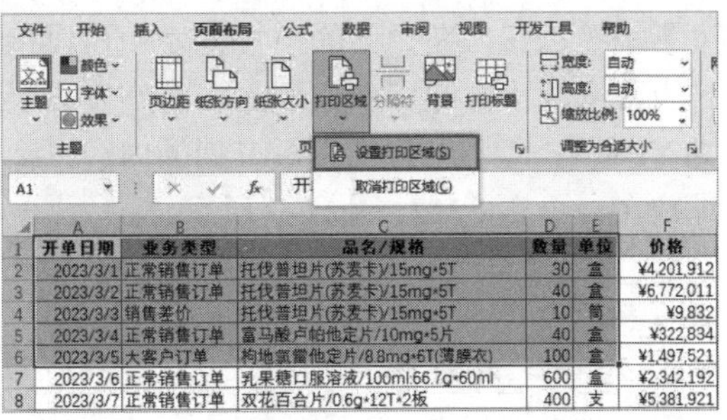

图 12-7

用户可以根据需要再次选择其他单元格区域加到打印区域，如果将不连续的单元格范围设置为打印区域，打印时会分别打印在不同的纸张上。

3. 插入分页符

在打印连续的数据表时，Excel 默认以纸张大小自动进行分页打印，用户可以根据需要在指定的位置插入分页符，使 Excel 强制分页打印。

单击要插入分页符的单元格，如 E29，在【页面布局】选项卡中单击【分隔符】下拉按钮，在弹出的下拉列表中选择【插入分页符】选项，如图 12-8 所示，即可在活动单元格的上一行和左侧分别插入分页符。

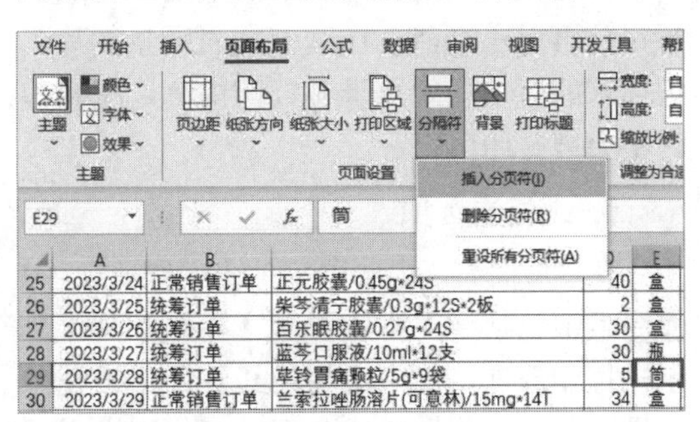

图 12-8

插入分页符后，用户还可以通过单击【分隔符】下拉按钮，在弹出的下拉列表中选择【删除分页符】和【重设所有分页符】选项，对分页符位置进行修改调整。

4. 调整为合适大小

在【页面布局】选项卡的【调整为合适大小】命令组中，通过单击【高度】和【宽度】下拉按钮，在弹出的下拉列表中可以指定页数来缩小打印比例。例如，将宽度设置为“1 页”，即表示将表格所有列的内容自动缩放在一页宽度，如图 12-9 所示。

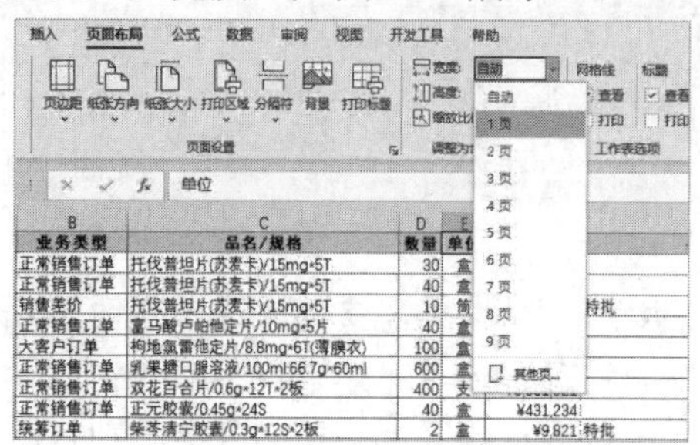

图 12-9

调整【缩放比例】输入框右侧的微调按钮，或者手动输入比例数值，可以调整打印的缩放比例(范围为 10%~400%)，如图 12-10 所示。

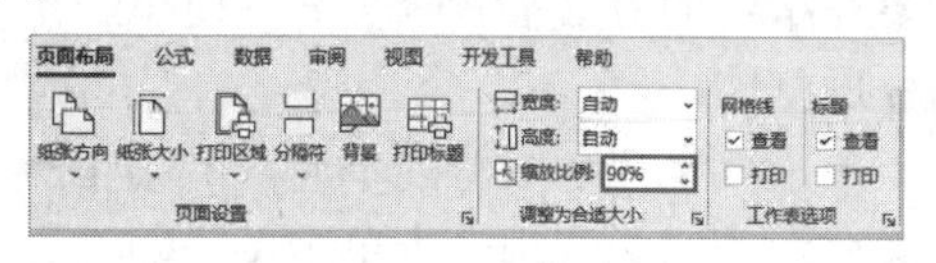

图 12-10

5. 背景设置

在【页面布局】选项卡中单击【背景】按钮，可以在当前工作表中插入背景图片。但插入的背景图片属于非打印内容，在打印时不会被打印出来。

6. 工作表选项

在【页面布局】选项卡的【工作表选项】命令组中包括【网格线】和【标题】两组显示与打印选项。其中【网格线】用于设置在未设置单元格边框的情况下，工作表内用于间隔单元格的灰色线条是否显示或打印;【标题】用于设置工作表的行号列标是否显示或打印。

12.1.2 使用【页面设置】对话框

在【页面布局】选项卡中单击【打印标题】按钮，或单击【页面设置】【调整为合适大小】【工作表选项】命令组右下角的对话框启动器按钮，将打开【页面设置】对话框。在该对话框中，可以详细设置以下参数。

1. 页面设置

在【页面设置】对话框的【页面】选项卡中，用户可以自定义设置页面的纸张方向、缩放比例及纸张大小和打印质量，如图 12-11 所示。

图 12-11

2. 页边距设置

在【页面设置】对话框的【页边距】选项卡中，用户可以在上、下、左、右 4 个方向上设置打印区域与纸张边界的距离，同时能够设置页眉/页脚与纸张边界的距离。

3. 页眉/页脚设置

页眉/页脚是指打印在纸张顶部/底部的固定内容的文字或图片，例如文档的标题、页码或单位的标志图案等内容。

在【页面设置】对话框中选择【页眉/页脚】选项卡，然后单击【页眉】下拉按钮，在弹出的下拉列表中用户可以选择使用 Excel 内置的页眉样式。

如果用户需要设置自定义的页眉效果，可以在【页面/页脚】选项卡(如图 12-12 所示)中单击【自定义页眉】按钮，打开【页眉】对话框进行设置。

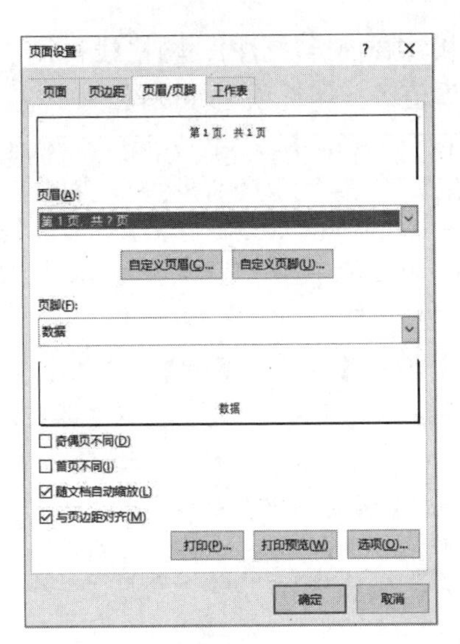

图 12-12

在【页眉】对话框中，分为【左部】【中部】【右部】3 个编辑框，单击其中一个编辑框，然后再单击编辑框顶部的命令按钮，可以在页眉中添加不同的元素，如图 12-13 所示。

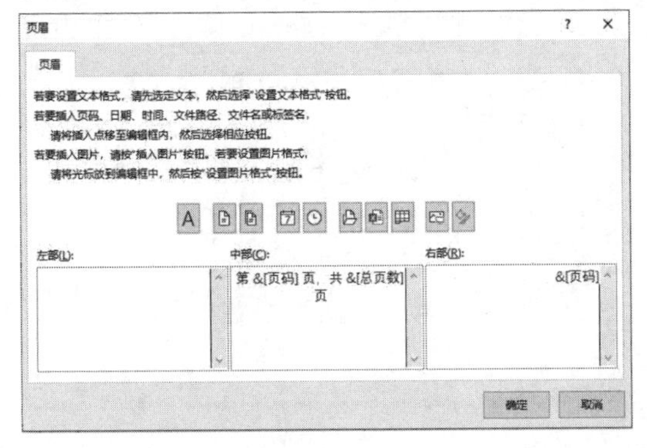

图 12-13

图 12-13 所示【页眉】对话框中按钮的功能说明如表 12-1 所示。

表 12-1　【页眉】对话框中按钮的功能说明

按钮	图标	功能说明
格式文本	A	打开【字体】对话框，设置页眉中插入文本的字体格式
插入页码		插入代码"&[页码]"，打印时显示当前页的页码
插入页数		插入代码"&[总页数]"，打印时显示文档包含的总页数
插入日期		插入代码"&[日期]"，显示打印时的系统日期
插入时间		插入代码"&[时间]"，显示打印时的系统时间
插入文件路径		插入代码"&[路径]&[文件]"，打印时显示当前工作簿的路径及工作簿的文件名
插入文件名		插入代码"&[文件]"，打印时显示当前工作簿的文件名
插入数据表名称		插入代码"&[标签名]"，打印时显示当前工作表的名称
插入图片		打开【插入图片】对话框，可选择本地或联机图片
设置图片格式		打开【设置图片格式】对话框，设置插入图片的格式

设置页脚的方式与设置页眉的方式类似。

如果需要删除已经添加的页眉或页脚，可以在【页面设置】对话框的【页眉/页脚】选项卡中单击【页眉】或【页脚】右侧的下拉按钮，在弹出的下拉列表中选择【无】选项。

在【页面设置】对话框【页眉/页脚】选项卡底部还包括【奇偶页不同】【首页不同】【随文档自动缩放】【与页边距对齐】4 个复选框，其功能说明如下。

- 奇偶页不同。为奇数页和偶数页指定不同的页眉/页脚(选择该选项时，仅可以使用自定义页眉/页脚)。
- 首页不同。为首个页面指定不同的页眉/页脚(选择该项时，仅可以使用自定义页眉/页脚)。
- 随文档自动缩放。如果文档打印时调整了缩放比例，则页眉和页脚的字号也相应进行缩放。
- 与页边距对齐。左页眉和页脚与左边距对齐，右页眉和页脚与右边距对齐。

【例 12-1】在包含多页的表格中，第一页往往需要作为封面，在打印时不需要页码。下面通过设置使页码从文档的第二页开始，依次显示为“第 1 页”“第 2 页”……“第 n 页”。视频

step 1 单击功能区【页面布局】选项卡中的【打印标题】按钮，打开【页面设置】对话框，选择【页眉/页脚】选项卡，选中【首页不同】复选框，然后单击【自定义页眉】按钮，如图 12-14 所示。

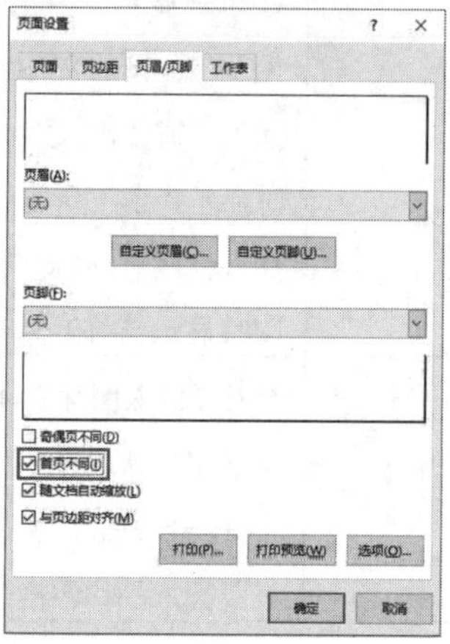

图 12-14

step 2 打开【页眉】对话框，单击【中部】编辑框后单击【插入页码】按钮，此时将会自动插入内置页码“&[页码]”。将代码手动修改为“第&[页码]-1 页”，如图 12-15 所示，单击【确定】按钮返回【页面设置】对话框，再次单击【确定】按钮。

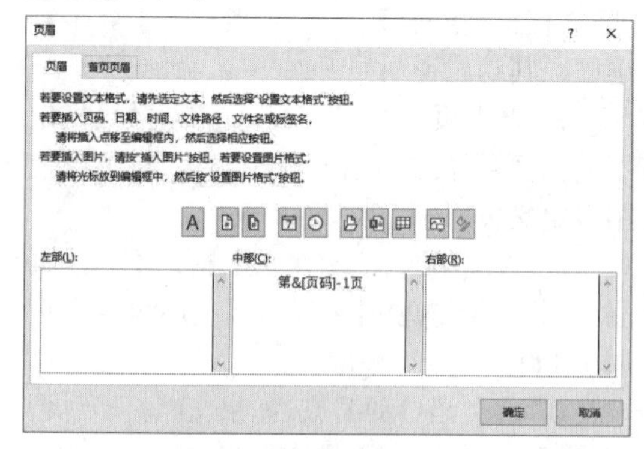

图 12-15

4. 其他打印设置

在【页面设置】对话框的【工作表】选项卡中，用户可以对打印区域、打印标题及单元格注释内容(批注)、网格线、行号列标及错误值等打印选项进行设置。

【例 12-2】在打印内容较多的表格时，通过设置可以将标题行或标题列重复打印在每个页面上，使打印表格每页都有相同的标题行或标题列。视频

step 1 打开【页面设置】对话框后，选择【工作表】选项卡。

step 2 单击【顶端标题行】编辑框，单击工作表字段标题行的行号，或在【顶端标题行】编辑框中输入标题行的行号“$1:$1”，然后单击【确定】按钮即可，如图 12-16 所示。

图 12-16

图 12-16 所示的【工作表】选项卡中比较重要的 6 个选项的功能说明如下。

- 注释。包括【无】【工作表末尾】【如同工作表中的显示】3 个选项。其中，【无】选项表示打印时不显示单元格批注内容;【工作表末尾】表示所有批注内容会单独显示在一个页面，并显示批注所在的单元格位置;【如同工作表中的显示】表示打印效果与工作表中的实际显示状态相同。
- 错误单元格打印为。指定在打印时包含错误值的单元格显示效果，包括【显示值】【空白】【--】【#N/A】4 种显示方式。

▶ 单色打印。单元格的边框颜色、背景颜色及字体颜色等都在打印输出时被忽略，使黑白打印效果更加清晰。

▶ 草稿质量。除彩色效果之外，工作表中的图表对象、批注及网格线等元素在打印时都将被忽略。

▶ 网格线。在未设置单元格边框的情况下，打印时单元格外侧显示为灰色线条。

▶ 行和列标题。打印工作表中的行号数字和列标字母。

【例 12-3】在同一个工作簿中如果包含多张工作表，用户可以对每张工作表单独进行页面设置，也可以将当前工作表的页面设置快速应用到工作簿中的其他工作表。视频

step 1 打开一个已经进行页面设置的工作表后，按住 Ctrl 键依次单击其他工作表标签，选中多张工作表。

step 2 单击【页面布局】选项卡中的【打印标题】按钮打开【页面设置】对话框，然后单击【确定】按钮，关闭该对话框。

step 3 右击任意工作表标签，在弹出的快捷菜单中选择【取消组合工作表】命令。

完成以上操作后，除了“打印区域”和“打印标题”及页眉/页脚中的自定义图片，当前工作表中的其他页面设置规则都将应用到选中的其他工作表。

12.2 分页预览和页面布局视图

在 Excel 功能区的【视图】选项卡中单击【页面布局】或【分页预览】按钮，或单击工作表右下角的视图切换按钮，可以切换到【页面布局】或【页面预览】视图模式。

12.2.1 分页预览视图

如图 12-17 所示，在【分页预览】视图模式下，窗口中会显示浅灰色的页码，这些页码只用于显示，并不会被实际打印输出。分页符将以蓝色线条的形式显示，并且能够使用鼠标直接进行拖动调整。

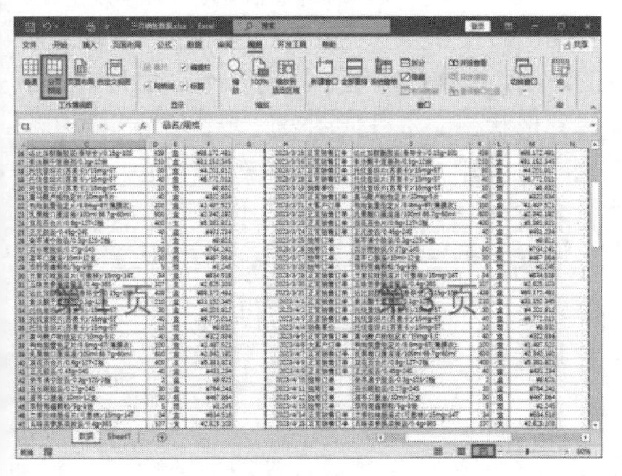

图 12-17

此时，右击任意单元格，在弹出的快捷菜单中用户可以选择【插入分页符】【重设所有分页符】【设置打印区域】【重设打印区域】【页面设置】等与打印设置有关的命令，如图 12-18 所示。

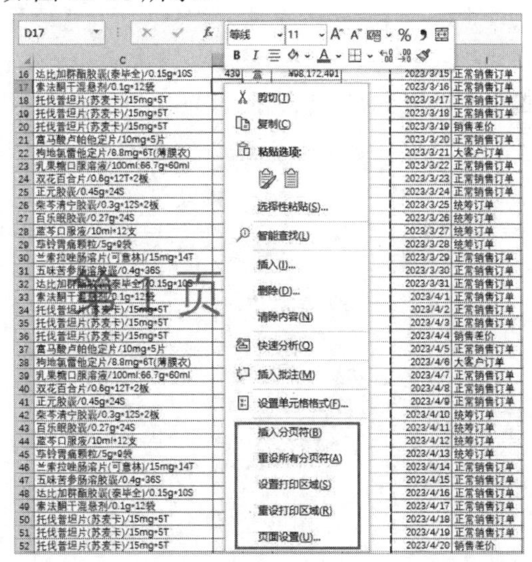

图 12-18

12.2.2 页面布局视图

在【页面布局】视图模式下，用户可以通过拖动工作界面顶端及左侧的标尺快速调整页边距，如图 12-19 所示。

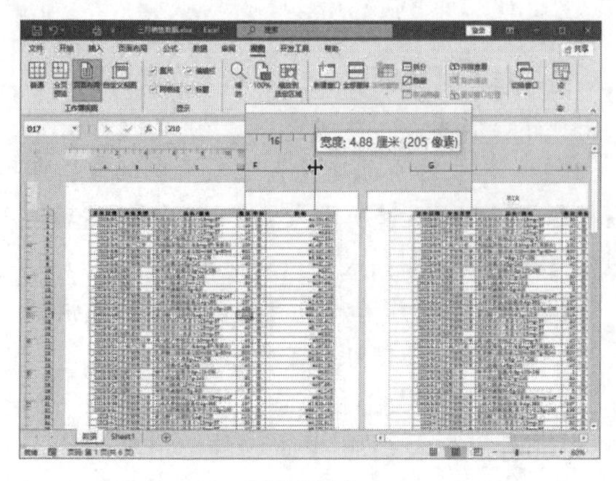

图 12-19

单击工作表顶端的页眉区域，将会自动激活【页眉和页脚】选项卡，单击相应的按钮，可以快速对页眉进行设置，如图 12-20 所示。

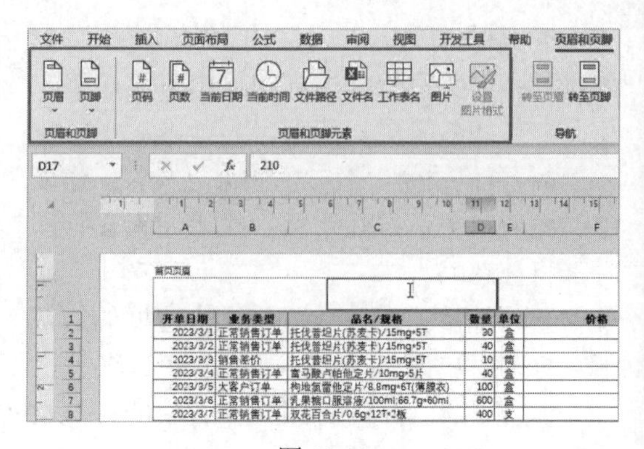

图 12-20

设置页脚的方法与设置页眉的方式类似。相对于通过【页面设置】对话框进行设置，【分页预览】和【页面布局】视图模式下的设置更加直观，也更加简便。

12.3　图表和图形的打印设置

Excel 工作表中的图表、图形等对象，也能够进行自定义打印输出。例如，不需要打印工作表中的某张图片或者图表，可以执行以下操作来实现。

step① 右击需要处理的图片，在弹出的快捷菜单中选择【大小和属性】命令，打开【设置图片格式】窗格，并自动切换至【大小和属性】选项卡，如图 12-21 所示。

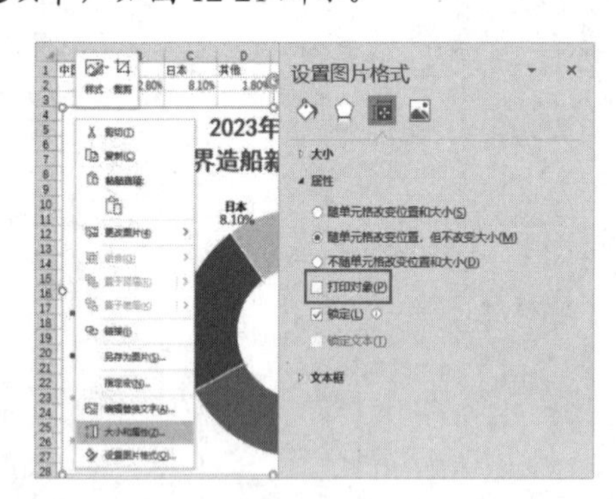

图 12-21

step② 展开【属性】选项组，取消【打印对象】复选框的选中状态。

图 12-21 所示菜单中的命令取决于用户所选对象的类型，当用户选定的对象是文本框或形状时，菜单中会显示【设置形状格式】命令；当用户选定的对象是图表区域时，菜单中会显示【设置图表区域格式】命令。但操作不显示对象的方法基本相同。用户可以参考上面介绍的方法，设置打印电子表格时不显示其中的图片、形状、文本框或图表区域。

如果用户想要同时更改工作表中所有对象的打印属性，可以单击其中一个图表、图片或图形对象，再按下 Ctrl+A 快捷键选中工作表中的所有对象，然后再参考上面的方法对属性进行设置。

12.4　打印预览

Excel 程序的打印预览功能可以让用户在打印电子表格之前，查看和调整打印输出的效果。通过打印预览，可以检查每一页的布局、文本对齐、页眉/页脚、分页符等，以确保打印结果符合预期。此外，在打印预览界面中，还可以进行缩放、选择打印区域、设置打印选项等操作，以满足特定的打印需求，如图 12-22 所示。

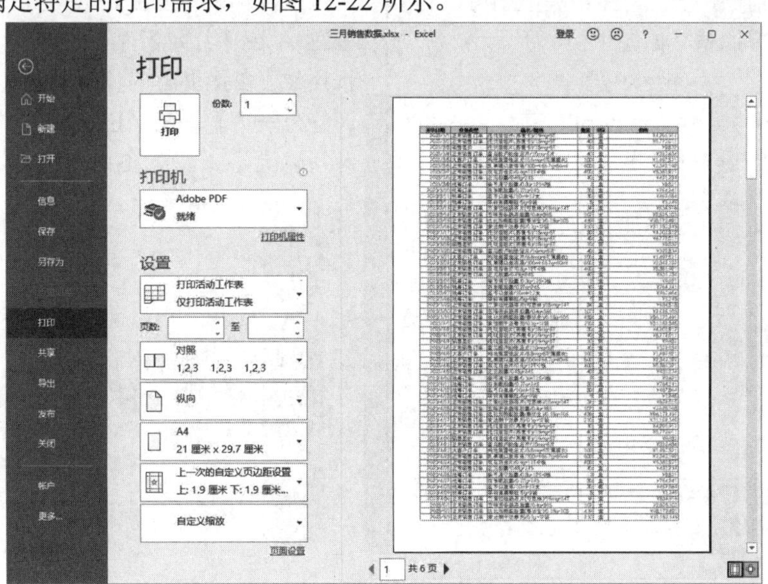

图 12-22

12.4.1　打印界面设置选项

在 Excel 功能区中选择【文件】选项卡，在显示的选项区域中选择【打印】选项(或者按下 Ctrl+P 快捷键)，将显示【打印】界面，在该界面中可以对电子表格的打印效果进行详细的设置(如图 12-22 所示)。

在【打印】界面中除了纸张方向、纸张大小、页边距及缩放比例等常用命令，还包含其他与打印有关的选项，具体如表 12-2 所示。

表 12-2　部分打印选项功能说明

打印选项	功能说明
份数	单击【份数】输入框右侧的微调框按钮或直接输入数字，可设置打印几份文件
打印机	选择当前计算机已经安装的打印机
打印活动工作表	选择打印工作表、打印整个工作簿或者当前选定的区域
页数	选择打印的页面范围
对照	打印多份文件时，可以在【对照】下拉列表中选择打印顺序

单击【打印】界面底部的【页面设置】按钮，将打开【页面设置】对话框。这里需要注意的是，在【打印】界面中打开【页面设置】对话框时，【工作表】选项卡下的【打印标题】【打印区域】选项区域将不可用。

在【打印】界面单击【打印】按钮，即可按照当前设置进行打印。

12.4.2　预览模式下调整页边距

单击【打印】界面右下角的【缩放到页面】按钮，会放大右侧预览比例，如图 12-23 所示。

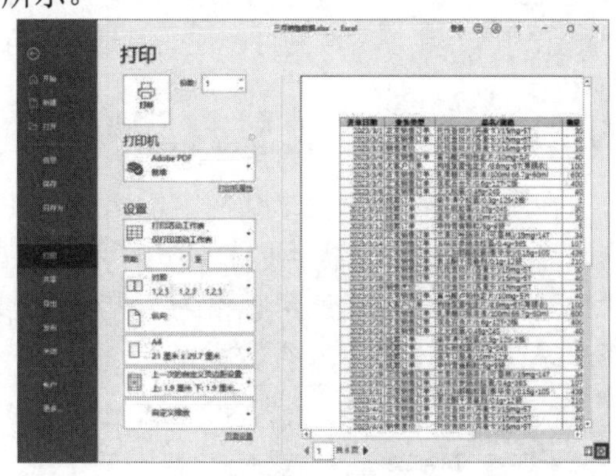

图 12-23

单击【显示边距】按钮，预览窗口中将会显示调节柄和灰色线条。鼠标光标靠近后将自动变为双向箭头，按住鼠标左键拖动可以对页边距进行简单调整，如图 12-24 所示。

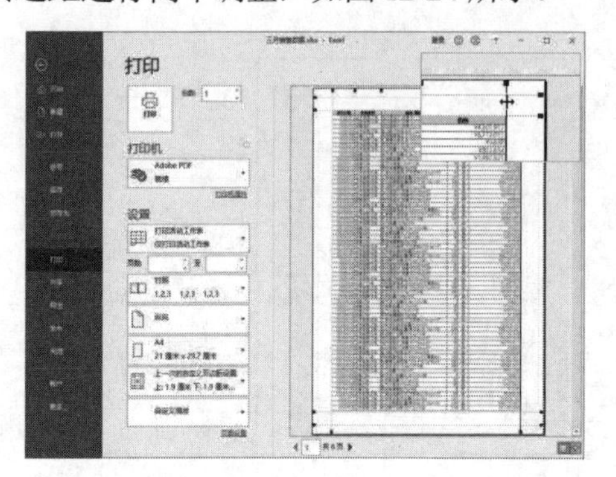

图 12-24

【例 12-4】在【打印】界面中，用户可以通过设置打印方向和缩放比例，将行数较多的电子表格打印在一张纸上。 视频

图 12-25 所示为某学校人脸采集信息表的一部分内容。

学校	班级	学号	姓名	性别	出生日期
南京市XXX学校	八年级1班	BNI-01	李亦辉	男	2010/xx/xx
南京市XXX学校	八年级1班	BNI-02	黎建涛	男	2010/xx/xx
南京市XXX学校	八年级1班	BNI-03	许知远	男	2010/xx/xx
南京市XXX学校	八年级1班	BNI-04	徐克义	男	2010/xx/xx
南京市XXX学校	八年级1班	BNI-05	张芳宁	女	2010/xx/xx
南京市XXX学校	八年级1班	BNI-06	徐凯杰	男	2010/xx/xx
南京市XXX学校	八年级1班	BNI-07	王志远	男	2010/xx/xx
南京市XXX学校	八年级1班	BNI-08	王秀婷	女	2010/xx/xx
南京市XXX学校	八年级1班	BNI-09	马文哲	男	2010/xx/xx
南京市XXX学校	八年级1班	BNI-10	邹一翔	男	2010/xx/xx
南京市XXX学校	八年级1班	BNI-11	陈明明	男	2010/xx/xx
南京市XXX学校	八年级1班	BNI-12	王启元	男	2010/xx/xx
南京市XXX学校	八年级1班	BNI-13	王志远	男	2010/xx/xx
南京市XXX学校	八年级1班	BNI-14	孔祥宗	男	2010/xx/xx
南京市XXX学校	八年级1班	BNI-15	熊小磊	男	2010/xx/xx

提示：学号编码规则：前4位是入学年份，第5和6位是班级编码，第7和8位是班级编号。如：六1班1号学生的学号就是20140101，六10班40号学生的学号就是20141040

图 12-25

直接打印工作表会发现【打印】界面中没有显示表格右侧的“提示”内容。这部分内容被 Excel 自动安排打印在下一页纸上。要将“提示内容”和表格数据打印在一张纸上，用户可以执行以下操作。

step 1 在【打印】界面中单击【无缩放】下拉按钮，在弹出的下拉列表中选择【将工作表调整为一页】选项。Excel 将自动缩小工作表的字体大小，将表格内容强行打印在一张纸上，如图 12-26 所示。

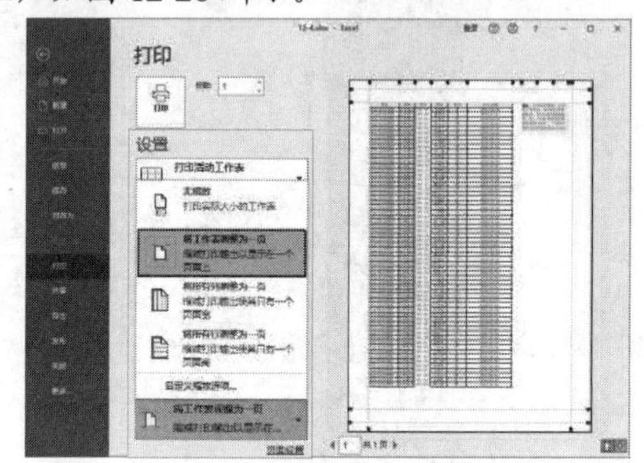

图 12-26

step 2 如果用户不想缩小字体打印表格，可以在【打印】界面中将打印方向改为【横向】，将表格所有列内容横向打印在纸上，如图 12-27 所示。

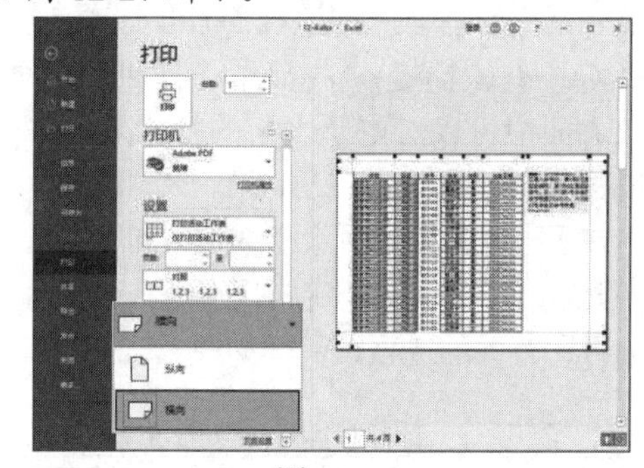

图 12-27

12.5 按模板批量打印

在实际工作中，很多情况下需要将 Excel 表格中的内容按一定的格式(模板)逐条打印出来。而 Excel 自身所提供的打印选项不能很好地满足这一需要。

例如，图 12-28 所示表格为某单位固定资产统计表的一部分(6 行数据)。

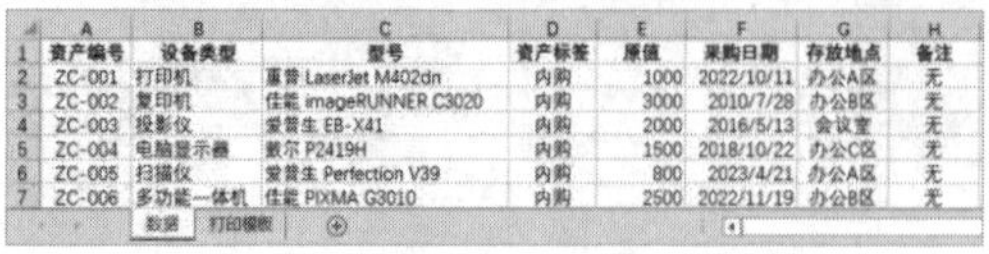

资产编号	设备类型	型号	资产标签	原值	采购日期	存放地点	备注
ZC-001	打印机	惠普 LaserJet M402dn	内购	1000	2022/10/11	办公A区	无
ZC-002	复印机	佳能 imageRUNNER C3020	内购	3000	2010/7/28	办公B区	无
ZC-003	投影仪	爱普生 EB-X41	内购	2000	2016/5/13	会议室	无
ZC-004	电脑显示器	戴尔 P2419H	内购	1500	2018/10/22	办公C区	无
ZC-005	扫描仪	爱普生 Perfection V39	内购	800	2023/4/21	办公A区	无
ZC-006	多功能一体机	佳能 PIXMA G3010	内购	2500	2022/11/19	办公B区	无

图 12-28

现在需要将该数据表中的记录使用图 12-29 所示的模板逐条打印。

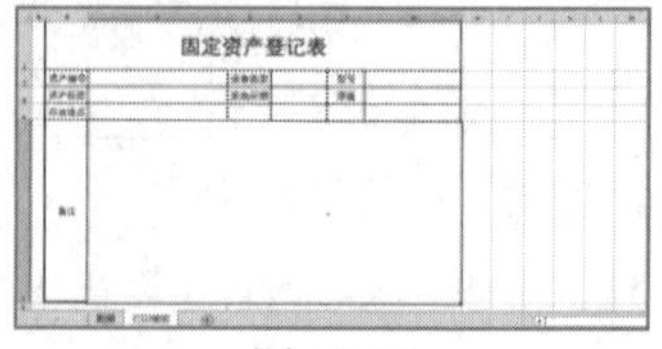

图 12-29

要解决这个问题，用户可以通过一个简

单的 VBA 代码来实现，具体操作方法如下。

step 1 在“数据”和“打印模板”工作表之间插入“临时数据”工作表，将“数据”工作表的第 2 行数据复制到“临时数据”工作表，如图 12-30 所示。

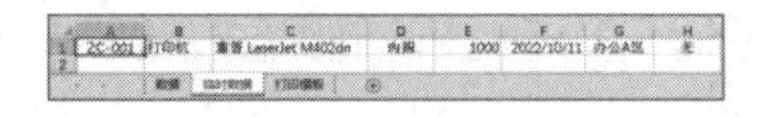

图 12-30

step 2 在“打印模板”工作表的 C2 单元格中输入公式:

```
=临时数据!A1
```

在 E2 单元格中输入公式:

```
=临时数据!B1
```

在 G2 单元格中输入公式:

```
=临时数据!C1
```

在 C3 单元格中输入公式:

```
=临时数据!D1
```

在 E3 单元格中输入公式:

```
=临时数据!F1
```

在 G3 单元格中输入公式:

```
=临时数据!E1
```

在 C4 单元格中输入公式:

```
=临时数据!G1
```

使“打印模板”工作表与“临时数据”工作表(7 列数据)之间建立数据关联，如图 12-31 所示。

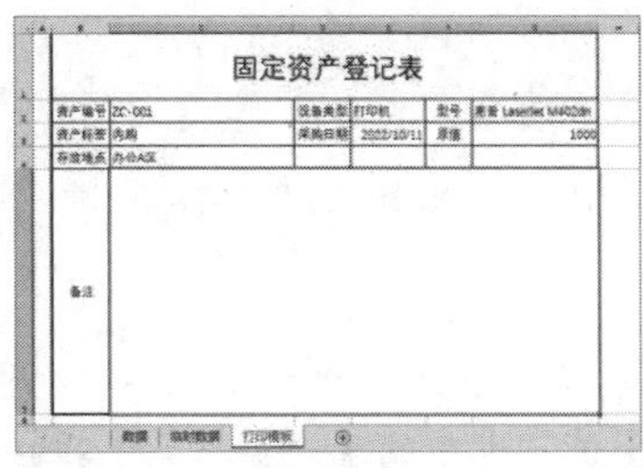

图 12-31

step 3 按 F12 键打开【另存为】对话框，将【保存类型】设置为【Excel 启用宏的工作簿(*.xlsm)】后单击【保存】按钮，如图 12-32 所示。

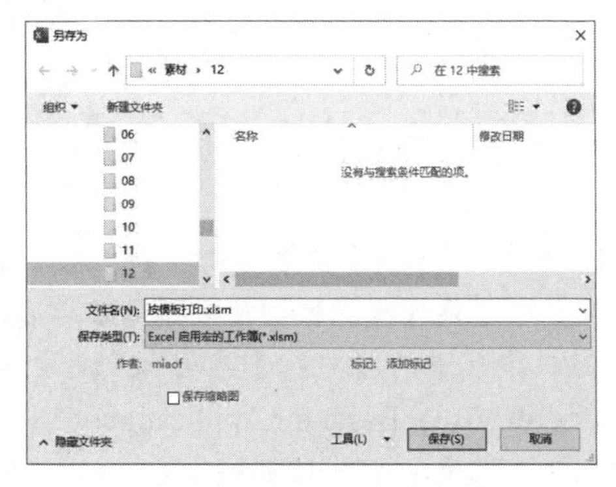

图 12-32

step 4 在工作簿中再插入一个名为“打印操作”的工作表，然后单击【开发工具】选项卡中的【插入】下拉按钮，在弹出的下拉列表中选择【命令按钮】选项▭，如图 12-33 所示。

图 12-33

step 5 按住鼠标左键在工作表中拖动，绘制一个命令按钮，然后右击该命令按钮，在弹出的快捷菜单中选择【属性】命令，如图 12-34 所示。

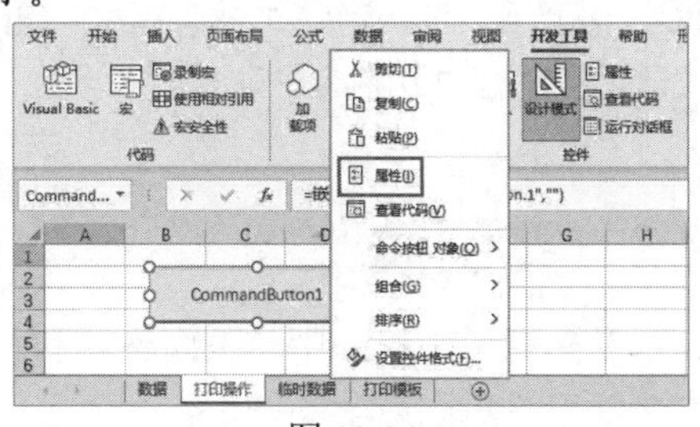

图 12-34

step 6 打开【属性】窗格，将 Caption 属性修改为“打印”，如图 12-35 所示。

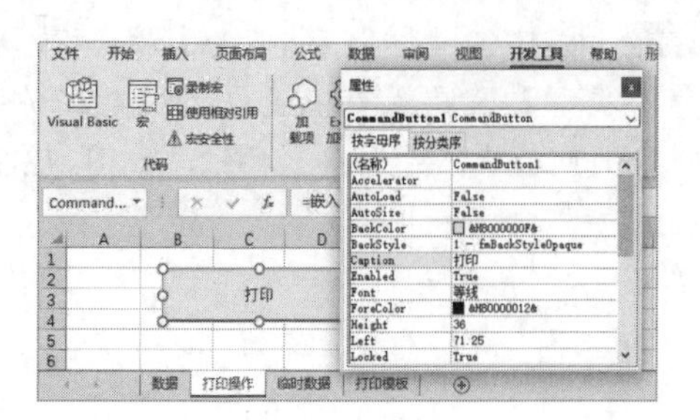

图 12-35

step 7 关闭【属性】窗格，确认【开发工具】选项卡中【设计模式】切换按钮被激活后，双击工作表中的【打印】命令按钮，打开 Microsoft Visual Basic for Applications 窗口，输入以下代码，如图 12-36 所示。

```
Private Sub CommandButton1_Click()
    For mloopa = 2 To 7
        For mloopb = 1 To 7
            Sheet3.Cells(1, mloopb).Value =
    Sheet2.Cells(mloopa, mloopb).Value
        Next mloopb
        Sheet4.PrintOut
    Next mloopa
End
```

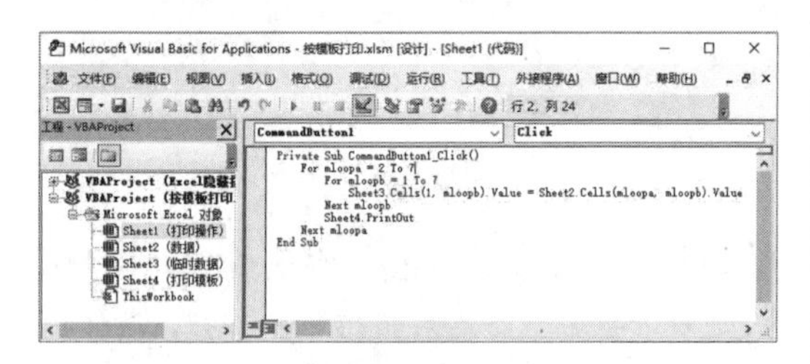

图 12-36

step 8 切换至“打印模板”工作表，按下 Ctrl+P 快捷键，在【打印】界面中设置打印参数，如图 12-37 所示。

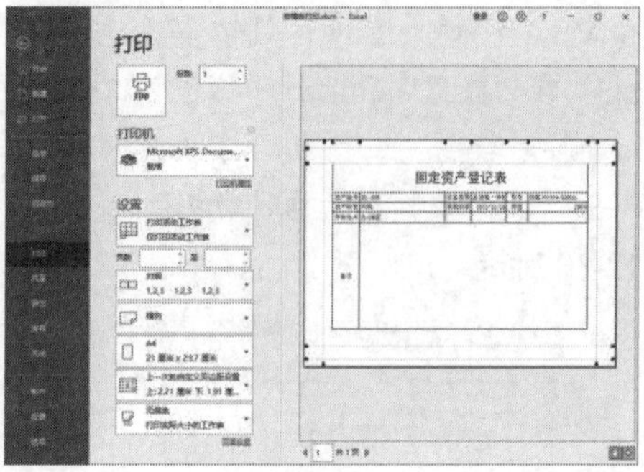

图 12-37

step 9 按 Esc 返回工作表，选择“打印操作”工作表，取消【开发工具】选项卡中【设计模式】切换按钮的激活状态，单击【打印】按钮，即可使用“打印模板”工作表中的表格模板套用“数据”工作表中的数据执行批量打印，如图 12-38 所示。

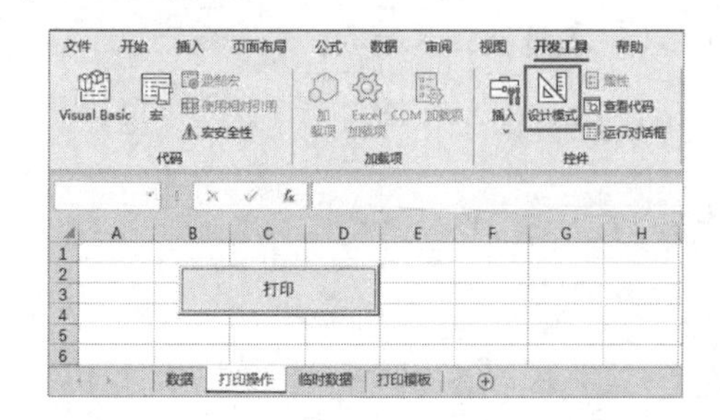

图 12-38

知识点滴

在实际工作中，可能需要打印的数据不止本例中“数据”工作表中的 6 条，页面模板中需要关联“临时数据”工作表的列数也不止本例中的 7 列。遇到这样的问题，用户可以通过修改本例 VBA 代码中的语句“For mloopa = 2 To 7”增加或减少“数据”工作表中要打印的数据条数；修改“For mloopb = 1 To 7”增加或减少对应“临时数据”工作表中数据的列数，从而设计出符合自己工作需求的代码。此外，在遇到代码执行问题时，也可以通过向 ChatGPT 提问来得到答案，或直接修改代码使其可用。

12.6 案例演练

本章介绍了 Excel 中与页面设置和打印输出相关的功能。下面的案例演练部分，将通过操作帮助用户巩固所学的知识。

【例 12-5】将指定行以上和以下的数据分别打印在两张纸上。
视频+素材 (素材文件\第 12 章\例 12-5)

step 1 在工作表中选中一行数据后，单击【页面布局】选项卡中的【分页符】下拉按钮，在弹出的下拉列表中选择【插入分页符】选项，如图 12-39 所示。

	销售单号	店铺名称	货号	色号			销售数量
34	CD34567	A座1-02	J003	蓝色	牛仔裤	249	15
35	DE45678	D座5-04	H001	灰色	休闲裤	199	5
36	EF56789	E座3-01	T002	白色	短袖T恤	99	8
37	FG67890	A座2-05	J003	黑色	牛仔裤	249	12
38	GH78901	C座1-03	H001	蓝色	休闲裤	199	18
39	HI89012	F座6-02	T002	红色	短袖T恤	99	6
40	IJ90123	E座4-06	J003	灰色	牛仔裤	249	10
41	JK01234	B座3-01	H001	白色	休闲裤	199	14
42	KL12345	D座2-04	T002	蓝色	短袖T恤	99	9
43	LM23456	F座1-03	J003	黑色	牛仔裤	249	7
44	MN34567	A座6-05	H001	红色	休闲裤	199	11

图 12-39

step 2 单击【视图】选项卡中的【分页预览】按钮，切换至“分页预览”视图，用户可以在选中行中发现一条蓝色的分页线，Excel 将在分页线处把内容分两页纸打印。

step 3 如果用户需要删除分页符，取消分页打印，可以选中分页符的下一行后，再次单击【页面设置】选项卡中的【分页符】下拉按钮，在弹出的下拉列表中选择【删除分页符】选项。

【例 12-6】设置不打印工作表中的任何形状、图表、图片或 SmartArt 图形。 视频

step 1 选中工作表中的任意一个形状、图表、图片或 SmartArt 图形后，按下 Ctrl+A 快捷键选中所有的相关对象。

step 2 右击选中的对象，在弹出的快捷菜单中选择【大小和属性】命令，打开【设置形状格式】窗格，取消【属性】选项组中【打印对象】复选框的选中状态，如图 12-40 所示。

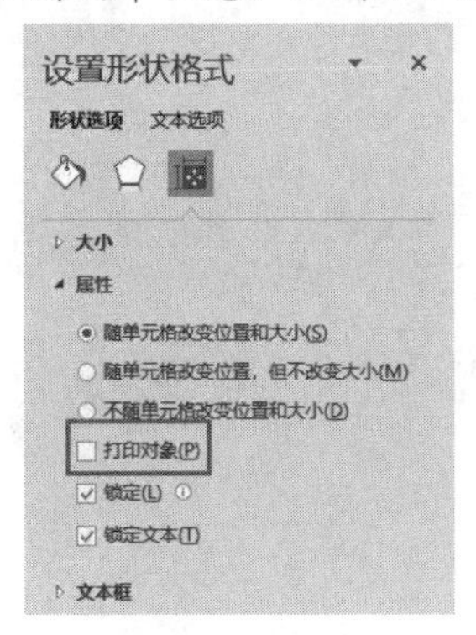

图 12-40

step 3 按下 Ctrl+P 快捷键预览打印效果，在预览视图中将不显示打印工作表中的形状、图表、图片或 SmartArt 图片。

【例 12-7】设置 Excel 不打印工作表中的颜色。 视频

step 1 按下 Ctrl+P 快捷键进入打印预览界面，单击【页面设置】按钮，如图 12-41 所示。

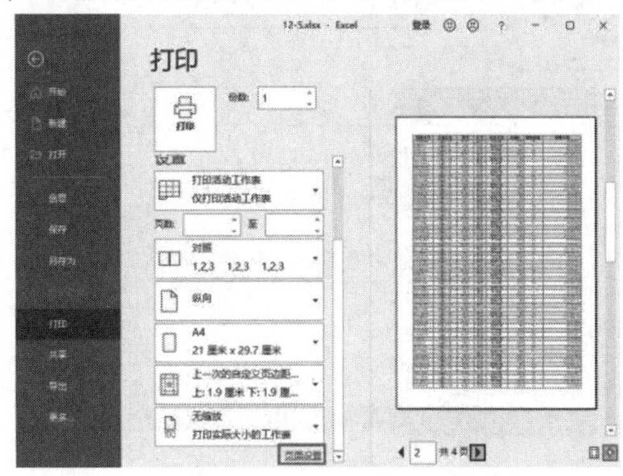

图 12-41

step 2 打开【页面设置】对话框，选择【工作表】选项卡，选中【单色打印】复选框后单击【确定】按钮。

step 3 返回打印预览界面，Excel 将显示不打印工作表中的颜色。

【例 12-8】设置 Excel 不打印工作表中的错误值。 视频

step 1 按下 Ctrl+P 快捷键进入打印预览界面，单击【页面设置】按钮。

step 2 打开【页面设置】对话框，选择【工作表】选项卡，将【错误单元格打印为】设置为【<空白>】后，单击【确定】按钮。

step 3 返回打印预览界面，Excel 将显示不打印公式中的错误值。

【例 12-9】在图 12-42 所示的数据表中按“商品名称”分类打印数据，将同类型的商品打印在一张纸上。

视频+素材 (素材文件\第 12 章\例 12-9)

	A	B	C	D	E	F	G	H
1	销售单号	店铺名称	货号	色号	商品名称	品牌价	销售数量	销售日期
2	AB12345	B座4-01	H001	红色	休闲裤	199	10	2023/8/1
3	BC23456	C座2-03	T002	黑色	短袖T恤	99	20	2023/8/12
4	CD34567	A座1-02	J003	蓝色	牛仔裤	249	15	2023/8/11
5	DE45678	D座5-04	H001	灰色	休闲裤	199	5	2023/8/4
6	EF56789	E座3-01	T002	白色	短袖T恤	99	8	2023/8/5
7	FG67890	A座2-05	J003	黑色	牛仔裤	249	12	2023/8/6
8	GH78901	C座1-03	H001	蓝色	休闲裤	199	18	2023/8/7

图 12-42

step 1 选中“商品名称”列(E 列)中的任意单元格后，单击【数据】选项卡中的【降序】按钮，设置降序排列“商品名称”列数据。

step 2 单击【数据】选项卡中的【分类汇总】按钮，打开【分类汇总】对话框，设置【分类字段】为【商品名称】，【汇总方式】为【求和】，【选定汇总项】为【销售数量】，并选中【每组数据分页】复选框，如图 12-43 所示。

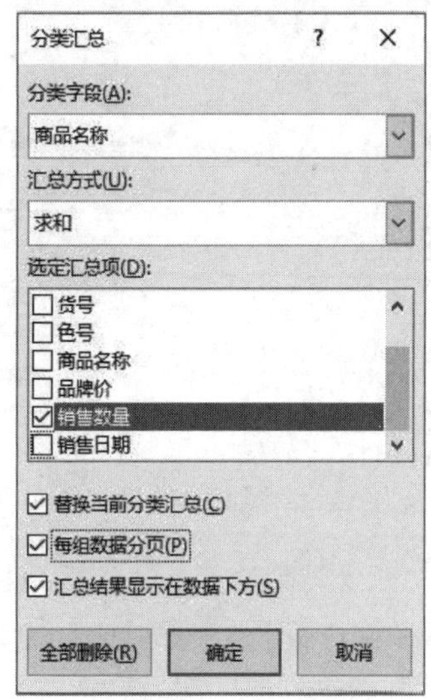

图 12-43

step 3 单击【确定】按钮，Excel 将自动创建图 12-44 所示的分类汇总，并自动按商品名称项创建每页的打印范围，每种商品在一页中打印。

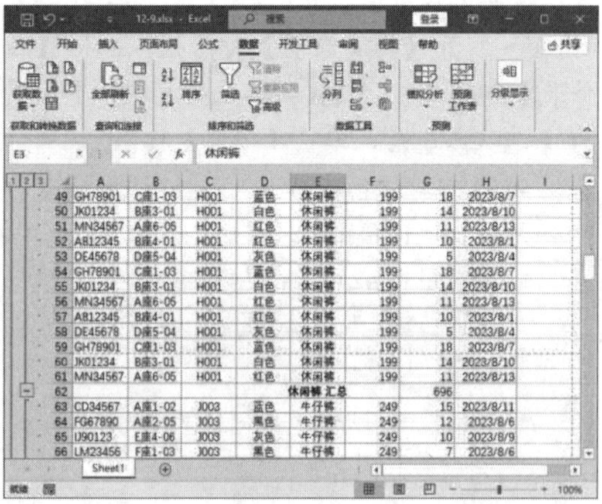

	A	B	C	D	E	F	G	H
49	GH78901	C库1-03	H001	蓝色	休闲裤	199	18	2023/8/7
50	JK01234	B库3-01	H001	白色	休闲裤	199	14	2023/8/10
51	MN34567	A库6-05	H001	红色	休闲裤	199	11	2023/8/13
52	AB12345	B库4-01	H001	红色	休闲裤	199	10	2023/8/1
53	DE45678	D库5-04	H001	灰色	休闲裤	199	5	2023/8/4
54	GH78901	C库1-03	H001	蓝色	休闲裤	199	18	2023/8/7
55	JK01234	B库3-01	H001	白色	休闲裤	199	14	2023/8/10
56	MN34567	A库6-05	H001	红色	休闲裤	199	11	2023/8/13
57	AB12345	B库4-01	H001	红色	休闲裤	199	10	2023/8/1
58	DE45678	D库5-04	H001	灰色	休闲裤	199	5	2023/8/4
59	GH78901	C库1-03	H001	蓝色	休闲裤	199	18	2023/8/7
60	JK01234	B库3-01	H001	白色	休闲裤	199	14	2023/8/10
61	MN34567	A库6-05	H001	红色	休闲裤	199	11	2023/8/13
62					休闲裤 汇总		696	
63	CD34567	A库1-02	J003	蓝色	牛仔裤	249	15	2023/8/11
64	FG67890	A库2-05	J003	黑色	牛仔裤	249	12	2023/8/6
65	IJ90123	E库4-06	J003	灰色	牛仔裤	249	10	2023/8/9
66	LM23456	F库1-03	J003	黑色	牛仔裤	249	7	2023/8/6

图 12-44

step 4 单击【视图】选项卡中的【分页预览】按钮，在显示分页预览视图中拖动蓝色线条，调整每页打印范围，如图 12-45 所示。

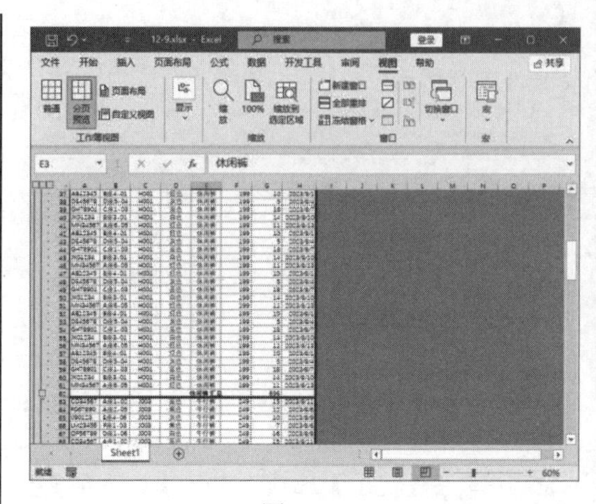
图 12-45

step 5 按下 Ctrl+F2 快捷键进入打印预览界面，然后单击激活【显示边距】按钮，调整打印预览界面中的边框线调整打印边距，然后单击【打印】按钮即可。

知识点滴

用户可以借助 ChatGPT 来编写 VBA 或 Python 程序来实现一些特殊的打印设置，从而提高工作簿的打印效率。例如，可以在 ChatGPT 中输入问题：编写一段 VBA 程序，调整当前工作簿中所有工作表的打印格式，设置所有工作表中的数据都打印在一张纸上。然后运行得到的 VBA 程序，从而实现快速对工作簿内大量工作表打印格式的批量设置。

第 13 章

综合案例——制作人事信息数据表

人事信息数据表是每个公司都必须要建立的基本表格。在公司的日常运作中，基本每一项人事工作都与此表有所关联。本章将通过制作人事信息数据表，帮助用户系统性回顾前面各个章节所学的知识，牢牢掌握在 Excel 中设计数据表、录入表格数据、使用公式与函数、进行数据可视化与数据分析的方法。

本章对应视频

例 13-1 制作信息查询下拉列表

例 13-2 使用函数返回员工信息

例 13-3 使用图表分析员工学历层次

例 13-4 使用图表呈现员工学历比例

例 13-5 使用直方图分析员工稳定性

例 13-6 统计各部门员工人数

13.1 设计人事信息数据表

如图 13-1 所示，人事信息数据表通常包括员工工号、姓名、性别、所属部门、身份证号码、年龄、入职时间、离职时间等。在建立人事信息数据表之前，需要将该表格所需要包含的字段要素拟定出来，并完成对表格框架的规划，然后才能进行数据录入和处理。

人事信息数据表

工号	姓名	部门	性别	身份证号码	年龄	学历	职位	入职时间	离职时间	工龄	离职原因	联系方式
BH-0001	蔡晓雪	人力资源部	女	530111198001066325	43	本科	网络编辑	2015/2/13		8		15207350509
BH-0002	陈子琪	财务部	男	450121197011055756	52	本科	主办会计	2013/9/26		9		15293163882
BH-0003	邓海燕	数据分析部	男	432325197808110016	45	本科	网管	2012/11/7		10		15710323283
BH-0004	方宇航	财务部	男	45012119781027573X	44	本科	会计	2016/8/19		7		18933944913
BH-0005	高雅婷	供应链部	男	452129198602022073	37	大专	网络编辑	2018/3/10		5		13268221982
BH-0006	韩林峰	运营部	男	450121199203055733	31	硕士	主管	2011/12/30	2022/1/12	11	家庭原因	18122202223
BH-0007	黄雨菲	财务部	男	450121197608050392	47	硕士	HR经理	2014/6/21		9		18529491319
BH-0008	蒋晨曦	生产部	女	450111197205163349	51	本科	HR专员	2017/5/4		6		18589262728
BH-0009	昆明旭	技术支持部	男	450121199402220359	29	本科	产品经理	2019/10/15		3		18933919413
BH-0010	李欣怡	设计部	男	450703197506121217	48	本科	产品经理	2013/4/28		10		13021038848
BH-0011	林翰林	采购部	女	450121196311276046	59	大专	行政专员	2016/10/9		6		18122202223
BH-0012	茅昭仪	市场推广部	男	310110199706110059	26	大专	市场专员	2018/7/11		5		19928411319
BH-0013	倪阳妮	品质管理部	女	310110199410150049	28	硕士	总监	2012/3/25	2022/1/2	11	薪酬原因	19195559995
BH-0014	彭雨婷	市场推广部	女	310110199410150049	28	本科	行政文员	2019/1/8	2019/12/2	4	转换行业	18768376239
BH-0015	齐洪涛	数据分析部	男	310110196804040859	55	大专	网管	2014/8/31		8		19366888889
BH-0016	沈清秋	市场推广部	男	310110198311135154	39	大专	市场专员	2017/11/22		5		19195551118
BH-0017	田林雨	供应链部	女	310109197712122821	45	大专	市场专员	2015/6/3		8		18933911319
BH-0018	王桂香	供应链部	男	31011019860416545x	37	大专	市场专员	2013/1/16		10		15322226988
BH-0019	夏安妮	市场推广部	女	310110198609061522	36	硕士	行政副总	2016/4/17	2023/2/21	7	出国留学	15197115714

人事信息数据表 员工信息查询表 在职人员结构统计 员工离职原因分析汇总 人员流动情况分析

图 13-1

13.1.1 防止重复录入

在制作人事信息数据表时，由于需要面对的数据量较大，应首先通过设置防止在录入信息时重复录入数据。

1. 设置冻结窗格

将标题行和表格列标识冻结，可以使向下滚动查看时始终显示首行或首列。

step① 按下 Ctrl+N 快捷键创建工作簿后，在 Sheet1 工作表标签上双击，将该工作表重命名为“人事信息数据表”，输入标题和列标识，并分别设置字体、边框和底纹，效果如图 13-2 所示。

图 13-2

step② 选中 A3 单元格，单击【视图】选项卡中的【冻结窗格】下拉按钮，在弹出的下拉列表中选择【冻结窗格】选项。此时，向下拖动滚动条时，列标识将始终显示，如图 13-3 所示。

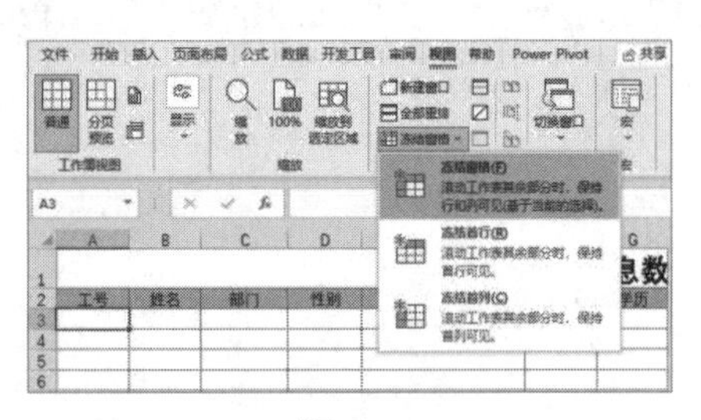

图 13-3

step③ 选中 A3:A100 单元格区域(具体区域由数据表实际记录数目决定)，单击【开始】选项卡中的【数字格式】下拉按钮，在弹出的下拉列表中选择【文本】选项，如图 13-4 所示。

图 13-4

2. 设置“工号”数据验证

“工号”作为员工在企业中的标识，具有唯一性。为“工号”列数据设置数据验证，可以有效避免数据录入错误。

step① 保持 A3:A100 区域的选中状态，单击【数据】选项卡中的【数据验证】下拉按钮，在弹出的下拉列表中选择【数据验证】选项。

step② 打开【数据验证】对话框，如图 13-5 所示，设置【允许】为【自定义】，在【公式】输入框中输入：

```
=COUNTIF($A$3:$A$90,A3)=1
```

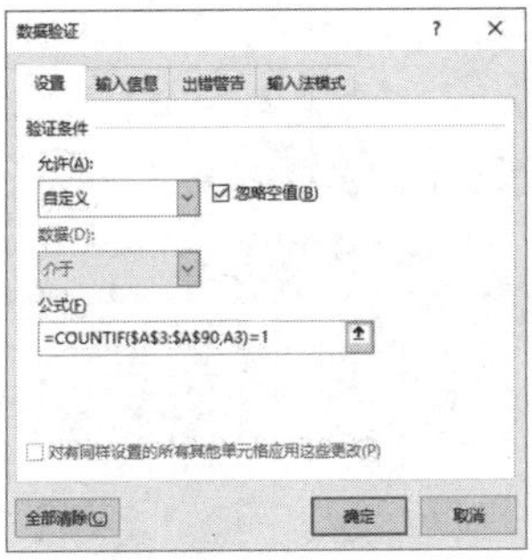

图 13-5

step③ 选择【输入信息】选项卡，在【标题】文本框中输入“输入工号”，在【输入信息】文本框中输入“请输入员工的工号!”，如图 13-6 所示。

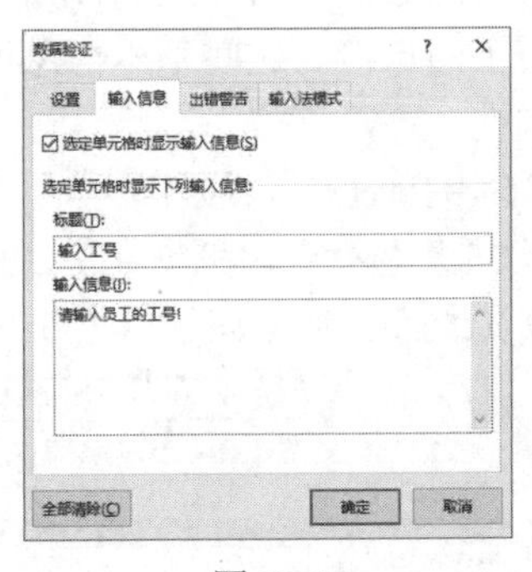

图 13-6

step④ 选择【出错警告】选项卡，将【样式】设置为【停止】，在【标题】文本框中输入“重复输入”，在【错误信息】文本框中输入“输入信息重复，请重新输入!”，单击【确定】按钮，如图 13-7 所示。

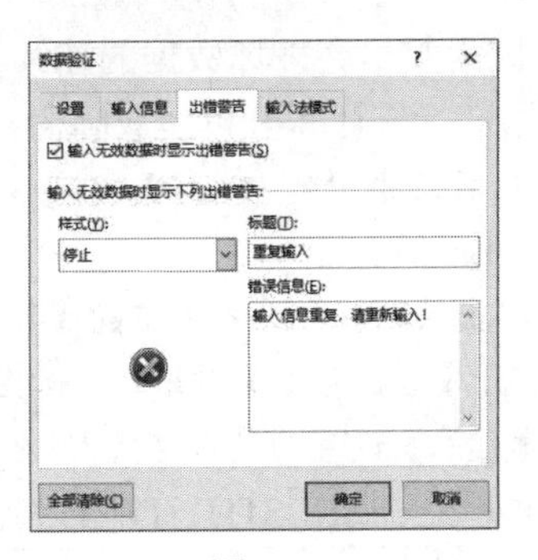

图 13-7

step⑤ 返回工作表后，选中 A3:A100 区域中的任意单元格，将显示提示信息。在输入员工的工号时，如果输入了重复的工号，将会弹出警告对话框，提示输入信息重复，如图 13-8 所示。

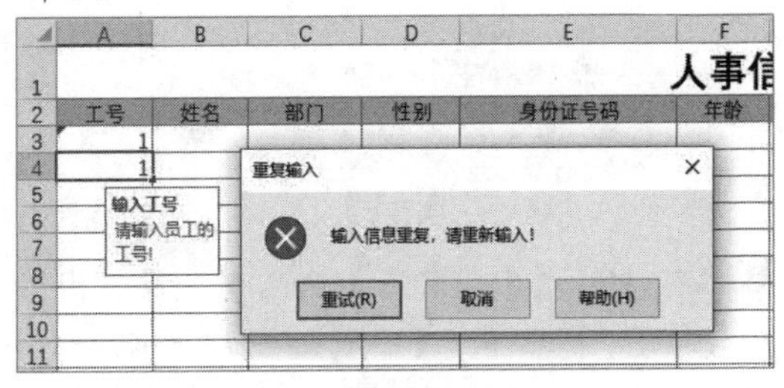

图 13-8

13.1.2　快速填充数据

员工的工号一般具有序列性，可以在 Excel 中使用填充柄快速填充。本例为“工号”列中的数据设计“BH+序号”的编排方式，首个编号为“BH-0001”，后面的编号可以通过填充快速录入。

step① 选中 A3 单元格，输入 BH-0001 后按下 Ctrl+Enter 快捷键。

step② 将鼠标光标放置在 A3 单元格右下角的控制柄上，当其变为黑色十字形状时，向下拖动填充柄填充序列到目标位置释放鼠标。

13.1.3　限制输入空格

在实际工作中，员工信息表数据的输入与维护一般不会由一个人单独完成，为了防止出现错误输入，需要通过设置数据验证来限制输入或给出输入提示。下面将为数据表的区域设置数据验证，防止在录入数据时输入空格(因为空格会破坏数据的连续性，给后期对数据进行统计和分析造成障碍)。

step 1 在名称框中输入 B3:L100 后按 Enter 键，选中 B3:L100 区域。

step 2 单击【数据】选项卡中的【数据验证】按钮，打开【数据验证】对话框，如图 13-9 所示，将【允许】设置为【自定义】，在【公式】输入框中输入：=SUBSTITUTE(B3,"","")=B3。

图 13-9

step 3 选择【出错警告】选项卡，设置出错警告信息，然后单击【确定】按钮，如图 13-10 所示。

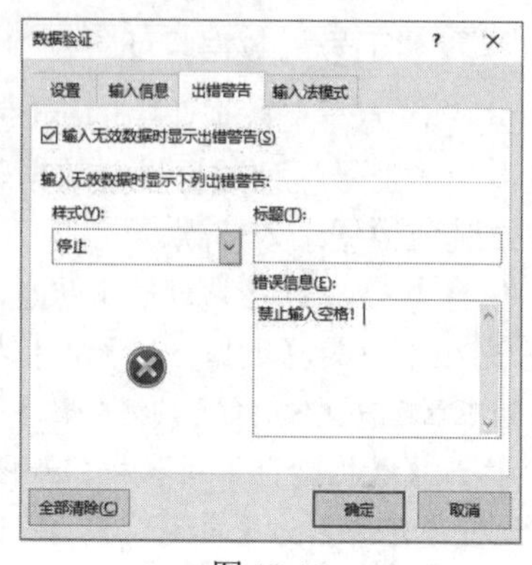

图 13-10

step 4 返回工作表后，在 B3:L100 区域输入空格时，Excel 将弹出提示对话框，单击【取消】按钮可以重新输入。

step 5 在“人事信息数据表”工作表中输入数据，结果如图 13-11 所示。

图 13-11

13.2 表格信息的完善与计算

根据人事信息数据表中的身份证号码，可以使用公式与函数提取出员工的性别、年龄等基本信息，还可以根据员工的入职时间和离职时间统计员工的年龄。这些基本信息可以帮助人事后期更好地分析公司员工的年龄层次以及员工的稳定性。

13.2.1 提取性别资料

身份证号码是人事信息中的一项重要数据，在建表时一般都需要规划此项标识。身份证号码包含了员工个人的多项信息，其第 7~14 位表示出生年月日，第 17 位表示性别，单数为男性，双数为女性。下面将通过公式来根据员工身份证号码提取性别、年龄信息。

使用 MOD 和 MID 函数可以提取身份证号码中的性别信息。

step 1 选中 D3 单元格后在编辑栏中输入公式：

=IF(MOD(MID(E3,17,1),2)=1, "男","女")

然后按下 Ctrl+Enter 快捷键。

step 2 向下复制公式，根据身份证号码快速得出每位员工的性别，如图 13-12 所示。

D3 =IF(MOD(MID(E3,17,1),2)=1, "男","女")

	A	B	C	D	E	F
1						人事信
2	工号	姓名	部门	性别	身份证号码	年龄
3	BH-0001	蔡晓雪	人力资源部	女	530111198001066325	
4	BH-0002	陈子琪	财务部	男	450121197011055756	
5	BH-0003	邓海燕	数据分析部	男	432325197808110016	
6	BH-0004	方宇航	财务部	男	45012119781027573X	
7	BH-0005	高雅婷	供应链部	男	452129198602022073	
8	BH-0006	韩林峰	运营部	男	450121199203055733	
9	BH-0007	黄雨菲	财务部	男	450121197608050392	
10	BH-0008	蒋晨曦	生产部	女	450111197205163349	
11	BH-0009	昆明旭	技术支持部	男	450121199402220359	
12	BH-0010	李欣怡	设计部	男	450703197506121217	
13	BH-0011	林翰林	采购部	女	450121196311276046	
14	BH-0012	茅昭仪	市场推广部	男	310110199706110059	

图 13-12

13.2.2 计算员工年龄

使用 MID 函数和 YRAR 函数可以根据身份证号码计算出员工的年龄。

step① 在 F3 单元格中输入公式:

```
=YEAR(TODAY())-MID(E3,7,4)
```

然后按下 Ctrl+Enter 快捷键。

step② 向下复制公式，在 F 列根据员工身份证号码快速得出员工的年龄, 如图 13-13 所示。

=YEAR(TODAY())-MID(E3,7,4)

人事信息数据表

姓名	部门	性别	身份证号码	年龄	学历	职位
蔡晓蕾	人力资源部	女	530111198001066325	43	本科	网络编辑
陈子琪	财务部	男	450121197011055756	53	本科	主办会计
邓海燕	数据分析部	男	432325197808110016	45	本科	网管
方宇航	财务部	男	45012119781027573X	45	本科	会计
高雅婷	供应链部	男	452129198602022073	37	大专	网络编辑
韩林峰	运营部	男	450121199203055733	31	硕士	主管
黄雨菲	财务部	男	450121197608050392	47	硕士	HR经理
蒋晨曦	生产部	女	450111197205163349	51	本科	HR专员
昆明旭	技术支持部	男	450121199402220359	29	本科	产品经理
李欣怡	设计部	男	450703197506121217	48	本科	产品经理

图 13-13

13.2.3 计算工龄信息

根据在人事信息数据表中填入的入职时间，可以使用函数计算出员工的工龄。

step① 选中 K3 单元格后输入公式:

```
=DATEDIF(I3,TODAY(),"y")
```

step② 向下复制公式，在 K 列根据员工身份证号码快速得出每位员工的工龄，如图 13-14 所示。

=DATEDIF(I3,TODAY(),"y")

人事信息数据表

性别	身份证号码	年龄	学历	职位	入职时间	离职时间	工龄
女	530111198001066325	43	本科	网络编辑	2015/2/13		8
男	450121197011055756	53	本科	主办会计	2013/9/26		9
男	432325197808110016	45	本科	网管	2012/11/7		10
男	45012119781027573X	45	本科	会计	2016/8/19		7
男	452129198602022073	37	大专	网络编辑	2018/3/10		5
男	450121199203055733	31	硕士	主管	2011/12/30	2022/1/12	11
男	450121197608050392	47	硕士	HR经理	2014/6/21		9
女	450111197205163349	51	本科	HR专员	2017/5/4		6
男	450121199402220359	29	本科	产品经理	2019/10/15		3
男	450703197506121217	48	本科	产品经理	2013/4/28		10
女	450121196311276046	60	大专	行政专员	2016/10/9		6
男	310110199706110059	26	大专	市场专员	2018/7/11		5
女	310110199410150049	29	硕士	总监	2012/3/25	2022/1/2	11
女	310110199410150049	29	本科	行政文员	2019/1/8	2019/12/2	4
男	310110196804040859	55	大专	网管	2014/8/21		8

图 13-14

13.3 设计员工信息查询系统

在建立人事信息数据表后，如果企业员工数量较多，需要查询某位员工的数据时，可以利用 Excel 函数建立一个简单的查询表，当需要查询某位员工的信息数据时，只需要输入其工号即可实现快速查询。

13.3.1 创建员工信息查询表

由于员工信息查询表的数据是基于员工人事信息数据表的，因此本例选择在同一个工作簿中插入新工作表来建立查询表。

step① 在工作簿中插入一个新工作表，并将其命名为“员工信息查询表”，在工作表中输入表头信息，如图 13-15 所示。

	A	B	C	D	E
1		员工信息查询表			
2		请输入要查询的员工信息			
3					

图 13-15

step② 切换至“人事信息数据表”工作表，选中 B2:M2 区域，单击【开始】选项卡中的【复制】按钮，或者按下 Ctrl+C 快捷键。

step③ 切换至“员工信息查询表”工作表，选中要放置粘贴内容的区域，单击【开始】选项卡【剪贴板】命令组中的【粘贴】下拉按钮，在弹出的下拉列表中选择【选择性粘贴】选项，如图 13-16 所示。

图 13-16

step④ 在打开的【选择性粘贴】对话框中选中【数值】单选按钮和【转置】复选框后，单击【确定】按钮，如图 13-17 所示，将从“人事信息数据表”工作表复制的列标识转置为行标识显示。

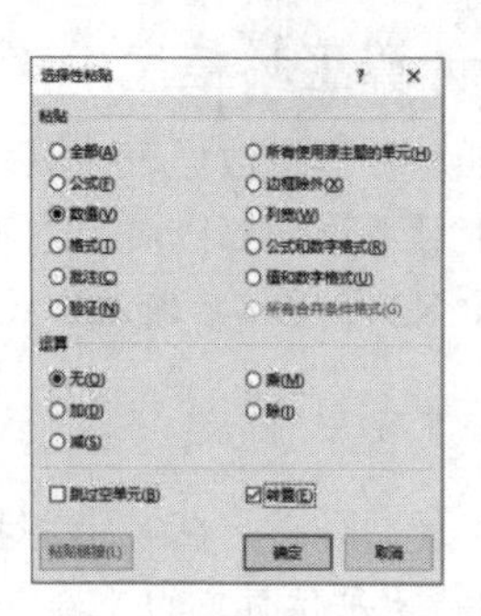

图 13-17

step⑤ 选中“员工信息查询表”工作表中的数据，在【开始】选项卡中分别设置表格的字体格式、边框颜色、背景颜色及对齐方式，如图 13-18 所示。

	A	B	C	D	E
1		员工信息查询表			
2		请输入要查询的员工信息			
3					
4		姓名			
5		部门			
6		性别			
7		身份证号码			
8		年龄			
9		学历			
10		职位			
11		入职时间			
12		离职时间			
13		工龄			
14		离职原因			
15		联系方式			

图 13-18

13.3.2 使用信息查询公式

成功创建员工信息查询表后，需要创建下拉列表用于选择员工工号，还需要使用函数根据员工工号查询员工的所属部门、姓名、职位等相关信息。

1. 设置工号下拉列表

在员工信息查询表中，可以使用“数据验证”功能来引用“人事信息数据表”中“工号”列数据，实现查询工号的选择性输入。

【例 13-1】在员工信息查询表中使用“数据验证”功能制作下拉列表。

视频+素材 (素材文件\第 13 章\例 13-1)

step① 选中 D2 单元格后，单击【数据】选项卡【数据工具】命令组中的【数据验证】按钮。

step② 打开【数据验证】对话框，如图 13-19 所示，将【允许】设置为【序列】，在【来源】输入框中输入：

```
=人事信息数据表!$A$3:$A$100
```

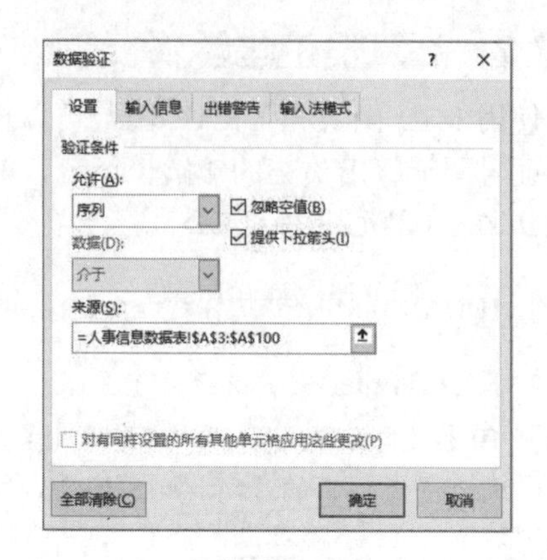

图 13-19

step③ 选择【输入信息】选项卡，设置选中该单元格时系统显示的提示信息，然后单击【确定】按钮，如图 13-20 所示。

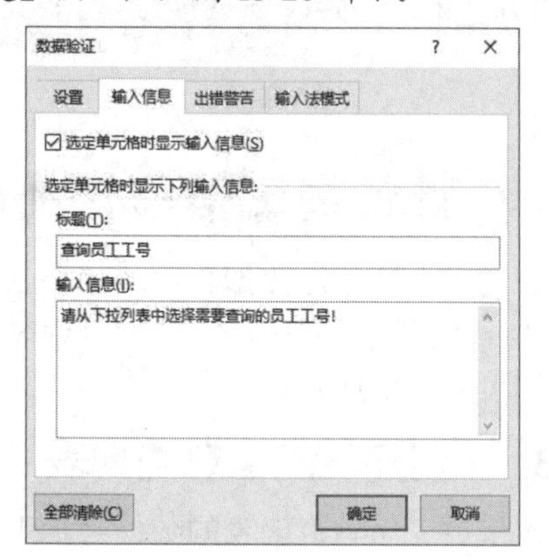

图 13-20

step④ 此时，单击 D2 单元格右下角的下拉按钮，可以在弹出的下拉列表中选择员工工号，如图 13-21 所示。

B	C	D	E
员工信息查询表			
请输入要查询的员工信息		BH-0001	
姓名		BH-0002	
部门		BH-0003	
性别		BH-0004	
身份证号码		BH-0005	
年龄		BH-0006	
学历		BH-0007	
职位		BH-0008	
入职时间			
离职时间			
工龄			
离职原因			
联系方式			

图 13-21

2. 使用 VLOOKUP 函数返回员工信息

设置数据验证实现员工查询工号的快速

输入后，下一步就需要使用 VLOOKUP 函数根据指定的工号从“人事信息数据表”中依次返回相关的员工信息。

【例 13-2】使用 VLOOKUP 函数根据指定的工号从人事信息数据表中依次返回相关信息。

视频+素材　(素材文件\第 13 章\例 13-2)

step 1　如图 13-22 所示，在“员工信息查询表”工作表的 C4 单元格中输入公式：

```
=VLOOKUP($D$2,人事信息数据
    表!$A$3:$M$100,ROW(A2))
```

图 13-22

step 2　向下复制公式，将依次根据指定的查询编号返回员工信息，如图 13-23 所示。

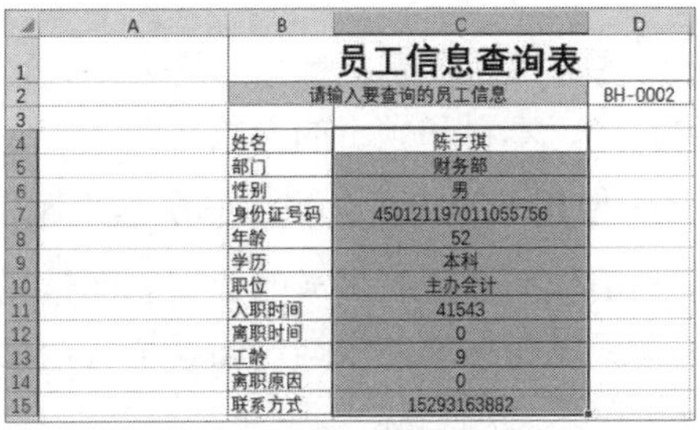

图 13-23

step 3　选中 C11:C12 区域，单击【开始】选项卡【数字】命令组中的【数字格式】下拉按钮，在弹出的下拉列表中选择【短日期】选项。

13.3.3　查询任意员工信息

在员工信息查询表中使用公式后，可以通过更改任意员工的工号来根据公式返回员工工号对应的信息。

step 1　单击 D2 单元格的下拉按钮，在弹出的下拉列表中选择一个员工工号，系统将自动显示出该员工的信息，如图 13-24 所示。

图 13-24

step 2　选择其他员工的工号，系统将自动切换显示该员工的信息，如图 13-25 所示。

图 13-25

13.4　分析员工基础信息

对骨干员工的培养是企业培训中至关重要的一项任务。为帮助企业管理层了解企业内部人员结构，可以通过分析员工的年龄层次、学历层次、人员稳定性等基础信息，来为公司人事调动和决策提供数据支撑。

13.4.1　分析员工学历结构

通过分析员工的学历结构，企业可以更好地了解员工的教育背景，为人力资源规划、培养计划和人才引进提供依据。

1. 使用数据透视表分析员工学历层次

在人事信息数据表中，可以通过创建数

据透视表对企业员工的学历层次进行分析，统计员工中各学历层次的人数比例情况。

【例 13-3】创建数据透视表分析员工的学历层次。

视频+素材 (素材文件\第 13 章\例 13-3)

step 1 在“人事信息数据表”工作表中选中 G3 单元格后按下 Ctrl+Shift+↓快捷键，选中 G 列中的员工学历数据，单击【插入】选项卡中的【数据透视表】按钮。

step 2 打开【创建数据透视表】对话框，单击【确定】按钮，如图 13-26 所示。

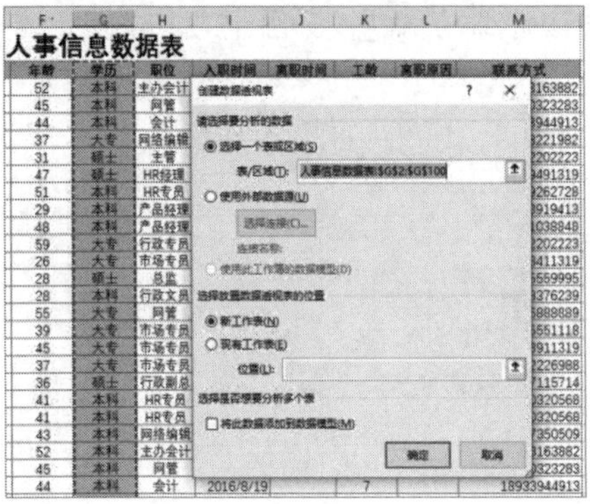

图 13-26

step 3 此时，将在新工作表中创建数据透视表并打开【数据透视表字段】窗格。在字段列表中选中【学历】字段，按住鼠标左键将其拖动至【行】列表框中；选中【学历】字段，按住鼠标左键将其拖动至【值】列表框中。

step 4 在【值】列表框中单击【学历】字段，在弹出的列表中选择【值字段设置】选项，如图 13-27 所示。

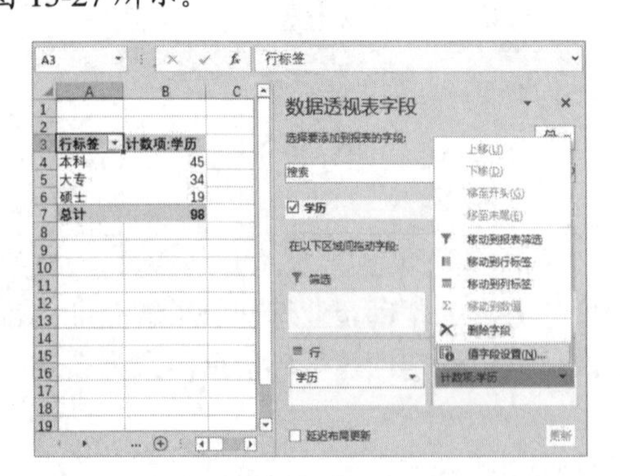

图 13-27

step 5 打开【值字段设置】对话框，选择【值显示方式】选项卡，在【值显示方式】下拉列表中选择【列汇总的百分比】选项，在【自定义名称】文本框中输入“人数”，如图 13-28 所示。

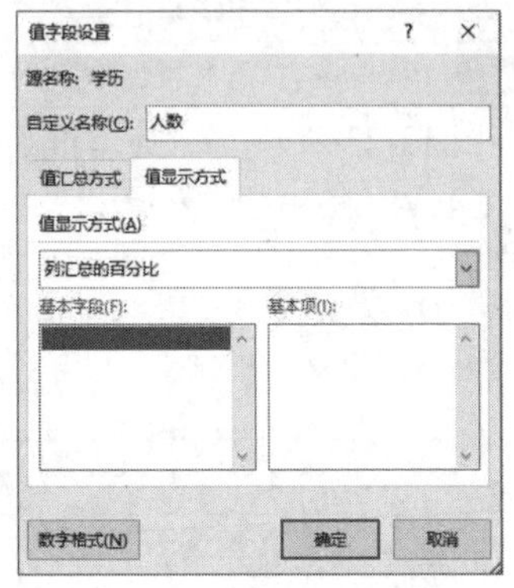

图 13-28

step 6 在【值字段设置】对话框中单击【确定】按钮返回工作表，即可得到图 13-29 所示的数据透视表。

	A	B
1		
2		
3	行标签	人数
4	本科	45.92%
5	大专	34.69%
6	硕士	19.39%
7	总计	100.00%

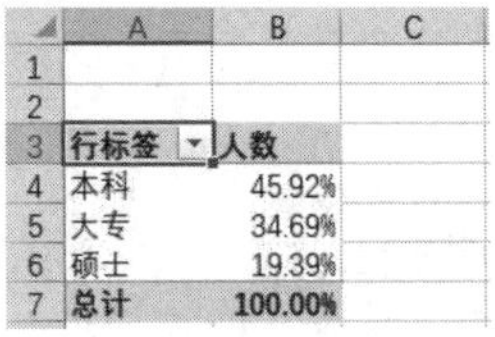

图 13-29

从图 13-29 所示的数据透视表中，可以看到大专、本科和硕士的人数比例。

2. 使用图表可视化员工学历层次比例

利用数据透视表生成的数据创建数据透视图，可以将抽象的数据以图表呈现，让数据分析结果更加直观。

【例 13-4】使用数据透视图呈现各学历占比情况。

视频+素材 (素材文件\第 13 章\例 13-4)

step 1 选中图 13-29 所示数据透视表中的任意单元格，单击【数据透视表分析】选项卡【工具】命令组中的【数据透视图】按钮。

step 2 打开【插入图表】对话框，选择一个合适的图表类型(如柱形图)，然后单击【确定】按钮，在工作表中插入图表。

step 3 单击图表右侧的+按钮，在弹出的列表中选择【数据标签】|【更多选项】选项，如图 13-30 所示。

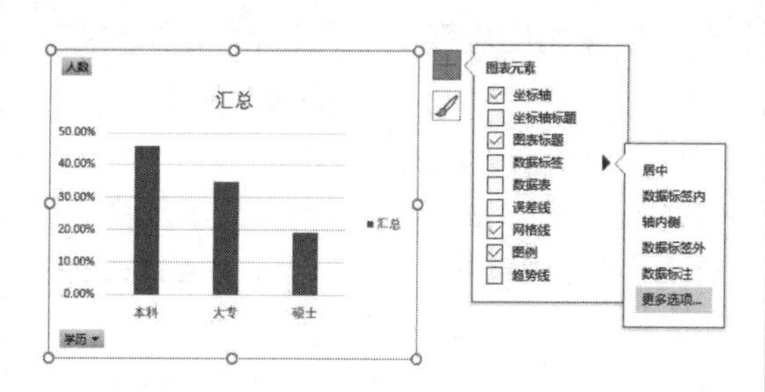

图 13-30

step 4 打开【设置数据标签格式】窗格，在【标签选项】选项组中选中【类别名称】复选框，如图 13-31 所示。

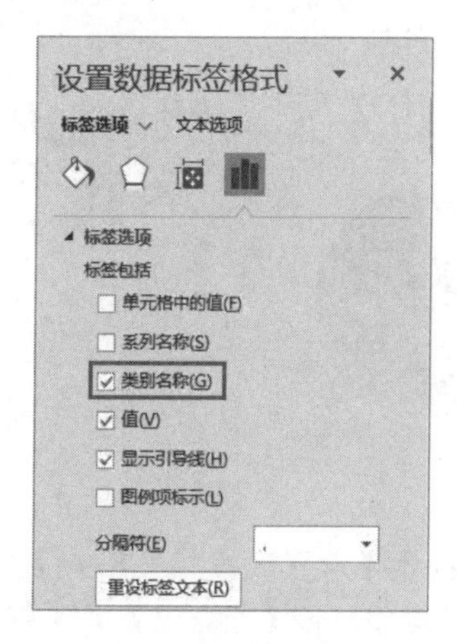

图 13-31

step 5 重新输入图表标题，并对图表进行美化设置，完成后的图表效果如图 13-32 所示。

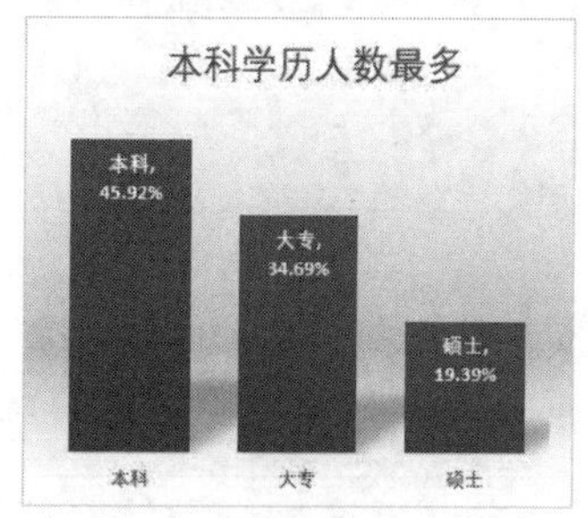

图 13-32

13.4.2　分析员工年龄分布

通过分析员工的年龄层次，可以帮助企业管理层实时掌握企业员工的年龄结构，及时调整新员工招聘方案，为公司注入新鲜血液并积极留住经验丰富的老员工。

1. 使用数据透视表分析员工年龄层次

使用“年龄”字段数据建立数据透视表，可以实现对企业员工年龄层次的分析。

step 1 选中 F2 单元格后，按下 Ctrl+Shift+↓快捷键选中 F 列中的所有员工年龄数据。

step 2 单击【插入】选项卡中的【数据透视表】按钮，打开【创建数据透视表】对话框，单击【确定】按钮。

step 3 在新工作表中创建数据透视表并打开【数据透视表字段】窗格，分别拖动【年龄】字段到【行】列表框和【值】列表框中，得到年龄的统计效果。

step 4 单击【求和项：年龄】字段右侧的下拉按钮，在弹出的下拉列表中选择【值字段设置】选项，如图 13-33 所示。

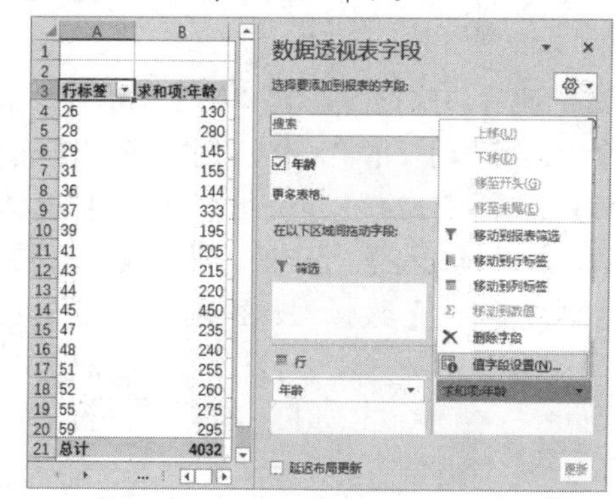

图 13-33

step 5 打开【值字段设置】对话框，在【值汇总方式】选项卡的【选择用于汇总所选字段数据的计算类型】列表框中选择【计数】选项，在【自定义名称】文本框中输入“人数”，然后单击【确定】按钮，如图 13-34 所示。

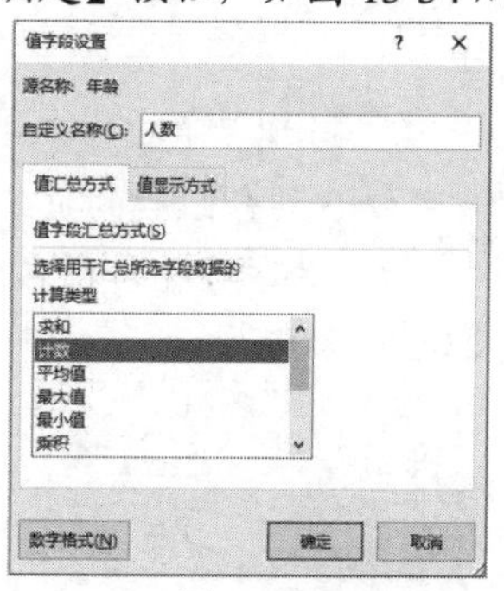

图 13-34

step 6 完成以上设置后，即可完成计算类型的修改。选中并右击数据透视表【人数】字段中的任意单元格，在弹出的快捷菜单中选择【值显示方式】|【总计的百分比】命令，如图 13-35 所示。

图 13-35

step 7 此时，可以看到数据以百分比格式显示，选中行标签中的任意单元格，单击【数据透视表分析】选项卡【组合】命令组中的【分组选择】按钮，打开【组合】对话框，设置【步长】为 10，单击【确定】按钮，如图 13-36 所示。

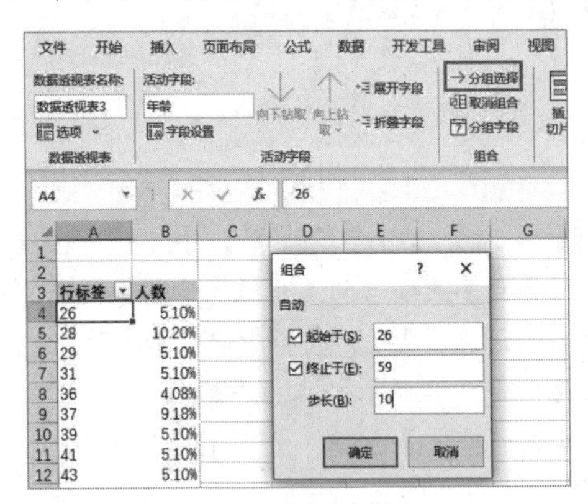

图 13-36

step 8 此时可以看到分组后的员工年龄段数据，更改“人数”为“各年龄段占比”。数据透视表效果如图 13-37 所示。

3	行标签	各年龄段占比
4	26-35	25.51%
5	36-45	43.88%
6	46-55	25.51%
7	56-65	5.10%
8	总计	100.00%

图 13-37

2. 使用图表可视化员工年龄层次分布

通过创建图表，可以将员工年龄层次数据以图表的方式呈现。

step 1 选中数据透视表中的任意单元格，单击【数据透视表分析】选项卡中的【数据透视图】按钮。

step 2 打开【插入图表】对话框，选择一个合适的图表类型，单击【确定】按钮，在工作表中插入图表。

step 3 单击图表右侧的 + 按钮，在弹出的列表中选择【数据标签】|【更多选项】选项，如图 13-38 所示。

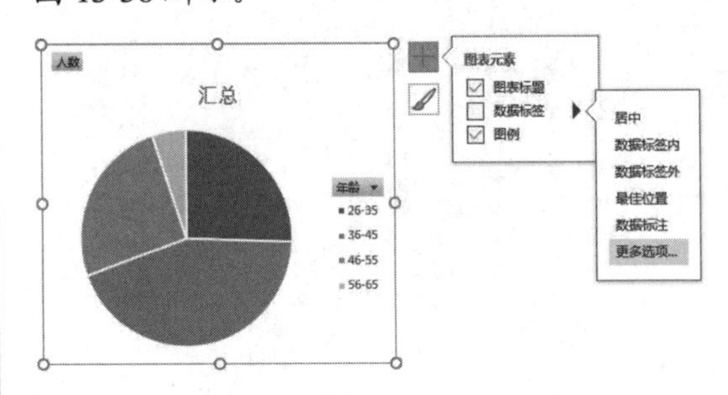

图 13-38

step 4 打开【设置数据标签格式】窗格，选中【类别名称】和【百分比】复选框。

step 5 进一步美化图表，并输入标题，完成后图表的效果如图 13-39 所示。

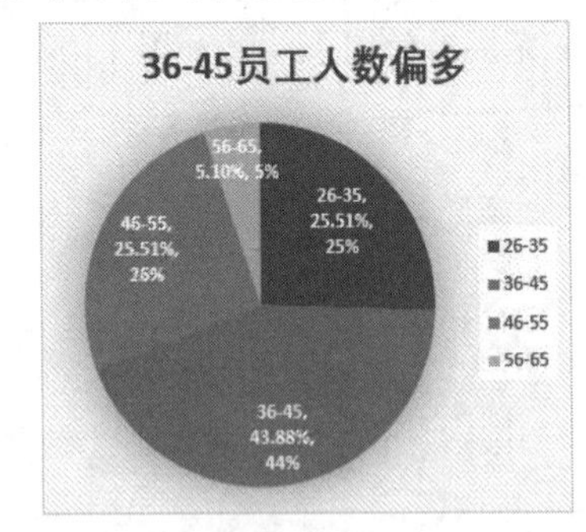

图 13-39

13.4.3 分析员工工作稳定性

在人事信息数据表中，通过计算员工的工龄可以快速创建直方图，从而直观地呈现各工龄段员工的分布情况，为分析员工工作稳定性提供依据。

【例 13-5】使用直方图分析员工稳定性。

视频+素材　(素材文件\第 13 章\例 13-5)

step 1　切换至“人事信息数据表”工作表，选中 K2 单元格后，按下 Ctrl+Shift+↓快捷键，选中“工龄”列下的数据区域。

step 2　单击【插入】选项卡【图表】命令组中的【插入统计图表】下拉按钮，在弹出的下拉列表中选择【直方图】选项，如图 13-40 所示。

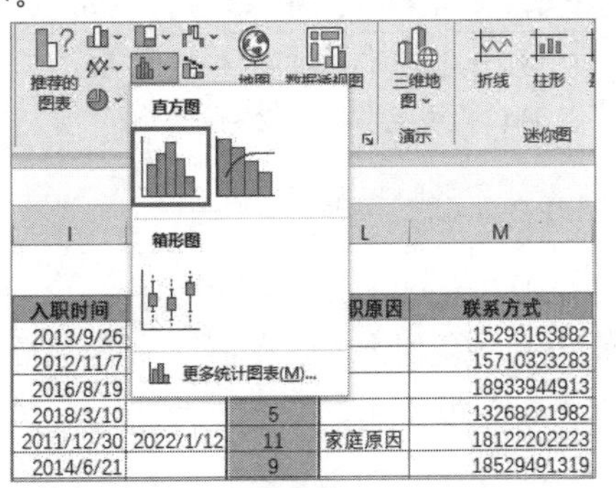

图 13-40

step 3　选中工作表中插入的图表，双击图表中的水平坐标轴。

step 4　打开【设置坐标轴格式】窗格，先选中【箱宽度】单选按钮，在右侧的数值框中输入 3；再选中【箱数】单选按钮，在右侧数值框中输入 5，如图 13-41 所示。

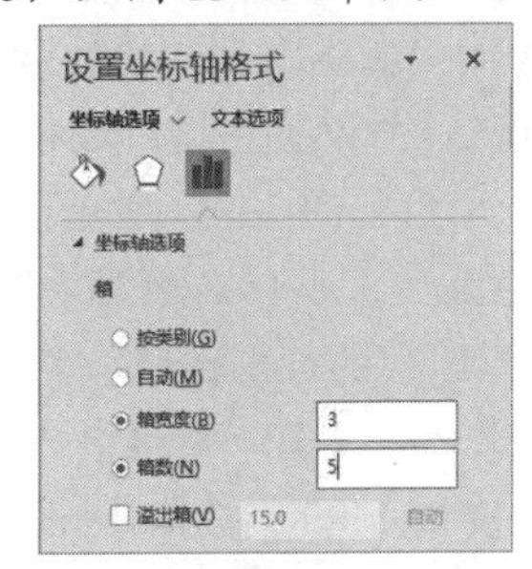

图 13-41

step 5　完成以上设置后，工作表中的图表变为 5 个柱子，输入图表标题并美化图表，最终结果如图 13-42 所示。

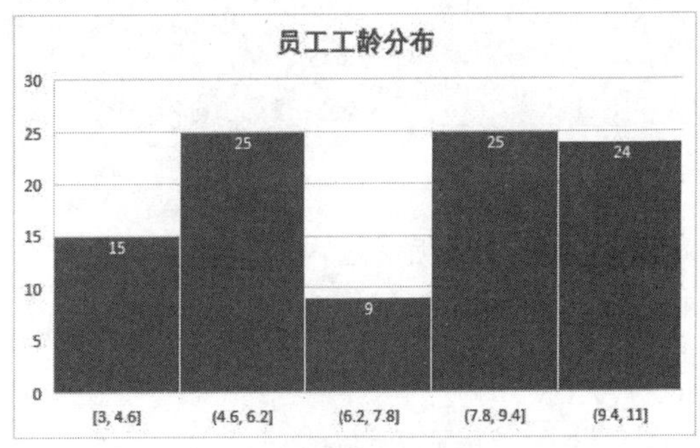

图 13-42

13.5　分析在职员工结构

公司人员结构分析是对公司人力资源状况的审查，用来检验人力资源配置与公司业务是否匹配，它是人力资源规划的一项基础性工作。人员结构分析可以从性别、学历、年龄、工龄、人员类别、职位等方面进行分析。下面案例使用的在职员工结构统计表如图 13-43 所示。

	A	B	C	D	E	F	G	H	I	J	K	L	M	N	O	P
1	在职员工结构分析															
2	部门	员工总数	性别		学历			年龄					工龄			
3			男	女	硕士	本科	大专	25岁及以下	26~30岁	36~40岁	41~45岁	45岁以上	1年以下	1-3年	3-5年	5年以上
4	人力资源部															
5	财务部															
6	数据分析部															
7	供应链部															
8	运营部															
9	生产部															
10	技术支持部															
11	设计部															
12	采购部															
13	市场推广部															
14	品质管理部															

图 13-43

在分析企业在职员工结构之前，需要进行一系列工作。按照结构分类创建统计表格，将年龄以 5 岁为区间分类，工龄以 3 年为区间分类。在进行数据统计之前，还需要对“人事信息数据表”中的数据区域进行名称定义(因为后面的数据统计工作需要大量引用“人事信息数据表”中的数据)。

step① 创建工作表，在工作表标签上双击，重新输入名称“在职人员结构统计表”，输入标题和列标识，并设置字体、边框、底纹等，使表格易于阅读(如图 13-43 所示)。

step② 切换至“人事信息数据表”工作表，选中 A 列至 L 列的数据区域，单击【公式】选项卡【定义的名称】命令组中的【根据所选内容创建】按钮，如图 13-44 所示。

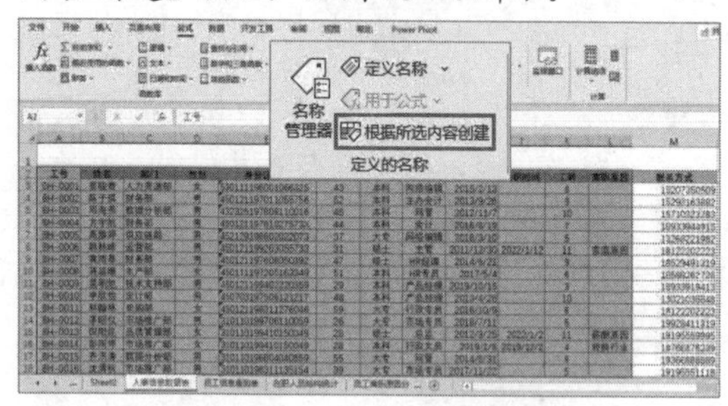

图 13-44

step③ 打开【根据所选内容创建名称】对话框，只选中【首行】复选框，单击【确定】按钮，创建名称，如图 13-45 所示。

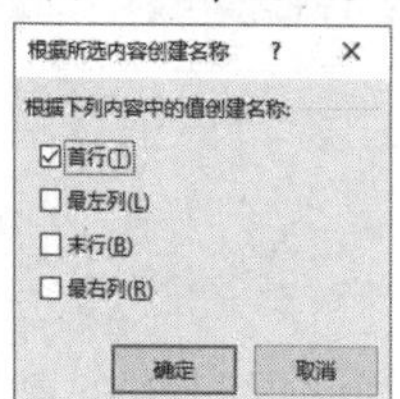

图 13-45

step④ 单击【公式】选项卡中的【名称管理器】按钮，打开【名称管理器】对话框，可以为选中的区域定义名称，如图 13-46 所示。

名称	数值	引用位置	范围	批注
部门	{"人力资源部";"财务部";"数...	=人事信息数...	工作簿	
工号	{"BH-0001";"BH-0002";"BH-0...	=人事信息数...	工作簿	
工龄	{"8";"9";"10";"7";"5";"11";"9"...	=人事信息数...	工作簿	
离职时间	{"";"";"";"";"";"2022/1/12";"";...	=人事信息数...	工作簿	
离职原因	{"";"";"";"";"";"家庭原因";"";...	=人事信息数...	工作簿	
年龄	{"43";"52";"45";"44";"37";"31...	=人事信息数...	工作簿	
入职时间	{"2015/2/13";"2013/9/26";"2...	=人事信息数...	工作簿	
身份证号码	{"530111198001066325";"450...	=人事信息数...	工作簿	
性别	{"女";"男";"男";"男";"男";"...	=人事信息数...	工作簿	
姓名	{"蔡晓雪";"陈子琪";"邓海燕...	=人事信息数...	工作簿	
学历	{"本科";"本科";"本科";"本...	=人事信息数...	工作簿	
职位	{"网络编辑";"主办会计";"网...	=人事信息数...	工作簿	

引用位置(R): =人事信息数据表!$C$3:$C$100

图 13-46

13.5.1 统计各部门员工人数

要统计各部门员工人数，可以去除离职人员后，再按部门进行统计。如果需要指定性别后进行统计，可以增加指定条件为“男”或“女”。

【例 13-6】使用公式统计部门员工总数，以及各性别员工的人数。

视频+素材 (素材文件\第 13 章\例 13-6)

step① 打开“在职人员结构统计表”工作表后，在 B4 单元格中输入公式:

```
=SUMPRODUCT((离职时间="")*(部门=A4))
```

按下 Ctrl+Enter 快捷键。

step② 向下复制公式，在 B 列快速得出各部门的员工总数，如图 13-47 所示。

B4 =SUMPRODUCT((离职时间="")*(部门=A4))

在职员工结构分析

部门	员工总数	性别		学历				
		男	女	硕士	本科	大专	25岁及以下	26~30岁
人力资源部	5							
财务部	15							
数据分析部	10							
供应链部	14							
运营部	4							
生产部	5							
技术支持部	5							
设计部	5							
采购部	5							
市场推广部	14							
品质管理部	2							

图 13-47

step③ 在 C4 单元格中输入公式:

```
=SUMPRODUCT((离职时间="")*(部门=$A4)*(性别=C$3))
```

按下 Ctrl+Enter 快捷键。

step④ 向下复制公式，在 C 列快速得出各部门男性员工总人数，如图 13-48 所示。

C4 =SUMPRODUCT((离职时间="")*(部门=$A4)*(性别=C$3))

在职员工结构分析

部门	员工总数	性别		学历				
		男	女	硕士	本科	大专	25岁及以下	26~30岁
人力资源部	5	0						
财务部	15	15						
数据分析部	10	10						
供应链部	14	9						
运营部	4	4						
生产部	5	0						
技术支持部	5	5						
设计部	5	5						
采购部	5	0						
市场推广部	14	9						
品质管理部	2	0						

图 13-48

step⑤ 在 D4 单元格中输入公式:

=SUMPRODUCT((离职时间="")*(部门=$A4)*(性别=D$3))

按下 Ctrl+Enter 快捷键。

step 6　向下复制公式，在 D 列快速得出各部门女性员工总人数。

13.5.2　统计各部门员工学历

根据“人事信息数据表”中的“学历”列数据，可以使用公式统计各部门各学历层次的员工总人数。

step 1　在 E4 单元格中输入公式：

=SUMPRODUCT((离职时间="")*(部门=$A4)*(学历=E$3))

按下 Ctrl+Enter 快捷键。

step 2　先向下复制公式，再向右复制公式，依次得到各部门各学历层次人数合计，如图 13-49 所示。

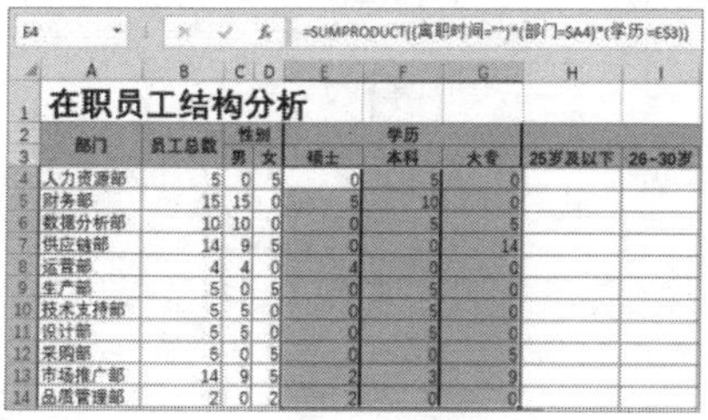

E4　=SUMPRODUCT((离职时间="")*(部门=$A4)*(学历=E$3))

在职员工结构分析

部门	员工总数	性别		学历				
		男	女	硕士	本科	大专	25岁及以下	26~30岁
人力资源部	5	0	5	0	5	0		
财务部	15	15	0	5	10	0		
数据分析部	10	10	0	0	5	5		
供应链部	14	9	5	0	0	14		
运营部	4	4	0	4	0	0		
生产部	5	0	5	0	5	0		
技术支持部	5	5	0	0	5	0		
设计部	5	5	0	0	5	0		
采购部	5	0	5	0	0	5		
市场推广部	14	9	5	2	3	9		
品质管理部	2	0	2	2	0	0		

图 13-49

13.5.3　统计各部门员工年龄

根据“人事信息数据表”中不同的年龄段，可以使用函数将指定部门符合指定年龄段的人数统计出来(不同的年龄段需要在公式中进行指定)。

step 1　在 H4 单元格中输入公式：

=SUMPRODUCT((离职时间="")*(部门=$A4)*(年龄<=25))

按下 Ctrl+Enter 快捷键，并向下复制公式。

step 2　在 I4 单元格中输入公式：

=SUMPRODUCT((离职时间="")*(部门=$A4)*(年龄>25)*(年龄<=30))

按下 Ctrl+Enter 快捷键，并向下复制公式。

step 3　在 J4 单元格中输入公式：

=SUMPRODUCT((离职时间="")*(部门=$A4)*(年龄>35)*(年龄<=40))

按下 Ctrl+Enter 快捷键，并向下复制公式。

step 4　在 K4 单元格中输入公式：

=SUMPRODUCT((离职时间="")*(部门=$A4)*(年龄>40)*(年龄<=45))

按下 Ctrl+Enter 快捷键，并向下复制公式。

step 5　在 L4 单元格中输入公式：

=SUMPRODUCT((离职时间="")*(部门=$A4)*(年龄>45))

按下 Ctrl+Enter 快捷键，并向下复制公式。计算出各部门各年龄段的员工总人数，如图 13-50 所示。

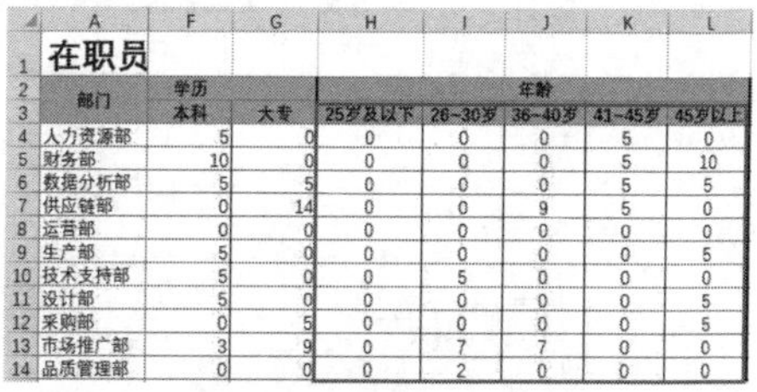

在职员

部门	学历		年龄				
	本科	大专	25岁及以下	26~30岁	36~40岁	41~45岁	45岁以上
人力资源部	5	0	0	0	0	5	0
财务部	10	0	0	0	0	5	10
数据分析部	5	5	0	0	0	5	5
供应链部	0	14	0	0	9	5	0
运营部	0	0	0	0	0	0	0
生产部	5	0	0	0	0	0	5
技术支持部	5	0	0	5	0	0	0
设计部	5	0	0	0	0	0	5
采购部	0	5	0	0	0	0	5
市场推广部	3	9	0	7	7	0	0
品质管理部	0	0	0	2	0	0	0

图 13-50

13.5.4　统计各部门员工工龄段

根据“人事信息数据表”中不同的年龄段，可以使用函数将指定部门符合指定工龄段的人数合计值统计出来。

step 1　在 M4 单元格中输入公式：

=SUMPRODUCT((部门=$A4)*(离职时间="")*(工龄<=1))

按下 Ctrl+Enter 快捷键，并向下复制公式。

step 2　在 N4 单元格中输入公式：

=SUMPRODUCT((部门=$A4)*(离职时间="")*(工龄>1)*(工龄<=3))

按下 Ctrl+Enter 快捷键，并向下复制公式。

step 3 在 O4 单元格中输入公式:

```
=SUMPRODUCT((部门=$A4)*(离职时间="")*(工龄>3)*(工龄<=5))
```

按下 Ctrl+Enter 快捷键，并向下复制公式。

step 4 在 P4 单元格中输入公式:

```
=SUMPRODUCT((部门=$A4)*(离职时间="")*(工龄>5))
```

按下 Ctrl+Enter 快捷键，并向下复制公式。计算出各部门各工龄段的员工总人数，如图 13-51 所示。

	A	J	K	L	M	N	O	P
1	在职员							
2	部门	年龄			工龄			
3		36~40岁	41~45岁	45岁以上	1年以下	1-3年	3-5年	5年以上
4	人力资源部	0	5	0	0	0	0	5
5	财务部	0	5	10	0	0	0	15
6	数据分析部	0	5	5	0	0	0	10
7	供应链部	9	5	0	0	0	5	9
8	运营部	0	0	0	0	0	0	4
9	生产部	0	0	5	0	0	0	5
10	技术支持部	0	0	0	0	5	0	0
11	设计部	0	0	5	0	0	0	5
12	采购部	0	0	5	0	0	0	5
13	市场推广部	7	0	0	0	0	12	2
14	品质管理部	0	0	0	0	0	0	2

图 13-51

13.6　分析人员流动情况

通过对人员流动情况进行分析，可以帮助企业了解人员流动的趋势、原因和影响因素，从而采取相应的人力资源管理策略，提高员工的留职率和满意度，并优化组织的人才管理。

下面以 2019—2023 年时间段为例，建立“人员流动情况分析”表，以及在该表中使用统计公式的方法，如图 13-52 所示。

	A	B	C	D	E	F	G	H	I	J	K
1	人员流动情况分析										
2	部门	2019		2020		2021		2022		2023	
3		离职	入职	离职	入职	离职	入职	离职	入职	离职	入职
4	人力资源部										
5	财务部										
6	数据分析部										
7	供应链部										
8	运营部										
9	生产部										
10	技术支持部										
11	设计部										
12	采购部										
13	市场推广部										
14	品质管理部										

... 员工离职原因分析汇总 | 人员流动情况分析

图 13-52

step 1 创建图 13-52 所示的“人员流动情况分析”工作表，在 B4 单元格中输入公式:

```
=SUMPRODUCT((部门=$A4)*(YEAR(离职时间)=2019))
```

step 2 在 C4 单元格中输入公式:

```
=SUMPRODUCT((部门=$A4)*(YEAR(入职时间)=2019))
```

step 3 在 D4 单元格中输入公式:

```
=SUMPRODUCT((部门=$A4)*(YEAR(离职时间)=2020))
```

step 4 在 E4 单元格中输入公式:

```
=SUMPRODUCT((部门=$A4)*(YEAR(入职时间)=2020))
```

step 5 在 F4 单元格中输入公式:

```
=SUMPRODUCT((部门=$A4)*(YEAR(离职时间)=2021))
```

step 6 在 G4 单元格中输入公式:

```
=SUMPRODUCT((部门=$A4)*(YEAR(入职时间)=2021))
```

step 7 在 H4 单元格中输入公式:

```
=SUMPRODUCT((部门=$A4)*(YEAR(离职时间)=2022))
```

step 8 在 I4 单元格中输入公式：

```
=SUMPRODUCT((部门=$A4)*(YEAR(入职时间)=2022))
```

step 9 在 J4 单元格中输入公式：

```
=SUMPRODUCT((部门=$A4)*(YEAR(离职时间)=2023))
```

step 10 在 K4 单元格中输入公式：

```
=SUMPRODUCT((部门=$A4)*(YEAR(入职时间)=2023))
```

step 11 分别将各列向下复制公式(按不同年份分别向下复制公式)，依次得出其他部门各年份的离职和入职人数，如图 13-53 所示。

人员流动情况分析										
部门	2019		2020		2021		2022		2023	
	离职	入职	离职	入职	离职	入职	离职	入职	离职	入职
人力资源部	0	0	0	0	0	0	0	0	0	0
财务部	0	0	0	0	0	0	0	0	0	0
数据分析部	0	0	0	0	0	0	0	0	0	0
供应链部	0	0	0	0	0	0	0	0	0	0
运营部	0	0	0	0	0	0	3	0	0	0
生产部	0	0	0	0	0	0	0	0	0	0
技术支持部	0	5	0	0	0	0	0	0	0	0
设计部	0	0	0	0	0	0	0	0	0	0
采购部	0	0	0	0	0	0	0	0	0	0
市场推广部	2	5	0	0	0	0	0	0	2	0
品质管理部	0	0	0	0	0	0	2	0	0	0

图 13-53

13.7　分析员工离职原因

员工离职可能有多种原因，企业人事可以根据实际情况调查离职人员的离职原因，并分期进行数据统计，从而了解哪些原因是造成企业离职的主要因素，从而为企业管理层提供有针对性的建议和数据。下面案例中使用的人员离职原因汇总分析表，如图 13-54 所示。

人员离职原因汇总分析										
离职原因	2014	2015	2016	2017	2018	2019	2020	2021	2022	2023
家庭原因										
薪酬原因										
转换行业										
出国留学										
工作缺乏挑战										
远离家乡										
与团队不适合										
工作量太大										
无晋升机会										
管理不善										
缺乏晋升机会										

员工信息查询表　员工离职原因分析汇总　人员流动情况: ...

图 13-54

step 1 创建图 13-54 所示的"人员离职原因分析汇总"工作表，在 B3 单元格中输入公式：

```
=SUMPRODUCT((离职原因=$A3)*(YEAR(离职时间)=B$2))
```

step 2 按下 Ctrl+Enter 快捷键后先向右复制公式，依次得到其他年份人数，再向下复制公式，依次得到不同离职原因各个年份的总人数合计，如图 13-55 所示。

人员离职原因汇总分析										
离职原因	2014	2015	2016	2017	2018	2019	2020	2021	2022	2023
家庭原因	0	0	0	0	0	0	0	0	3	0
薪酬原因	0	0	0	0	0	0	0	0	2	0
转换行业	0	0	0	0	0	1	0	0	0	0
出国留学	0	0	0	0	0	0	0	0	0	2
工作缺乏挑战	0	0	0	0	0	0	0	0	0	0
远离家乡	0	0	0	0	0	0	0	0	0	0
与团队不适合	0	0	0	0	0	0	0	0	0	0
工作量太大	0	0	0	0	0	0	0	0	0	0
无晋升机会	0	0	0	0	0	0	0	0	0	0
管理不善	0	0	0	0	0	0	0	0	0	0
缺乏晋升机会	0	0	0	0	0	0	0	0	0	0

员工信息查询表　员工离职原因分析汇总　人员流动情况: ...

图 13-55

13.8　设置工作表打印效果

完成人事信息数据的制作后，如果需要打印表格中的数据，需设置页面的打印参数，使表格中的数据可以被正确打印。

step 1 切换至“人事信息数据表”工作表，单击【视图】选项卡中的【分页预览】按钮，切换至【分页预览】视图，查看并调整工作表打印范围。

step 2 按下 Ctrl+P 快捷键打开【打印】界面，单击【无缩放】下拉按钮，在弹出的下拉列表中选择【将工作表调整为一页】选项，将工作表中的数据调整在一页中打印，如图 13-56 所示。

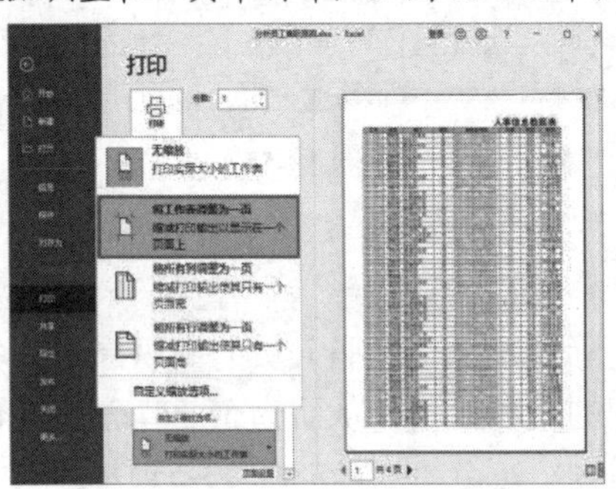

图 13-56

step 3 选择“人员流动情况分析”工作表，单击【页面布局】选项卡【页面设置】命令组中的【页面设置】按钮。

step 4 打开【页面设置】对话框，在【页面】选项卡中选中【横向】单选按钮。

step 5 选择【页边距】选项卡，选中【水平】和【垂直】复选框后，单击【确定】按钮，如图 13-57 所示。

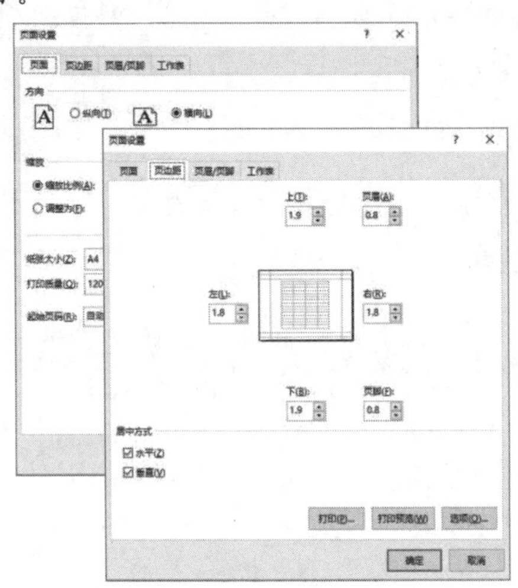

图 13-57

step 6 使用同样的方法，设置工作簿中其他工作表的打印参数。

13.9　将工作簿保存为模板

对于专业的数据分析人员来说，固定需求的数据可以事先建立一套完整的统计表格，一次性建立工作簿后，可以将工作簿保存为模板，以便今后重复使用。

step 1 按 F12 键打开【另存为】对话框，设置【文件名】为“人事信息数据表”，将【保存类型】设置为【Excel 模板(*.xltx)】，如图 13-58 所示。

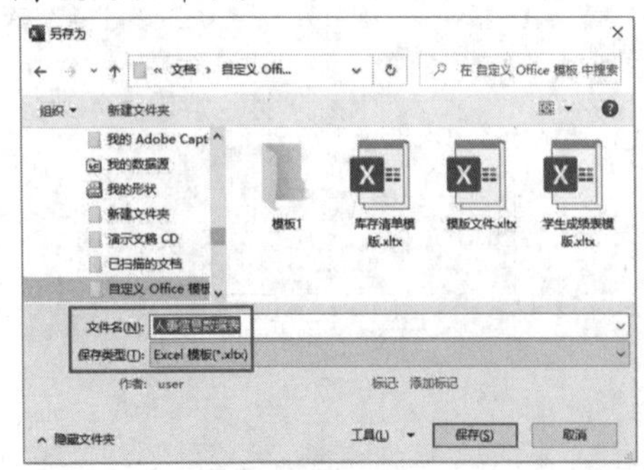

图 13-58

step 2 单击【保存】按钮将工作簿保存为模板。

step 3 按下 Ctrl+N 快捷键打开【新建】界面，在【个人】选项卡中单击【人事信息数据表】选项，可以使用模板创建新的工作簿，如图 13-59 所示。

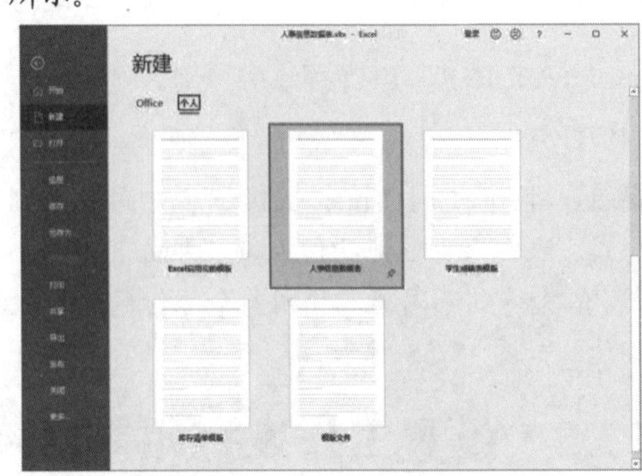

图 13-59

第 14 章

综合案例——制作销售数据统计表

在行业中制作销售数据统计表，是为了对销售情况进行全面的分析和评估。销售数据统计表的主要作用是帮助企业实时了解销售情况、发现商品销售趋势，为管理层提供基于数据的决策支持，以及评估销售人员绩效并监控市场竞争情况。

本章对应视频

例 14-1 通过公式计算金额和折扣
例 14-2 统计商品销售情况
例 14-3 统计销售人员业绩奖金
例 14-4 盘点商品本期库存
例 14-5 核算商品本期毛利
例 14-6 分析购买行为影响因素
例 14-7 建立商品购买频率统计表
本章其他视频参见视频二维码列表

14.1 商品销售数据统计

企业为了更好地管理商品的销售记录，一般会分期建立销售记录表。通过销售记录表，可以进行一系列的数据统计与分析工作。例如，统计所有销售商品中哪一种商品的销售额最高、对各类别的销售额进行合并统计、统计销售人员的业绩奖金等。同时，为了更好地管理商品，也可以建立商品库存表格，统计商品的库存量和销售量，及时为库存不足的商品设置提醒，从而方便销售人员更好地规划商品销售计划。图 14-1 所示为某公司 2023 年 8 月的商品销售数据统计表。

	A	B	C	D	E	F	G	H	I	J
1	2023年8月销售记录									
2	日期	单号	商品名称	类别	数量	单价	金额	折扣	出货金额	销售员
3	8月1日	DH-0001	星光长袍（长款，宽松舒适的设计）	长袍	19	287	5453	1	5453	高雅婷
4	8月2日	DH-0002	绣花旗袍（光滑、亮丽的丝绸面料）	旗袍	38	395	15010	0.95	14259.5	韩林峰
5	8月3日	DH-0003	金蕾丝连衣裙（金色的花朵装饰的蕾丝面料）	连衣裙	57	512	29184	0.75	21888	黄雨菲
6	8月4日	DH-0004	碧波长裙（轻盈的薄纱或雪纺面料）	长裙	16	693	11088	0.95	10533.6	蒋晨曦
7	8月5日	DH-0005	翡翠盈袖（盈袖设计，袖子宽大飘逸）	盈袖	25	876	21900	0.75	16425	黄雨菲
8	8月6日	DH-0006	翡翠盈袖（盈袖设计，袖子宽大飘逸）	盈袖	43	429	18447	0.95	17524.65	黄雨菲
9	8月7日	DH-0007	绣花旗袍（光滑、亮丽的丝绸面料）	旗袍	79	624	49296	0.75	36972	高雅婷
10	8月8日	DH-0008	金蕾丝连衣裙（金色的花朵装饰的蕾丝面料）	连衣裙	10	759	7590	1	7590	蒋晨曦
11	8月9日	DH-0009	金蕾丝连衣裙（金色的花朵装饰的蕾丝面料）	连衣裙	34	831	28254	0.75	21190.5	蒋晨曦
12	8月10日	DH-0010	金蕾丝连衣裙（金色的花朵装饰的蕾丝面料）	连衣裙	52	415	21580	0.75	16185	高雅婷
13	8月11日	DH-0011	碧波长裙（轻盈的薄纱或雪纺面料）	长裙	81	682	55242	0.75	41431.5	高雅婷
14	8月12日	DH-0012	翡翠盈袖（盈袖设计，袖子宽大飘逸）	盈袖	14	539	7546	1	7546	黄雨菲
15	8月13日	DH-0013	翡翠盈袖（盈袖设计，袖子宽大飘逸）	盈袖	28	761	21308	0.75	15981	蒋晨曦
16	8月14日	DH-0014	星光长袍（长款，宽松舒适的设计）	长袍	65	874	56810	0.75	42607.5	高雅婷
17	8月15日	DH-0015	星光长袍（长款，宽松舒适的设计）	长袍	93	563	52359	0.75	39269.25	蒋晨曦
18	8月16日	DH-0016	绣花旗袍（光滑、亮丽的丝绸面料）	旗袍	12	926	11112	0.95	10556.4	高雅婷
19	8月17日	DH-0017	绣花旗袍（光滑、亮丽的丝绸面料）	旗袍	46	347	15962	0.95	15163.9	黄雨菲

销售数据统计表 | 调查结果数据表 | 1-9月销售数据表 | 2018~2022年商品针 ...

图 14-1

14.1.1 统计商品销售情况

在销售数据统计表中，商品销售一般按日期进行记录，在录入各销售单据的销售数量与销售单价后，需要计算出各条记录的销售金额、折扣金额(是否存在该项，可根据实际情况而定)，以及最终的交易金额。为了让单笔购买金额达到一定金额时给予相应的折扣。可以假设一个单号的总金额小于 10000 元无折扣，10000~20000 元给予 95 折，20000 元以上给予 75 折。

【例 14-1】创建图 14-1 所示的商品销售数据统计表，并使用公式计算金额和折扣。

视频+素材 (素材文件\第 14 章\例 14-1)

step 1 创建“销售数据统计表”工作表并录入数据后，在 G3 单元格中输入公式:

```
=E3*F3
```

按下 Ctrl+Enter 快捷键后向下复制公式。

step 2 在 H3 单元格中输入公式:

```
=LOOKUP(SUMIF($B:$B,$B3,$G:$G),{0,10000,20000},{1,0.95,0.75})
```

按下 Ctrl+Enter 快捷键后向下复制公式。

step 3 在 I3 单元格中输入公式:

```
=G3*H3
```

按下 Ctrl+Enter 键后向下复制公式。

完成以上操作后，“销售数据统计表”中的数据如图 14-1 所示。

14.1.2 使用图表统计商品销售情况

在销售数据统计表中，可以通过创建数据透视表对各类别商品的月交易额进行汇总统计，并建立比较图表。

【例 14-2】使用“销售数据统计表”中的数据创建数据透视表和图表，统计商品月度销售。

视频+素材 (素材文件\第 14 章\例 14-2)

step 1 选中销售数据统计表中的任意单元格，单击【插入】选项卡中的【数据透视表】按钮。打开【创建数据透视表】对话框，保持默认设置，单击【确定】按钮，如图 14-2 所示。

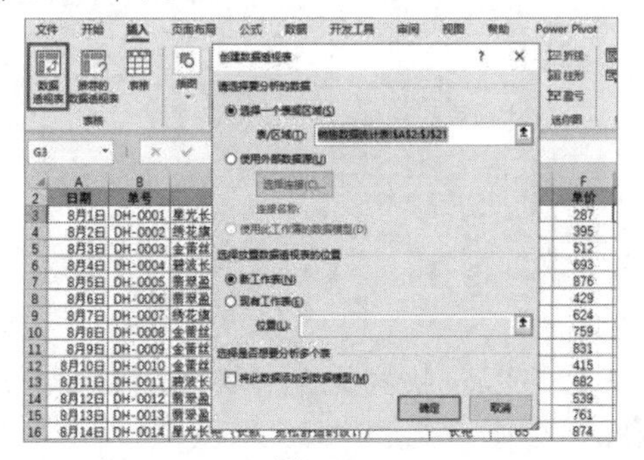

图 14-2

step 2 创建数据透视表并打开【数据透视表字段】窗格，将【类别】字段拖动至【行】列表框，将【金额】字段拖动至【值】列表框，如图 14-3 所示。

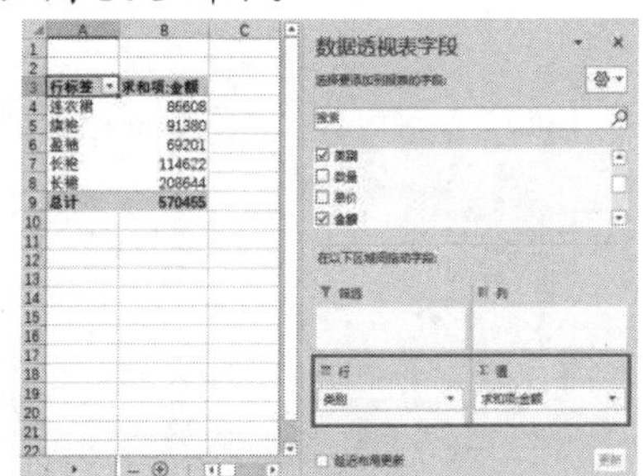

图 14-3

此时，在数据透视表中可以看到各类别商品的交易金额汇总。

step 3 选中数据透视表中的任意单元格，单击【数据透视表分析】选项卡中的【数据透视图】按钮，打开【插入图表】对话框，选择一种合适的图表类型(如饼图)后，单击【确定】按钮，创建图 14-4 所示的图表。

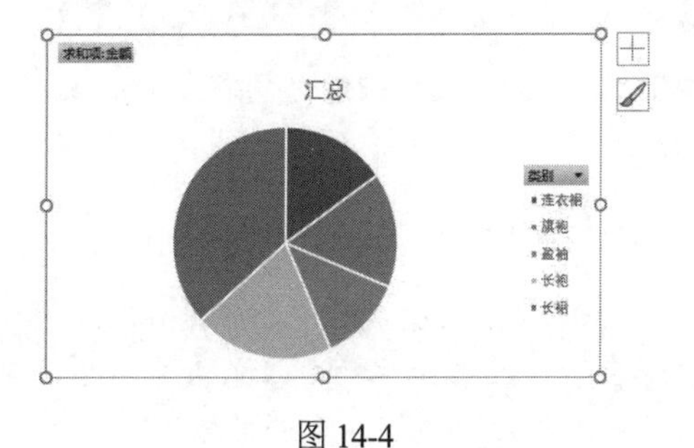

图 14-4

step 4 调整图表大小后，单击其右上角的+按钮，在弹出的列表中选择【数据标签】|【更多选项】选项，打开【设置数据标签格式】窗格，选中【类别名称】和【百分比】复选框，如图 14-5 所示。

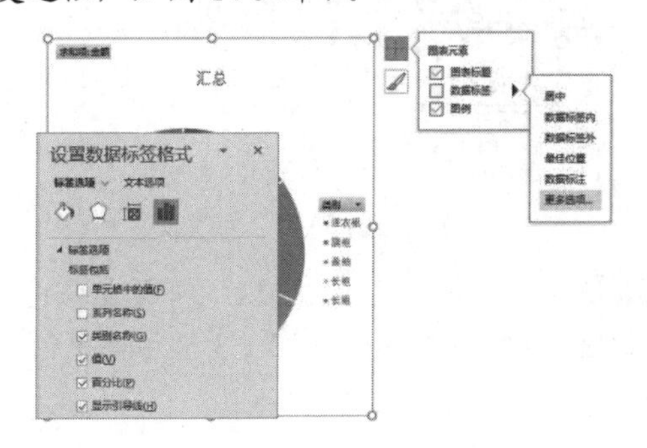

图 14-5

step 5 在图表标题框中重新输入标题文本，并对图表进行美化设置，最终效果如图 14-6 所示。

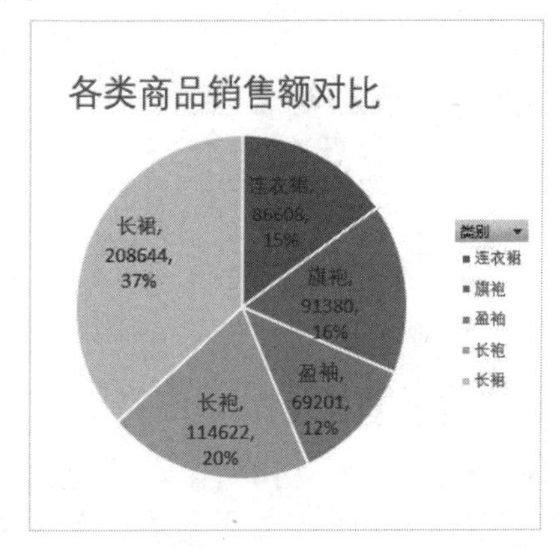

图 14-6

14.1.3 统计销售人员业绩奖金

使用销售数据统计表中的数据，可以统计企业销售人员在当月的总销售额，再按照不同的提成率计算奖金。

【例 14-3】使用“销售数据统计表”中的数据为每位销售人员统计业绩奖金。销售业绩小于或等于 50000 元，提成为 0.03；销售业绩为 50000~100000 元提成为 0.05；销售业绩在 100000 元以上提成为 0.09。

视频+素材 (素材文件\第 14 章\例 14-3)

step 1 创建“销售员业绩奖金统计”工作表，如图 14-7 所示，在 B3 单元格中输入公式:

=SUMIF(销售数据统计表!J3:J21,A3,销售数据统计表!I3:I21)

=SUMIF(销售数据统计表!J3:J21,A3,销售数据统计表!I3:I21)

销售员业绩奖金统计		
销售员	销售额	奖金
高雅婷	259940.9	
韩林峰		
黄雨菲		
蒋晨曦		
高雅婷		

图 14-7

step② 按下 Ctrl+Enter 快捷键后向下复制公式。

step③ 如图 14-8 所示，在 C3 单元格中输入公式：

=IF(B3<=50000,B3*0.03,IF(B3<=100000,B3*0.05,B3*0.09))

按 Ctrl+Enter 快捷键后向下复制公式。

=IF(B3<=50000,B3*0.03,IF(B3<=100000,B3*0.05,B3*0.09))

销售员业绩奖金统计		
销售员	销售额	奖金
高雅婷	259940.9	23394.68
韩林峰	14259.5	427.79
黄雨菲	78547.55	3927.38
蒋晨曦	94564.35	4728.22
高雅婷	254487.9	22903.91

图 14-8

14.1.4　盘点商品本期库存

库存盘点是为了精确地计算当月和当年的运营状况，以月/年为周期清点库存成品和原材料，以便对仓储货品的收发结存等活动进行有效控制，保证仓储货品完好无损、账物相符，确保销售正常进行。

【例 14-4】根据“销售数据统计表”中的数据，依次计算出各种商品的本期销售量、库存量和销售单价，再根据得到的数据计算销售额和毛利值。为低于一定数量的产品数据设置条件格式，使该数量值以下的单元格显示特殊格式。

视频+素材 （素材文件\第 14 章\例 14-4）

step① 按如图 14-9 所示创建“商品本期库存”工作表后，在 D2 单元格中输入公式：

=SUMIF(销售数据统计表!$C:$C,B2,销售数据统计表!$E:$E)

=SUMIF(销售数据统计表!$C:$C,B2,销售数据统计表!$E:$E)

商品名称	库存	本期销售	本期库存
星光长袍（长款、宽松舒适的设计）	123	19	
绣花旗袍（光滑、亮丽的丝绸面料）	456		
金蕾丝连衣裙（金色的花朵装饰的蕾丝面料）	789		
碧波长裙（轻盈的薄纱或雪纺面料）	234		
翡翠盈袖（盈袖设计、袖子宽大飘逸）	567		
月光长袍（长款、柔软舒适的设计）	890		
星辰长袍（长款、宽松舒适的剪裁）	345		
光芒长袍（长款、宽松轻盈的设计）	678		
天空长袍（长款、宽松通风的面料）	901		
梦幻长袍（长款、轻柔舒适的质地）	432		
珠光绣花旗袍（光滑、亮丽的珠光丝绸面料）	765		
锦绣绣花旗袍（光滑、亮丽的锦绣绣花丝绸）	98		
绒绣绣花旗袍（光滑、亮丽的绒绣绸缎面料）	543		
天鹅绣花旗袍（光滑、亮丽的天鹅绒绣花面料）	876		
丝绒绣花旗袍（光滑、亮丽的丝绒绣花材质）	219		
金色花朵蕾丝连衣裙（金色的花朵装饰的蕾丝面料）	654		
黄金蕾丝连衣裙（金色的花朵装饰的蕾丝材质）	987		
金边花朵连衣裙（金色边缘花朵装饰的蕾丝面料）	320		
金蕾丝花卉连衣裙（金色的花卉装饰的蕾丝材质）	765		

图 14-9

按下 Ctrl+Enter 快捷键后，向下复制公式。

step② 在 E2 单元格中输入公式：

=C2-D2

按下 Ctrl+Enter 快捷键后，向下复制公式。

step③ 创建“商品价格表”工作表，并在其中输入图 14-10 所示的数据。

D2　=C2*105%

商品名称	编号	进货价格	出货价格
星光长袍（长款、宽松舒适的设计）	1	287	301.35
绣花旗袍（光滑、亮丽的丝绸面料）	2	395	414.75
金蕾丝连衣裙（金色的花朵装饰的蕾丝面料）	3	512	537.6
碧波长裙（轻盈的薄纱或雪纺面料）	4	693	727.65
翡翠盈袖（盈袖设计、袖子宽大飘逸）	5	876	919.8
月光长袍（长款、柔软舒适的设计）	6	429	450.45
星辰长袍（长款、宽松舒适的剪裁）	7	624	655.2
光芒长袍（长款、宽松轻盈的设计）	8	759	796.95
天空长袍（长款、宽松通风的面料）	9	831	872.55
梦幻长袍（长款、轻柔舒适的质地）	10	415	435.75
珠光绣花旗袍（光滑、亮丽的珠光丝绸面料）	11	287	301.35
锦绣绣花旗袍（光滑、亮丽的锦绣绣花丝绸）	12	395	414.75
绒绣绣花旗袍（光滑、亮丽的绒绣绸缎面料）	13	512	537.6

图 14-10

step④ 切换回“商品本期库存”工作表，在 F2 单元格中输入公式：

=VLOOKUP(A2,商品价格表!$B:$D,3,FALSE)

按下 Ctrl+Enter 快捷键后，向下复制公式。

step⑤ 在 G2 单元格中输入公式：

=D2*F2

按下 Ctrl+Enter 快捷键后，向下复制公式。

step⑥ 在 H2 单元格中输入公式：

=G2-D2*商品价格表!C2

按下 Ctrl+Enter 快捷键后，向下复制公式。此时，在“商品本期库存”工作表中可以得到商品的本期库存数据、毛利数据等。

step 7 选中 E 列的本期库存数据，单击【开始】选项卡中的【条件格式】下拉按钮，在弹出的下拉列表中选择【突出显示单元格规则】|【小于】选项，如图 14-11 所示。

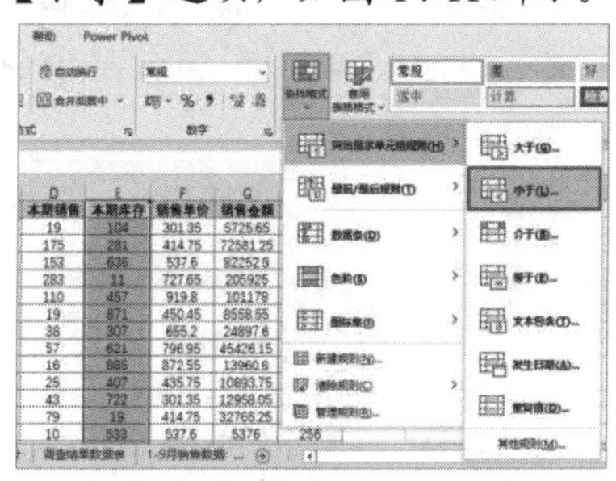

图 14-11

step 8 打开【小于】对话框，设置小于的数值为 100，并设置格式，然后单击【确定】按钮，如图 14-12 所示。

图 14-12

step 9 此时，“商品本期库存”工作表的“库存”列小于 100 的数据都将被标记，如图 14-13 所示。

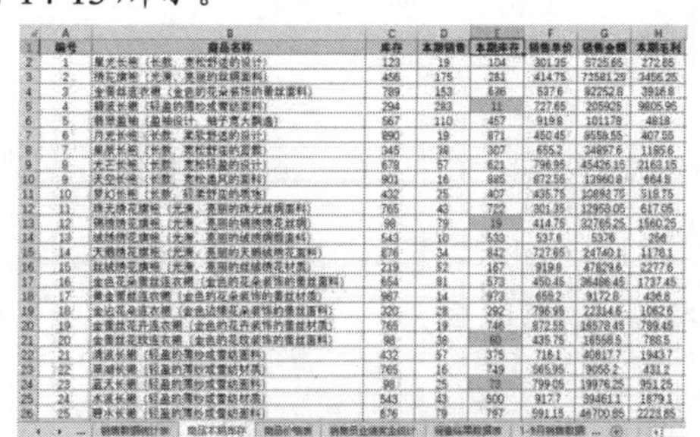

图 14-13

14.1.5 核算商品本期毛利

计算商品的毛利值，可以帮助企业评估盈利能力、确定价格、进行成本控制，并为经营决策提供重要参考。

【例 14-5】使用本期库存盘点表中的数据，计算每种商品的毛利值，然后由高到低查看商品的销售金额。

视频+素材 (素材文件\第 14 章\例 14-5)

step 1 在本期库存盘点表中选中 H3 单元格后输入公式:

```
=SUM(H2:H31)
```

step 2 按下 Ctrl+Enter 快捷键，即可在 H32 单元格中核算本期毛利数据，如图 14-14 所示。

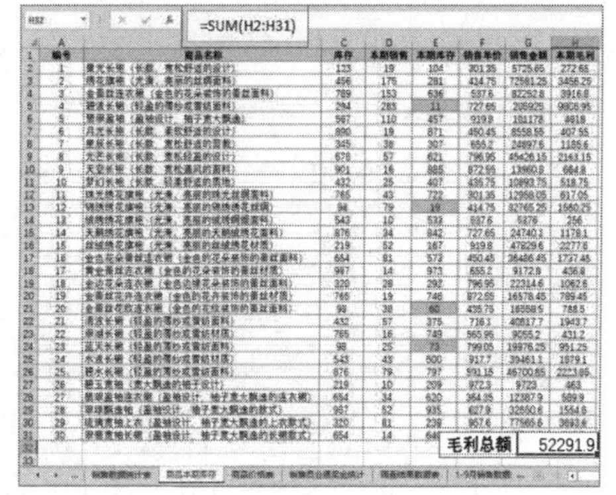

图 14-14

step 3 选中数据表中的任意单元格，在【插入】选项卡的【表格】命令组中单击【数据透视表】按钮。

step 4 打开【创建数据透视表】对话框，保持默认设置，单击【确定】按钮，如图 14-15 所示。

图 14-15

step 5 打开【数据透视表字段】窗格，将【商品名称】字段拖入【行】列表框，将【销售金额】字段拖入【值】列表框。

step 6 选中销售金额字段中的任意单元格，单击【数据】选项卡【排序和筛选】命令组中的【降序】按钮，可从高到低查看数据透视表中销售金额最高的商品。

14.2 客户购买行为研究

客户购买行为研究是对消费者在购买商品或服务过程中的决策和行为进行系统研究的过程。这种研究可以帮助企业深入了解消费者的需求、偏好和决策过程，从而更好地满足市场需求，提高销售和市场份额。下面将在“调查结果数据表”(见图 14-16)中结合某个商品的销售调查数据，对企业客户购买行为进行分析。

客户购买行为调查结果数据

编号	性别	年龄	婚否	收入状况	购买频率(每年)	购买因素1	购买因素2	礼品因素1	礼品因素2	影响因素1	影响因素2	购物场所	购买计划
1	男	25岁以下	已婚	10000以上	3次	品牌	品牌	感知心理奖赏	社交影响	口碑和评价	价格和价值	直营店	有计划
2	男	25-35岁	未婚	7000以内	2次	价格	服务	体验增值	特殊促销	个人需求和偏好	促销和优惠	网上商城	无计划
3	女	25岁以下	已婚	7000-10000	3次	服务	质量	情感联结	品牌形象	价格和价值	口碑和评价	代理商	临时计划
4	男	36-41岁	已婚	7000以内	1次	品牌	推广	惊喜和好奇心	个性化定制	促销和优惠	个人需求和偏好	网上商城	无计划
5	女	36-41岁	未婚	10000以上	2次	价格	服务	心理奖赏	特殊促销	价格和价值	口碑和评价	直营店	有计划
6	男	36-41岁	已婚	7000以内	3次	质量	品牌	体验增值	社交影响	促销和优惠	价格和价值	代理商	有计划
7	男	25-35岁	未婚	7000-10000	1次	服务	质量	情感联结	品牌形象	口碑和评价	促销和优惠	网上商城	临时计划
8	女	25-35岁	已婚	7000以内	2次	价格	推广	心理奖赏	个性化定制	个人需求和偏好	个人需求和偏好	直营店	无计划
9	男	25-35岁	未婚	7000-10000	1次	品牌	服务	惊喜和好奇心	社交影响	促销和优惠	个人需求和偏好	代理商	临时计划
10	女	25-35岁	已婚	7000以内	3次	服务	品牌	情感联结	特殊促销	个人需求和偏好	口碑和评价	直营店	有计划
11	女	36-41岁	已婚	7000以内	2次	质量	推广	体验增值	品牌形象	价格和价值	促销和优惠	网上商城	无计划
12	男	36-41岁	未婚	10000以上	2次	品牌	质量	心理奖赏	个性化定制	口碑和评价	价格和价值	代理商	有计划
13	男	41岁以上	未婚	7000-10000	1次	价格	品牌	惊喜和好奇心	特殊促销	个人需求和偏好	个人需求和偏好	直营店	临时计划
14	男	41岁以上	已婚	10000以上	3次	服务	品牌	情感联结	品牌形象	促销和优惠	促销和优惠	代理商	无计划
15	女	25-35岁	已婚	7000-10000	1次	质量	品牌	体验增值	个性化定制	价格和价值	口碑和评价	网上商城	无计划
16	男	25-35岁	[illegible]婚	7000以内	2次	品牌	推广	心理奖赏	社交影响	口碑和评价	价格和价值	直营店	有计划
17	男	36-41岁	未婚	7000-10000	1次	质量	品牌	惊喜和好奇心	品牌形象	促销和优惠	促销和优惠	网上商城	临时计划
18	女	36-41岁	已婚	10000以上	3次	服务	质量	体验增值	特殊促销	促销和优惠	个人需求和偏好	代理商	有计划
19	女	36-41岁	未婚	10000以上	2次	价格	服务	情感联结	个性化定制	个人需求和偏好	价格和价值	网上商城	有计划

图 14-16

14.2.1 分析购买行为影响因素

对购买行为进行分析，需要先统计出调查结果数据表中各种因素的被选择数目。

【例 14-6】根据“调查结果数据表”中收集的数据，将各种影响顾客购买行为的因素的人数总计值统计出来进行分析，并使用图表进行分析。

视频+素材 (素材文件\第 14 章\例 14-6)

step 1 创建“调查结果数据表”工作表后，创建图 14-17 所示的“客户购买行为分析”工作表，并输入统计数据。

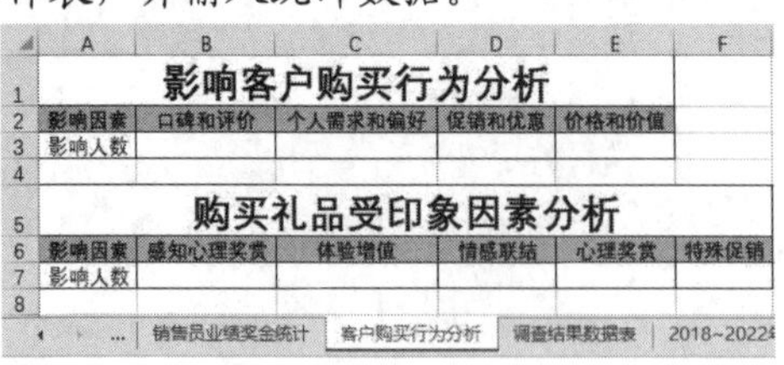

影响客户购买行为分析

影响因素	口碑和评价	个人需求和偏好	促销和优惠	价格和价值
影响人数				

购买礼品受印象因素分析

影响因素	感知心理奖赏	体验增值	情感联结	心理奖赏	特殊促销
影响人数					

图 14-17

step 2 在 B3 单元格中输入公式:

```
=COUNTIF(调查结果数据表!$K$3:$L$23,B2)
```

按下 Ctrl+Enter 快捷键，然后向右复制公式，结果如图 14-18 所示。

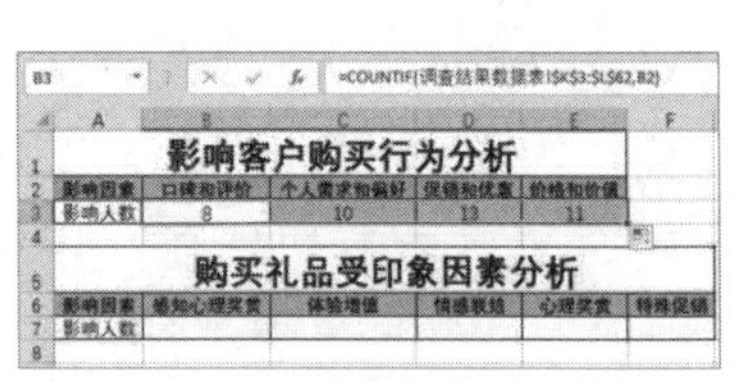

影响客户购买行为分析

影响因素	口碑和评价	个人需求和偏好	促销和优惠	价格和价值
影响人数	8	10	13	11

购买礼品受印象因素分析

影响因素	感知心理奖赏	体验增值	情感联结	心理奖赏	特殊促销
影响人数					

图 14-18

step 3 在 B7 单元格中输入公式:

```
=COUNTIF(调查结果数据表!$I$3:$J$23,B6)
```

按下 Ctrl+Enter 快捷键，然后向右复制公式，结果如图 14-19 所示。

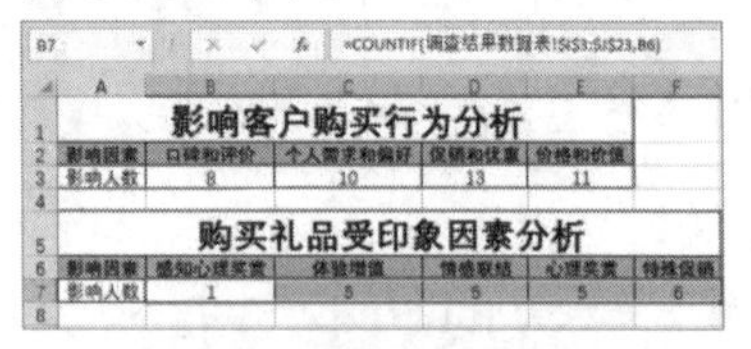

影响客户购买行为分析

影响因素	口碑和评价	个人需求和偏好	促销和优惠	价格和价值
影响人数	8	10	13	11

购买礼品受印象因素分析

影响因素	感知心理奖赏	体验增值	情感联结	心理奖赏	特殊促销
影响人数	1	5	5	5	6

图 14-19

step 4 选中图 14-19 中的 A2:E3 区域，单击【插入】选项卡中的【插入柱形图和条形图】下拉按钮，在弹出的下拉列表中选择【簇状条形图】选项，在工作表中创建条形图。

step 5 单击图表右侧的 + 按钮，在弹出的列表中选中【数据标签】复选框，然后美化图表并重新输入图表标题，如图 14-20 所示。

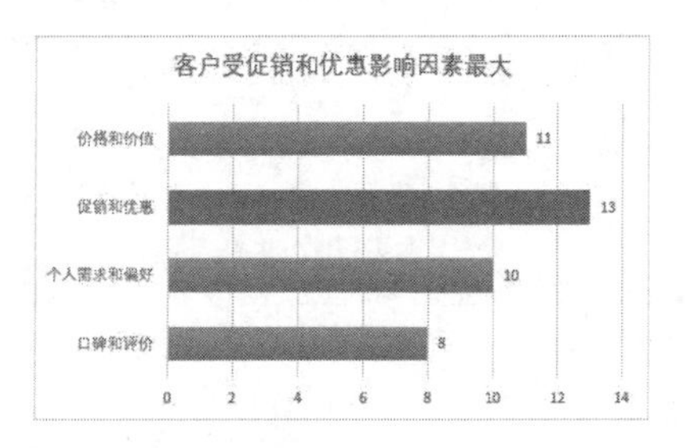

图 14-20

step 6 选中 B6:F7 区域后，使用同样的方法创建并美化图表，效果如图 14-21 所示。

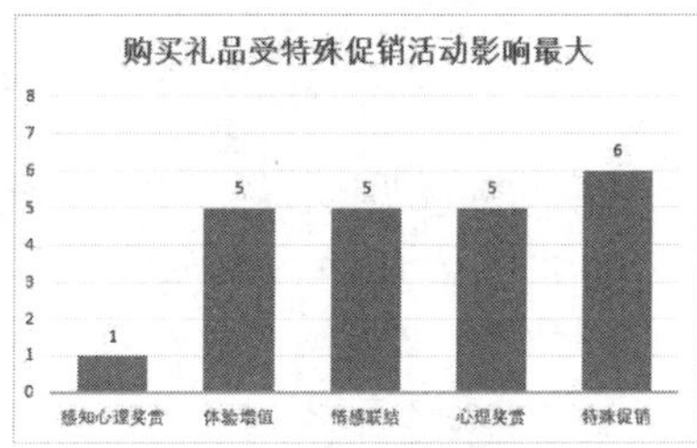

图 14-21

14.2.2 建立商品购买频率统计表

客户购买商品的频率受客户的性别、年龄、收入等因素影响。通过分析商品购买频率分析表，可以帮助企业准确地定位商品市场投放类型和人群。

【例 14-7】根据“调查结果数据表”中收集的数据建立商品购买频率统计表，并使用图表分析该表格中的数据。

视频+素材 (素材文件\第 14 章\例 14-7)

step 1 创建图 14-22 所示的“购买频率分析”工作表，并制作表格结构。

购买频率分析									
购买频率	性别		年龄				收入		
(每年)	男	女	25岁以下	25-35岁	36-41岁	41岁以上	7000以内	7000-10000	10000以上
1次									
2次									
3次									

图 14-22

step 2 切换至“调查结果数据表”工作表，选中除标题行以外的所有数据区域(包含列标识)，单击【公式】选项卡【定义的名称】命令组中的【根据所选内容创建】按钮，如图 14-23 所示。

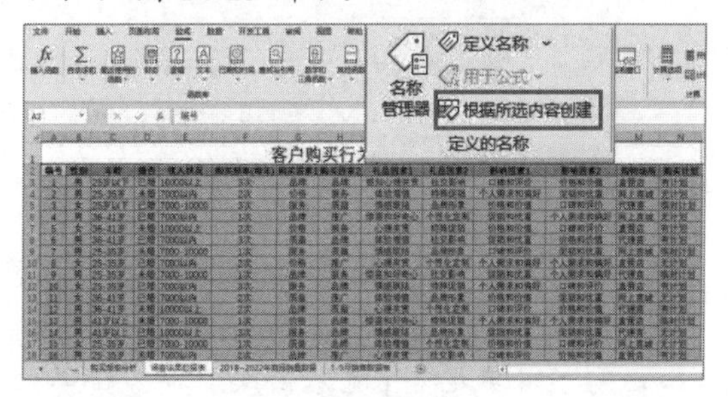

图 14-23

step 3 打开【根据所选内容创建名称】对话框，只选中【首行】复选框后单击【确定】按钮，如图 14-24 所示。

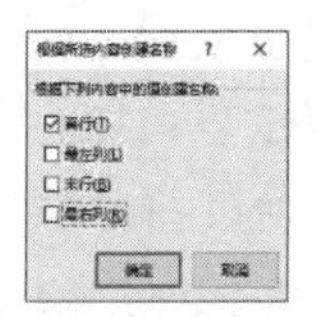

图 14-24

step 4 单击【公式】选项卡中的【名称管理器】按钮，打开【名称管理器】对话框，可以看到表格中以列标识建立的所有名称，如图 14-25 所示。

名称	数值	引用位置	范围	批注
编号	{"1";"2";"3";"4"...	=调查结果数...	工作簿	
购买计划	{"有计划";"无...	=调查结果数...	工作簿	
购买频率_每年	{"3次";"2次";"3...	=调查结果数...	工作簿	
购买因素1	{"品牌";"价格...	=调查结果数...	工作簿	
购买因素2	{"品牌";"服务...	=调查结果数...	工作簿	
购物场所	{"直营店";"网...	=调查结果数...	工作簿	
婚否	{"已婚";"未婚...	=调查结果数...	工作簿	
礼品因素1	{"感知心理奖...	=调查结果数...	工作簿	
礼品因素2	{"社交影响";"...	=调查结果数...	工作簿	
年龄	{"25岁以下";"2...	=调查结果数...	工作簿	
收入状况	{"10000以上";"...	=调查结果数...	工作簿	
性别	{"男";"男";"女...	=调查结果数...	工作簿	
影响因素1	{"口碑和评价...	=调查结果数...	工作簿	
影响因素2	{"价格和价值...	=调查结果数...	工作簿	

引用位置(R): =调查结果数据表!$A$3:$A$23

图 14-25

step 5 返回“购买频率分析”工作表，在 B4 单元格中输入公式：

```
=SUMPRODUCT((购买频率_每年=$A4)*(性别=B$3))
```

按下 Ctrl+Enter 快捷键后先向下复制公式，再向右复制公式，依次得到不同购买次数中男性客户和女性客户的人数，如图 14-26 所示。

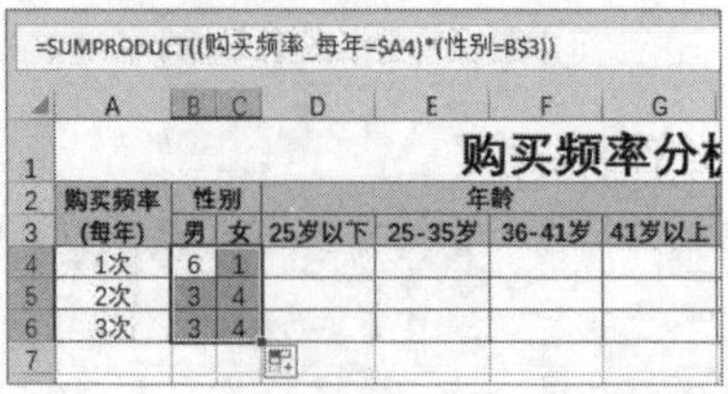

=SUMPRODUCT((购买频率_每年=$A4)*(性别=B$3))

	A	B	C	D	E	F	G
1					购买频率分析		
2	购买频率	性别		年龄			
3	(每年)	男	女	25岁以下	25-35岁	36-41岁	41岁以上
4	1次	6	1				
5	2次	3	4				
6	3次	3	4				
7							

图 14-26

step 6 在 D4 单元格中输入公式：

=SUMPRODUCT((购买频率_每年=$A4)*(年龄=D$3))

按下 Ctrl+Enter 快捷键后先向下复制公式，再向右复制公式，依次得到不同购买次数中 25 岁以下、25~35 岁、36~41 岁、41 岁以上客户的总人数，如图 14-27 所示。

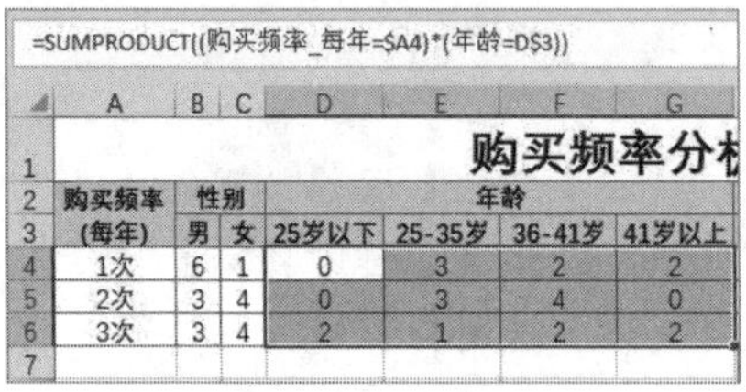

=SUMPRODUCT((购买频率_每年=$A4)*(年龄=D$3))

	A	B	C	D	E	F	G
1					购买频率分析		
2	购买频率	性别		年龄			
3	(每年)	男	女	25岁以下	25-35岁	36-41岁	41岁以上
4	1次	6	1	0	3	2	2
5	2次	3	4	0	3	4	0
6	3次	3	4	2	1	2	2
7							

图 14-27

step 7 在 H4 单元格中输入公式：

=SUMPRODUCT((购买频率_每年=$A4)*(收入状况=H$3))

按下 Ctrl+Enter 快捷键后先向下复制公式，再向右复制公式，依次得到不同购买次数的收入在 7000 元以内、7000~10000 元，以及 10000 元以上的总人数，如图 14-28 所示。

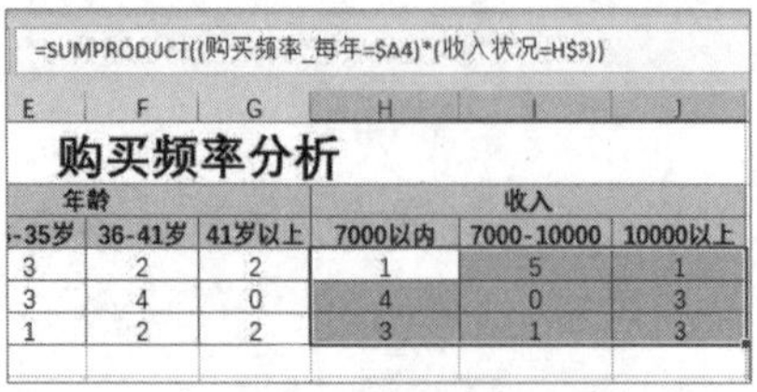

=SUMPRODUCT((购买频率_每年=$A4)*(收入状况=H$3))

E	F	G	H	I	J
购买频率分析					
年龄			收入		
-35岁	36-41岁	41岁以上	7000以内	7000-10000	10000以上
3	2	2	1	5	1
3	4	0	4	0	3
1	2	2	3	1	3

图 14-28

step 8 选中 B4:C6 区域，单击【插入】选项卡中的【插入柱形图或条形图】下拉按钮 ，在弹出的下拉列表中选择【簇状柱形图】选项，在工作表中插入图 14-29 所示的簇状柱形图。

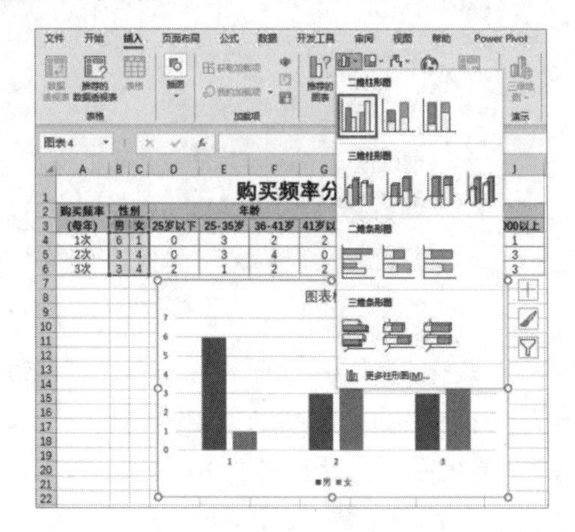

图 14-29

step 9 为图表输入说明性标题，选中工作表中的图表，单击其右侧的【图表样式】按钮 ，在弹出的列表中选择一种图表样式，将该样式应用于图表，如图 14-30 所示。

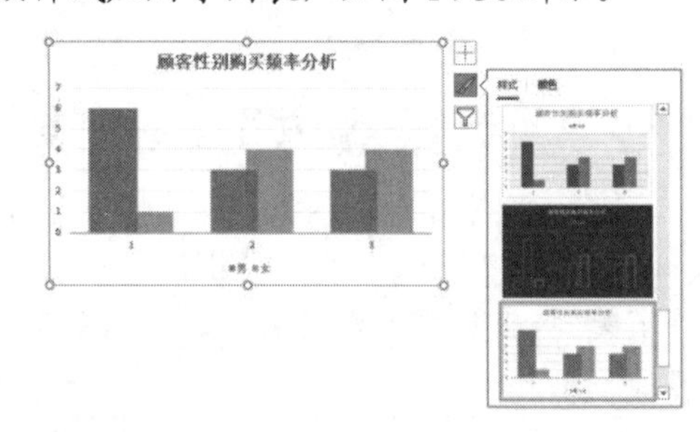

图 14-30

step 10 选中图表，单击【图表设计】选项卡中的【切换行/列】按钮，选中得到的新图表中的数据系列，单击【图表设计】选项卡中的【选择数据】按钮，如图 14-31 所示。

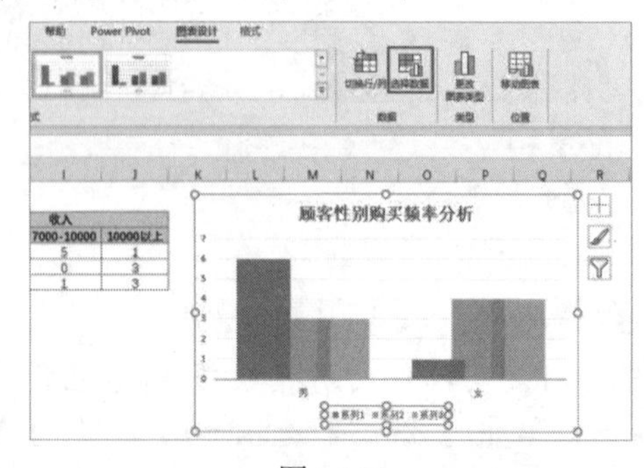

图 14-31

step 11 打开【选择数据源】对话框，选中【系列 1】选项后，单击【编辑】按钮，如图 14-32 所示。

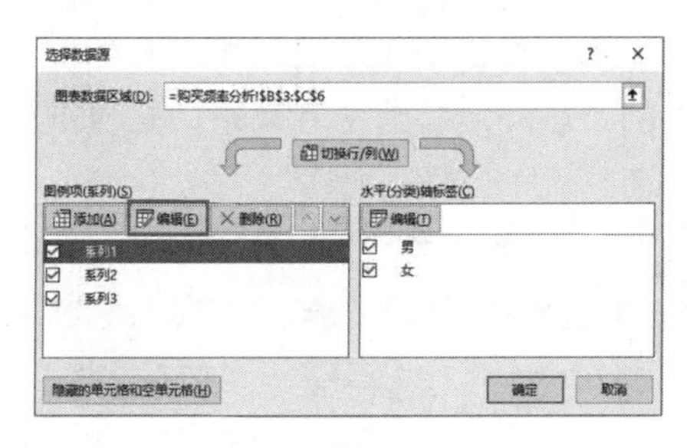

图 14-32

step 12 打开【编辑数据系列】对话框，在【系列名称】输入框中输入“购买 1 次”，然后单击【确定】按钮，如图 14-33 所示。

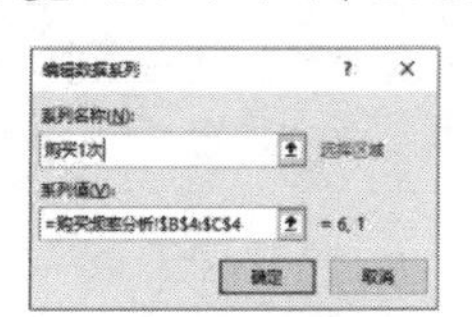

图 14-33

step 13 使用同样的方法，将“系列 2”名称更改为“购买 2 次”，将“系列 3”名称更改为“购买 3 次”。

step 14 返回【选择数据源】对话框，单击【确定】按钮。

step 15 单击图表右侧的 + 按钮，在弹出的下拉列表中选中【数据标签】复选框，在图表中显示图 14-34 所示的数据标签。

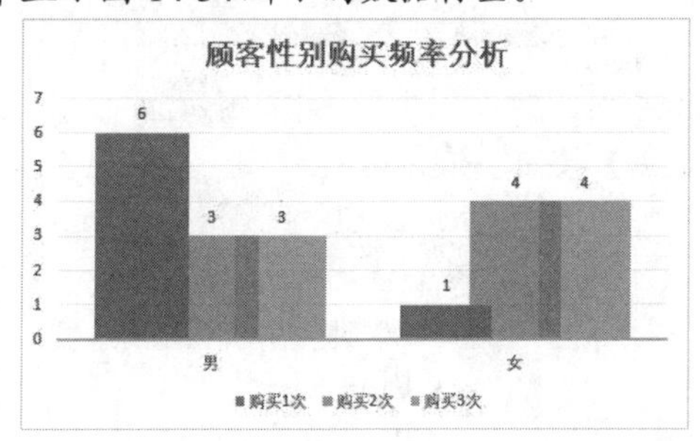

图 14-34

step 16 按住 Ctrl 键选中 A2:A6 区域和 D2:G6 区域，单击【插入】选项卡中的【插入柱形图或条形图】下拉按钮，在弹出的下拉列表中选择【堆积柱形图】选项，在工作表中插入图 14-35 所示的图表。

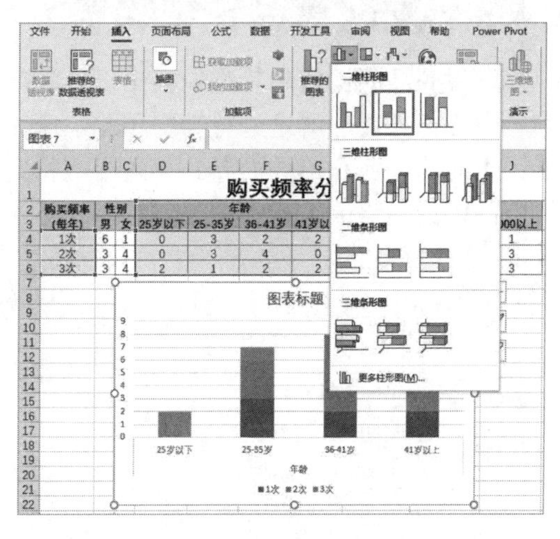

图 14-35

step 17 为图表设置美化效果，并重新输入图表的标题，如图 14-36 所示。

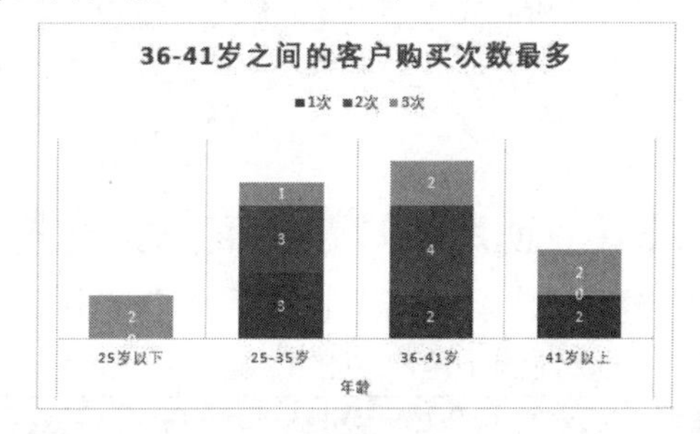

图 14-36

step 18 按住 Ctrl 键选中 A2:A6 区域和 H2:J6 区域，单击【插入】选项卡中的【插入柱形图或条形图】下拉按钮，在弹出的下拉列表中选择【堆积条形图】选项，在工作表中插入图表。

step 19 为图表设置美化效果，并更改图表的标题，制作图 14-37 所示的图表效果。

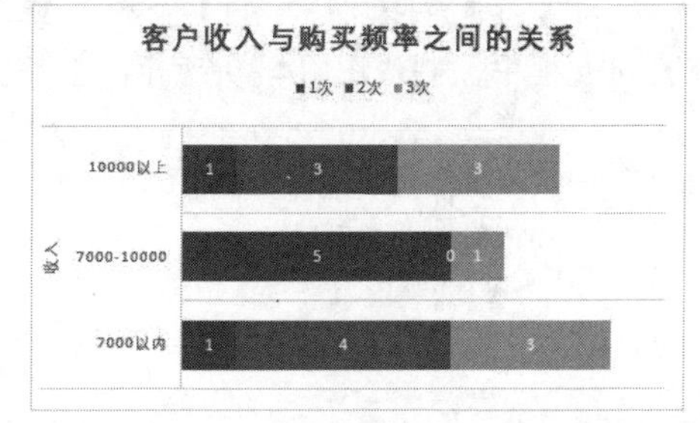

图 14-37

14.3 发现商品销售趋势

发现商品的销售趋势是指根据以往的销售情况对未来销售情况的预测。企业建立销售计划的中心任务之一就是进行销售预测。商品销售趋势受到多种复杂因素的影响，具体情况可能因不同的行业和市场而异。深入了解特定商品所处的市场环境和消费者需求，是更准确分析商品销售趋势的关键。图 14-38 所示表格统计了企业 1~9 月的商品销量。

2023年1-9月销售记录

日期	单号	商品名称	类别	数量	单价	金额	折扣	出货金额	销售员
1月1日	DH-0001	星光长袍（长款，宽松舒适的设计）	长袍	19	287	5453	1	5453	高雅婷
1月2日	DH-0002	绣花旗袍（光滑、亮丽的丝绸面料）	旗袍	38	395	15010	0.75	11257.5	韩林峰
1月3日	DH-0003	金蕾丝连衣裙（金色的花朵装饰的蕾丝面料）	连衣裙	57	512	29184	0.75	21888	黄雨菲
1月4日	DH-0004	碧波长裙（轻盈的薄纱或雪纺面料）	长裙	16	693	11088	0.75	8316	蒋晨曦
1月5日	DH-0005	翡翠盈袖（盈袖设计，袖子宽大飘逸）	盈袖	25	876	21900	0.75	16425	黄雨菲
1月6日	DH-0006	翡翠盈袖（盈袖设计，袖子宽大飘逸）	盈袖	43	429	18447	1	18447	黄雨菲
1月7日	DH-0007	绣花旗袍（光滑、亮丽的丝绸面料）	旗袍	79	624	49296	1	49296	高雅婷
1月8日	DH-0008	金蕾丝连衣裙（金色的花朵装饰的蕾丝面料）	连衣裙	10	759	7590	1	7590	蒋晨曦
1月9日	DH-0009	金蕾丝连衣裙（金色的花朵装饰的蕾丝面料）	连衣裙	34	831	28254	0.9	25428.6	蒋晨曦
1月10日	DH-0010	金蕾丝连衣裙（金色的花朵装饰的蕾丝面料）	连衣裙	52	415	21580	0.9	19422	高雅婷
1月11日	DH-0011	碧波长裙（轻盈的薄纱或雪纺面料）	长裙	81	682	55242	0.9	49717.8	高雅婷
1月12日	DH-0012	翡翠盈袖（盈袖设计，袖子宽大飘逸）	盈袖	14	539	7546	0.9	6791.4	黄雨菲
1月13日	DH-0013	翡翠盈袖（盈袖设计，袖子宽大飘逸）	盈袖	28	761	21308	1	21308	蒋晨曦
1月14日	DH-0014	星光长袍（长款，宽松舒适的设计）	长袍	65	874	56810	1	56810	高雅婷
1月15日	DH-0015	星光长袍（长款，宽松舒适的设计）	长袍	93	563	52359	0.5	26179.5	蒋晨曦
1月16日	DH-0016	绣花旗袍（光滑、亮丽的丝绸面料）	旗袍	12	926	11112	0.5	5556	高雅婷
1月17日	DH-0017	绣花旗袍（光滑、亮丽的丝绸面料）	旗袍	46	347	15962	1	15962	黄雨菲
1月18日	DH-0018	碧波长裙（轻盈的薄纱或雪纺面料）	长裙	87	598	52026	0.75	39019.5	高雅婷
1月19日	DH-0019	碧波长裙（轻盈的薄纱或雪纺面料）	长裙	99	912	90288	1	90288	高雅婷
1月20日	DH-0001	星光长袍（长款，宽松舒适的设计）	长袍	19	287	5453	1	5453	高雅婷

1-9月销售数据表　销售预测

图 14-38

14.3.1 使用函数预测商品销售量

通过图 14-38 所示表格中 9 个月销量数据，可以预测 10~12 月的商品销量。

【例 14-8】使用 2023 年 1~9 月商品的销量数据预测 10~12 月的商品销量。

视频+素材 (素材文件\第 14 章\例 14-8)

step 1 选中“1-9 月销售数据表”工作表中的任意单元格后，单击【插入】选项卡中的【数据透视表】按钮，打开【创建数据透视表】对话框，保持默认设置，单击【确定】按钮。

step 2 在【数据透视表字段】窗格中将【日期】拖入【行】列表框，将【金额】拖入【值】列表框中，制作图 14-39 所示的数据透视表。

行标签	求和项:金额
1月	841045
2月	890783
3月	898700
4月	893284
5月	949540
6月	868545
7月	982755
8月	921875
9月	890221
总计	8136748

图 14-39

step 3 创建“销售预测”工作表，并使用图 14-39 所示的数据设置表格结构。

step 4 选中 E2:E4 区域并输入公式：

```
=GROWTH(B2:B10,A2:A10,D2:D4)
```

按 Ctrl+Shift+Enter 快捷键，即可预测出 10 ~ 12 月 3 个月的商品销售额，如图 14-40 所示。

E2　{=GROWTH(B2:B10,A2:A10,D2:D4)}

月份	销售量(件)		预测	销售量(件)
1	841045		10	940150.18
2	890783		11	947716.72
3	898700		12	955344.16
4	893284			
5	949540			
6	868545			
7	982755			
8	921875			
9	890221			

Sheet9　1-9月销售数据表　销售预测

图 14-40

step 5 创建“1-11 月销售数据表”工作表，并在其中录入 1~11 月商品的销售数据，然后参考步骤(1)、(2)介绍的方法，制作图 14-41 所示的数据透视表。

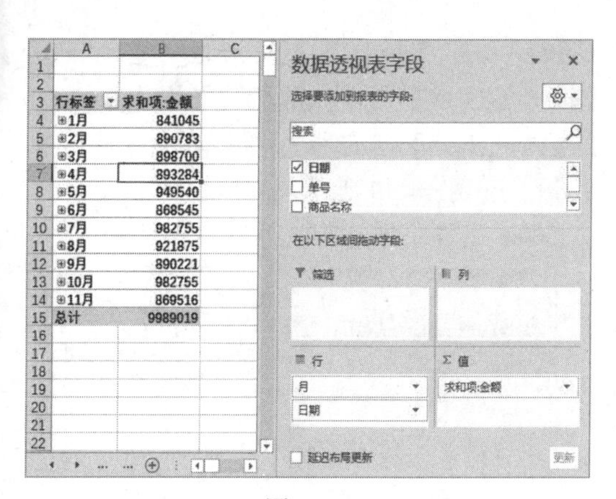

图 14-41

step 6 使用数据透视表中的数据，创建“预测 12 月销量”工作表，选中 E2 单元格并输入公式:

```
=FORECAST(12,B2:B12,A2:A12)
```

按 Enter 键，可以预测出 12 月份的商品销售量，如图 14-42 所示。

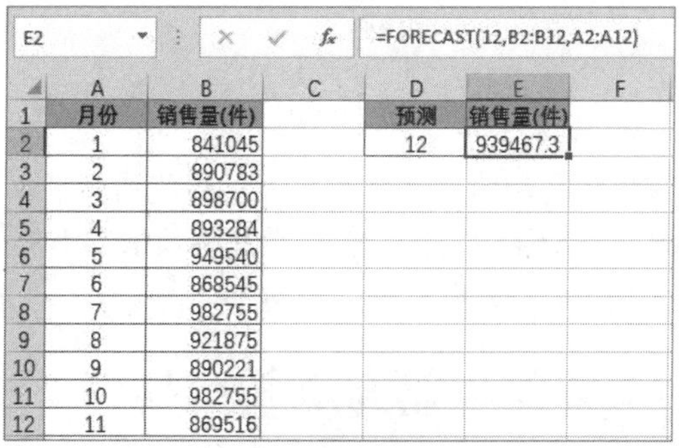

E2 =FORECAST(12,B2:B12,A2:A12)

	A	B	C	D	E	F
1	月份	销售量(件)		预测	销售量(件)	
2	1	841045		12	939467.3	
3	2	890783				
4	3	898700				
5	4	893284				
6	5	949540				
7	6	868545				
8	7	982755				
9	8	921875				
10	9	890221				
11	10	982755				
12	11	869516				

图 14-42

14.3.2 使用移动平均法预测商品销售量

图 14-43 所示为 2018—2022 年商品的销量统计数据。可以使用 Excel 的“移动平均”分析工具预测 2023 年的销量，并创建图表查看实际销量与预测数据之间的差别。

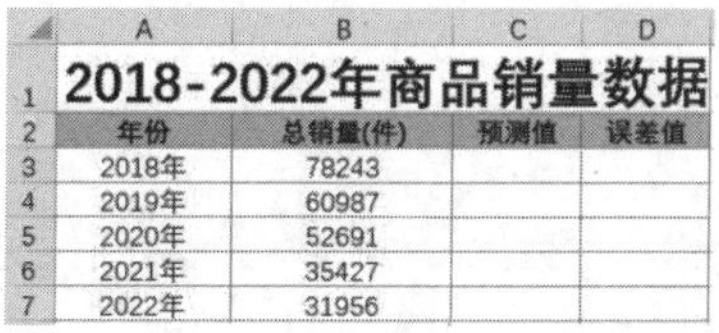

	A	B	C	D
1	2018-2022年商品销量数据			
2	年份	总销量(件)	预测值	误差值
3	2018年	78243		
4	2019年	60987		
5	2020年	52691		
6	2021年	35427		
7	2022年	31956		

图 14-43

【例 14-9】使用 2018—2022 年的商品销售数据预测 2023 年商品的销量。

视频+素材 (素材文件\第 14 章\例 14-9)

step 1 在【数据】选项卡的【分析】命令组中单击【数据分析】按钮，打开【数据分析】对话框，选择【移动平均】选项，如图 14-44 所示。

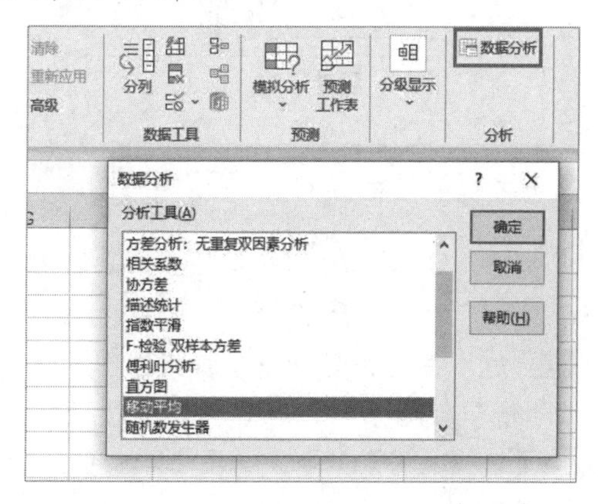

图 14-44

step 2 打开【移动平均】对话框，选中【标准误差】和【图表输出】复选框，在【输入区域】输入框中输入“$B$3:$B$7”，在【间隔】文本框中输入 2，在【输出区域】输入框中输入“$C$3:$D$7”，然后单击【确定】按钮，如图 14-45 所示。

图 14-45

step 3 返回工作表，即可看到添加的预测值、误差值以及移动平均折线图图表(这里 C7

单元格的数据就是测出的下一期的预测值，即 2023 年的商品销售量数据)，如图 14-46 所示。

2018-2022年商品销量数据			
年份	总销量(件)	预测值	误差值
2018年	78243	#N/A	#N/A
2019年	60987	69615	#N/A
2020年	52691	56839	6769.353
2021年	35427	44059	6771.903
2022年	31956	33691.5	6225.889

图 14-46

step 4 选中并右击移动平均折线图图表中的“实际值”数据系列，在弹出的快捷菜单中选择【选择数据】命令，如图 14-47 所示。

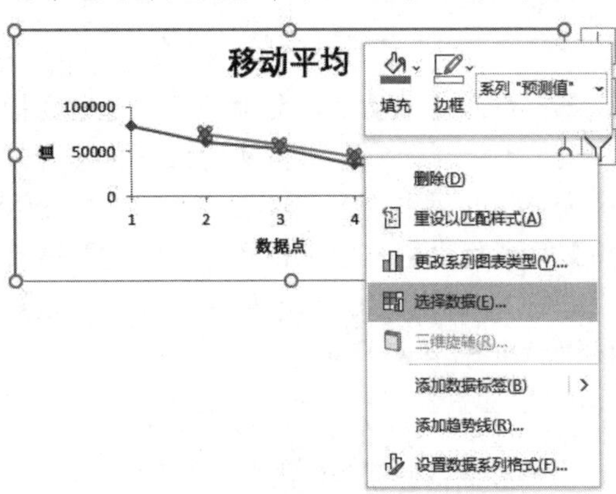

图 14-47

step 5 打开【选择数据源】对话框，单击【水平(分类)轴标签】列表框中的【编辑】按钮，如图 14-48 所示。

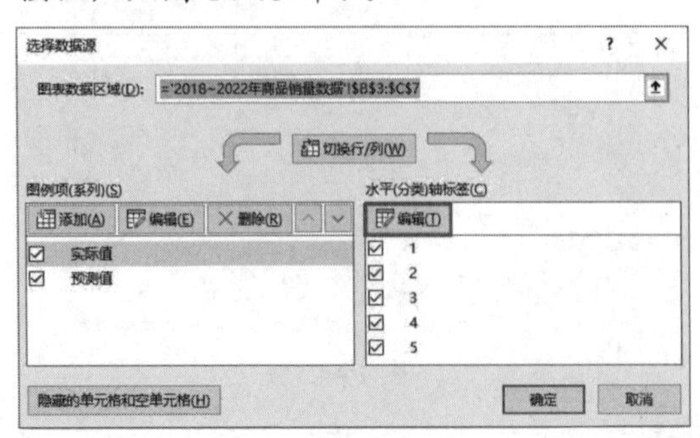

图 14-48

step 6 打开【轴标签】对话框，重新设置【轴标签区域】后单击【确定】按钮，返回【选择数据源】对话框，再次单击【确定】按钮，如图 14-49 所示。

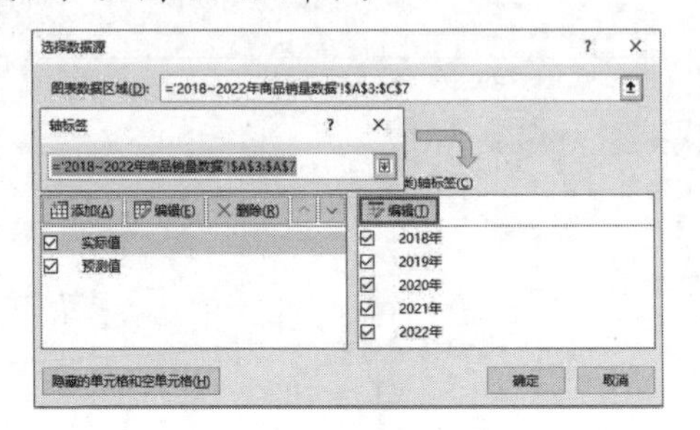

图 14-49

step 7 此时移动平均折线图图表的标签轴将变为年份值，如图 14-50 所示。

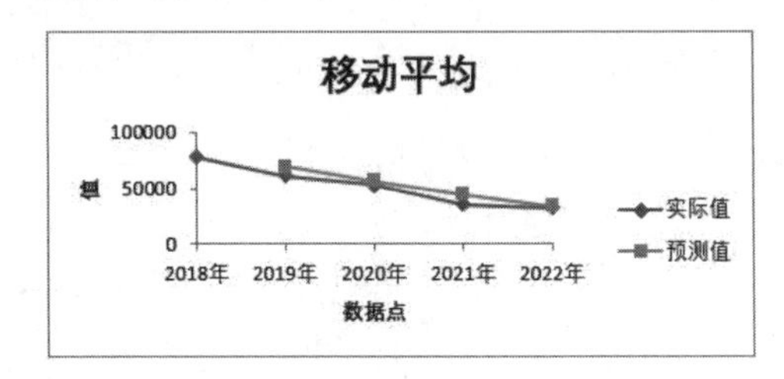

图 14-50

step 8 更改图表的标题，并对折线图的数据源范围进行调整，对折线图的效果进行美化，完成后的图表效果如图 14-51 所示。

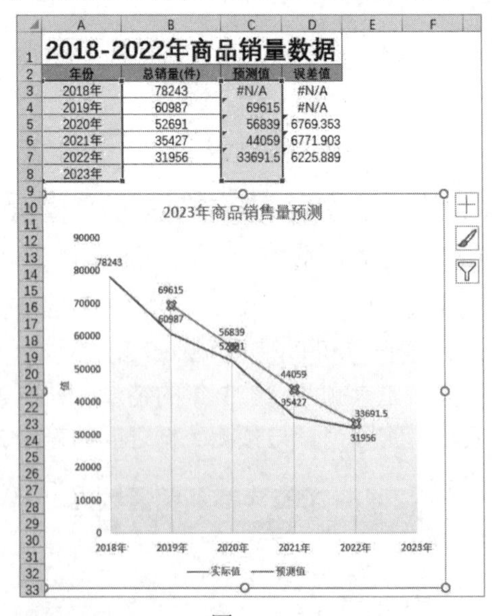

2018-2022年商品销量数据			
年份	总销量(件)	预测值	误差值
2018年	78243	#N/A	#N/A
2019年	60987	69615	#N/A
2020年	52691	56839	6769.353
2021年	35427	44059	6771.903
2022年	31956	33691.5	6225.889
2023年			

图 14-51